中国国家标准汇编

2009年修订-20

中国标准出版社　编

中国标准出版社

北京

图书在版编目（CIP）数据

中国国家标准汇编：2009 年修订 .20/中国标准出版社编 .—北京：中国标准出版社，2010

ISBN 978-7-5066-6078-5

Ⅰ.①中…　Ⅱ.①中…　Ⅲ.①国家标准-汇编-中国-2009　Ⅳ.①T-652.1

中国版本图书馆 CIP 数据核字（2010）第 171253 号

中国标准出版社出版发行
北京复兴门外三里河北街 16 号
邮政编码：100045

网址 www.spc.net.cn
电话：68523946　68517548
中国标准出版社秦皇岛印刷厂印刷
各地新华书店经销

*

开本 880×1230　1/16　印张 37.25　字数 1 103 千字
2010 年 10 月第一版　2010 年 10 月第一次印刷

*

定价 220.00 元

ISBN 978-7-5066-6078-5

出 版 说 明

1.《中国国家标准汇编》是一部大型综合性国家标准全集。自1983年起，按国家标准顺序号以精装本、平装本两种装帧形式陆续分册汇编出版。它在一定程度上反映了我国建国以来标准化事业发展的基本情况和主要成就，是各级标准化管理机构，工矿企事业单位，农林牧副渔系统，科研、设计、教学等部门必不可少的工具书。

2.《中国国家标准汇编》收入我国每年正式发布的全部国家标准，分为"制定"卷和"修订"卷两种编辑版本。

"制定"卷收入上一年度我国发布的、新制定的国家标准，顺延前年度标准编号分成若干分册，封面和书脊上注明"20××年制定"字样及分册号，分册号一直连续。各分册中的标准是按照标准编号顺序连续排列的，如有标准顺序号缺号的，除特殊情况注明外，暂为空号。

"修订"卷收入上一年度我国发布的、修订的国家标准，视篇幅分设若干分册，但与"制定"卷分册号无关联，仅在封面和书脊上注明"20××年修订-1，-2，-3，……"字样。"修订"卷各分册中的标准，仍按标准编号顺序排列(但不连续)；如有遗漏的，均在当年最后一分册中补齐。需提请读者注意的是，个别非顺延前年度标准编号的新制定的国家标准没有收入在"制定"卷中，而是收入在"修订"卷中。

读者配套购买《中国国家标准汇编》"制定"卷和"修订"卷则可收齐上一年度我国制定和修订的全部国家标准。

3. 由于读者需求的变化，自1996年起，《中国国家标准汇编》仅出版精装本。

4. 2009年我国制修订国家标准共3 158项。本分册为"2009年修订-20"，收入新制修订的国家标准35项。

中国标准出版社

2010年8月

目　　录

ICS 19.020
A 21

GB

中华人民共和国国家标准

GB/T 14091—2009
代替 GB/T 14091—1993

机械产品环境参数分类及其严酷程度分级

Classification of environmental parameters and their severities for machinery products

2009-05-06 发布　　2009-11-01 实施

中华人民共和国国家质量监督检验检疫总局
中国国家标准化管理委员会　发布

前　言

本标准代替 GB/T 14091—1993《机械产品环境参数分类及其严酷程度分级》。

本标准与 GB/T 14091—1993 相比，主要做了以下修改：

——根据 GB/T 1.1—2000《标准化工作导则　第1部分：标准的结构和编写规则》要求，对编排格式进行了修改；

——去掉 GB/T 14091—1993 第2章“引用标准”，在本标准最后增加“参考文献”；

——表11中去除了峰值位移 1.5 mm，峰值加速度 10 m/s^2 和峰值位移 2.5 mm，峰值加速度 10 m/s^2 两组数值，并将峰值位移 3 mm，峰值加速度 10 m/s^2 改为峰值位移 3.5 mm，峰值加速度 10 m/s^2。

本标准由全国电工电子产品环境条件与环境试验标准化技术委员会(SAC/TC 8)提出并归口。

本标准起草单位：广州电器科学研究院。

本标准主要起草人：赵佩玉、刘奎芳、杨建。

本标准所代替标准的历次版本发布情况为：GB/T 14091—1993。

机械产品环境参数分类及其严酷程度分级

1 范围

本标准规定了机械产品环境参数的分类及其在运输、贮存、安装和使用中所遇到的环境参数严酷程度的分级。

本标准适用于机械产品，包括农机具、内燃机、工程机械、矿山机械、重型机械、起重运输机械、石化通用机械、电工产品、仪器仪表、机床工具、通用零部件等。

2 环境参数

2.1 环境参数分类

本标准把环境参数分为五大类：

K——气候环境参数

B——生物环境参数

C——化学活性物质参数

S——机械活性物质参数

M——机械环境参数

2.2 环境参数的确定

2.2.1 产品在实际环境条件下通常是复杂的，且是多个环境参数组合而成。当要确定某一产品应用环境条件时，应考虑以下两要点：

a) 列出对产品有影响的环境参数；

b) 根据实际情况，对每一参数选择合适的严酷等级。

2.2.2 本标准给出的各项环境参数，是保证有影响的共性参数都被考虑，与此同时，为产品的应用条件而选择环境参数时，还必须同时考虑环境参数的组合关系。

3 单项环境参数严酷程度分级

本标准所列的参数等级是指产品可能受到的环境参数的严酷程度，已给出的参数的严酷等级，是综合了自然界出现的环境条件和应用环境条件系列标准中的有关等级，以便在产品环境条件描述中获得一致性，达到标准化的目的。

本标准所列的严酷程度，包括周围介质（空气、水、土、水蒸气、冰、油等）的温度，不包括产品本身发热部分的温度。严酷程度主要与限定的环境条件相关，而不包括有关测量、校验等条件。

3.1 气候环境参数

3.1.1 温度（℃）

−55，−50，−40，−35，−25，−20，−15，−10，−5，+5，+15，+20，+25，+30，+35，+40，+45，+55，+60，+70，+75，+85，+100，+125，+155，+200

3.1.2 温度变化

温度变化包括温度冲击，当产品的环境温度突然变化时，如从户外到户内，或当产品暴露在户外阳光下突然经受雨淋、喷水、射水等，产品即受到温度冲击。

温度变化率：0.1 ℃/min，0.5 ℃/min，1 ℃/min，3 ℃/min，5 ℃/min，1 ℃/s，5 ℃/s

3.1.3 湿度

湿度对产品的影响很大程度上取决于相对湿度和温度的组合。

相对湿度(%):10,50,75,85,95,100

温度/相对湿度(℃/%):15/95,20/95,25/95,28/95,33/95

3.1.4 压力(见表1)

包括地面、井下、空中的空气压力值和水下的压力值。

表1 压力

压力/kPa	(对应的水下深度/m)	(对应的大气高度/m)
30 000	−3 000	
5 000	−500	
2 000	−200	
1 000	−100	
500	−50	
200	−20	
130		−2 000
106		−400
101		0
90		1 000
80		2 000
70		3 000
62		4 000
54		5 000
30		9 000
20		12 000
12		15 000

3.1.5 压力变化

变化率:(0.1,1,3,10,50)kPa/s

3.1.6 周围介质的运动,风

速率:(0.5,1,3,5,10,20,30,40,50)m/s

3.1.7 雨

指单位时间内滴落到水平面上的雨量。

强度:(0.3,1,2,3,6,15)mm/min

3.1.8 水

指雨以外的其他水源,包括滴水、溅水、喷水、高压射水、水浪等。

水速:(0.3,1,3,10,30)m/s

3.1.9 太阳辐射(指太阳辐射的热效应)

强度:(500,700,1 000,1 120,1 180)W/m^2

3.2 生物环境参数

按有危害的生物出现种类进行划分,无定量的严酷等级。

生物种类:鼠类

霉菌、鼠类

霉菌、鼠类、蚁类、鸟类(活动较频繁)

各种有害生物(活动频繁)

3.3 化学活性物质

化学活性物质的影响,要同时参考温度和湿度。

3.3.1 二氧化硫(见表 2)

浓度单位为 mg/m^3(在+20 ℃,101.3 kPa 条件下,以 ppm 或 cm^3/m^3 为单位的相应值)。

表 2 二氧化硫浓度

mg/m^3	ppm
0.1	(0.037)
0.3	(0.11)
1	(0.37)
3	(1.1)
10	(3.7)
30	(11)
40	(14.8)
100	(37)
300	(110)

3.3.2 硫化氢(见表 3)

浓度单位为 mg/m^3(在+20 ℃,101.3 kPa 条件下,以 ppm 或 cm^3/m^3 为单位的相应值)。

表 3 硫化氢浓度

mg/m^3	ppm
0.01	(0.007 1)
0.03	(0.021)
0.1	(0.071)
0.3	(0.21)
0.5	(0.36)
1	(0.71)
3	(2.1)
10	(7.1)
30	(21)
70	(49.7)
100	(71)

3.3.3 氧化氮(以二氧化氮的当量值表示,见表 4)

浓度单位为 mg/m^3(在+20 ℃,101.3 kPa 条件下,以 ppm 或 cm^3/m^3 为单位的相应值)。

表 4 氧化氮浓度

mg/m^3	ppm
0.1	(0.052)
0.3	(0.16)

表 4（续）

mg/m^3	ppm
0.5	(0.26)
1	(0.52)
3	(1.6)
5	(2.6)
10	(5.2)
20	(10.4)
30	(16)
100	(52)

3.3.4 氯(见表 5)

浓度单位为 mg/m^3(在+20 ℃,101.3 kPa 条件下,以 ppm 或 cm^3/m^3 为单位的相应值)。

表 5 氯浓度

mg/m^3	ppm
0.1	(0.034)
0.3	(0.1)
1	(0.34)
3	(1)

3.3.5 氯化氢(见表 6)

浓度单位为 mg/m^3(在+20 ℃,101.3 kPa 条件下,以 ppm 或 cm^3/m^3 为单位的相应值)。

表 6 氯化氢浓度

mg/m^3	ppm
0.1	(0.066)
0.5	(0.33)
1	(0.66)
5	(3.3)

3.3.6 氨(见表 7)

浓度单位为 mg/m^3(在+20 ℃,101.3 kPa 条件下,以 ppm 或 cm^3/m^3 为单位的相应值)。

表 7 氮浓度

mg/m^3	ppm
0.3	(0.42)
1	(1.4)
3	(4.2)
10	(14)
35	(49)
175	(247)

3.3.7 臭氧(见表 8)

浓度单位为 mg/m^3(在+20 ℃,101.3 kPa 条件下,以 ppm 或 cm^3/m^3 为单位的相应值)。

表 8 臭氧浓度

mg/m³	ppm
0.01	(0.005)
0.03	(0.015)
0.1	(0.05)
0.3	(0.15)
1	(0.5)
2	(1.0)
3	(1.5)
10	(5)
30	(15)

3.3.8 氟化氢(见表 9)

浓度单位为 mg/m^3(在+20 ℃,101.3 kPa 条件下,以 ppm 或 cm^3/m^3 为单位的相应值)。

表 9 氟化氢浓度

mg/m³	ppm
0.003	(0.003 6)
0.01	(0.012)
0.03	(0.036)
0.1	(0.12)
1	(1.2)
2	(2.4)

3.4 机械活性物质参数

3.4.1 沙

空气中含量:(3.0,100,300,1 000,4 000,10 000)mg/m^3

地面上堆积高度:(5,10,30,50,100,300)m

3.4.2 尘

空气中的沉积量:(10,35,350,500,1 000,2 000)$mg/(m^2 \cdot d)$

空气中的含量:(0.01,0.2,0.5,5.0,15,20)g/m^3

3.4.3 冻土

冻土层厚度:(50,100,150,200,300)cm

3.5 机械环境参数

3.5.1 非稳态振动(包括冲击,见表 10)

表 10 包括冲击的非稳态振动分级

频谱类型	冲击峰值加速度 $\hat{a}$ m/s^2	频谱类型	冲击峰值加速度 $\hat{a}$ m/s^2
L	40	I	150
L	70	I	300
I	50	I	500
I	100	I	1 000

表 10（续）

频谱类型	冲击峰值加速度 $\hat{a}$ m/s²	频谱类型	冲击峰值加速度 $\hat{a}$ m/s²
Ⅱ	250	Ⅲ	1 500
Ⅱ	300	Ⅲ	3 000
Ⅱ	1 000	Ⅲ	5 000
Ⅲ	500	Ⅲ	10 000

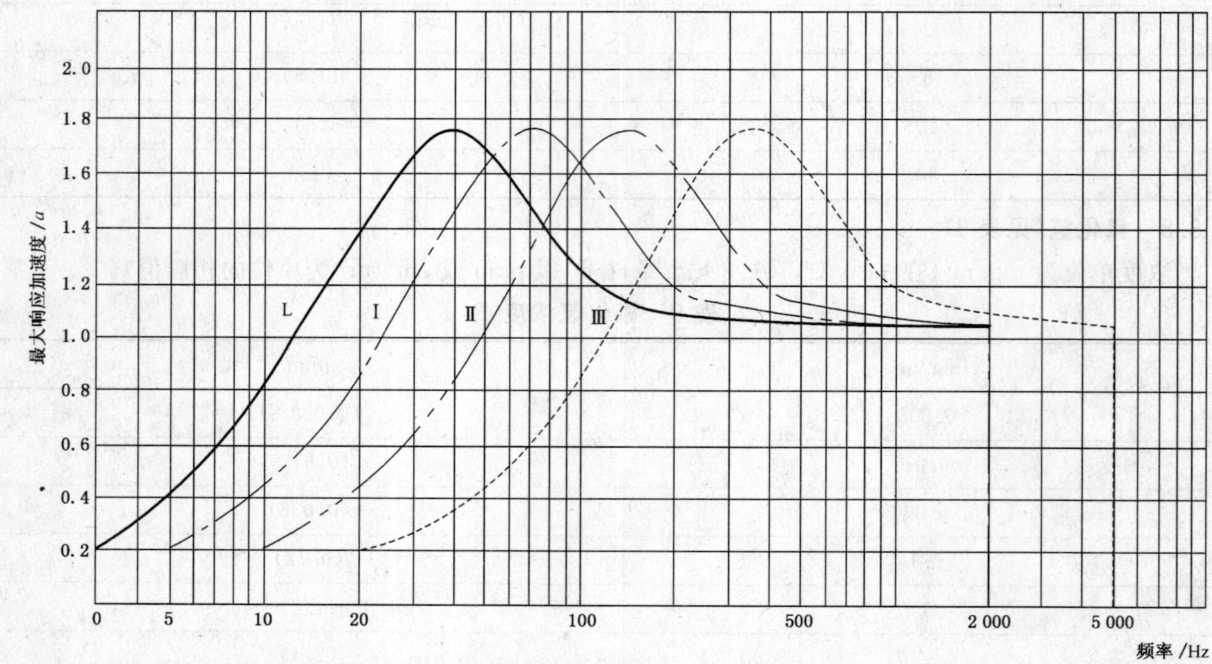

注：该分类涉及到图 1 所示的 4 种典型频谱，其分级见表 10。

L：其脉冲宽度 22 ms；

Ⅰ：其脉冲宽度 11 ms；

Ⅱ：其脉冲宽度 6 ms；

Ⅲ：其脉冲宽度 2.3 ms。

图 1　典型的冲击响应频谱

3.5.2　稳态振动

3.5.2.1　振动（正态）

振动的特征由振荡运动（以时间为函数的位移速度或加速度）来表示，也可由给定的每一频率分量振幅的线性频谱来表示。每一频率分量可在某一频率范围内任意出现。

在低频范围内经常出现很小的加速度，而位移相当大，在高频范围内出现较大加速度，而位移相当小。表 11 规定了低频 2 Hz～200 Hz 的恒定位移和恒定加速度的振动分级，其交越频率 $f_c \approx 9$ Hz。

表 11　正弦振动分级（$f_c \approx 9$ Hz）

当 $f < f_c$ 时峰值位移 mm	当 $f > f_c$ 时峰值加速度 m/s²	当 $f < f_c$ 时峰值位移 mm	当 $f > f_c$ 时峰值加速度 m/s²
0.35	1	7.5	20
0.75	2	10	30
1.5	5	15	50
3.5	10		

表 12 规定了高频 10 Hz～10 000 Hz 的恒定位移和恒定加速度的振动分级，其交越频率 $f_c \approx$ 60 Hz。

表 12　正弦振动分级（$f_c \approx 60$ Hz）

当 $f<f_c$ 时峰值位移 mm	当 $f>f_c$ 时峰值加速度 m/s²	当 $f<f_c$ 时峰值位移 mm	当 $f>f_c$ 时峰值加速度 m/s²
0.015	2	0.20	30
0.035	5	0.35	50
0.075	10	0.75	100
0.15	20	1.0	150

注：表中 $f_c = \frac{5}{\pi}\sqrt{\frac{10A}{D}}$

式中：

f_c——交越频率，单位为赫兹（Hz）；

A——恒加速度幅值，单位为米每二次方秒（m/s²）；

D——恒位移幅值，单位为毫米（mm）；

π——圆周率。

3.5.2.2　非周期性（随机）振动

用加速度频谱密度（ASD）表示。定义如下：

$$S(f) = \lim_{\Delta f \to 0} \frac{\alpha_{r.m.s}^2 \cdot \Delta f}{\Delta f}$$

式中的 $\alpha_{r.m.s} \cdot \Delta f$ 为 Δf 频率范围内加速度均方根值。以频率为函数的加速度频谱密度的两个典型频谱为基础的分类为：

Ⅰ类谱——一个有较显著的低频量，频率范围（10～2 000）Hz；

Ⅱ类谱——一个有较平坦分布的振动能量，频率范围（20～2 000）Hz。

随机振动的典型频谱见表 13。

表 13　随机振动的典型频谱

频谱类型	加速度频谱密度/((m/s²)²/Hz)	
	频率低于 200 Hz 时	频率高于 200 Hz 时
Ⅰ	1	0.3
Ⅰ	3	1
Ⅰ	10	3
Ⅰ	30	10
Ⅱ	0.3	0.3
Ⅱ	1	1
Ⅱ	3	3
Ⅱ	10	10
Ⅱ	30	30

3.5.3　自由跌落

跌落高度：(0.025，0.050，0.1，0.25，0.50，1.0，2.5，5.0，10.0)m

3.5.4 摇摆和倾斜(见表 14)

表 14 摇摆角度和摇摆周期的关系

偏离垂线的摇摆角度 (°)	摇摆周期 s
±4	20
±5	6
±10	6
±22.5	7
±25	6
±45	6

偏离垂线的倾斜角度:10°,15°,22.5°,45°

3.5.5 稳态力

3.5.5.1 稳态加速度

加速度:(5,6,10,20,50,100,200,500,1 000)m/s^2

3.5.5.2 静负荷

负荷压力:(0.1,0.3,1.0,3,5,10,30,100)kPa

参 考 文 献

[1] GB/T 4796—2008 电工电子产品环境参数分类及其严酷程度分级(IEC 60721-1:2002,IDT)

[2] GB/T 4797.1—2005 电工电子产品自然环境条件 温度和湿度(IEC 60721-2-1:2002,MOD)

[3] GB/T 4797.2—2005 电工电子产品自然环境条件 海拔与气压、水深与水压(IEC 721-2-3:1987,MOD)

[4] GB/T 4797.3—1986 电工电子产品自然环境条件 生物

[5] GB/T 4797.4—2006 电工电子产品自然环境条件 太阳辐射与温度(IEC 60721-2-4:2002,IDT)

[6] GB/T 4798.1—2005 电工电子产品应用环境条件 贮存(IEC 60721-3-1:1997,MOD)

[7] GB/T 4798.2—2008 电工电子产品应用环境条件 运输(IEC 60721-3-2:1997,MOD)

[8] GB/T 4798.6—1996 电工电子产品应用环境条件 船用(IEC 60721-3-6:1987,IDT)

ICS 19.020
A 21

中华人民共和国国家标准

GB/T 14092.1—2009
代替 GB/T 14092.1—1993

机械产品环境条件 湿热

Environmental condition for machinery products—Warm-damp

2009-05-06 发布 2009-11-01 实施

中华人民共和国国家质量监督检验检疫总局
中国国家标准化管理委员会 发布

前 言

GB/T 14092《机械产品环境条件》包括以下7个部分：

——GB/T 14092.1 机械产品环境条件 湿热

——GB/T 14092.2 机械产品环境条件 寒冷

——GB/T 14092.3 机械产品环境条件 高海拔

——GB/T 14092.4 机械产品环境条件 海洋

——GB/T 14092.5 机械产品环境条件 工业腐蚀

——GB/T 14092.6 机械产品环境条件 矿山

——GB/T 14092.7 机械产品环境条件 干热

本部分为GB/T 14092《机械产品环境条件》的第1部分。

本部分代替GB/T 14092.1—1993《机械产品环境条件 湿热》。

本部分与GB/T 14092.1—1993相比，做了以下修改：

——根据GB/T 1.1—2000《标准化工作导则 第1部分：标准的结构和编写规则》要求，对编排格式进行了修改；

——"本标准"一词改为"本部分"；

——"第一次冲击最大响应频谱"改为"第一阶冲击最大响应频谱"。

本部分的附录A为资料性附录。

本部分由全国电工电子产品环境条件与环境试验标准化技术委员会（SAC/TC 8）提出并归口。

本部分起草单位：广州电器科学研究院。

本部分主要起草人：钟亚军、赵佩玉、刘奎芳。

本部分所代替标准的历次版本发布情况为：GB/T 14092.1—1993。

机械产品环境条件　湿热

1　范围

本部分规定了机械产品在湿热地区的环境参数及其严酷等级。

本部分适用于GB/T 4797.1规定的"湿热"和"亚湿热"两个气候区使用的一般用途的机械产品，包括农机具、内燃机、工程机械、矿山机械、重型机械、起重运输机械、石化通用机械、电工产品、仪器仪表、机床工具、通用零部件等。

本部分不适用于高浓度化学腐蚀介质、船舶、矿井用产品的特殊环境条件。

2　规范性引用文件

下列文件中的条款通过GB/T 14092的本部分的引用而成为本部分的条款。凡是注日期的引用文件，其随后所有的修改单(不包括勘误的内容)或修订版均不适用于本部分，然而，鼓励根据本部分达成协议的各方研究是否可使用这些文件的最新版本。凡是不注日期的引用文件，其最新版本适用于本部分。

GB/T 4797.1　电工电子产品自然环境条件　温度和湿度(GB/T 4797.1—2005,IEC 60721-2-1:2002,MOD)

GB/T 4797.3　电工电子产品自然环境条件　生物

GB/T 4798.4　电工电子产品应用环境条件　无气候防护场所固定使用(GB/T 4798.4—2007,IEC 60721-3-4:1995,MOD)

GB/T 14091　机械产品环境参数分类及其严酷程度分级

3　一般要求

3.1　当产品应用本部分在选择环境参数严酷等级不能满足特殊使用要求时，产品可按实际情况采用GB/T 14091中所列出与其要求接近的参数值。

3.2　产品实际使用中将会受到多种环境参数综合的影响。它包括的条件和代号为气候条件(K)、特殊气候条件(Z)、生物条件(B)、化学活性物质条件(C)、机械活性物质条件(S)和机械条件(M)。对于在湿热地区使用的产品应注明上述各种有影响的条件和严酷程度。

3.3　某一场所的环境条件还可能受到其他因素的影响，例如散热源，特殊生产条件等，在选择标准等级时应予考虑。有些产品若不适合在某些特殊条件下使用，则在制定产品标准时可不列该特殊环境参数。

3.4　用于无气候防护场所的产品，其环境条件代号前的首位数字规定为"4"；用于有气候防护场所的产品，其环境条件代号前的首位数字为"3"。

3.4.1　气候条件等级为3K5L,3K5,4K3Hs。

3.4.2　特殊气候条件，包括热辐射、周围空气运动和除雨以外其他水源。

3.4.2.1　热辐射采用3Zh1,3Zh3,4Zh1,4Zh2。

3.4.2.2　周围空气运动采用3Za5,4Za4,4Za5。

3.4.2.3　除雨以外其他水源采用3Zw7,3Zw8,3Zw9,3Zw10,4Zw7,4Zw8。

3.4.3　生物条件采用GB/T 4797.3中的B4。

3.4.4　化学活性物质条件采用3C1,3C2,4C1,4C2。

3.4.5　机械活性物质条件采用3S1,3S2,4S1,4S2。

3.4.6　机械条件采用3M2,3M4,3M6,3M8,4M2,4M4,4M6,4M8。

3.5 本部分中的某些参数，尚不能定量规定其严酷等级，只是对典型参数定性地规定严酷程度，例如，气候条件中的凝露、结冰、结霜和生物条件等。

3.6 本部分中的参数值均采用年极值的多年平均值。

3.7 湿热环境条件

3.7.1 气候和生物条件

气候条件、生物条件和特殊气候条件见表 1 和表 2。

表 1 湿热气候和生物条件参数值

环境参数		单位	有气候防护场所		无气候防护场所
			等级		等级
			3K5L	3K5[a]	4K3Hs[b]
空气温度	年最高	℃	40	45	40
	年最低	℃	−5	−5	−5，−10[c]
	日平均	℃	35	35	35
温度变化率		℃/min	0.5	0.5	0.5
相对湿度≥95%时的最高温度		℃	28	28	28[d]
气压		kPa	90	90	90
太阳辐照最大强度		W/m²	700	700	1 000
降雨强度		mm/min	—	—	15，6[e]
雨水温度		℃	—	—	5
凝露			有	有	有
雷暴			—	—	频繁
1 m 深土壤最高温度		℃	—	—	32
冷却水最高温度		℃	33	33	33
结冰和结霜条件			有	有	有
有害生物（霉菌、鼠类、蚁类）			活动频繁	活动频繁	活动频繁[f]

a 通常选用 3K5L，仅在较特殊的情况下选用 3K5。

b 字母 Hs 的等级表示环境参数中有个别项目不同于原等级 4K3。

c 国内湿热地区低温采用−10 ℃。

d 指年最大相对湿度不小于 95%时出现的最高温度，国外湿热地区采用 33 ℃。

e 国内湿热地区降雨强度采用 6 mm/min。

f 湿热带无气候防护场所，有害生物还应考虑鸟类的危害。

表 2 特殊环境条件等级参数

环境参数	有气候防护场所		无气候防护场所	
	等级		等级	
热辐射	3Zh1	3Zh2	4Zh1	4Zh2
	可以忽略	有热辐射条件，例如由于生产条件造成	可以忽略	有热辐射条件，例如由于生产条件造成

表 2（续）

环境参数	有气候防护场所		无气候防护场所	
	等级		等级	
周围空气运动 m/s	3Za5 10		4Za4 30	4Za5 50
除雨以外的其他水源	3Zw7,3Zw8,3Zw9 滴水、淋水及溅水条件	3Zw10 喷水条件	4Zw7 溅水条件	4Zw8 喷水条件

3.7.2 化学活性物质条件

化学活性物质主要是由工业生产、机动车辆和供热系统排出的化学物质以及盐雾等，根据化学活性物质短期和长期影响，本部分中规定了最大值和平均值，其等级见表 3。

表 3 化学活性物质条件

环境参数	单位	有气候防护场所			无气候防护场所		
		等级[a]			等级		
		3C1	3C2		4C1	4C2	
		最大值	平均值	最大值	最大值	平均值	最大值
盐雾条件[b]		—	有		—	有	
二氧化硫	mg/m^2	0.1	0.3	1.0	0.1	0.3	1.0
硫化氢	mg/m^2	0.01	0.1	0.5	0.01	0.1	0.5
氯气	mg/m^2	0.1	0.1	0.3	0.1	0.1	0.3
氯化氢	mg/m^2	0.1	0.1	0.5	0.1	0.1	0.5
氟化氢	mg/m^2	0.003	0.01	0.03	0.003	0.01	0.03
氨气	mg/m^2	0.3	1.0	3.0	0.3	1.0	3.0
氧化氮[c]	mg/m^2	0.1	0.5	1.0	0.1	0.5	1.0

a 在环境空气中的化学气体浓度值符合本表中的数值即属于该等级，如有一种以上化学气体则按最高值考虑其等级，最大值是在每天不超过 30 min 期间的极限值。

b 仅在近海和海边存在盐雾。

c 相当于二氧化氮的值。

3.7.3 机械活性物质条件

沙和尘对产品产生的影响是相似的，其等级见表 4。

表 4 机械活性物质条件等级参数值

环境参数	单位	有气候防护场所		无气候防护场所	
		等级		等级	
		3S1	3S2	4S1	4S2
沙	mg/m^3	—	30	30	300
尘（漂浮）	mg/m^3	0.001	0.2	0.5	5.0
尘（沉降）	mg/(m^2 · d)	10	35	350	500

3.7.4 机械条件

3.7.4.1 正弦稳态振动用加速度和位移的大小来规定在低频率和高频率范围内的等级，其等级见表5。

3.7.4.2 包括冲击的非稳态振动，是利用第一级无阻尼最大冲击响应频谱，典型冲击响应频谱见图1。

表5 机械条件等级

环境参数	单位	等级							
		3M2，	4M2	3M4，	4M4	3M6，	4M6	3M8，	4M8
正弦稳态振动 位移 加速度 频率范围	 mm m/s^2 Hz	 1.5 2～9	 5 9～200	 3.0 2～9	 10 9～200	 7.0 2～9	 20 9～200	 15 2～9	 50 9～200
非稳态振动(包括冲击) 冲击响应谱L 峰值加速度	m/s^2	40		—		—		—	
冲击响应谱Ⅰ 峰值加速度	m/s^2	—		100		—		—	
冲击响应谱Ⅱ 峰值加速度	m/s^2	—		—		250		250	

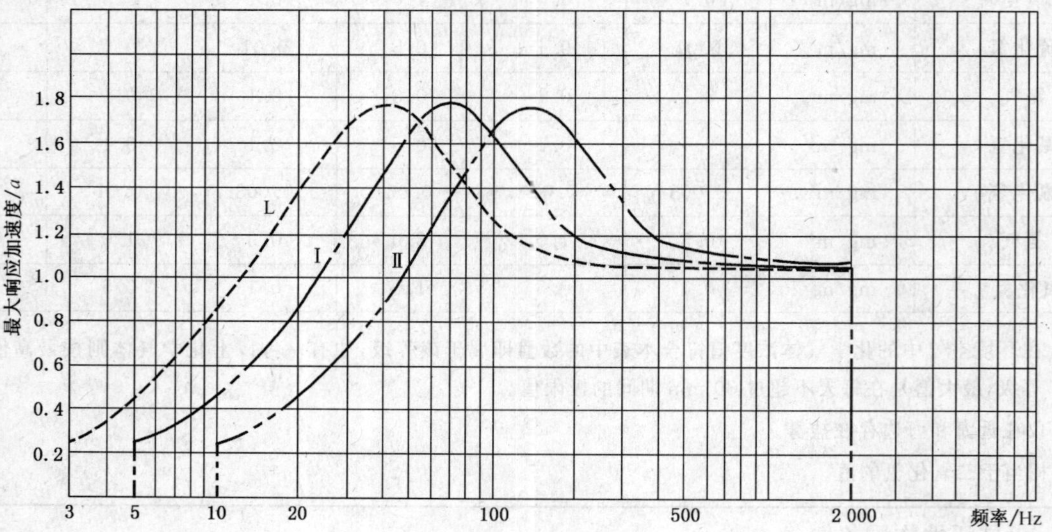

注：频谱类型L：持续时间22 ms；

频谱类型Ⅰ：持续时间11 ms；

频谱类型Ⅱ：持续时间6 ms。

图1 典型冲击响应频谱(第一阶冲击最大响应频谱)

附 录 A
(资料性附录)
环境条件的应用说明

A.1 本附录对如何正确选择环境参数及其等级进行了说明

A.1.1 环境条件等级的代号，按照环境参数的严酷程度由低到高顺序排列，数字大的表示严酷程度高，例如等级 4M4 比 4M2 严酷程度高，一般情况严酷程度高的包括了严酷程度低的等级。

A.1.2 本部分考虑到的产品是用于湿热地区，其周围的化学活性物质和机械活性物质的危害程度不大，故严酷程度采用较低的等级。至于机械条件则不会由于处在湿热地区或其他地区而有所不同，故本部分按实际情况采用了由低到高的四个等级。

A.2 气候和生物条件等级

A.2.1 湿热地区无气候防护场所的气候条件，参照采用 GB/T 4798.4 严酷程度等级中的 4K3，但有个别参数不同于原等级，故本部分采用代号为 4K3Hs。对于有气候防护场所则列出 3K5L 及 3K5 两个等级。当产品应用本标准中的气候条件等级时，应根据产品自身特点选择有关的参数。

A.2.2 生物条件是根据 GB/T 4797.3 中的 B4 级，其中包括：霉菌、鼠类、白蚁、鸟类及其他生物的危害。

A.2.3 特殊气候条件列出 4Za4，4Za5，供存在强风或台风影响的地方考虑。

A.3 化学活性物质条件

A.3.1 3C1，4C1 等级适用于乡村或有少量工业污染的城市及交通不繁忙的场所。

A.3.2 3C2，4C2 等级适用于有一般程度的污染或交通繁忙的城市。

A.4 机械活性物质条件

A.4.1 3S1，4S1 等级适用于不紧靠沙源的农村地区。

A.4.2 3S2，4S2 等级适用于靠近沙源和灰尘的场所。

A.5 机械条件

A.5.1 3M2，4M2 等级适用于能够有效地防止振动和冲击的场所。

A.5.2 3M4，4M4 等级适用于由机械或行驶的车辆引起振动的场所。或者由于爆破，打桩等引起冲击的场所。

A.5.3 3M6，4M6 等级适用于由机器或行驶的车辆引起的振动或附近的机器、传送带等引起的大能量冲击的场所。

A.5.4 3M8，4M8 等级适用于产品直接安装在机器上，由机器本身引起大能量的振动和冲击的场所。

ICS 19.020
A 21

中华人民共和国国家标准

GB/T 14092.2—2009
代替 GB/T 14092.2—1993

机械产品环境条件 寒冷

Environmental condition for machinery products—Cold

2009-05-06 发布 2009-11-01 实施

中华人民共和国国家质量监督检验检疫总局
中国国家标准化管理委员会 发布

前言

GB/T 14092《机械产品环境条件》包括以下 7 个部分：

——GB/T 14092.1　机械产品环境条件　湿热

——GB/T 14092.2　机械产品环境条件　寒冷

——GB/T 14092.3　机械产品环境条件　高海拔

——GB/T 14092.4　机械产品环境条件　海洋

——GB/T 14092.5　机械产品环境条件　工业腐蚀

——GB/T 14092.6　机械产品环境条件　矿山

——GB/T 14092.7　机械产品环境条件　干热

本部分为 GB/T 14092《机械产品环境条件》的第 2 部分。

本部分代替 GB/T 14092.2—1993《机械产品环境条件　寒冷》。

本部分与 GB/T 14092.2—1993 相比，做了以下修改：

——根据 GB/T 1.1—2000《标准化工作导则　第 1 部分：标准的结构和编写规则》要求，对编排格式进行了修改；

——“本标准”一词改为“本部分”；

——规范性引用文件中增加“GB/T 14091《机械产品环境参数分类及其严酷程度分级》”；

——“第一次冲击最大响应频谱”改为“第一阶冲击最大响应频谱”。

本部分的附录 A 为资料性附录。

本部分由全国电工电子产品环境条件与环境试验标准化技术委员会(SAC/TC 8)提出并归口。

本部分起草单位：广州电器科学研究院。

本部分主要起草人：钟亚军、刘奎芳、赵佩玉。

本部分所代替标准的历次版本发布情况为：GB/T 14092.2—1993。

机械产品环境条件　寒冷

1　范围

本部分规定了机械产品在寒冷环境条件下的环境参数及其严酷等级。

本部分适用于GB/T 4797.1规定的“寒冷”和“寒温Ⅰ”两个气候区使用的一般用途的机械产品，包括农机具、内燃机、工程机械、重型机械、起重运输机械、矿山机械、石化机械、电工产品、仪器仪表、机床工具、通用零部件等。

本部分不适用于寒冷地区存在爆炸危险介质、矿井等特殊环境条件下使用的产品。

2　规范性引用文件

下列文件中的条款通过GB/T 14092的本部分的引用而成为本部分的条款。凡是注日期的引用文件，其随后所有的修改单(不包括勘误的内容)或修订版均不适用于本部分，然而，鼓励根据本部分达成协议的各方研究是否可使用这些文件的最新版本。凡是不注日期的引用文件，其最新版本适用于本部分。

GB/T 4797.1　电工电子产品自然环境条件　温度和湿度(GB/T 4797.1—2005,IEC 60721-2-1:2002,MOD)

GB/T 4798.3　电工电子产品应用环境条件　有气候防护场所固定使用(GB/T 4798.3—2007,IEC 60721-3-3:2002,MOD)

GB/T 4798.4　电工电子产品应用环境条件　无气候防护场所固定使用(GB/T 4798.4—2007,IEC 60721-3-4:1995,MOD)

GB/T 14091　机械产品环境参数分类及其严酷程度分级

3　使用环境条件

3.1　当产品应用本部分在选择环境参数严酷等级不能满足特殊使用要求时，产品可按实际情况采用GB/T 14091中所列出与其接近的参数值。

3.2　产品的使用环境参数条件参照GB/T 4798.4和GB/T 4798.3中的环境条件严酷等级。

3.3　环境条件包括：气候条件(K)、特殊气候条件(Z)、生物条件(B)、化学活性物质条件(C)、机械活性物质条件(S)和机械条件(M)共六类。

3.4　无气候防护场所的产品，其环境条件代号中的首位数字为“4”，简称为户外型，即适用于全露天场所使用的产品，其各类环境条件应在以下所列等级中选用。

3.4.1　气候环境条件：4K2,4K3L。

3.4.2　特殊气候环境条件

a)　辐射条件：4Zh1,4Zh2。

b)　周围空气运动条件：4Za3,4Za4,4Za5。

c)　雨以外的水源条件：4Zw6,4Zw7,4Zw8。

3.4.3　生物环境条件：4B1。

3.4.4　化学活性物质条件：4C1,4C2。

3.4.5　机械活性物质条件：4S1,4S2,4S3。

3.4.6　机械环境条件：4M1,4M2,4M3,4M4,4M5,4M6,4M7,4M8。

3.5　用于有气候防护场所的产品，其环境条件代号中的首位数字规定为“3”，其分类环境条件应在下列等级中选用。

3.5.1 气候环境条件:3K7Ls,3K8Ls。

3.5.2 特殊气候环境条件:

a) 热辐射条件:3Zh1,3Zh2。

b) 周围空气运动条件:3Za4,3Za5,3Za6。

c) 除雨以外的水源条件:3Zw7,3Zw8,3Zw9,3Zw10。

3.5.3 生物环境条件:3B1,3B2。

3.5.4 化学活性物质条件:3C1,3C2。

3.5.5 机械活性物质条件:3S1,3S2,3S3。

3.5.6 机械环境条件:3M1,3M2,3M3,3M4,3M5,3M6,3M7,3M8。

3.6 对于某一环境条件下使用的产品,应在其技术条件中规定各类环境条件等级。例如:4K3L/4Zh2/4Za4/4Zw7/4B1/4C2/4S2/4M3。有些产品如不适合在某些特殊条件下使用时,则不列该环境条件。

3.7 各类环境条件参数值。

3.7.1 气候环境条件等级参数见表1。

表1 气候环境条件等级参数[a]

环境参数	单位	使用场所			
		有气候防护		无气候防护	
		3K7Ls[b]	3K8Ls[c]	4K2[b]	4K3L[c]
空气温度					
年最高	℃	+40	+40	+40	+40
年最低	℃	−35	−50	−35	−50
相对湿度≥95%时的最高温度	℃	25	20	25	20
温度变化率	℃/min	0.5	0.5	0.5	0.5
空气压力[d]	kPa	90		90	
太阳辐照强度[e]	W/m²	1 000		1 120	
凝露条件		有		有	
降水条件(雨、雪、雹)		—		有	
降雨强度	mm/min	—		6	
结冰和结霜条件		有		有	

a 符号K……等后面的数字表示环境条件的严酷等级,有字母Ls表示环境参数中有些项目与原等级不一致。

b 3K7Ls和4K2适用于按GB/T 4797.1中寒温Ⅰ地区(气候环境参数值采用年极值的多年平均值)。当有气候防护场所冬季有取暖设施时,最低温度可以是+5 ℃。

c 3K8Ls和4K3L适用于按GB/T 4797.1中寒冷地区使用。用于室内冬季有取暖设施的设备,最低温度可以只考虑到+5 ℃。

d 相当于海拔1 000 m的气压值。

e 有气候防护场所太阳辐射强度降低一个等级。

3.7.2 特殊气候条件等级参数见表2。

表 2 特殊环境条件等级参数

<table>
<tr><td colspan="2" rowspan="2">环境参数</td><td colspan="10">使用场所</td></tr>
<tr><td colspan="6">有气候防护</td><td colspan="4">无气候防护</td></tr>
<tr><td rowspan="2">热辐射</td><td>等级</td><td colspan="3">3Zh1</td><td colspan="3">3Zh2</td><td colspan="2">4Zh1</td><td colspan="2">4Zh2</td></tr>
<tr><td>特殊条件</td><td colspan="3">可以忽略</td><td colspan="3">有热辐射条件</td><td colspan="2">可以忽略</td><td colspan="2">有热辐射条件</td></tr>
<tr><td rowspan="2">周围空气运动
m/s</td><td>等级</td><td colspan="2">3Za4</td><td colspan="2">3Za5</td><td colspan="2">3Za6</td><td>4Za3</td><td colspan="2">4Za4</td><td>4Za5</td></tr>
<tr><td>特殊条件</td><td colspan="2">5</td><td colspan="2">10</td><td colspan="2">30</td><td>20</td><td colspan="2">30</td><td>50</td></tr>
<tr><td rowspan="2">除雨以外的
其他水源</td><td>等级</td><td>3Zw7</td><td colspan="2">3Zw8</td><td colspan="2">3Zw9</td><td>3Zw10</td><td>4Zw6</td><td colspan="2">4Zw7</td><td>4Zw8</td></tr>
<tr><td>特殊条件</td><td>滴水
条件</td><td colspan="2">淋水
条件</td><td colspan="2">溅水
条件</td><td>喷水
条件</td><td>可以
忽略</td><td colspan="2">溅水
条件</td><td>喷水
条件</td></tr>
</table>

3.7.3 生物环境条件等级参数见表 3。

表 3 生物环境条件等级

环境参数	有气候防护场所		无气候防护场所
	3B1	3B2	4B1
植物	—	霉菌、真菌等	霉菌、真菌等
动物	—	鼠类、蚂蚁、鸟类等，白蚂蚁除外	鼠类、蚂蚁、鸟类等，白蚂蚁除外

3.7.4 化学活性物质条件各等级的环境参数值见表 4。

表 4 化学活性物质条件的等级

环境参数	单 位	等级[a]		
		3C1，4C1	3C2，4C2	
		最大值	平均值	最大值
盐雾条件[b]		有		
二氧化硫	mg/m^3	0.1	0.3	1.0
硫化氢	mg/m^3	0.01	0.1	0.5
氯气	mg/m^3	0.1	0.1	0.3
氯化氢	mg/m^3	0.1	0.1	0.5
氟化氢	mg/m^3	0.003	0.01	0.03
氨气	mg/m^3	0.3	1.0	3.0
臭氧	mg/m^3	0.01	0.03	0.1
氧化氮[c]	mg/m^3	0.1	0.5	1.0

[a] 在环境空气中的化学气体浓度值符合本表中的数值的即属于该等级。如有一种以上化学气体则按最大浓度值考虑等级，最大值是在每天不超过 30 min 期间的极限值。

[b] 盐雾条件仅在盐湖附近地区考虑。

[c] 包括氮的各类氧化物，折算为二氧化氮。

3.7.5　机械活性物质条件等级参数值见表5。

表5　机械活性物质条件等级参数值

环境参数	单　位	使用场所					
		有气候防护			无气候防护		
沙	mg/m^3		30	300	30	300	1 000
尘(漂浮)	mg/m^3	0.001	0.2	0.4	0.5	5.0	15
尘(沉降)	$mg/(m^2 \cdot d)$	10	35	350	350	500	1 000

3.7.6　机械环境条件等级参数值见图1及表6。

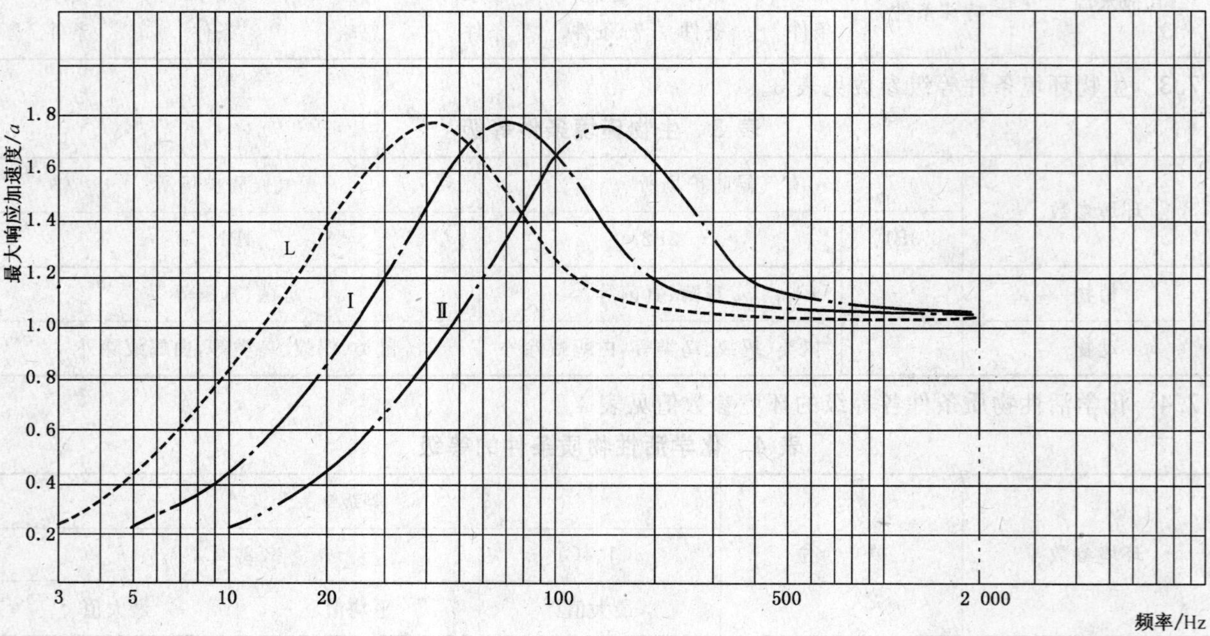

注：频谱类型L：持续时间22 ms；
　　频谱类型Ⅰ：持续时间11 ms；
　　频谱类型Ⅱ：持续时间6 ms。

图1　典型冲击响应频谱(第一阶冲击最大响应频谱)

表 6　机械条件等级

环境参数	单位	等级							
		3M1,4M1	3M2,4M2	3M3,4M3	3M4,4M4	3M5,4M5	3M6,4M6	3M7,4M7	3M8,4M8
正弦稳态振动									
位移	mm	0.3	1.5	1.5	3.0	3.0	7.0	10	15
加速度	m/s^2	1	5	5	10	10	20	30	50
频率范围	Hz	2～9　9～200	2～9　9～200	2～9　9～200	2～9　9～200	2～9　9～200	2～9　9～200	2～9　9～200	2～9　9～200
非稳态振动（包括冲击）									
冲击响应谱 L									
峰值加速度	m/s^2	40	40	70	—	—	—	—	—
冲击响应谱 Ⅰ									
峰值加速度	m/s^2	—	—	—	100	—	—	—	—
冲击响应谱 Ⅱ									
峰值加速度	m/s^2	—	—	—	—	250	250	250	250

附 录 A
（资料性附录）
环境条件的应用举例

A.1 气候条件等级

4K2 本等级应用在无气防护，直接暴露在按 GB/T 4797.1 寒温Ⅰ地区的气候类型中。3K7Ls 用于有气候防护场所寒温Ⅰ地区。

4K3L 本等级应用在无气候防护，直接暴露在按 GB/T 4797.1 寒冷地区的气候类型中。3K8Ls 用于有气候防护场所寒冷地区。

如表 1 中的环境条件不能满足实际要求时，可由订货单位与制造厂协商确定采用其他等级或参数。

在上述气候条件中，产品在使用场所受到的热辐射，周围空气运动和除雨以外的其他水源的特殊条件按表 2 的规定选择。

A.2 生物条件等级

寒温Ⅰ及寒冷地区可以只考虑鸟类、鼠类及啮类动物的危害。

A.3 化学活性物质条件等级

3C1，4C1 等级应用在有较少的工业活性物质和中等交通运输的乡村和城市地区。

3C2，4C2 等级应用在一般程度的污染、工业活性物质分布整个地区或交通繁忙的城镇。

A.4 机械活性物质条件

3S1 应用于有防尘设施，能防止尘、沙进入的场所。

3S2 应用于无防尘设施和不靠近沙尘源的场所。

3S3 应用于靠近沙尘源的场所。

4S1 等级应用于不靠近沙源的乡村地区。

4S2 等级应用于有沙或尘源的地区。

4S3 等级应用于因地理位置上属于有风沙或空气中有灰尘的地区。

A.5 机械条件等级

3M1，3M2 和 4M1，4M2 等级应用于能够防止明显的振动和冲击的场所。

3C3，4C3 等级应用于能防明显的振动，但可能受到爆破、打桩等引起的冲击场所。

3M4，4M4 等级应用于由机器或行驶的车辆引起的振动场所，或者由于爆破、打桩等引起的冲击场所。

3M5，3M6 和 4M5，4M6 等级应用于机器或行驶车辆引起的振动或附近的机器、传送带等引起的大能量的冲击场所。

3M7，3M8 和 4M7，4M8 等级应用于产品直接安装在机器上，由机器本身引起的大能量的振动和冲击的场所。

A.6 应用举例

使用场所：东北沈阳某机械厂，位于工业区的交叉路段，工业粉尘较大。

户外气候属于寒温Ⅰ。

使用场所的总代号为：4K2/4Zh4/4Za4/4Zw7/4B1/4S3/4M4。

ICS 19.020
A 21

中华人民共和国国家标准

GB/T 14092.3—2009
代替 GB/T 14092.3—1993

机械产品环境条件 高海拔

Environmental condition for machinery products—High altitude

2009-05-06 发布　　2009-11-01 实施

中华人民共和国国家质量监督检验检疫总局
中国国家标准化管理委员会　发布

前　言

GB/T 14092《机械产品环境条件》包括以下7个部分：

——GB/T 14092.1　机械产品环境条件　湿热

——GB/T 14092.2　机械产品环境条件　寒冷

——GB/T 14092.3　机械产品环境条件　高海拔

——GB/T 14092.4　机械产品环境条件　海洋

——GB/T 14092.5　机械产品环境条件　工业腐蚀

——GB/T 14092.6　机械产品环境条件　矿山

——GB/T 14092.7　机械产品环境条件　干热

本部分为GB/T 14092《机械产品环境条件》的第3部分。

本部分代替GB/T 14092.3—1993《机械产品环境条件　高海拔》。

本部分与GB/T 14092.3—1993相比，做了以下修改：

——根据GB/T 1.1—2000《标准化工作导则　第1部分：标准的结构和编写规则》要求，对编排格式进行了修改；

——“本标准”一词改为“本部分”；

—— 3.6.1 表1的数据与GB/T 14597相统一；

——“第一次冲击最大响应频谱”改为“第一阶冲击最大响应频谱”。

本部分的附录A为资料性附录。

本部分由全国电工电子产品环境条件与环境试验标准化技术委员会(SAC/TC 8)提出并归口。

本部分起草单位：广州电器科学研究院。

本部分主要起草人：钟亚军、赵佩玉、刘奎芳。

本部分所代替标准的历次版本发布情况为：GB/T 14092.3—1993。

机械产品环境条件
高海拔

1 范围

本部分规定了机械产品高海拔环境条件的环境参数及其严酷等级。

本部分适用于1 000 m～5 000 m高海拔地区使用的一般用途的机械工业产品。包括农机具、内燃机、工程机械、矿山机械、石化通用机械、电工产品、仪器仪表、机床工具、通用零部件、重型机械、起重运输机械等。

本部分不适用于高海拔地区存在爆炸危险介质、矿井等特殊环境条件下使用的机械产品。

2 规范性引用文件

下列文件中的条款通过GB/T 14092的本部分的引用而成为本部分的条款。凡是注日期的引用文件，其随后所有的修改单(不包括勘误的内容)或修订版均不适用于本部分，然而，鼓励根据本部分达成协议的各方研究是否可使用这些文件的最新版本。凡是不注日期的引用文件，其最新版本适用于本部分。

GB/T 4798.4　电工电子产品应用环境条件　无气候防护场所固定使用(GB/T 4798.4—2007，IEC 60721-3-4：1995，MOD)

GB/T 14091　机械产品环境参数分类及其严酷程度分级

3 使用环境条件

3.1　当产品标准在选择本部分规定的环境参数严酷等级不能满足特殊使用要求时，产品可按实际情况采用GB/T 14091中所列出与其相接近的参数值。

3.2　产品的使用环境条件参照GB/T 4798.4第4章中的环境条件严酷等级。

环境条件包括：气候条件(K)、特殊气候条件(Z)、生物条件(B)、化学活性物质条件(C)、机械活性物质条件(S)和机械条件(M)共六类。

3.3　无气候防护场所环境条件等级中前一数字为“4”，即适用于全露天场所使用的产品，其各类环境条件应在以下所列等级中选用。

3.3.1　气候环境条件：4Kp1，4Kp2，4Kp3，4Kp4，4Kp5。

3.3.2　特殊气候环境条件：

a)　热辐射条件：4Zh1，4Zh2。

b)　周围空气运动条件：4Za4。

c)　雨以外的水源条件：4Zw6，4Zw7，4Zw8。

3.3.3　生物条件：4B1，4B2。

3.3.4　化学活性物质条件：4C1，4C2。

3.3.5　机械活性物质条件：4S1，4S2，4S3。

3.3.6　机械环境条件：4M1，4M2，4M3，4M4，4M5，4M6，4M7，4M8。

3.4　有气候防护场所环境条件等级中前一数字为“3”，其各类环境条件应在下列等级中选用。

3.4.1　气候环境条件：3Kp1，3Kp2，3Kp3，3Kp4，3Kp5。

3.4.2　特殊气候环境条件：

a) 热辐射条件:3Zh1,3Zh2,3Zh3。

b) 周围空气运动:3Za4,3Za5。

c) 除雨以外的其他水源:3Zw7,3Zw8,3Zw9,3Zw10。

3.4.3 生物条件:3B1,3B2,3B3。

3.4.4 化学活性物质条件:3C1,3C2。

3.4.5 机械活性物质条件:3S1,3S2,3S3。

3.4.6 机械环境条件:3M1,3M2,3M3,3M4,3M5,3M6,3M7,3M8。

3.5 对于某一环境条件下使用的产品,应在某产品技术条件中规定各类环境条件等级。例如:4Kp2/4Zh2/4Za4/4Zw7/4B1/4C1/4S1/4M3。有些产品如不适合在某些特殊条件下使用时,则可不列该环境条件。

3.6 各类环境条件参数值。

3.6.1 气候条件等级环境参数值见表1。

表1 气候条件等级参数值

气候环境参数[a]		单位	等级[b]				
			3Kp1,4Kp1	3Kp2,4Kp2	3Kp3,4Kp3	3Kp4,4Kp4	3Kp5,4Kp5
空气压力	年平均	kPa	90.0	79.5	70.1	61.7	54.0
	年最低		87.2	77.5	68.0	60.0	52.5
空气温度	最高	℃	45、40	35	30	25	20
	最高日平均		35、30	25	20	15	10
	最低		−5、−15、−25、−40、−45				
相对湿度≥95%时的最高温度		℃	25	25	25	15	15
太阳辐照强度		W/m^2	1 000	1 060	1 120	1 180	1 250
空气含氧量		g/m^3(0 ℃)	265.5	234.8	209.6	182.0	159.7
温度变化率		℃/min	0.5				
降雨强度[c]		mm/min	3、6				
降水条件[c](雨、雪、雹)			有				
结冰和结霜条件[c]			有				
凝露			有				

a 符号K……后面的数字表示环境条件的严酷等级。

b 气候环境参数3Kp1,3Kp2,3Kp3,3Kp4,3Kp5和4Kp1,4Kp2,4Kp3,4Kp4,4Kp5分别表示相应海拔高度为1 000 m,2 000 m,3 000 m,4 000 m,5 000 m,以及有(无)气候防护类型的气候环境代号。

c 降雨强度、降水条件、结冰和结霜条件在有气候防护场所可以不必考虑。

表中的气候环境参数值采用年极值的多年平均值(除空气压力外)。

对于大型或海拔影响比较大的产品,表中的参数值可由制造厂与用户协商确定。

3.6.2 特殊气候条件等级参数值见表2。

表 2 特殊环境条件等级参数值

<table>
<tr><td rowspan="2">环境参数</td><td colspan="6">有气候防护场所</td><td colspan="4">无气候防护场所</td></tr>
<tr><td colspan="6">等级</td><td colspan="4">等级</td></tr>
<tr><td rowspan="2">热辐射</td><td colspan="2">3Zh1</td><td colspan="2">3Zh2</td><td colspan="2">3Zh3</td><td colspan="2">4Zh1</td><td colspan="2">4Zh2</td></tr>
<tr><td colspan="2">可以忽略</td><td colspan="2">有热辐射条件，例如室内加热系统附近</td><td colspan="2">有热辐射条件，例如室内加热系统或锅炉附近</td><td colspan="2">可以忽略</td><td colspan="2">有热辐射条件，例如由于生产条件造成</td></tr>
<tr><td rowspan="2">周围空气运动
m/s</td><td colspan="3">3Za4</td><td colspan="3">3Za5</td><td colspan="2">4Za3</td><td colspan="2">4Za4</td></tr>
<tr><td colspan="3">5</td><td colspan="3">10</td><td colspan="2">20</td><td colspan="2">30</td></tr>
<tr><td rowspan="2">除雨以外的其他水源</td><td>3Zw7</td><td colspan="2">3Zw8</td><td colspan="2">3Zw9</td><td>3Zw10</td><td>4Zw6</td><td colspan="2">4Zw7</td><td>4Zw8</td></tr>
<tr><td>滴水条件</td><td colspan="2">淋水条件</td><td colspan="2">溅水条件</td><td>喷水条件</td><td>可以忽略</td><td colspan="2">溅水条件</td><td>喷水条件</td></tr>
</table>

3.6.3 生物条件等级见表 3。

表 3 生物条件等级

环境参数	有气候防护场所			无气候防护场所	
	3B1	3B2	3B3	4B1	4B2
植物	—	霉菌、真菌等	霉菌、真菌等	霉菌、真菌等	霉菌、真菌等
动物	—	啮齿动物和其他危害产品的动物，白蚁除外	啮齿动物和其他危害产品的动物，包括白蚁	啮齿动物和其他危害产品的动物，白蚁除外	啮齿动物和其他危害产品的动物，包括白蚁

3.6.4 化学活性物质条件各等级的环境参数值见表 4。

表 4 化学活性物质条件的等级参数值

环境参数	单位	等级[a]		
		3C1、4C1	3C2、4C2	
		最大值	平均值	最大值
盐雾条件[b]			有	
二氧化硫	mg/m^2	0.1	0.3	1.0
硫化氢	mg/m^2	0.01	0.1	0.5
氯气	mg/m^2	0.1	0.1	0.3
氯化氢	mg/m^2	0.1	0.1	0.5
氟化氢	mg/m^2	0.003	0.01	0.03
氨气	mg/m^2	0.3	1.0	3.0
臭气	mg/m^2	0.01	0.03	0.1
氧化氮[c]	mg/m^2	0.1	0.5	1.0

[a] 在环境空气中的化学气体浓度值符合本表中的数值即属于该等级，如有一种以上化学气体则按最大浓度值考虑其等级，最大值是在每天超过 30 min 期间的极限值。

[b] 盐雾条件宜在盐湖附近地区考虑。

[c] 包括氮的各类氧化物，折算为二氧化氮。

3.6.5 机械活性物质条件等级见表5。

表5 机械活性物质条件等级参数值

环境参数	单位	有气候防护场所			无气候防护场所		
		3S1	3S2	3S3	4S1	4S2	4S3
沙	mg/m^2	—	30	300	30	300	1 000
尘(漂浮)	mg/m^2	0.01	0.2	0.4	0.5	5.0	15
尘(沉降)	$mg/(m^2 \cdot d)$	10	35	350	350	500	1 000

3.6.6 机械环境条件等级参数值见图1及表6。

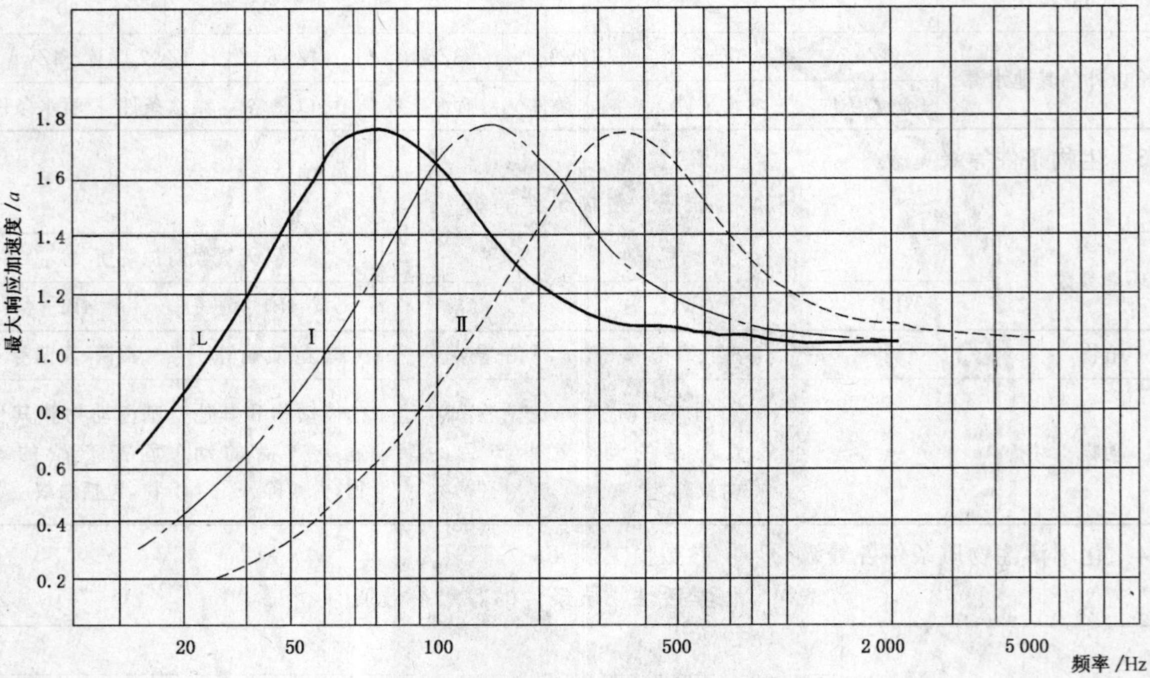

注：频谱类型L：持续时间22 ms；
频谱类型Ⅰ：持续时间11 ms；
频谱类型Ⅱ：持续时间6 ms。

图1 典型冲击响应频谱(第一阶冲击最大响应频谱)

表 6 机械条件的等级

环境参数	单位	等级 3M1,4M1		3M2,4M2		3M3,4M3		3M4,4M4		3M5,4M5		3M6,4M6		3M7,4M7		3M8,4M8	
正弦稳态振动																	
位　移	mm	0.3		1.5		1.5		3.0		3.0		7.0		10		15	
加速度	m/s^2		1		5		5		10		10		20		30		50
频率范围	Hz	2～9	9～200	2～9	9～200	2～9	9～200	2～9	9～200	2～9	9～200	2～9	9～200	2～9	9～200	2～9	9～200
非稳态振动（包括冲击）																	
冲击响应谱 L																	
峰值加速度	m/s^2	40		40		70		—		—		—		—		—	
冲击响应谱 I																	
峰值加速度	m/s^2	—		—		—		100		—		—		—		—	
冲击响应谱 II																	
峰值加速度	m/s^2	—		—		—		—		250		250		250		250	

附 录 A
（资料性附录）
环境条件的应用举例

A.1 气候条件等级

3Kp1,4Kp1 等级应用在有(无)气候防护,海拔 1 000 m 的地区。

3Kp2,4Kp2 等级应用在有(无)气候防护,海拔 2 000 m 的地区。

3Kp3,4Kp3 等级应用在有(无)气候防护,海拔 3 000 m 的地区。

3Kp4,4Kp4 等级应用在有(无)气候防护,海拔 4 000 m 的地区。

3Kp5,4Kp5 等级应用在有(无)气候防护,海拔 5 000 m 的地区。

在上述气候条件中,产品在使用场所受到的热辐射,周围空气运动和除雨以外的其他水源的特殊条件按表 2 中的规定选择。

A.2 生物条件等级

3B1 可不考虑生物危害。

3B2 和 4B1 存在霉菌、真菌生长及啮齿类动物危害(不包括白蚁)。

3B3 和 4B3 存在霉菌、真菌生长及啮齿类动物等危害(包括白蚁)。

A.3 化学活性物质等级

4C1 适用于农村或有少量工业污染的城市及交通不繁忙的城市。

4C2 适用于有工业污染或交通繁忙的城市。

A.4 机械活性物质条件

3S1 等级应用于有防尘设施的场所能够防止尘和沙的进入。

3S2 等级应用于无防尘设施和不靠近沙、尘源的场所。

3S3 等级应用于靠近沙、尘源的场所。

4S1 适用于不紧靠沙源的农村。

4S2 适用于靠近沙源或尘源的场所。

4S3 适用于因地理位置上属于有风沙或空气中有灰尘的地区。

A.5 机械条件

3M1,3M2,4M1,4M2 等级应用于能防止明显的振动和冲击的场所。

3M3,4M3 等级应用于能防止明显的振动,但可以受到爆破、打桩引起的冲击场所。

3M4,4M4 等级应用于机器或行驶的车辆引起的振动场所,或者由于爆破、打桩等引起的冲击场所。

3M5,3M6,4M5,4M6 等级应用于由于机器或行驶车辆引起的振动或附近的机器、传送带等引起的大能量的冲击场所。

3M7,3M8,4M7,4M8 等级应用于产品直接安装在机器上,由机器本身引起的大能量的振动和冲击的场所。

A.6 应用举例

使用场所：青海格尔木某重型机床厂或拖拉机厂，海拔 2 260 m 位于工业生产小城镇的交叉路口。户外气候属于寒温Ⅱ。

使用场地的总代号为 4Kp2/4Za4/4Zw7/4B2/4S2/4M4。

ICS 19.020
A 21

中华人民共和国国家标准

GB/T 14092.4—2009
代替 GB/T 14092.4—1993

机械产品环境条件 海洋

Environmental condition for machinery products—Ocean

2009-05-06 发布　　2009-11-01 实施

中华人民共和国国家质量监督检验检疫总局
中国国家标准化管理委员会　发布

前　言

GB/T 14092《机械产品环境条件》包括以下7个部分：

——GB/T 14092.1　机械产品环境条件　湿热

——GB/T 14092.2　机械产品环境条件　寒冷

——GB/T 14092.3　机械产品环境条件　高海拔

——GB/T 14092.4　机械产品环境条件　海洋

——GB/T 14092.5　机械产品环境条件　工业腐蚀

——GB/T 14092.6　机械产品环境条件　矿山

——GB/T 14092.7　机械产品环境条件　干热

本部分为GB/T 14092《机械产品环境条件》的第4部分。

本部分代替GB/T 14092.4—1993《机械产品环境条件　海洋》。

本部分与GB/T 14092.4—1993相比，做了以下修改：

——根据GB/T 1.1—2000《标准化工作导则　第1部分：标准的结构和编写规则》要求，对编排格式进行了修改；

——"本标准"一词改为"本部分"；

——规范性引用文件中删除了"JB 4386.1　移动式平台及海上设施用电子电工产品环境条件参数分级"及"ZB N92 002 仪器仪表海洋环境条件"，增加了"GB/T 2423.57 电工电子产品环境试验　第2部分：试验方法　试验Ei：冲击　冲击响应谱合成"。

本部分的附录A为资料性附录。

本部分由全国电工电子产品环境条件与环境试验标准化技术委员会(SAC/TC 8)提出并归口。

本部分起草单位：广州电器科学研究院。

本部分主要起草人：钟亚军、赵佩玉、刘奎芳。

本部分所代替标准的历次版本发布情况为：GB/T 14092.4—1993。

机械产品环境条件 海洋

1 范围

本部分规定了机械产品在渤海、黄海、东海、南海等四大海域的海洋自然环境参数及其严酷等级。

本部分适用于海上固定式和移动式设施的机械产品在制定海上露天用和水下用产品的环境条件标准时，选定环境参数和严酷等级。

2 规范性引用文件

下列文件中的条款通过GB/T 14092的本部分的引用而成为本部分的条款。凡是注日期的引用文件，其随后所有的修改单(不包括勘误的内容)或修订版均不适用于本部分，然而，鼓励根据本部分达成协议的各方研究是否可使用这些文件的最新版本。凡是不注日期的引用文件，其最新版本适用于本部分。

GB/T 2423.57 电工电子产品环境试验 第2部分：试验方法 试验Ei：冲击 冲击响应谱合成(GB/T 2423.57—2008，IEC 60068-2-81：2003，IDT)

GB/T 4797.3 电工电子产品自然环境条件 生物

GB/T 4797.6 电工电子产品自然环境条件 尘、沙、盐雾(GB/T 4797.6—1995，IEC 60721-2-5：1991，NEQ)

GB/T 14091 机械产品环境参数分类及其严酷程度分级

3 一般要求

3.1 本部分中的气候、生物和水文条件参数是根据各海域的实际情况规定的。不同海域上用的产品可按本部分规定的限值，对机械产品提出相适应的条件。

3.2 当产品标准在选择本部分规定的化学活性物质条件和机械活性物质条件的严酷等级，不能满足特殊使用要求时，产品可按实际情况考虑采用GB/T 14091中所列出的与其要求相接近的参数值。

3.3 产品实际使用中将会受到多种环境参数综合的影响，它包括的条件和代号为气候条件(K)、生物条件(B)、化学活性物质条件(C)、机械活性物质条件(S)、水文条件(H)。对于不同海域上处于不同使用场所或产品，应注明上述各种有影响的条件和严酷程度。

3.4 标准中的某些参数，尚不能定量规定其严酷等级，只是对典型参数定性地规定严酷程度，例如气候条件中的凝露、结冰和结霜、生物条件等。

4 海洋环境条件

4.1 气候条件

气候条件参数见表1。

表 1　海洋气候条件参数值

环境参数		单位	K1 渤海	K2 黄海	K3 东海	K4 南海
空气温度	年最低	℃	−20	−20	−10	5
	年最高		35	35	35	40
相对湿度≥95%时的最高温度		℃	25	25	28	28
空气压力	最低	kPa	100	100	99	99
	最高		103	103	102	102
太阳辐照强度		W/m²	1 000		1 120	
降水强度		mm/min	6			
除雨以外其他水源	喷水	m/s	3			
	海浪	m/s	10			
最大风速		m/s	30、50			
凝露			有			
结冰和结霜条件			有	有	有	—
雷暴			有	有	有	频繁

4.2　生物条件

只给出典型的参数，没有给出定量的严酷程度值。生物条件参数见表 2。

表 2　生物条件等级

环境参数	B3 渤海、黄海	B4 东海、南海
植物 动物	霉菌、鼠类 蚁类、鸟类	生物活动频繁并有各种生物危害
海洋生物	海藻、藤壶	海藻、牡蛎、苔藓虫

4.3　化学活性物质条件

化学活性物质条件等级见表 3。

表 3　化学活性物质条件等级

环境参数		单　位	等级 C1	等级 C2	等级 C3
空气中	盐雾	mg/m³	—	2	5
	二氧化硫	mg/m³	0.1	1.0	1.0
	氧化氮（二氧化氮当量值）	mg/m³	0.1	1.0	1.0
	臭氧	mg/m³	0.01	0.01	0.1
	硫化氢	mg/m³	0.01	0.50	0.50
	氯化氢	mg/m³	0.1	0.1	0.5
	氟化氢	mg/m³	0.003	0.003	0.03
	氨	mg/m³	0.3	0.3	3.0
海洋中	海盐	kg/m³			30

4.4 机械活性物质条件

机械活性物质条件等级见表4。

表4 机械活性物质条件等级

环境参数	单　位	等级		
		S1	S2	S3
空气中的沙	g/m^3	—	0.1	1.0
灰尘沉积	$mg/(m^2 \cdot d)$	—	1 000	2 000

4.5 水文条件

水文条件见表5。

表5 水文条件参数值

环境参数		单　位	H1 渤海	H2 黄海	H3 东海	H4 南海
海水表层温度	最低	℃	−3	−3	3	10
	最高		30	30	30	35
海水表层最大盐度		mg/cm^3	33	33	35	37
最大潮差		m	5.0	7.0	9.0	7.0
波浪	最大波高	m	11	11	15	20
	最大周期	s	11	11	12	16
流水速度		m/s	1.5	1.0		
海水表层速度		m/s	0.6	3.0	3.0	3.0
浮冰厚度		m	0.3	—	—	—

4.6 机械条件

机械条件见表6。

表6 机械条件等级

环境参数	物理参数	单位	等级						
			M1	M2		M3		M4	
稳态振动（正弦）	位移	mm		1.5		1.5		1.5	
	加速度	m/s^2	—		10[a]		20[b]		50
	频率范围	Hz	—	2～13	10～100	2～18	18～200	2～28	28～200
非稳态振动（含冲击）[c]									
第Ⅰ类冲击谱	加速度	m/s^2	50	100[d]		100[d]		100	
第Ⅱ类冲击谱	加速度	m/s^2	100	300		300		300	
第Ⅲ类冲击谱	加速度	m/s^2	—	—		500		500	
角运动[e]倾斜									
绕 X 轴回转	角度	(°)	15	15[f]		15[f]		15[f]	
绕 Y 轴回转	角度	(°)	10	10[g]		10[g]		10[g]	
角运动[e]摇摆									
绕 X 轴回转	角度	(°)	22.5	22.5[h]		22.5[h]		22.5[h]	
	频率	Hz	0.14	0.14		0.14		0.14	

表 6（续）

环境参数	物理参数	单位	等级			
			M1	M2	M3	M4
绕 Y 轴回转	角度	(°)	10	10[i]	10[i]	10[i]
	频率	Hz	0.2	0.2	0.2	0.2
绕 Z 轴回转	角度	(°)	4	4	4	4
	频率	Hz	0.05	0.05	0.05	0.05
恒加速度[f]						
X 轴向	加速度	m/s^2	5	5	5	5
Y 轴向	加速度	m/s^2	6	6	6	6
Z 轴向	加速度	m/s^2	10	10[j]	10[j]	10[j]

a 在特定情况下，此严酷度等级可减至 2 Hz～13.2 Hz，1 mm；13.2 Hz～80 Hz，7 m/s^2。

b 在特定情况下，此严酷等级可按 M2。

c 冲击谱的概念在 GB/T 2423.57 中有详细说明，其冲击响应谱见图 1。

d 在特定情况下，此严酷度等级可减至 50 m/s^2。

e 相对于船体的三个正交坐标轴为：

X 轴：沿船的艏艉方向；

Y 轴：沿船的横向；

Z 轴：沿船的垂向。

f 对应急设备应考虑 22.5°；对单体电池的结构应能防止由于从正常位置倾斜 40°而引起的电解液外溢。

g 船长大于 150 m 的船舶上的设备（应急设备除外）严酷度可减至 5°。当船舶的船长/宽度≤3 时（如海洋平台），绕 Y 轴的倾斜角度与绕 X 轴的倾斜角度相同。

h 应急设备及小型海船上的设备，其横摇极限值可达 45°。

i 船长大于 150 m 的船舶上的设备，严酷度可减至 5°。应急设备其纵摇极限值可达 22.5°。

j 船长大于 150 m 的船舶上的设备可减至 6 m/s^2。

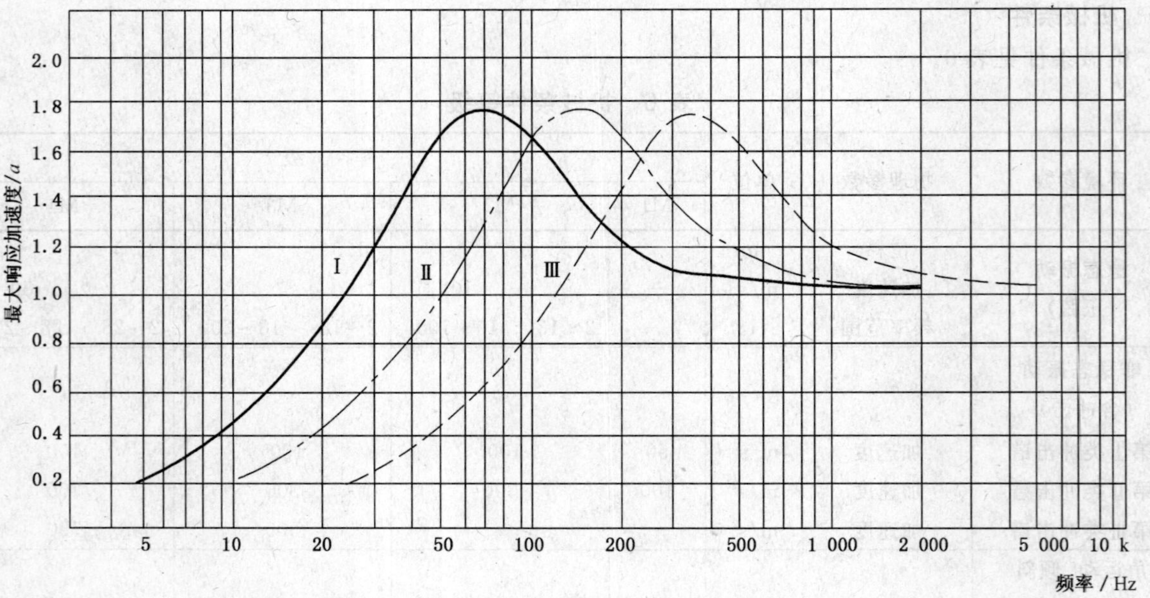

第Ⅰ类　冲击谱系指冲击脉冲持续时间较长，冲击峰值加速度较低时的典型冲击谱。

第Ⅱ类　冲击谱系指冲击脉冲持续时间中等，冲击峰值加速度中等时的典型冲击谱。

第Ⅲ类　冲击谱系指冲击脉冲持续时间较短，冲击峰值加速度较高时的典型冲击谱。

图 1　冲击响应谱（一阶最大冲击响应谱）

附 录 A
（资料性附录）
环境条件的应用说明

A.1 说明

A.1.1 本附录对如何正确选择环境参数及其等级作了必要的补充。

A.1.2 标准中除气候、生物和水文条件参数是根据各海域的实际情况规定外，化学活性物质条件和机械活性物质条件等级的代号，是按照环境参数的严酷程度由低到高顺序排列，数字大的表示严酷程度高。例如等级 C3 比 C2 严酷程度高，一般情况严酷程度高的包括了严酷程度低的等级。

A.1.3 标准中的气候和水文条件参数，是贮存、运输、使用过程中所经受的短期内出现的极限条件，除风、波浪外，一般采用年极值的多年平均值，化学活性物质条件采用最大值，即每天不超过 30 min 的极限值或峰值。

A.2 生物条件

生物条件等级是根据 GB/T 4797.3 中的相应等级，海洋生物是根据各海域实际出现的情况确定的。

A.3 化学活性物质条件

C1 等级适用于无大量工业排放污染附近区域的海上设施中有防发动机排气措施的各种装置。

C2 等级除包括 C1 条件外，还包括暴露于有盐雾和海上设施中有完全气候防护的各种装置。

C3 等级除包括 C2 条件外，还包括了航行于靠近排放大量空气污染物的工业区的海域中的各种装置。

A.4 机械活性物质条件

S1 等级包括有防沙、灰尘和烟灰侵入措施的各种装置。

S2 等级除包括 S1 条件外，还包括了进行积尘甲板清扫的有气候防护和无气候防护的一切装置，同时也包括处于锅炉排气(烟灰)中的各种部位。

S3 等级除包括 S2 条件外，还包括了一切无气候防护的装置，以及装载水泥、煤粉等作业场所附近的装置。

A.5 水文条件

波浪中的最大周期为出现最大波高时达到的最大周期，一般采用极值。

A.6 机械环境条件

机械环境条件采用 GB/T 4797.6 中机械环境条件的内容。

ICS 19.020
A 21

中华人民共和国国家标准

GB/T 14092.5—2009
代替 GB/T 14092.5—1993

机械产品环境条件 工业腐蚀

Environmental condition for machinery products—Industrial corrosion

2009-05-06 发布　　2009-11-01 实施

中华人民共和国国家质量监督检验检疫总局
中国国家标准化管理委员会　发布

前言

GB/T 14092《机械产品环境条件》包括以下7个部分：

——GB/T 14092.1 机械产品环境条件 湿热

——GB/T 14092.2 机械产品环境条件 寒冷

——GB/T 14092.3 机械产品环境条件 高海拔

——GB/T 14092.4 机械产品环境条件 海洋

——GB/T 14092.5 机械产品环境条件 工业腐蚀

——GB/T 14092.6 机械产品环境条件 矿山

——GB/T 14092.7 机械产品环境条件 干热

本部分为GB/T 14092的第5部分。

本部分代替GB/T 14092.5—1993《机械产品环境条件 工业腐蚀》。

本部分与GB/T 14092.5—1993相比，主要做了以下修改：

——根据GB/T 1.1—2000《标准化工作导则 第1部分：标准的结构和编写规则》要求，对编排格式进行了修改；

——“本标准”一词改为“本部分”。

本部分的附录A和附录B均为资料性附录。

本部分由全国电工电子产品环境条件与环境试验标准化技术委员会(SAC/TC 8)提出并归口。

本部分起草单位：广州电器科学研究院。

本部分主要起草人：方沛文、杨建。

本部分所代替标准的历次版本发布情况为：GB/T 14092.5—1993。

机械产品环境条件
工业腐蚀

1 范围

本部分规定了机械产品工业腐蚀环境条件及其严酷程度等级。

本部分适用于机械、石油、化工、电力、冶金等工业生产环境中地面固定使用的机械产品。

本部分不适用于存在爆炸危险介质、海洋、船舶等特殊环境条件下使用的产品。

2 规范性引用文件

下列文件中的条款通过 GB/T 14092 的本部分的引用而成为本部分的条款。凡是注日期的引用文件，其随后所有的修改单(不包括勘误的内容)或修订版均不适用于本部分，然而，鼓励根据本部分达成协议的各方研究是否可使用这些文件的最新版本。凡是不注日期的引用文件，其最新版本适用于本部分。

GB/T 4797.1 电工电子产品自然环境条件温度和湿度(GB/T 4797.1—2005，IEC 60721-2-1：1982，MOD)

GB/T 4798.4 电工电子产品应用环境条件 无气候防护场所固定使用(GB/T 4798.4—2007，IEC 60721-3-4：1995，MOD)

GB/T 14091 机械产品环境参数分类及其严酷程度分级

3 环境条件分类及严酷度分级

3.1 一般要求

3.1.1 对于在工业生产环境中可能产生的高温、潮湿、化学腐蚀介质(酸、碱、盐等的气体和雾)、粉尘(包括自然和生产性粉尘)等诱导环境因素，在制定专业产品技术条件时，按本部分规定的严酷程度等级，确定机械产品相适应的环境条件。

3.1.2 产品在实际使用中将受到多种环境因素的综合作用(特别是高相对湿度与化学活性物质或机械活性物质同时作用)会增强对产品的影响。某些场所的环境条件还可能受到其他因素的影响，例如：散热源、特殊生产流程等。在产品设计、选择标准等级时注意考虑上述影响因素。

3.1.3 凡在本部分规定的环境条件下使用的机械产品，应符合本部分的规定，本部分未作规定的极端和特殊环境条件，可从 GB/T 14091 中选取参数，在产品有关专业标准中规定。

3.2 环境条件分类及代号

环境条件包括：气候条件(K)、特殊气候条件(Z)、生物条件(B)、化学活性物质条件(C)、机械活性物质条件(S)和机械条件(M) 共六类。

3.3 场所说明

机械产品使用的环境条件的严酷度等级在表 1 中选取。工业生产环境包括：有气候防护场所，即指对产品能防止气候直接影响的场所；无气候防护场所，即指产品受气候因素影响无防护的场所。

环境条件等级代号前的数字表示使用场所，数字“3”表示有气候防护场所，数字“4”表示无气候防护场所，等级代号后的数字表示等级高低，除特殊气候条件 Z 外，较高数字等级通常包括较低数字等级。

表 1 环境条件严酷度等级

环境条件类别	有气候防护场所	无气候防护场所
气候条件 K	3K4,3K5,3K5L,3K6,3K6L,3K7,3K7L,3K8H	4K1,4K2,4K3,4K3L,4K3Hs
特殊气候条件 Z	3Zh1,3Zh2,3Zh3 3Za4,3Za5,3Za6 3Zw7,3Zw8,3Zw9,3Zw10	4Zh1,4Zh2 4Za3,4Za4,4Za5 4Zw6,4Zw7,4Zw8
生物条件 B	3B1,3B2,3B3	4B1,4B2
化学活性物质条件 C	3C1,3C2,3C3,3C4	4C1,4C2,4C3,4C4
机械活性物质条件 S	3S2,3S3,3S4	4S1,4S2,4S3,4S4

3.4 使用本部分的选择原则

选择能满足产品使用要求的最低严酷度的环境条件等级。

3.5 气候条件

气候条件严酷度等级见表 2,表中所列参数值均采用年极值的多年平均值。

表 2 气候条件等级

环境参数	单位	有气候防护场所等级								无气候防护场所等级				
		3K4	3K5	3K5L[a]	3K6	3K6L[a]	3K7	3K7L[a]	3K8H[a]	4K1	4K2	4K3	4K3L[a]	4K3Hs[a,h]
低温	℃	+5	−5	−5	−25	−25	−40	−40	−25	−20	−35	−50	−50	−5
高温[b]	℃	+40	+45	+40	+55	+40	+70	+40	+70	+40	+40	+40	+40	+40
低相对湿度[c]	%	5			10									
高相对湿度[c]	%	95			100									
低绝对湿度[c]	g/m³	1			0.5		0.1		0.5	0.15		0.03		0.8
高绝对湿度[c]	g/m³	29					35			25		28	22	28
温度变化率[d]	℃/min	0.5					1.0			0.5				
低气压[e]	kPa	70												
高气压	kPa	106												
太阳辐射	W/m²	700			1 120									
凝露条件		有												
降水条件(雨、雪、雹等)		无			有									
降雨强度	mm/min	—								6		15	6	15
雨水温度(低)[f]	℃	—								5				
结冰(结霜)条件		无	有											
周围空气运动[g]	m/s	1.0					5.0			见表 3				
除雨以外的其他水源		见表 3												

表 2（续）

环境参数	单位	有气候防护场所等级								无气候防护场所等级				
		3K4	3K5	3K5L[a]	3K6	3K6L[a]	3K7	3K7L[a]	3K8H[a]	4K1	4K2	4K3	4K3L[a]	4K3Hs[a,h]
雷暴		—[i]												频繁

a 字母“L”表示部分参数较原等级低的级别，“H”表示部分参数较原等级高的级别。

b 特殊工业高温可根据产品要求另行确定。

c 因为低和高相对湿度受低和高绝对湿度的限制，对“无气候防护场所等级”中“低温”和“低相对湿度”或“高温”和“高相对湿度”的环境参数来说，表中规定的严酷等级不会同时出现。

d 温度变化按 5 min 的平均值。

e 可根据产品本身的技术要求另行确定其低气压值。

f 雨水的冷却作用与产品表面温度相关联，因此“雨水温度”应与“高温”、“太阳辐射”一起考虑。

g 特殊情况可在表 3 中选取。

h 4K3Hs 的低温、太阳辐射强度、相对湿度等参数值因考虑湿热地区实际情况与 GB/T 4798.4 中的 4K3H 有所不同，故在代号增加“s”以示区别。

i 未作规定，可作为特殊要求另行规定。

3.6 特殊气候条件等级(见表 3)

表 3 特殊气候条件等级

环境参数	有气候防护场所		无气候防护场所	
	等级	条件	等级	条件
热辐射	3Zh1	可忽略不计	4Zh1	可忽略不计
	3Zh2	有热辐射条件，例如室内加热系统附近	4Zh2	有热辐射条件，例如由于生产条件
	3Zh3	有热辐射条件，例如室内加热系统或工业炉，商业炉等高能量发热体附近		
周围空气运动 m/s	3Za4	5	4Za3	20
	3Za5	10	4Za4	30
	3Za6	30	4Za5	50
除雨以外的其他水源	3Zw7	滴水	4Za6	可忽略不计
	3Zw8	淋水	4Za7	溅水
	3Zw9	溅水	4Za8	喷水
	3Zw10	喷水		

注：等级代号下标字母含义：h——热辐射；a——空气运动；w——除雨水以外的水源。

3.7 生物条件等级(见表 4)

表 4 生物条件等级(包括有和无气候防护场所)

环境参数	等 级		
	3B1	3B2,4B1	3B3,4B2
植物	可忽略不计	霉菌、真菌等	霉菌、真菌等
动物	可忽略不计	啮齿动物和其他危害产品的动物，白蚁除外	啮齿动物和其他危害产品的动物，包括白蚁

3.8 化学活性物质条件等级(见表5)

表5 化学活性物质条件等级[a,b](包括有和无气候防护场所)

环境参数	单位	等级						
		3C1,4C1	3C2,4C2		3C3,4C3		3C4,4C4	
		最大值[c]	平均值[c]	最大值	平均值	最大值	平均值	最大值
盐雾[d]		无	有					
油雾[d]		无	有					
二氧化硫	mg/m^3	0.1	0.3	1.0	5.0	10	13	40
	cm^3/m^3	0.037	0.11	0.37	1.85	3.7	4.8	14.9
硫化氢	mg/m^3	0.01	0.1	0.5	3.0	10	14	70
	cm^3/m^3	0.007 1	0.071	0.36	2.0	7.1	9.9	49.7
氯	mg/m^3	0.1	0.1	0.3	0.3	1.0	0.6	3.0
	cm^3/m^3	0.034	0.034	0.1	0.1	0.34	0.2	1.0
氯化氢	mg/m^3	0.1	0.1	0.5	1.0	5.0	3.0	15
	cm^3/m^3	0.066	0.066	0.33	0.66	3.3	1.98	9.9
氟化氢	mg/m^3	0.003	0.01	0.03	0.05	1.0	0.1	2.0
	cm^3/m^3	0.003 6	0.012	0.036	0.06	1.2	0.12	2.4
氨	mg/m^3	0.3	1.0	3.0	10	35	35	175
	cm^3/m^3	0.42	1.4	4.2	14	49	49	245
臭氧	mg/m^3	0.01	0.05	0.1	0.1	0.3	0.2	2.0
	cm^3/m^3	0.005	0.025	0.05	0.05	0.15	0.1	1.0
氧化氮[e]	mg/m^3	0.1	0.5	1.0	3.0	9.0	10	20
	cm^3/m^3	0.052	0.26	0.52	1.56	4.68	5.2	10.4

a 大气环境中有一种或一种以上化学气体浓度值符合本表中的数值即属于该等级。

b 表中 cm^3/m^3 的值是按温度为 20 ℃时,由 mg/m^3 的值换算而来的。

c 平均值即取长期数值的平均值,最大值是取一周期内每天不超过 30 min 的极限值或峰值。

d 盐雾、油雾条件仅作定性规定。

e 以二氧化氮的当量值表示。

3.9 机械活性物质条件等级(见表6)

表6 机械活性物质条件等级

环境参数	单位	等级						
		有气候防护场所			无气候防护场所			
		3S2	3S3	3S4	4S1	4S2	4S3	4S4
沙	mg/m^3	30	300	3 000	30	300	1 000	4 000
尘(漂浮)	mg/m^3	0.2	0.5	5.0	0.5	5	15	20
尘(沉积)	$mg/(m^2 \cdot d)$	3.5	350	1 000	350	500	1 000	2 000

附 录 A
（资料性附录）
环境条件等级说明

本附录对标准中环境条件的各等级进行说明，以利于正确选用环境条件等级。

A.1 气候防护类型

本部分中的气候防护类型按 GB/T 4797.1 的规定，当产品选择本部分中的气候条件等级时，应同时考虑产品使用场所的工业诱导因素和气候类型。

A.1.1 我国气候类型和世界气候类型（见表 A.1）

表 A.1 气候类型

中 国	世 界	代 号	
		中国	世界
	极端寒冷		EC
寒冷	寒冷	C	C
寒温Ⅰ,寒温Ⅱ	寒温	CT	CT
暖温	暖温	WT	WT
干热	干热	WDr	WDr
亚湿热	中等干热	SWDr	MWDr
	极干热		EWDr
湿热	湿热	WDa	WDa
	恒定湿热		WDaE

A.1.2 我国气候类型区域分布图（见图 A.1）

A.2 等级应用说明

A.2.1 气候条件

3K4 等级的条件适用于产生高湿的车间、地下室、车库等，上述场所要求采取温度控制，如不采取温度控制，当室内外温差较大时可采用加热或冷却装置。

使用中的产品可以受到阳光辐射、热辐射、周围空气流通、冷凝水及除雨以外的其他水源的影响，但不受自然降水和冰冻的影响。

3K5，3K5L 等级条件适用于某些车间、厂房、无人值守的机房、车库等，上述场所一般采取密闭方式，无温湿度控制，当室内外温差较大时，可使用采暖设备。

使用中的产品可以受到阳光辐射、热辐射、空气流动、凝露以及除雨以外的水的影响，并可能遇到冰冻，但不受自然降水的影响。

3K5L 仅在“高温”条件与 3K5 不同。

3K6，3K6L，3K7，3K7L，3K8H 等级条件适用于无温湿度控制的场所。这些场所可以直接和外相通，建筑物非全密闭，包括只有顶棚周围开敞的厂房等建筑物，这些场所的环境条件虽不属户外气候但明显地受户外气候条件影响。

使用中的产品可以受到阳光辐射、热辐射、空气流动、凝露以及除雨以外的水的影响，也会受到随风飘来的少量雨、雪等自然降水的影响。

4K1 等级应用于产品直接暴露在“暖温”和“亚湿热”气候类型的无气候防护场所中。

4K2 等级应用于产品直接暴露在“寒温”、“暖温”、“干热”、“亚湿热”四个气候类型的无气候防护场所中。

4K3 等级应用于产品直接暴露在“寒冷”、“寒温”、“暖温”、“干热”、“亚湿热”、“湿热”六种气候类型的无气候防护场所中。

4K3L 等级应用于产品直接暴露在“寒冷”、“寒温”、“干热”、“暖温”气候类型的无气候防护场所中。

4K3Hs 等级应用于产品直接暴露在“湿热”、“亚湿热”气候类型的无气候防护场所中。

A.2.2 生物条件

3B1 等级应用于无特殊生物危害的场所，要求产品采取防护措施和特殊设计或基本上在无霉菌生长和无动物破坏的场所使用。

3B2，4B1 等级应用于产品暴露在有霉菌生长和啮齿动物破坏，但无白蚁的场所。

3B3，4B2 等级应用于产品暴露在有霉菌生长和啮齿动物（包括白蚁在内）破坏的场所。

A.2.3 化学活性物质条件

3C1，4C1 等级应用于较少化学活性物质的场所。

3C2，4C2 等级应用于有一般程度污染、化学活性物质分布整个地区或交通繁忙的城镇，环境中化学气体浓度较低，但有时人可嗅到刺鼻气味。

3C3，4C3 等级应用于靠近工业生产区存在化学污染物质的场所或直接应用于工业生产区，环境中存在中等浓度的化学气体，人能经常受到化学物质的刺激。

3C4，4C4 等级应用于工业生产区可能出现高浓度化学污染的场所，环境中化学体对人体有强烈的刺激作用，有时须配备防护器材方能进入现场工作。

A.2.4 机械活性物质条件

3S2 等级应用于无防尘设施的场所，但该场所不靠近沙、尘源。

3S3 等级应用于靠近沙、灰尘或工业粉尘源或地理上位于有风沙或空气中有灰尘的场所。

3S4 等级应用于加工中产生工业粉尘或地理位置处于多风沙和灰尘的场所。

4S1 等级应用于不靠近沙源的乡村工业地区。

4S2 等级应用于有沙、灰尘或工业粉尘源的场所。

4S3 等级应用于有沙、灰尘或工业粉尘源或地理位置上属于有风沙或空气中有灰尘的场所。

4S4 等级应用于因地理上或生产条件引起的空气经常有高含量的沙、灰尘或工业粉尘的场所。

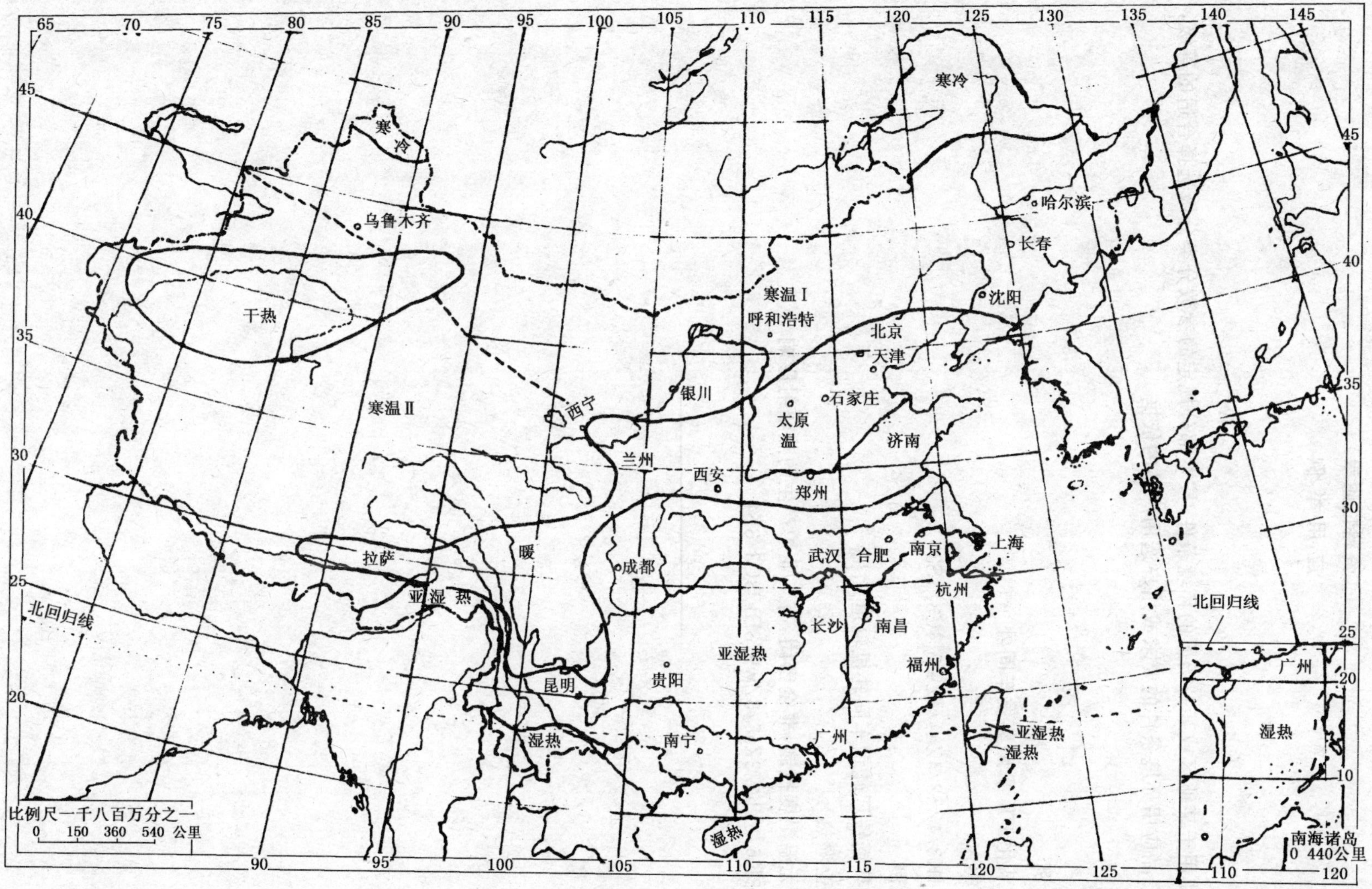

注：本图上中国国界线系按地图出版社1980年出版的《中华人民共和国地图》绘制。

图 A.1 中国六种户外气候类型的区域分布图

附 录 B
(资料性附录)
应 用 举 例

B.1 说明

根据产品使用于某地区或某一场所的环境条件,按本部分规定的参数分类分级选择合适的等级,作为生产厂提出产品应用环境条件的要求或用户选用产品的依据。

B.2 应用举例

B.2.1 场所示例

使用场所:某化工厂氯碱蒸发车间外

户外气候:寒温

选用等级:4K3/4Zh2/4Za4/4Zw7/4C3/4S3

B.2.2 产品示例

使用场所:某钢铁厂轧钢车间轧机辊道

户外气候:亚湿热

场所类型:无温湿度控制,非全密闭,有工业炉产生的热辐射影响

选用等级:3K6/3Zh3/3Za5/3Zw9/3B1/3C3/3S4

ICS 19.020
A 21

中华人民共和国国家标准

GB/T 14092.6—2009
代替 GB/T 14092.6—1993

机械产品环境条件 矿山

Environmental condition for machinery products—Mine

2009-05-06 发布 2009-11-01 实施

中华人民共和国国家质量监督检验检疫总局
中国国家标准化管理委员会 发布

前　言

GB/T 14092《机械产品环境条件》包括以下7个部分：

——GB/T 14092.1　机械产品环境条件　湿热；

——GB/T 14092.2　机械产品环境条件　寒冷；

——GB/T 14092.3　机械产品环境条件　高海拔；

——GB/T 14092.4　机械产品环境条件　海洋；

——GB/T 14092.5　机械产品环境条件　工业腐蚀；

——GB/T 14092.6　机械产品环境条件　矿山；

——GB/T 14092.7　机械产品环境条件　干热。

本部分为GB/T 14092的第6部分。

本部分代替GB/T 14092.6—1993《机械产品环境条件　矿山》。

本部分与GB/T 14092.6—1993相比，主要做了以下修改：

——根据GB/T 1.1—2000《标准化工作导则　第1部分：标准的结构和编写规则》要求，对编排格式进行了修改；

——“本标准”一词改为“本部分”；

——为了便于查看，表6格式进行了修改；

——将图1中“第一次冲击最大响应频谱”改为“第一阶冲击最大响应频谱”。

本部分的附录A是资料性附录。

本部分由全国电工电子产品环境条件与环境试验标准化技术委员会(SAC/TC 8)提出并归口。

本部分起草单位：广州电器科学研究院。

本部分主要起草人：刘奎芳、杨建。

本部分所代替标准的历次版本发布情况为：GB/T 14092.6—1993。

机械产品环境条件 矿山

1 范围

本部分规定了机械产品在矿井或露天场所遇到的环境参数及其严酷等级。

本部分适用于矿井及露天矿环境条件下使用的一般用途机械产品。产品包括探掘机械、提升机械、选矿机械、运输机械、矿用电气设备等。

2 规范性引用文件

下列文件中的条款通过GB/T 14092的本部分的引用而成为本部分的条款。凡是注日期的引用文件,其随后所有的修改单(不包括勘误的内容)或修订版均不适用于本部分,然而,鼓励根据本部分达成协议的各方研究是否可使用这些文件的最新版本。凡是不注日期的引用文件,其最新版本适用于本部分。

GB/T 4796 电工电子产品环境条件分类 第1部分:环境参数及其严酷程度分级(GB/T 4796—2008,IEC 60721-1:2002,IDT)

GB/T 4797.1 电工电子产品自然环境条件 温度和湿度(GB/T 4797.1—2005,IEC 60721-2-1:2002,MOD)

GB/T 4797.2 电工电子产品自然环境条件 第2部分:海拔与气压、水深与水压(GB/T 4797.2—2005,IEC 60721-2-3:1987,MOD)

GB/T 4798.3 电工电子产品应用环境条件 有气候防护场所固定使用(GB/T 4798.3—2007,IEC 60721-3-3:2002,MOD)

GB/T 4798.4 电工电子产品应用环境条件 无气候防护场所固定使用(GB/T 4798.4—2007,IEC 60721-3-4:1995,MOD)

3 一般要求

3.1 当产品标准在选择本部分规定的环境参数严酷等级不能满足特殊使用要求时,产品可按实际情况采用GB/T 4796中所列出与其相接近的参数值。

3.2 产品实际使用中将会受到多种环境参数综合影响,它包括的条件及代号为:气候条件(K)、特殊气候条件(Z)、生物条件(B)、化学活性物质条件(C)、机械活性物质条件(S)、机械条件(M)。对于地下矿井或露天矿使用的产品,应注明上述各种有影响的环境条件的参数种类和严酷程度。

3.3 某些矿山还可能存在其他环境因素的影响。如井下煤矿往往存在爆炸性介质,所采用的机械、电工、仪表产品应满足防爆要求。有些产品若不适合在某些特殊条件下使用,则在制定产品标准时可不列该特殊环境条件。

3.4 标准中的某些参数,尚不能定量规定其严酷等级,只是对典型参数作定性规定,例如凝露、结冰和结霜等。

3.5 用于有气候防护场所(相当于井下用)的产品,其环境条件代号前的首位数字规定为"3",而用于无气候防护场所(相当于露天矿)的产品,其环境条件代号前的首位数字规定为"4"。

环境等级及其代号说明,例如:

4 K 3

4 —— 表示无气候防护场所

K —— 表示气候条件

3 —— 表示严酷程度等级

4 矿山环境条件

4.1 气候环境条件

气候条件各等级的环境参数见表 1。

表 1 气候条件参数值[a]

使用场所		单位	有气候防护	无气候防护			
			3K4L[b]	4K1[c]	4K2[d]	4K3[d]	4K4H[e]
空气温度	年最低	℃	−5	−20	−35	−50	−20
	年最高		40	40	40	40	55
温度变化率		℃/min	5	0.5			
空气相对湿度		%	95(25 ℃时)	95(28 ℃时)			
太阳辐射强度[f]		W/m²	—	1 000、1 120、1 180			
气　　压[g]		kPa	54、70、90、101、106、114				
降雨强度		mm/min	—	6,15			
冷却水最高温度		℃	33				
凝露条件			有	有			
结冰和结霜条件			—	有			
降水条件(雨、雪、雹等)			—	有			
雷　　暴			—	有			

a 气候环境参数值均采用年极值的多年平均值。

b 3K4L 适用于矿井用机械工业产品气候参数。

c 4K1 适用于按 GB/T 4797.1 划分的暖温、亚湿热和湿热地区。

d 4K2 和 4K3 适用于 GB/T 4797.1 划分的寒冷、寒温Ⅰ及寒温Ⅱ地区。

e 4K4H 适用于按 GB/T 4797.1 划分的干热及可能出现高温的露天矿区。

f 1 000 W/m²,1 120 W/m²,1 180 W/m² 分别为海拔 1 000 m,3 000 m,5 000 m 的太阳辐射强度。

g 54 kPa,70 kPa,90 kPa,101 kPa,106 kPa,114 kPa 分别为海拔 5 000 m,3 000 m,1 000 m,0 m,−400 m,−1 000 m 的年平均气压值。

4.2 特殊气候环境条件

特殊气候环境条件见表 2。

表 2 特殊气候条件等级

<table>
<tr><td colspan="2" rowspan="2">环境参数</td><td colspan="18">使用场所</td></tr>
<tr><td colspan="12">有气候防护</td><td colspan="6">无气候防护</td></tr>
<tr><td rowspan="2">热辐射</td><td>等级</td><td colspan="6">3Zh1</td><td colspan="6">3Zh2</td><td colspan="3">4Zh1</td><td colspan="3">4Zh2</td></tr>
<tr><td>特殊条件</td><td colspan="6">可以忽略</td><td colspan="6">有热辐射条件</td><td colspan="3">可以忽略</td><td colspan="3">有热辐射条件</td></tr>
<tr><td rowspan="2">周围空气运动 m/s</td><td>等级</td><td colspan="4">3Za4</td><td colspan="4">3Za5</td><td colspan="4">3Za6</td><td colspan="2">4Za3</td><td colspan="2">4Za4</td><td colspan="2">4Za5</td></tr>
<tr><td>特殊条件</td><td colspan="4">5</td><td colspan="4">10</td><td colspan="4">30</td><td colspan="2">20</td><td colspan="2">30</td><td colspan="2">50</td></tr>
<tr><td rowspan="2">除雨以外的其他水源</td><td>等级</td><td colspan="3">3Zw7</td><td colspan="3">3Zw8</td><td colspan="3">3Zw9</td><td colspan="3">3Zw10</td><td colspan="2">4Zw6</td><td colspan="2">4Zw7</td><td colspan="2">4Zw8</td></tr>
<tr><td>特殊条件</td><td colspan="3">滴水条件</td><td colspan="3">淋水条件</td><td colspan="3">溅水条件</td><td colspan="3">喷水条件</td><td colspan="2">可以忽略</td><td colspan="2">溅水条件</td><td colspan="2">喷水条件</td></tr>
</table>

4.3 生物条件

生物条件等级见表 3。

表 3 生物条件等级

使用场所	等级	参数	
		植物	动物
有气候防护	3B1	—	—
	3B2	霉菌、真菌等	啮齿动物和其他危险产品的动物，白蚁除外
	3B3	霉菌、真菌等	啮齿动物和其他危险产品的动物，包括白蚁
无气候防护	4B1	霉菌、真菌等	啮齿动物和其他危险产品的动物，白蚁除外
	4B2	霉菌、真菌等	啮齿动物和其他危险产品的动物，包括白蚁

4.4 化学活性物质条件

化学活性物质条件等级见表 4。

表 4 化学活性物质条件等级[a]

环境参数[b]	单位	等级						
		3C1,4C1	3C2,4C2		3C3,4C3		3C4,4C4	
		最大值	平均值	最大值	平均值	最大值	平均值	最大值
盐雾条件[c]		—	有		有		有	
二氧化硫	mg/m³	0.1	0.3	1.0	5.0	10	13	40
硫化氢		0.01	0.1	0.5	3.0	10	14	70
氯气		0.1	0.1	0.3	0.3	1.0	0.6	3.0
氯化氢		0.1	0.1	0.5	1.0	5.0	1.0	5.0
氟化氢		0.003	0.01	0.03	0.1	2.0	0.1	2.0
氨		0.3	1.0	3.0	10	35	35	175
臭氧		0.01	0.05	0.1	0.1	0.3	0.2	2.0
氧化氮[d]		0.1	0.5	1.0	3.0	9.0	10	20

表 4（续）

环境参数[b]	单位	等级						
		3C1,4C1	3C2,4C2		3C3,4C3		3C4,4C4	
		最大值	平均值	最大值	平均值	最大值	平均值	最大值

[a] 在环境空气中的化学气体浓度值符合本表中的数值即属于该等级，如有一种以上化学气体则按最大浓度值考虑其等级，最大值是在每天不超过 30 min 期间的极限值。

[b] 环境参数中只列出有害气体(盐雾条件除外)，对于一些矿井中存在的其他腐蚀介质未作考虑。

[c] 盐雾条件仅在近海和海边及盐湖附近考虑。

[d] 包括氮的各种氧化物，折算为二氧化氮。

4.5 机械活性物质条件

机械活性物质条件见表 5。

表 5 机械活性物质条件

环境参数	单位	有气候防护场所				无气候防护场所			
		3S1	3S2	3S3	3S4	4S1	4S2	4S3	4S4
沙	mg/m^3	—	30	300	3 000	30	300	1 000	4 000
尘(漂浮)	mg/m^3	0.01	0.2	0.4	4.0	0.5	5.0	15	20
尘(沉积)	$mg/(m^2 \cdot d)$	10	35	350	1 000	350	500	1 000	2 000

4.6 机械条件

4.6.1 正弦稳态振动用加速度和位移的大小来规定 2 Hz～200 Hz 范围内的振动值，其等级见表 6。

4.6.2 包括冲击的非稳态振动，是用第一级无阻尼最大冲击响应频谱，典型冲击响应频谱见图 1。

表 6 机械条件等级

环境参数		单位	等级[a]															
			3M1,4M1		3M2,4M2		3M3,4M3		3M4,4M4		3M5,4M5		3M6,4M6		3M7,4M7		3M8,4M8	
正弦稳态振动	位移	mm	0.3		1.5		1.5		3.0		3.0		7.0		10		15	
	加速度	m/s^2		1		5		5		10		10		20		30		50
	频率范围	Hz	2～9	9～200	2～9	9～200	2～9	9～200	2～9	9～200	2～9	9～200	2～9	9～200	2～9	9～200	2～9	9～200
非稳态振动（包括冲击）	冲击响应频谱 L																	
	峰值加速度	m/s^2	40		40		70		—		—		—		—		—	
	冲击响应频谱 I																	
	峰值加速度	m/s^2	—		—		—		100		—		—		—		—	
	冲击响应频谱 II																	
	峰值加速度	m/s^2	—		—		—		—		250		250		250		250	

a 等级 3M1,4M1 和 3M2,4M2 是表示同样选用表中列出的数值,不是对应关系。

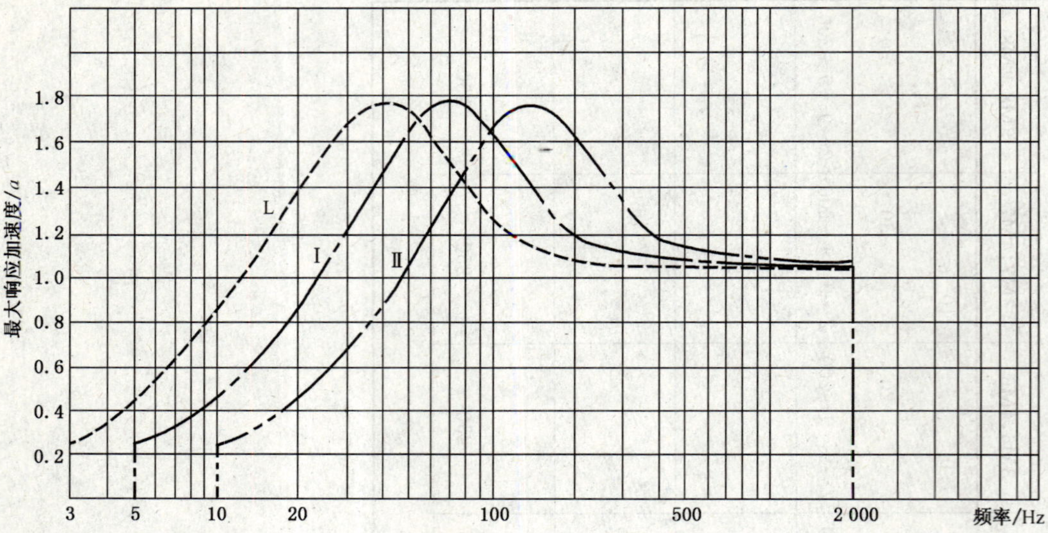

注：频谱类型 L：持续时间 22 ms；

频谱类型Ⅰ：持续时间 11 ms；

频谱类型Ⅱ：持续时间 6 ms。

图 1　典型冲击响应频谱(第一阶冲击最大响应频谱)

附 录 A
（资料性附录）
环境条件的应用说明

A.1 本附录对如何正确选择环境参数及其等级进行了补充

A.1.1 环境条件等级的代号，按照环境参数的严酷程度由低到高顺序排列。数字大的表示严酷程度高，例如4C4比4C3严酷程度高，一般情况下严酷程度高的等级包括了严酷程度低的等级。

A.1.2 本部分考虑到矿山使用的机械、电工、仪表产品环境条件比较恶劣，故选择严酷程度较高的等级以保证产品的安全可靠性。

A.2 气候条件等级

A.2.1 对于井下矿的使用场所，标准中参考GB/T 4798.3严酷程度等级中3K4L，这主要考虑井下条件气温变化不大，温度−5 ℃～+40 ℃已可满足井下机电设备的要求。

A.2.2 对于露天矿使用场所，标准中参照GB/T 4798.4严酷程度等级，选取四个等级，4K1温度范围−20 ℃～+40 ℃，一般露天矿已可满足要求，4K2温度范围为−35 ℃～+40 ℃，4K3温度范围为−50 ℃～+40 ℃可用于寒冷，寒温Ⅰ及寒温Ⅱ的部分高原地区；4K4H温度范围为−20 ℃～+55 ℃适用于干热带或露天矿可能出现在高温的地区。

A.2.3 太阳辐射强度列出1 000 W/m²，适用于海拔1 000 m以下地区；1 120 W/m² 约相当于海拔3 000 m处的太阳辐射强度。

A.2.4 气压限值按GB/T 4797.2列出5 000 m，3 000 m，1 000 m及零海拔的数值，此外，考虑井下矿及露天矿尚列出−400 m及−1 000 m的气压值。

A.3 特殊气候条件

特殊气候条件包括热辐射；周围空气运动；除雨以外的其他水源。矿山机械可根据其使用场所的环境，选择其中的某个等级。

A.4 生物条件

3B1可不考虑生物的危害。

3B2，4B1等级应用于有霉菌生长和动物破坏，但无白蚁危害。

3B3，4B2等级应用于有霉菌生长和包括白蚁的动物破坏。

A.5 化学活性物质条件

3C1，4C1等级应用在较少的工业活性物质和中等交通的乡村和城市地区。

3C2，4C2等级应用在一般程度污染，工业活性物质分布于整个地区或交通繁忙的城镇。

3C3，4C3等级应用在靠近由于工业生产造成化学污染的场所。

3C4，4C4等级应用在工业生产车间内部可能出现高浓度化学污染的场所。

A.6 机械活性物质条件

3S1等级应用在有防尘设施，能防止尘和沙进入的场所。

4S1等级应用于不靠近沙源的乡村地区。

3S2，4S2等级应用于靠近沙源的场所。

3S3,4S3 等级应用于由加工中产生沙和尘的场所,或地理上位于多风沙和灰尘的场所。

3S4,4S4 等级应用于因地理位置或生产条件引起空气中经常有大量的沙和尘的地区(场所)。

A.7 机械条件

3M1,3M2,4M1,4M2 等级适用于能够有效地防止振动和冲击的场所。

3M3,3M4,4M3,4M4 等级适用于由机械或行驶的车辆引起振动的场所,或者由于爆破、打桩等引起冲击的场所。

3M5,3M6,4M5,4M6 等级适用于由机器或行驶的车辆引起振动或附近的机器、传送带等引起的大能量冲击的场所。

3M7,3M8,4M7,4M8 等级适用于产品直接安装在机器上,由机器本身引起大能量的振动和冲击的情况。

ICS 19.020
A 21

中华人民共和国国家标准

GB/T 14092.7—2009
代替 GB/T 14092.7—1997

机械产品环境条件　干热

Environmental condition for machinery products—Dry heat

2009-05-06 发布　　　　2009-11-01 实施

中华人民共和国国家质量监督检验检疫总局
中国国家标准化管理委员会　发布

前言

GB/T 14092《机械产品环境条件》包括以下7个部分：

——GB/T 14092.1 机械产品环境条件 湿热

——GB/T 14092.2 机械产品环境条件 寒冷

——GB/T 14092.3 机械产品环境条件 高海拔

——GB/T 14092.4 机械产品环境条件 海洋

——GB/T 14092.5 机械产品环境条件 工业腐蚀

——GB/T 14092.6 机械产品环境条件 矿山

——GB/T 14092.7 机械产品环境条件 干热

本部分为GB/T 14092的第7部分。

本部分代替GB/T 14092.7—1997《机械产品环境条件 干热》。

本部分与GB/T 14092.7—1997相比，主要做了以下修改：

——根据GB/T 1.1—2000《标准化工作导则 第1部分：标准的结构和编写规则》要求，对编排格式进行了修改；

——“本标准”一词改为“本部分”；

——表2中周围空气运动在有气候防护场所的第二个3Za4改为3Za5；

——表7中脚注c中的22.5 ℃改为22.5°；

——表7中平稳随机振动一行中，“加速度”一项改为“加速度功率谱密度”；

——将图1中“第一次冲击最大响应频谱”改为“第一阶冲击最大响应频谱”。

本部分的附录A是资料性附录。

本部分由全国电工电子产品环境条件与环境试验标准化技术委员会（SAC/TC 8）提出并归口。

本部分起草单位：广州电器科学研究院。

本部分主要起草人：刘奎芳、杨建。

本部分所代替标准的历次版本发布情况为：GB/T 14092.7—1997。

机械产品环境条件　干热

1　范围

本部分规定了机械产品在干热地区的环境参数及其严酷等级。

本部分适用于GB/T 4797.1规定的干热气候区一般用途的机械产品，包括农机具、内燃机、工程机械、矿山机械、重型机械、起重运输机械、石化通用机械、电工产品、仪器仪表、机床工具和通用零部件等。

2　规范性引用文件

下列文件中的条款通过GB/T 14092的本部分的引用而成为本部分的条款。凡是注日期的引用文件，其随后所有的修改单(不包括勘误的内容)或修订版均不适用于本部分，然而，鼓励根据本部分达成协议的各方研究是否可使用这些文件的最新版本。凡是不注日期的引用文件，其最新版本适用于本部分。

GB/T 4797.1—2005　电工电子产品自然环境条件　温度和湿度(IEC 60721-2-1:2002,MOD)

GB/T 4798.2—2008　电工电子产品自然环境条件　运输(IEC 60721-3-2:1997,MOD)

3　环境条件

每种环境条件由多种环境参数组成。例如气候条件由温度、相对湿度等环境参数组成。而各个环境参数由于实际情况的不同，又可分为若干个严酷等级，例如高温分成45 ℃、50 ℃、55 ℃等几个等级。

环境条件分成八种：风沙地貌、地下水、气候条件、特殊气候条件、生物条件、化学活性物质条件、机械活性物质条件和机械条件。

3.1　环境代号

环境条件特征用环境代号表示。环境代号一般由使用场所、环境条件类型、严酷等级三部分组成。代号以数字和英文字母排列表示。

第一个用数字表示使用场所：3——有气候防护固定使用；4——无气候防护场所固定使用。

第二个用英文字母表示某些环境条件：D——风沙地貌条件；W——地下水条件；K——气候条件；Z——特殊气候条件(Zh——热辐射；Za——周围空气运动；Zw——除雨以外的其他水源)；B——生物条件；C——化学活性物质条件；S——机械活性物质条件；M——机械条件。

第三个以数字表示环境条件的严酷等级，一般来说数字越大，条件越严酷。数字后的"L"或"S"表示有些参数值与原等级不同。

例如，3K5表示有气候防护场所气候条件的第5个等级。

3.2　气候条件

气候条件等级列于表1。

注：干热沙漠型4K4S某些气候参数不同于4K4L外，其余环境参数均选用户外干热型的数值。

表1　气候条件等级

环境参数		单位	等级		
			3K6L	4K4L	4K4S
高温	极端最高[a]	℃	50	50	55
	年最高[b]		45	45	50
	最热月平均最高[c]		40	40	45

表 1（续）

环境参数	单位	等　级		
		3K6L	4K4L	4K4S
低温	℃	−30	−30	−30
平均温度	℃	15	12	12
最大日温差	℃	35	40	40
温度变化率	℃/min	0.5	0.5	0.5
低相对湿度	%	10	5	0
平均相对湿度	%	50	30	20
气压	kPa	90	90	90
太阳辐射	W/m²	700	1 120	1 120
凝露	—	有	有	有
降水(包括雨、雪、雹等)	—	无	有	有
地表最高沙土温度	℃	40	75	80
地表最低沙土温度	℃	−25	−30	−30

[a] 极端最高温度是指几十年出现一次的最高空气温度，持续约 10 min。在沙漠中心地区会超过 50 ℃，但无正式记录。

[b] 年最高温度是指每年出现的最高温度的多年平均值。

[c] 最热月平均最高温度是指夏季最热月中每天出现最高温度月平均值。

3.3 特殊气候条件

特殊气候条件系指因生产条件或其他原因引起的热辐射等附加发热、风速和各种水源条件。表 2 列出特殊气候条件等级。

表 2　特殊气候条件等级

<table>
<tr><td colspan="2" rowspan="2">环境参数</td><td colspan="6">使用场所</td></tr>
<tr><td colspan="3">有气候防护</td><td colspan="3">无气候防护</td></tr>
<tr><td rowspan="2">热辐射</td><td>等级</td><td colspan="2">3Zh1</td><td>3Zh2</td><td colspan="2">4Zh1</td><td>4Zh2</td></tr>
<tr><td>特殊条件</td><td colspan="2">可以忽略</td><td>有热辐射条件</td><td colspan="2">可以忽略</td><td>有热辐射条件</td></tr>
<tr><td rowspan="2">周围空气运动/(m/s)</td><td>等级</td><td>3Za4</td><td>3Za5</td><td>3Za6</td><td colspan="2">4Za3</td><td>4Za4</td></tr>
<tr><td>特殊条件</td><td>5</td><td>10</td><td>30</td><td colspan="2">20</td><td>30</td></tr>
<tr><td rowspan="2">除雨以外的其他水源</td><td>等级</td><td colspan="2">3Zw7</td><td>3Zw8</td><td>4Zw6</td><td>4Zw7</td><td>4Zw8</td></tr>
<tr><td>特殊条件</td><td colspan="2">滴水条件</td><td>淋水条件</td><td>可以忽略</td><td>溅水条件</td><td>喷水条件</td></tr>
</table>

3.4 生物条件

干热带地区气候干燥，不存在霉菌和真菌的危害，主要是鼠类和其他啮齿动物的危害。

生物条件等级列于表 3。

表 3 生物条件等级

环境参数	有气候防护场所		无气候防护场所
动物	3B1	3B2	4B1
	—	有鼠类等啮齿类动物危害	有啮齿动物和其他危害产品动物,白蚁除外

3.5 化学活性物质条件

化学活性物质条件列于表 4。

表 4 化学活性物质条件等级

环境参数	单位	等级[a]						
		3C1,4C1	3C2,4C2		3C3,4C3		3C4,4C4	
		最大值	平均值[b]	最大值[c]	平均值	最大值	平均值	最大值
二氧化硫	mg/m^3	0.1	0.3	1.0	5.0	10	13	40
硫化氢		0.01	0.1	0.5	3.0	10	14	70
氯气		0.1	0.1	0.3	0.3	1.0	0.6	3.0
氯化氢		0.1	0.1	0.5	1.0	5.0	3.0	15
氟化氢		0.003	0.01	0.03	0.05	1.0	0.1	2.0
氨气		0.3	1.0	3.0	10	35	35	175
臭氧		0.01	0.05	0.1	0.1	0.3	0.2	2.0
氧化氮[d]		0.1	0.5	1.0	3.0	9.0	10	20

a 大气环境中有一种或一种以上化学气体浓度值符合本表中的数值,即属于该等级。

b 平均值即取长期数值的平均值。

c 最大值是取一个周期内每天不超过 30 min 的极限值或峰值。

d 以二氧化氮的当量值表示。

3.6 机械活性物质条件

机械活性物质条件等级列于表 5。

表 5 机械活性物质条件等级

环境参数	单位	有气候防护场所				无气候防护场所			
		等级				等级			
		3S1	3S2	3S3	3S4	4S1	4S2	4S3	4S4
沙	mg/m^3	—	30	300	3 000	30	300	1 000	4 000
尘(漂浮)	mg/m^3	0.01	0.2	0.4	4.0	0.5	5.0	15	20
尘(沉降)	$mg/(m^2 \cdot d)$	10	35	350	1 000	350	500	1 000	2 000

3.7 机械条件

3.7.1 产品在使用和运输过程中会遭受冲击和振动,它们表现为稳态振动和非稳态振动,这些因素由位移、加速度和频率范围三个参数组成。

3.7.2 本部分规定用第一级无阻尼的最大冲击响应频谱,包括冲击的非稳态振动等级。

3.7.3 机械环境参数及其等级见表 6。典型冲击响应频谱见图 1。

表 6　机械条件等级

环境参数		单位	等　级							
			3M1,4M1	3M2,4M2	3M3,4M3	3M4,4M4	3M5,4M5	3M6,4M6	3M7,4M7	3M8,4M8
正弦稳态振动	位移	mm	0.3	1.5	1.5	3.0	3.0	7.0	10	15
	加速度	m/s^2	1	5	5	10	10	20	30	50
	频率范围	Hz	2～9　9～200	2～9　9～200	2～9　9～200	2～9　9～200	2～9　9～200	2～9　9～200	2～9　9～200	2～9　9～200
非稳态振动（包括冲击）	冲击响应频谱 L 峰值加速度	m/s^2	40	40	70	—	—	—	—	—
	冲击响应频谱 Ⅰ 峰值加速度	m/s^2	—	—	—	100	—	—	—	—
	冲击响应频谱 Ⅱ 峰值加速度	m/s^2	—	—	—	—	250	250	250	250

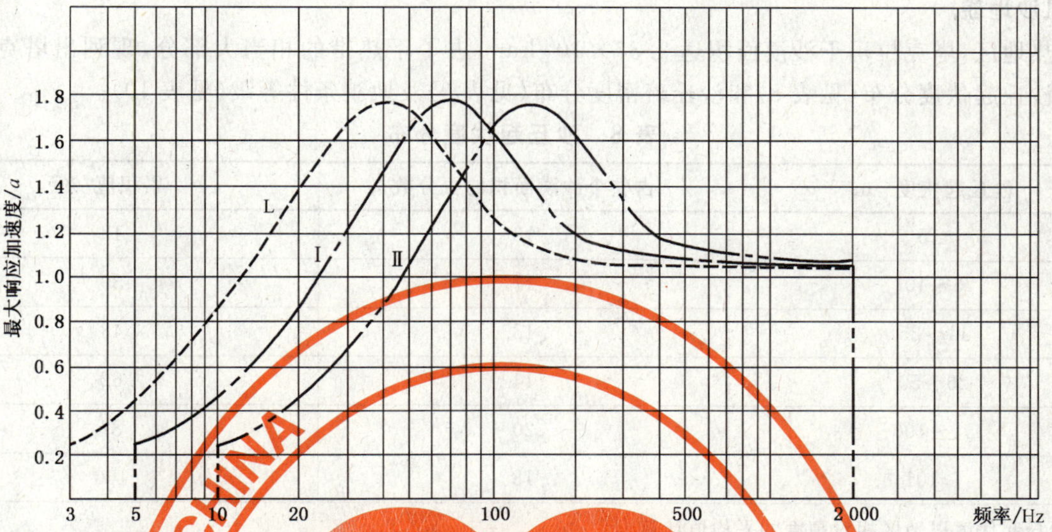

注：频谱类型 L：持续时间 22 ms；

频谱类型Ⅰ：持续时间 11 ms；

频谱类型Ⅱ：持续时间 6 ms。

图 1　典型冲击响应频谱(第一阶冲击最大响应频谱)

3.8　运输条件

产品进入沙漠腹地，需经受严酷的运输条件，产品的设计和包装必须考虑这种运输条件。

根据 GB/T 4798.2，沙漠运输中，主要影响参数是振动、跌落、摇摆等，运输条件严酷等级选 2M4，各项参数列于表 7。

表 7　2M4 等级值

环境参数		单位	等级值		
正弦振动[a]	位移	mm	7.5	—	—
	加速度	m/s^2	—	20	40
	频率范围	Hz	2～8	8～200	200～500
平稳随机振动	加速度功率谱密度	m^2/s^3	50	16	1
	频率范围	Hz	2～10	10～200	200～2 000
非稳态振动[b]（包括冲击）	Ⅰ型冲击频谱	m/s^2	300		
	Ⅱ型冲击频谱		1 000		
自由跌落	物重＜20 kg	m	1.5		
	(20～100)kg		1.2		
	＞100 kg		0.5		
摇摆与倾斜	角度	°	±22.5[c]		
	周期	s	8		
稳态加速度	—	m/s^2	20		
静负荷	kPa	10			
倾倒	物重不限	任一边倾倒			

a 用具有高阻尼的车辆运输时，其频率范围可限到 200 Hz。

b 非稳态振动的冲击频谱参看图 1。

c 22.5°是经常可能达到的，35°只是瞬时发生。

3.9 风沙地貌

干热地区，塔克拉玛干沙漠面积达 3.37×10^5 km^2，占了干热带的相当大部分，现列出塔克拉玛干沙漠的沙丘起伏度分布(见表 8)和沙丘疏密度分布(见表 9)及地貌条件等级(见表 10)。

表 8 沙丘起伏度分布

沙丘起伏度[a]/m	占整个沙漠面积的百分数	累积值/%
≤5	13	13
5～10	17	30
11～25	18	48
26～50	14	62
51～100	20	87
≥101	18	100

[a] 沙丘起伏度以地区相对高度的平均值计算。

表 9 沙丘疏密度分布

沙丘疏密度分布	占整个沙漠面积的百分数	累积值/%
≤0.20	4	4
0.21～0.40	30	34
0.41～0.60	45	79
0.61～0.80	11	90
>0.80	10	100

表 10 地貌条件等级

环境参数	D1	D2	D3	D4	D5	D6	D7
平均沙丘高度/m	<5	5～25			>25		
沙丘疏密度		0.2～0.4	0.41～0.6	0.61～0.8	0.2～0.4	0.41～0.6	0.61～0.8

3.10 地下水

沙漠地区地下水丰富，一般深度为(2～5)m，水中含有大量矿化物质，矿化度一般为(3～11)g/L，部分地区更高。现列出地下水矿化度等级(见表 11)。

表 11 地下水矿化度等级

环境参数	W1	W2		W3	
	最大值	平均值	最大值	平均值	最大值
地下水矿化度/(g/L)	1	5	15	10	50

注：地下水矿化度超过 50 g/L，按实测数据确定。

附　录　A
（资料性附录）
环境条件的应用说明

A.1　本附录对如何选择环境参数及其等级进行补充说明

A.1.1　环境条件等级的代号，按照环境参数的严酷等级程度由低到高顺序排列，数字大的表示严酷程度高，一般情况下严酷程度高的等级包括了严酷程度低的等级。

A.1.2　本部分是干热带的环境条件，对机、电、仪产品最重要的影响是沙尘、高温、日温差大，在产品设计及选型时必须引起足够重视。

A.2　气候条件等级

A.2.1　在有气候防护场所选择 3K6L 等级，这主要是保证高温条件的需要，而其他一些指标则按干热的实际情况列出。

A.2.2　在无气候防护场所选择 4K4L 等级，在干热沙漠腹地则选用 4K4S 等级。除了满足高温的环境要求外，还有强烈的太阳辐射、低湿度等多种因素。

A.3　特殊气候条件

特殊气候条件包括热辐射、周围空气运动、除雨以外的其他水源。干热地区沙漠中热辐射强烈，地表温度甚至高达 70 ℃以上。另外，在吐鲁番至哈密一带的干热地区，存在百里风沙区，有些地段经常有八级左右的大风，故把空气运动的几个级别列上以便选择。其他水源条件是要考虑油田开发中，用地下水冲洗或冷却的条件。

A.4　生物条件

干热地区气候干燥，霉菌不易生长，主要是考虑鼠类等啮齿动物的危害。

A.5　化学活性物质条件

化学活性物质条件把四个等级都列上，由于石油开发和化工厂矿的设立，化工腐蚀介质有较大差异，把所有等级列上以便选择。

A.6　机械活性物质条件

3S1，4S1 等级应用于不靠近沙源和有防尘设施，能防止沙尘进入的场所。

3S2，4S2 等级应用于靠近沙源的场所。

3S3，4S4 等级应用于加工中产生沙和尘的场所，或地理上位于多风沙和灰尘的场所。

3S4，4S4 等级应用于地理位置或生产条件引起空气中经常有大量的沙和尘的地区。

A.7　机械条件

3M1，3M2，4M1，4M2 等级适用于能有效防止振动和冲击的场所。

3M3，3M4，4M3，4M4 等级适用于由机械或行驶的车辆引起振动的场所，或者由于爆破、打桩等引起冲击的场所。

3M5，3M6，4M5，4M6 等级适用于由机器或行驶的车辆引起振动或附近的机器、传送带等引起的大能量冲击的场所。

3M7,3M8,4M7,4M8 等级适用于产品直接安装在机器上,由机器本身引起大能量的振动和冲击的场所。

A.8 风沙地貌

风沙地貌仅列出沙丘起伏度分布和沙丘疏密度分布,主要为钻采石油和沙漠地区建造厂矿时参考。

A.9 地下水

干热沙漠地区地下水丰富,但地下水矿化度很高,表中列出三个等级供矿化度处理及设备防护时参考。

A.10 应用举例

使用场所:在新疆沙漠公路的起点,肖塘附近的炼油厂户外的设备。

此气候条件属于干热带沙漠环境。

使用场所的总代号为:4K4L/4Zh2/4Za4/4Zw8/4B1/4C3/4S4/4M7

注:地貌条件和地下水条件可以不予列出,此外,没有影响的环境因素可以不列出。

ICS 19.020
A 21

中华人民共和国国家标准

GB/T 14093.1—2009
代替 GB/T 14093.1—1993

机械产品环境技术要求 湿热环境

Environmental technical requirements of machinery products for the warm-damp environments

2009-05-06 发布　　　　2009-11-01 实施

中华人民共和国国家质量监督检验检疫总局
中国国家标准化管理委员会　发布

前 言

GB/T 14093《机械产品环境技术要求》包括以下7个部分：

——GB/T 14093.1 机械产品环境技术要求 湿热环境

——GB/T 14093.2 机械产品环境技术要求 寒冷环境

——GB/T 14093.3 机械产品环境技术要求 高原环境

——GB/T 14093.4 机械产品环境技术要求 工业腐蚀环境

——GB/T 14093.5 机械产品环境技术要求 干热环境

——GB/T 14093.6 机械产品环境技术要求 海洋环境

——GB/T 14093.7 机械产品环境技术要求 矿山环境

本部分为GB/T 14093的第1部分。

本部分代替GB/T 14093.1—1993《机械产品环境技术要求 湿热环境用》。

本部分与GB/T 14093.1—1993相比，进行了以下修改：

——“本标准”一词改为“本部分”；

——将GB/T 14093.1—1993的表2～表14合并成一个表格(表2)。

本部分的附录A为资料性附录。

本部分由全国电工电子产品环境条件与环境试验标准化委员会(SAC/TC 8)提出并归口。

本部分起草单位：广州电器科学研究院。

本部分主要起草人：吴学明、赖文静。

本部分所代替标准的历次版本发布情况为：GB/T 14093.1—1993。

机械产品环境技术要求 湿热环境

1 范围

本部分规定了湿热环境用机械产品的气候防护类型及使用环境条件、试验方法、检验规则、标志、包装、运输、贮存及防护要求。本部分未作规定及说明者，应按产品的有关专业标准规定。

本部分适用于GB/T 4797.1—2005规定的"湿热"气候区使用的一般用途机械产品。产品大类包括农机具、内燃机、工程机械、矿山机械、重型机械、起重运输机械、石化通用机械、电工产品、仪器仪表、机床工具、通用零部件等。

对于在局部气候条件符合本部分规定的场所中使用的产品，本部分的技术要求可同样适用。

注：在"亚湿热"地区使用的机械产品可在基本型产品标准中规定其环境技术要求。

本部分不适用于湿热地区中存在化学腐蚀介质、爆炸危险介质及海洋、船舶、矿井等特殊环境条件下使用的产品。

2 规范性引用文件

下列文件中的条款通过GB/T 14093的本部分的引用而成为本部分的条款。凡是注日期的引用文件，其随后所有的修改单(不包括勘误的内容)或修订版均不适用于本部分，然而，鼓励根据本部分达成协议的各方研究是否可使用这些文件的最新版本。凡是不注日期的引用文件，其最新版本适用于本部分。

GB/T 2423.2—2008 电工电子产品环境试验 第2部分：试验方法 试验B：高温(IEC 60068-2-2:2007,IDT)

GB/T 2423.3—2006 电工电子产品环境试验 第2部分：试验方法 试验Cab：恒定湿热试验(IEC 60068-2-78:2001,IDT)

GB/T 2423.4—2008 电工电子产品环境试验 第2部分：试验方法 试验Db 交变湿热(12 h+12 h循环)(IEC 60068-2-30:2005,IDT)

GB/T 2423.16—2008 电工电子产品环境试验 第2部分：试验方法 试验J及导则：长霉(IEC 60068-2-10:2005,IDT)

GB/T 2423.17—2008 电工电子产品环境试验 第2部分：试验方法 试验Ka：盐雾(IEC 60068-2-11:1981,IDT)

GB/T 2423.18—2000 电工电子产品环境试验 第2部分：试验 试验Kb：盐雾，交变(氯化钠溶液)(idt IEC 60068-2-52:1996)

GB/T 2423.22—2002 电工电子产品环境试验 第2部分：试验方法 试验N：温度变化(IEC 60068-2-14:1984,IDT)

GB/T 2423.24—1995 电工电子产品环境试验 第2部分：试验方法 试验Sa：模拟地面上的太阳辐射(idt IEC 60068-2-5:1975)

GB 4208—2008 外壳防护等级(IP代码)(IEC 60529:2001,IDT)

GB/T 4768—2008 防霉包装

GB/T 4797.1—2005 电工电子产品自然环境条件 温度和湿度(IEC 60721-2-1:2002,MOD)

GB/T 4798.1—2005 电工电子产品应用环境条件 第1部分：贮存(IEC 60721-3-1:1997,MOD)

GB/T 4798.2—2008　电工电子产品应用环境条件　第2部分:运输(IEC 60721-3-2:1997,MOD)

GB/T 4798.3—2007　电工电子产品应用环境条件　第3部分:有气候防护场所固定使用(IEC 60721-3-3:2002,MOD)

GB/T 4798.4—2007　电工电子产品应用环境条件　第4部分:无气候防护场所固定使用(IEC 60721-3-4:1995,MOD)

GB/T 4879—1999　防锈包装

GB/T 5048—1999　防潮包装

GB/T 6461—2002　金属基体上金属和其他无机覆盖层　经腐蚀试验后的试样和试件的评级(ISO 10289:1999,IDT)

GB/T 6465—2008　金属和其他无机覆盖层　腐蚀膏腐蚀试验(CORR 试验)(ISO 4541:1978,IDT)

GB/T 6466—2008　电沉积铬层　电解腐蚀试验(EC 试验)(ISO 4539:1980,IDT)

GB/T 7350—1999　防水包装

GB/T 10125—1997　人造气氛腐蚀试验　盐雾试验(eqv ISO 9227:1990)

GB/T 14092.1—2009　机械产品环境条件　湿热

GB/T 14165—2008　金属和合金　大气腐蚀试验　现场试验的一般要求(ISO 8565:1992,IDT)

3　气候防护类型及使用环境条件

3.1　产品的气候防护类型是指产品为保证适应其使用环境条件而在设计、生产中采取了相应的防护措施的产品类型。

湿热环境用机械产品的气候防护类型是指适用于"湿热"气候区的产品类型,即"湿热型"产品,使用的环境代号为"TH"。

3.2　产品的使用环境条件参照 GB/T 4798.3—2007 及 GB/T 4798.4—2007 中的环境条件严酷程度等级,选定各类环境条件的等级及参数值。

环境条件的种类包括:气候条件(K)、特殊气候条件(Zh——热辐射、Za——周围空气运动、Zw——雨以外的水源)、生物条件(B)、化学活性物质条件(C)、机械活性物质条件(S)和机械条件(M)共六类。

3.2.1　用于有气候防护场所的产品,其环境条件等级中前一数字为"3",简称为户内型,即适用于户内或有较好遮蔽(其建筑结构能防止或减少室外气候日变化的影响,包括棚下条件)场所的产品,其各类环境条件应在以下所列等级中选定。

3.2.1.1　气候环境条件:3K5L、3K5。

注:符号 K、B……等后面的数字标志环境条件的严酷程度等级,较高数字标志的等级通常包括较低数字标志的等级。有字母 L 的等级表示环境参数中有个别项目(如高温值)低于原等级的数值。

3.2.1.2　特殊气候环境条件:

a)　热辐射条件:3Zh1,3Zh3;

b)　周围空气运动条件:3Za5;

c)　雨以外的水源条件:3Zw7,3Zw8,3Zw9,3Zw10。

3.2.1.3　生物环境条件:3B2,3B3。

3.2.1.4　化学活性物质条件:3C1,3C2。

3.2.1.5　机械活性物质条件:3S1,3S2。

3.2.1.6　机械环境条件,按基本型产品的等级规定。

3.2.2　用于无气候防护场所的产品,其环境条件等级中前一数字为"4",简称为户外型,即适用于全露天或仅有简单遮蔽(几乎不能防止室外气候日变化的影响)场所的产品,其各类环境条件应在以下所列等级中选定。

3.2.2.1 气候环境条件:4K3Hs。

注:有字母 Hs 的等级表示环境参数中有个别项目低于原等级。

3.2.2.2 特殊气候环境条件:

a) 热辐射条件:4Zh1,4Zh2;

b) 周围空气运动条件:4Za4;

c) 雨以外的水源条件:4Zw7,4Zw8。

3.2.2.3 生物环境条件:4B1,4B2。

3.2.2.4 化学活性物质条件:4C1,4C2。

3.2.2.5 机械活性物质条件:4S1,4S2。

3.2.2.6 机械环境条件:按基本型产品的等级规定。

3.2.3 对于一定环境条件下使用的产品,应在其技术条件中规定各类环境条件等级,按 3.2.1、3.2.2 规定的符号、数字表示。例如:3K5L/3Zh3/3Za5/3Zw9/3B3/3C1/3S1。有些产品如不适合在某些条件下使用时,则可不列该环境条件(例如:特殊气候环境条件 Za,Zw 等)。

3.3 各类环境条件参数值见 GB/T 14092.1—2009 中表 1～表 5。

3.4 环境条件的应用要求

3.4.1 湿热环境下使用的各类产品应根据 GB/T 14092.1—2009 表 1～表 5 中环境因素的重要性及敏感程度确定其所选用的环境因素项目及相应的环境参数。

3.4.2 当 GB/T 14092.1—2009 表 1～表 5 的环境条件等级不能满足实际使用要求时,可由订货单位与制造厂协商确定采用其他等级。

3.4.3 湿热地区户外用产品在确定其温升限值时,可根据各类产品的结构特点和受太阳辐射影响不同,在有关产品标准中规定是否需要留有温升裕度。

3.4.4 当实际使用环境温度超过 GB/T 14092.1—2009 表 1 规定的高温值时,可按有关产品标准的规定降低产品的温升运行,或由订货单位与制造厂协商解决。

3.4.5 在湿热带雷暴较频繁地区使用的输变电、配电电器及其他机械设备必要时应考虑防雷措施。

3.4.6 对用于湿热带工业污秽严重及沿海户外地区的产品应考虑潮湿、污秽及盐雾的影响。

4 试验项目及方法

4.1 试验项目:湿热地区机械产品在基本性能试验合格后,应根据各类不同产品所受到的环境因素影响情况,通过有关的人工模拟环境试验的考核。表 1 列出了可供选择的试验项目,各类产品可根据所受到的环境因素影响情况选定不同的试验项目,具体试验项目可在有关产品标准中规定。

表 1 湿热地区用机械工业产品人工模拟环境试验选用项目表

试验项目名称	试验方法标准编号	简 要 说 明
高温试验	GB/T 2423.2—2008 试验 B	必要时进行部分产品或零部件、材料试验
恒定湿热试验	GB/T 2423.3—2006 试验 Cab	试验 Cab 及 Db 二者选择其中一项
交变湿热试验	GB/T 2423.4—2008 试验 Db	由产品专业标准确定
长霉试验	GB/T 2423.16—2008 试验 J	对有可能长霉的材料零部件或产品进行试验
盐雾试验(或中性盐雾试验 NSS)	GB/T 2423.17—2008 试验 Ka (或 GB/T 10125—1997)	零部件镀层及化学覆盖层工艺考核
交变盐雾试验	GB/T 2423.18—2000 试验 Kb	设备和元器件环境适应性试验
醋酸盐雾试验(ASS)	GB/T 10125—1997	零部件镀层及化学夜覆层工艺考核
铜加速醋酸盐雾试验(CASS)	GB/T 10125—1997	
腐蚀膏试验(CORR)	GB/T 6465—2008	

表 1（续）

试验项目名称	试验方法标准编号	简要说明
电解腐蚀试验(EC)	GB/T 6466—2008	电沉积铬层的户外耐蚀性评价
温度变化试验	GB/T 2423.22—2002 试验 N	部分户外用产品在必要时进行试验
模拟地面上的太阳辐射试验	GB/T 2423.24—1995 试验 Sa	部分户外用产品及材料在必要时进行试验
外壳防护试验(防固体异物及防水试验)	GB 4208—2008	产品外壳结构的防护性能试验

4.2 试验严酷等级的规定，各项环境试验的严酷等级应根据产品的使用环境条件及其他要求在有关产品标准中规定。试验严酷等级及应用说明见表 2。

表 2 试验严酷等级及应用说明

试验项目名称	环境条件等级	试验严酷等级	应用说明
高温试验	3K5L,3K5(3Zh3,4Zh2)	当存在热辐射条件时，根据现场实际可能出现的温度，确定试验温度等级。试验持续时间2 h,16 h,72 h,96 h 四个等级	当特殊气候条件为 3Zh3、4Zh2 时应考虑进行此试验
恒定湿热试验	3K5L,3K5,4K3Hs	温度 40 ℃±2 ℃，相对湿度 93^{+2}_{-3}%，试验持续时间 2 d,4 d,10 d,21 d	持续时间根据产品特点及实际使用条件选定
交变湿热试验	3K5L,3K5,4K3Hs	a) 高温 40 ℃±2 ℃，相对湿度 93%±3%，试验持续时间 2 d,6 d,12 d,21 d b) 高温 55 ℃±2 ℃，相对湿度 93%±3%，试验持续时间 1 d,2 d,6 d	高温值及持续时间根据产品特点及实际使用条件选定
长霉试验	3B2,3B3,4B1,4B2	a) 在试验方法规定的条件下，连续暴露 28 d，对长霉结果进行外观检查 b) 连续暴露 84 d，进行外观检查及性能测量	试验 84 d 只在长霉影响产品性能显著，且确有必要时进行，通常进行 28 d 试验
盐雾试验(包括中性盐雾试验,NSS 试验)	3C1,3C2,4C1,4C2	试验持续时间根据底部金属和表层种类，在 24 h,48 h,96 h 三个等级中选定试验严酷等级	考核材料及其涂层、化学覆盖层抗盐雾腐蚀的能力
交变盐雾试验	3C1,3C2,4C1,4C2	严酷等级 1，每喷雾 2 h 之后，在湿热条件下存放 7 d 为 1 周期，共 4 周期	适用于在近海及海边工作的机械设备和元器件，进行此试验可取代湿热试验
醋酸盐雾试验	3C1,3C2,4C1,4C2	按 GB/T 10125—1997 推荐的暴露时间，在产品标准中规定具体的严酷等级	加速进行铜/镍/铬或镍铬装饰性镀层及铝的阳极氧化层工艺质量评价

表 2（续）

试验项目名称	环境条件等级	试验严酷等级	应用说明
铜加速醋酸盐雾试验	3C1,3C2,4C1,4C2	按 GB/T 10125—1997 推荐的暴露时间，在产品标准中规定具体的严酷等级	加速进行镍铬及铜/镍/铬装饰性镀层及铝的阳极氧化层工艺质量评价
腐蚀膏试验	3C1,3C2,4C1,4C2	按 GB/T 6465—2008 推荐的暴露时间，在产品标准中规定具体的严酷等级	模拟各类车辆底部金属件遭受含盐污泥腐蚀情况的人工加速试验
电解腐蚀试验	3C1,3C2,4C1,4C2	按 GB/T 6466—2008 推荐的试验方法，在产品标准中规定具体的试验严酷等级	评价钢或锌合金铸件上的铜/镍/铬和镍/铬沉积层在户外的耐蚀性
温度变化试验	4K3Hs	按 GB/T 2423.22—2002 试验 N 规定的试验方法，在产品标准中规定具体的试验严酷等级	确定产品在可能遇到的温度迅速变化条件下的适应性
太阳辐射试验	4K3Hs	按 GB/T 2423.24—1995 试验 Sa 规定的试验方法，在产品标准中规定具体的试验严酷等级	考核产品和材料在受到太阳辐射条件下产生的热、机械、化学、电等的效应及确定其适应性
外壳防护试验	3S1,3S2,4S1,4S2	按 GB 4208—2008 规定的试验方法，在产品标准中规定防固体异物等级及试验严酷等级（防固体异物分为 1～6 级）	考核防止人体触及或接近外壳内部的带电部分和触及运动部件及防止固体异物进入外壳内部的能力
	3Zw7	1～2 级防水试验（防滴水）	考核在户外及环境中存在雨以外的水源条件场所使用的产品
	3Zw8	3 级防水试验（防淋水）	
	3Zw9,4Zw7	4 级防水试验（防溅水）	
	3Zw10,4Zw8	5 级防水试验（防喷水）	考核环境条件中存在喷水条件场所使用的产品

5　检验规则

5.1　人工模拟环境试验可作为湿热型产品的型式试验或新产品定型试验。产品需进行何种环境试验，用整机或零部件进行试验，试验的严酷程度，以及试验周期数可按第 4 章的要求，在产品标准中予以规定。产品经环境试验后的考核标准由产品标准具体规定。

5.2　湿热型电工产品或机械、仪表产品的电气部分进行交变湿热试验（试验 Db）考核时，在“最后检测”阶段，产品绝缘电阻测量及绝缘介电强度试验应根据产品的实际运行要求，按下列不同条件进行。

5.2.1　使用于无空调设施场所的产品，上述测试应在湿热试验最后一个星期的低温高湿阶段后在试验箱（室）中进行。测试时，箱内条件应保持稳定在温度 25 ℃±3 ℃，相对湿度 95%～98%，稳定时间由有关产品标准规定，但不得低于 4 h。如因试验条件所限，不允许在试验箱（室）内进行上述试验时，可将产品移到箱（室）外，在尽可能短的时间内试验完毕，具体时间要求由产品标准规定。

5.2.2　使用于有空调设施室内的产品，上述测试可在恢复处理之后立即进行，恢复条件按 GB/T 2423.4—2008 的有关规定。

注：产品配套的电子产品及元器件的考核要求由各产品标准（或技术条件）规定。

5.3 湿热试验后，产品外观应按本部分规定的方法进行检查并确定其质量分级。

5.4 湿热型中、大型电工产品或配套电气装置可加装防潮加热器，以防止停机时受潮，装加热器产品的绝缘结构与处理工艺应与无加热器的产品相同，但其绝缘可不经湿热试验考核。

加热器功率的选择，一般按照能使产品内部需加保护部位附近空间温度较外界空气温度至少提高5K来设计，加热器的设置应不使其附近的绝缘超过耐热允许温度。

5.5 各类湿热型机械产品标准(或技术条件)在确定产品人工模拟环境试验的试验周期数和考核标准时，应按其在热带自然气候条件下进行暴露试验时所对应的性能变化结果为主要依据。自然气候暴露试验的时间一般为2年左右。当修订标准时，可在已有上述数据的基础上，经过人工模拟环境试验验证对比。用以确定试验周期严酷程度及考核标准。金属及其他无机覆盖层的户外暴露试验方法按GB/T 14165—2008进行。

5.6 湿热型机械产品的人工模拟环境试验允许从同结构、同材料、同工艺的系列产品选取确有代表性的产品进行试验。如试验合格则认为该同结构、同材料、同工艺的系列产品均合格。

5.7 对于中、大型产品及不要求用整机进行人工模拟环境试验的产品，允许用产品零部件或模拟件进行试验，具体要求可在产品标准(或技术条件)中予以规定。

5.8 送试产品或以产品零部件、模拟件代替成品进行人工模拟环境试验时，送试样品的数量由产品标准(或技术条件)予以规定。

5.9 湿热试验后，产品或零部件、模拟件应进行外观检查，并按以下要求判定其质量分级，湿热试验前需进行外观检查的项目由产品标准规定。

5.9.1 电镀件和化学处理件外观质量分级方法

热带电工产品的电镀件和化学处理件的外观质量分为四级：

一级：允许光泽变暗，颜色稍褪，但镀层、化学处理和金属不得腐蚀。

二级：

a) 标牌、导电零件的接触部位、活动零件的关键部位等能影响产品性能的零件(或部位)不得出现腐蚀破坏。

b) 上述a)中的零件以外的其他零件(或部位)出现腐蚀破坏面积为该零件主要表面面积5%～25%的零件数不得超过该产品零件总数的20%。

三级：

a) 二级中a)项的零件(或部位)出现腐蚀破坏面积为该零件主要表面面积5%～25%的零件数不得超过该类零件总数的20%。

b) 二级中a)项的零件以外其他零件(或部位)出现腐蚀破坏面积为该零件主要表面积5%～25%的零件数不得超过该产品零件总数的30%，但允许个别零件的腐蚀破坏面积大于25%。

四级：超过三级者即为四级。

注1：确定外观质量等级时，样品出现最差等级中任一条款者即属于该级。

注2：本方法中所指的标牌包括铭牌、线路牌、接地牌、指示牌等。

注3：影响产品性能的活动零件的关键部位指受到腐蚀后会造成卡死不能工作的重要部位(例如空气开关电接触点、动作机构、电度表中的转盘零件等)。有些不很重要的活动零件(如门铰链等)不属于这类零件。

注4：腐蚀破坏是指镀层、化学处理层或主金属出现腐蚀和镀层出现起泡、裂纹、翘起、脱落等现象，但钝化膜褪色、变色和镀层变暗不属于这个范围。

5.9.2 油漆层外观质量和附着力分级方法

5.9.2.1 外观质量检查方法

一级：表面外观良好，无明显变化和缺陷。

二级：

a) 允许漆层表面轻微失光、轻微褪色，有少量针孔等缺陷。

b) 漆层表面不得有明显的桔皮或流挂现象。

c) 产品主要表面的涂层任一平方分米正方形面积内直径为 0.5 mm 的气泡不得超过两个，不允许出现直径大于 1 mm 的气泡及超过 10%表面面积的隐形气泡。

d) 铁心迭片表面锈蚀面积不得超过 5%。

三级：

a) 产品主要表面的漆层任一平方分米正方形面积内直径为 0.5 mm～3 mm 的气泡不得多于九个，其中直径大于 1 mm 的气泡不超过三个，直径大于 2 mm 的气泡不超过一个，不允许出现直径大于 3 mm 的气泡及超过 30%表面面积的隐形气泡。

b) 允许底金属出现个别锈点以及漆层有少量起皱。

c) 不得有脱落、开裂、严重的桔皮或流挂现象。

d) 铁芯迭片表面锈蚀面积不得超过 15%。

四级：缺陷超过三级的即为四级。

5.9.2.2 附着力检查方法和质量标准分级

附着力检查方法，在湿热试验后 24 h～48 h 内进行附着力检查，检查时用专用单刃或多刃刀具，亦可用新的 11 号或 12 号医用手术刀片在产品的主要部件的平整的漆层上横竖垂直划出各 6 条刀痕至底金属，形成 25 个小方格，再用新的漆刷在栅格表面沿两条对角线方向轻轻地来回各刷 5 次，然后检查方格中漆膜的脱落情况。根据油漆涂层的厚度，刀痕的间距规定为：

a) 厚度 60 μm 以下，间距为 1 mm；

b) 厚度 60 μm 及以上，120 μm 以下，间距为 2 mm；

c) 厚度 120 μm 及以上，间距为 3 mm。

附着力的分级方法如下：

零级：刀痕十分光滑，无涂层小片脱落。

一级：在栅格的交点处有细小涂层碎片剥落，剥落面积占栅格面积的 5%以下。

二级：涂层沿刀痕和(或)栅格交点处剥落，剥落面积占栅格面积的 5%～15%。

三级：涂层沿刀痕部分或全部呈宽条状剥落和(或)从各栅格上部分或全部剥落，剥落面积占栅格面积的 15%～35%。

四级：涂层沿刀痕呈宽条状剥落和(或)从各栅格上部分或全部剥落，剥落面积占栅格面积的 35%～65%。

五级：剥落面积超过栅格面积的 65%。

注：专用刀具的刃尖磨损超过 0.1 mm 时须重磨，每把新刀片最多允许使用 10 次(每划出横竖各 6 条刀痕称 1 次)。

5.9.3 塑料零件外观质量分等方法

一级：表面光泽轻微变暗和轻微变色，其他无明显变化。

二级：表面有部分白色粉状析出物或出现轻微粗糙现象，轻微填料膨胀或外露，有少量直径 0.3 mm～0.5 mm 的气泡，个别直径 0.5 mm～1 mm 的气泡，无变形和裂纹现象出现。

注：对酚醛压塑料的标准圆片(尺寸为直径 100 mm，厚度 4 mm)，不允许出现个别的直径 0.5 mm～1 mm 的气泡。

三级：表面有较多白色粉状析出物或出现明显的粗糙现象，明显的填料膨胀或外露及轻微的变形、裂纹现象，有较多的直径 0.3 mm～0.5 mm 和少量的直径 0.5 mm～1 mm 气泡。

四级：表面严重变色和粗糙，严重的填料膨胀或外露、皱纹、变形、裂纹或出现气泡超过三级标准者。

注：少量气泡系指气泡的分布面积不大于零件面积的 5%者，较多气泡是指气泡的分布面积不大于零件面积的 15%者。

气泡的分布面积用下列方法确定：

当相邻两气泡之间的距离小于 3 mm 时，它是指相邻气泡之间的连接线所固定的封闭面积。

当相邻两气泡之间的距离大于 3 mm 时，每个气泡的面积按 1 mm 计算，所有气泡面积的总和为其分布面积。

5.10 各类湿热环境用机械产品的电镀零部件和化学处理件应具有一定的镀(涂)层厚度，通常可按 GB/T 2423.17—2008 进行 Ka 盐雾试验以考核其工艺质量。盐雾试验的持续时间和合格标准见表 3。

表 3 Ka 盐雾试验的持续时间和合格标准表

底金属和镀层类别	试验持续时间 h	合格标准
钢镀镉	96	未出现白色、灰黑色、棕色等颜色的腐蚀产物
钢镀锌	48	
钢镀装饰铬[a,b]	48	未出现棕色或其他颜色的腐蚀产物
铜及铜合金镀镍铬 铜及铜合金镀镍 铜及铜合金镀银	96 48 24	未出现灰白色或绿色的腐蚀产物
铜及铜合金镀锡	48	未出现灰黑色的腐蚀产物
铝及铝合金阳极氧化	48	未出现灰色的腐蚀产物

a 此项镀层是指最外层的电镀层，不论何种中间镀层，均采用同一试验持续时间和合格标准。

b 对底材为阴极的金属覆盖层试样(如钢件上镀铜/镍/铬等)经大气暴露试验或加速腐蚀试验(如中性盐雾试验、醋酸盐雾试验、铜加速醋酸盐雾试验、腐蚀膏试验等)之后的评级方法按 GB/T 6461—2002 进行。

5.11 湿热型产品应具有一定的防霉性能，其防霉程度视产品的技术要求与外观要求的不同而异。

5.11.1 霉菌对产品使用性能没有影响且外观要求不高的产品，可采用具有一定防霉性能的材料，不作防霉处理，产品可不经长霉试验考核。

5.11.2 霉菌对产品使用性能有影响的，或外观要求较高的产品，除采用具有防霉性能或经防霉处理的材料外，对产品中有可能长霉的零部件应经长霉试验考核，高分子材料天然纤维制品、光学零件等需重点考虑长霉试验问题。

6 标志、包装、运输、贮存

6.1 湿热型机械产品按其气候防护类型应在产品型号中加以标明，即在产品型号后加环境代号“TH”(有气候防护)或“WTH”(无气候防护)。

6.2 当湿热型机械产品运输过程需经过湿热地区或在湿热地区贮存者，其包装方法应按GB/T 5048—1999、GB/T 4768—2008、GB/T 7350—1999 及 GB/T 4879—1999 四份包装标准的技术要求规定。

6.3 产品的贮存环境条件应根据 GB/T 4798.1—2005 确定其各项环境参数的严酷程度等级。

6.4 产品运输环境条件应根据 GB/T 4798.2—2008 确定其各项环境参数的严酷程度等级。

6.5 轴承等精密机械产品的油封包装应能承受贮存、运输环境条件的作用，不发生油封包装破损等现象。

附 录 A
（资料性附录）
湿热型机械产品的结构设计、材料选用和工艺防护要求

A.1 湿热型机械产品的结构设计要求

在结构设计上应考虑消除有害环境因素（如湿热、盐雾、霉菌、灰尘等）造成影响的各种措施。

A.1.1 当湿热型产品采用密封外壳时，应考虑以下几点：

a) 当减缓内部金属零件的腐蚀，在密封结构内应避免使用能产生挥发性气体的材料。在特殊情况下必须使用这类材料时，应对其中易受影响的零件采取有效的防护措施。

b) 密封材料应选用防潮、防霉和耐老化性能良好的材料。

c) 密封体的外壳应光滑，避免有凹陷、锐边或棱角等存在，以免因积水、积尘而导致腐蚀。

d) 产品密封时，应在清洁、干燥的环境条件下操作，以免因内部空气不洁或温度变化时产生凝露而使金属件遭受腐蚀。

A.1.2 对采用防护式外壳或其他不完全密封外壳的产品，应考虑：

a) 加强内部绝缘件、结构件的防潮、抗霉能力。

b) 提高内部金属部件表面防护耐盐雾腐蚀的性能。

c) 在有昆虫及其他有害动物危害的场所，对其外壳结构加防护网罩。

A.1.3 对采用油或其他液体介质的密封结构的湿热型户外用品，由于可能出现较剧烈的温度变化情况，故必须考虑热胀冷缩所致的体积变化及泄露现象。

对以油作绝缘或冷却介质的湿热型产品，由于湿热地区湿度大，需考虑采取能防止油介质受潮劣化的措施。

A.1.4 湿热型机械产品的电气部分应有可靠的接地装置，所用螺钉和垫圈的表面应有良好的保护镀层。

A.1.5 由于有可能因凝露而导致表面绝缘降低，湿热型产品的导电体间及其对地的绝缘体，可考虑适当增大爬电距离，或另选优良材料，以减少泄漏电流。

A.1.6 产品是否采取防尘、防水措施，由各类产品标准根据产品结构特点的使用环境条件不同，予以分别考虑。

A.1.7 产品配套用电工、电子、仪表及其他配件应选用适合湿热环境下使用的产品。

A.1.8 对机械产品因发热而带来不良影响，可根据结构不同特点而采取以下措施。

a) 减少机械内部转动机构的能量损耗，以最大限度地降低其发热量。

b) 合理配置发热部件与热源，采用各种散热及冷却方法平衡及降低其发热量。

c) 对部件热变形进行监控、补偿或修正。

A.2 材料选用要求

A.2.1 应选用防潮、抗霉、耐盐雾、耐热性能良好的材料及可靠的镀层、涂层材料，并采用适当的防锈措施。

A.2.2 衬垫材料及填封材料应在规定温度下具有良好的弹性和黏性，以及低的收缩率。在空气最高温度和强烈日照所引起的高温及最大温差影响下，应能避免产生变形开裂或熔化流失而导致介质的受潮劣化。

A.2.3 绝缘材料应有优良的防潮性能。除全部浸在油内或其他电介质中的绝缘件之下，不得应用未经防护处理的天然纤维材料及其制品，否则应予处理或与其他绝缘材料组合后才可以使用。

A.2.4 为保证产品转运性能良好，应选用适合在湿热地区使用的润滑油脂、液压及液力介质和冷却液，使用中不应产生结块、硬化、潮解、变质、长霉、过快氧化及引起金属腐蚀等现象。

A.3 工艺防护要求

A.3.1 为减缓黑色金属结构件的腐蚀，其表面应加保护层(如油漆、电镀或其他覆盖层)。对浸于油中或要求涂防锈油维护的黑色金属零部件(如齿轮、轴承、转轴、导轨等)，其表面允许不加保护层。

钢质紧固零件的保护性镀层一般可采用镀锌，必要时也可采用镀镉，但二者均必须经钝化处理。

A.3.2 为了防止在工序间、贮存及运输期间产生腐蚀，在零件加工装配过程中应采取工序防锈措施及选用适当的防锈-试车两用油进行试车。对于未加电镀或涂漆保护的裸露金属材料，应采用油封、气相防锈剂或其他临时性保护措施。在操作过程中，应避免人手与产品的油封部分直接接触。

A.3.3 当采用铝及铝合金作为结构材料，应经阳极氧化或化学氧化处理，也可用涂漆保护。

A.3.4 经电镀、钝化的金属件装配后，由于装配而影响镀层质量时，其表面可再涂覆一层气干清漆，以提高其防腐蚀性能。

A.3.5 产品在选择金属材料及其保护层，或互相配合的零件材质不同时，应考虑接触腐蚀的影响。

A.3.6 导电紧固件应加电镀层保护。

A.3.7 钢制弹簧的表面应采取可靠的保护措施，如镀锌或镀镉钝化，或磷化后涂漆等，但所用措施不应影响弹簧的工作性能，细弹簧可采用不锈钢制造，不电镀。

A.3.8 当导电材料为铜和铝并用时，应良好地解决铜铝接头的连接问题。

在热带沿海户外空气中含有盐雾的地区，如采用铝及铝合金作为导电材料，应对其表面采取保护措施。

A.3.9 产品的铭牌或标志牌应尽量采用黄铜制成，其表面应加镀层保护，在某些情况下采用铝时，则应进行阳极氧化处理。

小型产品铭牌或标志牌所用薄膜印刷材料和粘合胶必须具有良好的防潮、抗霉和耐热性能。

A.3.10 产品金属表面的涂漆应光滑，并有良好的防潮、防霉性能，漆膜与底金属之间应具有良好的附着力，所用的底漆与面漆等均应互相适应配套。

A.3.11 产品装配时应注意清除在潮湿条件下会导致加速腐蚀、长霉和其他问题的杂质，如残存的焊剂、金属颗粒、锯屑等。

ICS 19.020
A 21

GB

中华人民共和国国家标准

GB/T 14093.2—2009
代替 GB/T 14093.2—1993

机械产品环境技术要求 寒冷环境

Environmental technical requirements of machinery products for cold environments

2009-05-06 发布 2009-11-01 实施

中华人民共和国国家质量监督检验检疫总局
中国国家标准化管理委员会 发布

前言

GB/T 14093《机械产品环境技术要求》包括以下7个部分：

——GB/T 14093.1 机械产品环境技术要求 湿热环境

——GB/T 14093.2 机械产品环境技术要求 寒冷环境

——GB/T 14093.3 机械产品环境技术要求 高原环境

——GB/T 14093.4 机械产品环境技术要求 工业腐蚀环境

——GB/T 14093.5 机械产品环境技术要求 干热环境

——GB/T 14093.6 机械产品环境技术要求 海洋环境

——GB/T 14093.7 机械产品环境技术要求 矿山环境

本部分为GB/T 14093的第2部分。

本部分代替GB/T 14093.2—1993《机械产品环境技术要求 寒冷环境用》。

本部分与GB/T 14093.2—1993相比，本部分进行了以下修改：

——“本标准”一词改为“本部分”；

——对附录B和附录C的顺序进行调整。

本部分的附录A、附录B、附录C均为资料性附录。

本部分由全国电工电子产品环境条件与环境试验标准化委员会(SAC/TC 8)提出并归口。

本部分起草单位：广州电器科学研究院。

本部分主要起草人：李务平、赖文静。

本部分所代替标准的历次版本发布情况为：GB/T 14093.2—1993。

机械产品环境技术要求 寒冷环境

1 范围

本部分规定了寒冷环境用机械产品(以下简称产品)的防护类型、环境条件、技术要求、试验方法、检验规则、标志、包装、运输和贮存等要求。

产品大类包括农机具、内燃机、工程机械、石化通用机械、电工产品、仪器仪表、机械工具和通用零部件等类。

本部分适用于按 GB/T 4797.1—2005 规定的"寒冷"及"寒温Ⅰ"两个气候区使用的一般用途的机械产品。

本部分不适用于寒冷地区存在化学腐蚀、爆炸危险及海洋、船舶、矿井等特殊环境条件下使用的产品。

2 规范性引用文件

下列文件中的条款通过 GB/T 14093 的本部分的引用而成为本部分的条款。凡是注日期的引用文件,其随后所有的修改单(不包括勘误的内容)或修订版均不适用于本部分,然而,鼓励根据本部分达成协议的各方研究是否可使用这些文件的最新版本。凡是不注日期的引用文件,其最新版本适用于本部分。

GB/T 2423.1—2008 电工电子产品环境试验 第2部分:试验方法 试验A:低温(IEC 60068-2-1:2007,IDT)

GB/T 2423.5—1995 电工电子产品环境试验 第2部分:试验方法 试验Ea和导则:冲击(idt IEC 60068-2-27:1987)

GB/T 2423.10—2008 电工电子产品环境试验 第2部分:试验方法 试验Fc和导则:振动(正弦)(IEC 60068-2-6:1995,IDT)

GB/T 2423.22—2002 电工电子产品环境试验 第2部分:试验方法 试验N:温度变化(idt IEC 60068-2-14:1984)

GB/T 2423.35—2005 电工电子产品环境试验 第2部分:试验方法 试验Z/AFc:散热和非散热试验样品的低温/振动(正弦)综合试验(IEC 60068-2-50:1983,IDT)

GB/T 3511—2008 硫化橡胶或热塑性橡胶 直接自然气候老化试验方法

GB 4208—2008 外壳防护等级(IP代码)(IEC 60529:2001,IDT)

GB/T 4768—2008 防霉包装

GB/T 4879—1999 防锈包装

GB/T 4797.1—2005 电工电子产品自然环境条件 温度和湿度(IEC 60721-2-1:2002,MOD)

GB/T 4798.1—2005 电工电子产品应用环境条件 第1部分:贮存(IEC 60721-3-1:1997,MOD)

GB/T 4798.2—2008 电工电子产品应用环境条件 第2部分:运输(IEC 60721-3-2:1997,MOD)

GB/T 4798.3—2007 电工电子产品应用环境条件 第3部分:有气候防护场所固定使用(IEC 60721-3-3:2002,MOD)

GB/T 4798.4—2007 电工电子产品应用环境条件 第4部分:无气候防护场所固定使用(IEC 60721-3-4:1995,MOD)

GB/T 5048—1999 防潮包装

GB/T 7350—1999 防水包装

GB/T 8166—1987 缓冲包装设计方法

GB/T 9174—2008 一般货物运输包装通用技术条件

GB/T 14092.2—2009 机械产品环境条件 寒冷

GB/T 14093.1—2009 机械产品环境技术要求 湿热环境

3 产品防护类型及其使用环境条件

3.1 产品防护类型

3.1.1 寒冷型：适用于“寒冷”气候区，代号为“HL2”。

3.1.2 寒温型：适用于“寒温Ⅰ”气候区，代号为“HL1”。

3.2 使用环境条件

3.2.1 环境条件的代号及说明

环境条件的种类包括：气候条件(K)、特殊气候条件(Z)(其中 Zh 代表热辐射条件；Za 代表周围空气运动条件；Zw 代表除雨以外的水源条件)、生物条件(B)、化学活性物质条件(C)、机械活性物质条件(S)、机械条件和运输条件(M)、风沙地貌条件(D)、地下水条件(W)。

用于有气候防护场所的产品，其环境代号前的首位数字规定为“3”。而用于无气候防护场所的产品，其环境代号前的首位数字规定为“4”。

在各种环境代号后面按严酷程度的大小用数字表示，一般情况下，数字大的表示严酷程度较高(也包括了严酷程度较低的等级)。加“L”或“S”表示某些气候参数与原等级不同。

例如：

3 K 7 Ls

- Ls——表示个别气候参数低于原等级
- 7——表示严酷等级
- K——表示气候条件
- 3——表示无气候防护场所

3.2.2 用于有气候防护场所的产品，其各类环境条件应在下列等级中选用。

3.2.2.1 气候环境条件：3K7Ls、3K8Ls。

3.2.2.2 特殊气候条件：

a) 热辐射条件：3Zh1、3Zh2；

b) 周围空气运动：3Za4、3Za5、3Za6；

c) 除雨以外的水源条件：3Zw7、3Zw8、3Zw9、3Zw10。

3.2.2.3 生物条件：3B1、3B2。

3.2.2.4 化学活性物质条件：3C1、3C2。

3.2.2.5 机械活性物质条件：3S1、3S2、3S3、3S4。

3.2.2.6 机械环境条件：3M1、3M2、3M3、3M4、3M5、3M6、3M7、3M8。

3.2.3 用于无气候防护场所的产品，其各类环境条件应在下列等级中选用。

3.2.3.1 气候环境条件：4K2、4K3L。

3.2.3.2 特殊气候条件：

a) 热辐射条件：4Zh1、4Zh2；

b) 周围空气运动：4Za3、4Za4、4Za5；

c) 除雨以外的水源条件:4Zw6、4Zw7、4Zw8。

3.2.3.3 生物条件:4B1。

3.2.3.4 化学活性物质条件:4C1、4C2。

3.2.3.5 机械活性物质条件:4S1、4S2、4S3。

3.2.3.6 机械环境条件:4M1、4M2、4M3、4M4、4M5、4M6、4M7、4M8。

3.3 环境参数值

各类环境参数值见 GB/T 14092.2—2009,环境条件等级选用见附录 B。

3.4 环境条件的应用要求

3.4.1 寒冷环境条件下使用的各类产品应根据对环境条件的敏感程度在产品技术条件中规定环境条件等级,例如 4K2/4Zh1/4Za4/4Zw6/4B1/4S2/4M1,这些产品如不适合在某些条件下使用时,则可不列该环境条件(如特殊气候环境条件 Z 等)。本部分未列出的环境条件应符合基本型产品要求。

3.4.2 若 3.2.2 和 3.2.3 的环境条件等级不能满足实际使用要求时,由用户与制造厂协商确定采用 GB/T 4798.3—2007 或 GB/T 4798.4—2007 规定的其他等级。

4 技术要求

4.1 凡在本部分规定的环境条件下使用的产品,应符合本部分的要求。本部分未作规定的,应符合产品的有关标准规定。

4.2 为保证产品在寒冷环境条件可靠地工作,设计和制造时在材料的选用、产品的结构和公差配合及加工工艺上应采取相应措施。

4.3 以内燃机为动力的机械产品在寒冷环境下使用应选低温用的燃油、润滑油脂,配备合适的防冻液及蓄电池、起动机使其起动性能符合有关标准要求。

4.4 行走机械的结构应能保证机械在冰冻的土壤和结冰、积雪的道路上安全行驶。

4.5 行走机械的驾驶室结构和内部尺寸,应保证操作人员穿防寒服装能自由操作。

4.6 行走机械的驾驶室应采取保暖、采暖、除霜等措施,确保在规定的低温环境下,驾驶室平均温度不低于+5℃;前窗玻璃不结霜。

4.7 产品的气动系统应装有防止水分进入和冷凝水结冰的装置。

4.8 产品的液压系统使用的工作介质应满足低温环境的要求。

4.9 电气设备在低温环境下需采取措施,预防仪表面板结霜及指针卡住、动作不可靠等。

4.10 产品的螺纹连接应考虑环境温度变化时引起被连接元件的松动而采取防松补偿措施。

4.11 产品焊接部件用材及焊条应符合低温环境要求,必要时应进行焊接工艺评定。

4.12 产品应选用耐低温性能好的金属材料、工程塑料和橡胶。

4.13 密封装置和密封材料在低温下必须有良好的密封和机械性能。

4.14 绝缘材料在低温下必须有良好的绝缘和机械性能。

4.15 用于有严重冲击振动场合下的产品应采用合适的结构设计和减振、隔振技术。

5 试验方法

5.1 一般要求

用于干寒冷地区的机械产品在基本性能试验合格后,应根据各类产品受寒冷环境因素影响的敏感程度,选取相应的环境试验项目,对产品进行人工模拟环境试验。需进行的环境试验项目、试验严酷程度等级应根据产品的使用环境条件,运行要求等由各产品标准规定。

5.2 试验项目

表 1 为可供各类产品选用的环境试验项目表,内容包括试验项目、严酷等级及简要说明等。各试验项目的检测内容见附录 C。

表 1 环境试验项目表

试验项目名称	试验方法标准	试验严酷等级	简要说明	
			环境条件等级	应用说明
低温试验	GB/T 2423.1—2008	温度：−55 ℃，−40 ℃，−25 ℃ 允许偏差范围不超过±3 ℃，持续时间：2 h，16 h，72 h，96 h	3K7Ls， 3K8Ls， 4K2，4K3L	以使用温度下限值为参考，建议寒冷取：−55 ℃，寒温取−40 ℃，−25 ℃。当试验温度达到稳定后，若尚需进行一定时间的低温条件试验时，其持续时间从2 h、16 h、72 h、96 h中选取 若试验目的仅仅是检查试验样品在低温时能否正常工作，则试验时间只限于使试验样品温度达到稳定；但在任何情况下，持续时间不应少于 30min；当进行与低温耐久性或可靠性相联系的有关试验时，则其试验所需的持续时间由有关标准规定
冲击试验	GB/T 2423.5—1995	在 GB/T 2423.5—1995 第 5 章中选取	3M3～3M8 4M3～4M8	安装在行走机械或有冲击振动的场所的产品，若主要性能或结构受影响，可考虑用产品或零部件、材料进行试验
振动试验	GB/T 2423.10—2008	在 GB/T 2423.10—2008 的第 5 章中选取	3M3～3M8 4M3～4M8	同冲击试验
温度变化试验	GB/T 2423.22—2002	由产品标准在试验 N 中选取试验严酷等级	3K7Ls， 3K8Ls， 4K2， 4K8L	当材料或产品在温度迅速变化条件下性能会受到影响时选用
低温/振动(正弦)试验	GB/T 2423.35—2005	按 GB/T 2423.35—2005 的第 4 章规定选定	3M3～3M8 4M3～4M8	考核设备及元器件在低温与振动的综合条件下使用、贮存和运输的适应性
外壳防护试验	GB 4208—2008	1～4 级防固体异物试验 5、6 级防尘试验 1、2 级防水试验 3 级防水试验 4 级防水试验 5 级防水试验	3S1，3S2 4S1，4S2 3S3，4S3 3Zw7（滴水） 3Zw8（淋水） 3Zw9，4Zw7（溅水） 3Zw10，4Zw8（喷水）	考核产品外壳防固体异物的能力 考核产品外壳防尘能力 考核垂直及当外壳从正常位置倾斜 15°内垂直滴水的产品外壳防水能力 考核与垂直成 60°范围以内淋水的产品外壳防水能力 考核产品外壳防任何方向溅水的能力 考核产品外壳防任何方向喷水的能力

6 检验规则

6.1 人工模拟环境试验可作为寒冷(包括寒温Ⅰ,下同)型产品的型式检验。产品经环境试验后的考核标准由行业产品标准规定。

对于某些不宜在人工模拟试验室进行环境试验的产品,可在自然大气环境中进行。

6.2 寒冷型机械产品的人工模拟环境试验允许从同结构、同材料、同工艺的系列产品中选取有代表性的产品进行试验。如试验合格,则认为同结构、同材料、同工艺的产品均合格。

6.3 对于大、中型产品及不要求用整机进行人工模拟环境试验的产品,允许用产品零部件或模拟件进行试验,具体要求可由行业产品标准规定。

6.4 送试产品或以零部件、模拟件代替成品进行人工模拟环境试验时,其数量由产品标准规定。但对于较小型的产品或零部件一般都规定为二件或三件。

6.5 经环境试验后的材料、零部件或产品应对其受影响的主要性能进行检验,检验项目由产品标准规定。

6.6 产品的焊接件、油漆层、塑料和橡胶件经环境试验后应进行外观检查,其检查项目及合格标准由产品标准规定。

油漆层的外观和附着力检查方法及质量分级、塑料零件外观质量分级按 GB/T 14093.1—2009 中有关规定进行。

橡胶制品外观质量分级方法按 GB/T 3511—2001 规定进行。

7 标志、包装、运输、贮存

7.1 寒冷、寒温型机械产品防护类型应在产品型号中加以标明,即在产品型号后加环境代号“HL2”或“HL1”。

7.2 寒冷型机械产品在运输过程中经过寒冷地区或在寒冷地区贮存者,其包装应按 GB/T 5048—1999、GB/T 9174—2008、GB/T 8166—1987 标准要求规定。

7.3 寒冷型机械产品在运输过程中经过湿热地区者,其包装应按 GB/T 4768—2008、GB/T 4879—1999、GB/T 5048—1999 和 GB/T 7350—1999 标准要求。

7.4 产品运输环境条件应根据 GB/T 4798.2—2008 确定其环境参数的严酷等级。

7.5 产品贮存环境条件应根据 GB/T 4798.1—2005 确定其环境参数的严酷等级。

附 录 A
（资料性附录）
寒冷环境用机械产品环境防护技术要点

寒冷型机械产品在设计制造时，应考虑采取有效的措施，以消除低温、风、雪、冻土等环境因素造成的影响。

A.1 在设计两个以上零件组成的连接配合时，应考虑每一对零件间配合温度变化对其几何尺寸的影响。

A.2 拖拉机及其他运输机的履带行走机构上应考虑尽可能装上履带防滑块或其他旨在减少横滑的机构。

A.3 车轮运动的机器应备有在冰雪地工作的防止打滑的附件。

A.4 密封结构（橡胶制品与配合的几何形状及尺寸）的设计应考虑低温影响。

A.5 焊接部件的设计应尽量避免应力集中，不允许有截面明显变化及引起应力高度集中或使力线不均衡的其他因素。还应采取有效的措施，尽可能降低构件的残余内应力。

钢结构件施焊的环境条件应满足有关规范要求。焊条在使用前，应根据标准要求，干燥至正常湿度。

A.6 为使产品在寒冷环境下起动性能达到标准要求，可采取以下措施：

A.6.1 蓄电池

a） 选用低温蓄电池；

b） 降低普通蓄电池的容量等级使用；

c） 普通蓄电池采取保温或加热措施。

A.6.2 油料

a） 选用柴油的牌号比使用环境温度低 10 ℃以上；

b） 润滑油的凝点低于使用环境温度 10 ℃以上；

c） 润滑脂应选用低温脂；

d） 传动系统用工作介质是耐低温油。

A.6.3 配备性能良好的防冻液。

A.6.4 起动机需符合产品低温起动要求。

A.6.5 低温辅助起动措施

a） 燃烧室内装电热塞；

b） 加热起动；

c） 进气预热起动；

d） 喷注起动液装置。

A.6.6 起动系统的接线要尽量短。

附 录 B
(资料性附录)
选择环境条件等级的说明

B.1 环境条件要求

用户应了解产品在本地区或某一场所的环境条件,作为订购产品的依据,或向生产厂提出产品使用环境条件的要求。

B.2 气候条件等级

产品气候防护类型的气候条件等级列于表B.1。

表B.1 气候条件等级

气候防护类型	使用场所	气候条件等级	适用气候类型
寒冷型(HL2)	有气候防护 无气候防护	3K8Ls 4K3L	寒冷
寒温型(HL1)	有气候防护 无气候防护	3K7Ls 4K2	寒温Ⅰ

B.3 生物条件等级

3B1应用无特殊的生物危害的地点中,即基本上在无霉菌生长和无动物破坏的建筑结构条件下或采取了防护措施的产品。

3B2、4B1应用于有霉菌、鼠类、蚁类(不包括白蚁)、鸟类等主要生物危害的场所。

B.4 化学活性物质条件等级

3C1、4C1应用于较少的工业活性物质和中等交通的乡村和城市地区。

3C2、4C2应用于一般程度污染,工业活性物质分布于整个地区或交通繁忙的城镇。

B.5 机械活性物质条件等级

3S1应用于有防尘设施能防止尘、沙进入的场所。

3S2应用于无防尘设施和不靠近沙、尘源的场所。

3S3应用于靠近沙尘源的场所。

4S1应用于不靠近沙尘源的乡村地区。

4S2应用于有沙或尘源的地区。

4S3应用于因地理上或生产条件引起的空气中经常有高含量的沙和尘的地区。

B.6 机械条件等级

3M1、3M2、4M1、4M2应用于能够防止明显的振动和冲击的场所。

3M3、4M3应用于能够防止明显的振动,但可受到爆破、打桩等引起冲击的场所。

3M4、4M4应用于由机器或行驶的车辆引起的振动的场所或者由于爆破、打桩等引起冲击的场所。

3M5、3M6、4M5、4M6应用于由于机械或行使车辆引起的振动或附近的机械、传送带等引起的大能量冲击场所。

3M7、3M8、4M7、4M8 应用于产品直接安装在机械上，由机械本身引起的大能量的振动和冲击的场所。

B.7 应用举例

产品名称：集材机；

使用场所：内蒙古库都尔林场；

户外气候：寒冷；

环境条件总代号为：4K3L/4Zh1/4Za4/4Zw6/4B1/4S2/4M7。

附 录 C
（资料性附录）
环境试验检测内容

检测内容见表C.1。

表C.1 检测内容推荐表

序号	试验项目	检测内容	应 用 说 明
1	低温试验	外观	适用于产品和零部件、材料
		附着力检查	考核油漆附着力
		物理性能	考核橡胶的硬度、拉伸性能
		力学性能	考核塑料的拉伸、弯曲、冲击性能及金属材料冲击性能
		起动性能	用于内燃机、小电机、蓄电池的性能考核
		动作特性(包括基本性能)	用于低压电器、仪器仪表、电线电缆性能考核
2	冲击和振动试验	外观、结构，受影响的电气机械性能	在冲击振动频繁工作环境下可能发生脆裂的产品零部件或材料选用
3	低温振动（正弦）综合试验	外观、结构，受影响的电气机械性能	在低温振动环境下可能发生脆裂的产品零部件或材料选用
4	温度变化试验	电气性能、工作性能、外观	电工、仪表及机械产品装有带电部件或对温度敏感的产品或部件选用
5	外壳防护试验	检查固体异物是否进入内部、 电气性能检查水是否进入内部、 耐压强度	有带电部分和运动部件之产品用在沙尘环境中使用的产品选用 环境中存在雨以外的水源条件场所使用的产品选用 电机、低压电器4级与5级防水试验后选用

ICS 19.020
A 21

中华人民共和国国家标准

GB/T 14093.3—2009
代替 GB/T 14093.3—1993

机械产品环境技术要求 高原环境

Environmental technical requirements of machinery products for plateau environments

2009-05-06 发布　　2009-11-01 实施

中华人民共和国国家质量监督检验检疫总局
中国国家标准化管理委员会　发布

前言

GB/T 14093《机械产品环境技术要求》包括以下7个部分：

——GB/T 14093.1 机械产品环境技术要求 湿热环境
——GB/T 14093.2 机械产品环境技术要求 寒冷环境
——GB/T 14093.3 机械产品环境技术要求 高原环境
——GB/T 14093.4 机械产品环境技术要求 工业腐蚀环境
——GB/T 14093.5 机械产品环境技术要求 干热环境
——GB/T 14093.6 机械产品环境技术要求 海洋环境
——GB/T 14093.7 机械产品环境技术要求 矿山环境

本部分为GB/T 14093的第3部分。

本部分代替GB/T 14093.3—1993《机械产品环境技术要求 高原环境》。

本部分与GB/T 14093.3—1993相比，主要变化如下：

——根据GB/T 1.1—2000《标准化工作导则 第1部分:标准的结构和编写规则》要求，对编排格式进行了修改；
——"本标准"更改为"本部分"；
——对引用标准进行了更新；
——增加了国家标准的前言；
——对产品的防护类型"G1、G2、G3、G4"修改为"G2、G3、G4、G5"，并对其定义的表述进行了修改；
——对附录C中的气候条件等级的表述进行了修改；
——删除了GB/T 14093.3—1993的附加说明。

本部分的附录A、附录B、附录C均为资料性附录。

本部分由全国电工电子产品环境条件与环境试验标准化技术委员会(SAC/TC 8)提出并归口。

本部分由广州电器科学研究院起草。

本部分主要起草人:张晓东、徐孟德、李务平、李鲁晋、黄文玲。

本部分所代替标准的历次版本发布情况为:GB/T 14093.3—1993。

机械产品环境技术要求　高原环境

1　范围

本部分规定了海拔1 000 m以上高原地区使用的机械产品(以下简称产品)的气候防护类型及其使用环境条件、技术要求、试验方法、检查规则、标志、包装、运输、贮存等要求。

本部分产品大类包括农机具、起重运输机械、通用机械、工程机械、电工产品、仪器仪表、内燃机、锅炉、机床工具和通用零部件等类。

本部分不适用于高原地区存在化学腐蚀介质、爆炸危险介质及矿井等特殊环境条件下使用的产品。

2　规范性引用文件

下列文件中的条款通过GB/T 14093的本部分的引用而成为本部分的条款。凡是注日期的引用文件,其随后所有的修改单(不包括勘误的内容)或修订版均不适用于本部分,然而,鼓励根据本部分达成协议的各方研究是否可使用这些文件的最新版本。凡是不注日期的引用文件,其最新版本适用于本部分。

GB 311.1—1997　高压输变电设备的绝缘配合(neq IEC 71-1:1993)

GB/T 2423.1—2008　电工电子产品环境试验　第2部分:试验方法　试验A:低温(IEC 60068-2-1:2007,IDT)

GB/T 2423.5—1995　电工电子产品环境试验　第2部分:试验方法　试验Ea和导则:冲击(idt IEC 60068-2-27:1987)

GB/T 2423.10—2008　电工电子产品环境试验　第2部分:试验方法　试验Fc和导则:振动(正弦)(IEC 60068-2-6:1995,IDT)

GB/T 2423.21—2008　电工电子产品环境试验　第2部分:试验M:低气压试验方法(IEC 60068-2-13:1983,IDT)

GB/T 2423.22—2002　电工电子产品环境试验　第2部分:试验方法　试验N:温度变化(IEC 60068-2-14:1984,IDT)

GB/T 2423.24—1995　电工电子产品环境试验　第2部分:试验方法　试验Sa:模拟地面上的太阳辐射(idt IEC 60068-2-5:1975)

GB/T 2423.25—2008　电工电子产品环境试验　第2部分:试验Z/AM:低温/低气压综合试验(IEC 60068-2-40:1976,IDT)

GB/T 2423.35—2005　电工电子产品环境试验　第2部分:试验方法　试验Z/AFc:散热和非散热试验样品的低温/振动(正弦)综合试验(IEC 60068-2-41:1976,NEQ)

GB/T 2423.37—2006　电工电子产品环境试验　第2部分:试验方法　试验L:沙尘试验(idt IEC 60068-2-68:1994)

GB/T 3511—2008　硫化橡胶或热塑性橡胶　耐候性

GB 4208—2008　外壳防护等级(IP代码)(IEC 60529:2001,IDT)

GB/T 4768—2008　防霉包装

GB/T 4797.3—1986　电工电子产品自然环境条件　生物

GB/T 4798.1—2005　电工电子产品应用环境条件　第1部分:贮存(IEC 60721-3-1:1997,MOD)

GB/T 4798.2—2008 电工电子产品应用环境条件 第2部分:运输(IEC 60721-3-2:1997,MOD)

GB/T 4798.3—2007 电工电子产品应用环境条件 第3部分:有气候防护场所固定使用(IEC 60721-3-3:2002,MOD)

GB/T 4798.4—2007 电工电子产品应用环境条件 第4部分:无气候防护场所固定使用(IEC 60721-3-4:1995,MOD)

GB/T 4879—1999 防锈包装

GB/T 5048—1999 防潮包装

GB/T 7350—1999 防水包装

GB/T 9174—2008 一般货物运输包装通用技术条件

GB/T 14092.3—2009 机械产品环境条件 高海拔

GB/T 14093.1—2009 机械产品环境技术要求 湿热环境

GB/T 14093.2—2009 机械产品环境技术要求 寒冷环境

GB/T 20635—2006 特殊环境条件 高原用高压电器的技术要求

3 产品防护类型及其使用环境条件

3.1 我国高原地域广,高差大,低气压对产品影响程度不同,所以高原地区按海拔高度分为5个等级:1 000 m,2 000 m,3 000 m,4 000 m和5 000 m。

3.2 产品的防护类型系指该类产品使用在高原某些地区时所采用的相应防护措施,以保证产品在典型环境中的适应性而设计制造的产品类型。

产品防护类型,根据海拔高度可分为4种,其型号为:

海拔1 000 m及以下地区的产品防护类型,按基本产品防护类型处理;

适用于海拔大于1 000 m且小于或等于2 000 m地区的高原型产品防护类型的型号是:G2;

适用于海拔大于2 000 m且小于或等于3 000 m地区的高原型产品防护类型的型号是:G3;

适用于海拔大于3 000 m且小于或等于4 000 m地区的高原型产品防护类型的型号是:G4;

适用于海拔大于4 000 m且小于或等于5 000 m地区的高原型产品防护类型的型号是:G5;

3.3 产品使用的环境条件按GB/T 4798.3—2007,GB/T 4798.4—2007,GB/T 14092.3—2009,使用时应参照这些标准。所选用的各类条件的严酷等级在3.4,3.5中列出。

环境条件的种类包括:高原气候条件(Kp),特殊气候条件(Zh——热辐射,Za——周围空气运动,Zw——除雨外的其他水源),生物条件(B),化学活性物质条件(C),机械活性物质条件(S)和机械条件(M)共六类。

环境条件代号前用数字表示出使用场所;环境条件代号后用数字表示出条件的严酷等级,即海拔高度,通常数字越大,代表的严酷等级越高。例如3Kp2表示海拔2 000 m处有气候防护场所使用的高原气候条件。

3.4 用于有气候防护场所的产品,其环境条件等级中前一数字为"3",表示户内型,即适用于户内或较好遮蔽(其建筑结构能防止或减少室外气候日变化的影响,包括棚下条件)场所的产品,其各类环境条件应在以下所列等级中选取。

3.4.1 高原气候环境条件:3Kp2,3Kp3,3Kp4,3Kp5。

3.4.2 特殊气候环境条件:

a) 热辐射条件:3Zh1,3Zh2,3Zh3;

b) 周围空气运动条件:3Za4,3Za5;

c) 除雨以外的其他水源条件:3Zw7,3Zw8,3Zw9,3Zw10。

3.4.3 生物条件:3B1,3B2,3B3。

3.4.4 化学活性物质条件:3C1,3C2。

3.4.5 机械活性物质条件:3S1,3S2,3S3。

3.4.6 机械条件:3M1,3M2,3M3,3M4,3M5,3M6,3M7,3M8。

3.5 用于无气候防护场所的产品,其环境条件等级中前一数字为"4",表示户外型,即适用于全露天场所的产品,其各类环境条件应在以下所列等级中选取。

3.5.1 气候环境条件:4Kp2,4Kp3,4Kp4,4Kp5。

3.5.2 特殊气候环境条件:

a) 热辐射条件:4Zh1,4Zh2;

b) 周围空气运动条件:4Za3,4Za4;

c) 除雨以外的其他水源条件:4Zw6,4Zw7,4Zw8。

3.5.3 生物条件:4B1,4B2。

3.5.4 化学活性物质条件:4C1,4C2。

3.5.5 机械活性物质条件:4S1,4S2,4S3。

3.5.6 机械条件:4M1,4M2,4M3,4M4,4M5,4M6,4M7,4M8。

3.6 对于在某一特定环境条件下使用的产品,应在其产品技术条件中规定各类环境条件等级。例如4Kp3/4Zh2/4Za4/4Zw6/4B1/4C1/4S1/4M2。有些产品如不适合在某些特殊条件下使用时,则可不列该环境条件。

3.7 各类环境条件参数值,见 GB/T 14092.3—2009。

4 技术要求

4.1 高原型产品除满足本部分外,还应符合相应基本型产品标准规定。

4.2 高原型产品标定功率(出力、热效率,下同)原则上应达到基本型产品标定功率;能耗及热负荷也应保持在基本型允许的范围内。

4.3 高原型产品在低温下应能正常起动。

4.4 高原型产品应选用耐低温和强太阳辐射的金属、工程塑料、橡胶材料及涂层材料。

4.5 行走机械的司机室应有采暖保温措施,在冬季气温下,司机室温度不低于 5 ℃。

4.6 行走机械的司机室应有除霜装置,保证前窗玻璃不结霜。

4.7 高原型产品在低温下作业必须使用相应的耐低温油料。

4.8 电工产品的使用环境温度与本部分的规定不同时,温升限值需按有关产品标准规定进行修正。

4.9 用于高原地区的高压电气设备的绝缘强度应按 GB/T 20635—2006 及 GB 311.1—1997 规定进行海拔修正。

4.10 在多尘地区使用的产品应采用有效的除尘或防尘措施,使产品能可靠工作。

4.11 产品在结构设计和包装上应采取防震措施,保证产品在运输过程中不受损坏。

4.12 使用在高原寒冷地区的产品还应符合 GB/T 14093.2—2009 的有关规定。

5 试验方法

5.1 一般要求

用于高原地区的机械产品在基本性能试验合格后,应根据各类产品受高原环境因素影响的敏感程度,选取相应的环境试验项目,对产品进行人工模拟(或现场)环境试验。需进行的环境试验项目、试验严酷等级应根据产品的使用环境条件及性能、运行要求,在行业产品标准中作出规定。

5.2 试验项目

在表 1 列出可供各类行业产品选用的环境试验项目。各试验项目的检测内容见附录 B。

表 1 环境试验项目表

序号	试验项目	试验方法标准	试验严酷等级	简要说明		备注
				环境条件等级	应用说明	
1	低气压试验	GB/T 2423.21—2008	气压值:(87,77,68,60,52)kPa 持续时间: 5 min, 30 min, 2 h, 4 h, 16 h	全部气候条件等级	用于确定产品在常温、低气压条件下使用的适应能力	
2	低温/低气压综合试验	GB/T 2423.25—2008	温度:(−40,−25)℃ 气压:(87,77,68,60,52)kPa 持续时间:(2,4,8,16)h	3Kp2,3Kp3,3Kp4,3Kp5,4Kp2,4Kp3,4Kp4,4Kp5	用于确定产品在低温、低气压条件下使用的适应能力	
3	低温试验	GB/T 2423.1—2008	温度:(−40,−25)℃ 持续时间:(2,16,72,96)h	3Kp2,3Kp3,3Kp4,3Kp5,4Kp2,4Kp3,4Kp4,4Kp5	用于确定产品和材料在低温条件下使用的适应能力	在作低温耐久性或可靠性试验时所需的试验持续时间,由各行业产品标准确定
4	太阳辐射试验	GB/T 2423.24—1995	严酷等级及持续时间由行业产品标准规定	4Kp2,4Kp3,4Kp4,4Kp5	用于考核产品和材料在受到地面太阳辐射条件下产生的热、机械、化学等的效应及适应性	部分户外产品及材料在必要时进行试验
5	温度变化试验	GB/T 2423.22—2002	严酷等级及持续时间由行业产品标准规定	4Kp2,4Kp3,4Kp4,4Kp5	用于考核产品使用期间可能遇到的温度迅速变化的条件下的适应性	
6	冲击试验	GB/T 2423.5—1995	严酷等级及持续时间由行业产品标准规定	3M3～3M8 4M3～4M8	用于确定元件及产品在使用中承受冲击的适应能力及评定其结构完好性	
7	振动(正弦)试验	GB/T 2423.10—2008	严酷等级及持续时间由行业产品标准规定	3M3～3M8 4M3～4M8	用于确定元件及产品在使用中承受振动的适应能力及评定其结构完好性	
8	低温/振动(正弦)	GB/T 2423.35—2005	按标准第5章规定选定	3M3～3M8 4M3～4M8	考核设备及元器件在低温与振动的综合条件下使用、贮存和运输的适应性	

表 1（续）

序号	试验项目	试验方法标准	试验严酷等级	简要说明		备注
				环境条件等级	应用说明	
9	沙尘试验	GB/T 2423.37—2006	根据产品的防护等级选用方法 La、Lb、Lc	3S2,3S3,4S2,4S3	用于确定产品在沙尘环境中使用的适应能力	方法 La 按 GB 4208—2008 规定
10	外壳防护试验	GB 4208—2008	1～4 级防固体异物试验	3S1,3S2,4S1,4S2	考核产品外壳防固体异物的能力	
			5～6 级防尘试验	3S3,4S3	考核产品外壳防尘能力	
			1、2 级防水试验	3Zw7(滴水)	考核垂直滴水及当外壳从正常位置倾斜 15°内垂直滴水时产品外壳防水能力	
			3 级防水试验	3Zw8(淋水)	考核与垂直成 60°范围内的淋水时产品外壳防水能力	
			4 级防水试验	3Zw9，4Zw7(溅水)	考核产品外壳防任何方向溅水的能力	
			5 级防水试验	3Zw10，4Zw8(喷水)	考核产品外壳防任何方向喷水的能力	

6 检验规则

6.1 人工模拟环境试验或现场运行试验可作为高原型产品的型式检验；产品经环境试验后的考核标准由产品标准规定。

6.2 产品的环境试验允许从同结构、同材料、同工艺的系列产品中选取有代表性的产品进行试验。如试验合格则认为该同结构、同材料、同工艺的系列产品均合格。

6.3 对于大、中型产品及不要求用整机进行人工模拟环境试验的产品，允许用产品零部件或模拟进行试验，具体要求可在产品标准中规定。

6.4 产品及零部件、模拟件进行环境试验时，试验样品的数量由产品标准规定。

6.5 低气压试验时，应按有关标准对电工产品的温升、绝缘强度、灭弧能力、起晕电压进行测定和评定；对机械产品的功率(出力、热效率)、油耗进行测定和评定。

6.6 低温/低气压综合试验中，应根据有关标准对以内燃机为动力的机械产品的起动性能，锅炉的出力、效率进行测定和评定。

6.7 低温试验后，应根据有关标准对以内燃机为动力的机械产品的起动性能、动作性能进行测定和评定；对金属材料、焊接件进行外观及机械性能检查。

6.8 低温试验后，产品或零部件、模拟件应进行外观检查并评定其质量等级，考核要求由各行业产品标准规定。

a) 油漆层外观和附着力检查方法及质量分级按 GB/T 14093.1—2009 的有关规定进行；

b) 塑料零件外观质量分级方法按 GB/T 14093.1—2009 的有关规定进行；

c) 橡胶制品外观质量分级方法按 GB/T 3511—2008 的有关规定进行。

6.9 沙尘试验后需根据产品标准要求，对试验样品进行目检和电气、机械性能检测。

7 标志、包装、运输、贮存

7.1 高原型机械产品应按 3.2 规定标明其气候防护类型环境代号。

7.2 高原型产品的运输包装除符合 GB/T 9174—2008 技术要求规定外，还应考虑高原公路运输的特点，采取有效的防震措施。

7.3 高原型机械产品在运输过程中经过温热地区者，其包装应按 GB/T 4768—2008、GB/T 4879—1999、GB/T 5048—1999 和 GB/T 7350—1999 标准要求规定进行。

7.4 产品运输环境条件应根据 GB/T 4798.2—2008 确定其各项环境参数的严酷等级。

7.5 产品贮存环境条件应根据 GB/T 4798.1—2005 确定其各项环境参数的严酷等级。

附 录 A
（资料性附录）
高原环境用机械产品环境防护技术要点

A.1 为使以内燃机为动力的机械在高原地区能弥补由于高海拔而引起的功率下降，建议采用涡轮增压技术。

A.2 为解决高原低温起动困难，在采用寒冷环境用防护措施的同时，还需要考虑高原缺氧和气压低等环境因素导致燃油着火条件变化的特点。

A.3 为解决高原环境冷却效应降低的问题，需采用加大风扇风量和水箱散热面积或采用压力冷却系统。

A.4 为适应高原多尘的工作环境，必须提高滤清器（包括空气、燃油和机油滤清器）质量，采用严格的密闭防尘措施。

A.5 为使工业锅炉在高原地区正常运行应采用以下措施：

a) 适宜的炉膛结构与燃烧设备的匹配；

b) 正确选择锅炉的配套辅机；

c) 采用最佳受热面的结构布置。

A.6 为确保高压电器产品在高原地区使用的绝缘水平能达到相当于其基本型产品在平原地区使用的绝缘水平，需根据 GB 311.1—1997 及 GB/T 20635—2006 的规定，可采取增大产品相间和对地距离等措施来达到加强外绝缘的目的。

用于高原地区的产品，也可采用提高一级绝缘等级的方法来达到提高外绝缘的目的。

A.7 用于高原地区的高压电机防电晕措施有：

a) 定子线棒（或线圈）进行防电晕处理；

b) 定子槽内喷涂低电阻防电晕漆；

c) 定子线棒（或线圈）与槽的尺寸配合应紧密，具有可靠而稳定的接触，若单边间隙大于 0.3 mm，长度大于或等于 300 mm 时，应用环氧半导体玻璃布板或波纹板塞紧；

d) 定子槽内垫条和塞紧波纹板采用防电晕材料；

e) 定子绕组端部应支撑、绑扎牢固，各固定件间的间隙用环氧树脂等绝缘材料塞满；

f) 定子槽楔应压紧。

A.8 高原型产品用于寒冷地区的共性防护措施参考 GB/T 14093.2—2009。

附 录 B
（资料性附录）
环境试验检测内容

机械工业产品环境试验检测内容见表 B.1。

表 B.1 试验内容推荐表

序号	试验项目	检测内容	应用说明
1	低气压试验	温升、耐压强度、灭弧能力、电晕	高低压电器、电机、电瓷等电工产品选用
		功率、油耗	以内燃机为动力的机械产品（包括运输工具），锅炉、风机、空压机等选用
2	低温/低气压综合试验	起动性能	以内燃机为动力的机械产品（包括运输工具）及锅炉选用
3	低温试验	起动性能	以内燃机为动力的机械产品（包括运输工具）及蓄电池、小电机等选用
		动作性能	低压电器选用
		机械性能	橡胶、塑料、金属材料及焊接件选用
		粘温性、泵送性	油脂及液压系统选用
4	太阳辐射试验	温升	对温升有影响的户外电工产品选用
		外观及机械性能	供户外产品的橡胶、工程塑料等材料及金属防护层选用
5	温度变化试验	外观及机械性能	供户外产品的橡胶、工程塑料等材料及金属防护层、电瓷等电工产品选用
		电气性能	户外电工产品选用
6	冲击、振动试验	外观、结构完整性	在有频繁冲击、振动的工作场所用的产品或关键部件选用
7	低温/振动（正弦）综合试验	机械性能、电气性能	在低温振动环境下工作的产品或关键部件选用
8	沙尘试验	目测防沙尘能力及电气机械性能检测	在多沙尘环境使用的产品或关键部件选用
9	外壳防护试验	目测防固体异物能力	有带电部分和运动部件的产品及在沙尘环境中使用的产品选用
		目测防水能力	环境中存在雨以外的水源条件场所使用的产品选用

附 录 C
（资料性附录）
选择环境条件等级的说明

C.1 气候条件等级

3Kp2,4Kp2 应用于海拔大于 1 000 m 且小于或等于 2 000 m 地区。

3Kp3,4Kp3 应用于海拔大于 2 000 m 且小于或等于 3 000 m 地区。

3Kp4,4Kp4 应用于海拔大于 3 000 m 且小于或等于 4 000 m 地区。

3Kp5,4Kp5 应用于海拔大于 4 000 m 且小于或等于 5 000 m 地区。

C.2 生物条件等级

3B1 应用于霉菌基本上不生长或有防护措施的场所。

3B2,4B1 应用于有霉菌、鼠类、蚁类(不包括白蚁)、鸟类等主要生物危害的场所。

3B3,4B2 应用于有所有生物(包括白蚁)危害的场所。

各等级的区域分布图,详见 GB/T 4797.3—1986。

C.3 化学活性物质条件等级

3C1,4C1 应用于有较少的工业活性物质和中等交通运输的乡村和城市地区。

3C2,4C2 应用于有一般程度污染、工业活性物质分布整个地区或交通繁忙的城镇。

C.4 机械活性物质条件等级

3S1 应用于有防尘设施能防止尘、沙进入的场所。

3S2 应用于无防尘设施和不靠近沙、尘源的场所。

3S3 应用于靠近沙尘源的场所。

4S1 应用于不靠近沙漠的乡村地区。

4S2 应用于有沙或尘源的地区。

4S3 应用于因地理位置上属于有风沙或空气中有灰尘的地区。

C.5 机械条件等级

3M1,3M2,4M1,4M2 应用于能够防止明显的振动和冲击的场所。

3M3,4M3 应用于能够防止明显的振动,但可受到爆破,打桩等引起冲击的场所。

3M4,4M4 应用于由机械或行驶的车辆引起的振动的场所或者由于爆破、打桩等引起冲击的场所。

3M5,3M6,4M5,4M6 应用于产品由于机械或行驶车辆引起的振动或附近的机械、传送带引起的大能量冲击的场所。

3M7,3M8,4M7,4M8 应用于产品直接安装在机械上,由机械本身引起的大能量的振动和冲击的场所。

C.6 应用举例

使用场所:昆明某机械厂,海拔 1 890m,位于市郊乡镇地区。

户外气候属温暖气候。

使用场所的环境总代号为 4Kp2/4Za4/4Zw7/4B1/4S2/4M4。

ICS 19.020
A 21

中华人民共和国国家标准

GB/T 14093.4—2009
代替 GB/T 14093.4—1993

机械产品环境技术要求 工业腐蚀环境

Environmental technical requirements of machinery products for the industry corrosion environments

2009-05-06 发布　　　　2009-11-01 实施

中华人民共和国国家质量监督检验检疫总局
中国国家标准化管理委员会　发布

前言

GB/T 14093《机械产品环境技术要求》包括以下7个部分：

——GB/T 14093.1 机械产品环境技术要求 湿热环境

——GB/T 14093.2 机械产品环境技术要求 寒冷环境

——GB/T 14093.3 机械产品环境技术要求 高原环境

——GB/T 14093.4 机械产品环境技术要求 工业腐蚀环境

——GB/T 14093.5 机械产品环境技术要求 干热环境

——GB/T 14093.6 机械产品环境技术要求 海洋环境

——GB/T 14093.7 机械产品环境技术要求 矿山环境

本部分为GB/T 14093的第4部分。

本部分代替GB/T 14093.4—1993《机械产品环境技术要求 工业腐蚀环境用》。

本部分与GB/T 14093.4—1993相比，主要变化如下：

——根据GB/T 1.1—2000《标准化工作导则 第1部分：标准的结构和编写规则》要求，对编排格式进行了修改；

——"本标准"更改为"本部分"；

——对引用标准进行了更新。

本部分的附录A、附录B、附录C均为资料性附录。

本部分由全国电工电子产品环境条件与环境试验标准化技术委员会(SAC/TC 8)提出并归口。

本部分起草单位：广州电器科学研究院。

本部分主要起草人：吴学明、邱云林、刘华堂、肖立。

本部分所代替标准的历次版本发布情况为：GB/T 14093.4—1993。

机械产品环境技术要求 工业腐蚀环境

1 范围

本部分规定了工业腐蚀环境用机械产品的防护类型及使用环境条件、技术要求、试验方法、检验规则、标志、包装、运输、贮存。

本部分适用于在 GB/T 14092.5 中规定的环境条件使用的一般用途机械工业产品。产品大类包括内燃机、工程机械、重型机械、起重运输机械、石油通用机械、电工产品、仪器仪表、机床工具、通用零部件等。

本部分不适用于环境中存在爆炸性介质及海洋、船舶、矿井、核辐射等特殊环境条件下使用的产品。

2 规范性引用文件

下列文件中的条款通过 GB/T 14093 的本部分的引用而成为本部分的条款。凡是注日期的引用文件,其随后所有的修改单(不包括勘误的内容)或修订版均不适用于本部分,然而,鼓励根据本部分达成协议的各方研究是否可使用这些文件的最新版本。凡是不注日期的引用文件,其最新版本适用于本部分。

GB/T 2423.2—2008 电工电子产品环境试验 第2部分:试验方法 试验B:高温(IEC 60068-2-2:2007,IDT)

GB/T 2423.3—2006 电工电子产品环境试验 第2部分:试验方法 试验 Cab:恒定湿热试验(IEC 60068-2-78:2001,IDT)

GB/T 2423.4—2008 电工电子产品环境试验 第2部分:试验方法 试验 Db 交变湿热(12 h+12 h循环)(idt IEC 60068-2-30:2005)

GB/T 2423.5—1995 电工电子产品环境试验 第2部分:试验方法 试验 Ea 和导则:冲击(idt IEC 60068-2-27:1987)

GB/T 2423.6—1995 电工电子产品环境试验 第2部分:试验方法 试验 Eb 和导则:碰撞(idt IEC 60068-2-29:1987)

GB/T 2423.10—2008 电工电子产品环境试验 第2部分:试验方法 试验 Fc:振动(正弦)(IEC 60068-2-6:1995,IDT)

GB/T 2423.16—2008 电工电子产品环境试验 第2部分:试验方法 试验J和导则:长霉(IEC 60068-2-10:2005,IDT)

GB/T 2423.17—2008 电工电子产品环境试验 第2部分:试验方法 试验 Ka:盐雾(IEC 60068-2-11:1981,IDT)

GB/T 2423.18—2000 电工电子产品环境试验 第2部分:试验方法 试验 Kb:盐雾,交变(氯化钠溶液)(idt IEC 60068-2-52:1996)

GB/T 2423.22—2002 电工电子产品环境试验 第2部分:试验方法 试验 N:温度变化(idt IEC 60068-2-14:1984)

GB/T 2423.24—1995 电工电子产品环境试验 第2部分:试验方法 试验 Sa:模拟地面上的太阳辐射(idt IEC 60068-2-5:1975)

GB/T 2423.33—2005 电工电子产品环境试验 第2部分:试验方法 试验 Kca:高浓度二氧化

硫试验

GB 4208—2008 外壳防护等级(IP代码)(IEC 60529:2001,IDT)

GB/T 4768—2008 防霉包装(neq IEC 60068:1988)

GB/T 4798.1—2005 电工电子产品应用环境条件 第1部分 贮存(IEC 60721-3-1:1997,MOD)

GB/T 4798.2—2008 电工电子产品应用环境条件 第2部分:运输(IEC 60721-3-2:1997,MOD)

GB/T 4798.3—2007 电工电子产品应用环境条件 第3部分:有气候防护场所固定使用(IEC 60721-3-3:2002,MOD)

GB/T 4798.4—2007 电工电子产品应用环境条件 第4部分:无气候防护场所固定使用(IEC 60721-3-4:1995,MOD)

GB/T 4879—1999 防锈包装

GB/T 5048—1999 防潮包装

GB/T 6461—2002 金属基体上金属和其他无机覆盖层 经腐蚀试验后的试样和试件的评级(idt ISO 10289:1999)

GB/T 6465—2008 金属和其他无机覆盖层 腐蚀膏腐蚀试验(CORR试验)(ISO 4541:1978,IDT)

GB/T 6466—2008 电沉积铬层 电解腐蚀试验(EC试验)(ISO 4539:1980,IDT)

GB/T 7350—1999 防水包装

GB/T 10125—1997 人造气氛腐蚀试验 盐雾试验(eqv ISO 9227:1990)

GB/T 14092.5—2009 机械产品环境条件 工业腐蚀

GB/T 14093.1—2009 机械产品环境技术要求 湿热环境

GB/T 17626.2—2006 电磁兼容 试验和测量技术 静电放电抗扰度试验(IEC 61000-4-2:2001,IDT)

GB/T 17626.3—2006 电磁兼容 试验和测量技术 射频电磁场辐射抗扰度试验(IEC 61000-4-3:2002,IDT)

GB/T 17626.4—2008 电磁兼容 试验和测量技术 电快速瞬变脉冲群抗扰度试验(IEC 61000-4-4:2004,IDT)

GB/T 17626.8—2006 电磁兼容 试验和测量技术 工频磁场抗扰度试验(IEC 61000-4-8:2001,IDT)

GB/T 20819.1—2007 工业过程控制系统用模拟信号控制器 第1部分:性能评定方法

3 产品防护类型及其使用环境条件

3.1 产品防护类型系指该类产品在工业环境场所使用时采取相应的防护措施,以保证产品在该典型环境中的适应性而设计、制造的产品类型。

产品的防护类型按其对不同严酷程度腐蚀环境的适应性划分为三种,即:

——防强腐蚀型:适用于强腐蚀环境的产品防护类型,代号F2(户内)、WF2(户外)。

——防中等腐蚀型:适用于中等腐蚀环境的产品防护类型,代号F1(户内)、WF1(户外)。

——防轻腐蚀型:适用于轻腐蚀环境的产品防护类型,代号F0(户内)、W(户外)。

3.2 产品的使用环境条件参照GB/T 4798.3—2007及GB/T 4798.4—2007中的环境条件严酷程度等级,选定各类环境条件的等级计参数值。

环境条件的种类包括:气候条件(K)、特殊气候条件(其中Zh代表热辐射条件;Za代表周围空气运动条件；Zw 代表除雨以外的水源条件）、生物条件（B）、化学活性物质条件（C）、机械活性物质条件（S）、机械环境条件（M）和电磁环境条件（E）共七类。

3.3 用于有气候防护场所的产品（简称为户内型），其环境条件等级中前面数字为“3”，即适用于户内或有较好遮蔽（其建筑结构能防止或减少室外气候日变化的影响，包括棚下条件）场所的产品。

3.4 用于无气候防护场所的产品（简称为户外型），其环境条件等级中前面数字为“4”，即适用于全露天或仅有简单遮蔽（几乎不能防止室外气候日变化的影响）场所的产品。

3.5 产品的防护类型划分以化学活性物质条件（C）为基础，按环境条件的严酷程度等级相应对照形成产品的防护类型，其关系如表 1 所示。

表 1 产品防护类型与环境条件等级对照表

环境类别	环境条件等级	产品防护类型
轻腐蚀环境	3C2，4C2	户内防轻腐蚀型代号 F0[a]；户外防轻腐蚀型，代号 W
中等腐蚀环境	3C3，4C3	户内防中等腐蚀型，代号 F1；户外防中等腐蚀型，代号 WF1
强腐蚀环境	3C4，4C4	户内防强腐蚀型，代号 F2；户外防强腐蚀型，代号 WF2
[a] 户内防轻腐蚀型（FO）产品的技术要求相当于湿热型（TH）产品。		

3.6 各种防护类型产品可选用的环境条件等级见表 2。产品应选择能满足使用要求的最低严酷程度的环境条件等级。

表 2 环境条件等级选用表

环境条件类别	有气候防护场所	无气候防护场所
K 气候条件	3K5，3K5L，3K6，3K6L，3K7L，3K8H	4K1，4K2，4K3
Z 特殊气候条件	3Zh1，3Zh3 3Za5，3Za6 3Zw7，3Zw8，3Zw9，3Zw10	4Zh1，4Zh2 4Za4，4Za5 4Zw7，4Zw8
B 生物条件	3B1，3B2，3B3	4B1，4B2
C 化学活性物质条件	3C2，3C3，3C4	4C2，4C3，4C4
S 机械活性物质条件	3S2，3S3，3S4	4S2，4S3，4S4
M 机械条件	3M1，3M2，3M3，3M4， 3M5，3M6，3M7，3M8	4M1，4M2，4M3，4M4， 4M5，4M6，4M7，4M8
E 电磁条件	3E1，3E2，3E3，3E4	4E1，4E2，4E3，4E4
注：字母“L”表示部分参数值较原等级低的级别，字母“H”表示部分参数值较原等级高的级别。		

3.7 对于在一定环境条件下使用的产品，应在其技术条件中规定各类环境条件等级。例如：3K5L/3Zh3/3Za5/3Zw9/3B1/3C3/3S2/3M2/3E2。有些产品如不适合在某条件下使用或该条件对某产品不重要时，则可不列该环境条件，如特殊气候环境条件（Z），机械环境条件（M）或电磁环境条件（E）等。

3.8 表 2 所列的气候、特殊气候、生物、化学活性物质、机械活性物质环境条件等级的参数值按照 GB/T 14092.5—2009 中表 2～表 6 的规定。机械环境条件及电磁环境条件等级的参数值在本部分中列出。

3.9 机械环境条件各等级的环境参数值见表 3。典型冲击响应频谱见图 1。

表 3 机械环境条件等级及参数

环境参数		单位	等级 3M1 4M1	3M2 4M2	3M3 4M3	3M4 4M4	3M5 4M5	3M6 4M6	3M7 4M7	3M8 4M8
正弦稳态振动	位移	mm	0.3	1.5	1.5	3.0	3.0	7.0	10	15
	加速度	m/s^2	1	5	10	10	10	20	30	50
	频率范围	Hz	2～9 9～200	2～9 9～200	2～9 9～200	2～9 9～200	2～9 9～200	2～9 9～200	2～9 9～200	2～9 9～200
非稳态振动包括冲击	冲击响应谱 L(*a*)	m/s^2	40	40	70	—	—	—	—	—
	冲击响应谱 Ⅰ(*a*)	m/s^2	—	—	—	100	—	—	—	—
	冲击响应谱 Ⅱ(*a*)	m/s^2	—	—	—	—	250	250	250	250

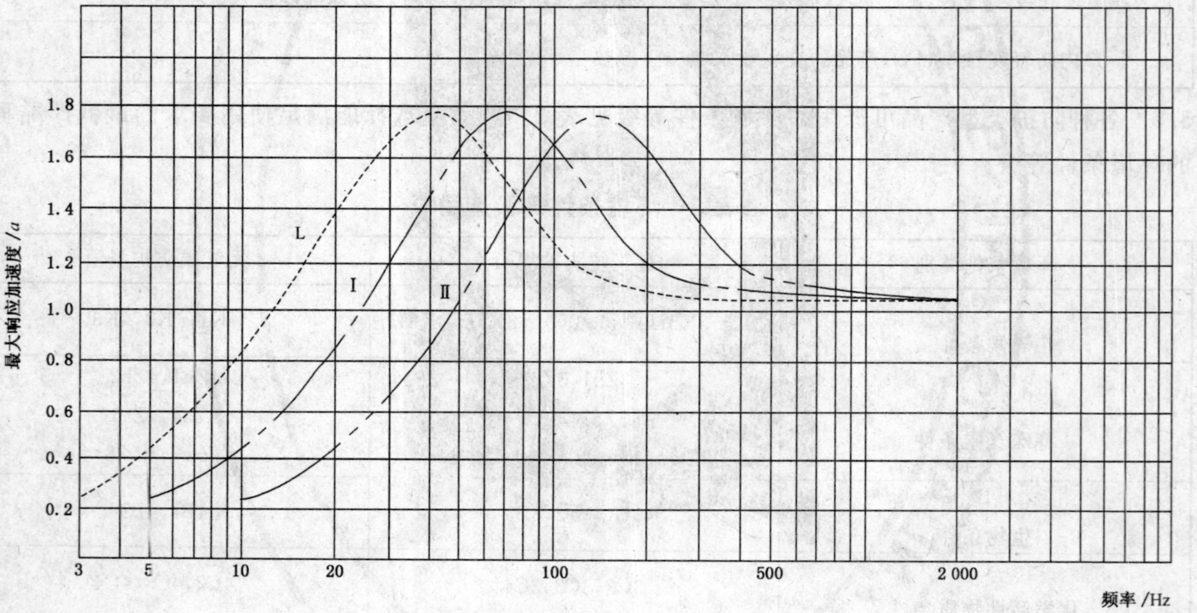

注 1：频谱类型 L：持续时间为 22 ms；

注 2：频谱类型Ⅰ：持续时间为 11 ms；

注 3：频谱类型Ⅱ：持续时间为 6 ms。

图 1 典型冲击响应频谱(第一阶最大冲击响应频谱)

3.10 电磁环境条件各等级的环境参数值见表 4。

表 4 电磁环境条件等级及参数

环境参数		等级 3E1,4E1	3E2,4E2	3E3,4E3	3E4,4E4	备注
磁场强度 A/m	交流	2.5	400	4 000	—	
	直流	8				频率范围 27 MHz～500 MHz
电场强度 V/m		1	3	10	—	

表 4（续）

环境参数		等级				备注
		3E1,4E1	3E2,4E2	3E3,4E3	3E4,4E4	
静电放电 kV		2	4	8	15	
电源变化 %	供电 电压	±5	±10	+15 −20	—	
	频率	±1	±2	±5	—	
电源快速瞬变 kV		0.5	1	2	4	脉冲群
电源中断 ms		3	10	200	—	
注：电磁环境参数可有一种或几种同时存在。						

3.11 环境条件的应用要求

3.11.1 工业腐蚀环境下使用的各类产品根据其对环境因素的重要性及敏感程度，确定其所选用的环境因素项目及相应的环境参数。

3.11.2 当表 2 的环境条件等级不能满足实际使用要求时，可由供需双方协商确定采用其他等级。

3.11.3 户外用产品在确定其温升限值时，可根据其结构特点和受太阳辐射影响不同，在有关产品标准或规范中规定是否需要留有温升裕度。

3.11.4 当高温环境参数超过产品标准或规范的规定时，可按产品标准或规范的规定降低产品的温升运行，或由订货单位与制造厂协商解决。

3.11.5 在雷暴较为频繁地区使用的输变电、配电电器、电子设备及其他机械设备必要时应考虑防雷措施。

3.11.6 对用于工业污秽严重及沿海户外地区的产品应考虑污秽及盐雾的影响。

4 技术要求

4.1 为保证产品在工业环境下可靠地工作，在产品设计和制造时应采取有效的防护措施。需根据产品使用环境条件的特点，采取防潮、防腐蚀、防尘、防水、防高温、防低温、防振动与冲击及防电磁干扰等防护技术要求中的部分项目。本部分未作规定及说明者，应按产品的有关标准或规范规定。

4.2 防中等腐蚀和防强腐蚀型产品（包括户外防腐型产品）应具备防腐蚀能力，需进行化学气体腐蚀试验。产品试验后，其性能及外观的合格要求按有关户内、外防腐型产品标准或规范规定。

4.3 防轻腐蚀型产品（包括户外型产品）应具备防轻微腐蚀能力，需进行湿热试验。产品试验后，其性能及外观的合格要求按有关湿热型产品标准或规范规定。

4.4 防轻腐蚀型产品（包括户外型产品）应具有一定的防霉性能，其防霉程度视产品的技术要求与外观要求的不同而异。

4.4.1 霉菌对产品性能没有影响且外观要求不高的产品，可采用具有一定防霉性能的材料，不作防霉处理，可不经长霉试验考核。

4.4.2 霉菌对产品性能有影响的，或外观要求较高的产品，除采用具有防霉性能或经防霉处理的材料外，对产品中有可能长霉的零部件应经长霉试验的考核。高分子材料、天然纤维制品、光学零件等需重点考虑长霉试验问题。

4.5 产品的外壳防护试验、高温试验、低温试验、机械环境试验（如振动、冲击等试验）及电磁干扰试验，以及具体的试验方法、严酷程度等由产品标准或规范规定。

4.6 户外型产品应考虑太阳辐射的影响，留有一定的温升裕度。表面油漆的颜色应选用浅色，以降低附加温升。

4.7 凡实际使用的环境温度高于基本系列产品标准或规范规定时，可按有关产品标准或规范的规定降低容量运行，以保证产品在该环境温度下可靠工作。

4.8 对用于工业污秽较严重及沿海户外地区的产品，应考虑潮湿、污秽、盐雾的影响，加强产品防护。

4.9 中、大型产品可加装防潮加热器，以防止停机时受潮。装加热器产品的绝缘结构与处理工艺应与无加热器的产品相同，但其绝缘部分可不经湿热试验或化学气体试验考核。产品的金属涂漆层、电镀层等表面覆盖层和金属结构件仍需进行湿热或化学气体腐蚀试验。

5 试验方法

试验项目：产品在基本性能试验合格后，应根据各类不同产品所受到的环境因素影响情况，通过有关的人工环境试验的考核。表5列出了可供选择的试验项目，各类产品可根据所受到的环境因素影响情况选定不同的试验项目及严酷程度。具体试验项目可在有关标准中规定。各项环境试验的检测内容见附录C。

表5 环境试验项目表

<table>
<tr><th rowspan="2">试验项目名称</th><th rowspan="2">试验方法标准</th><th rowspan="2">试验严酷程度</th><th colspan="2">简要说明</th></tr>
<tr><th>环境条件等级</th><th>应用说明</th></tr>
<tr><td>化学气体腐蚀试验</td><td>GB/T 2423.33—2005</td><td>当环境中存在化学活性物质条件时，根据其严酷程度确定采用的试验周期。试验持续时间分为2 d和10 d两个等级</td><td>3C3、3C4；
3C4、4C4；</td><td>化学气体种类：一般均采用 SO_2。在用户要求时，可采用 Cl_2。化学气体浓度 SO_2 为17.5 mg/L(衰减)；Cl_2 为5 mg/L(恒定)</td></tr>
<tr><td>高温试验</td><td>GB/T 2423.2—2008</td><td>当存在热辐射条件时，根据现场实际可能出现的温度，确定试验温度等级。试验持续时间2 h、16 h、72 h、96 h四个等级</td><td>3K6、3K8H；
3Zh3、4Zh2</td><td>当环境高温超过常温较多时(如55 ℃,70 ℃等)，应考虑进行此试验</td></tr>
<tr><td rowspan="2">湿热试验</td><td>GB/T 2423.3—2006</td><td>温度(40±2)℃，相对湿度 93^{+2}_{-3}%，试验持续时间2 d,4 d,10 d,21 d</td><td rowspan="2">3K5L、3K5、3K6、3K6L、3K7L、3K8H；
4K1、4K2、4K3</td><td rowspan="2">试验Ca及Db二者选择其中一项，由产品标准或规范确定。防轻腐蚀产品进行此试验试验温度值及持续时间根据产品特点及实际使用条件选定。凡进行整机化学气体腐蚀试验的产品，可不进行此试验</td></tr>
<tr><td>GB/T 2423.4—2008</td><td>(1) 高温(40±2)℃，相对湿度(93±3)%，试验持续时间2 d,6 d,12 d,21 d
(2) 高温(55±2)℃，相对湿度(93±3)%，试验持续时间1 d,2 d,6 d</td></tr>
</table>

表 5（续）

试验项目名称	试验方法标准	试验严酷程度	简要说明	
			环境条件等级	应用说明
长霉试验	GB/T 2423.16—2008	(1) 在试验方法规定的条件下，连续暴露 28 d，对长霉结果进行外观检查 (2) 连续暴露 28 d，进行外观检查及性能测量	3B2～3；4B1～2	对有可能长霉的材料零部件或产品进行试验。84 d 试验只在长霉显著影响产品性能且确有必要时进行，通常只进行 28 d 试验
盐雾试验	GB/T 2423.17—2008 （或按 GB/T 10125—1997）	试验持续时间根据底金属和镀层种类，在 24 h、48 h、96 h 三个等级中选定试验严酷等级	3C2、4C2	考核零部件材料、镀层及化学覆盖层抗盐雾腐蚀的能力
交变盐雾试验	GB/T 2423.18—2000	严酷等级 1，每喷雾 2 h 之后，在湿热条件下存放 7 d 为 1 周期，共 4 周期	3C2、4C2	适用于近海及海边工作的机械设备及元器件，进行此试验可取代湿热试验
金属覆盖层试验	GB/T 10125—1997 GB/T 6465—2008 GB/T 6466—2008	按各标准规定的暴露时间，在有关标准中规定具体的严酷等级	3C2、4C2 或有特殊要求时	适用于加速进行铜/镍/铬或镍/铬装饰性镀层及铝的阳极氧化层工艺质量评价
				模拟各类车辆底部金属件遭受含盐污泥腐蚀情况的人工加速试验
				评价钢或锌合金铸件上的铜/镍/铬或镍/铬沉积层在户外的耐蚀性
温度变化试验	GB/T 2423.22—2002	在产品标准或规范中规定具体的试验严酷等级	4K1～3	部分户外用产品在必要时进行试验，确定产品在可能遇到的温度迅速变化条件下的适应性
太阳辐射试验	GB/T 2423.24—1995	在产品标准或规范中规定具体的试验严酷等级	4K1～3	部分户外用产品及材料在必要时进行试验，考核它们在受到太阳辐射条件下产生热机械、化学、电等的效应确定其适应性

表 5(续)

试验项目名称	试验方法标准	试验严酷程度	简要说明	
			环境条件等级	应用说明
外壳防护试验	GB 4208—2008 中规定的防固体异物及防水试验	防固体异物试验 1～6 级	3S2～4; 4S2～4	产品外壳结构的防护性试验。考核防止人体触及或接近外壳内部带电或运动部件及异物进入外壳内部的能力
		防水试验 1～5 级	3Zw7～10; 4Zw7～8	考核产品对雨以外的水源条件的防护能力
振动(正弦)试验	GB/T 2423.10—2008	在产品标准或规范中规定试验频率、振幅值等试验参数	3M3～8; 4M3～8	考核产品、元器件承受振动的适应性及评价其结构的完好性
冲击试验与碰撞试验	GB/T 2423.5 GB/T 2423.6—1995	在产品标准或规范中规定具体的试验严酷等级	3M3～8; 4M3～8	考核产品、元器件在使用过程中承受冲击、碰撞的适应性及评价其结构的完好性
磁场辐射试验	GB/T 17626.8—2006(磁场辐射试验方法部分)	场强分为:8 A/m、400 A/m、4 000 A/m 三级	3E1～3; 4E1～3	通常采用第二级,常用赫尔姆霍兹线圈法
电场辐射试验	GB/T 13926.3(电场辐射试验方法部分)	场强分为:1 V/m、3 V/m、10 V/m 三级,频率 27 MHz～500 MHz	3E1～3; 4E1～3	通常采用屏蔽室方法进行测试
静电放电试验	GB/T 17626.2—2006(静电放电试验方法部分)	分为:2 kV、4 kV、8 kV、15 kV 四级,放电次数至少 10 次	3E1～4; 4E1～4	根据相对湿度及地面条件规定等级
电源电压频率变化试验	GB/T 20819.1—2007(电源电压频率变化试验方法部分)	电压:±5%、±10%;+15%,−20% 频率:±1%、±2%、±5% 重复周期 5 s～10 s	3E1～4; 4E1～3	根据需要可以是稳态,也可以是瞬态。通常选用稳态试验
电源快速瞬变试验	GB/T 17626.4—2008(电源快速瞬变试验方法部分)	分为:0.5 kV、1 kV、2 kV、4 kV 四级,持续时间:15 ms	3E1～4; 4E1～4	考核电源线上群脉冲对设备的影响,是考核设备抗瞬态传导干扰性能的主要试验项目之一

6 检验规则

6.1 人工环境试验可作为产品的型式检验。产品需进行何种环境试验;用整机或零部件进行试验;试验的严酷程度及试验周期数可按本部分第 5 章的要求,在产品标准或规范中予以规定。产品经环境试验后的考核标准由产品标准或规范具体规定。

6.2 防轻腐蚀型电工产品或机械、仪表产品的电气部分进行交变湿热试验(试验 Db)考核时,在"最后检测”阶段，产品绝缘电阻测量及绝缘介电强度试验应根据产品的实际运行要求，按GB/T 14093.1—2009中5.2.1的条件进行。

6.3 湿热试验后，产品或零部件、模拟件应进行外观检查及涂漆层附着力检查，并按GB/T 14093.1—2009中5.9.1～5.9.3的规定判定其质量分级。湿热试验前需进行外观检查的项目由产品标准或规范规定。

6.4 防轻腐蚀型产品的电镀零部件和化学处理件应具有一定的镀(涂)层厚度，通常按GB/T 2423.17—2008进行Ka盐雾试验以考核其工艺质量。盐雾试验的持续时间和合格标准见表6。

表6 Ka盐雾试验的持续时间和合格标准

底金属和镀层类别	试验持续时间/h	合格标准
钢镀镉	96	未出现白色、灰黑色、棕色等颜色的腐蚀产物
钢镀锌	48	
钢镀装饰铬[a,b]	48	未出现棕色或其他颜色的腐蚀产物
铜及铜合金镀镍铬	96	未出现灰白色或绿色的腐蚀产物
铜及铜合金镀镍	48	
铜及铜合金镀银	24	
铜及铜合金镀锡	48	未出现灰黑色的腐蚀产物
铝及铝合金阳极氧化	48	未出现灰色的腐蚀产物

a 此项镀层是指最外层的电镀层，不论何种中间镀层，均采用同一试验持续时间和合格标准。

b 对底材为阴极的金属覆盖层试样(如钢件上的铜/镍/铬镀层等)经大气暴露试验或金属覆盖层腐蚀试验(如中性盐雾试验、醋酸盐雾试验、铜加速醋酸盐雾试验、腐蚀膏试验等)之后的评级方法按GB/T 6461—2002进行。

6.5 外壳防护等级试验属于型式检验，可在产品定型或结构、材料改变影响到产品防护性能时进行。

产品进行外壳防护试验后，除应符合GB 4208—2008的规定外，尚应满足下列要求：

——经防尘试验后，轴承内及机械活动连接部位应无沙尘进入。

——经防水试验后，接线盒、电绝缘及接触部位、轴承及止口部位应没有水进入。

6.6 防中等腐蚀和防强腐蚀型产品按规定的化学气体浓度及试验周期数进行化学气体腐蚀试验后，其检验方法及绝缘、外观要求由有关户内、外防腐产品标准或规范规定。

6.7 允许用同结构、同工艺、同材料的代表性产品进行外壳防护等级、高温、低温、湿热、化学气体腐蚀试验等环境试验项目，如试验合格即认为相同结构、工艺、材料的同系列产品均合格。

7 标志、包装、运输、贮存

7.1 产品应按其防护类型在型号最后增加防护代号，对于防腐蚀型产品的代号为：F0——防轻腐蚀；F1——防中等腐蚀；F2——防强腐蚀。户外防腐蚀型产品相应的三个等级的代号分别为W、WF1及WF2。

7.2 当产品因特殊用途需要，具备其他专门的防护性能时，可不在型号中增加防护代号，但可在产品技术条件及使用说明书中予以说明。必要时还可在产品明显部位加上专门标志(如“防高温”、“防电磁干扰”等)以示区别。

7.3 当产品运输过程需经过湿热地区或在湿热地区贮存者，其包装方法应按GB/T 5048—1999、GB/T 4768—2008、GB/T 7350—1999及GB/T 4879—1999四项包装标准的技术要求规定。

7.4 轴承等精密机械工业产品的油封包装应能经受贮存、运输环境条件的作用，不发生油封包装破损等现象。

7.5 产品的运输环境条件应根据GB/T 4798.2—2008确定其各项环境参数的严酷程度等级。

7.6 产品的贮存环境条件应根据GB/T 4798.1—2005确定其各项环境参数的严酷程度等级。

附 录 A
（资料性附录）
工业腐蚀环境用机械产品的环境防护要点

本附录提出产品的防潮、防化学腐蚀、防尘、防水、防高温、防低温、防振动、防冲击及防电磁干扰等方面的环境防护要点建议，可作为产品在进行结构、工艺设计和材料选用时的参考依据。

A.1 产品防潮措施要点

A.1.1 采取防止水分侵入和在产品内部积累的措施，包括加强外壳防护和选择不透水或防水材料。

A.1.2 利用各种材料实现防潮的措施如下：

a) 机械产品：采用适当的防潮表面涂层材料，在结合件之间选用不吸水材料加以填充和密封，有必要时可设置排水孔。

b) 电工产品：采用孔隙少的绝缘材料；在塑料切割边上浸涂防水清漆；改进运动件和进线孔的密封；用填料封装或密封外壳。

c) 电磁件：用防潮绝缘漆浸渍线圈，采用封装或密封外壳。

d) 发热元器件：采用不吸潮填料，其外壳密封程度应尽可能达到气密。

e) 表面覆盖层：应避免使用多孔，易生锈的涂层以及太薄的镀层。

A.1.3 全气密能防止由于产品受潮而引起的事故。除气密封装外，尚可采取真空干燥、真空除气及充入纯干燥氮气或惰性气体等措施。

A.1.4 尽可能避免不同金属的接触，如不能避免，则应在金属表面采用适当的涂层或镀层。不同金属之间如需要电气连接，则应加上过渡接头或涂以导电胶，其他情况下则应予以绝缘。

A.1.5 产品的螺钉和垫圈易受潮而生锈，应注意加强防锈措施。

A.1.6 应提高绝缘的防潮措施，选用防潮性能优良的绝缘材料。除全部浸在油内或其他电介质中的绝缘件外，不得应用未经处理的天然纤维材料及其制品，否则应予处理或与其他绝缘材料组合后才能使用。

A.1.7 产品装配时应注意清除在潮湿条件下会导致加速锈蚀或其他问题的杂质，如残存的焊剂、金属颗粒或细屑。

A.2 产品防化学腐蚀措施要点

A.2.1 由于金属对化学气体表现出不同的敏感性，因此对暴露于化学气体的设备、元件应正确选择金属和合金材料。当普通碳钢暴露在工业大气中时，则需要一定的防护，例如涂以环氧或乙烯基等耐蚀涂层；喷涂一层耐腐蚀金属或电镀防腐性能较好的镀层等。由于情况多样，故应按不同的环境条件采取适当的防护对策。

A.2.2 对于在无空调及空气过滤器的室内工作的精密电子设备，应设计为能防止工业大气污染的型式，除加强工艺防护外，必要时可安装在有冷却装置的气密外壳中。

A.2.3 继电器和开关的接触点对化学气体较为敏感，可采用密封等防护措施解决。

A.2.4 产品的铭牌及标志牌应采用黄铜制成，其表面应加镀层防护。在强腐蚀场所使用时，可在铭牌表面喷涂透明树脂粉末，亦可采用不锈钢制造铭牌及标志牌。

A.2.5 产品金属表面的涂漆层应具有一定的厚度或光泽，并具有良好的防腐性能，底金属与漆膜之间应有良好的附着力，所用的面漆与底漆必须相互配套。

A.2.6 为了预防在生产工序间、贮存及运输过程产生腐蚀，对于未加电镀或涂漆保护的黑色金属材料，应采用油封，或加适当的试车油或采用防锈纸包装，进行防锈封存等保护措施。在操作过程中，应避免人手与产品的油封部分直接接触。

A.2.7 经电镀及钝化处理的金属件在装配后，由于装配而影响镀层质量时，其表面可再涂覆一层气干清漆，以提高其防腐蚀能力。

A.2.8 导电紧固件应加电镀层保护并涂以导电胶等类防护品，以保证接触良好。

A.2.9 产品和材料受化学气体腐蚀，绝缘电阻易下降，因此必须采用绝缘性能优良的材料。

A.2.10 产品外壳及接线盒内的电镀件容易腐蚀，故应加强防腐工艺，采用适合的镀层。

A.3 产品防尘措施要点

A.3.1 产品的外露表面要选用耐磨性能好的材料。

A.3.2 因工作要求吸入空气的精密仪器，应在空气入口处安装过滤装置。

A.3.3 对于易受磨损的零部件(如轴承等)需要有防尘装置。

A.3.4 为了防静电，安装于存在大量风、沙、尘埃环境中的电子设备，其外壳应接地并增加适当屏蔽措施。

A.3.5 当有必要及条件许可时可采取尘密措施。

A.3.6 产品设计时，应使沙尘难以在产品外壳表面积聚。产品外壳应光滑，避免有凹陷或棱角存在，以免因积尘而导致散热不良及腐蚀。

A.4 产品防水措施要点

A.4.1 选择适当的金属材料以避免或减少水的腐蚀作用。

A.4.2 金属表面应采取保护措施(如电镀、涂覆等)。

A.4.3 采用适当的密封结构和驱湿方法。

A.4.4 在进行产品设计时，应注意以下方面：

a) 在水分易渗入的地方应采取防护措施，并须防止风吹雨水进入外壳内部。

b) 产品外壳应避免有凹陷存在，以免因积水而导致腐蚀。

c) 对于在户外使用的产品，必须考虑雨水的冲击及腐蚀作用。

A.4.5 在产品装配时，可用不干性或半干性胶油等材料填充接缝处缝隙。产品装配后，必要时可用橡胶封泥堵塞存在的空隙。

注：产品的防水和防潮是密切相关的，有些“防水措施”已在“防潮措施”中提及，在此不再重复。

A.5 产品防高温措施要点

A.5.1 产品选用的材料如绝缘材料、工程塑料、橡胶、表面涂层材料等均应采用耐高温的品种，防止材料迅速老化导致早期失效。

A.5.2 轴承及其他运动件应采用耐高温型润滑油脂，防止因油脂流失，润滑失效而致使加速磨损。

A.5.3 设计时应加强产品的散热措施。表面涂覆层应能有效地反射热辐射，如选用浅色油漆等，以降低产品温升。

A.5.4 必要时可以采取降低产品出力的方法，以防止产品在高温环境中寿命缩短。

A.5.5 在产品结构设计时，应考虑防止由于高温引起结构变形，造成动作失灵、磨损加剧和密封失效等后果。

A.6 产品防低温措施

A.6.1 各类材料如绝缘材料、工程塑料、橡胶等应选用耐低温的品种，防止材料在低温时脆裂、变硬，导致损坏失效。

A.6.2 应采用耐低温型润滑油脂，以免造成机械起动困难，甚至不能运行。

A.6.3 设计时应考虑加强产品的防低温措施，并解决产品低温起动的技术措施。

A.6.4 金属材料(特别是钢铁材料)应注意采用防低温冷脆的品种。

A.6.5 设计时应注意防止低温引起结构变形，导致机构卡死，加速磨损等情况产生。

A.7 产品防振动、冲击措施要点

A.7.1 选用抗振性能良好的元器件。

A.7.2 完善结构设计，提高机械强度。

A.7.3 研究设备的机械特性，使其固有频率避开工作环境中容易出现且能量较高的危险频率区。

A.7.4 加强机构传动部分的机械强度和稳定性，力求传动简单，结构精巧。

A.7.5 适当加粗线路，加强支撑及夹持设施，尽量避免虚焊、假焊情况。

A.7.6 采取适当的措施，消除或尽量减少不平衡应力。

A.7.7 改进包装箱设计，提高包装的机械强度和隔振能力。需要分开包装的部件应尽量分开包装。

A.7.8 提高安装基础机械强度和刚度，改进安装工艺。关键部位应采取防振措施。

A.8 产品防电磁干扰措施要点

这部分内容包括电磁干扰设计和防护措施两个方面。前者包括结构设计、电路设计和布线设计的原则要求；后者包括屏蔽、滤波、接地、防静电等几种最基本的防护措施。

A.8.1 防电磁干扰设计

A.8.1.1 对结构设计的要求

a) 应采取措施防止外界干扰进入产品，同时也要考虑内部各电路之间可能形成的干扰。

b) 产品外壳采用金属材料或非金属材料，应从防止干扰的角度考虑。

c) 结构设计应与线路设计结合起来，灵活运用，力求取得良好的抑制干扰效果。

d) 元件布局应有利于抑制各种寄生耦合。

e) 除了必要的通风、维修、表头以及电缆和管道的穿孔外，应尽量少在屏蔽外壳上开缝孔。缝孔的设计应使被抑制的最高频率的辐射能量降到允许范围。

A.8.1.2 对电路设计的要求

a) 应尽量采用高电平的低速取样系统。如采用低频低电平的信号进行传输时，应设法采用对地绝缘的低阻抗平衡电路。

b) 为了减少低电平传输，应对小信号进行预放。

c) 可采用差分和平衡电路，以减小地线干扰的影响。

d) 应避免地环境对电路的影响，可采用光电耦合器、隔离变压器等器件进行隔离。

e) 在可能条件下，应尽量减小电路的输入阻抗。

f) 在开关或继电器的触点上，可加装电阻电容电路；在继电器线圈上可跨接二极管或可变电阻。必要时还需将它们屏蔽起来，以达到兼容的目的。

A.8.1.3 对布线设计的要求

a) 电子线路应尽可能根据信号传输次序布置，避免前后级之间引起寄生耦合。

b) 小信号线排线时应按有利于消除干扰的原则进行布线。

c) 信号线和电源线不能在同一线扎中，也不能相互靠得很近，二者必须交叉时要成直角交叉。输入线路和输出线路应分开并尽量短。

d) 载有噪声信号的导线，应采用双绞线或屏蔽线。脉冲部分和高频部分的引线，要尽量短而粗。

e) 多芯接插座的各种芯线应进行合理配置，使地线和隔离线置于高低电平线之间，以利去耦。

A.8.2 防电磁干扰措施

A.8.2.1 屏蔽防护措施

a) 场的干扰可以用屏蔽的方法来抑制。

b) 高频电场屏蔽采用良导体材料,如铜、铝等。电导率愈大,屏蔽性能愈好。

c) 低频磁场屏蔽采用高导磁材料,如钢、坡莫合金等。磁导率愈高,屏蔽性能愈好。

d) 多重屏蔽可以提供高的屏蔽效果,并能扩大屏蔽的频率范围。

e) 屏蔽层一定要接地。

A.8.2.2 滤波防护措施

a) 滤波器的抑制效果,不仅决定于本身质量,同时也和实际使用有关。

b) 能用简单的滤波措施就不要用复杂的滤波电路。

c) 滤波器的输入和输出引线应屏蔽,并应互相远离,以防减弱抑制干扰的效果。

d) 滤波器应根据干扰源来进行安装,当电源线为干扰源时,应对电源进行滤波;当设备为干扰源时,则应对设备进行滤波。

e) 滤波器安装在底板上,应使滤波器底部接触面与金属底板接触良好。如为非金属底板,则应使滤波器与"地"有最短距离的良好连接。

f) 选用滤波器应注意与被抑制设备电源端的阻抗差值。一般两者差值大时效果好。

A.8.2.3 接地防护措施

a) 电子设备中,接地不正确可能引起干扰。

b) 信号电路和电源电路,高电平电路和低电平电路不应使用共地回路。

c) 灵敏电路采用各自隔离屏蔽,以防地电路或静电感应产生干扰。

d) 低频时采用一点接地(最少应有三根地线:信号地线、噪声地线和金属件地线)。高频时采用多点接地。

e) 应避免一个信号电路在两端接地,以防止形成地环路造成干扰。

f) 接地点应注意防腐蚀。永久性接地应采用焊接,半永久性接地可用防松垫圈防止松脱。

A.8.2.4 防静电措施

a) 防止产生静电的方法:

1) 增加空气湿度。

2) 产品使用抗静电材料,降低绝缘电阻。

3) 用导电塑料制造工作台和运输容器,并应良好接地。

4) 使用天然纤维制成的地毯,操作者应避免穿戴合成纤维或其他易产生静电的衣物。

b) 防止静电干扰的方法:

1) 用导电材料进行屏蔽;塑料机壳要覆盖导电层。

2) 避免在机壳上开大孔。

3) 外壳接缝处要安置高频密封圈。

4) 导电的操作控制部件,如开关、按钮等应分别接地。

5) 没有屏蔽的输入输出线路可安装高频滤波器。

附 录 B
（资料性附录）
环境条件等级选用说明

本附录提出标准正文中出现的各类环境条件等级选用说明。各等级详细的应用见 GB/T 4798.3—2007、GB/T 4798.4—2007 及 GB/T 14092.5—2009 的附录 A。

B.1 气候环境条件(K)

B.1.1 户内型

3K5L——适用于一般的厂房。

3K5——适用于一般的厂房，但环境温度偏高。

3K6——适用于与户外相通，无温湿度控制的场所，其环境温度上限甚高。

3K6L——适用场所同 3K6，但环境温度上限为正常值。

3K7L——适用场所同 3K6，但环境温度下限甚低。

3K8L——适用场所同 3K6，但环境温度上限极高。

B.1.2 户外型

4K1——适用于户外场所，符合 GB/T 4797.1 规定的“暖温”、“亚湿热”气候区条件。

4K2——适用于户外场所，符合“寒温”、“暖温”等气候区条件。

4K3——适用于户外场所，符合“寒冷”、“寒温”等气候区条件。

B.2 特殊气候环境条件(Z)

系气候环境条件的补充，包括热辐射、周围空气运动、降雨以外的水源。

B.2.1 热辐射(Zh)

3Zh1、4Zh1——可忽略不计。

3Zh3、4Zh2——有热辐射条件，如在工业炉或商业炉附近。

B.2.2 周围空气运动(Za)

3Za5——适用于一般户内条件。

3Za6——适用于沿海敞开式建筑结构。

4Za4——适用于户外条件。

4Za5——适用于沿海多台风场所。

B.2.3 降雨以外的水源(Zw)

3Zw7——滴水。

3Zw8——淋水。

3Zw9、4Zw7——溅水。

3Zw10、4Zw8——喷水。

B.3 生物环境条件(B)

3B1——可忽略不计。

3B2、4B1——适用于有霉菌生长和动物(包括鼠类、鸟类、蚂蚁等，不包括白蚁)破坏的条件。

3B3、4B2——适用于有霉菌生长和包括白蚁的动物破坏条件。

B.4 化学活性物质条件(C)

本条件的等级直接与工业环境的腐蚀严酷程度相对应。

4C1、4C2——适用于有一般程度污染的轻腐蚀环境。

3C3、4C3——适用于有中等程度化学污染的中等腐蚀环境。

3C4、4C4——适用于有高度化学污染的强腐蚀环境。

B.5 机械活性物质条件(S)

3S2——适用于无防尘设施场所,且该场所不靠近沙、尘源。

3S3——适用于靠近沙、尘或工业粉尘源,或是在地理上位于有风沙或空气中有灰尘的场所。

3S4——适用于加工中生产工业粉尘或地理位置处于多风沙或灰尘的场所。

4S2——适用于有沙、尘或工业粉尘源的场所。

4S3——适用于靠近沙、尘或工业粉尘源的场所,或是在地理位置上属于有风沙或空气中有灰尘的场所。

4S4——适用于地理上或因生产条件引起的空气中经常有高含量的沙、尘或工业粉尘的场所。

B.6 机械环境条件(M)

3M1～2、4M1～2——适用于能明显地防止振动和冲击的场所。

3M3、4M3——适用于能明显地防止振动,但会受到爆炸、打桩等引起冲击的场所。

3M4、4M4——适用于由于机械或行驶的车辆引起振动,或由于爆破、打桩等引起冲击的场所。

3M5～6、4M5～6——适用于机械或行驶的车辆引起的振动,或由于附近的机械、传送带等引起大能量冲击的场所。

3M7～8、4M7～8——适用于产品直接安装在机械上,由机械本身引起大能量振动的场所。

B.7 电磁环境条件(E)

3E1、4E1——具有良好防护措施或处于低能量级的电磁辐射环境。

3E2、4E2——具有一般的防护措施或处于中等能级的电磁环境。

3E3、4E3——未采取防护措施或处于高能级的电磁辐射环境。

3E4、4E4——属于极恶劣的电磁环境。

附　录　C
（资料性附录）
环境试验检测内容

各项环境试验的检测内容见表C.1。

表 C.1　检测内容推荐表

序　号	试验项目	检测内容	应用说明
1	化学气体腐蚀试验	1. 外观检查 2. 外壳防护 3. 绝缘性能	零部件，检测绝缘、塑料、橡胶件、金属件外表及其覆盖层 产品外壳防尘、防水性能检测 产品绝缘电阻及耐电压试验
2	湿热试验（恒定、交变）	1. 外观检查 2. 附着力检查 3. 外壳防护 4. 绝缘性能	零部件，检测绝缘、塑料、橡胶件、金属件外表及其覆盖层 考核油漆附着力 产品外壳防异物、防水性能检测 产品绝缘电阻及耐电压试验
3	温度试验（高温、低温、湿变）	外观检查、工作性能、电气性能	对温度敏感的产品或零部件采用
4	长霉试验	外观检查、工作性能	对长霉影响敏感的产品或零部件采用
5	太阳辐射试验	温升	户外型产品采用
6	盐雾试验及腐蚀试验（含中性盐雾、交变盐雾、醋酸盐雾、铜加速醋酸盐雾、腐蚀膏、电解腐蚀试验）	外观检查	根据产品对表面质量要求情况采用
7	机械环境试验（冲击、振动、碰撞试验）	变形、裂纹及可能受影响的电气、机械性能	在冲击、振动条件下会出现变形、脆裂及电气、机械性能的产品、零部件或材料采用
8	电磁试验（磁场、电场辐射、静电放电、电源电压频率变化及快速瞬变试验）	可能受辐射、传导干扰影响的电气及工作性能	在电磁干扰条件下会造成电气及工作性能影响的设备采用
9	外壳防护试验	检查固体异物有否进入内部	有带电部分和运动部件的产品和在沙尘环境中使用的产品选用
		检查水有否进入内部	环境中存在雨以外的水源条件场所使用的产品选用

ICS 19.020
A 21

中华人民共和国国家标准

GB/T 14093.5—2009
代替 GB/T 14093.5—1997

机械产品环境技术要求 干热环境

Environmental technical requirements of machinery products for dry heat environments

2009-05-06 发布　　2009-11-01 实施

中华人民共和国国家质量监督检验检疫总局
中国国家标准化管理委员会　发布

前　言

GB/T 14093《机械产品环境技术要求》包括以下 7 个部分：

——GB/T 14093.1　机械产品环境技术要求　湿热环境

——GB/T 14093.2　机械产品环境技术要求　寒冷环境

——GB/T 14093.3　机械产品环境技术要求　高原环境

——GB/T 14093.4　机械产品环境技术要求　工业腐蚀环境

——GB/T 14093.5　机械产品环境技术要求　干热环境

——GB/T 14093.6　机械产品环境技术要求　海洋环境

——GB/T 14093.7　机械产品环境技术要示　矿山环境

本部分为 GB/T 14093 的第 5 部分。

本部分代替 GB/T 14093.5—1997《机械产品环境技术要求　干热环境用》。

本部分与 GB/T 14093.5—1997 相比，主要变化如下：

——根据 GB/T 1.1—2000《标准化工作导则　第 1 部分：标准的结构和编写规则》要求，对编排格式进行了修改；

——"本标准"更改为"本部分"；

——对引用标准进行了更新。

本部分的附录 A、附录 B、附录 C 均为资料性附录。

本部分由全国电工电子产品环境条件与环境试验标准化技术委员会(SAC/TC 8)提出并归口。

本部分起草单位：广州电器科学研究院。

本部分主要起草人：刘奎芳、肖立。

本部分所代替标准的历次版本发布情况为：GB/T 14093.5—1997。

机械产品环境技术要求
干热环境

1 范围

本部分规定了干热环境用机械产品的防护类型、环境条件、技术要求、试验方法、验收规则以及标志、包装、运输和贮存等要求。

本部分适用于按 GB/T 4797.1—2005 规定的干热气候区使用的一般用途的机械产品。产品的大类包括农机具、内燃机、工程机械、起重运输机械、重型机械、石化通用机械、电工产品、仪器仪表、机床工具和通用零部件等。

2 规范性引用文件

下列文件中的条款通过 GB/T 14093 的本部分的引用而成为本部分的条款。凡是注日期的引用文件,其随后所有的修改单(不包括勘误的内容)或修订版均不适用于本部分,然而,鼓励根据本部分达成协议的各方研究是否可使用这些文件的最新版本。凡是不注日期的引用文件,其最新版本适用于本部分。

GB/T 2423.1—2008 电工电子产品 环境试验 第2部分:试验方法 试验A:低温(IEC 60068-2-1:2007,IDT)

GB/T 2423.2—2008 电工电子产品 环境试验 第2部分:试验方法 试验B:高温(IEC 60068-2-2:2007,IDT)

GB/T 2423.4—2008 电工电子产品环境试验 第2部分:试验方法 试验Db 交变湿热(12 h+12 h 循环)(IEC 60068-2-30:2005,IDT)

GB/T 2423.10—2008 电工电子产品环境试验 第2部分:试验方法 试验Fc:振动(正弦)(IEC 60068-2-6:1995,IDT)

GB/T 2423.17—2008 电工电子产品环境试验 第2部分:试验方法 试验Ka:盐雾(IEC 60068-2-11:1981,IDT)

GB/T 2423.22—2002 电工电子产品环境试验 第2部分:试验方法 试验N:温度变化(idt IEC 60068-2-14:1984)

GB/T 2423.24—1995 电工电子产品环境试验 第2部分:试验方法 试验Sa:模拟地面上的太阳辐射(idt IEC 60068-2-5:1975)

GB/T 2951.15—1997 电缆绝缘和护套材料通用试验方法 第2部分:弹性体混合料专用试验方法 第1节:耐臭氧试验 热延伸试验 浸矿物油试验

GB 3836.1—2000 爆炸性气体环境用电气设备 第1部分:通用要求(eqv IEC 60079-0:1998)

GB 4208—2008 外壳防护等级(IP代码)(IEC 60529:2001,IDT)

GB/T 4797.1—2005 电工电子产品自然环境条件 温度和湿度(IEC 60721-2-1:2002,MOD)

GB/T 4798.1—2005 电工电子产品应用环境条件 第1部分:贮存(IEC 60721-3-1:1997,MOD)

GB/T 4798.2—2008 电工电子产品应用环境条件 第2部分:运输(IEC 60721-3-2:1997,MOD)

GB/T 4798.3—2007 电工电子产品应用环境条件 第3部分:有气候防护场所固定使用(IEC 60721-3-3:2002,MOD)

GB/T 4798.4—2007 电工电子产品应用环境条件 第4部分:无气候防护场所固定使用

(IEC 60721-3-4:1995,MOD)

GB/T 7350—1999 防水包装

GB 8166—1987 缓冲包装设计方法

GB/T 14092.7—2008 机械产品环境条件 干热

3 产品防护类型及其使用环境条件

3.1 产品防护类型

——干热型,适用于干热带地区户内用,代号为 TA。

——干热户外型,适用于干热地区户外用,代号为 WTA。

——干热沙漠型,适用于干热沙漠地区,代号为 TS。

3.2 使用环境条件

3.2.1 环境条件的代号及说明

环境条件的种类包括:气候条件(K)、特殊气候条件(Z)(其中 Zh 代表热辐射条件;Za 代表周围空气运动条件;Zw 代表除雨以外的水源条件)、生物条件(B)、化学活性物质条件(C)、机械活性物质条件(S)、机械条件和运输条件(M)、风沙地貌条件(D)、地下水条件(W)。

用于有气候防护场所的产品,其环境代号前的首位数字规定为"3"。而用于无气候防护场所的产品,其环境代号前的首位数字规定为"4"。

在各种环境代号后面按严酷程度的大小用数字表示,一般情况下,数字大的表示严酷程度较高(也包括了严酷程度较低的等级)。加"L"或"S"表示某些气候参数与原等级不同。

例如:

4 K 4 L

L——表示某些气候参数与原等级不同

4——表示严酷等级

K——表示气候条件

4——表示无气候防护场所

3.2.2 有气候防护场所的产品环境条件

3.2.2.1 气候环境条件:3K6L。

3.2.2.2 特殊气候条件:

a) 热辐射条件:3Zh1、3Zh2;

b) 周围空气运动:3Za4、3Za5、3Za6;

c) 除雨以外的水源条件:3Zw7、3Zw8。

3.2.2.3 生物条件:3B1、3B2。

3.2.2.4 化学活性物质条件:3C1、3C2、3C3、3C4。

3.2.2.5 机械活性物质条件:3S1、3S2、3S3、3S4。

3.2.2.6 机械环境条件:3M1、3M2、3M3、3M4、3M5、3M6、3M7、3M8。

3.2.3 无气候防护场所的产品环境条件

3.2.3.1 气候条件:4K4L 和 4K4S。

3.2.3.2 特殊气候条件:

a) 热辐射条件:4Zh1、4Zh2;

b) 周围空气运动:4Za3、4Za4;

c) 除雨以外的水源条件:4Zw6、4Zw7、4Zw8。

3.2.3.3 生物条件:4B1。

3.2.3.4 化学活性物质条件:4C1、4C2、4C3、4C4。

3.2.3.5 机械活性物质条件:4S1、4S2、4S3、4S4。

3.2.3.6 机械条件:4M1、4M2、4M3、4M4、4M5、4M6、4M7、4M8。

3.2.3.7 运输条件:2M4。

3.2.3.8 风沙地貌条件:D1、D2、D3、D4、D5、D6。

3.2.3.9 地下水矿化度条件:W1、W2、W3。

3.2.4 环境参数值

各类环境参数值见 GB/T 14092.7—2009,环境条件等级选用见附录 B。

3.2.5 环境条件的应用

3.2.5.1 干热环境条件下使用的各类产品,应根据使用场所环境条件的严酷程度,在产品技术要求中规定环境条件等级,例如在干热户外用的设备,其环境条件为:4K4L/4Zh2/4Za4/4Zw8/4B2/4C4/4S4/4M6/2M4/D6/W3。某些产品如不适合在某种条件下使用时,则可不列该环境条件。本部分未列出的环境条件应符合基本型产品要求。

3.2.5.2 若 3.2.2 和 3.2.3 的环境条件等级不能满足实际使用要求时,由用户与制造厂协商确定采用 GB/T 4798.3—2007 或 GB/T 4798.4—2007 标准规定的其他等级。

4 技术要求

4.1 凡在本部分规定的环境条件下使用的产品,应符合本部分的要求。本部分未作规定的,应符合有关产品标准或规范要求。

4.2 在干热带地区使用的产品,由于环境温度较高,绝缘等级应选择 B 级或 F 级。在容量选择时应留有适当的余量,或夏季高温季节降低容量使用。

4.3 有热保护装置的电器应设置温度补偿机构,其温度补偿范围为-30 ℃～$+50$ ℃。如没有温度补偿的电器,应按环境温度 50 ℃考虑。

4.4 干热带地区使用的空调器应是 B 型空调器,要保证在较高的环境温度下能正常工作。

4.5 干热地区日夜温差较大,在材料选用及结构设计时应满足使用要求。应用于户外的材料应考虑太阳辐射引起的老化影响。

4.6 干热地区相对湿度常年在 50%左右,甚至在 20%以下,产品及选用的材料必须满足低湿度的条件下工作。

4.7 使用于沙漠的发电机轴承及接线盒的外壳防护等级应不低于 IP54。整台电机产品应采用外壳防护等级为 IP54 的结构。当采用低于 IP54 结构时,则进入电机内部的冷却风应有良好的滤尘措施,以保证机组安全可靠运行。

4.8 在户外使用的电动机及电气装置应采取简易的遮阳措施,以减少太阳辐射的直接影响。户外用的直流机的轴承和接线盒的外壳应采取密封措施或增压通风型产品,以减少沙尘的危害。

4.9 在沙漠钻探石油过程中使用大量的野外营房室,特别是电气控制柜(包括 SCR 系统),室体应有良好的密封并设有温度控制系统,使冬季不会太冷,夏季能控制在 29 ℃以下。

4.10 野外营房壳体电缆接插头部位应保证良好的密封,所有的插座外壳防护等级应符合 IP54 的要求。

4.11 移动式野外营房外壳结构应有足够强度,外壳应具有良好附着力的油漆层或防护层。油漆层的颜色宜选用较浅的,以减少太阳辐射的影响。

4.12 干热沙漠地区,特别是沙漠钻探使用的电缆应选用耐候、耐油、耐寒、柔软且可承受较大机械外力的重型橡套电缆。

4.13 电缆应满足较高环境温度下的使用要求,选型及计算时应留有足够裕量。

4.14 干热地区夏季地表温度可达 70 ℃，电缆不宜直接置于沙地表面，应安置在防护性能较好的电缆桥架上。经野外营房连接钻机的电缆，要考虑较频繁搬迁和梯架折叠搬迁的要求。

4.15 沙漠运输条件恶劣，包装必须牢固，必要时要有防震和防倾倒措施。

4.16 在钻井危险区用的电气设备，应达到相应防爆等级要求。

5 试验方法

5.1 一般要求

用于干热带地区的机械产品在基本性能试验合格后，应根据各类产品受干热环境因素影响的敏感程度，选取相应的环境试验项目，对产品进行人工模拟环境试验。需进行的环境试验项目、试验严酷程度等级应根据产品的使用环境条件，运行要求等由各产品标准或规范规定。产品、材料或零部件试验后的检测内容见附录 C。

5.2 试验项目

表 1 列出可供各产品选用的环境试验项目。

表 1 环境试验项目表

试验项目名称	试验方法标准	试验严酷等级	简要说明	
			环境条件等级	应用说明
低温试验	GB/T 2423.1—2008	温度：-40 ℃、-25 ℃ 持续时间：2 h、16 h、72 h、96 h	3K6L 4K4L 4K4S	用于户内外的产品在低温条件下的适应性
高温试验	GB/T 2423.2—2008	温度：85 ℃、70 ℃、55 ℃ 持续时间：2 h、16 h、72 h、96 h	3K6L 4K4L 4K4S	当特殊条件为 3Zh2 或 4Zh2 时，应考虑进行此项试验
湿热试验	GB/T 2423.4—2008	温度：40 ℃～30 ℃ 相对湿度：(93±3)% 持续时间：2 d、6 d、12 d、21 d	3K6L 4K4L	持续时间由产品标准或规范规定
振动(正弦)试验	GB/T 2423.10—2008	试验的频率范围，振幅值及持续时间由 Fc 试验中选定	3M1～3M8 4M1～4M8	产品或元器件耐振性能的适应性及评价其结构的完好性
盐雾试验	GB/T 2423.17—2008	氯化钠浓度：(5±0.1)% 试验周期：24 h、48 h、96 h	3C2,3C3,3C4 4C2,4C3,4C4	零部件电镀层及化学覆盖层工艺考核
太阳辐射试验(或 QUV 试验)	GB/T 2423.24—1995	每一周期辐射总量为 8.96 kW·h/m²、22.4 kW·h/m²、26 kW·h/m²、88 kW·h/m²周期：3 d、10 d、56 d	4K4L	考核产品及材料在受太阳辐射下产生的热、机械、化学、电等方面的效应

表1（续）

试验项目名称	试验方法标准	试验严酷等级	简要说明	
			环境条件等级	应用说明
外壳防护试验	GB 4208—2008	1～4级防固体异物试验 5～6级防尘试验	3S1,3S2, 4S1,4S2, 3S3,3S4, 4S3,4S4	考核产品外壳防固体异物进入的能力。考核产品外壳防尘能力
外壳防护试验	GB 4208—2008	1～2级防水试验	3Zw7(防滴)	考核垂直及当外壳从正常位置倾斜15°内垂直滴水的产品外壳防水能力。
		3级防水试验	3Zw8(淋水)	考核与垂直成60°范围以内淋水的产品外壳防水能力。
		4级防水试验	4Zw7	考核产品外壳防任何方向溅水能力。
		5级防水试验	4Zw8	考核产品外壳防任何方向喷水能力
浸油试验	GB/T 2951.15—1997	ASTM2号油或20号机油。按电线电缆规定的试验温度和时间	3K6L, 4K4L	考核电线电缆橡皮、塑料绝缘和护套的耐油能力和绝缘水平
温度变化试验	GB/T 2423.22—2002	−30 ℃～55 ℃(3 min)具体按试验曲线,10周期	3K6L, 4K4L	考核电工电子产品或材料在温度急剧变化状况下的适应性
运输试验	GB/T 4798.2—2008	按2M2要求	3K6L, 4K4L	考核产品、器件包装对运输的适应性
防爆试验	GB 3836.1—2000	按标准进行	3K6L, 4K4L	考核电气设备是否达到防爆要求

6 检验规则

6.1 人工模拟环境试验可作为干热型产品的型式试验。产品经环境试验后的考核标准由产品标准或规范规定。

6.2 人工模拟环境试验允许从同结构、同材料、同工艺的系列产品中选取有代表性的产品进行试验。如试验合格，则认为同结构、同材料、同工艺的产品均合格。

6.3 对于大、中型产品及不要求用整机进行人工模拟环境试验时，允许用产品零部件或模拟件进行试验，具体要求可由产品标准或规范规定。

6.4 送试产品或以零部件、模拟件代替成品进行人工模拟环境试验时，其数量由产品标准或规范规定，但对于较小型的产品或零部件一般都规定为二件或三件。

6.5 经环境试验后的材料、零部件或产品，应对其受影响的主要性能进行检验，检验项目由各产品标准或规范规定。

6.6 经人工模拟环境试验合格的产品或零部件，经过修整后仍可作为产品出厂。

7 标志、包装和贮存

7.1 干热型机械产品防护类型应在产品型号中加以标明，即在产品型号后加环境代号“TA”或“TS”。

7.2 干热沙漠地区使用的产品，道路运输条件较差，包装必须牢靠。可参考 GB/T 7350—1999 和 GB 8166—1987 有关包装要求规定。产品运输环境条件应根据 GB/T 4798.2—2008 确定其环境参数的严酷等级。

7.3 产品应贮存在通风且没有腐蚀性气体的场所。如贮存在露天条件下，则要避免太阳直接照射及风沙的侵袭。产品贮存环境条件应根据 GB/T 4798.1—2005 确定其环境参数的严酷等级。

附 录 A
（资料性附录）
干热环境用机械产品环境防护技术要点

A.1 为减少高温及沙尘对电气设备的影响，在沙漠附近，特别是沙漠钻探设备中，应把控制开关、仪表、继电器、接触器等集中于密封较好的室内或控制柜车箱内，夏季要采取降温，而冬季则要加热，使室内尽可能保持在 10 ℃～30 ℃的范围内。

A.2 在发电机引入的通风冷却进口处，一定要加装滤尘器，由于高处的含沙尘量较少，取风口尽可能安装在较高位置。

A.3 在干热沙漠地区钻探的固控系统的周围，是操作危险区域，有可能出现易爆易燃气体，因而在该处范围内选用的电气设备应是防爆型。

A.4 干热地区太阳辐射强烈，油漆容易开裂，塑料容易老化、变形。用于户外场所的设备，尽可能采取一些简易的遮阳措施，避免引起较高的附加温升而损坏设备。

A.5 风沙是干热沙漠中最大的危害，况且塔克拉玛干沙漠的沙尘极其细小，要求设备具有良好的密封，即使不能密封的地方亦要采取围挡措施，在工作区附近喷射地下水，减少沙尘飞扬，也可以降低沙尘的影响。

A.6 沙漠干热地区日夜温差可达 30 ℃～40 ℃，以致引起某些设备内部生成凝露水，断续工作的密封设备要考虑凝露水积聚的排出。

A.7 我国干热地区处于高纬度区域，冬季最低气温可达－30 ℃，因而材料选用和以内燃机为动力的机械要考虑低温的影响。

A.8 干热地区降雨量极少，以及常年相对湿度在 50%以下，夏季更长时间在 20%左右，空气十分干燥，木质材料很容易开裂、变形。油漆层容易龟裂，宜选用硝基的面漆材料。

附 录 B
（资料性附录）
选择环境条件等级的说明

B.1 气候条件等级

气候条件等级本部分列出有气候防护场所为 3K6L，无气候防护场所为 4K4L 或 4K4S。

B.2 生物条件等级

植物的危害（真菌、霉菌）可不考虑。

本部分只列 3B1、3B2 和 4B1，即啮齿动物和其他危害产品的动物，白蚁除外。

B.3 化学活性物质条件

3C1、4C1 等级应用在有较少的工业活性物质和中等交通运输的乡村和城市地区。

3C2、4C2 等级应用在一般程度的污染、工业活性物质分布整个地区或交通繁忙的城镇。

3C3、4C3 等级应用于靠近有工业生产的化学污染的场所。

3C4、4C4 等级应用于工业生产车间内部，可能出现高浓度的化学污染物质场所。

B.4 机械活性物质条件等级

3S1 本等级应用于有防尘设施的场所，能防止粝和沙的进入。

3S2 本等级应用于无防尘设施和不靠近沙尘源的场所。

3S3 本等级应用于靠近沙、尘源的场所。

3S4 本等级应用于由加工中产生沙和尘的场所，或地理上位于多风沙和灰尘的场所。

4S1 本等级应用于不靠近沙源的乡村地区。

4S2 本等级应用于有沙或尘源的地区。

4S3 本等级应用于因地理位置上属于有风沙或空气中有灰尘的地区。

4S4 本等级应用于因地理上或生产条件引起的空气中经常有高含量的沙和尘的地区。

B.5 机械条件

3M1、3M2、4M1、4M2 应用于能够防止明显的振动和冲击的场所。

3M3、4M3 应用于能够防止明显的振动，但可受到爆破、打桩等引起冲击的场所。

3M4、4M4 应用于由机器或行驶的车辆引起的振动的场所或由于爆破、打桩等引起冲击的场所。

3M5、4M5、3M6、4M6 应用于由于机器或行驶车辆引起的振动或附近的机械、传送带等引起的大能量冲击场所。

3M7、4M7、3M8、4M8 应用于产品直接安装在机械上，由机械本身引起有大能量的振动和冲击的场所。

注：其他几个条件如运输条件、风沙地貌、地下水条件由用户与设计制造部门具体商定。

B.6 应用举例

产品名称：柴油发电机组

使用场所：新疆库尔勒发电厂

户内气候：干热

环境条件总代号为：3K6L/3Zh2/3Za6/3Zw8/3B2/3C3/3S3/3M7。

附 录 C
（资料性附录）
环境试验检测内容

C.1 本部分列出11项试验，各产品可根据环境条件对产品的影响选择必要的试验。

C.2 环境试验后的检测内容见表C.1。

表C.1 检测内容推荐表

序号	试验项目	检测内容	应用说明
1	低温试验	起动性能 机械性能 油料及润滑油性能	以内燃机为动力的机械产品、蓄电池、小电机等性能考核。橡胶、塑料、金属材料及焊接件的性能油脂及液压系统、燃料油等
2	高温试验	材料及电气设备性能	材料及电气设备耐抗高温的能力
3	湿热试验	电气性能、材料及防护工艺	考核潮湿条件下产品的适应性及防护能力
4	盐雾试验	金属镀层、外观	考核外壳防护工艺及零部件电镀层及化学覆盖层的防护能力
5	太阳辐射试验	材料性能及电气温升	考核表面涂覆层的防老化性能，电气的附加温升
6	外壳防护试验	检查固体或水是否进入壳体内	防固体异物结构密封性能的防尘或防水性能
7	防爆试验	防爆要求能否达到	考核电气设备应达到的要求
8	振动(正弦)试验	元件或产品变形开裂、结构状况	考核元器件或产品对振动环境的适应性
9	温度变化试验	材料或产品性能及外观	考核材料或产品对温度急剧变化的适应性
10	浸油试验	电线电缆抗张强度和断裂伸长率变化	考核产品或材料对油污环境的适应性
11	运输试验	产品或器件的防护包装	考核产品或器件或包装件在运输条件下的防护能力

ICS 19.020
A 21

中华人民共和国国家标准

GB/T 14093.6—2009
代替 GB/T 14093.6—1997

机械产品环境技术要求 海洋环境

Environmental technical requirements of machinery products for ocean environments

2009-05-06 发布　　　　2009-11-01 实施

中华人民共和国国家质量监督检验检疫总局
中国国家标准化管理委员会 发布

前言

GB/T 14093《机械产品环境技术要求》包括以下7个部分：

——GB/T 14093.1 机械产品环境技术要求 湿热环境

——GB/T 14093.2 机械产品环境技术要求 寒冷环境

——GB/T 14093.3 机械产品环境技术要求 高原环境

——GB/T 14093.4 机械产品环境技术要求 工业腐蚀环境

——GB/T 14093.5 机械产品环境技术要求 干热环境

——GB/T 14093.6 机械产品环境技术要求 海洋环境

——GB/T 14093.7 机械产品环境技术要示 矿山环境

本部分为GB/T 14093的第6部分。

本部分代替GB/T 14093.6—1997《机械产品环境技术要求 海洋环境用》。

本部分与GB/T 14093.6—1997相比，主要变化如下：

——根据GB/T 1.1—2000《标准化工作导则 第1部分：标准的结构和编写规则》要求，对编排格式进行了修改；

——“本标准”更改为“本部分”；

——对引用标准进行了更新。

本部分的附录A、附录B、附录C均为资料性附录。

本部分由全国电工电子产品环境条件与环境试验标准化技术委员会(SAC/TC 8)提出并归口。

本部分由广州电器科学研究院起草。

本部分主要起草人：张晓东、刘奎芳。

本部分所代替标准的历次版本发布情况为：GB/T 14093.6—1997。

机械产品环境技术要求
海洋环境

1 范围

本部分规定了海洋环境用机械产品的环境条件、产品防护类型、技术要求、试验方法、验收规则以及标志、贮存和包装等。

本部分适用于海上工作的船舶或海上设施以及海边的港口、码头等场所使用的机械产品。

2 规范性引用文件

下列文件中的条款通过GB/T 14093的本部分的引用而成为本部分的条款。凡是注日期的引用文件，其随后所有的修改单(不包括勘误的内容)或修订版均不适用于本部分，然而，鼓励根据本部分达成协议的各方研究是否可使用这些文件的最新版本。凡是不注日期的引用文件，其最新版本适用于本部分。

GB/T 2423.1—2008 电工电子产品环境试验 第2部分：试验方法 试验A：低温(IEC 60068-2-1:2007,IDT)

GB/T 2423.2—2008 电工电子产品环境试验 第2部分：试验方法 试验B：高温(IEC 60068-2-2:2007,IDT)

GB/T 2423.4—2008 电工电子产品环境试验 第2部分：试验方法 试验Db 交变湿热(12 h+12 h循环)(IEC 60068-2-30:2005,IDT)

GB/T 2423.7—1995 电工电子产品环境试验 第2部分：试验方法 试验Ec和导则：倾跌与翻倒(主要用于设备型样品型)(idt IEC 68-2-3:1982)

GB/T 2423.10—2008 电工电子产品环境试验 第2部分：试验方法 试验Fc：振动(正弦)(IEC 60068-2-6:1995,IDT)

GB/T 2423.16—2008 电工电子产品环境试验 第2部分：试验方法 试验J及导则：长霉(IEC 60068-2-10:2005,IDT)

GB/T 2423.17—2008 电工电子产品环境试验 第2部分：试验方法 试验Ka：盐雾(IEC 60068-2-11:1981,IDT)

GB/T 2423.24—1995 电工电子产品环境试验 第2部分：试验方法 试验Sa：模拟地面上的太阳辐射(idt IEC 60068-2-5:1975)

GB 4208—2008 外壳防护等级(IP代码)(IEC 60529:2001,IDT)

GB/T 4798.1—2005 电工电子产品应用环境条件 第1部分：贮存(IEC 60721-3-1:1997,MOD)

GB/T 4798.2—2008 电工电子产品应用环境条件 第2部分：运输(IEC 721-3-2:1985,MOD)

GB/T 4798.6—1996 电工电子产品应用环境条件 船用(idt IEC 721-3-6:1987)

GB/T 4879—1999 防锈包装

GB/T 5048—1999 防潮包装

GB/T 7350—1999 防水包装

GB/T 13952—1992 移动式平台及海上设施用电工电子产品环境条件参数分级

GB/T 14092.4—2009 机械产品环境条件 海洋

3 产品防护类型及使用环境条件

3.1 产品防护类型

3.1.1 船用型，适用于船舶或海上设施及港口、码头等有气候防护场所使用。代号为 H。

3.1.2 船用户外型，适用于船舶或海上设施及港口、码头等无气候防护场所使用。代号为 WH。

3.2 使用环境条件

3.2.1 环境条件的代号及说明：

3.2.1.1 环境条件的种类包括：气候条件(K)、特殊气候条件(Z)(其中 Zh 代表热辐射条件；Za 代表周围空气运动条件；Zw 代表除雨以外的水源条件)、生物条件(B)、化学活性物质条件(C)、机械活性物质条件(S)、机械条件(M)、水文条件(Hb)。

3.2.1.2 用于有气候防护场所的产品，其环境代号前的首位数字规定为“3”。用于无气候防护场所的产品，其环境代号前的首位数字规定为“4”。

3.2.1.3 在各种环境代号后面，用数字表示严酷程度的大小。一般情况下，数字大的表示严酷程度较高，也包括了严酷程度较低的等级。

3.2.2 环境条件等级的选用

环境条件等级参数按 GB/T 14092.4—2009 的规定，环境条件等级的选用参见附录 A。

3.2.3 环境条件的应用

海洋环境条件下使用的产品，应根据不同海洋的条件，在产品技术条件中列出。某些产品如不适合在某种条件下使用时，可不列该环境条件。本部分未列出的环境条件应满足基本型产品要求。

3.2.4 若环境条件等级不能满足实际使用要求时，由用户与制造厂协商确定。

4 技术要求

4.1 凡本部分规定的环境条件下使用的产品应符合本部分的要求。本部分未作规定的，应符合产品的有关标准规定。

4.2 船舶及海上设施应用的电气产品在危险区范围内使用，应满足防爆等级的要求。

4.3 船舶或海上设施及港口码头户外用的金属受盐雾及海水的作用会引起严重的腐蚀，金属表面应具有良好的防护层。

4.4 海上及沿岸用的电气设备受潮气及盐雾的综合作用，容易造成电气设备绝缘水平的降低，故电气设备应有较好的绝缘，应选用 B 级以上绝缘材料。

4.5 船舶及海上设施上用的电气设备应具有良好的密封性能，除照明设备应达到 IP55 外，其余的电气设备应达到 IP56 的要求。

4.6 船舶机舱和平台发电机房用的设备，受附加温度的影响，此处所温度较高，设备选用时应考虑设备所处的温度影响。

4.7 船舶和平台会遇到强烈台风的侵袭，在航行及作业过程中也有较大的振动、冲击、摇摆。设备应有较高的强度并满足在恶劣环境下的安全性及可靠性。

4.8 在平台泥浆混合室和沿岸的化工厂等会遇到化学活性物质的影响，设备应有较好的防护能力，一般都应达到防中等腐蚀的要求。

4.9 在有结冰海域工作的船舶或海上设施，要考虑融冰时受冰块撞击的影响，采取必要的防护措施。

4.10 海洋生物的生长会影响运行的船舶的航速，在通海阀门的进水口(海底门)生长的海洋生物将会阻挡海水的流通，影响设备的安全可靠性，要采取措施加以防护。

4.11 海洋环境用机械产品环境防护技术要点参见附录 B。

5 试验方法

5.1 一般要求

5.1.1 用于船舶和海上设施及码头、港口的机械产品在基本性能试验合格后，应根据各类产品受海洋环境因素影响的程度，选取必要的环境试验项目，对产品进行人工模拟环境试验。

5.1.2 环境试验项目，试验严酷等级应根据产品的使用环境条件、运行要求等情况，由各产品标准规定，从表1中选用。

5.2 试验项目

表1列出可供各产品标准选用的环境试验项目。

表1 环境试验项目

试验项目名称	试验方法标准	简要说明
低温试验	GB/T 2423.1—2008	用于考核产品或材料在低温条件下的适应性
高温试验	GB/T 2423.2—2008	用于考核产品或材料在高温条件下的适应性
交变湿热试验	GB/T 2423.4—2008	用于确定产品或材料在潮湿环境的适应性
振动试验	GB/T 2423.10—2008	用于考核元件或产品对振动环境的适应性
长霉试验	GB/T 2423.16—2008	用于考核产品或材料在霉菌生长条件下的长霉程度及影响
盐雾试验	GB/T 2423.17—2008	考核防护层及材料、产品的防腐蚀性能
太阳辐射试验	GB/T 2423.24—1995	考核产品和材料在太阳辐射条件下的适应性
外壳防护试验	GB 4208—2008	考核外壳结构的防护性能
倾跌与翻倒试验	GB/T 2423.7—1995	确定设备受到敲击、振摇、倒下的适应性

6 检验规则

6.1 人工模拟环境试验应作为船用型产品的型式试验之一。产品经环境试验后的考核标准由产品标准规定。

6.2 人工模拟环境试验允许从同结构、同材料、同工艺的系列产品中选取有代表性的产品进行试验。如试验合格，则认为同结构、同材料、同工艺的产品均合格。

6.3 对于大、中型产品及不要求用整机进行人工模拟环境试验时，允许用产品零部件或模拟件进行试验，具体要求可由产品标准规定。

6.4 送试产品或新零部件、模拟件代替成品进行人工模拟环境试验时，其数量由产品标准规定，但对于较小型的产品或零部件，一般都规定为2或3件。

6.5 经环境试验后的材料、零部件或产品，应对受影响的主要性能进行检验，检验项目由产品标准规定。

6.6 经人工模拟环境试验合格的产品或零部件，经过修整后仍可作为产品出厂。

7 标志、包装和贮存

7.1 船用型机械产品防护类型应在产品型号中加以标明，即在产品型号后加环境代号“H”或“WH”。

7.2 船用型产品，其包装应按 GB/T 7350—1999、GB/T 4879—1999、GB/T 5048—1999 的要求。

7.3 产品应贮存在通风、没有腐蚀性气体的场所。产品贮存环境条件就根据 GB/T 4798.1—2005 确定其环境参数的严酷等级。

7.4 产品运输环境条件应根据 GB/T 4798.2—2008 确定其环境参数的严酷等级。

附 录 A
（资料性附录）
选择环境条件等级的说明

A.1 气候条件等级

气候条件等级是按我国四大海域的环境条件划分，详见 GB/T 14092.4—2009。

A.2 生物条件

生物条件除列出植物（真菌、霉菌）和动物（鼠类、蚁类等有危害生物）外，还列出海洋生物（海藻、藤壶、牡蛎等）。

A.3 化学活性物质条件

C1 等级适用于无大量工业排放污染附近区域的海上设施和港口、码头一般的工业厂房。

C2 等级用于暴露于有盐雾和海上设施中有气候防护场所的各种装置。

C3 等级用于污染较严重的海域，海岸边的化工厂，煤码头等化学介质较严重的场所。

A.4 机械活性物质条件

S1 等级用于有防沙、灰尘和烟灰侵入措施的各种装置。

S2 等级用于锅炉排气管道部位及港口码头沙尘一般的场所。

S3 等级用于一切无气候防护场所的装置，以及装载水泥、煤等作业场所，平台泥浆混合室等。

A.5 机械环境条件

机械条件采用 GB/T 4798.6—1996 的内容，各不同部位使用的产品要满足规定的要求。

A.6 水文条件

水文条件包括潮差、波浪高度、海流速度、浮冰厚度等，是按四大海域列出，不同海域用产品要满足该海域海况的要求。

A.7 防爆条件

危险区的划分按 GB/T 13952—1992 分为 0、1、2 类危险区，电气设备的选用按相应的要求进行。

附 录 B
（资料性附录）
海洋环境用机械产品环境防护技术要点

B.1 海水中使用的装置，包括船体外壳、平台外壳、管道等受海水腐蚀严重，宜采用防海水腐蚀良好的防护层，如喷锌(要有足够厚度)。底漆用环氧沥青漆，氯化橡胶防锈漆，环氧高锌底漆等。采用阴极保护能起到较好的作用，延缓腐蚀速度。

B.2 海上用的电气设备应有较好的绝缘性能，电机还要耐较高温度，宜用B级以上的绝缘。

B.3 海上用的产品应有良好的密封，在无气候防护场所用的产品要能达到标准相应要求，有机材料还要考虑太阳辐射引起的老化影响。

B.4 海上及岸边用的电气设备，受潮湿和盐雾的影响，绝缘水平会严重降低，必要时可加装加热器，在停机时接通电源，能有效提高设备的防潮性能。

B.5 对电子产品或接插件受腐蚀影响，推荐一种新的保护剂，DJB-823固体薄膜保护剂，其具有防霉、防潮、耐盐雾、耐硫化氢腐蚀性能。

B.6 海上平台和船用设备会遇到较大振动，设备应采用弹簧、橡胶等较好的隔震防振措施。

B.7 为减少海洋生物的影响，在通海阀门的进水口(海底门)涂刷船底防污漆，防止海洋生物的过快生长。

附　录　C
（资料性附录）
环境试验检测内容

C.1　本部分列出的环境试验项目，各专业产品可根据产品的实际运行情况选择必要的试验。

C.2　环境试验后的检测内容见表 C.1。

表 C.1　检测内容推荐表

序号	试验项目	检测内容	应用说明
1	低温试验	起动性能 机械性能 油料及润滑性能	以内燃机为动力的机械产品及蓄电池、小电机等性能考核 橡胶、塑料、金属材料及焊接件的性能 油脂及液压系统、燃料油等选用
2	高温试验	材料及电气设备性能	考核材料及电气设备耐抗高温的能力
3	湿热试验	电气性能、材料选用及防护工艺	考核潮湿条件下产品的适应性及防护能力
4	盐雾试验	金属镀层质量、外观	考核外壳防护工艺及零部件电镀层及化学覆盖层的防护能力
5	太阳辐射试验	有机材料性能及电气温升	表面涂覆层的防老化性能，电气的附加温升
6	外壳防护试验	检查固体或水是否侵入壳体内	结构密封的防尘防水或防水防尘性能
7	振动试验	变形、开裂及产品结构状况、动作性能	考核产品、元器件对振动环境的适应性
8	防霉试验	材料的长霉程度对产品性能影响	考核材料或产品的防霉能力
9	倾跌与翻倒试验	器件及结构的牢靠性、变形	考核产品或器件结构的牢固性及耐海况能力

ICS 19.020
A 21

中华人民共和国国家标准

GB/T 14093.7—2009
代替 GB/T 15621—1995

机械产品环境技术要求 矿山环境

Environmental technical requirements of machinery products for mine environments

2009-05-06 发布　　　　2009-11-01 实施

中华人民共和国国家质量监督检验检疫总局
中国国家标准化管理委员会　发布

前　言

GB/T 14093《机械产品环境技术要求》包括以下7个部分：

——GB/T 14093.1　机械产品环境技术要求　湿热环境

——GB/T 14093.2　机械产品环境技术要求　寒冷环境

——GB/T 14093.3　机械产品环境技术要求　高原环境

——GB/T 14093.4　机械产品环境技术要求　工业腐蚀环境

——GB/T 14093.5　机械产品环境技术要求　干热环境

——GB/T 14093.6　机械产品环境技术要求　海洋环境

——GB/T 14093.7　机械产品环境技术要求　矿山环境

本部分为GB/T 14093的第7部分。

本部分代替GB/T 15621—1995《机械产品环境技术要求　矿山环境用》。

本部分与GB/T 15621—1995相比，主要变化如下：

——根据GB/T 1.1—2000《标准化工作导则　第1部分：标准的结构和编写规则》要求，对编排格式进行了修改；

——“本标准”更改为“本部分”；

——对引用标准进行了更新。

本部分的附录A、附录B、附录C均为资料性附录。

本部分由全国电工电子产品环境条件与环境试验标准化技术委员会(SAC/TC 8)提出并归口。

本部分起草单位：广州电器科学研究院。

本部分主要起草人：刘奎芳、谢永谦、杨现利、肖立。

本部分所代替标准的历次版本发布情况为：GB/T 15621—1995。

机械产品环境技术要求
矿山环境

1 范围

本部分规定了矿山用机械工业产品(以下简称为产品)的防护类型及其使用环境条件、技术要求、试验方法、检验规则等。

本部分适用于GB/T 14092.6规定的环境条件下使用的一般用途机械工业产品。产品大类包括：采掘机械、提升机械、选矿机械、运输机械、凿岩机械、矿用电气设备等。

2 规范性引用文件

下列文件中的条款通过GB/T 14093的本部分的引用而成为本部分的条款。凡是注日期的引用文件，其随后所有的修改单(不包括勘误的内容)或修订版均不适用于本部分，然而，鼓励根据本部分达成协议的各方研究是否可使用这些文件的最新版本。凡是不注日期的引用文件，其最新版本适用于本部分。

GB/T 2423.1—2008 电工电子产品环境试验 第2部分：试验方法 试验A：低温(IEC 60068-2-1：2007,IDT)

GB/T 2423.2—2008 电工电子产品环境试验 第2部分：试验方法 试验B：高温(IEC 60068-2-2：2007,IDT)

GB/T 2423.3—2006 电工电子产品环境试验 第2部分：试验方法 试验Cab：恒定湿热试验(IEC 60068-2-78：2001,IDT)

GB/T 2423.4—2008 电工电子产品环境试验 第2部分：试验方法 试验Db：交变湿热(12 h+12 h循环)(IEC 60068-2-30：2005,IDT)

GB/T 2423.5—1995 电工电子产品环境试验 第2部分：试验方法 试验Ea：冲击(idt IEC 60068-2-27：1987)

GB/T 2423.10—2008 电工电子产品环境试验 第2部分：试验方法 试验Fc：振动(正弦)(IEC 60068-2-6：1995,IDT)

GB/T 2423.17—2008 电工电子产品环境试验 第2部分：试验方法 试验Ka：盐雾(IEC 60068-2-11：1981,IDT)

GB/T 2423.22—2002 电工电子产品环境试验 第2部分：试验方法 试验N：温度变化(idt IEC 60068-2-14：1984)

GB/T 2423.24—1995 电工电子产品环境试验 第2部分：试验方法 试验Sa：模拟地面上的太阳辐射(idt IEC 60068-2-5：1975)

GB/T 2423.33—2005 电工电子产品环境试验 第2部分：试验方法 试验Kca：高浓度二氧化硫试验

GB/T 2423.35—2005 电工电子产品环境试验 第2部分：试验方法 试验Z/AFc：散热和非散热试验样品的低温/振动(正弦)综合试验(IEC 60068-2-50：1983,IDT)

GB 3836.1—2000 爆炸性气体环境用电气设备 第1部分：通用要求(eqv IEC 60079-0：1998)

GB 3836.2—2000 爆炸性气体环境用电气设备 第2部分：隔爆型“d”(eqv IEC 60079-1：1990)

GB 3836.3—2000 爆炸性气体环境用电气设备 第3部分：增安型“e”(eqv IEC 60079-7：1990)

GB 3836.4—2000 爆炸性气体环境用电气设备 第4部分:本质安全型“i”(eqv IEC 60079-11:1999)

GB 3836.5—2004 爆炸性气体环境用电气设备 第5部分:正压外壳型“p”(IEC 60079-2:2001,MOD)

GB 3836.6—2004 爆炸性气体环境用电气设备 第6部分:油浸型“o”(IEC 60079-6:1995,IDT)

GB 3836.7—2004 爆炸性气体环境用电气设备 第7部分:充砂型“q”(IEC 60079-5:1997,IDT)

GB 3836.8—2003 爆炸性气体环境用电气设备 第8部分:“n”型电气设备(IEC 60079-15:2001,MOD)

GB 3836.9—2006 爆炸性气体环境用电气设备 第9部分:浇封型“m”(IEC 60079-18:2004,IDT)

GB 3836.11—2008 爆炸性环境用防爆电器设备 第11部分:由隔爆外壳“d”保护的设备 最大试验安全间隙测定方法(IEC 60079-1-1:2002,IDT)

GB 3836.12—2008 爆炸性环境用防爆电器设备 第12部分:气体或蒸汽混合物按照其最大试验安全间隙和最小点燃电流的分级(IEC 60079-12:1978,IDT)

GB 3836.13—1997 爆炸性气体环境用电气设备 第13部分:爆炸性气体环境用电气设备的检修(neq IEC 60079-19:1993)

GB 3836.14—2000 爆炸性气体环境用电气设备 第14部分:危险场所分类(idt IEC 60079-10:1995)

GB 3836.15—2000 爆炸性气体环境用电气设备 第15部分:危险场所电气安装(煤矿除外)(eqv IEC 60079-14:1996)

GB 3836.16—2006 爆炸性气体环境用电气设备 第16部分:电气装置的检查和维护(煤矿除外)(IEC 60079-17:2002,IDT)

GB 3836.17—2007 爆炸性气体环境用电气设备 第17部分:正压房间或建筑物的结构和使用(IEC 60079-13:1982,IDT)

GB 4208—2008 外壳防护等级(IP代码)(IEC 60529:2001,IDT)

GB/T 4768—2008 防霉包装(neq IEC 60068:1988)

GB/T 4798.1—2005 电工电子产品应用环境条件 第1部分:贮存(IEC 60721-3-1:1997,MOD)

GB/T 4798.2—2008 电工电子产品应用环境条件 第2部分:运输(IEC 60721-3-2:1997,MOD)

GB/T 4798.3—2007 电工电子产品应用环境条件 第3部分:有气候防护场所固定使用(IEC 60721-3-3:2002,MOD)

GB/T 4798.4—2007 电工电子产品应用环境条件 第4部分:无气候防护场所固定使用(IEC 60721-3-4:1995,MOD)

GB/T 4879—1999 防锈包装

GB/T 5048—1999 防潮包装

GB/T 7350—1999 防水包装

GB/T 14092.6—2009 机械产品环境条件 矿山

GB/T 14093.1—2009 机械产品环境技术要求 湿热环境

3 产品防护类型及其使用环境条件

3.1 产品防护类型

3.1.1 矿井型代号为K,适用于井下矿用产品。

3.1.2 露天矿型

K1适用于湿热、亚湿热、暖温矿区;

K2 适用于寒温Ⅰ区和寒温Ⅱ区；

K3 适用于寒冷区；

K4 适用于干热带及可能出现高温的露天矿区。

3.2 产品的气候防护类型系指该产品使用在矿山条件下采取的相应的防护措施，以保证产品在该典型环境中的适应性。

3.3 对于有气候防护场所（相当于矿井）用的产品，由于温度变化不大，只选取 3K4L（温度范围－5 ℃～＋40 ℃）一挡，但对于有特殊要求（如煤矿用的设备要有防爆要求）则需另外提出，以满足使用要求。

3.4 对于无气候防护场所（相当于露天矿），由于国内气候类型复杂，列出四种防护类型：4K1（－20 ℃～＋40 ℃）；4K2（－35 ℃～＋40 ℃）；4K3（－50 ℃～＋40 ℃）；4K4H（－20 ℃～＋55 ℃），以满足各种气候类型的需要。

3.5 产品的使用环境条件种类参照 GB/T 4798.3—2007 及 GB/T 4798.4—2007 中的环境条件严酷等级选定各类环境条件的等级及参数值。

环境条件的种类包括：气候条件（K），特殊气候（Z——包括热辐射、周围空气运动和除雨以外的水源），生物条件（B），化学活性物质条件（C），机械活性物质条件（S）和机械条件（M）共六类。

3.5.1 用于有气候防护场所的产品，其环境条件等级中前一个数字为“3”，简称为户内型。即适用于户内或有较好遮蔽（其建筑结构能防止或减少室外气候日变化的影响。井下矿用设备可选用此等级）场所的产品。其各类环境条件应在以下所列等级中选用。

3.5.1.1 气候环境条件：3K4L。

注：符号 K、B……等后面的数字，标志环境条件的严酷等级。L 表示个别指标与 3K4 不同。

3.5.1.2 特殊气候环境条件：

——热辐射条件：3Zh1，3Zh2；

——周围空气运动条件：3Za4，3Za5，3Za6；

——除雨以外的其他水源条件：3Zw7，3Zw8，3Zw9，3Zw10。

3.5.1.3 生物环境条件：3B1，3B2，3B3。

3.5.1.4 化学活性物质条件：3C1，3C2，3C3，3C4。

3.5.1.5 机械活性物质条件：3S1，3S2，3S3，3S4。

3.5.1.6 机械环境条件：3M1，3M2，3M3，3M4，3M5，3M6，3M7，3M8。

3.5.2 用于无气候防护场所的产品.其环境条件等级中前一个数字为“4”，简称为户外型。即适用于全露天或仅有简单遮蔽场所的产品，其各类环境条件应在以下所列等级中选定。

3.5.2.1 气候环境条件：4K1，4K2，4K3，4K4H。

3.5.2.2 特殊气候环境条件：

a) 热辐射条件：4Zh1、4Zh2；

b) 周围空气运动条件：4Za3、4Za4、4Za5；

c) 除雨以外的其他水源条件：4Zw6、4Zw7、4Zw8。

3.5.2.3 生物环境条件：4B1、4B2。

3.5.2.4 化学活性物质条件：4C1、4C2、4C3、4C4。

3.5.2.5 机械活性物质条件：4S1、4S2、4S3、4S4。

3.5.2.6 机械条件：4M1、4M2、4M3、4M4、4M5、4M6、4M7、4M8。

3.5.3 对于一定环境条件下使用的产品，应在其技术条件中规定各类环境条件等级。例如：4K1/4Zh2/4Za3/4Zw7/4B1/4C2/4S2/4M4。有些产品如不适合在某些条件下使用时，则可不列该环境条件（例如特殊气候条件 4Zw8 等）。

3.6 各类环境条件参数值见 GB/T 14092.6—2009。

4 技术要求

4.1 凡按矿山环境条件生产制造的产品,应符合本部分的规定。本部分未作规定的,应符合产品标准或规范的规定。

4.2 露天矿所用的电气设备,在确定其温升限值时,应根据各类产品的结构特点和受太阳辐射影响的不同,在有关产品标准或规定中规定是否需要留有温升裕度。

4.3 在寒冷及寒温地区使用的露天矿用机械,其选用的材料应能保证在低温条件下频繁振动、冲击作业要求。

4.4 在寒冷及高海拔地区使用的工程机械及其他动力机械应能满足在低温条件下的起动要求。

4.5 在潮湿的地下矿井和湿热、亚湿热地区使用的矿山设备应考虑潮湿、粉尘及腐蚀的影响,应选用耐腐蚀的材料及良好的保护层。

4.6 在潮湿的湿热带及亚湿热带雷暴较频繁地区,露天矿使用的输变电设备、配电电器等必要时需采取防雷击措施。

5 试验方法

5.1 一般要求

矿用机械工业产品,在其基本性能试验合格后,应根据各类不同产品所受到的环境因素影响情况,通过有关的人工模拟环境试验的考核。需进行的环境试验项目、试验严酷等级应根据产品的使用环境条件及运行要求,在产品标准或规范中作出规定。

5.2 试验项目

表1列出人工模拟环境试验项目,内容包括试验项目、标准号、试验严酷等级及简要说明等。

表1 环境试验项目表

试验项目名称	试验方法标准	试验严酷等级	简要说明	
			环境条件等级	应用说明
低温试验	GB/T 2423.1—2008	温度:−65 ℃、−55 ℃、−40 ℃、−25 ℃、−10 ℃、−5 ℃、+5 ℃ 持续时间:2 h、16 h、72 h、96 h	4K1、4K2、4K3、4K4H	在露天矿使用的产品,其材料及工艺以及低温下的起动性能等需作此项试验
振动试验	GB/T 2423.10—2008	试验的频率范围、振幅值及持续时间由Fc试验第4章中选定	3M1～3M8 4M1～4M8	产品或元器件、材料耐振动性能的适应性及评价结构的完好性
冲击试验	GB/T 2423.5—1995	试验严酷等级,峰值加速度值和脉冲持续时间由本部分4.1选择	3M1～3M8 4M1～4M8	产品或元器件、材料耐冲击性能的适应性及评价结构的完好性
低温/振动(正弦)综合试验	GB/T 2423.35—2005	按标准第5章规定选定	3M1～3M8 4M1～4M8	设备及元器件在低温与振动的综合条件下使用、贮存和运输的适应性

表 1（续）

试验项目名称	试验方法标准	试验严酷等级	简要说明	
			环境条件等级	应用说明
高温试验	GB/T 2423.2—2008	使用场所温度高或存在热辐射条件时，确定试验温度等级：200 ℃，175 ℃，155 ℃，125 ℃，100 ℃，85 ℃，70 ℃，55 ℃。试验持续时间：2 h，16 h，72 h，96 h	3K4L 4K1，4K2，4K3，4K4H	当特殊气候条件为 3Z2，3Z3 或 4Z2 时，应考虑进行此项试验
温度变化试验	GB/T 2423.22—2002	根据各产品标准或规范，在试验 N 中选取试验严酷等级	4K1，4K2，4K3，4K4H	当露天矿产品或材料在温度迅速变化条件下，性能会受到影响时选用
交变湿热试验	GB/T 2423.4—2008	① 温度：40 ℃～30 ℃ 相对湿度：(93±3)％ 持续时间：2 d，6 d，12 d，21 d ② 温度：55 ℃～25 ℃ 相对湿度：(95±3)％ 持续时间：1 d，2 d，6 d	3K4L 4K1，4K2，4K3，4K4H	温度变化范围及持续时间由产品标准或规范规定。Db 和 Ca 可任选一种
恒定湿热试验	GB/T 2423.3—2006	温度：(40±2)℃ 相对湿度：(95±3)％ 持续时间：2 d，4 d，10 d，21 d	3K4L 4K1，4K2，4K3，4K4H	考虑材料或产品的防潮性能。试验周期由产品标准或规范规定。Ca 及 Db 试验可选一种
高浓度二氧化硫试验	GB/T 2423.33—2005	二氧化硫气体浓度分三等级：1.75 mg/L、8.75 mg/L、17.5 mg/L 试验周期为：24 h，48 h，120 h，240 h，360 h，480 h	3C1，3C2，3C3，3C4，4C1，4C2，4C3，4C4	考核产品及材料的防腐性能。严酷等级根据各产品标准或规范选定
盐雾试验	GB/T 2423.17—2008	氯化钠浓度(5±0.1)％(质量分数) 试验周期：24 h，48 h，96 h	3C1，3C2，4C1，4C2	零部件电镀层及化学覆盖层工艺考核
太阳辐射试验	GB/T 2423.24—1995	分三种方法，每一周期辐射总量为 8.96 kW·h/m²、 22.4 kW·h/m²、 26.88 kW·h/m² 试验周期：3 d，10 d，56 d	4K1，4K2，4K3，4K4H	考核产品及材料在受到太阳辐射下产生的热、机械、化学电等方面的效应以确定其适应性

表 1（续）

试验项目名称	试验方法标准	试验严酷等级	简要说明	
			环境条件等级	应用说明
外壳防护试验	GB 4208—2008	1～4 级防固体异物试验	3S1,3S2 4S1,4S2	考核产品外壳防固体异物的能力。
			3S3,3S4 4S3,4S4	考核产品外壳防尘能力。
		1～2 级防水试验	3Zw7(防滴)	考核垂直及当外壳从正常位置倾斜 15°内垂直滴水的产品外壳防水能力。
		3 级防水试验	3Zw8(淋水)	考核与垂直成 60°范围以内淋水的产品外壳防水能力。
		4 级防水试验	3Zw9,4Zw7	考核产品外壳防任何方向溅水的能力。
		5 级防水试验	3Zw10,4Zw8	考核产品外壳防任何方向喷水的能力。
防爆试验	GB 3836 系列标准	电气设备的防爆类型有：隔爆型，增安型，正压型，充油型，充砂型，本质安全型，特殊型。根据不同的使用场所，由各产品标准或规范规定选用不同等级	3K4L，4K1，4K2，4K3，4K4H	矿井下的煤矿及有爆炸性气体危险场所用的电气设备应作防爆试验，具体要求按 GB 3836.2 等标准。露天矿何种产品要做试验及等级，根据各产品标准或规范规定

6 检验规则

6.1 人工模拟环境试验为矿用机械工业产品的型式试验或新产品的定型试验。产品需进行何种环境试验，用整机、零部件或材料进行试验，试验的严酷等级、试验周期数等，可按第 5 章的要求，在产品标准或规范中予以规定。产品经环境试验后的考核标准由产品标准或规范具体规定。

6.2 中、大型电气设备可加装防潮加热器，以防止停机时受潮，装加热器产品的绝缘结构与处理工艺应与未装加热器的产品相同，但其绝缘可不经湿热试验考核。

加热器功率的选择，一般按照能使产品内部需加保护部位附近空间温度较周围空气温度提高 5 K 来设计。加热器的设置应不使其附近的绝缘超过耐热允许温度。

6.3 人工模拟环境试验允许从同结构、同材料、同工艺的系列产品选取具有代表性的产品进行试验，如试验合格，则认为同结构、同材料、同工艺的系列产品均合格。

6.4 对于大、中型产品及不要求用整机进行人工模拟环境试验的产品，允许以产品零部件、模拟件或材料进行试验，具体要求可在产品标准或规范中予以规定。

6.5 送试产品或以产品零部件、模拟件、材料代替成品进行人工模拟环境试验时，送试样品的数量由产品标准或规范（或技术要求）予以规定。

6.6 产品或零部件试验后的外观质量检查，参照 GB/T 14093.1—2008 中的有关规定。

7 标志、包装、运输、贮存

7.1 矿用机械工业产品按气候防护类型应在产品型号中加以标明。

7.2 矿用机械工业产品的包装应按 GB 5048—1999、GB/T 4768—2008、GB/T 7350—1999 及 GB/T 4879—1999 等包装标准的技术要求规定。

7.3 产品运输环境条件应根据 GB/T 4798.2—2008 确定其各项环境参数的严酷等级。

7.4 产品的贮存环境条件应根据 GB/T 4798.1—2005 确定其各项环境参数的严酷等级。

附 录 A
（资料性附录）
矿用机械工业产品环境防护技术要求

A.1 矿用机械工业产品的结构设计要求

A.1.1 矿用产品采用密封外壳时，应考虑：

a) 外壳结构必须牢固，应能承受频繁振动、冲击造成的影响，结构设计上应有减震装置。

b) 为减缓内部金属零件的腐蚀，在密封结构内应避免使用能产生挥发性气体的材料。在特殊情况下必须使用这些材料时，应对其中易受影响的零件采取有效的防护措施。

c) 密封材料应选用防潮、防腐、耐低温和耐老化性能良好的材料。

d) 密封体的外壳应光滑，避免有凹陷、锐边或棱角等存在，以免因积水、积尘而导致腐蚀。

A.1.2 对采用防护式外壳或其他不完全密封外壳的产品，应考虑：

a) 加强内部绝缘件、结构件的防潮、防霉能力；

b) 提高内部金属部件表面防盐雾、化工气体腐蚀的性能；

c) 在有昆虫及其他有害动物危害的场所，对其外壳结构加防护网罩。

A.1.3 对采用油或其他液体介质的密封结构的户外产品，由于可能出现的较剧烈的温度变化，故必须考虑热胀冷缩引起的体积变化泄漏现象。

对以油作绝缘或冷却介质的矿用产品，由于南方地区湿度大，需考虑采取能防止油介质受潮劣化的措施。而用于寒冷地区的产品所用的润滑油、燃油等应有防冷冻的措施。

A.1.4 在南方潮湿地区及井下用的电气设备应有可靠的接地装置，所用螺钉和垫圈的表面应有良好的保护镀层。

由于有可能因凝露而导致表面绝缘降低，应考虑增大爬电距离，或选择较好的材料，以减少泄漏电流。

A.1.5 产品是否采取防尘防水措施，达到何种等级的要求，由各类产品使用的特点，分别予以考虑。

A.1.6 设计时采用避开应力集中的结构，尽可能减少切口，还应考虑低温条件下的配合问题。焊接时不允许出现裂纹。

A.2 材料选用要求

A.2.1 在材料机械性能达到产品设计要求的情况下，应选用有良好低温韧性的材料，要求抗拉强度高、疲劳特性好、耐磨损以及高切口韧性。避免在低温下频繁操作时出现低温脆裂及早期损坏。

A.2.2 矿用机械产品常用在潮湿、腐蚀性较强的场所，所用的材料应是耐腐蚀较好的材料及采取可靠的镀层、涂层或其他防腐蚀措施。

A.2.3 衬垫材料及填封材料应在使用的温度范围内，具有良好的弹性和黏性，以及低的收缩率。在空气高温和强烈日照引起的高温及最大温差影响下，应能避免产生变形开裂或熔化流失而导致介质的受潮劣化。

A.2.4 为保证产品运转性能良好，所选用的润滑油、脂及冷却液，在高温、高湿及低温条件下使用时.不应发生潮解、变质、结块、硬化等现象。

A.3 工艺防护要求

A.3.1 为减缓黑色金属结构件的腐蚀。其表面应加保护层，如涂漆、电镀或其他覆盖层等。

产品钢制紧固零件的保护性镀层一般可采用镀锌，但必须经钝化处理。

A.3.2 当采用铝及铝合金作为结构材料时，应经阳极氧化或化学氧化处理，也可用涂漆保护。

A.3.3 经电镀、钝化的金属件在装配后，由于装配而影响镀层质量时，其表面可再涂覆一层气干清漆，以提高其防腐蚀能力。

A.3.4 钢制弹簧的表面应采取可靠的保护措施。如镀锌或镀镉钝化，或磷化后涂漆等，但所用措施不应影响弹簧的工作性能。细弹簧可采用不锈钢制造，不电镀。

A.3.5 当导电材料为铜和铝并用时，应良好地解决铜铝接头的连接问题。导电紧固件应加电镀层保护。

A.3.6 产品的铭牌或标志牌应尽量采用黄铜制成，其表面应加镀层保护，在某种情况下采用铝时，则应进行阳极氧化处理。在腐蚀严重的场所，较为理想的是喷涂一层透明环氧粉末加以保护。

A.3.7 产品金属表面的涂漆应光亮，并有良好的防潮和防化工腐蚀的性能，漆膜与底金属之间应有良好的附着力。

A.3.8 焊接接头应具有良好的低温韧性。焊接热影响区硬化层的软化可通过退火来改善。

A.4 产品特殊要求

A.4.1 应用于寒冷地区的产品应解决矿山机械设备的冷起动问题。

A.4.2 应用于高海拔地区的产品，应解决低气压下燃烧不充分，影响矿山机械的出力，低温下冷起动及高压绝缘的电晕问题。

附 录 B
(资料性附录)
环境条件等级选用说明

B.1 用户根据本地区的气候特点及使用场所的情况，向生产厂提出产品的环境条件要求

B.2 气候环境条件(K)

B.2.1 3K4L，适用于矿井条件(−5 ℃～+40 ℃)。

B.2.2 4K1 适用于露天矿的一般地区(−2 ℃～+40 ℃)。

4K2 及 4K3 适用于寒温及寒冷地区(−35 ℃～+40 ℃和−50 ℃～+40 ℃)。

4K4H 适用于干热及多沙尘地区(包括露天矿可能出现高温的地区，温度范围−20 ℃～+55 ℃)。

B.3 特殊气候条件(Z)

B.3.1 热辐射条件

3Zh1，4Zh1 可以忽略。

3Zh2，4Zh2 有热辐射条件，如生产过程中产生的热源。

B.3.2 周围空气运动

3Za4，3Za5 适用于一般户内条件。

3Za6 适用于沿海敞开式建筑结构。

4Za3，4Za4 适用于户外条件。

4Za5 适用于沿海多台风场所。

B.3.3 除雨以外的其他水源条件

4Zw6 可以忽略。

3Zw7 滴水条件。

3Zw8 淋水条件。

3Zw9、4Zw7 溅水条件。

3Zw10、4Zw8 喷水条件。

B.4 生物条件(B)

3B1 可以忽略。

3B2，4B1 适用于有霉菌生长和动物(包括鼠类、鸟类等，但不包括白蚁)危害的影响。

3B3，4B2 适用于有霉菌生长和包括白蚁动物的危害。

B.5 化学活性物质条件(C)

3C1，4C1 适用于较少工业活性物质和中等交通运输的地区。

3B2，4B2 适用于一般程度的污染，工业活性物质分布整个地区。

3B3，4B3 适用于靠近有工业生产的化学污染源的场所。

3C4，4C4 适用于工业生产车间内部，可能出现高浓度的化学污染物质。

B.6 机械活性物质条件(S)

3S1 适用于有防尘设施的场所能防止尘和沙的进入。

3S2 适用于无防尘设施和不靠近沙、尘源的场所。

3S3 适用于靠近沙、尘源的场所。

3S4 适用于由加工中产生沙和尘的场所，或地理上位于多风沙和灰尘的场所。

4S1 适用于不靠近沙源的地区。

4S2 适用于有沙或尘源的地区。

4S3 适用于地理位置上属于有风沙或空气中有灰尘的地区。

4S4 适用于因地理上或生产条件引起的空气中经常有高含量的沙和尘的地区。

B.7 机械环境条件(M)

3M1,3M2,4M1,4M2 适用于能明显地防止振动和冲击的场所。

3M3,4M3 适用于能明显地防止振动，但会受到爆破打桩等引起冲击的场所。

3M4,4M4 适用于由机器或行驶的车辆引起的振动场所，或者由于爆破、打桩等引起冲击的场所。

3M5,3M6,4M5,4M6 适用于由于机器或行驶车辆引起的振动或附近的机器、传送带等引起的大能量冲击的场所。

3M7,3M8,4M7,4M8 适用于产品直接安装在机器上，由机器本身引起的大能量的振动和冲击的场所。

B.8 应用举例

某淮南井下煤矿用的采掘机械，其环境代号为：

3K4L/3Zh2/3Za4/3Zw9/3B3/3C3/3S4/3M7。

附 录 C
（资料性附录）
环境试验检测内容

检测内容见表C.1。

表C.1 检测内容推荐表

序号	试验项目	检测内容	应用说明
1	低温试验	起动性能 机械性能 油料及润滑油性能	以内燃机为动力的机械产品及蓄电池，小电机等性能考核。 橡胶、塑料、金属材料及焊接件的性能。 油脂及液压系统、燃料油等选用
2	低温/振动（正弦）综合试验	变形、裂纹，结构	设备及元器件在低温与振动的综合作用下的适应性
3	振动和冲击试验	变形、裂纹，受影响的电气机械性能	在振动、冲击频繁工作环境下，可能发生脆裂、变形等元件及材料的选用
4	高温试验	材料及电气设备的性能	在干热及露天矿可能出现高温环境，材料及电气设备耐抗高温的能力
5	温度变化试验	电气性能、外观	电工电子产品在温度变化频繁条件下的适应性
6	湿热试验	电气性能、材料及防护工艺	考核潮湿的矿井条件下产品的适应性及防护能力
7	高浓度二氧化硫试验	电气性能及防护工艺	产品及材料、防护工艺的耐抗腐蚀的能力
8	盐雾试验	金属电镀质量外观	外壳防护工艺及零部件电镀、化学覆盖层的防护
9	太阳辐射试验	电气性能的温升及材料性能	在太阳直接照射下附加温升是否会超过，表面涂覆层的防老化性能
10	外壳防护试验	检查固体异物进入内部否 检查是否有水进入内部	结构密封性能的防尘能力 结构密封性能达到防水的能力
11	防爆试验	性能是否达到防爆要求	矿用电气设备应达到的防爆要求

ICS 27.040
K 56

中华人民共和国国家标准

GB/T 14099.3—2009/ISO 3977-3:2004

燃气轮机　采购
第3部分:设计要求

Gas turbines—Procurement—Part 3:Design requirements

(ISO 3977-3:2004,IDT)

2009-04-13 发布　　　　2010-01-01 实施

中华人民共和国国家质量监督检验检疫总局
中国国家标准化管理委员会　发布

前 言

GB/T 14099《燃气轮机 采购》由如下部分组成:

——第1部分:总则与定义

——第2部分:标准参考条件与额定值

——第3部分:设计要求

——第4部分:燃料与环境

——第5部分:在石油和天然气工业中的应用

——第6部分:联合循环

——第7部分:技术信息

——第8部分:检查、试验、安装和调试

——第9部分:可靠性、可用性、可维护性与安全性

本部分为 GB/T 14099 的第3部分。

本部分等同采用 ISO 3977-3:2004《燃气轮机 采购 第3部分:设计要求》(英文版)。

为方便使用,本部分做了如下编辑性修改:

——将"国际标准的本部分"改为"本部分";

——用小数点"."代替作为小数点的逗号",";

——删除了国际标准前言,国际标准引言用我国的语言方法表述;

——对 ISO 3977-3:2004 引用的其他国际标准,有被采用为我国标准的用我国标准代替对应的国际标准,未被我国标准采用的直接引用国际标准;

——将 ISO 3977-3:2004 中 4.1、4.4 引用的"ISO 3799-5"改为"ISO 3977-5",4.5.4.4 引用的"ISO 37899"改为:"ISO 3977";

——本标准引用文件中增加了 ISO 3977-3:2004 正文中引用的 API 670、ISO 11342(已被采用为 GB/T 6557—1999)和 ISO 3977-5;

——对 ISO 3977-3:2004 中个别条款的陈述改为用我国语言方式叙述。

本部分的附录A、附录B为资料性附录。

本部分由中国机械工业联合会提出。

本部分由全国燃气轮机标准化技术委员会(SAC/TC 259)归口。

本部分起草单位:南京燃气轮机研究所、中国一航沈阳发动机设计研究所、上海汽轮机有限公司、南京汽轮电机(集团)有限责任公司、哈尔滨汽轮机厂有限责任公司、东方汽轮机厂、中国联合工程公司、陕西鼓风机(集团)有限公司、中国一航沈阳黎明航空发动机(集团)有限责任公司。

本部分主要起草人:娄马宝、李孝堂、崔耀欣、刘卫宁、吴爱中、赵世全、邓爱平、於志平、姜国栋、曲风蓉。

燃气轮机　采购
第3部分:设计要求

1　范围

GB/T 14099 的本部分给出了采购方从成套商采购各种用途的燃气轮机和燃气轮机系统(包括用于联合循环系统的燃气轮机)及其辅助设备的设计要求,同时,为采购过程提供帮助和技术信息。

本部分不涉及设备安装地需遵守的地方或国家的立法规定。

本部分适用于开式系统中的简单循环、联合循环和回热循环的燃气轮机。本部分不适用于推进式飞机、筑路和运输机械、农业用和工业用的牵引机械和公路车辆用的燃气轮机。

本部分的基本内容也适用于利用特殊热源(例如化学过程、核反应堆、增压锅炉)的燃气轮机。

GB/T 14099 的相关部分适用于闭式和半闭式的系统。

注:关于燃气轮机特殊应用方面的附加要求在 ISO 3977-5 中说明。

2　规范性引用文件

下列文件中的条款通过 GB/T 14099 的本部分的引用而成为本部分的条款。凡是注日期的引用文件,其随后所有的修改单(不包括勘误的内容)或修订版均不适用于本部分,然而,鼓励根据本部分达成协议的各方研究是否可使用这些文件的最新版本。凡是不注日期的引用文件,其最新版本适用于本部分。

注:对于无 ISO 标准可利用的情形,通过采购方与成套商之间的相互协商一致,可用附录 B 中所给出的其他国家的标准作为指导准则。

GB 755—2008　旋转电机　定额和性能(IEC 60034-1:2004,IDT)

GB/T 6075.1—1999　在非旋转部件上测量和评价机器的机械振动　第1部分:总则(idt ISO 10816-1:1995)

GB/T 6075.4—2001　在非旋转部件上测量和评价机器的机械振动　第4部分:不包括航空器类的燃气轮机驱动装置(idt ISO 10816-4:1998)

GB/T 6557—1999　挠性转子机械平衡的方法和准则(idt ISO 11342:1998)

GB/T 11348.1—1999　旋转机械转轴径向振动的测量和评定　第1部分:总则(idt ISO 7919-1:1996)

GB/T 11348.4—1999　旋转机械转轴径向振动的测量和评定　第4部分:燃气轮机组(eqv ISO 7919-4:1996)

GB/T 14099.8—2009　燃气轮机　采购　第8部分:检查、试验、安装和调试(ISO 3977-8:2002,IDT)

GB/T 14099.9—2006　燃气轮机　采购　第9部分:可靠性、可用性、可维护性和安全性(ISO 3977-9:1999,IDT)

GB/T 15135—2002　燃气轮机　词汇(ISO 11086:1996,MOD)

GB/T 18345.1—2001　燃气轮机　烟气排放　第1部分:测量与评估(idt ISO 11042-1:1996)

GB/T 18345.2—2001　燃气轮机　烟气排放　第2部分:排放的自动监测(idt ISO 11042-2:1996)

ISO 1940-1:2003　机械振动　刚性转子的平衡质量要求　第1部分:残留不平衡允许量的测定

ISO 3448　工业用液体润滑剂　ISO 黏度分类

ISO 3977-1:1997　燃气轮机　采购　第1部分:总则与定义

ISO 3977-2:1997　燃气轮机　采购　第2部分:标准参考条件与额定值

ISO 3977-4:2002　燃气轮机　采购　第4部分:燃料与环境

ISO 3977-5: 2001　燃气轮机　采购　第5部分:在石油和天然气工业中的应用

ISO 7919-2:2001　机械振动　旋转机械转轴径向振动的测量和评定　第2部分:陆地安装的大型汽轮发电机组

ISO 10441:1999　石油与天然气工业　用于机械动力传送的柔性联轴器　特殊应用方面

ISO 10442:2002　石油、化工及燃气服务业　快装式整体化齿轮传动离心式空气压缩机

ISO 10494:1993　燃气轮机与燃气轮机机组　排放的空传噪声的测量　规划/测定方法

ISO 10814:1996　机械振动　机器对不平衡的敏感性与灵敏度

ISO 10816-2:2001　在非旋转部件上测量和评价机器的机械振动　第2部分:50 MW以上的大型陆装汽轮发电机组

ISO 13691:2001　石油与天然气工业　高速专用齿轮装置

ISO 13709:2003　石油、石化及天然气工业用的离心泵

ISO 15649:2001　石油与天然气工业　管道系统

API 670　非接触振动及轴向位置监测系统

ASME　锅炉与压力容器规范第Ⅸ分册

ASTM A 194　高压和高温用螺栓碳素钢和合金钢螺母规格

ASTM A 307　碳素钢外螺纹标准紧固件规格

IEC 60079(所有部分)　用于爆炸性气体环境的电气设备

NACE MR 0175/ISO 15156　石油天然气工业/在油气生产中,在含硫化氢环境中使用的材料

3　术语和定义

在ISO 3977-1、ISO 3977-2、GB/T 14099.8、GB/T 14099.9、GB/T 15135中以及下面所列的术语和定义均适用于本部分。

3.1

航机派生(衍生)型燃气轮机　aero-derivative

航机改型燃气轮机

以航空涡轮发动机为基础改型、发展派生而成的非航空用途的一种轻型的燃气轮机。

3.2

防冰系统　anti-icing system

将进入空气过滤器或压气机的空气进行加热的系统,以防止过滤器或压气机进口出现霜或冰。

3.3

区域分类　area classification

根据可燃气体或油气可能出现的不同浓度等级所作区域的分类。

3.4

雾化空气　atomizing air

使喷嘴出口的液体燃料雾化的压缩空气。

3.5

双燃料运行　bi-fuel operation

燃气轮机用两种不同燃料(不进行预混)同时运行。例如:气体燃料和燃油均能运行。

3.6

逆止挡板　back draft damper

具有绕偏心枢轴转动的挡板装置,当工质反向流动时关闭并到位。

注:其功能是为了在备用装置中防止逆流。挡板通常安装在通风机出口处。

3.7

聚结元件　coalescing element

具有积聚、截留并排放空气流中水分特性的纤维材料组成的结构。

3.8

基座　column mounting

安装底盘的分散支承体。

3.9

冷却周期　cooling period

紧随燃气轮机停机后采取措施保护机组的一段时间。

例如:在润滑和盘车过程中。

3.10

临界转速　critical speed

与轴系固有振动频率和强迫振动频率一致,导致机组共振时相对应的转速。

注:如果一个周期性强迫现象的谐波成分的频率等于或接近转子振动任何模态的频率,共振状态有可能出现。如果共振在某一转速出现,该转速称为临界转速。

3.11

被驱动装置　driven unit

由燃气轮机驱动的装置。

例如:发电机、泵或压缩机。

3.12

双燃料系统　dual fuel system

允许燃气轮机分别用两种不同燃料运行的系统。

3.13

电测量与机械测量的晃动量　electrical and mechanical run out

当转子在燃气轮机中或轴颈表面支持在V形垫板上,以很低转速旋转(慢滚)时,监视转子振动轨迹的感应式间隙测量传感器的总读数。

注:该读数包括机械效应(偏心度、椭圆度或表面的任何凹凸不平度)和电效应(转子表面材料的剩磁与电性质的不均匀性)。

3.14

罩壳　enclosure

用于保护人员及设备免受环境的影响,包括防火、冷却以及可以衰减噪声的屏障。

注:它也可用于燃气轮机冷却区域和危险区域的隔离。

3.15

紧急停机　emergency shutdown

为最大限度地减少或防止意外事故,人员遭遇危险或设备即将产生损坏时以手动或自动方式立即执行的燃气轮机停机。

3.16

过滤器级　filter stage

为去除特定环境中的污染物,按给定的效率和压力降而设计的过滤系统的部件。

注:一个级可以是一种特定的介质、一个惯性分离器、一个除雾器或一个自清洁部件。多级过滤器是各种不同过滤器级的组合。

3.17

外物损坏　foreign object damage

来自外界的物体进入流道对燃气轮机部件造成的损坏。

3.18

高压转子　high-pressure spool

与低压级无关，由高压透平及其驱动的高压压气机转子组成的转子装配体。

3.19

燃气热通道温度　hot gas path temperatures

在燃气轮机热通道的任何地方的温度，通常在燃烧系统下游某点测得的燃气温度。

3.20

惯性除雾器　inertial mist eliminator

由一组弦向弯曲的垂直百叶窗组成，并利用其压力侧后缘的收集唇边，通过惯性作用，将主空气流中的水分分离、截留和去除的装置。

3.21

进气室　inlet plenum

紧邻压气机进口前的腔室。

注：通常这更多地应用于航机派生的燃气轮机，它们要求进入压气机的气流不受扰动。

3.22

填埋气运行　landfill gas operation

以废料的自然分解而产生的可燃气体作为燃气轮机燃料的运行模式。

3.23

加载　loading

通过发电机、泵或压缩机等被驱动装置给燃气轮机施加负荷。

3.24

低压转子　low-pressure spool

与高压级无关，由低压透平及其驱动的低压压气机转子组成的转子装配体。

3.25

爆炸下限　lower explosion level

空气中可燃气体的最低浓度，在低于该浓度时不会发生爆炸。

3.26

误同步　mal-synchronization

当交流发电机电压的相位与电网电压的相位不同步时，交流发电机与该电网的连接。

3.27

最大持续转速　maximum continuous speed

该转速等于电网规定的上限频率的相应转速(用于驱动发电机)。

3.28

最大持续转速　maximum continuous speed

该转速等于被驱动机械规定的在任一运行工况下最高转速的105%(用于驱动机械设备)。

3.29

多平面动平衡　multiplane dynamic balancing

通过使放置在轴承上转子的旋转，沿其长度方向的多个平面做平衡校正。

3.30

净比能　net specific energy

给定固定成分的燃料内具有的最小能量，不计及由燃烧产生的水汽凝结所释放的潜热。

注1：用 J/m^3[15 ℃和 101.3 kPa(1.013 25 bar)]或 J/kg 表示。

注2：净比能也称为净热值或低热值。

3.31

压气机离线清洗　off-line compressor washing

在燃气轮机低速转动或盘车状态下，对压气机进行清洗的方法。

3.32

压气机在线清洗　on-line compressor washing

在燃气轮机带负荷情况下，通过向压气机进气口喷射清洁液而进行清洗压气机的方法。

3.33

工作转速的范围　operation speed range

受燃气轮机设计的限制，根据使用要求所规定的从最小到最大持续转速的范围。

3.34

成套商　packager

负责对其供货范围内的设备和辅助系统进行技术方面协调的供货商。

注：这包含对诸如以下要素的责任：功率要求、转速、旋转、总体布置、联轴器、动力学、噪声、润滑、密封系统、材料试验报告、仪器仪表、管道及部件的试验。

3.35

可能的最大功率　potential maximum power

当使燃气轮机在允许的最高工作温度、额定转速或制造商所规定的其他限制条件下且在现场规定的数值范围之内运行时可能产生的功率。

3.36

过程控制器　process controller

通过燃气轮机转速的控制，对诸如被驱动装置过程变量(例如：泵的吸入压力)进行的控制。

3.37

保安轴　quill shafts

具有可扭转和横向柔性的截面减小的轴。

注：它也可设计成当驱动扭矩超过一个预定值时轴将产生破坏。

3.38

复位　reset

在故障停机或起动失败情况之后，允许控制系统重新起动而执行的操作(通常为手动)。

3.39

剩磁　residual magnetism

在制造或使用过程中磁性物质在磁场中产生并留有的磁性。

3.40

扁平电缆线　ribbon cable wiring

平行布置、互相绝缘的多芯扁平状的导线。

3.41

动叶片　rotor blade

固定在轮盘或转子上的叶片。

3.42

转子动力学　rotor dynamics

对转子-轴承支承系统的横向和扭转扰动而进行运动的分析。

3.43

安全区　safe area

爆炸性气体存在量少，以致不需要对火源采取特殊预防措施的区域。

3.44

自持转速　self-sustaining speed

燃气轮机转子能够正常运行的最小转速，此时，不需外力来维持燃气轮机的稳态运行。

3.45

使用寿命　service life

在工作条件下零部件可履行其功能的累计时间。

3.46

剪切式联轴器　shear type coupling

剪切销　shear pin

通过具有收缩横截面的一个或多个剪切销，按照联轴器法兰对法兰的接口要求进行传动的联轴器，该截面设计成当驱动扭矩超过某个预定值时破坏。

3.47

自动停机　shutdown automatic

由操作员一次操作产生的完全由控制系统执行燃气轮机停机的方式。

注：这种停机通常不闭锁再次起动企图，且不要求复位操作。

3.48

手动停机　shutdown manual

以手动方式逐步控制燃气轮机停机的方式。

注：这种停机通常不闭锁再次起动企图，且不要求复位操作。

3.49

半自动停机　shutdown semi-automatic

以部分手动方式进行或控制燃气轮机停机的方式。

注：这种停机通常不闭锁再次起动企图，且不要求复位操作。

3.50

起动　starting

使燃气轮机及所驱动的设备从准备起动到准备加载状况的动作过程。

3.51

绞合导线　stranded conductors

具有许多导线组成核心导体的电缆。

3.52

不间断电源　un-interruptible power supply

在主电网故障情况下能维持一定时间的电源。

3.53

Wobbe 指数 WI　wobbe index WI

燃料热值除以燃料比重(相对于空气)的平方根所得的值。

[ISO 3977-4]

注 1：在规定的状态下从通过燃料调节阀的气体燃料得到的热量输入与 Wobbe 指数成正比。

注 2：Wobbe 指数存在其他定义，采购方与成套商之间应对气体燃料 Wobbe 指数的定义方法协商一致。

3.54

Ⅰ区 zone　Ⅰ/div Ⅰ

在正常运行中可能出现易爆气体的区域。

3.55

Ⅱ区 zone　Ⅱ/div Ⅱ

在正常运行中不可能出现易爆气体的区域，如果出现，将只在短时间内存在。

4 基本要求

4.1 概述

本条包括采购方向成套商采购用于各种用途燃气轮机和燃气轮机系统的基本要求,包括联合循环系统及其辅助设备在内。有关燃气轮机特殊用途情况的附加要求在 ISO 3977-5 中叙述。本条提供采购过程中要用到的技术信息和帮助。

4.2 特定的现场条件

4.2.1 现场条件

采购方应按如附录 A 中给出的资料清单向成套商提供准确的现场情况资料。采购方应确定该成套设备安装在户内还是户外。

4.2.2 现场工作点

采购方应在资料清单上规定现场特定的工作点(类似于附录 A 之表 A.1 中所包括的那些)。除非另作规定,燃气轮机设计应在给定的热耗率偏差范围内,给出无负允差的现场额定功率。

4.2.3 初步设计评审

许多因素(例如管道与导管的载荷、在运行状态下的对中、支承结构和现场装配)可对现场性能产生不利影响。为使这些因素的影响减至最小,成套商应对采购方的管道、导管和基础的图纸进行审查与评定。

4.3 运行要求

4.3.1 运行准则

成套设备应当在规定的验收准则范围内,在试验台和/或在永久性基础上运行。

对燃气轮机成套设备应作机械设计,以便在设计的输出功率下连续工作。成套设备的所有部件应当是为在与尖峰负荷或低环境温度的特性相对应的可能的最大功率下工作而设计的,如:联轴器、齿轮和被驱动机械等部件不应对机组的输出施加机械限制。

当一台机组以高于尖峰负荷间歇运行时,其部件可具超负荷工作能力或缩短其使用寿命。

采购方应在资料清单上规定可以使用的共用设备。成套商应按资料清单上所要求规格提供共用设备(见附录 A 中表 A.1)。

4.3.2 温度和转速的限制

在成套商允许的温度范围内,应满足下面的要求。

当在转速控制系统完全起作用的条件下,由瞬时失去最大负荷而引起超速时,设备不应损坏或不需要检查。

以下因素引起超速时,设备不应损坏:

a) 燃料调节阀在全开位置出现故障,瞬时失去最大负荷;

b) 由主驱动联轴器(例如剪切销离合器)的破坏而引起瞬时失去负荷。

如果出现以上超速情况,成套商应通知采购方作何种检查。

必须注意确保所有相连接的设备(包括以电动、机械或液压方式连接的辅助设备等)能承受相应的超速。

4.3.3 起动要求

采购方应确定影响起动循环程序或持续时间的操作要求。

成套设备的设计应允许从任何状态立即进行再起动(即热起动或冷起动)。在建议书中应对任何限制作出规定。制造商应提供为满足该要求所需要的盘车装置(见 6.2)。

4.3.4 瞬态要求

在瞬时负荷状态下的运行稳定性应满足采购方特定要求。这些要求应用负荷、转速与时间的参数关系明确地加以规定。

4.3.5 控制要求

由成套商设计的成套设备控制系统应对程序起动、稳定运行、异常情况的报警、运行的监测及在机组一旦发生损坏时成套设备的停机作出规定(见第6章)。

4.3.6 仪器仪表与通信

采购方应规定仪器仪表、数据采集、数据传输及与整个设备的系统接口的要求(见第6章)。

4.3.7 燃料

燃料系统应当是可用常规燃料或其替代品或在ISO 3977-4中所规定的起动燃料。成套商应将燃料对燃气轮机成套设备的运行和设备寿命的影响告知采购方。

4.3.8 烟气排放量

燃气轮机的烟气排放量(主要为NO_x、CO、UHC、SO_x、烟与颗粒物)在很大程度上取决于所使用的燃料和燃气轮机的运行状态。因此在采购方与成套商之间应就为满足规定的烟气排放量限值所要求的条件协商一致。

除非另有规定,则应满足燃气轮机运行所在国生效的国家立法所要求的限值。对于无相应的国家立法时,采购方与成套商之间应将限值协商一致。

在所有情况下,应根据GB/T 18345.1和GB/T 18345.2进行烟气排放量测量。采购方应规定烟气排放量控制方法(见4.6.2和5.2.8.5)。

4.3.9 噪声

如果对噪声控制加以规定,应符合ISO 3977-4的要求。在资料清单中采购方应对适用的近场或远场或邻近地区噪声的特定限制作出规定。

采购方应提供允许的近场、远场及建筑物内的噪声等级。

应根据ISO 10494进行燃气轮机和燃气轮机成套设备的噪声测量。

4.4 使用要求

4.4.1 设计寿命

除非另有规定,本部分所涉及的燃气轮机成套设备应由成套商针对下面的最低限度设计准则(与GB/T 14099.2中所定义的D类、区段Ⅳ相对应)进行设计与建造:

——20年或100 000运行小时的设计寿命,以先到者为准;

——8 000小时的燃气热通道检查周期;

——24 000小时的大修时间间隔。

由以下因素可导致较短的检查和大修的时间间隔:

——用非天然气的其他燃料运行;

——具有注水或注蒸汽的运行情况;

——非D类、区段Ⅳ的运行方式;

——特殊设计。

成套商应负责在其建议书中明确为达到上述的寿命和检修时间间隔所需要的特定设备和维护方法。

4.4.2 对机组的责任

当成套设备按照成套商制定的规程运行和维护时,成套商应对燃气轮机成套设备的性能和机械上的完整性负责。

4.4.3 检查计划

在成套商的建议书中应陈述推荐采用的检查、正常维护及大修的时间间隔。

在规定的现场条件下,所有设备在不超过最短四个星期的不运行期内,不要求执行任何专门的维护。

4.4.4 检查与维护空间

成套设备应设计成易于运行与维护,且能在燃气热通道检查之间要做的全部维护工作提供适当的空间。成套商的建议书中应明确专用的工具和方法。

在无需燃气轮机解体的情况下,利用内窥镜或其他仪器对燃气通道的旋转部件和燃烧系统的所有部件进行全面检查,成套商应提供使用方法和任何专用设备的详情。

4.4.5 动力系统本体设备的可维修性

应将所有主要设备设计成能够进行快捷且经济的维修。应将诸如气缸部件和轴承箱体之类的零部件设计(有台肩或用圆柱销钉)并制造成能在复装配过程中确保准确的对中。静叶片、喷嘴、密封、轴承、隔板、部件及旋转元件应最好能在现场更换。如有要求,成套商应在建议书中说明为达到上述目的所需要的专用工具。如果设备的设计不允许进行这样的更换,成套商应在建议书中说明进行维修所使用的方法。

4.5 旋转设备要求

4.5.1 联轴器

基于可能传递的最大功率,应按最大连续扭矩确定联轴器尺寸。

作发电用途时,除非提供了剪切式联轴器,否则应按能承受发电机故障状态的最恶劣情况来确定传输发电机负荷的联轴器尺寸。

应当对联轴器的各个部件分别进行动平衡,然后将它们装配成一个完整的联轴器,作为一个装配体对它也需作动平衡。

联轴器-轴的连接机构应当设计并制造成能传递至少与联轴器最大连续扭矩相等的动力。

联轴器中间件的长度应满足拆除和更换轴承与密封的要求,而不影响主设备,当不可行时,应使部件的拆除量保持在最低限度,且不应影响被驱动的设备。

如果作明确规定,主负荷联轴器应符合 ISO 10441。联轴器的制造、类型和安装方案,应由采购方与成套商协商一致。除非另有规定,应提供带中间件的联轴器。

4.5.2 辅助齿轮

燃气轮机驱动装置可利用辅助齿轮实现起动和盘车功能、驱动润滑油泵、液体燃料泵及轴承油池回油泵。主负荷齿轮可利用辅助齿轮装置实现主负荷成套装置的润滑油泵驱动、起动及盘车功能。

辅助齿轮应符合协商一致的标准,且至少应按其传递最大功率的110%进行设计。

4.5.3 负荷齿轮

除非另作规定,负荷齿轮的设计、试验及应用应符合 ISO 13691 和采购方的技术规范。采购方应说明相关的齿轮载荷数据。

负荷齿轮的最小额定功率应至少等于根据采购方所陈述的环境温度范围而确定的燃气轮机的最大输出功率。如果这使得齿轮额定功率过大,成套商与采购方可就实际使用的齿轮额定功率或功率限制控制器达成一致。

在负荷齿轮的设计中也应规定最小载荷,以利于临界转速和轴承的稳定性。采购方应规定最小载荷。

4.5.4 被驱动设备

4.5.4.1 概述

一般说来燃气轮机驱动的设备将包括:

a) 轴流式压缩机;

b) 离心式压缩机;

c) 离心泵;

d) 交流发电机;

或它们的组合。

4.5.4.2 离心式与轴流式压缩机

除非另有规定,离心式压缩机的设计、试验和安装应符合 ISO 10442 和采购方的技术规范。对轴流式压缩机来说,ISO 10442 可作为指导使用。

压缩机设备可含有密封油或密封气的配置。对于使用密封油系统时,只有在采购方认可的情况下才可以使用组合的密封油/润滑油系统。如果规定使用分开的系统,在成套商的建议书中应说明防止两个系统之间窜油的措施。

采购方应提供包括气体流量、工作压力、温度范围及气体组成等的压缩机性能要求。

4.5.4.3 离心泵

除非另有规定,离心泵的设计、试验和安装应符合 ISO 13709 和采购方的技术规范。

采购方应提供关于流量、工作压力和温度范围等的离心泵性能要求与液态流体的性质。

4.5.4.4 往复式压缩机

本部分对燃气轮机驱动的往复式压缩机成套设备不作说明。采购方和成套商应就与往复式压缩机有关的扭转振动与特定的成套装置的独特设计问题协商一致。

4.5.4.5 发电机

发电机应根据采购方的要求与技术规范进行设计并应满足 GB 755 的要求。

发电机的额定功率以及要由成套商提供的电气硬件和仪器仪表应由采购方规定。

成套商应提供在诸如附录 A 的表 A.6 中给出的资料清单上所表明的设备。采购方与成套商应就所要求设备的供货范围和位置协商一致。

当有明确规定时,检查和试验应符合 GB/T 14099.8。

成套设备的设计应能耐短路状态或同步故障,而不对机械系统设备产生永久损坏。对于不使用扭矩限制装置(即剪切销钉、空心轴等)而不能满足这些要求时,在成套商的建议书中则应对该事实作适当说明。

4.5.5 机械驱动情况(变转速情况)

应用于驱动机械的燃气轮机机组输出轴的运行转速范围应适当满足采购方在资料清单上规定的所有工况。对于为某些应用,仅规定一个工况的情形,一般说来,单轴机械的转速范围最大为 25%(额定转速的 80%～105%),双轴或多轴机械的转速范围最大为 55%(额定转速的 50%～105%)。实际的转速范围应在采购方与成套商之间互相协商一致。在资料清单上规定的所有工况下和在这些工况之间的范围内,燃气轮机应具有满意的机械性能。在所有工况下,机组应能无损坏地运行到跳闸转速的设定值。

当采购方与成套商之间协商一致,且与过程装置有关的某些预定的安全准则得到满足时,才能开始进行起动程序和停机程序。这也意味着将使装置的控制阀门按预定的顺序动作。机械约束与过程限制应在这些程序建立的过程中予以考虑(见 6.2)。

4.6 其他设备要求

4.6.1 罩壳

如果有明确规定时,为满足采购方隔音、防风雨和/或防火要求,应提供合适的罩壳。罩壳应设计成确保成套设备能满足运行、维修、使用寿命及安全的要求。

4.6.2 注蒸汽或注水

如果有明确规定时,为增加机组的功率容量或进行排放控制,燃气轮机应设计成允许注蒸汽或注水。成套商应规定要求的注入介质的品质和数量(见 5.2.8.5)。

4.6.3 油箱与箱体

包含运动的被润滑零部件(诸如轴承、轴封、高度抛光零件、仪器仪表及控制元件)的油箱与箱体应设计成能在工作和停机期间使水分、灰尘及其他异物的污染减至最小。

4.6.4 电动机与电气设备

在危险区域的电动机、电气元件及电气装置应满足 IEC 60079 相关部分的要求。成套商/供货方应按照 IEC 60079-10 对潜在的各种释放爆炸气体的危险区域进行分级。

注：如果对易燃物质采取了有效的可靠隔离措施，就可证明停机时装置是安全的，在这种状态下可采用不带防护的电气装置。

4.6.5 专用工具

当采购方要求专用工具和夹具以便对成套设备进行拆卸、装配或维修时，应将其包含在报价书中，若有明确规定，应作为成套设备初始供货的一部分。对于多台机组装置来说，采购方与成套商应就专用工具和夹具的数量要求协商一致。在设备的制造厂装配和试验后拆卸的过程中应使用与其类似的专用工具。

当提供专用工具时，应将它们分别装在永久性的工具箱中，并对其加上"用于(标牌/件号)的专用工具"的标记。应对每件工具打上印记或附以金属标牌以表明其用途。

4.6.6 干式低排放的燃烧室

若采购方作了明确规定，为控制 NO_x 和 CO 的排放量，应对燃气轮机配装低排放的燃烧室。成套商应向采购方证明其系统无损害性的噪音及逆燃现象。

4.6.7 烟气催化转换器

若采购方作了明确规定，为满足较为严格的排放量立法规定，应对燃气轮机配装烟气催化转化器。

4.7 振动与动力学

4.7.1 概述

本条涉及燃气轮机及与其相连的被驱动设备的转子动力学。

振动会影响到设备的可用性与安全性，且可引起设备的损坏。一般说来振动是系统对激振因素的响应。透平机械最常见的激振因素是不平衡，它会引起横向振动。共振状态下的转子转速也称为临界转速。可以测量横向振动，并将其用于监视和保护。进行平衡能减少不平衡激振作用，故在装配和维修中得到应用。在发动机设计中应解决不平衡激振的敏感性。扭转激振因素能引起扭转振动。这种振动是比较难测量的。在轴系的设计阶段应解决这个问题，这是因为扭转振动的模态一般具有比较低的阻尼特性。

成套商应确保每个部件符合相应的部件标准，并使单个部件满足转子动力学的设计要求。

旋转机械的部件即使在未连接单独运行时能满意地工作，但在通过其轴和基础将它们连接后，仍会产生强烈的振动。在设计阶段对轴系进行系统分析后就可对运行中的振动问题采取消振措施。

成套商应确保整个动力系统的共振频率(转子横向、系统扭转及叶片的模态)处在允许的范围内。该组合应适用于规定的运行转速范围，其中包括该系统起动转速的保持点的要求。应向采购方提交所有应避开的转速一览表。还应将这个表包括在技术手册中，且为防止出现不满足要求的转速范围，最好将这些数据编程输入到控制系统中。

一般来说成套商对整个轴系的横向和扭转的振动分析负责。轴的所有临界转速、在整个起动与工作转速范围内驱动装置和被驱动设备的激振频率的相应模态，以及由采购方确定的任何外部激振力均应提供所规定的分隔范围，以防止一个跟着一个的激振。所有这些模态应规定足够大的频率范围，可以将支承基础的自然频率设计在该范围内。在成套装置设计前应完成这种分析。

4.7.2 横向振动(临界转速)

4.7.2.1 概述

如果燃气轮机是该型号的第一台，或者其负荷联轴器作了改动，或者采用了刚性联轴器，或者轴承支承作了修改，建议对该系统的横向振动特性进行分析。挠性联轴器或细长中间轴允许对各个部件分别进行横向振动分析。

在运行中应对横向振动进行测量和监视。轴系所要求的振动传感器的类型和数量取决于机器支承的类型。因此可以根据下面特定的机器结构特征选择轴的相对振动测量或轴承振动测量。

a) 刚性支承

如果支承的动态刚度显著高于油膜的动态刚度，则轴的相对振动测量是比较敏感的，且应将其用于机器保护。

b) 挠性支承

如果支承的动态刚度显著低于油膜的动态刚度，轴承的振动测量是比较敏感的，则应将其用于机器保护。

对于在这两种选择之间存在不肯定的情形，可以利用在瞬态和稳态运行下对机器用两种测量方式所得到的敏感性去作决定。

ISO 10814 建立了对机器不平衡的典型敏感性进行评估的方法，应将这些方法主要用在设计分析阶段。在 ISO 10814 的描述中燃气轮机被作为Ⅱ类机械，该文件还给出了振动响应峰值(也作为"临界转速"、"模态"或"共振"提及)所要求的频率分隔范围。它适用于基于不平衡响应计算或基于来自相同或类似机器的测量结果的横向振动。根据这个方法，高的典型敏感性(以范围 D 或 E 表明)是一个警告，表明建议至少采取下列行动之一：

——将激振频率或临界转速转移；

——增加阻尼作用；

——进行应力响应分析，证明所说的共振对轴系的任何零部件无不良影响。

注 1：航机派生型燃气轮机一般使用耐磨滚珠或滚柱型轴承。转子动力学响应函数与关联的振幅系数将与采用流体动力学轴承设计的燃气轮机的不同。

注 2：在有齿轮的轴系中，相接近的扭转与横向的临界转速的相互作用可致使按不连接模型计算出的本征频率略有偏差。

4.7.2.2 测量

4.7.2.2.1 概述

可以在旋转或静止的元件上获取振动测量值。成套商应规定最适合于该设备振动测量的测量类型和位置。成套商应给出用于报警和自动保护干预的振动值，并应将其编程输入到控制系统中。

对已装配好的燃气发生器/燃气轮机在工厂试验或投运调试过程中，应测量振动水平(在制造商规定的传感器位置测量轴或壳体的振动)。在规定的运行速度范围内的任何稳态转速下，该振动数值不应超过制造商报警整定值的 2/3。该限值可取自滤波后或未经滤波的数据。

在 4.7.2.2.2～4.7.2.2.4 中所引用的标准规定的情况外，建议在规定的运行转速范围外的任何转速但不超过转子的跳闸转速下，振动水平应不超过最大连续转速下所允许最大值的 200%。

注：其中质量与刚度的分布以及零部件的可接近程度的设计细节，决定了振动测量的有效位置。

4.7.2.2.2 相对轴位移振动

GB/T 11348.1、ISO 7919-2 和 GB/T 11348.4 的规定适用于本条款。GB/T 11348.1 规定了旋转机械转轴径向振动测量和评定的总则。ISO 7919-2 适用于汽轮机和大型发电机。如果未另行商定，应以 ISO 7919-2 为依据对燃气轮机驱动的发电机的振动水平进行评估。

GB/T 11348.4 对燃气轮机(小型或航机派生型燃气轮机除外)规定了轴的径向振动的测量和评估。如未另行商定，燃气轮机振动水平的评估应以 GB/T 11348.4 为依据。然而，GB/T 11348.4 不包括所有类型的燃气轮机。在这些情况下，采购方与成套商之间应协商一致。

超出上述标准相关部分的规定，作以下建议：当在相同的轴位置用非接触式振动探头和千分表测量跳动时，应通过使转子在轴瓦、V 形槽块或其他适当装置中滚转测定并记录电量和机械量的跳动情况。在机械测试记录中应包括每个探头位置处轴转动 360°的电量和机械量的跳动情况。成套商应示明电量和机械量的跳动情况符合于上述标准的相关部分。

注 1：为得到振动的有效振幅，可采用矢量法从测得的振动值中减去该跳动量。

注 2：如果不能遵守 GB/T 11348.1 给出的跳动量要求，其原因可能是转子存在机械形状偏差或剩磁。

4.7.2.2.3 轴承座振动

GB/T 6075.1、ISO 10816-2 和 GB/T 6075.4 的规定应适用。GB/T 6075.1 为通过测量支承结构的振动响应进行机器的机械振动的评估建立了依据。这也叫作“地震式测量”。

如果未另行商定，应基于 ISO 10816-2 对燃气轮机驱动的发电机的振动水平进行评估。

GB/T 6075.4 适用于燃气轮机的轴承座的振动测量。如果未作另行商定，应基于 GB/T 6075.4 对燃气轮机的振动水平进行评估。

对于上述标准未完全覆盖的任何轴系，采购方与成套商之间应协商一致。

对于采用箱体安装的(地震式)测振系统或未被 GB/T 6075.4 覆盖的燃气轮机来说，制造商应在考虑以下内容的情况下向采购方提供允许的振动限值：

a) 传感器的位置和类型；

b) 滤波与信号调节；

c) 工作状态；

d) 引用的限值；

e) 来自先前/类似设备的工厂/现场的经验系数。

4.7.2.2.4 轴的绝对位移振动

ISO 7919 系列也处理绝对轴位移振动。可借助于地震式探测器，通过求相对振动的矢量和测得，但通常不采用这种方法。如果安装了地震式探头，它主要用于诊断。如果采购方与成套商之间协商一致，可以进行这种测量装置的安装。

4.7.2.3 平衡

对最终装配好的转子进行平衡可减低不平衡激振作用。应在机器内或专用的动平衡室内对设备的主机转子进行多平面动平衡。对于由多个机器组合为一轴系的情形，建议在添加不超过两个大部件之后加做一次平衡。平衡校正配重应只加在添加的部件上。在完全装配好设备的最终微调平衡过程中可要求对其他部件进行小校正。对具有单个平衡块键槽的转子，应采用半键结构的紧配合平衡块。

ISO 1940-1 表明燃气轮机的允许平衡质量等级为 G2.5。仅当采购方与成套商之间协商一致时，才能要求更高的平衡质量等级。

当采购方与成套商之间协商一致时，可采用 GB/T 6557 中所给定的方法和准则。

当转子通过依次套装成不能拆开的组合式转子时，制造商应制定一个标准做法，以达到上述的平衡质量等级。

当提供备用转子时，应对其做动平衡，达到与新转子相同精度要求。

应将最终残余的不平衡量(以 g·mm 表示)，随同平衡的转速和各个转子装配体的不平衡相位角位置一道记录下来。

4.7.3 扭转振动

成套商应对整个系统的扭转振动特性进行分析。在每个扭转特征频率与任何可能存在的扭转激振频率之间建议至少保持有 10% 的间隔范围。如果不能满足这个要求，应进行扭振响应计算。对于所有驱动发电机情形，应进行由误同步和短路引起的激振响应计算。扭振响应计算结果应表明所有应力响应仍在安全限值之内。

注 1：扭振激振源可包括，但不限于以下方面：

——对于带有发电机或电动机的成套设备，应将倍率为 1 和 2 的转速认作激振频率。如果使用电子频率转换器，其他整数倍率转速也能激发扭振模态。

——齿轮不平衡或节线跳动。

——液压调速器控制回路谐振。

注 2：对于发电机扰动的响应计算结果来说，没有更广泛的可接受的标准可用。成套商可以采用相应的内部标准。

5 成套与辅助设备

5.1 基本设计

5.1.1 基本供货范围

作为最低限度，成套商应提供为满足规定的运行条件而配套的下列设备(这里称之为成套设备)。应以实际可行的最大限度将该设备装配(配套)好。成套商与采购方应对例外事项协商一致。

a) 底盘；

b) 燃气轮机或燃气发生器；

c) 控制器与仪器仪表；

d) 联轴器及其罩壳；

e) 排气收集器和/或扩散段；

f) 燃料系统；

g) 润滑油系统；

h) 动力透平(若与燃气发生器分开)；

i) 起动系统；

j) 燃气轮机清洗或清洁系统；

k) 振动监测系统；

l) 控制屏；

m) 进气管道；

n) 进气过滤系统；

o) 进气消音器；

p) 燃烧系统；

q) 保护系统。

对于有些成套设计，上面所列某些设备可分开装运。

5.1.2 可选用的设备

采购方应确定所要求的任何其他设备，并应将其包括在成套商的供货范围中。这种设备可包括：

a) 燃烧排放控制系统；

b) 符合适用技术规范的被驱动设备；

c) 防噪声、防风雨和/或防火的罩壳；

d) 排气系统(包括膨胀节、消音器、结构件)；

e) 燃料调节系统；

f) 进气蒸发式空气冷却器或吸收式制冷机-冷却组合器；

g) 进气防冰系统；

h) 维修用的起吊装置；

i) 运输与搬运用的起吊装置；

j) 马达控制中心；

k) 用于提高燃气轮机性能的回热器；

l) 起动系统辅助设备；

m) 注蒸汽或水的流体调节系统；

n) 燃气轮机负荷状态监视装置；

o) 控制器、仪器仪表及操作用的不间断电源；

p) 余热回收系统与相关挡板；

q) 基础地脚螺栓；

r） 盘车装置。

这些设备也应以实际可行的最大限度装配(配套)好。

包括管道、冷却器、泵及控制器在内的成套设备的布置应为操作和维护提供足够大的空间和通道。

5.1.3 成套设备结构件材料

5.1.3.1 概述

成套设备结构件材料应满足制造商为特定的现场运行和环境的条件确定的要求。对材料和保护涂层的选择应给予特别注意，以防止发生：

a） 腐蚀；

b） 应力腐蚀开裂；

c） 电解腐蚀；

d） 脆性断裂。

用于酸性气体的材料应符合 NACE MR-0175 的建议要点或附录 B 中给出的相关国际标准或国家标准。

应在建议书中认定材料。

结构钢和管道应在建议书中认定。

未被认定的小零件(例如螺帽、弹簧、垫圈、垫片及键)应具有在同样环境中和已有规定的零件至少相同的耐腐蚀性。

5.1.3.2 非金属材料

非金属材料，例如合成橡胶，在正常运行或维修时它们能同工艺和与之接触的流体相兼容。

5.1.4 焊接

承压部件的焊接，以及异种金属的焊接和焊缝修理，应由合格的操作员进行检查，质量规程应符合 ASME(美国机械工程师协会)锅炉与压力容器规范的第Ⅷ分册第 1 章和第Ⅸ分册，或附录 B 中给出的相关国际标准或国家标准。

管道的焊接应符合 ISO 15649 或附录 B 中给出的相关国际标准或国家标准。

在底盘、常压管道、隔热层及控制屏上所作的焊接应根据 AWS(美国焊接学会)D1.1 或附录 B 中给出的相关国际标准或国家标准进行。

成套商应负责复查所有修理之处和修理的焊缝，以确保它们经过适当的热处理，并就无缺陷做了无损检查，符合使用的质量规程。

对修理的焊缝应当用探查原始裂纹所用的同一个方法进行无损检测。

5.1.5 法兰连接

成套商应提供采购方要做的所有与成套设备的连接的详情，并应说明这些连接将承受的允许的力和力矩。连接与被连接设备，诸如压缩机、泵或汽轮机等法兰连接允许载荷应不低于这些设备的相关标准的规定。

5.1.6 螺栓连接

包括管道的压力接合面的螺栓连接的质量应根据 ISO 15649 定义的螺栓实际温度确定，或满足附录 B 中给出的相关国际标准或国家标准所确定。

对 ASTM A 194 螺栓连接，螺母应符合 ASTM A 194 2 级或 2H 级，对 ASTM A 307 螺栓连接，应符合 ASTM A 307 B 级表面硬化类，或符合附录 B 中给出的相关国际标准或国家标准。

5.1.7 铭牌

铭牌应是由耐腐蚀性材料制作的，且牢固地附在成套设备或成套设备内的其他大件设备上明显易见的部位。

作为最低限度，铭牌应包括采购方的序号、制造商的名称、机器的系列号及机器的尺寸和型号。其他信息可包括容许的最小和最大的设计限值和额定数据(包括压力、温度、转速及功率)、允许的最大工作压力和温度、水压试验压力及临界转速，计量单位应采用公制。

转向箭头应由耐腐蚀性材料制作，且铸入或附于该旋转设备的每个大件上。

5.2 辅助设备

5.2.1 起动系统

成套商应提供采购方所规定的起动设备的型式。典型的起动设备为电动马达、气体膨胀透平、汽轮机、液压马达、内燃机、风动/气动马达、小型燃气轮机以及以电动机方式运行的发电机。所有起动装置应适合规定的电功率特性、进排汽蒸汽压力和温度、空气/气体或燃料。

如果该装置按约定设计有黑起动能力，它应包含供起动用的自备动力源：蓄电池、柴油机或替代物。

起动装置与伴随的动力传送设备应适合于燃气轮机/被驱动负荷设备的加速和在清吹以及与压气机清洗周期中的长时间运行。成套商应确定其额定功率，它至少应为在整个所规定的环境温度范围内，燃气轮机（对单轴机组及被驱动的设备）从静止到自持转速的过程中所需要起动和加速扭矩的110%。成套商应在建议书中规定起动系统所需要的公有设备。

对于单轴燃气轮机，采购方应确定工艺流程可能对起动设备功率改变的影响（例如被处理的流体的压力、温度或性质的变化和设备特殊的起动条件）。对应用于机械驱动的单轴燃气轮机，成套商应制定好燃气轮机及其驱动设备的转速扭矩曲线，并将起动用驱动机扭矩考虑进去。利用可燃气体作为原动力的气体膨胀起动设备应当是对紧邻的周围环境从密封处无泄漏的要求设计。任何起动用驱动设备应在达到其最大允许转速前自动脱扣并停机。通常使起动设备在燃气轮机自持转速下运行、脱扣、惰走，或在运行中停机。起动设备脱扣失败应自动中止起动程序（见第6章）。

电驱动式起动设备应能在电源电压降到成套商与采购方之间协商一致的最低水平时仍能将燃气轮机起动。

5.2.2 安装系统

5.2.2.1 概述

成套设备的支承底盘应为钢结构设计，并具有足够的强度以进行装运、安装并将设备产生的力和力矩传递到采购方的基础上。采购方应在资料清单上阐明基础的型式。

5.2.2.2 锚定系统

在将底盘直接安装在混凝土基础上时，应在所有承载构件下方提供进行灌浆的空间。应为底盘提供具有单一水平面的基础。

对不进行灌浆的安装表面应在机加工之后立即涂以防锈剂。

成套商应就将成套设备紧固到基础上规定使用的方法，并指定所要求的地脚螺栓的尺寸、数量及位置。

5.2.2.3 底盘设计

底盘最好是整体钢结构件，除非采购方与成套商就底盘可分成多个部分制作协商一致。

当有明确规定时，底盘应配有用活动罩保护的找平垫铁或标板。在设备安装好和底盘落在基础上时，这些垫铁或标板应当有一定的空间在安装后进行现场找平。

当有明确规定时，底盘应适合于基座的安装，以保证有足够刚度支持在规定点上，无需在构件下方进行连续灌浆。采购方与成套商应对底盘的设计协商一致。

底盘应至少配有四个起吊点。如果有吊耳结构，其焊缝应当是全熔透的全长度连续焊缝，并进行无损检测。当带有安装设备的底盘起吊时，底盘和其上安装的设备不应产生永久变形或其他形式的损伤。参照采购方现场可利用的设备并考虑其他限制因素而做出的起吊方案采购方与成套商应协商一致。

当有明确规定时，对底盘上表面所有行走和工作区域均应备置防滑的盖板或格栅。应将所有盖板牢固固定到各个横跨的构件上。

若实际可行，应在邻近各个地脚螺栓处为底盘提供垂直的螺旋千斤顶。否则，应提供手段使底盘能方便地被顶起，以便于现场对中。

应为底盘配备滴液贮存设施和低点排污口。

5.2.2.4 设备安装

成套设备应设置轴向、横向及垂直方向的螺旋千斤顶对中用的部位。当使用螺旋千斤顶时，应对其进行适当的配置，以防止垫片表面损伤。

成套商应在所有机械的安装底座下方提供合适垫片组。

5.2.3 罩壳与消防

5.2.3.1 概述

当有明确规定时，应提供具有下述组成的罩壳系统。

a) 包围燃气轮机和/或被驱动设备的罩壳；

b) 罩壳的通风和清吹系统；

c) 消防系统。

5.2.3.2 结构

罩壳应能防灰尘，户外罩壳还应能防风雨。不允许水和/或灰尘通过罩壳壁板和顶板的接缝处进入。应将壁板设计成能减少内部水分形成和壁板腐蚀。壁板材料应不吸水、不易燃且防虫害。

应将罩壳设计成允许在现场方便地进行维修。

必要时应设计成可拆卸的顶板段、侧壁或带铰链的隔板，以便进行大件维修。维修出入通道的结构应允许方便地恢复到原先状态。不允许进行填缝隙。

为进行常规维修和检查应提供检查门和/或人行通道。在出入通道的四周应使用密封。出入通道应当是可锁的。

不应将导管、消防系统、气体检测装置等固定到维修时必须移动的顶板或其他面板下方，否则要配备快装接头。

当有明确规定时，应配备窗户，最好正对安置在罩壳两侧的检查门上。每个窗户应当是用嵌丝玻璃做的双层玻璃窗，之间为密闭空气。

当有明确规定时，罩壳内应配备供一般观察用的照明装置。

在运行中所使用的润滑油充油点应处在罩壳外侧，或远离机组的热部件。

5.2.3.3 火灾与可燃气保护

除非采购方特地从成套商的供货范围中予以删除，否则当规定有罩壳时，应提供火灾与燃气保护系统。该系统至少应由下述部分组成：

a) 灭火系统。

b) 火灾检测系统。

c) 可燃气体检测系统，用于：

1) 燃用气体燃料的机组；

2) 当被驱动的设备处理可燃气体时；

3) 当设备在危险区域内运行时(见 6.4.4，6.10.7 和 6.10.8)。

5.2.3.4 通风与清吹

罩壳应配备强制式或负压式通风(冷却)与清吹(危险区域等级降低)的空气系统，该系统应具有在最恶劣的气候/负荷条件下提供100%的通风与清吹的能力。

应充分通风以避免罩壳内的设备受热损坏。

应对清吹空气进行分配，以确保它以足够数量掠过燃气轮机的所有表面和通过罩壳的所有区域，以防止出现可燃气体可能积聚到爆炸性浓度的死区。

此外，对于燃料气体比空气重和/或具有低自燃温度的气体混合物的情形，应对罩壳的下部进行充分的稀释和清吹。应对满足这些要求的通风系统的性能予以证明。

采购方应在资料清单上规定通风设备的冗余度要求，是正压通风还是负压通风。

若需要,通风系统应包括空气过滤和消音装置。

应将通风系统设计成能在规定的环境温度范围内满意地运行。

应避免出现低环境温度下的过冷。

通风与清吹的气流应经过一个(多个)有法兰的排气口排出罩壳。每个排气口应配装一个具有灭火介质的挡板,当有明确规定时,需配装一个逆止挡板。采购方应确定是否需要附加的通风管道。

如果为防止罩壳内的燃气轮机、辅机系统或仪器仪表产生损坏而要求冷却通风,应另外提供一个备用风机。

5.2.4 空气进气系统

5.2.4.1 概述

空气进气系统一般由下述部分组成:

a) 进气过滤器(单级或多级);

b) 消音器;

c) 进气导管;

d) 膨胀节(要求时);

e) 在燃气轮机进气口处的压降测试连接装置;

f) 仪器仪表与保护装置。

当有明确规定时,选用部分可包括以下部件:

a) 防冰系统;

b) 蒸发冷却器及下游水分分离器;

c) 昆虫/鸟的拦截网;

d) 清洗系统(在线和/或离线的);

e) 便于维修要求的走道、扶手、平台及梯子;

f) 吸收式冷却器;

g) 防风雨百叶窗;

h) 用来进行过滤器更换的设备,即起吊装置;

i) 为阻止水分侵入位于空气过滤器上游的高效叶片分离器;

j) 在达到规定的压降后打开的旁通门。

除非另有规定,应按清洁的空气过滤器 1 kPa 的最大总压降和现场最大空气流量设计进气系统。

除非另有规定,在燃气轮机运行时,允许进行多级过滤器的前置过滤器的维修和清洗。

在进气系统最终过滤介质下游的进气系统中不应使用会松动且会被带入空气流的螺栓、铆钉或其他连接件。

除非另有规定,在燃气轮机进气口的上游应配备加强粗网(不锈钢网),以使外物损坏燃气轮机的可能性减至最小(FOD网)。成套商与采购方应对实际位置协商一致,考虑到诸如清洁系统、通道板、导流板及在进气蜗壳或喇叭口处的气动扰动之类设置。

当有明确规定时,空气通道的所有金属元件应当是不锈钢的。

当提供碳钢做的空气通道元件时,要求对过滤器、管道及消音器进行防腐蚀保护。成套商应在建议书中提交采用的保护材料、涂层和表面处理的详情,以便对建议加以认可。

成套商应提供表面涂层寿命的指标。应避免采用对焊接敏感的不锈钢等级。

采购方应规定过滤器室是设置在基准面上还是将其高架。若将其高架,成套商应提供到基准面的所有结构上的支持。

为使空气中的灰尘含量减至最小,建议空气进气口高于地面或任何邻近的大块平面(如屋顶)不少于 5 m。

5.2.4.2 进气过滤器

过滤器系统应当是符合资料清单上所规定环境条件的成熟机构。采购方与成套商应对进气过滤系统的类型协商一致。如果规定只进行单级过滤，采购方可以明确是否要为将来增加附加级留有余地。不应当把外物拦截网和防风雨百叶窗视为过滤级。

成套商应在其建议书中按资料清单上的要求提供过滤器系统的性能数据(见附录 A，表 A.3)。

除非另有规定，用于海洋环境时应将高效除雾器作为第一级过滤级。应提供金属过滤器或诸如玻璃或聚丙烯的纤维之类的非吸收式过滤器元件。

所有过滤器系统要求具有以下的结构特点：

a) 位于空气过滤器元件下游的所有导线和导管，必须在空气通道的外侧；

b) 所有支承性的钢结构应为螺栓连接和焊接结构；

c) 每个模块的单元结构必须是完全在工厂装配、接线和配管好的。每个模块应具有用于进行起吊、装卸并起吊到最终装配位置的设施；

d) 每个过滤器系统的清洁空气侧所有接缝和接合面应当是气密的。所有焊缝应当是连续密封焊接的。

5.2.4.3 进气消音器

消音器的衰减作用应能满足采购方所规定的系统噪声要求的限值。

消音器应最好是带法兰的，且当安装在水平或垂直的管道系统中时具有足够刚度，可仅借端法兰支持。

消音器隔板的结构应能阻止隔板充填材料进入到空气流中。

应将消音器设计成能防止由声共振或机械共振所引起的损坏。

消音器上应包含搬运用的起吊设施。

应将气流方向表示在消音器、出气口及叶栅弯头上。

5.2.4.4 进气导管

应将进气导管布置成弯头数量最少。当要求保证在燃气轮机法兰处气流分布均匀时，在方向改变处应配备导流板。每个导流板的前、后缘应当是尖锐且光滑的。应将导流板用连续焊固定到管道上，且应将其设计成避开共振状态。

对于具有不同横截面的管件之间的过渡段，应使管道的壁面与轴线之间的夹角减至最小，以减少压降。一般说来，该角度应不超过 15°。

管道支承应允许由温度变化引起的横向和轴向的膨胀。应将管道和支撑设计成当把靠近燃气轮机的部段拆下以提供机组维修通路时，保持固定不动。为防止振动，管道应具有足够刚度。

在尺寸不受限制的情况下，为允许在投运前对整个进气管道进行最终的清洗和检查，应在与燃气轮机进口法兰相邻近的每个管道中提供进出通道。如需要盖子，应将它们设计成允许在任何时刻可将它们拆下，紧固件和其他物件没有被燃气轮机吸入的危险。应给它们装垫片并紧固，以确保闭合是绝对防泄漏的。

应配备气密的膨胀节，以消除管道与燃气轮机进口法兰之间的所有载荷。这些膨胀节必须适应在垂直和水平方向上管道、回热器(如果有)及燃气轮机的相对运动。

5.2.4.5 蒸发冷却器

蒸发冷却器可用来降低燃气轮机的进气温度，由此提供额外输出功率。可使蒸发冷却系统立足于采用刚性的装置或压缩机喷雾器。这种刚性装置的典型组成应包括冷却介质、泵、蓄水池、排水系统及为进行水循环和冷却器控制所需要的所有控制装置。压气机喷雾器应由高压泵和控制系统组成。

蒸发冷却器的性能应按可能的最大空气流量和最恶劣的现场环境条件确定。应将冷却器系统设计成能阻止液体带入气流。资料清单上所述的冷却器的效率 E 的定义为：

$$E = \frac{T_d - T_e}{T_d - T_w} \times 100\% \quad \cdots\cdots\cdots\cdots\cdots\cdots\cdots\cdots\cdots\cdots(1)$$

式中：

T_e——冷却器出口温度；

T_d——进气干球温度；

T_w——进气湿球温度。

应在蒸发冷却器下游的管道中装有耐腐蚀性惯性除雾器或凝聚器。为使来自空气进气流的水分减至最少，应对除雾器或凝聚器进行选择。

冷却器水循环停止运行，应由空气温度控制。为防止结冰，应装一个温度探头，当空气出口温度低于 10 ℃时自动停止水的循环。

蒸发冷却器的整个金属壳体和内部的结构支持件应当是不锈钢的。下游空气通道的所有金属构件应当是不锈钢的。

应将蒸发冷却器、除雾器或凝聚器及出口管道设计为完全排水的。每个部件的底部应向冲洗排水口倾斜。不允许在排水喷嘴处有突起物或立管。各个排水喷嘴应布置成能防止未经过滤的空气吸入管道。除了基本的排水系统外，还需要有应急溢流能力。

当有明确规定时，应提供走道、扶手、进出梯子和人行道，以便对蒸发冷却器装置的上、下游，除雾器或凝聚器及冷却器下游管道进行维护。

成套商应规定蒸发冷却器水的品质和流量，为使冷却器和水系统的运行问题减至最小这是必要的。

如果燃气轮机驱动一台发电机，成套商应保证该发电机和其他电力设备能适应额外的输出功率而无过热问题。

5.2.4.6 **吸收式冷却器**

在某些环境条件下(高环境温度和高湿度)，采购方可能想考虑使用吸收式冷却器，以人工方式降低燃气轮机进气温度。可以用它来取代通常在环境温度高而湿度低时所用的蒸发冷却系统。

当有明确规定时，成套商提供整体或整套设备时，尽可能缩短安装和投运调试的时间。

采购方应规定吸收式冷却器优先选用的热源(即蒸汽、热水或燃气)和其可用的温度与压力。吸收式冷却器可使用单效或双效的制冷机。

为使燃气轮机空气进气系统压损最小对冷却盘管布置和设计应给予适当的考虑。

对沿海地区，冷却盘管的材料应为海用等级，以避免出现腐蚀问题。冷却盘管下游的所有管道系统应采用合适的耐腐蚀材料。

如果冷却盘管要在冬季排液，则冷却盘管应采用合适的耐腐蚀材料。

吸收式冷却器应当设计成具有最佳的冷却效率。

该系统的供货范围应包括吸收式冷却器成套设备，它包括蒸发器、冷凝器、冷却盘管、输送泵、仪器仪表及相关的控制屏(与燃气轮机控制系统连接)和附录。

采购方应表明或规定是否需要将余热(热水)用于其他用途。

在该系统设计方面应提供充分的灵活性，以便于在非满负荷的状态下进行工作。因此冷却容量必须是可调和可控制的。

该装置应包括电厂调节和安全运行所需要的控制器、仪器仪表，并将它们与燃气轮机控制系统组为一体。

在设计方面应考虑最少维修的原则。冷却器万一不工作时，燃气轮机仍能运行，而且燃气轮机在运行中也能对冷却器进行维修。

所使用的冷却剂应符合环保规定。

成套商应对公用设备的所有要求、品质与数量给以规定，即交流电、水处理设备等。

为保证该设备运行良好，必须在发货前对其进行试验，达到制造厂的标准。

如果燃气轮机驱动一台发电机,成套商应确保发电机与其他电力设备能够适应额外的输出功率而无过热问题。

5.2.4.7 水洗系统

当有明确规定时,成套商应提供燃气轮机压气机的离线水洗系统。成套商应对供水的品质和流量等提出要求。在燃气轮机适当位置对排出的水进行收集和排放。成套商应提供进、出进气室的通路,以便对压气机进气喇叭口进行检查。

当有明确规定时,成套商还应提供完整的在线水洗系统。

在建议书中应对水洗系统作全面说明,包括系统示意图。

成套商应对水洗系统的运行方式提供建议。

5.2.4.8 防冰系统

当现场环境温度低于 5 ℃时,采购方与成套商应就自动防冰系统的需要和型式协商一致。该系统安装在过滤器的前面或过滤器级的下游。应定性并定量地确定该设备对成套设备的影响。

所选择的系统可引进燃烧室空气加热或气动的脉冲式过滤器来实现。

为防止在进气喇叭口和第一级叶片处结冰,成套商可建议对压气机进口设置防结冰系统并进行控制(见 6.10.3)。

5.2.5 排气系统

若采购方作明确规定,应提供完整的排气系统,一般由下列部分组成:

a) 透平与排气扩散段之间的膨胀节;

b) 排气消声器;

c) 排气管段;

d) 排气系统支承结构;

e) 排气道排污口;

f) 烟囱。

采购方应提出特殊的设计要求,例如:

a) 对要求人员保护区域的隔热要求;

b) 排气系统出口法兰的定向、位置和安装布置;

c) 与其他供应商提出的要求,例如余热回收装置有关的压降;

d) 排放物取样口。

必须考虑由成套商规定的最大允许背压。

对于有回热循环的燃气轮机,成套商应提供并安装回热装置、必要的管道及要求的膨胀节、支承、结构件及必要的隔热和控制设施在内的燃气轮机与回热器之间的烟气管道。

考虑燃气轮机工作循环和现场运行条件,排气系统用的相关材料应选用满足耐高温和耐腐蚀的材料。

连接排气系统的部件应便于安装和维护。对所有部件应提供合适的起吊设施。

不论外部还是内部装入的隔声和/或隔热材料应采用扣装结构,以防止其在正常的排气环境下随运行时间而变坏。

排气膨胀节应选用金属或加强高温纤维制造。膨胀节应设计成能防止较大的振动、接合面变形或压降。纤维应是可更换的,无需拆除大的部件。

对于不受尺寸限制的情况,在排气系统中应提供进出通道,以便于排气系统的清洗和检查。

如需要,成套商应提供排气系统结构的支承件。这些支承件设计成能适应热膨胀,并使燃气轮机法兰处的管道载荷减少到制造商规定的限值内。管道和支承件设计成当靠近燃气轮机的管道段拆除时,燃气轮机维修用的通道保持固定不动。

5.2.6 管道

5.2.6.1 概述

成套商应提供在主机底盘区、所有油箱托盘区或任何辅机底盘区，并包括安装附录的所有管道系统。这些管道应以底盘边缘处的接头为界。除非另有规定，采购方仅提供各设备模块与底盘外设备之间的互连管道。

管道系统设计应按以下要求：

a) 提供适当的支承和保护，用于防止由振动或由装运、运行和维修引起的损坏；

b) 为运行、维修和彻底清洗提供适当的柔性和正常的通道；

c) 应按设备的结构型式进行整齐有序的布置安装，并不应堵住检查口；

d) 通过排气阀消除气穴或管道的布置不应出现气穴；

e) 无需拆散管道，通过低点实现完全排放。

由成套商提供的管路系统应在制造厂预制、试配并配置应有的支承。

操作者应按 ASME《锅炉与压力容器规范》的第Ⅸ部分中的规定或附录 B 中给出相关国际标准或国家标准进行焊接。

5.2.6.2 油管道

重力回油管道的管径设计应使油在流动时管道始终不超过半满状态，且其布置应保证排放良好(考虑到起泡沫的可能性)。水平走管应向油箱连续倾斜。如果有可能，在任何横向平面内避免一个以上的支管与流动方向成 45°角进入回油母管。

在油过滤器下游的压力管道不应有使污物积聚的内部障碍物。除非另有规定，油过滤器下游的所有管道的材料应为不锈钢。

5.2.6.3 仪器仪表管道

成套商应提供仪器仪表和仪表盘需要的所有管道、阀门和接头。

对于布置在公共连接件上的每个仪器仪表，要求有单独的二次隔离与泄放阀。当试验用的压力报警或停机用的压力开关要使用压力表时，压力表和压力开关要求根据国家或采购方的安全规定进行连接。

除非另有规定，仪表用空气和仪表的管道应用不锈钢制作。

5.2.6.4 注蒸汽或注水的管道系统

除非另有规定，向燃烧系统注蒸汽或注水用的管道、管接头、阀门的材料应是不锈钢。

5.2.6.5 流程管道

采购方应明确要由成套商提供的流程管道的范围。

当有明确规定时，成套商应对所有管道、附属设备(中间冷却器、后置冷却器、分离器、分离罐、空气进气过滤器和膨胀节)及紧邻设备部件及其支承的上、下游所连接的容器进行检查。采购方与成套商应就检查的范围协商一致。

5.2.7 油系统

除非另有规定，成套设备(燃气轮机、主负荷驱动齿轮和被驱动设备)需要的油系统应安置在燃气轮机和/或被驱动成套设备中。如果要求采用任何国际或国家的标准，采购方与成套商应就遵从的程度协商一致。

油系统可以是单个公用系统或两个分开的系统。两个系统之一可以用于航机派生型燃气轮机或使用合成润滑油的任何其他部件。应将包括放气口与排放口在内的合成油系统和矿物油系统隔开。

在采购方认可的情形下，可将采用矿物油的系统用于为压气机提供密封用油(如适用)。

在建议书中成套商应提供油系统全面的说明，包括示意图与材料表在内。

除非另有规定，应提供增压油系统以便以适当的一个或多个压力对下列部分供油：

a) 驱动设备和被驱动设备(包括任何齿轮装置)的轴承；

b) 连续润滑的联轴器;

c) 调速与控制油系统;

d) 密封油系统;

e) 需要液压起动装置的液压油系统。

当一个公用油系统向两个或多个设备(例如一台压气机、一套齿轮装置和一台透平)供油时,成套商应在资料清单上规定油的特性。成套商应确保所规定的油满足不同设备的要求。

当公用润滑油系统中使用的惯用润滑油为烃类油时,该油应与 ISO 3448 中所规定的 ISO 黏度等级 32、46 或 68 相对应。

润滑油增压系统一般应由下述部分组成:

a) 供油和回油系统;

b) 油冷却器(如果要求);

c) 全流量(额定的)过滤器;

d) 润滑油压力低停机装置;

e) 储油的钢质承压部件;

f) 当主油泵不是燃气轮机驱动时,应有一台全容量、单独驱动并且自动控制的主油泵;

g) 备用油泵;

h) 一套预润滑/后润滑/冷却润滑系统(如果要求);

i) 在失去交流电情况下能保证安全惰走的润滑系统;

j) 指示诸如温度或压力的运行参数的仪表。

5.2.8 燃料系统

5.2.8.1 概述

成套商应提供用于接收来自采购方的经过预压缩、预热(如果需要)及过滤的燃料的系统。应对采购方供货与成套商供货之间的接口协商一致。该燃料系统对任何所规定并协商一致的燃料都能运行。

当有明确规定时,成套商应审查采购方的燃料系统。

注:采购方可为液体燃料运行规定一个日用罐的容量,以允许进行起动和适当周期的持续运行。

采购方与成套商应对询价详细说明书中建议采用的燃料的种类、等级、组成、低热值的范围、温度、输送压力及杂质协商一致。

燃料中可能被发现的杂质取决于所使用燃料的种类,例如管道天然气与发生炉煤气。可能含有的杂质包括:

a) 水与气体水合物;

b) 砂子、铁的氧化物和其他固态物质;

c) 萘;

d) 硫化氢、二氧化硫、三氧化硫和总硫度;

e) 碱金属;

f) 氯化物、一氧化碳和二氧化碳。

硫化氢、二氧化硫、三氧化硫、总硫量、碱金属、氯化物、一氧化碳及二氧化碳的集结是引起透平喷嘴和动叶材料的高温腐蚀与燃料的控制阀门和系统的室温腐蚀的腐蚀剂。

为防止会加速腐蚀和降低部件寿命的亚硫酸和硫酸的生成,应当考虑总硫的含量,且必须使排气系统任何区域的温度高于酸的露点(约 150 ℃)。

点火系统应包括点火变压器和火花塞,若燃气轮机点火失败应使点火系统自动失电,并截断燃料。

燃料分配管道应为不锈钢。应尽量减少软管的使用,若使用时,应仅限于便于相对运动的位置。所有燃料软管为不锈钢,且包上耐磨蚀编织物。

5.2.8.2 **气体燃料**

5.2.8.2.1 **概述**

成套商应将其可燃气体进口连接处要求的最大/最小的燃料温度和压力通知采购方。最大温度是按燃气轮机燃料系统的设计(例如密封、托架、阀门和仪器仪表)确定的。最小温度主要是按比可燃气体的露点高出一定裕度来确定的,且在极端情况下可能受到燃气轮机燃料系统设计的限制。当露点无法测定时,成套商与采购方应对露点计算基础的气体分析协商一致。一般要求 20 ℃～30 ℃的安全余量。压力是按比压气机出口压力高一定裕度来确定的,它是燃气轮机特定的环境温度负荷(基本或尖峰)和现场海拔高度的函数。该余量受阀门、管道、过滤器等的压降影响。

在采购方的通往成套设备的连接处,可燃气体中应无液体和固体物质。为了在可能出现凝结情况下消除凝结物,采购方可要求提供特殊设施,例如分离器或分离罐。此外应消除液态烃类物质。

5.2.8.2.2 **净比能**

采购方应对每种可燃气体的净比能的范围予以确定。对于 Wobbe 指数的变化超过 5%的情形,可能需要特殊设备,采购方应提出变化率。

5.2.8.2.3 **气体燃料系统**

气体燃料系统一般应包括下述部分:

a) Y 形过滤器;

b) 必需的仪器仪表;

c) 管道与喷嘴;

d) 供自动运行与起动前系统清吹用的带中间放散阀的两个燃料截止阀;

e) 燃料控制阀;

f) 气体燃料压力调节器(如果需要)。

当有明确规定时,应提供将可燃气体管线清吹的燃料旁路阀和放散阀。

如果成套商要求的气体燃料压力高于供气压力,且采购方明确规定时,成套商应提供气体燃料的增压系统。成套商应规定采购方提供的气体燃料的最高允许温度。

5.2.8.3 **液体燃料**

液体燃料系统一般包括下述部分:

a) 带连续流动切换阀的双联燃料过滤器;

b) 燃料供给泵;

c) 雾化空气压缩机(如成套商要求);

d) 自动运行用的两个燃料截止阀门;

e) 必需的仪器仪表;

f) 燃料控制阀;

g) 燃料流量分配器(如果需要);

h) 燃料喷嘴与管道;

i) 排油设施。

对于主要燃料为气体的双燃料燃气轮机来说,单个燃料过滤器可能够用。

为防止积碳和堵塞,成套商的设计应包括清吹或排放来自燃料总管系统的液体燃料的设施。

除非另有商定,双联燃料过滤器应当是有(维护运行)空间的,且能在运行中进行清洗。切换阀应具有带不锈钢塞和顶塞装置的碳钢或不锈钢阀体。

5.2.8.4 **双燃料运行**

当有明确规定时,应为燃气轮机配备必要的设备,以允许用燃料,即液体/气体(天然气)、液体/液体或气体/气体之任一种作正常(起动与连续)运转。当处于满负荷或部分负荷运行时,双燃料系统应有从一种燃料切换到另一种燃料的能力。

当用气体燃料运行时，应使用清吹或其他方式防止液体燃料管道、喷嘴、总管等发生堵塞、积碳或过热。

成套商应随建议书提供项目专用的系统原理图，包括双燃料系统的材料清单和书面技术说明。在技术说明中应对切换过程中注水/注蒸汽的规定给以陈述(见附录A中表A.4)。

5.2.8.5 注水/注蒸汽运行

注水/注蒸汽系统应能提供规定的功率增加量或规定的 NO_x 与 CO 的抑制量。

成套商应随建议书提供项目专用的注水/注蒸汽系统原理图，注水/注蒸汽系统的材料清单和书面技术说明(见附录A中表A.4)。

在建议书中应说明水/蒸汽的品质和供给的要求。

5.2.8.6 干式低排放(DLE)燃烧

当有明确规定时，应对燃气轮机配备干式低排放(DLE)燃烧系统，以抑制 NO_x 和 CO 的排放量。采购方确定是否要求双燃料运行能力和是干-干还是干-湿模式。

5.2.9 电气系统

采购方应规定诸如电动机、加热器及仪器仪表所使用的电源特性。

电气控制装置可以是交流或直流，在成套商的建议书中应当说明。采购方应规定直流电源是否要由成套商提供。当规定采用交流电源时，采购方应明确是否需要成套商提供不间断电源(UPS)。当有明确规定时，应将控制系统设计成在交流供电发生中断时，能在采购方所提出的一段时间内保持工作并保护设备。

在底盘区域内的电力和控制的导线应能耐油、耐热、防潮及耐磨。与保护相关的电缆应能耐火，以确保机组安全停运。

在底盘区域和在遭受振动的其他区域，应采用绞线。热电偶和控制屏带状传输线可以是实心导线。配线系统应适合于规定的环境要求。

应提供接地系统以及合适的插头和插座。

除非另有规定，接线端子、开关及仪器仪表的所有引线应有永久性的标识牌。

为便于维修，燃气轮机和辅助设备上的所有带电零部件(例如接线板与继电器)应有间距。

包括绝缘材料的电气材料应尽可能是耐腐蚀和不吸水(见5.1.3)。在用于热带地区时，应对材料作以下处理：

a) 应对零部件(例如线圈和绕组)作防霉保护；

b) 应对未涂漆的表面用电镀或其他涂层作防腐蚀保护。

在底盘区域内的控制、仪器仪表和电力导线(包括温度元件的引线)应当是钢丝铠装或者安装在采购方所规定的刚性金属导管和接线盒内，为使振动最小，应适当固定，且为防止发生电磁干扰应采用绝缘或屏蔽。

电缆管(温度元件端头)可以用不漏液体的金属软管或防爆的柔性管接头(适用于该区域等级)。所有导管应有足够的长度，以允许在不拆除电缆管的情况下接近设备进行维修。

对钢丝铠装电缆应通过套管穿入合适的封套。

6 控制与仪器仪表

6.1 控制系统

6.1.1 概述

应给燃气轮机装置配备控制系统，使操作员能在其整个循环顺序内控制燃气轮机与其负荷设备(起动、带负荷、运行、停机及备用)。该系统还应借助报警和跳闸功能为设备提供保护，采购方有规定时，应给操作员提供状态监测信息，诸如减少污染物排放系统、装置辅助设备等附属系统以及联合循环的控制均应包括在内。

控制设备必须满足所在国家的标准时,采购方应告知成套商最新的相关标准。

6.1.2 控制与保护系统

除非采购方与成套商协商一致,应将燃气轮机的控制与保护系统设计为“故障保险状态”。故障保险为数字控制系统时,其详情如下:

a) 数字式测量仪

应将用来保护燃气轮机的数字式输入测量仪(例如压力开关)设计为“常开”,即当燃气轮机运行时闭合,当有故障时打开。

b) 模拟式测量仪回路

应对用来保护燃气轮机的模拟式测量仪(例如热电偶)的开式回路和“越出范围”的输入值检测进行连续不断地监视。不论哪个状态控制系统都采取适当的动作反应,它取决于参数的临界值和冗余度(如有)。

c) 数字式控制输出回路

应将数字式输出(例如继电器输出)设计为“通电工作”,当电源发生故障时所有数字式输出使过程向安全状态转移。

d) 模拟式控制输出回路

应对受控装置以直接或间接方式连续地监视其位置;当监视的位置出现错误时应发出回到安全水平的指令信号。

e) 控制与保护装置的在线试验

现代数字控制系统在临界回路方面通常具有少许冗余度,并/或提供许多测量仪回路的正常状态的连续监测,例如热电偶开路和越出范围的检测。成套商应将可获得的设备告知采购方。最终的范围应由采购方与成套商之间的协议规定。

f) 测量仪和控制装置的在线更换

当有明确规定时,除停运传感装置外,所有测量仪和控制装置的安装应有足够多的阀门,以允许当系统在运行时进行更换。当为停运传感装置提供隔离阀时,成套商应提供将阀门锁定在开启位置的措施。

6.2 起动

包括诸如盘车之类任何起动要求在内的起动控制系统应是全自动的,应具有极少的手动干预。一次操作使起动程序开始执行,直到最小可控转速(或对于发电机组做好同步准备)。根据成套商的设计要求和采购方的运行要求可以将起动停滞和解除阶段或滞留输入到程序中(见4.3.3,4.5.5,4.7.3及5.2.1)。

6.3 加载

机组加载后的带负荷运行可以是手动或自动,直到采购方所规定的功率需求值。手动操作要求操作员将输出功率增加到所需的设定值。自动加载无需手动干预而自动增加输出功率到设定值。自动加载无需操作员任何额外操作而直接由起动程序控制。

无论采用何种加载方式,为满足暖机要求可以引入特定的滞留期。

在加载前发电机必须与特定系统同步,可以按采购方的规定以手动或自动方式实现。

6.4 卸载与停机

6.4.1 概述

可以按采购方的规定以手动、半自动或自动方式完成操作。手动操作要求操作员执行或操作每个步骤。半自动操作要求操作员执行诸如手动卸负荷的某个功能,而该程序的其余部分则自动的。自动操作是根据操作员的一条命令进行。然而,在每种情况下应具有以下的基本操作程序。

6.4.2 发电机驱动装置可控停机

该程序应为:

a) 在保持同步状态的同时,可控卸负荷达到名义输出功率为零;

b) 断开回路断路器；

c) 在不熄火的条件下减速至惰走转速和冷却阶段(如适用)；

d) 切断燃料和停运盘车不需要的辅助设备；

e) 盘车阶段(如果需要)；

f) 在燃气轮机冷机后，停运其余辅助设备，例如润滑油泵；

g) 复位到起动状态。

6.4.3 机械驱动装置可控停机

该程序应为：

a) 可控卸负荷到最小负荷状态或惰走转速；

b) 冷却阶段(如适用)；

c) 燃料切断，停运盘车不需要的辅助设备；

d) 盘车阶段(如果需要)；

e) 停运其余辅助设备，例如润滑油泵；

f) 复位到起动状态。

6.4.4 应急保护系统

6.4.4.1 概述

应急保护系统应使燃气轮机和相连的设备免遭危险和即将到来的损坏，在合理的情况下该系统应独立地检测和控制调速器。为了延长燃气轮机的使用寿命，在某些情况下，该系统可使燃气轮机甩负荷到最小自持转速或减负荷到最小负荷状态，这样不必立即执行紧急停机。

6.4.4.2 保护性卸载

在某些故障下，程序可使燃气轮机降至最小负荷、空负荷(发电机断路器断开)或跳闸到自持转速运行一段时间，从而为燃料自动切断和燃气轮机停机前的冷却创造条件。成套商应告知采购方何时会有这种情况。

在某些故障下，经过采购方与成套商之间协商一致，程序可使燃气轮机降至部分负荷运行一段时间，为自身排障提供时间。如果在此过程中失败，燃料自动切断，且燃气轮机停机。假定故障消除，机组可以自动或手动方式重新带负荷。

将负荷减至最小或跳闸至最小自持转速的要求是由主要燃气轮机制造商规定的，该特点在设计被驱动装置或热回收系统时为减少潜在的安全停运次数是具有重要意义的，采购方与成套商之间应对该应用协商一致。

6.4.4.3 紧急停机

紧急停机可以以手动方式操作，但应能根据与采购方的商定，由燃气轮机/流程装置所运用的保护装置的自动动作。该系统应直接关闭燃料截止阀，切断燃气轮机的燃料供给。

在紧急停机后，作为适当处置，正常的盘车和停机程序应相应投入。在未作手动复位的情况下自动再起动不能实现，除非买卖双方协商一致并符合该装置的安全性评估。

6.4.5 火灾、漏气监测与通风失败停机

如检测到出现火灾、漏气到跳闸程度、通风失败等严重故障时，自动诊断装置应使机组自动停机。该系统应直接使燃料截止阀和放气阀动作。燃气轮机应不经逐渐减至最小负荷或冷却阶段而立即停机。

对于在罩壳通风出口(而不是进口)检测到可燃气体时，应使通风机保持工作，以清除罩壳内的残留可燃气体。

如果在通风入口处检测到可燃气体达到不可接受的程度时，由于来源很可能在罩壳外部，应将通风机断开，并且燃气轮机停机。

6.4.6 发电机组的停机

用于发电时,为防止当燃料截止阀关闭时发电机产生倒拖现象,应在燃气机或在发电机上提供预防手段。对同步补偿或发电机起动作了规定时,在操作上可以不管这些要求。

6.4.7 机械驱动机组的停机

为防止转动或逆流,停机时应提供自动装置,以便将被驱动设备与其供给的系统隔离。

6.5 通风与清吹

6.5.1 燃气轮机罩壳

应将清吹与安全连锁纳入到自动起动程序中。只有在对罩壳进行良好的清吹后且未检测到可燃气体存在不可接受的浓度时,自动起动程序才能继续进行。除非国家另有规定,需要相当于罩壳3倍体积的空气量清吹后,才允许执行起动程序。

6.5.2 燃气轮机清吹

起动控制系统应提供足够时间用于燃气轮机自动清吹,以确保燃气轮机和下游部件的安全运行。

除非国家另有规定,清吹周期通常应在机组点火前至少将(包括烟囱在内的)整个排气系统的空间进行3倍体积的清吹。对于有可替代的预防措施时,可以不需要这样做。

对于排气系统容积过大而导致清吹次数过多的情形,有关各方可对减少清吹循环次数协商一致。

6.5.3 特殊预防措施

对于使用具有高挥发性液体燃料时,例如石脑油或密度大于空气的可燃气体,可能需要采取特殊的预防措施(见5.2.3.4)。这些措施应包括,但不限于,自动工作的燃料放泄阀、燃料输送设备的隔离设施、专用的危险气体检测器和液体检测器。

6.6 燃料控制

6.6.1 概述

在起动和运行过程中燃料的供给应自动控制,以保持燃气轮机处在其安全工作范围内,并使设备的寿命达到最长。当排放量必须满足环保限值时,也应对燃料的供给进行控制,以满足燃烧设计准则。

6.6.2 双燃料系统的运行

若采购方作明确规定,控制系统应能对使用气体燃料和/或液体燃料的燃气轮机进行控制,且允许在整个运行的功率范围内自动(双向)切换。成套商应将转速或负荷的瞬态变化的限制告知采购方。应由采购方提供开始切换的信号。

6.6.3 双燃料运行

若采购方作明确规定,控制系统应能按比例控制每种燃料,按有效性最大限度地使用主燃料。成套商应将有关每种燃料的最小百分比的限制告知采购方。

6.6.4 低比能气体燃料的运行

对于燃气轮机要设计成用比能很低的气体燃料(例如某些填埋气或煤层气)运行的情况,可能需要用来自采购方提供的液体燃料或天然气等其他燃料源来起动机组。使用这些燃料有可能需要连续值班点火,以防止在负荷瞬态变化时燃烧火焰熄灭。

6.6.5 变比能气体燃料的控制

当采购方有规定时,控制系统应能对比能正在变化的气体燃料自动进行补偿,在整个负荷范围内保持稳定运行。

采购方应规定建议使用的气体燃料源的比能和Wobbe指数的范围,并得到成套商的认可。

6.6.6 燃料截止(气体与液体燃料)

6.6.6.1 燃料截止阀

除燃料调节阀外,为了在任何停机状态下将通往燃气轮机的所有气体燃料截断,应提供两个独立的手段,而且在允许点火的所有条件被满足以前它们不应打开。

如果气体燃料调节阀为气密的截止设计且能安全关闭,可将其认定为截止手段之一。

对于使用液体燃料的情形，如果燃料泵为正排量设计，则当以截止阀为后备手段时，可以认为燃料泵的停运是一个手段。

6.6.6.2 放气阀

对于气体燃料来说，当将燃气轮机停机时，应利用合适的放气阀减少燃料泄漏到燃气轮机中的危险。

6.6.6.3 截断与放气阀（燃气轮机罩壳）

对带有罩壳且使用气体燃料的燃气轮机而言，当将燃气轮机停机且通风机不在运行时，应该利用合适的截断与放气阀去减少气体燃料泄漏到罩壳中的危险。

倘若主截断阀放置在罩壳外，则利用公共设备使6.6.6.2和6.6.6.3的要求得到满足。

6.7 调速与限制

6.7.1 转速要求

控制系统应通过自动/手动选择器满足手动和自动两种转速控制需要。转速范围对两者应是相同的，且应是为在达到自持转速后的任意点处实现平稳切换而设计的。

a) 恒速（用于发电机组）

除非采购方与成套商之间另行协商一致，在运行中，额定转速的95%～105%的范围内空载转速应当是可调节的。

当在远程操作时，调速器与并联运行机组上的其他变速器应当是相兼容的。采购方与成套商之间应对从现场最大额定负荷到零负荷的负荷变化率协商一致。

b) 变速（用于泵与压缩机的驱动）

为满足流程需求要求泵或压缩机在变转速运行时，控制系统应能接受流程控制器的输入，在采购方规定的输出轴运行转速范围内对透平转速进行调节。

6.7.2 转速控制

6.7.2.1 调速器瞬态性能（单轴燃气轮机发电机组）

在所有稳态条件下调速器应将输出转速限定在额定转速的105%内。发电机驱动装置的调速系统应阻止燃气轮机在瞬时失去最大负荷后达到燃气轮机跳闸转速。这时假定燃气轮机是在由规定的环境条件所确定的功率范围内，以设计的燃料压力、温度和燃料比能，采用以额定转速设定并进行控制的变速器的条件下运行。

6.7.2.2 调速器瞬态性能（双轴燃气轮机发电机组）

在最大负荷甩掉后，调速器应当控制燃气轮机和/或动力透平的转速上升到一个无需对燃气轮机进行检查而允许再起动的数值（见4.3.2）。

成套商应将机组最大负荷加载速率告知采购方。

注：对于有自由动力透平的情形，由于惯性比较小，该负荷会显著低于100%负荷。

6.7.2.3 迟缓率（死区）

在额定转速和任何小于等于最大输出功率时的迟缓率（死区）应不超过额定转速的0.1%。

6.7.3 转速控制的稳定性

6.7.3.1 性能

对在零功率与最大功率之间运行的燃气轮机的燃料消耗率进行控制的转速调节系统应能对下述内容稳定控制：

a) 当被驱动设备孤立运行时燃气轮机的转速；

b) 当被驱动设备与其他被驱动设备并联运行时燃气轮机的燃料能量输入。

6.7.3.2 系统稳定性

在下述条件下应认为系统是稳定的。

a) 被驱动的设备处在持续的负荷下运行，由转速调节系统和燃料控制系统所引起的透平转速的持续波动的大小不超过规定的额定转速的百分数(例如额定转速的0.12%~0.25%)。

b) 当在恒定转速和持续的负荷下,在与其他被驱动的设备并联运行的额定转速下,操作被驱动设备时,由转速调节系统和燃料控制系统所引起的能量输入的持续波动的大小不引起输出功率超过额定输出功率的±2%。

6.7.4 燃料调节阀

在任何情况下燃气轮机停机后,燃料调节阀应恢复到关闭或最小位置(见6.6.6.1)。

6.7.5 温度限制

燃料控制系统应包括一套超越限制系统,以防止燃气轮机超过额定工作温度或燃气发生器超过最大转速。

6.7.6 温度限制的稳定性

燃气轮机在温度控制状态下,被驱动设备与其他被驱动设备同时运行时,温度控制和燃料控制系统应能按现有环境条件所规定的限值对燃气轮机的温度进行可靠的控制。

当被驱动设备以恒速与其他被驱动设备并联运行时,在温度限制或控制系统和燃料控制系统的控制下燃气轮机燃料输入的能量持续波动的大小引起输出功率的变化不超过额定输出功率的6%,则认为温度限制或控制系统和燃料控制系统是稳定的。

6.7.7 其他限制

根据成套商的要求可以对燃料控制系统赋予其他控制功能。例如,可以对燃气发生器的低压轴或高压轴的转速、动力透平转速、压气机出口温度或压力及动力透平出口温度等施加限制。

6.8 污染排放控制

6.8.1 概述

燃气轮机控制系统应该集成包括对燃烧过程的顺序、监测和控制的所有功能,并利用排放控制技术(DLE、注水或注蒸汽)达到所规定的排放要求。

6.8.2 排放量监测

为满足国家的某些规定要求,可以要求提供排放量监测系统。这些系统可以建立在测量(连续或间歇)或预示性计算的基础上。

6.9 超速保护

6.9.1 概述

除非能证明从气动学上是不可能发生危险的超速,否则应为每根轴配装超速保护装置。

如果超速保护装置是电子式的,应最少采用两个独立的传感器和回路。

6.9.2 超速整定值

超速保护装置的主要功能是通过与燃料调节阀无关的装置在燃烧室附近将燃料截断。

应将单轴发电机组的超速整定值确定为不超过同步转速的110%。

对于双轴(自由动力透平)发电机组,该整定值应超过由突然失去可能的最大功率而产生的转速,其超出的范围可防止假跳闸,但不会引起转子的应力过大。

对于双轴(自由动力透平)机械驱动机组,该设定值应比最大持续转速高5%。

注:见4.3.2。

6.9.3 超速试验

应对超速跳闸的试验作出规定。该试验可以为手动操作或自动操作,且可以或不可以要求正常运行的中断。应由采购方与成套商之间协商一致。

6.9.4 附加保护

分轴动力透平或带换热器的燃气轮机可要求设置附加保护,以防止由内存的热量或贮存的大量高压空气或这两者导致超速。这种保护可采取,如由主调速器触发的放气阀或超速跳闸或这两者并动。

6.10 保护系统

6.10.1 火焰监视

应提供直接或间接的火焰熄灭感测手段，以便在起动周期的适当时刻和随后在正常运行中监视燃烧火焰的存在。如果燃烧室在安全时间段内未点着火，或者在运行中熄火，应切断燃料供给。

上面所述是必须的，除非采购方与成套商之间另行协商一致。

6.10.2 轴承温度

应对具有流体动力型滑动轴承的燃气轮机安装温度监测装置，用于测量轴承金属温度和/或回油温度，且当检测到异常温度时应发出报警和/或停机。

6.10.3 空气进口结冰

成套商应安装必要的设备，以便对装在燃气轮机进口空气过滤系统或进气喇叭口/第一级叶片处的任何防冰系统的动作进行自动控制(见 5.2.4.8)。

6.10.4 空气进气压降

按照采购方与成套商之间的协商一致，应为进气系统安装测量仪，以指示环境与进气口法兰之间的压差，并在其超出限值时发出报警和/或跳闸信号。

6.10.5 排气系统背压

如要直接利用排气热量或通过利用余热回收装置将其回收时，成套商应告知整个系统最大允许背压。应提供故障监控装置以保护燃气轮机免遭过大的背压；按照成套商与采购方之间的协商一致，可使用挡板位置或压力监测装置。在任何情况下，成套商应保证所使用的方法能足够快且有效，防止燃气轮机或系统部件受到损坏。

6.10.6 振动与轴向位置监测

6.10.6.1 概述

应提供振动与轴向位置的监测系统，以便向操作员发出振动大小或轴的轴向位置在变动的警告，并当变化量超过允许值时使机组跳闸。

注：采购方可按照 API 670 确定一个系统。

6.10.6.2 航机派生型燃气轮机

通常配置盒装的地震式加速度传感器(求积分读速度)。如果为多轴结构燃气轮机，可要求使用带跟踪滤波器的监测系统将轴的特有频率分离出来。

对此种型式的燃气轮机，不配置轴的轴向位置监测装置。

6.10.6.3 工业燃气轮机

应对工业燃气轮机配置轴位移振动探头和轴向位置指示器。如成套商能证明其测得的允许值与无长期损伤之间具有良好的相关性，可考虑使用盒装加速度/速度传感器装置(见 4.7.2.2)。最终的选择应由采购方与成套商之间协商一致。

6.10.6.4 齿轮箱和被驱动装置

采购方与成套商之间应对齿轮箱与被驱动装置上振动监测装置的设计和供货范围协商一致。

6.10.7 火灾检测与保护

当燃气轮机安装在罩壳内时，应提供适当的措施监测罩壳内火灾的发生。灭火系统和火灾检测系统的设计应：

a) 满足国家或地区的规定；

b) 符合采购方与成套商之间的协议。

应将补偿热电偶的热检测视为最低级检测要求。其他等级的监测仪器，如光感(紫外线、红外线)或烟感由采购方规定。

应将罩壳内采用的所有灭火和火灾探测的装置设计成在罩壳内所遭遇到的所有运行条件下的整个范围内能工作。

不应使用聚四氟乙烯(Halon)或其他消耗臭氧的介质来灭火。

除非采购方与成套商之间另行协商一致,按在 6.4.5 中所述执行停机程序。停机程序应包括风机的切断、防火挡板的关闭和灭火剂的释放,以使着火受到控制。

除非采购方与成套商之间另行协商一致,应使灭火剂自动释放。在灭火剂自动释放的情况下,在对人员发出状态警告的报警以后,需要一段延时。当采用 CO_2 灭火时,应发出报警并有适当的延时。

应提供一种手段,在维修和进入罩壳期间应能可靠安全地切断灭火剂的释放。

注 1:如果使用无毒、无窒息性灭火剂,可以不必隔离。

应提供手动操作系统。应在罩壳外部的每侧设置一个手动释放站。

应使灭火剂在着火后的一段时间保持在适当水平,以允许燃气轮机冷却到罩壳内可能存在的任何可燃液体(例如润滑油、液压油和液体燃料)的自燃温度以下。由于重型燃气轮机需要大量的灭火剂,所以上述要求是不可能达到的,在这种情况下,应保持足够数量的灭火剂,直到机组处于低速状态(典型15 min～30 min)。同时必须准备其他措施,比如监视器和泡沫敷盖物,以防再次起火。

注 2:推荐与当地消防部门或当局协商一致。

注 3:采购方应规定包括特定的灭火介质在内的灭火系统中要包括的特殊设计要求。

6.10.8 可燃气体检测

在下述情形下应提供可燃气体检测系统:

a) 燃气轮机使用气体燃料;

b) 燃气轮机在危险区域内运行。

注:应考虑并合理处理由被驱动装置的相关附加设备引起的起火爆炸。

对进入罩壳或罩壳内存在的可燃气体泄漏应提供适当的手段进行监测,在达到适当浓度时报警和停机,按在 6.4.4 中所述执行停机。

对于大气中会出现可燃气体的环境(煤气厂、液化石油气厂等)时,在燃气轮机的空气进口处应设置可燃气体检测器。

可燃气体检测器的设置原则与报警和停机的设定值应:

a) 满足地方或国家的规定,或

b) 由采购方与成套商之间协商一致。

可燃气体检测器应监测气体的泄漏,其布置应使其效能不受不利气流的影响,即排热需要的大量空气。当可燃气体报警系统检测到一个规定的百分数时[一般在低爆炸限值(LEL)的 5%～10%的范围内],应给予报警。当可燃气体报警系统检测到一个较高的规定百分数时[一般在低爆炸限值(LEL)的10%～25%的范围内],燃气轮机应跳闸,见 6.4.5 所述。

6.10.9 润滑

成套商所规定的控制系统应包含全自动的控制、监测和保护。应包括下面的情况:

a) 起动前注油,建立润滑油最小压力;

b) 起动,必要时切换油泵;

c) 运行,对供油压力和温度进行连续监测;

d) 停机,包括任何应急润滑油泵的起动;

e) 停机后的冷机阶段。

为了在成套商规定的安全限值以内运行,应对燃气轮机供油温度或轴承温差进行监测。

6.10.10 排气温度

应提供一组温度检测器去监测燃气轮机排气的温度或自由透平前的温度。应提供足够数量的检测器去监测燃烧系统或透平喷嘴温度分步的不对称故障或恶化状况。如果任何一个温度对平均温度的偏离超过某个规定量,应发出报警。如达到更高的规定值,则应卸载、停机或跳闸。

应按照 6.4.3 采取适当行动。

6.11 压气机清洗系统

可以按成套商的推荐或采购方的规定提供有手动或自动控制的在线和/或离线压气机清洗系统(见5.2.4.7)。对于有自动控制的情形,控制系统应提供该循环的自动程序和所有必要的安全连锁以防止越权使用。

6.12 控制系统要点

6.12.1 结构(数字系统)

6.12.1.1 单一系统

当控制系统可靠性指数比燃气轮机好且与采购方要求一致时,单一控制与仪表系统是允许采用的。单一系统应配置足够多的保护装置(监视器)对处理器的硬件或软件故障进行监测,并采取必要的措施强制输出达到安全状态或监视器跳开。

6.12.1.2 容错系统

当非计划停机满足采购方规定的最小次数是至关重要时,按照采购方与成套商之间的商定意见,可以为控制系统、电源、发动机测量仪和终端装置配备三套硬件提供三选二的控制方式,并实现损坏的控制部件或测量仪的在线更换。

6.12.2 人机界面(MMI)

若采购方有明确规定,控制系统应为操作员配备一个采用计算机/监视器的显示系统,提供设备的模拟、显示、性能数据、趋势信息及报警和停机的记录。

6.12.3 报警与报警报告

6.12.3.1 故障停机

控制系统应使用"报警闭锁"(first up lock out)停机程序,按照采购方与成套商之间的协商一致,可将该程序的输出显示在光字牌指示器或监视器系统上。在手动复位之前故障输出报告不应自动清除。

6.12.3.2 故障警告

控制系统应使用警告指示器向操作员警告即将发生的故障。输出应清晰地表明故障发生的信息。在以手动方式确认及故障等级已恢复到正常状态以前,故障的输出报告不应自动清除。可以将报警指示器和跳闸指示器合为一体。

6.12.3.3 状态信息

控制系统应向操作员清晰表明在起动、运行和停机过程中燃气轮机的状态,且告知操作员何时需要输入一条指令。可以将状态信息并入到故障警告和停机的显示中。

6.12.3.4 声报警

若采购方作明确规定,应为控制系统提供音响面板报警和激发远处电气喇叭工作的输出。

6.12.4 运行小时数和起动次数的记录

控制系统应提供记录运行小时数和起动次数的手段。可按所用燃料及成套商规定的额定功率和尖峰功率的形式分开记录运行小时数。

6.12.5 轴转速和燃气热通道温度的指示

控制系统应提供显示透平轴转速和燃烧室下游热通道温度的永久安装的装置。

按采购方与成套商之间的协商一致,可以用模拟式表计或数字式表计显示,或者可将该显示置入监测器系统中。

6.12.6 性能监测

若采购方作明确规定,控制系统应向操作员提供足够多的数据以确定压气机积污何时达到应执行在线或离线清洗的程度。

6.12.7 故障查找辅助手段

6.12.7.1 控制装置与仪器仪表

若采购方作明确规定,控制系统应提供故障诊断能力,以帮助识别测量仪和控制部件的故障。

6.12.7.2 燃气轮机

对于采购方有规定的情形，控制系统应提供故障诊断能力，以帮助识别燃气轮机运行中的瞬时故障。

6.12.8 电磁兼容性

控制屏的设计和制作不应让外部电磁幅射干扰其工作，且应将任何辐射限制在其工作所要求的范围。

当有国家规定时，成套商应遵循这些规定。

6.12.9 备用终端

成套商应准备10%备用终端容量和供增加输入/输出电路板用的足够空间。在项目的规划阶段可以利用该备用容量。采购方与成套商应就交货时保留的最少数量的备用容量协商一致。

6.12.10 控制系统电源

当采购方打算提供其自身的不间断电源系统时，成套商应告知其电压范围和容差，以及静负载和冲击电流的情况。

6.12.11 控制屏内部接线

控制屏内部接线应达到成套商的标准，但该标准应符合采购方规定的国家标准。

6.13 控制屏的安装

当控制屏需要由采购方安装时，为保持电磁兼容性，成套商应告知有关接地和敷设电缆的所有特殊要求。

采购方应规定有关灰尘、湿度、水分、温度和与振动源隔离的任何特殊安装要求。

采购方应规定控制屏和操作站的所在地点的区域类别。

采购方应规定控制屏相对于燃气轮机的所在位置，且还应对增加的任何操作站（例如设备的就地操作站、中央控制室）作出规定。采购方也应说明每个地点所要求的控制和监测的程度。

成套商应将电缆隔离的任何要求和允许控制屏离开燃气轮机安装所要求的电缆最大长度告知采购方。

6.14 可操作性与诊断

为便于运行、维修和故障情况的诊断，按采购方与成套商之间的协商结果，为燃气轮机安装足够数量的测量仪。

如采购方有规定，成套商应提供利用远程通信（调制解调器接口）的支持服务，以利用专家诊断知识帮助识别燃气轮机及其控制系统的故障。

6.15 数据通信

采购方应确定是否需要串行通信设备。采购方与成套商应对要使用的协议、数据与链路控制设备的范围、数据传输速率及时间标记要求协商一致。

6.16 特殊用途

6.16.1 动态定位与船舶推进

6.16.1.1 应急和安全临界的停机（船舶推进）

当燃气轮机用于船舶动力时，应按照劳氏船级社规则(Classfication Society's Rules)和管理局规定(Regulatory Aurhoritsy's Requirements)将应急和安全临界的停机次数保持在最少。

6.16.1.2 船舶查验机构的规定

在有关环境、振动和控制屏的电磁相容性的证明方面，成套商应满足船级社规则和管理局规定。

6.16.2 应急电源用的燃气轮机发电机组

对于应急用的燃气轮机，例如发生地震、火灾或洪水等危及生命的情况下用作维持电源时，除6.9条外，可放宽6.1.2e)～6.15中所规定的对控制装置和仪器仪表的要求，应优先考虑下述内容。

a) 国家规定

当应急设备的安全可靠运行方面有国家规定时，应使燃气轮机控制系统的设计满足这些规定。

b) 快速起动/带负荷

对应急发电机组来说，快速而可靠地起动要求是首要的，当发生诸如地震和火灾而失去电源之类的危急状况时，起动程序应自动执行，应将起动程序设计成机组从冷态起动到带负荷所要求时间最短。

c) 系统保护的要求

对应急发电机组来说，不中断运行的要求是首要的。应使停机保护回路的数量保持在最少程度，且应将其设计成即使燃气轮机因连续运行可能造成损坏的情况下，也能使应急情况下的利用率达到最大。

d) 故障报警/停机

为保持运行不中断，在出现危急的报警报告以后通常只允许手动停机；只有像超速那样极端危急的故障，才允许机组自动停机。

附 录 A
（资料性附录）
资料清单

表 A.1 数据表——概况

GB/T 14099 资料清单

任务单号______ 项目______
采购订单号______ 日期______
询价单号______ 编制______
版本______ 日期______

概况

适用于： ○ 建议书 ○ 采购 ○ 建造

○ 用途______ ○ 机组______

○ 现场______ ○ 系列号______

○ 服务______ ○ 要求的台数______

○ 地理位置______ ○ 地震的规定______

○ 成套商______ 型号______ 工厂订单______

驱动设备制造商______ 型号______ 系列号______

被驱动设备型式______ 制造商______ 型号______ 系列号______

附加的被驱动设备型式______ 制造商______ 型号______ 系列号______

型式______ 制造商______ 型号______ 系列号______

○ 要求的输出功率______

○ 要求的工作转速范围______

循环： ○ 回热 ○ 简单 ○ 排气余热回收

燃气轮机的型式： ☆ 单轴 ☆ 多轴

任务： ○ 连续的 ○ 间断的 ○ 备用

运行： ○ 有看管的 ○ 无看管的

备注：

○ 由采购方完成

☆ 如果不由采购方则由成套商确定

无标记的由成套商完成

表 A.1（续）

性　　能	地　　点
燃气轮机，包括发动机所有被驱动设备的附加损失 ○ 现场额定功率 ○ 现场最高温度 ○ 现场最低温度 ○ 干球温度/℃______ ○ 相对湿度/%______ ○ 大气压力/kPa______ 输出功率/kW(HP)(1)______ 热耗率，低热值/[kJ/(kW·h)]______ ☆ 输出轴转速/(r/min)______ 进气流量/(kg/s)______ 进气系统压力损失，Δp/kPa______ 工作温度/℃______ 排气流量/(kg/s)______ 排气系统压力损失，Δp/kPa______ 排气温度/℃______ (1)　记录下列影响 ○ 注蒸汽 ○ 注水 ○ 被驱动装置，见另外的资料清单 ☆ 排放量控制　　☆ 增加量 蒸汽流量/(kg/h)______ 水流量/(L/s)______	○ 地理位置______ ○ 地震规定______ ○ 室内　　○ 室外 ○ 加热的　　○ 顶板下方 ○ 不加热的　　○ 部分侧壁 ○ 电气区域分类 非危险区　　类/组/区 燃气轮机区域　　○ __/__/__ 燃气轮机机罩壳　　○ __/__/__ 控制屏　　○ __/__/__ ○ 船用条件要求　　○ 冬季要求 ○ 适应热带气候要求 普通要求：　○ 灰尘　　○ 烟雾 ○ 其他______
	成套设备噪声级(4.3.9)
	○ 声能级______dB(A) ○ 声压级______dB(A)
装 运 规 定	**排放量(4.3.8)**
○ 重量/尺寸限制______ ○ 特殊考虑要求______ ○ 国内　　出口　　出口装箱要求 ○ 6个月以上的室外存储 ○ 海洋运输准备类型______ ○ 成套商提供的吊绳/横杆______	○ NO_x 规定______ ○ NO_x 排放______ 排放量降低方法（如果要求） ☆ 注水　　☆ 选择性催化还原 ☆ 注蒸汽　　☆ 干式低 NO_x 燃烧室 其他______ ○ SO_x 规定______ ○ 燃料的含硫量 排放的 SO_x（基于所述的硫含量） ○ CO 规定______ ○ CO 排放量______ ○ 颗粒物规定______ ○ 颗粒物排放量______ ○ 未燃烧的碳氢化合物规定______ ○ 适用的排放条例______ ○ 其他______
油　　漆	
○ 制造商的标准______ ○ 其他______	

表 A.2 数据表——公用设备与接口

GB/T 14099 资料清单

任务单号______ 项目______
采购订单号______ 日期______
询价单号______ 编制______
版本______ 日期______

公用设备与接口

条件

蒸汽 辅助驱动设备： 加热：

进汽最小值____kPa____℃____kPa____℃
进汽额定值____kPa____℃____kPa____℃
进汽最大值____kPa____℃____kPa____℃
排汽最小值____kPa____℃____kPa____℃
排汽额定值____kPa____℃____kPa____℃
排汽最大值____kPa____℃____kPa____℃

起动： 注入：

进汽最小值____kPa____℃____kPa____℃
进汽额定值____kPa____℃____kPa____℃
进汽最大值____kPa____℃____kPa____℃
排汽最小值____kPa____℃____kPa____℃
排汽额定值____kPa____℃____kPa____℃
排汽最大值____kPa____℃____kPa____℃

电器设备

	电动机	加热	控制	停运
电压				
赫兹				
相位				

冷却水

温度：进口______℃ 回流最高______℃
压力：额定值______kPa 设计值______kPa
最小回流______kPa 最大允许 Δ______kPa
温度：进口______℃ 回流最高______℃
设计______
水源______
仪表用空气压力/kPa：
最大 额定 最小

公用设备总消耗：

冷却水______kg/min
蒸汽等级______kPa______kPa______kPa
蒸汽额定耗量______
蒸汽最大耗量______
仪用空气______m^3/min
电动机(辅助设备)______kW
电池充电______kW
加热器______kW
清吹______m^3/min

燃气轮机空气抽取量：

○ kg/min______和
可获得的最大压力
kPa______和______
○ 出口温度______℃
○ 被抽气的压气机级______
备注：______

与采购方的接口

连接	○ 尺寸	○ 端面与规格	○ 位置	○ 法兰或螺栓连接	○ 成套商提供的配合法兰与垫片	○ 气体速度/(m/s)
进气						
排气						
气体燃料供给						
起动空气供给						

表 A.2（续）

连接	○ 尺寸	○ 端面与规格	○ 位置	○ 法兰或螺栓连接	○ 成套商提供的配合法兰与垫片	○ 气体速度/(m/s)
NO_x 抑制注水						
冷却水						
NO_x 抑制注蒸汽						
起动蒸汽供给						
备注						

表 A.3 数据表——成套商提供的辅机系统

GB/T 14099 资料清单

任务单 ________ 项目 ________
采购订单号 ________ 日期 ________
询价单号 ________ 编制 ________
版本 ________ 日期 ________

成套商供应的辅机系统

起动系统(5.2.1)	安装系统(5.2.2)
型式 ○ 电动机 ○ 透平 ○ 气体膨胀机 ○ 内燃机 ○ 液压传动装置 ○ 燃气轮机 ☆ 用离合器起动机 起动机额定功率 ________ kW 轴盘车装置要求 电动机 型式 ________ 额定功率 ________ kW 制造商 ________ 型号 ________ 汽轮机 制造商 ________ 型号 最大蒸汽流量 ________ kg/h 合计/起始 ________ kg ○ 气体膨胀机 应用规格规范 制造商 ________ 型号 最大气体流量 ________ kg/h 总计/起始 ________ kg ○ 膨胀透平用气体	○ 基础型式(5.2.2.1) ________ ○ 适用于环氧树脂的灰浆(5.2.2.2) ________ ○ 底盘(5.2.2.3),单块 ________ 多块 ________ ○ 调整垫/指标 ________ ○ 纵向固定 ○ 隔热 ○ 外部激振力 ________ ________ ○ 支承系统(振动)值 ________ ________ ○ 盖板/格栅的型式(5.2.2.3) ________ ________
	罩壳与消防(5.2.3)
<table><tr><td></td><td>最小</td><td>最大</td><td>额定</td></tr><tr><td>进气压力/kPa</td><td>____</td><td>____</td><td>____</td></tr><tr><td>排气压力/kPa</td><td>____</td><td>____</td><td>____</td></tr><tr><td>进气温度/℃</td><td>____</td><td>____</td><td>____</td></tr><tr><td>排气温度/℃</td><td>____</td><td>____</td><td>____</td></tr><tr><td>分子量</td><td>____</td><td>____</td><td>____</td></tr></table> 转速调节器 ○ 调速器 ○ 压力调节器	○ 罩壳型式 ________ ○ 用 CO_2 灭火 ○ 水雾灭火 ○ 特殊设计考虑 ________ ○ 通风机冗余要求(5.2.3.4) ○ 正压通风(5.2.3.4) ○ 采购方提供的外部管道(5.2.3.4) 需要的直流风机 ________ kW 其他 ________ ________

表 A.3（续）

<table>
<tr><th colspan="2">成套商提供的辅机系统</th></tr>
<tr><td>是　　否
提供的进气控制阀 ____
不锈钢总管 ____
碳钢法兰
Y-滤网 W/关断法兰 ____
低速性能
（用于压气机清洗）____
减压阀压力整定值 ____ kPa
壳体材料 ____
密封型式 ____
内燃机
型式　○ 火花塞点火　○ 柴油机
使用规格
制造商 ____ 型号 ____
kW ____ r/min ____
燃气轮机
使用规格 ____
制造商 ____ 型号 ____
kW ____ r/min ____</td><td>联轴器与防护罩(4.5.1)
制造商　　型式
型号　　防护罩供应商
最大外径 ____ m
毂盘重量 ____ kg
中间件长度 ____ m
中间件重量 ____ kg
○ 要求的慢车适配器

润滑要求
○ 无润滑　○ 润滑脂　○ 连续润滑
每个毂盘的用量 ____ kg 或 L/s
备注：____</td></tr>
<tr><td colspan="2">备注：</td></tr>
</table>

表 A.3（续）

<table>
<tr><th>进气系统(5.2.4)</th><th>排气系统(5.2.5)</th></tr>
<tr><td>空气过滤器制造商 ________ 型号 ________
○ 型式
○ 空气通道部件材料(5.2.4.1)
位置： ○ 地平面 ○ 架高
○ 额外加级设施
○ 设计风速 ________ km/h
○ 正常灰尘入量 ________ g/m³
过滤效率(5.2.4.2) ________
____
维修周期(5.2.4.2) ________ 月
清洗频率(5.2.4.2) ________ 天
在 100%额定空气流量下空气过滤器(5.2.4.2)
压降 Δp ________ kPa
________ 清洗 ________ 报警 ________ 停机
Δp 指示器制造商 ________ 型号 ________
○ 消音器类型(5.2.4.3)
消音器制造商 ________ 型号 ________
在 110%额定空气流量下的消音器压损 ________ kPa
管道表计/材料(5.2.4.4) ________
膨胀节制造商 ________ 型式 ________
离线水洗系统型式(5.2.4.7) ________
○ 在线水洗系统型式(5.2.4.7) ________
○ 蒸发式冷却器型式(5.2.4.7) 效率 ________
蒸发式冷却器制造商 ________ 型式 ________
吸收式冷却器制造商 ________ 型式 ________
在 110%额定空气流量下蒸发式冷却器压损
○ 防结冰装置型式(5.2.4.8) ________
在 110%额定空气流量下整个空气进气系统压损(5.2.4.1)
其他 ________</td>
<td>○ 整个排气系统的要求
膨胀节 制造商 ________ 型式 ________
消音器 制造商 ________ Δp ________ kPa
管路仪表/材料 ________
○ 人员保护隔热 ________
出口法兰定向：
○ 垂直 ○ 水平
○ 由其他部件产生的外部最大 Δp ________ kPa
○ 余热回收装置
制造商 型式 Δp ________ kPa
蒸汽发生器：压力 ________ kPa，温度 ________ ℃
流量 ________ kg/h
整个排气系统额定 Δp ________ kPa

润滑油系统(5.2.7)
润滑油黏度 ________ ISO 等级 ________
通用于
○ 燃气发生器/单轴透平
自由动力透平 负荷齿轮
被驱动设备 辅助设备
○ 合成润滑剂系统
润滑油规格
通用于 燃气发生器
动力透平 负荷齿轮
被驱动设备 辅助设备
☆ 润滑油冷却器型式 ________ 空气
水</td></tr>
<tr><td colspan="2">备注：</td></tr>
</table>

表 A.4 数据表——燃料系统

GB/T 14099 资料清单

任务单 ________ 项目 ________
采购订单号 ________ 日期 ________
询价单号 ________ 编制 ________
版本 ________ 日期 ________

燃料系统(5.2.8)

燃料类型 气体 液体 双(气/气) ○ 双(气/液) 双(液/液) ○ 其他
系统:○ ○ ○

双燃料系统的要求(5.2.8.4):
○ 停机切换
○ 带负荷的(手动)(自动)切换
○ 起动后切换
○在额定负荷(____%额定负荷)下切换
○ 完成切换所允许的最长时间____ s

气体燃料(5.2.8.2)

○ 燃料分析——摩尔百分比

组分	分子量	最小	最大	平均
空气	29			
氧气	32			
氮气	28			
水蒸气	18			
一氧化碳	28			
二氧化碳	44			
氢气	2			
硫化氢	34			
甲烷	16			
乙烯	26			
乙烷	30			
丙稀	42			
丙烷	44			
正丁烷	58			
异丁烷	58			
正戊烷	72			
异戊烷	72			
己烷	86			
庚烷	106			
辛烷以上	114			
合计				

平均分子量
腐蚀物质/(mg/kg)(性质与浓度)
污染物/(mg/kg)(性质与浓度)
净比能/(MJ/kg)
燃料最大/最小压力/kPa ___/___ ___/___ ___/___
燃料最大/最小温度/℃ ___/___ ___/___ ___/___
要求的燃料最大/最小压力/kPa ___/___ ___/___ ___/___
○ 成套商提供的可燃气压缩系统
○ 采购方提供的可燃气压缩系统
○ 成套商提供的可燃气预热系统
○ 采购方提供的可燃气预热系统

液体燃料(5.2.8.3)

○ 燃料等级
要求的液体燃料处理 ○ 有 ○ 无
处理系统提供者 ○ 成套商 ○ 其他
要求的加热器 ○ 有 ○ 无
○ 要求的液体燃料最大/最小压力/kPa ___/___
燃料分析数据

性质	理论值	实测值
在 40 ℃/100 ℃下的黏度/(mm^2/s)		
分馏数据:		
记录 90%(m/m)馏出点/℃		
含硫量/%(m/m)		
净比能/(MJ/kg)		
残炭(基于 10%残留物)(m/m)		
铜腐蚀		
在 100 ℃下的 3 h,最大		
低温可操作性/℃		
芳香族含量		
含灰量/%(m/m)		
在 15 ℃下的密度/(kg/m^3)		
闪点/℃		
倾点/℃		
水分/%(V/V)		
沉淀/%(m/m)		
可滤掉的污物/(mg/100 mL)		
微量金属		
钠		
钾		
钒		
钙		
铅		
其他金属		
其他		

注水/注蒸汽系统(5.2.8.5)

○ 要求的水压力 ________ kPa
○ 要求的蒸汽压力 ________ kPa
○ 要求的蒸汽温度 ________ ℃
○ 水/蒸汽的品质 ________

燃料系统管道(5.2.8.1)

○ 旁通控制阀
○ Y 滤网 ________ 网眼
○ 最终过滤器 ________ μm
○ 隔离截断阀 ________
○ 排污或放气阀 ________ ○ 其他 ________

备注:

表 A.5 数据表——发电机

基本细节
制造商
型号
型式

基本数据
额定输出功率 kW
功率因数
极数
相数
电压 V
频率 Hz
同步转速 r/min
罩壳型式
总温 F/B
超速 r/min
定子最高温度 ℃
磁心最高温度 ℃
定子隔离系统
冷却系统

性能参数	100%	75%	50%	25%	
输出功率					kW
定子电流					A
效率					%
功率因数					

电抗
同步电抗
瞬态电抗
次瞬态电抗
逆序电抗
零序电抗

电枢绕组
瞬态场时间常数
次瞬态时间常数
电枢直流时间常数
短路比

机械数据
基本扭矩 N·m
满负荷扭矩 N·m
转子惯量 kg·m²

尺寸
长度 mm
宽度 mm
高度 mm
净高度 干的 运行 kg·m²
最重部件 kg

公用设备要求
交流 相数 V Hz
水/乙二醇 L/s
轴承润滑油流量(每个) L/s
润滑油黏度等级

表 A.6 数据表——控制器与仪器仪表

GB/T 14099 资料清单

任务单＿＿＿＿＿＿ 项目＿＿＿＿＿＿
采购订单号＿＿＿＿＿＿ 日期＿＿＿＿＿＿
询价单号＿＿＿＿＿＿ 编制＿＿＿＿＿＿
版本＿＿＿＿＿＿ 日期＿＿＿＿＿＿

资料清单

资料完成者
○ 采购方　○ 成套商　☆ 若不由采购方则由成套商

机组控制屏电源(6.12.10)

○ 采购方提供的不间断电源(UPS)
○ 成套商提供的不间断电源(UPS)
☆ ＿＿＿＿＿＿交流　＿＿＿＿＿＿直流(规定电压)
○ 不间断电源(UPS)要维持的时间＿＿＿＿＿＿h

安装(6.13)

机组控制屏位置
○ 到底盘的电缆长度＿＿＿＿＿＿m　○ 要求的电缆隔离(给予规定)
＿＿＿＿＿＿
危险区域分类　＿＿＿＿＿＿
○ 安全环境　○ Ⅰ区　○ Ⅱ区
○ 有灰尘的　○ 环境温度范围＿＿＿＿℃～＿＿＿＿℃
○ 湿度　○ 抗振动安装要求

系统结构(数字系统)(6.12.1)

☆ 单一系统　☆ 容错系统　☆ 其他(给予规定)

起动/带负荷(6.2,6.3)

○ 黑起动能力
○ 手动加负荷　○ 自动带负荷
起动产生
○ 自动(闭合触点)
○ 机组控制屏就地操作(手动)
○ 其他地点(给予指定)＿＿＿＿＿＿
＿＿＿＿＿＿

火灾检测监视(6.4.4,6.10.7)

成套仪器(仪表)
○ 由采购方提供
○ 由成套商提供
☆ 规定数量与类型　数量＿＿＿＿＿＿类型＿＿＿＿＿＿
监视器
○ 由采购方提供
○ 由成套商提供

火灾检测监视[6.4.4、6.10.8(若适用)]

成套仪器(仪表)
○ 由采购方提供
○ 由成套商提供
☆ 规定数量与类型　数量＿＿＿＿＿＿类型＿＿＿＿＿＿
监视器
○ 由采购方提供　○ 由成套商提供

表 A.6（续）

<table>
<tr><th>通风与清吹(6.5)</th></tr>
<tr><td>○ 适用的国家规定
(给予指定)________</td></tr>
<tr><th>燃料控制(6.6)</th></tr>
<tr><td>○ 气体燃料　○ 液体燃料　○ 双燃料(气体/气体)　○ 双燃料(气体/液体)　○ 双燃料(液体/液体)
其他双燃料(给予指定)________
双燃料运行——控制方法,例如手动,气体供应压力________
○ 低净比能气体燃料运行
○ 可用的起动气体燃料/液体燃料
○ 变净比能气体燃料运行
规定净比能的范围________
规定 WOBBE 指数范围________</td></tr>
<tr><th>转速控制机械驱动应用情况(6.7.1)</th></tr>
<tr><td>○ 过程控制信号输入________
○ 要求的调速器的转速范围(给予规定)________</td></tr>
<tr><th>报警/停机通告(6.12.3)</th></tr>
<tr><td>☆ 基本监视器(见 6.12.3)
☆ 报警灯信号器
☆ 停机灯信号器</td></tr>
<tr><th>透平转速与温度的显示(6.12.5)</th></tr>
<tr><td>☆ 基本监视器
☆ 模拟显示
☆ 数字显示</td></tr>
<tr><th>振动监测(6.10.6)</th></tr>
<tr><td>燃气轮机
○ 地震式　○ 轴位移式
齿轮箱
☆ 地震式(速度或加速度)
☆ 轴位移
被驱动设备
☆ 地震式(速度或加速度)
☆ 轴位移</td></tr>
<tr><th>性能监测(6.12.6)</th></tr>
<tr><td>○ 要求的性能测量仪和监测</td></tr>
<tr><th>排放量检测(3.8)</th></tr>
<tr><td>○ 要求的排放量测量仪和监测</td></tr>
<tr><th>人机界面(6.12.2)</th></tr>
<tr><td>类型
○ 黑白监测器
○ 彩色监测器(指定大小)________
位置
○ 桌面
○ 屏装
○ 两者兼有
○ 彩色监测器(规定大小)
特征要求
○ 机组仿真方面
○ 趋势显示(总体)
○ 趋势显示(性能)　○ 趋势显示(振动)　○ 趋势显示(排放量)
○ 报警器
○ 其他(给予指定)________</td></tr>
</table>

表 A.6（续）

电磁兼容性(6.12.8)

○ 规定任何适用的地方、国家或国际标准

____

____

数据通信(6.15)

○ 要求的

○ 类型，例如串行 RS232(MODBUS RTU 协议)(规定) ____________________

特征

○ 仅对数据

○ 数据加控制

机组控制屏试验

见证工厂硬件验收试验　　　　　　　　　　见证工厂功能验收试验

控制仪器清单

⊗＝表示该规范是强制性的要求

○＝选择性的——如要求必须由采购方完成此项

(1) 指燃气轮机临近区域　　　　　　　　　　(2) 指的是控制屏地点

名　称	强制性要求	指示器 (1)	指示器 (2)	控制 (1)	控制 (2)
1. 起动选择器，2 位	○	n/a	n/a	○	○
2. 允许执行起动程序	⊗	○	⊗	○	⊗
3. 允许执行停机程序	⊗	○	⊗	○	⊗
4. 紧急停机	⊗	○	○	⊗	⊗
5. 准备加负荷	⊗	○	⊗	n/a	n/a
6. 小时计	⊗	○	⊗	n/a	n/a
7. 尖峰负荷小时计	○	○	○	n/a	n/a
8. 点火起动计数器	⊗	○	⊗	n/a	n/a
9. 试图起动计数器	○	○	○	n/a	n/a
10. 转速选择器，自动/手动	⊗	○	○	○	⊗
选择 11a＋11b 或 11c					
11a 燃气发生器转速	⊗	○	⊗	n/a	n/a
11b 动力透平转速	⊗	○	⊗	n/a	n/a
11c 燃气轮机(单轴)转速	⊗	○	⊗	n/a	n/a
12. 升高/降低转速	⊗	n/a	n/a	○	⊗
13. 转速整定点要求	○	○	○	n/a	n/a
14. 高温燃气通道温度	⊗	○	⊗	n/a	n/a
15. 高温燃气通道温度分散度	○	○	○	n/a	n/a
16. 轴承温度	○	○	○	n/a	n/a
17. 燃料供应压力	⊗	⊗	○	n/a	n/a
18. 燃料供应温度	○	○	○	n/a	n/a
19. 压气机清洗系统	○	○	○	○	○
20. 润滑油供应压力	⊗	⊗	⊗	n/a	n/a
21. 润滑油加热器	○	○	○	○	○
22. 备用润滑油泵运行	⊗	○	⊗	○	○
23. 应急润滑油泵运行	⊗	○	⊗	○	○
24. 复位/灯试验	⊗	n/a	⊗	○	⊗
25. 喇叭静音	⊗	n/a	n/a	○	⊗

表 A.6（续）

<table>
<tr><td colspan="6">控制仪器清单
⊗＝表示该规范是强制性的要求
○＝选择性的——如要求必须由采购方完成此项</td></tr>
<tr><td colspan="3">(1) 指燃气轮机临近区域</td><td colspan="3">(2) 指的是控制屏地点</td></tr>
<tr><td rowspan="2">名　称</td><td rowspan="2">强制性要求</td><td rowspan="2">警　告</td><td rowspan="2">停　机</td><td colspan="2">报警指示器位置</td></tr>
<tr><td>(1)</td><td>(2)</td></tr>
<tr><td>1. 紧急停机</td><td>⊗</td><td>n/a</td><td>⊗</td><td>○</td><td>⊗</td></tr>
<tr><td>2. 盘车失败</td><td>○</td><td>○</td><td>○</td><td>○</td><td>○</td></tr>
<tr><td>3. 起动失败</td><td>⊗</td><td>n/a</td><td>⊗</td><td>○</td><td>⊗</td></tr>
<tr><td>4. 点火失败</td><td>⊗</td><td>n/a</td><td>⊗</td><td>○</td><td>⊗</td></tr>
<tr><td colspan="6">选择 5a＋5b 或 5c</td></tr>
<tr><td>5a 燃气发生器转速低</td><td>○</td><td>○</td><td>○</td><td>○</td><td>○</td></tr>
<tr><td>5b 动力透平转速低</td><td>○</td><td>○</td><td>○</td><td>○</td><td>○</td></tr>
<tr><td>5c 燃气轮机(单轴)转速低</td><td>○</td><td>○</td><td>○</td><td>○</td><td>○</td></tr>
<tr><td>6. 超速起动器</td><td>○</td><td>○</td><td>○</td><td>○</td><td>○</td></tr>
<tr><td colspan="6">选择 7a＋7b 或 7c</td></tr>
<tr><td>7a 燃气发生器超速</td><td>○</td><td>○</td><td>○</td><td>○</td><td>○</td></tr>
<tr><td>7b 动力透平超速</td><td>⊗</td><td>n/a</td><td>⊗</td><td>○</td><td>⊗</td></tr>
<tr><td>7c 燃气轮机(单轴)超速</td><td>⊗</td><td>n/a</td><td>⊗</td><td>○</td><td>⊗</td></tr>
<tr><td>8. 备用超速</td><td>○</td><td>n/a</td><td>○</td><td>○</td><td>○</td></tr>
<tr><td>9. 燃气轮机高温燃气通道温度</td><td>⊗</td><td>⊗</td><td>⊗</td><td>○</td><td>⊗</td></tr>
<tr><td>10. 高温燃气通道温度分散度</td><td>○</td><td>○</td><td>○</td><td>○</td><td>○</td></tr>
<tr><td>11. 调速器故障</td><td>○</td><td>○</td><td>○</td><td>○</td><td>○</td></tr>
<tr><td colspan="6">选择 12a 和 12b 或 12c</td></tr>
<tr><td>12a 燃气发生器振动</td><td>⊗</td><td>⊗</td><td>⊗</td><td>○</td><td>⊗</td></tr>
<tr><td>12b 动力透平振动</td><td>⊗</td><td>⊗</td><td>⊗</td><td>○</td><td>⊗</td></tr>
<tr><td>12c 燃气轮机(单轴)振动</td><td>⊗</td><td>⊗</td><td>⊗</td><td>○</td><td>⊗</td></tr>
<tr><td>13. 振动监测器故障</td><td>○</td><td>○</td><td>○</td><td>○</td><td>○</td></tr>
<tr><td>14. 轴位移量大</td><td>○</td><td>○</td><td>○</td><td>○</td><td>○</td></tr>
<tr><td>15. 轴承温度</td><td>○</td><td>○</td><td>⊗</td><td>○</td><td>○</td></tr>
<tr><td>16. 燃料供应压力低</td><td>○</td><td>○</td><td>○</td><td>○</td><td>○</td></tr>
<tr><td>17. 燃料供应压力高</td><td>○</td><td>○</td><td>○</td><td>○</td><td>○</td></tr>
<tr><td>18. 燃料供应温度低</td><td>○</td><td>○</td><td>○</td><td>○</td><td>○</td></tr>
<tr><td>19. 燃料阀门故障</td><td>○</td><td>○</td><td>○</td><td>○</td><td>○</td></tr>
<tr><td>20. 润滑油供应压力低</td><td>⊗</td><td>⊗</td><td>⊗</td><td>○</td><td>⊗</td></tr>
</table>

表 A.6（续）

控制仪器清单 ⊗＝表示该规范是强制性的要求 ○＝选择性的——如要求必须由采购方完成此项					
(1) 指燃气轮机临近区域			(2) 指的是控制屏地点		
名　　称	强制性要求	警　告	停　机	报警指示器位置	
				(1)	(2)
21. 润滑油箱油位低	○	○	○	○	○
22. 润滑油排出温度高	⊗	⊗	⊗	○	⊗
23. 润滑油供应温度高	⊗	⊗	⊗	○	⊗
24. 润滑油过滤器压差高	○	○	○	○	○
25. 进气过滤器压差高	⊗	n/a	○	○	○
26. 可燃气检测值高	⊗	○	⊗	○	⊗
27. 火灾/燃气监测器故障	⊗	⊗	○	○	⊗
28. 罩壳温度高	○	○	○	○	○
29. 灭火系统失效	⊗	⊗	○	○	⊗
30. 检测到火灾	⊗	○	⊗	⊗	⊗
31. 灭火系统喷放灭火剂	○	○	○	○	○
32. 控制电压低	○	○	○	○	○
33. 蓄电池电压低	○	○	○	○	○
34. 蓄电池充电器故障	○	○	○	○	○
35. 跳闸到最小自持转速	○	○	○	○	○
36. 跳闸到调速器最小转速	○	○	○	○	○
37. 转子超温	○	○	○	○	○
38. 罩壳监测器温度高	⊗	○	⊗	○	⊗

附 录 B
（资料性附录）
适合本部分应用的国家或国际标准列表

应用	国际（ISO或IEC）	美国	德国（DIN）	英国（BSI）	法国（AFNOR）	日本（JIS）
斜齿轮与人字齿轮减速器和增速箱的习惯用法		AGMA 420				
高速斜齿轮与人字齿轮装置的惯用法		AGMA 421				
钢管与合金管的法兰	ISO 7005-1	ASME B 16.5	DIN 2543 DIN 2544 DIN 2545 DIN 2546 DIN 2547 DIN 2548 DIN 2549 DIN 2550 DIN 2551	BS 4504	NF E29-203 NF E29-204	B 2220 B 2239
锻造管接头		ASME B 16.11	DIN 910	BS 3799	N E29-600	
压力管道规范		ASME B 31.1 ASME B 31.3		BS 1600		B 8270
润滑系统	ISO 10438-1,-2,-3,-4	API STD 614 ASTM 4241—83	DIN 24425	BS 4807		
炼油厂的燃气轮机		API STD 616				
专用联轴器		API STD 617				
通用管螺纹	ISO 228-1	ASME B 1.20.1		BS 2779（密封圈） BS 21（螺纹密封）	NF E03-005	B 0202 B 0203
锅炉与压力容器规范焊接与钎焊		ASME 第Ⅸ部分	DIN EN 288-3	BS EN 288-3	NF EN 288-3	Z 3040 Z 3801 Z 3881 Z 3891
用轧制、压制和锻造的型钢、钢板、钢材及钢带制得产品的(热镀)锌镀层		ASTM A 123				
用于高压、高温工作条件的螺栓的碳钢与不锈钢螺帽		ASTM A 194	DIN 17440	BS 4882 BS 1506		G 4051 G 4303
可锻铸铁		ASTM A 197				G 5702
有外螺纹的碳钢标准紧固件		ASTM A 307				

应　用	国际（ISO 或 IEC）	美国	德国（DIN）	英国（BSI）	法国（AFNOR）	日本（JIS）
国家电气规范	IEC 60079	NFPA 70				
自动火灾检测器		NFPA 72E				
用于油田设备的抗硫防裂金属材料		NACE MR 0175				

参 考 文 献

[1] ISO 228-1:2000 非螺纹密封的管螺纹 第1部分:标记、尺寸和公差.

[2] ISO 1940-2:1997 机械振动 刚性转子的平衡质量要求 第2部分:平衡误差.

[3] ISO 3977-5:2001 燃气轮机 采购 第5部分:在石油与天然气工业中的应用.

[4] ISO 7005-1:1992 金属法兰 第1部分:钢法兰.

[5] ISO 10438-1:2003 石油与天然气工业 润滑、轴的密封与控制油系统及附属设备 第1部分:一般要求.

[6] ISO 10438-2:2003 石油与天然气工业 润滑、轴的密封与控制油系统及附属设备 第2部分:专用油系统.

[7] ISO 10438-3:2003 石油与天然气工业 润滑、轴的密封与控制油系统及附属设备 第3部分:通用油系统.

[8] ISO 10438-4:2003 石油与天然气工业 润滑、轴的密封与控制油系统及附属设备 第4部分:自作用气体密封支持.

[9] ISO 10439:2002 石油、化学制品和煤气的服务行业 离心式压缩机.

[10] ISO 10816-3:1998 机械振动 在非旋转部件上测量和评定机器振动 第3部分:在额定功率大于15 kW、额定转速在120 r/min和15 000 r/min之间现场测量的工业机器.

[11] ISO 11342:1998 机械振动 柔性转子机械平衡的方法和标准.

[12] AGMA 420 斜齿传输线与人字齿轮减速器和增速器的惯用法.

[13] AGMA 421 高速斜齿轮与人字齿轮装置的惯用法.

[14] API STD 614 特殊用途的润滑、轴封和控制油系统.

[15] API STD 616 用于炼油厂的燃气轮机.

[16] API STD 671 石油、化学制品和煤气工业作业用的专用联轴器.

[17] ASME B 16.5 管法兰及法兰配件.

[18] ASME B 16.11 锻钢配件、管套焊接及管套螺纹.

[19] ASME B 31.1 动力管道.

[20] ASME B 1.20.1 一般用途管螺纹(英吋).

[21] ASME A 123 轧制、压制和锻制的型钢、钢板、钢棒及钢带制品的锌镀层(热镀)规格.

[22] ASTM D 4241 燃气轮机发电机滑油系统设计规程.

[23] BS 21 管子及配件上的气密螺纹接头的管螺纹规格(米制尺寸).

[24] BS 1600 石油工业用钢管尺寸规格.

[25] BS 2779 非螺纹密封连接的管与配件用管螺纹规格(米制尺寸).

[26] BS 3799 石油工业用钢管配件,螺旋套管焊接规范.

[27] BS 4504-3.3 管、阀门及配件用圆法兰(以PN标志) 第3部分第3节:铜合金和复合材料法兰规格.

[28] BS 4807 机器与设备的集中润滑推荐标准.

[29] BS EN 288-3 金属材料焊接程序的规范和认可 钢的电弧焊的焊接程序试验.

[30] DIN 910 带肩的外六角螺钉:重载圆柱螺纹.

[31] DIN 2543 铸钢法兰 公称压力16.

[32] DIN 2544 铸钢法兰 公称压力25.

[33] DIN 2545 铸钢法兰 公称压力40.

[34] DIN 2546 铸钢法兰 公称压力64.

[35] DIN 2547 铸钢法兰 公称压力 100.
[36] DIN 2548 铸钢法兰 公称压力 160.
[37] DIN 2549 铸钢法兰 公称压力 250.
[38] DIN 2550 铸钢法兰 公称压力 320.
[39] DIN 2551 铸钢法兰 公称压力 400.
[40] DIN 24425 油(供应)系统 说明、选择、需求分类.
[41] JIS B 0202 圆柱管螺纹.
[42] JIS B 0203 锥管螺纹.
[43] JIS B 2220 焊接式钢法兰.
[44] JIS B 2239 铸铁法兰.
[45] JIS B 8270 压力容器(通用标准).
[46] NF E03-005 非螺纹密封管螺纹 圆柱形外螺纹和内螺纹.
[47] NF E29-203 工业管路 非合金、合金、奥氏体不锈钢法兰与垫片 术语、尺寸.
[48] NF E29-204 工业管路 锻钢法兰与垫片 规格.
[49] NF E29-600 工业管路 锻制钢管的焊接和螺纹连接 NPT 通用.
[50] NFPA 70 国家电气规范.

ICS 27.040
K 56

中华人民共和国国家标准

GB/T 14099.8—2009/ISO 3977-8:2002

燃气轮机　采购
第8部分:检查、试验、安装和调试

Gas turbines—Procurement—
Part 8:Inspection,testing,installation and commissioning

(ISO 3977-8:2002,IDT)

2009-04-13 发布　　2010-01-01 实施

中华人民共和国国家质量监督检验检疫总局
中国国家标准化管理委员会　发布

前 言

GB/T 14099《燃气轮机 采购》由如下部分组成：

——第1部分：总则与定义；

——第2部分：标准参考条件与额定值；

——第3部分：设计要求；

——第4部分：燃料与环境；

——第5部分：在石油与天然气工业中的应用；

——第6部分：联合循环；

——第7部分：技术信息；

——第8部分：检查、试验、安装和调试；

——第9部分：可靠性、可用性、可维护性与安全性。

本部分为GB/T 14099的第8部分。

本部分等同采用ISO 3977-8:2002《燃气轮机 采购 第8部分：检查、试验、安装和调试》(英文版)。

本部分等同翻译ISO 3977-8:2002。

为便于使用，本部分做了如下编辑性修改：

——将“国际标准的本部分”改为“本部分”；

——用小数点“.”代替作为小数点的逗号“,”；

——将一些适用于国际标准的表述改为适用于我国标准的表述；

——对ISO 3977-8:2002引用的其他国际标准，有被采用为我国标准的用我国标准代替相对应的国际标准，未被我国标准采用的直接引用国际标准。

本部分由中国机械工业联合会提出。

本部分由全国燃气轮机标准化技术委员会(SAC/TC 259)归口。

本部分起草单位：苏州高达热电有限公司、上海闸电燃气轮机发电有限公司、华能汕头电厂、南京燃气轮机研究所、上海发电设备成套设计研究院、天津滨海电力有限公司、浙江镇海联合发电公司、四川省电力设计院、中国南方航空动力机械公司。

本部分主要起草人：胡星辉、范邦棪、张旋洲、涂庆国、沈邱农、沈国强、吴云飞、张云燕、陈文烽。

燃气轮机 采购
第8部分:检查、试验、安装和调试

1 范围

GB/T 14099的本部分为确保成套商所供产品和各项服务的完整,确立了各系统和程序的原则。

本部分为成套和成套设备提供了检查、试验、安装和调试的指导性意见。本部分概述了采购方与成套商在检查、协调、报告和记录方面的职责。

2 规范性引用文件

下列文件中的条款通过GB/T 14099的本部分的引用而成为本部分的条款。凡是注日期的引用文件,其随后所有的修改单(不包括勘误的内容)或修订版均不适用于本部分,然而,鼓励根据本部分达成协议的各方研究是否可使用这些文件的最新版本。凡是不注日期的引用文件,其最新版本适用于本部分。

GB/T 14099.3—2009 燃气轮机 采购 第3部分:设计要求(ISO 3977-3:2004,IDT)

GB/T 15135—2002 燃气轮机 词汇(ISO 11086:1996,MOD)

GB/T 18345.1—2001 燃气轮机 烟气排放 第1部分:测量与评估(idt ISO 11042-1:1996)

ISO 2314:1989 燃气轮机 验收规范

ISO 3977-1:1997 燃气轮机 采购 第1部分:总则与定义

ISO 3977-2:1997 燃气轮机 采购 第2部分:标准参考条件与额定值

ISO 3977-4:2002 燃气轮机 采购 第4部分:燃料与环境

ISO 4406:1999 液压油动力 油类 固体颗粒污染度分级法

ISO 6190:1988 声学 用于评估环境噪声的燃气轮机装置声级的测量 测量方法

ISO 10442:2002 石油、化工及燃气服务业 快装式整体化齿轮传动离心式空气压缩机

ISO 13691:2001 石油与天然气工业 高速专用齿轮装置

ISO 13709:2003 石油、石化和天然气工业用离心泵

IEC 60034-1:1983 旋转式电动机械 第1部分:额定值和性能

IEC 60034-4:1985 旋转式电动机械 第4部分:由试验确定同步机参数的方法

3 术语和定义

ISO 3977-1:1997、ISO 3977-2:1997、GB/T 14099.3—2009、GB/T 15135—2002和ISO 3977-4:2002中确立的以及下列术语和定义适用于GB/T 14099的本部分。

3.1

检查 inspection

证明材料、零部件、组装件或成套机组满足成套商或采购方一个或多个特定规范的过程。

注:这可包括证明文件、报告、材料合格证、化学分析、物理或轮廓尺寸检查、制造记录、外观检查和/或有文件记录的检查和试验结果,含任何可采用的无损检测(NDE)方法或技术。

3.2

试验 test

证明组装件、零部件或成套机组满足成套商在试验大纲和程序中所规定的物理性能、功能性和操作性的要求,或采购方规范的过程。

3.3

见证 witnessed

对制造过程采用的一种控制方式,即检查或试验一定要有采购方或其代理人在场的情况下进行。

3.4

告知 observed

一定要告知采购方检查或试验的时间。

注:但是,检查或试验宜按计划进行,如果采购方或其代理人没有到场,成套商宜继续进行下一步工作。

4 总则

成套商应为采购方提供检查和试验计划。该计划确定了成套商及其分包商所需采取的措施,以确保成套的完整。

这些计划宜包括采购方在其询价书中提出的任何特定要求,以及原产地或目的地中适用于成套设备的任何地方或国家的相关法规。开始制造前,成套商、采购方和可由采购方指定的任何一个第三方检查者应对该计划达成一致意见。

采购方有责任将目的地的任何地方和国家的相关法规通知成套商。

对于必须在现场进行的检查和试验,应在检查和试验计划中明确指出,并且得到成套商与采购方的一致同意。

成套商与采购方应就下列事项达成一致意见:

——采购方参与检查和试验的程度,包括见证试验点和告知试验点;

——试验程序、参数验收及验收规范的详情;

——控制点和见证试验及告知试验的通知期限;

——由采购方提供的设备和服务。

调试完成之日起,成套商应将下列资料至少保存10年,以备采购方或其代理人要求检查时用:

——材料合格证;

——材料清单上所有项目的采购规范;

——证明已满足采购规范要求的试验数据;

——反映材料检查结果的文件,包括所有热处理和探伤过程的完整的鉴定记录;

——如有规定,还包括最终装配和竣工间隙。

除上述要求外,采购方还可指定:

——应对表面和内部进行检查的部件;

——采用的无损检测的类型。

5 检查

5.1 总则

检查工作贯穿于整个制造过程,可涉及:

——材料;

——零部件;

——装配;

——组装件;

——成套辅助设备;

——成套燃气轮机。

当检查工作涉及到承压部件时,这些部件应在完成指定的检查后再油漆。

5.2 **材料检查**

在制造和组装过程中对燃气发生器、动力透平和设备上所有其他零部件，使用的无损检测(NDE)程序和验收规范应符合成套商和采购方同意的检查和试验计划书。

5.3 **机械检查**

在组装过程中及功能性、操作性试验之前，对零部件或组装件(包括这些零部件的埋铸管路)和所有的管路及附件，应采用化学的或其他合适的方法进行清洗，以除去异物、锈蚀物和氧化皮。

所供的油系统每一部分应满足 ISO 4406 标准中的清洁度要求。

如有规定，采购方可在封头焊接至容器之前、容器或交换器上的开孔被封闭之前、或者管道最后组装之前，对由成套商或通过成套商提供的设备和所有管道及其附件进行清洁度的检查。

如有规定，对部件、焊缝和热影响区进行试验，以确定其硬度应在允许值范围内。测试的方法、范围、记录和见证应由采购方和成套商共同商定。

6 试验

6.1 **总则**

本条涉及进入商业运行之前，关于零部件、组装件和成套机组物理试验的最低推荐要求。

试验范围应由采购方和成套商商定，可以包括由采购方在 6.4 所述的选定试验中指定的选项。

图 1 表示强制的和任选的运行试验的理想顺序，并可用作指导。所有试验记录应保存一段时期以备后用。

6.2 **水压试验**

最低限度，对于法规或国家标准确定为压力容器的部件(燃气发生器缸体和动力透平的缸体除外)，应按照法规和国家标准进行水压试验，液体最小压力至少为最大允许工作压力的 1.5 倍，但是其差压不小于 140 kPa。其他部件和系统应按照采购方的要求或适用于目的地区的法规的或强制性的要求进行试验。试验液体温度应高于试验材料的脆性转变温度。

如果试验部件是在材料的抗拉强度低于该材料室温抗拉强度的温度下运行，水压试验的压力应乘以一系数，该系数是将材料室温下的允许工作应力除以运行温度下的允许工作应力。数据表应列出实际的水压试验压力和温度。

用于奥氏体不锈钢材料试验的液态氯化物含量不应超过 5.0×10^{-5}，为了防止因蒸发干燥引起的氯化物沉积，所有残余液体在试验结束后应从试验件内清除。

试验应维持足够长的时间，以便完成各部件在受压状态下的检查。至少观察 30 min，如果气缸或气缸接合面既没有泄漏也没有渗漏，则应认为本次水压试验是合格的。大型的、重型的气缸可要求更长的试验时间，这要由采购方和成套商商定。

分段气缸试验内部封闭有渗漏时，容许用试验泵维持压力。

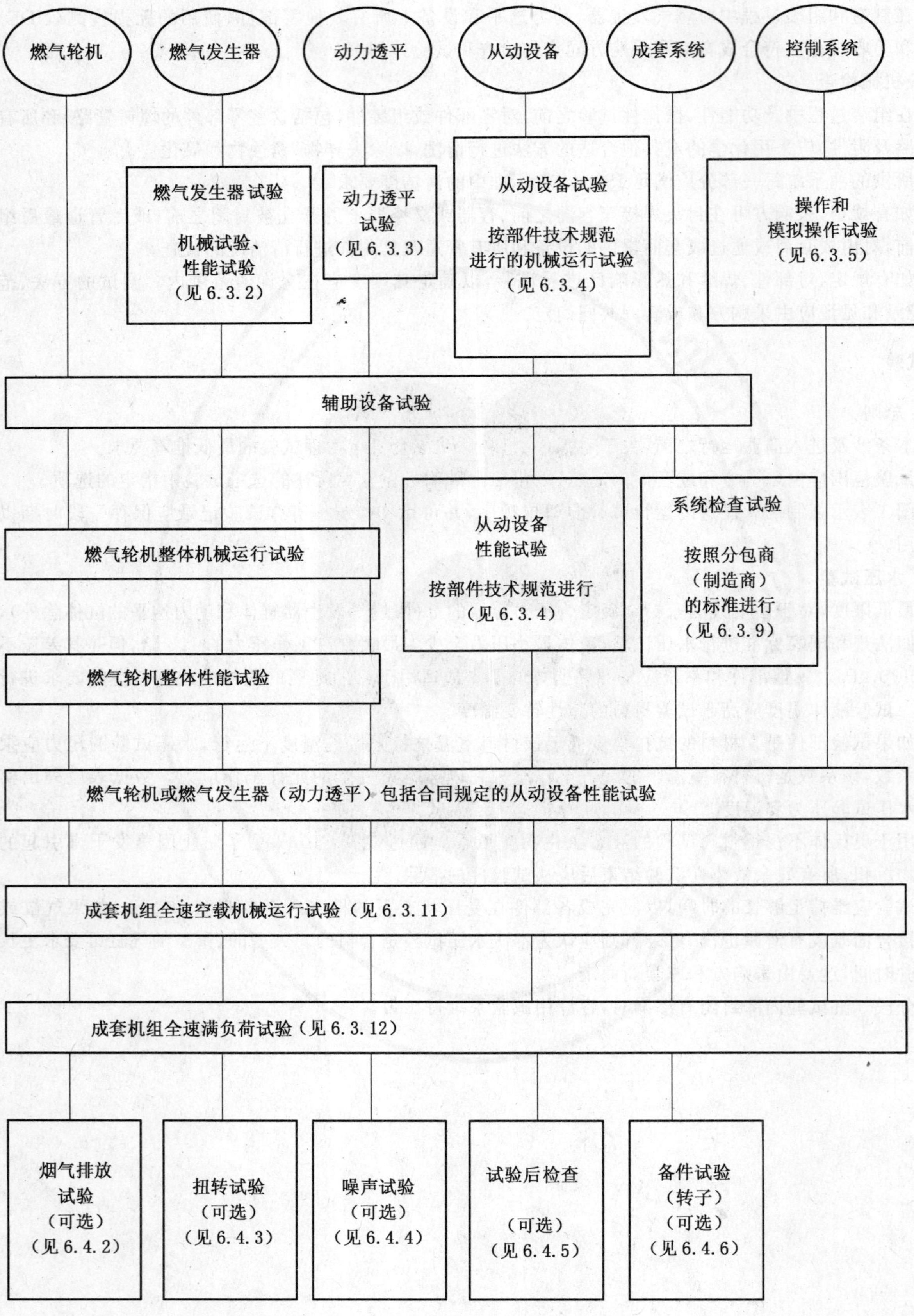
燃气轮机
燃气发生器
动力透平
从动设备
成套系统
控制系统
燃气发生器试验
机械试验、
性能试验
（见6.3.2）
动力透平
试验
（见6.3.3）
从动设备试验
按部件技术规范
进行的机械运行试验
（见6.3.4）
操作和
模拟操作试验
（见6.3.5）
辅助设备试验
燃气轮机整体机械运行试验
从动设备
性能试验
按部件技术规范进行
（见6.3.4）
系统检查试验
按照分包商
（制造商）
的标准进行
（见6.3.9）
燃气轮机整体性能试验
燃气轮机或燃气发生器（动力透平）包括合同规定的从动设备性能试验
成套机组全速空载机械运行试验（见6.3.11）
成套机组全速满负荷试验（见6.3.12）
烟气排放
试验
（可选）
（见6.4.2）
扭转试验
（可选）
（见6.4.3）
噪声试验
（可选）
（见6.4.4）
试验后检查
（可选）
（见6.4.5）
备件试验
（转子）
（可选）
（见6.4.6）

图 1　选项试验图

6.3 功能/运行试验

6.3.1 总则

图1表示可选择的试验选项。

向现场交货前可能进行的试验范围取决于燃气轮机的设计、额定功率和尺寸,以及成套商工厂中可用的设备。如果这些因素限制工厂试验,那么成套设备应在另一可供选择地或现场进行试验。无论如何,现场验收试验通常总是需要的,不论工厂试验的范围有多大。

试验的范围和地点应由采购方和成套商商定。燃气轮机和燃气发生器性能试验应该按照ISO 2314:1989进行。以下是常规试验举例:

——燃气轮机试验;

——燃气轮机带有合同规定的从动设备试验;

——成套设备试验。

对于带有动力透平的燃气轮机,还可选做以下试验:

——燃气发生器试验;

——动力透平试验。

这些试验可以在空载、部分负荷或满负荷下进行。用于机械驱动时,驱动装置可用于完成从动设备的全压、满负荷或全速试验。

试验一般应包括:

——冷态启动;

——热态启动;

——可调进口导叶和/或静叶片的全范围操作;

——放气阀的操作;

——防冰系统的操作(如果提供)。

特定被试验设备的所有润滑油压力、黏度和温度应在成套商为其提供的使用说明书中推荐的运行值范围内。

缸体、润滑油系统、燃料系统和液压系统应检查接合面和连接处的严密性。应该消除油和燃料的所有泄漏。对性能有不利影响的,并且采购方认为会引发安全事故的空气泄漏应予消除。

所有的报警、保护和控制装置应进行调整和试验以满足正常运行。当试验由采购方见证时,试验期间仅应随机抽选用于验证。

6.3.2 燃气发生器

燃气发生器无论作为一个单独的组件还是作为成套燃气轮机的部件,都应进行试验。试验应证明机械运行、功率和热效率符合制造商的技术规范。

这个试验可利用试车台设备(即控制器、管道、空气过滤器、功率计、喷嘴等)来做,但是应在成套商提供并经采购方同意的试验规程中标明。

在燃气发生器机械运行和/或性能试验期间,应验证所有合同设备和能被试验的安全装置的机械操作是合格的。振动读数不应超过GB/T 14099.3—2009中给定的极限。机械性能应符合给定技术条件。

6.3.3 动力透平

如果动力透平单独做试验(即不与燃气发生器直接相连,见6.3.2),应检查振动水平是否符合要求,以及配套的保护装置和仪器的工作是否正常。

6.3.4 从动设备

6.3.4.1 发电机试验

发电机应在发电机卖方制造厂根据IEC 60034-1和IEC 60034-4进行试验。

发电机应与成套机组一起进行负荷性能试验,并在商定的地点与透平/负载设备系统的机械运行试验同时进行。

6.3.4.2 **压缩机试验**

用于油、气、石化和炼油工业的压缩机应根据 ISO 10442 的要求进行工厂试验。

ISO 10442 内的选项试验可以作为成套机组工厂试验的一部分。

6.3.4.3 **泵试验**

用于油、气、石化和炼油工业的泵应根据 ISO 13709 的要求进行试验。

ISO 13709 内的选项试验可以作为成套机组工厂试验的一部分。

6.3.4.4 **负荷齿轮箱试验**

用于油、气、石化和炼油工业的主负荷齿轮箱应根据 ISO 13691 的要求进行试验。

6.3.5 **控制系统**

合同控制盘应全面做硬件操作试验。合同控制盘还应按照采购方和成套商之间的商定进行功能试验(型式试验或合同规定试验)。功能试验应在模拟试验台上进行,或成套商应在安装和调试阶段之前全面检查所有燃气轮机运行参数。

6.3.6 **辅助设备试验**

如有规定,GB/T 14099.3—2009 中列出的辅助设备应在机械运行试验之前进行试验,辅助设备试验的细节应由采购方和成套商共同拟定。

6.3.7 **燃气发生器/动力透平机械试验**

如有规定,分体式的燃气发生器和动力透平应一起进行机械试验。试验按照 6.3.2 进行。动力透平的机械状况应符合 GB/T 14099.3—2009 中的振动和平衡要求。对于采用滑动轴承的动力透平,油温和轴承温度应符合成套商的技术规范。

6.3.8 **燃气发生器/动力透平性能试验**

燃气轮机的功率和热效率试验应根据 ISO 2314:1989 和/或由采购方与成套商商定进行。

6.3.9 **系统检查**

所有成套设备和非成套设备的部件和系统,应根据制造商的标准和确定的规程进行试验,这些试验应证实系统的完整性及其正常运行的能力,如合适,可包括下列部分或全部工作:

——外观检查;

——回路检查;

——管道系统清洗;

——压力试验和泄漏试验;

——仪器设定点;

——阀门顺序。

6.3.10 **燃气轮机(包括合同规定的从动设备)**

投入商业运行之前,应对整套燃气轮机(燃气发生器和动力透平)包括合同规定的从动设备进行试验。试验可在成套商的试验场所或安装和调试后在现场进行,但无论如何都应按照双方同意的试验规程执行。

6.3.11 **全速空载(FSNL)试验**

6.3.11.1 **全速空载(FSNL)试验准备**

在成套商的试验场所或在现场(如果双方同意)进行 FSNL 试验之前,应按照以下条款进行试验准备。

对于机械运行试验,成套装置应使用合同规定的轴承和轴封(如果有)。

特定被试验设备的所有润滑油压力、黏度和温度应在成套商为其提供的使用说明书中推荐的运行值范围内。

如果用试验台设备滤油,其过滤精度应是 10 μm 或者更高。在任何试验开始前,油过滤器出口的滑油系统部件应满足 ISO 4406 的清洁度要求。

应检查所有接合面和连接处的严密性，并消除任何泄漏。

应检查所有报警、保护和控制装置，并按要求调试。

对于机械驱动的应用，应安装防止油或其他碎屑在机械运行试验中进入从动设备的设施。这些设施在整个试验期间都应处在运行状态。

当连接从动设备时，需要进行合同规定的联轴器试验。在运行试验后，液压安装联轴器的过盈配合应通过比较轴套与轴的配合标记进行检查，以确认试验期间联轴器的轴套相对轴没有移动。

试验过程中所有合同规定的振动探测器、电缆、解调器和/或加速度表均应投入使用。

只要可能，工厂试验设施就应包括能连续监控、绘制曲线和记录每分钟转数、峰-峰位移值、峰值加速度、速度有效值和相位角的仪器。所有振动数据应按照商定的提供。

如果振动验收标准用地震值来表示，这些应在试验规程以及在试验期间使用合同规定的仪器记录下的实际值中说明。

6.3.11.2 转速控制

对于电力驱动的各种应用，转速控制设备应在调速器确定的全范围内验证。对于机械驱动的各种应用，设备转速应（如果许可）以大约 10% 的增量，从调速器最小设定值逐步增加到最大连续转速。在上述两种情况下，设备都应以正常最大连续转速运行，直到轴承、润滑油温度和振动稳定为止。

然后输出转速应按照成套商的建议递增，以验证机组在不超过超速遮断设定值 3% 的转速以内，最长持续 15 min，能够满意运行。

超速遮断装置应进行检查和调整，直至动作值误差达到正常遮断设定值的 1% 以内。

应在整个运行转速范围内试验转速调节器和任何其他转速调整装置的平滑调节性能，并检查其空载稳定性和对控制信号的响应。

该转速应减小至最大连续运行转速，设备在此转速下应运行 4 h，如双方同意，时间可缩短。

当运行在（或接近）临界转速时，应特别小心。

6.3.11.3 运行试验

在机械运行试验期间，所有被试验设备的机械运行和试验仪器的工作应是正常的。每个部件实测的振动等级不应超过规定的限制，并且应在整个运行转速范围内记录下来。

当设备在最大连续转速和试验规程指定的其他转速运行时，应做频谱分析，以显示在不同于同步频率的各种频率下的振幅。最低限度，这些频率的覆盖范围应从最大连续运行频率的 0.25 倍～8 倍。如果任何离散的非同步频率的振动等级超过规定的 20%，采购方和成套商应互相协商是否需要进行附加试验或设备是否适合发运。

对采用柔性轴的机械，机械运行试验应验证燃气轮机横向临界转速符合 GB/T 14099.3—2009 的要求。机械运行试验期间测定的一阶横向临界转速最好标明在铭牌上，后面加上“试验”二字。当一阶临界转速由于衰减不能测定时，计算临界转速最好标明在铭牌上，后面加上“计算”二字。

如有规定，应记录所有实时振动数据。

6.3.11.4 最终试验

如果消除机械或性能缺陷，需要更换、调整轴承或密封件，或者揭缸修理或更换其他部件，那么初始试验不应被接受；最终试验应在修复工作后进行。

6.3.12 全压、满负荷、全速试验

全压、满负荷、全速试验的细节应由采购方和成套商商定。该试验可以取代机械运行试验。

6.4 选项试验

6.4.1 总则

如有规定，应进行 6.4.2～6.4.7 中的选项试验，试验是在工厂还是在现场做，取决于设施条件，由采购方和成套商商定。

6.4.2 烟气排放试验

烟气排放试验应按照 GB/T 18345.1—2001 进行。

6.4.3 扭转试验

应测量扭转振动，以验证整个动力轴系的扭转分析，该试验程序应由采购方和成套商商定。

注：扭转试验非常复杂，并且需要一套高精尖的试验装置。

6.4.4 噪声试验

应按照 ISO 6190，或采购方和成套商商定的程序进行噪声试验。

6.4.5 试验后检查

在机械运行试验完成后，可进行主要从动设备、齿轮箱和驱动装置的内窥镜检查、拆卸检查和复装。成套设备拆卸和检查的范围由成套商和采购方商定。

6.4.6 备用转子试验

备用转子应按采购方的要求进行试验。

6.4.7 可靠性试验

采购方可确定延长运行时间(24 h 或更长)。延长运行的目标和验收标准应由成套商和采购方商定。

注：通常(但不是唯一的)需要通过这些试验来验证双方商定的成套设备、某特定的部件或系统的最低可靠性。

7 贮存和装运的准备

7.1 总则

应以与运输型式相适应的方式做好燃气轮机及其相关设备的装运准备，并用国际上公认的符号对其作出明显的标记。

如有必要，设备的保管措施应能适合长达 6 个月的户外贮存，其后也无须解体。如果确定贮存期更长，采购方应向成套商咨询更好的处理方法。

采购方应将现场贮存设施通知成套商。成套商应向采购方提供必要的指导，以确保设备到达现场后直到开工前，其贮存保管完好。

成套商应将避免危及人身健康和安全或损坏设备需要考虑的预防措施通知采购方。

运输文件应由成套商负责随运送的货物同行。

7.2 准备

双方商定的试验和检查全部完成并得到采购方认可后，就应对设备的装运做好准备。

除非另有规定，设备外表面(机加工表面和/或耐腐蚀表面除外)应涂一层底漆和至少一层面漆。

外部机加工表面应涂上一层合适的防腐蚀剂。

暴露的轴和联轴器应用防水、可塑的蜡布或气相防腐蚀剂纸包好。各接缝处应用耐油胶带密封。

旋转设备的内部应是清洁的，无焊渣的，并应防止铁屑和异物进入。

轴承座和由碳钢制造的油系统辅助设备(如油箱、容器和管路)的内表面，应涂上合适的油溶性防腐剂。轴承组件应完全防止湿气和废屑进入。

为避免在装运和贮存期间灰尘或腐蚀物的进入，应把法兰和螺孔覆盖好。

起吊点和吊耳应标识清楚。应能容易地识别质量、尺寸和重心，如有必要，对成套设备的安全操作和装卸方法也应进行标识。

设备上应标有项目号和序号。和设备分开装运的材料应标有该设备的项目号和序号。此外，设备装运时应有一式两份装箱单，箱内、箱外各一份。

采购设备上的辅助管路接口应有永久的标志，并与成套商的管路接口表或总体布置图相符。

如果要在大的腔室内放置袋装吸湿剂，则应将袋子放在容易取出的地方。袋子可装入固定于法兰盖上的金属丝笼中，并应用防腐标志标出袋子的位置。

成套商应提供一份安装说明书副本，随设备装运。

8 安装和调试

设备到达现场之前，采购方和成套商应就设备的安装和调试程序达成一致意见。

采购方应将安装现场有关的限制性规定（如工作时间、通行限制等）通知成套商，成套商用于进入安装现场的程序。

所有与现场工作相关的协调和联系性事务应由采购方和成套商处理。

项目进入安装和调试之前，采购方应将现场具备的服务条件和公用事业设施通知成套商。

成套商应对用于其供货范围内的设备和服务的全部安装和调试规程的条款负责。

设备应按照成套商的规程安装，安装规程可以安装手册、工程检查表或类似文件的形式提交。

这些工作应记录、建档并保存，便于将来查阅。规程中还可包括下述部分或全部的工作：

——机械安装；

——电气安装；

——控制装置的功能试验；

——电动机和发电机的相序检查；

——电气设备的安装试验；

——接线检查；

——控制和仪表电路的回路试验；

——管道系统的清洗；

——管道系统在受压状态下的泄漏试验；

——对中；

——灌浆；

——调试前检查；

——应急设施和系统的试验。

如果在安装手册中未包含调试工作，那么，成套商可另供一份专用于设备调试的手册。

除非另有协议，否则采购方应负责确保在调试期间提供满足要求的设施（如：压缩空气和/或合格的仪表用气、燃料、水、电等），并且当进行现场验收试验或可靠性试验运行时，还要负责确保满足从动装置的负载要求。

万一出现超出成套商控制范围的情况，导致现场验收试验和/或可靠性试验运行中断，那么应在问题解决和状态恢复正常后，再开始并继续试验，如同中断未发生过。

ICS 27.040
K 56

中华人民共和国国家标准

GB/T 14100—2009
代替 GB/T 14100—1993, GB/T 10490—1989

燃气轮机 验收试验

Gas turbines—Acceptance tests

2009-04-13 发布   2010-01-01 实施

中华人民共和国国家质量监督检验检疫总局
中国国家标准化管理委员会 发布

前言

本标准是对 GB/T 14100—1993《燃气轮机　验收试验》和 GB/T 10490—1989《轻型燃气轮机验收试验规范》的整合修订。

本标准与 GB/T 14100—1993、GB/T 10490—1989 相比主要变化如下：

——将 GB/T 10490—1989 中的试验地点要求纳入了本标准(1989 年版的 5.2;本版的 4.1)；

——将 GB/T 10490—1989 中的预运行和调整试验要求纳入了本标准(1989 年版的 5.3.5;本版的 4.5)；

——将 GB/T 10490—1989 中的预试验和综合性试验方法等部分内容纳入了本标准(1989 年版的 8.1.3;本版的 7.2.1)。

本标准由中国机械工业联合会提出。

本标准由全国燃气轮机标准化技术委员会(SAC/TC 259)归口。

本标准起草单位:沈阳黎明航空发动机(集团)有限责任公司、浙江省电力设计院、中国航空工业燃机动力(集团)公司、哈尔滨汽轮机厂有限责任公司、苏州高达热电有限公司。

本标准主要起草人:曲风蓉、沈又幸、陆培坚、吴爱中、胡星辉。

本标准所代替标准的历次版本发布情况为：

——GB/T 14100—1993；

——GB/T 10490—1989。

燃气轮机　验收试验

1　范围

本标准规定了燃气轮机动力装置的验收试验方法,以确定或检验燃气轮机动力装置的功率、热效率等主要性能参数及其他性能。

本标准适用于常规燃烧系统的开式循环燃气轮机动力装置,也适用于闭式循环和半闭式循环燃气轮机动力装置。经过适当的修改也可适用于其他热源的燃气轮机动力装置。

正在研制中的燃气轮机可参照使用。

2　规范性引用文件

下列文件中的条款通过本标准的引用而成为本标准的条款。凡是注日期的引用文件,其随后所有的修改单(不包括勘误的内容)或修订版均不适用于本标准,然而,鼓励根据本标准达成协议的各方研究是否可使用这些文件的最新版本。凡是不注日期的引用文件,其最新版本适用于本标准。

GB/T 384　石油产品热值测定法

GB/T 2624.1～2624.4　用安装在圆形截面管道中的差压装置测量满管流体流量

GB/T 8117.1～8117.2　汽轮机热力性能验收试验规程

GB/T 11369　轻型燃气轮机烟气污染物测量

GB/T 15135　燃气轮机　词汇(GB/T 15135—2002,ISO 11086:1996,MOD)

3　术语和定义

GB/T 15135 所确立的以及下列术语和定义适用于本标准。

3.1

标准参考条件　standard reference condition

燃气轮机动力装置的功率、热效率、热耗率或燃料消耗率,如需按标准参考条件进行修正,则标准参考条件参见 3.1.1～3.1.4。

3.1.1

压气机进气条件　compressor intake condition

总压:101.3 kPa;

总温:15 ℃;

相对湿度:60%。

除了采用中间冷却器或蒸发冷却器外,工质湿度一般可以忽略。

具体测量部位见 6.6.3。

静压:101.3 kPa。

具体测量部位见 6.6.4。

3.1.2

透平排气条件　turbine exhaust condition

静压:101.3 kPa。

具体测量部位见 6.6.4。

3.1.3

冷却水条件　cooling water condition

工质冷却器进口水温:15 ℃。

3.1.4

空气加热器环境条件　air heater environment condition

在闭式循环中，空气加热器的环境条件为：

大气压力：101.3 kPa；

大气温度：15 ℃。

3.2

功率　power

功率可用透平联轴节处的输出功率、发电机出线端的电功率(见8.2)或产生燃气或压缩空气(从主流道中压气机放气)的燃气轮机或燃气发生器的气功率表示。

3.3

热效率和热耗率　thermal efficiency and heat rate

计算热效率和热耗率时，不论采用何种燃料，均应按燃料的等压净比能(低热值)来计算。比能(热值)是在压力为101.3 kPa和温度为15 ℃条件下的测定值。燃料温度偏离15 ℃，其显热应当计及，见8.2.1。

3.4

必做试验[1]　required test

在规定的运行条件下，用来确定功率、热耗率、热效率或燃料消耗率以及主要保护装置工作可靠性而进行的试验。

3.5

选做试验[1]　optinal test

经合同双方商定，认为有必要进行的试验项目。例如可以包括调速系统的特性；必做试验中未包含的其他保护装置的工作可靠性；操纵特性；振动测量[2]；排气释放物的测定；噪声级的测定；排热及余热回收的评定等。

3.6

测点位置命名法　test point position nomenclature

3.6.1

简单循环　simple cycle

简单循环测点位置命名，按图1示例用数字表示。

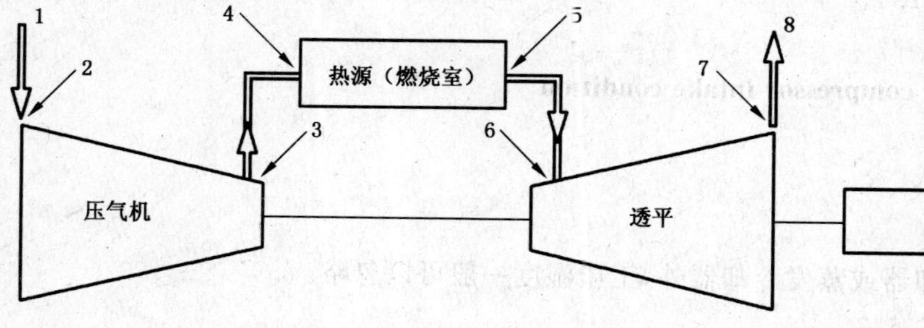

1——大气状态；
2——压气机进口；
3——压气机出口；
4——热源(燃烧室)进口；
5——热源(燃烧室)出口；
6——透平进口；
7——透平出口；
8——排气出口。

图1　简单循环测点位置命名示例

1) 在制造厂或在现场所进行的试验项目的划分，由合同双方商定。

2) 对于航空派生型燃气轮机，此项为必做试验。

3.6.2

复杂循环 complex cycle

复杂循环测点位置命名按图 2 示例用数字表示(其他类型的复杂循环以此类推)。

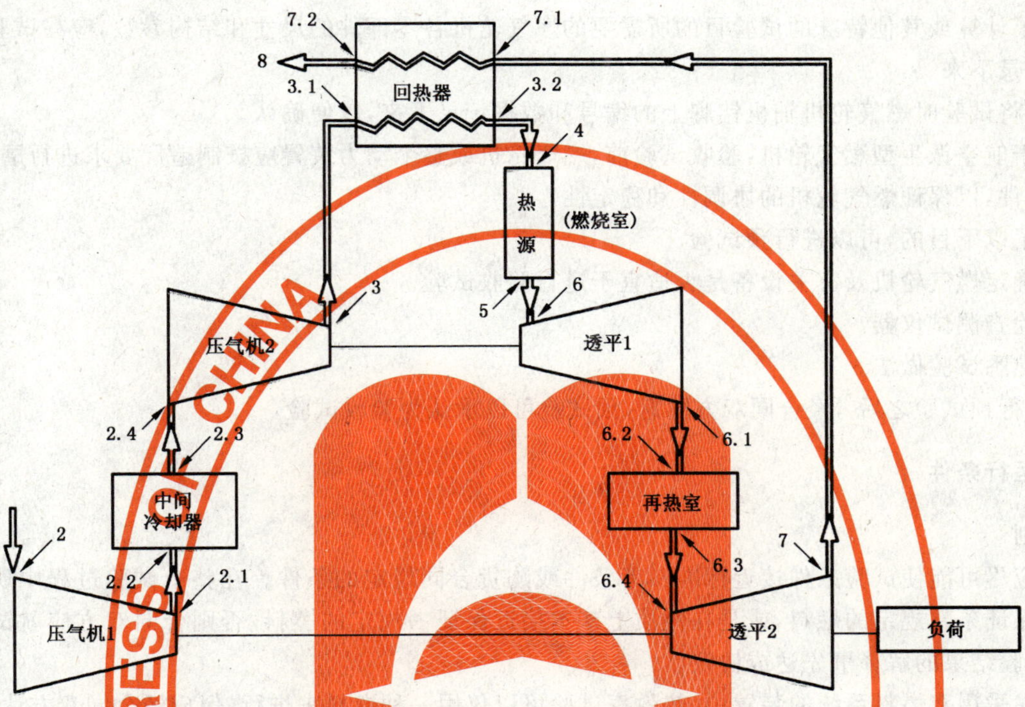

2.1——第一台压气机出口;
2.2——中间冷却器进口;
2.3——中间冷却器出口;
2.4——第二台压气机进口;
3.1——回热器进口(工质加热);
3.2——回热器出口;
6.1——第一台透平出口;
6.2——再热室进口;
6.3——再热室出口;
6.4——第二台透平进口;
7.1——回热器进口(排气放热);
7.2——回热器出口(排气放热)。

图 2 复杂循环测点位置命名示例

注 1:复杂循环中若压气机和透平均为两台,而且还使用中间冷却器和再热室,测点位置的数字符号见图 2。

注 2:如果测点位置采用其他命名法时,在合同中应另加说明。

3.7

流体种类命名 fluid type denomination

循环中各部分流体种类用下列字母表示:

f——燃料;

g——通过热源(燃烧室)加热的气体;

a——空气(或其他工质);

w——水;

b——润滑油。

例如:燃烧室进口燃料温度记为 T_{f4}。

4 试验准备工作

4.1 按合同双方协议,燃气轮机验收试验,可在运行现场进行,亦可在制造厂的试验台进行。

4.2 除非双方另有协议,验收试验通常应在安装阶段结束之后(对在运行现场试验而言)或装配完成后(对在制造厂试验而言),通常由制造厂执行,无论如何该试验应在3个月内执行。燃气轮机在试验前应按制造厂规定进行检验和清洁。

4.3 如果为了旁通某个部件而安装了管道,或者为了某种用途提供放气,则应调整上述管道上的所有阀门,使之符合保证条款上所规定的条件。

4.4 为了计算或其他特殊的试验目的所需要的燃气轮机各零部件的尺寸和结构参数,应在试验前进行测定并记录下来。

应当将试验时燃气轮机辅机铭牌上的编号和数据记录下来,以便确认。

4.5 对于航空派生型燃气轮机,验收试验前,燃气轮机或整个动力装置应按制造厂要求进行磨合运转,调整各附件,以保证燃气轮机的协调性和稳定性。

4.6 为了以下目的,可以进行预试验。

4.6.1 确定燃气轮机及有关设备是否适宜于进行验收试验。

4.6.2 检查测试仪器。

4.6.3 熟悉试验做法。

在进行预试验之后,经合同双方同意,预试验可以承认为验收试验。

5 试验运行条件

5.1 通则

5.1.1 应尽可能使试验条件接近标准参考条件或购货合同规定的条件。在整个试验过程中所用的燃料,应是保证条款规定的燃料,或是在性质上基本接近保证书规定的燃料,否则合同双方应就试验所用燃料和试验结果的解释事先达成协议。

5.1.2 在采用双燃料系统的装置中,热效率试验可以仅用一种燃料来进行,但应经合同双方达成协议。

5.1.3 燃气轮机的控制整定值应在试验前调定。对于不适合于燃气轮机正常运行的特殊调整,合同双方应达成书面协议。

5.1.4 试验观测记录应使用指定的表格,成为原始记录。观测记录应写明年、月、日和读数时间,并应经观测者签字后才能生效。原始记录和记录图表应当能复制,例如复印或照相,不允许重抄。

合同双方应各拥有一套全部的未经修正的原始仪表读数记录和记录图表。

5.1.5 在试验进行的过程中或试验后,对已观测到的数据进行分析或解释时,如果发现有明显的矛盾,以致影响试验结果的有效性,应经合同双方商定,用各种合理的方法去减小或消除矛盾。如未能达成协议,则试车或试验无效。

5.2 运行条件

5.2.1 某些试验,例如确定功率、热耗率、振动测量、余热回收的评定和噪声级的测定等项试验,应在稳态条件下进行。

5.2.2 燃气轮机应在达到稳态条件以后进行试验,当与试验项目有关的主要参数处于稳定时,就认为稳态已建立。如果连续监测表明,在合同双方所商定的时间间隔内,读数不超过5.2.3和表1所允许的最大变动量,则认为已达到稳态。

表1 在运行条件下的最大允许变动量[a]

序号	变 量	每次试验的任何一次读数与报告给出的平均运行值之偏差
1	输出轴转速	±1%
2	试验现场大气压力	±1%
3	压气机进口处工质温度	±2 ℃
4	液体燃料的比能[总比能(高热值)和净比能]	±2%

表 1（续）

序号	变　　量	每次试验的任何一次读数与报告给出的平均运行值之偏差
5	气体燃料的比能(用连续量热计得到的总比能和净比能)[b]	±2%
6	气体燃料的供气压力	±1%(平均绝对压力)
7	燃料的供给温度[b]	±3 ℃
8	排气压力	±1%(平均绝对压力)
9	工质进口压力	±1%(平均绝对压力)
10	冷却介质进口温度[c]	±3 ℃
11	冷却介质温升[c]	±2 ℃
12	透平排气温度	±2 ℃

[a] 对于作为船用动力装置的燃气轮机，如果在船舶交接期间作验收试验，双方可商定专门的运行条件。

[b] 除天然气以外的其他气体燃料的最大允许变动范围应事先商定。

[c] 适用于采用预冷器和中间冷却器的复杂循环。

5.2.3　在任何条件下确定额定性能时，为了求出功率和效率的数值，试验应连续进行 3 次。每次试验持续时间不少于 5 min，不超过 20 min(即总时间不少于 15 min，不超过 60 min)。如果用称量法测量燃料流量，为了获得足够的精度，试验时间可超过 20 min。

在测试期间，取读数时应保持负荷稳定在±1%以内。如果做不到这一点，每做一次测定时至少在上述规定时间范围内取 5 组读数，并将结果取平均值。当负荷的最大波动超过±2%时，只有经过合同双方商定后才能接受该次试验。

在整个试验期间内，每种运行状态的每个观测值与报告给出的平均运行值偏差不应超过表 1 所示的偏差范围，否则应由合同双方达成书面协议。

注：如果被测值是快速变化和不规则的，则应使用适当的仪表进行测量。若要求用每组观测数据去计算某个结果，再对结果取平均值，则必须用同一时间的读数。如果观测的目的是用和或差来确定变化率，则必须记录观测的准确时间。

6　测量仪器和测量方法

6.1　通则

本章对进行燃气轮机动力装置和部件试验所用的仪器、测量方法及预防措施作了说明和规定。本章中未规定的其他仪器及测量方法的使用，应由合同双方另行商定。

6.2　必做试验所需的仪器和设备

a)　测量燃气轮机输出功率的仪器设备；

b)　测量燃气轮机燃料消耗值或输入热量的仪器设备；

c)　测定燃料的比能、密度、成分及灰分的仪器设备(也可取样后在双方商定的试验室内进行测定)；

d)　测定燃气轮机各适当的压力和压差的压力计或压力表(对性能计算有影响的压力测量，使用液体压力计或较为精密的仪器)；

e)　气压计和湿度计；

f)　间接测量透平进口燃气温度的仪器(闭式循环的燃气轮机除外)；

g)　测定压气机进气温度的仪器；

h)　测定计量油箱中燃油温度和冷却器中循环水温度的温度计；

i)　转速指示器和电子式转速表；

j) 带同步信号系统的主时钟(若不能提供,则可用同步表或同步钟);

k) 测定燃气轮机排气温度的测试仪器;

l) 测振仪器[3)]。

6.3 功率测量

6.3.1 机械功率的测量

6.3.1.1 扭矩测量

为了计算燃气轮机的轴端输出功率需要测得输出的扭矩。6.3.1.1.1或6.3.1.1.2所述设备均可用来进行扭矩测量。

6.3.1.1.1 吸收式测功器(机械式、电气式、水力式或组合式)

所用测功器量程的选择,要求在任何转速下,最小测量扭矩至少为该测功器正常最大扭矩的20%。

吸收式测功器在结构上应当使冷却流体在一个通过轴线的平面内流入和流出测功器,以免切向速度分量对扭矩测量产生影响。应采取措施预防外部风阻的影响。各种外部连接软管、接线不应对测功器产生切向的阻力。

采用减震器来衰减测功器的摆动时,应预先确认减震器对两个方向的阻力相等。

测功器测量臂有效半径的测量误差不得超过±0.1%(制造厂的合格证可作为充分的依据)。

使用测功器时,应预先在增加和减少负荷两个方向上用经过检定的砝码来校准测力装置,正负误差不应超过试验中要读出的最大负荷的0.1%。如果增负荷和减负荷的读数差在最大试验负荷的0.3%以内时,应取其平均值作为标定值。

验收试验前后均要仔细检查测功器,并测定出测量臂的不平衡量。

若测功器在使用过程中出现负荷周期性波动(例如由其内部水的作用所形成)或某些共振状态(使扭矩指示值产生超过±2%的脉动)这类无规则不稳定现象,则认为试验结果不符合要求。

6.3.1.1.2 转轴扭矩计

每组试验前,应对转轴扭矩计进行标定。如果所采用的扭矩计系统受到温度的影响,在试验后,应按试验中所经受的温度重新加以标定,标定时,扭矩指示装置应处于从试验前到试验结束后的整个测定过程中未受干扰的状态。

对转轴扭矩计进行标定时,必须单向地增加负荷,直到超过最大试验负荷,然后再单向地减少负荷。当增负荷与减负荷读数差不超过最大试验负荷的1.0%时,应取其平均值作为标定值。

应当以足够多的次数读取测功器的读数,以使所有读数平均值与交替读数的平均值(奇次读数和偶次读数的平均值)相差不大于0.2%。

6.3.1.2 转速测量

a) 为了试验转速的初始整定及监视试验期间燃气轮机转速的恒定性,可采用指示式转速表。

b) 多轴燃气轮机每根轴都应装备一个转速指示装置。

c) 试验时为了监测转速恒定性,建议采用电子脉冲计数式转速表进行读数显示和记录。

d) 对于所有转速测量都应使用直接驱动(无滑动)式或非接触式转速表。手持式转速表可能产生滑动,不宜采用。

e) 当平均转速影响试验结果时,应使用直接驱动(无滑动)的积分式转速计数器。记数器的精度应使平均转速的误差不超过±0.25%。

f) 凡在试验中采用电子频率计来测量转速,以确定功率和效率时,应以足够多的次数取读数,使全部读数的平均值与交替读数的平均值相差不大于0.25%。

6.3.2 电功率的测量

发电机出线端电功率的测量按GB/T 8117的规定进行。

---

3) 用于航空派生型燃气轮机。

6.3.3 其他情况下的功率测量

当功率不是以电的形式输出，且又无法在轴上测量时（例如直接驱动泵、压缩机等），可参照适当的用于被驱动机械进行试验的标准测量功率，但需经合同双方共同商定。

6.3.4 用热力学计算法确定输出功率

当不能用上述方法（6.3.1～6.3.3）测量输出功率，且功率最大误差允许在±5%内时，在限定的条件下可根据工质的质量流量、空气和燃气的温度、热耗、轴承摩擦损失以及机组向周围的散热损失的测量值来计算输出功率。

在负荷设备上，因下列原因不能进行实际测量时，可采用热力学计算法：

a) 对负荷设备的工质性质不完全了解；

b) 负荷设备上温升太小，无法测出；

c) 负荷设备上有几股流体流动或多次抽取等情况。

热力学计算法见8.6。

6.3.5 燃气发生器的排气功率测量

测定燃气发生器的排气功率时，可在满负荷下用喷嘴或等效孔口来代替动力透平。燃气发生器的排气功率是指从被测的发生器出口状态（总温、总压）等熵膨胀到外界大气压力所产生的功率。

6.4 燃料测量

6.4.1 液体燃料的测量

6.4.1.1 液体燃料的特性

6.4.1.1.1 液体燃料特性的测定应包括密度、比能、黏度（需要时）和温度（需要加热时）。燃料取样方法应由合同双方商定。

6.4.1.1.2 密度可用液体比重计或直接称重法测得。

6.4.1.1.3 比能可由下述方法取得：

a) 等容总比能和等容净比能的确定按GB/T 384的规定进行，然后计算出燃料等压净比能，比能的确定应在合同双方认可的实验室进行。

b) 如果不能按GB/T 384的规定测定，经合同双方同意可利用图3曲线按测得的密度查出等压净比能。此法精度与燃料性质有关，其精度约为±1%。

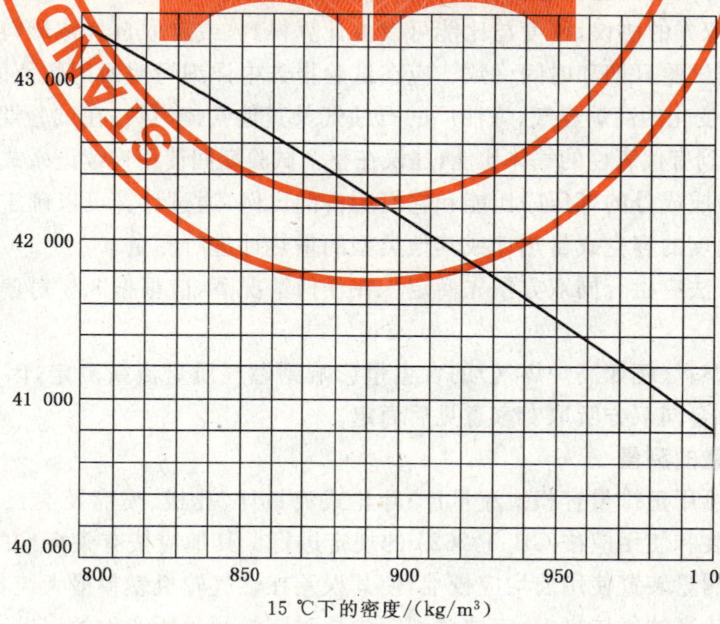

图3 液体燃料净比能与密度的关系

c) 燃料温度偏离 15 ℃时，应按 3.3 进行显热修正。在未进行专门测量的情况下，可按不同油类分别作下列修正：

——轻油：当 20 ℃时黏度小于 9.5×10^{-6} m^2/s 时，偏离 15 ℃，每升高（降低）1 ℃，比能增加（减少）1.88 kJ/kg；

——轻燃油：当 20 ℃的黏度小于 49×10^{-6} m^2/s 时，偏离 15 ℃，每升高（降低）1 ℃，比能增加（减少）1.76 kJ/kg；

——中燃油：当 50 ℃的黏度小于 110×10^{-6} m^2/s 时，偏离 15 ℃，每升高（降低）1 ℃，比能增加（减少）1.63 kJ/kg；

——重燃油或特重燃油：当 50 ℃的黏度小于 380×10^{-6} m^2/s 时，偏离 15 ℃，每升高（降低）1 ℃，比能增加（减少）1.59 kJ/kg。

6.4.1.2 液体燃料流量的测量

6.4.1.2.1 为了确定燃气轮机的热耗率，必须准确地测量实际供给燃气轮机的燃料量，如燃料调节阀或燃油喷嘴的回油及泄漏量不回到测量装置出口管道内，则应测量并予以扣除。

6.4.1.2.2 流量测量可采用喷嘴、孔板、文丘里流量计、液体流量计或直接称重方式进行。孔板喷嘴的制造、安装与使用按 GB/T 2624 的规定进行，其他应按有关标准的规定。

6.4.1.2.3 所用流量测量装置在使用前都应进行校准或标定，以保证最大误差小于燃气轮机最大燃油流量的±0.5%。

6.4.1.2.4 当使用已校准测量精度为±0.5%的容积测量箱时，应使测量箱的形状有利于减少测量时间的误差。

6.4.1.2.5 称重箱系统应自由地放在中心轴上，不受任何诸如设计不当或放置不当的管道连接部件可能施加的外力约束。使用前应对称重箱加上已知的重量进行标定，绘制出增负荷和减负荷曲线，试验前对两条曲线的任何差别必须查明原因，作出解释。测量的最大误差应小于最大燃油流量的±0.5%。

6.4.1.2.6 当使用精度符合要求的正排量式或叶轮式液体流量计时，被测燃料的黏度应处于液体流量计制造厂所规定的范围内。

6.4.2 气体燃料的测量

6.4.2.1 气体燃料的特性

6.4.2.1.1 气体燃料特性的测定应包括密度、比能、含尘量（需要时）和温度。

6.4.2.1.2 根据合同双方的协议，密度与比能可以由计算得到，或者取自气体燃料供应单位的记录，记录的日期和时间必须与试验日期和时间一致。应在试验报告中详细写明所用数值的依据。

对于组成成分不断变化的高炉煤气、炼油厂的石油气及其他气体燃料，在试验期间应增加取样次数，使其在取平均值后能得到有代表性的气体比能，建议在整个试验期间使用连续记录式量热计与密度计。

利用气体燃料各组成成分的等压净比能和它们所占的比例，通过计算可以确定气体燃料的净比能。也可以使用有足够准确度的容克式量热计或其他类型的量热计进行测量。

所用确定比能的方法应由合同双方预先商定。在任何情况下，应根据 3.3 对偏离 15 ℃的燃料显热进行修正。

6.4.2.1.3 某些气体燃料（例如高炉煤气）的含尘量影响到燃气质量流量测定，因此不可忽视，应予测量。含尘量测量方法由合同双方听取专家意见后商定。

6.4.2.2 气体燃料流量的测量

6.4.2.2.1 流量测量可用正排量容积式流量计、叶轮式流量计、孔板、喷嘴及文丘里流量计进行测量。孔板和喷嘴的制造、安装和使用应按 GB/T 2624 的规定进行。其他应按有关标准的规定。

6.4.2.2.2 所用流量测量装置使用前均应校准，使其误差在燃气轮机燃料最大流量的±1.0%之内。

6.4.2.2.3 对含尘量较高的气体燃料，应注意到含尘量对流量测量所产生的误差。宜采用正排量容积式流量计测量流量。

6.4.3 固体燃料的测量

固体燃料的测量(特别是对于闭式循环装置)应使用适当的标准。

6.5 温度测量

6.5.1 测量仪器

测量用仪器使用前应逐个进行校准。直接测温用仪器建议采用:

a) 水银温度计;

b) 带电位计的热电偶或类似的仪器;

c) 电阻温度计。

当总温和静温相差超过 0.5 ℃时,应采用总温式温度计或用普通温度计,但对所测数值应进行修正。

6.5.2 压气机进气温度

压气机进气温度测量最大误差不超过 1.0 ℃。所用测温仪表的灵敏度为 0.2 ℃,精度为 0.5 ℃。

至少使用两个温度计,按 6.6.3 的规定,在两个位置上测量,取平均值。若不在规定的位置上测量,则合同双方应就如何进行修正达成协议。

6.5.3 透平排气温度

6.5.3.1 测量透平排气温度仪器的灵敏度为 1.0 ℃,精度为 3.0 ℃。

6.5.3.2 位于透平排气法兰到测量部位之间的气缸和管道应进行绝热保温。

6.5.3.3 测点位置的选择应使速度梯度和温度梯度为最小。传感器应放在各等分面积的中心。至少用 4 个测点读数的平均值作为排气温度。闭式循环燃气轮机用两个测点即可。若因实际需要,测点必须位于或靠近透平排气法兰处,为了保证足够的精度,必须用 4 个以上的传感器。合同双方应就传感器的数量和安装位置达成协议。

6.5.3.4 当温度传感器受到比燃气温度高 15 ℃的高温部件的热辐射时,应对每一个传感器加以遮热,以减少热辐射引起的测量误差。

6.5.4 透平进气温度

除闭式循环这类特殊情况之外,直接测量十分困难,应采用 8.7 中所规定的间接测量方法来确定透平的进口平均温度。对闭式循环燃气轮机用两个测点即可。

6.5.5 燃烧室进口空气温度

当有必要测定燃烧室进口空气平均总温并估算燃烧室温升时(见 8.7),其温度测量方法根据燃烧室结构确定。测量时应采取遮热措施以减少热辐射引起的测量误差。

6.5.6 燃料温度

在控制体入口处测量燃料温度,在有燃料回流的情况下,还要在控制体出口处测量(见 8.6.1 及图 4)。

6.5.7 其他温度

在必做试验中,为了间接求出机械输出功率,需要测量从滑油冷却器、中间冷却器或抽气口处带走的热量。其温度测量和流量测量的精度应保证放热计算的最大误差在 10%以内。

选做试验如需测量这些温度,应由合同双方商定测量精度和测量方法。

6.6 压力测量

6.6.1 测量仪器的要求

压力测量应使用液体压力计(U 形管式、单管式等)、静重仪、弹簧管式压力计或其他弹性类型压力计,以及经过校准的压力传感器。

弹簧管式压力计或其他弹性压力计应用静重仪校准。

使用 U 形管式、单管式压力计应注意刻度的精度,管内径在 10 mm 之内应注意毛细现象。

各种压力计的连接管应确保在工作条件下无泄漏或堵塞。

如果压力有波动,应当在连接管中装有适当阻尼。

6.6.2 大气压力

可以用最大误差不超过33.33 Pa的适当仪器测量大气压力。压力计应安放在试验场地的稳定环境中。

若经合同双方商定使用当地气象站报告的测量值,则应进行高度修正。

6.6.3 压气机进气压力

压气机进气压力是指压气机进口处(压气机法兰处或进气喇叭口处)的总压。总压是大气压、压力表静压和动压的代数和。

用测量静压所在截面的平均速度来计算动压,平均速度是根据该截面的面积和相应的流量计算出。

测点所在部位的平均流速在20 m/s以下,可取一个静压测点,流速在20 m/s以上,在垂直于流线的截面上尽可能对称地取4个测点,将其算术平均值作为静压,应当用液体压力计来进行这些静压的测量。

静压测孔应与导管壁或机壳垂直,内侧孔口边缘不得倒角,且不得有毛刺,靠近测量部位的壁面应是平滑而又平行的。当壁面凹凸不平,形状不规则时,应使用静压管。

直接进行总压测量时,应当考虑总压的分布情况,以便提高总压平均值的精度。

当没有进气管道、消声器及进气过滤器时,大气压力即为压气机进口空气压力。

对于闭式循环燃气轮机,测量压气机进口压力的做法与测量压气机出口所规定的做法是相同的(见6.6.5)。

6.6.4 透平排气压力

透平排气压力是指透平排气法兰处(采用回热循环则为回热器出口法兰处)的静压。

测量透平排气压力的方法与测量压气机进气压力的方法相同,应取4个测点测量数值的算术平均值作为静压,这4个测点在所测截面上应尽可能地对称布置。

如果未采用排气管道和排气消声器,则应取大气压力作为排气静压。

在被选定的测量截面上,如果存在着高的速度梯度和压力梯度,则选用的测量方法要确保所获得的值代表加权的平均压力,也可以考虑相对周围大气压力,推算出排气压力。

6.6.5 压气机出口压力和透平进口压力

如果用间接方法确定透平进气温度,则必须测量压气机出口或透平进口处压力。

应取4个测点测量值的算术平均值作为静压,这4个测量点在压气机排气截面或透平进口截面上的布置要尽可能地对称。应当根据在相应截面上所估算的平均速度来计算动压。

6.7 流量测量

6.7.1 工质流量

在必做试验中,当采用热力学计算方法来确定燃气轮机输出功率时,需测量工质的流量。工质流量可用孔板或喷嘴来测量,孔板和喷嘴的制造、安装与使用应按GB/T 2624的规定进行。

当不可能使用孔板或喷嘴测量流量时,经合同双方商定,可采用动压管(毕托管)或其他已校准的设备,得出该测量截面上详细的流速分布,以计算流量。所用压力测量设备的精度应在压差读数的±0.5%之内。

当要得到燃气轮机中不能测量部位的质量流量时,可借助于其他截面的流量测量来确定,但应考虑工质的放气和漏气、冷却用抽气、燃料输入量和其他介质的流量,按流量平衡进行计算。

6.7.2 燃料流量

见6.4.1.2和6.4.2.2。

6.7.3 其他流量

若需测量冷却介质、润滑油以及其他流量时,可用下列方法来进行测量:

a) 喷嘴或孔板;

b) 正排量式流量计;

c) 缺口堰法；

d) 经商定的其他方法(如直接称重法、容积法等)。

6.8 与调节系统、噪声等有关的测量

见第7章试验方法。

7 试验方法

7.1 必做试验

7.1.1 功率的确定

按6.3的规定测量功率，单独驱动的辅机所吸收的功率应按8.2.1加以考虑。

7.1.2 热效率、热耗率或燃料消耗率的确定

见6.3、6.4和8.3。

7.1.3 主要的保护装置

7.1.3.1 超速保护装置

在验收试验期间，不允许调整超速保护装置。当燃气轮机空载运行时，可以测定超速保护装置的动作转速。调整调速器的整定值或联动装置，使燃气轮机从额定转速缓慢地增加到足够高时就可以实现这一点。转速的升高应控制在每5 s不大于额定转速的1%。转速测量的最大误差不超过±0.25%。

进行超速试验时，应采取预防措施，以保证燃气轮机转速不超过制造厂规定的最大安全转速。

7.1.3.2 熄火保护装置

燃气轮机如果采用熄火保护装置，由于熄火保护装置的类型不同，无法规定通用的试验方法。若采用直接观测火焰的装置，则可人为地去遮断火焰的照射。

7.2 选做试验

7.2.1 预试验及综合性试验

7.2.1.1 在制造厂的试验台上或运行现场进行。如果机组由于试验台的限制，根据双方协议，可采用下列形式进行，并可作为验收试验的组成部分。

a) 只试燃气发生器；

b) 改变或降低负荷条件；

c) 在燃气轮机或在燃气轮机动力装置验收试验前进行。

7.2.1.2 包括预试验、选做试验在内，验收试验的时间不应少于72 h。

综合性试验应按供方的试车大纲进行。试验时间应在20 h～72 h范围内，由供方和需方协商决定。如果双方同意，可以把选做试验的时间视为综合性试验的一部分。

7.2.1.3 综合性试验大纲的主要内容

应根据实际使用的负荷情况来制定综合性试验的功率分配、变负荷情况和起动次数。大纲主要内容应包括：

a) 不少于1/2时间的额定状态运转；

b) 短时间的最大状态运转；

c) 空载至最大状态的变状态试验；

d) 部分负荷、轻负荷的持续时间可以缩短直至取消；

e) 必不可少的起动、停车及加减速次数。

7.2.2 调节系统

7.2.2.1 恒速调节

进行试验时，对调速器只作初始调整，使燃气轮机能在额定输出功率下，达到额定转速，在这种状态下，根据合同双方协议，可进行下列试验项目中的一项或多项：

a) 机组在空载情况下，用手控或遥控方式，调整转速给定值(或同步器)，测量机组空载稳定转速

的最高值和最低值。

b) 瞬态和稳态的转速变化：

甩负荷试验是在规定运行条件下，燃气轮机以额定转速带额定负荷时，突然甩掉满负荷后，测定瞬态飞升转速最高值和回复稳定后的稳定时间。如各方同意，该试验可在部分负荷下进行，而结果可推到满负荷。转速不等率是稳态转速增量占额定转速的百分比。瞬态飞升转速最高值可用额定转速的百分比表示。

突然增加负荷试验时(这样的负荷在试验前需由双方商定同意)，应测定瞬态最低转速和回复稳定后的稳态转速及稳定时间。

稳定时间是指从突甩或突增负荷瞬时起，到转速离新的稳态转速不大于0.5%时的时间间隔。

对甩负荷会导致超速保护起作用而使燃气轮机停车的航空派生型燃气轮机机组，经供需双方协商同意此项试验可不进行。

c) 死区：当输入信号变化后，在执行机构不产生随动反应的一个区域称为死区。

7.2.2.2 变速调节

变速调节可确定下列各项：

a) 在7.2.2.2 b)中给出的运行范围内，包括空负荷转速的若干转速给定值状态下，考核转速调节系统的一般稳定性。稳定性是指负荷或转速不会由于调节系统内部原因而引起持续的摆动和波动。

b) 机组在适当的负荷下，以手控或遥控方式进行调节，测定被调转速的最高值和最低值。

c) 在空载条件下，当燃料控制系统的给定值或气体燃料调节阀开度突然由慢车位置移动到额定转速位置时，测定被调转速超过额定转速的最大瞬态增量。

d) 当燃料调节系统或气体燃料调节阀突然从稳态额定输出功率额定转速位置移动到慢车无负荷位置时，测定被调转速降到慢车无负荷转速之下的最大瞬态减小量。

e) 死区〔见7.2.2.1 c)〕。

7.2.2.3 多轴燃气轮机发电装置的转速调节

多轴燃气轮机发电装置的每一负荷改变，会引起燃气发生器的转速变化，从而引起动力透平和连接负荷的瞬态转速变化，这些变化应限制在一定的范围内。各方均应遵守防止机组事故性超速或转速过低的规定。

7.2.2.4 温度控制

对于有温度控制的装置，应检验其有效性。即燃气轮机在规定负荷下对排气温度或透平进气温度及其他温度的规定限值加以验证。

7.2.3 保护装置

7.2.3.1 滑油压力过低

燃气轮机运行时，人为地使传感器感受油压降低信号，就可以对整个滑油系统进行试验。或者，对于由主轴驱动的油泵，可通过将燃气轮机的转速降低，以减小输出油压，使其达到保护装置动作压力。为了达到较低的报警、跳闸油压，有可能需要限制相应的辅助油泵的自动启动。

7.2.3.2 滑油温度过高

试验中，采用控制滑油冷却的方法，使滑油温度达到动作温度。或者，利用外部手段向探头加热的方法去增高温度，直到实际整定的保护装置动作温度，就可以对整个系统进行试验。

7.2.3.3 轴承金属温度过高

因为测量温度的方法不同，所以不可能作详细规定。可以通过送入使得保护装置动作的信号，或是取出探头，利用外部手段向探头加热的方法去增高温度，直到实际整定的保护装置动作温度为止。若不可能这样做，可把整定值降低到实际工作温度，以检验保护装置动作，在采用此方法时，保护装置实际原整定温度下的动作，应在单独的试验台上验证。

7.2.3.4 燃料供给压力

可以通过调整燃料供给压力,达到跳闸所需的压力。

7.2.3.5 透平超温

因为测量温度的方法不同,所以不可能作详细规定。最好用气动信号或电压信号模拟温度的增加来做此试验。若不可能这样做,把整定值降低到实际工作温度,以检验保护装置动作,在采用此方法时,保护装置实际原整定温度下的动作,应在单独的试验台上验证。

7.2.4 操纵特性

7.2.4.1 起动程序

为了测定起动程序,要求记录起动过程中出现重要情况的准确时间。无论是手动起动或自动起动,合同双方均应事先对起动过程中所出现的重要情况的记录方法达成协议。起动试验记录应包括出现重要情况的时间和转速,这些重要情况诸如:初始起动信号、点火、起动机脱扣,以及达到空载转速。

7.2.4.2 起动可靠性

起动可靠性用连续起动成功次数来判断。起动次数可由合同双方商定。但是根据机组用途需特别重视起动可靠性时,连续起动成功 10 次就认为具有起动可靠性。应按照所提供的操作说明书进行起动。机组现场调试期间内连续成功起动次数也可作起动可靠性的累计次数。

起动可靠性试验记录:连续起动次数,哪些是成功的,并表明出现的重要情况。

另外,在可能情况下应包括停机后长期的放置再行起动以及刚停机后立即再行起动。

7.2.4.3 特种起动特性

按照合同的协议,起动特性试验还可包括以下试验中的一项或多项:

a) 无电源起动:不用外部电源起动;

b) 远距离起动:即借助于电缆、微波或载波电流起动;

c) 应急起动;

d) 带负荷起动;

e) 双燃料机组切换燃料起动;

f) 测定所需的起动功率;

g) 确定最低自持转速;

h) 测定起动燃料消耗量。

7.2.4.4 正常加载

按操作说明书的规定,进行 2 次～5 次加载能力和可靠性的试验,其中至少有一次是从冷态起动,这些试验可以记作 7.2.4.2 中成功起动的次数。

7.2.4.5 起动和加载过程

双方应商定起动和加载过程应包括下列哪些阶段:

a) 准备时间;

b) 起动和清吹次数;

c) 点火和加速至全速(空载);

d) 同步;

e) 按正常加载率加载到基本负荷;

f) 按快速加载率加载到基本负荷。

7.2.5 振动

试验方法应经合同双方同意,尤其是关于下列各点:

a) 测量位置与方向,轴承座或轴振动位移;

b) 测量仪器:用测量位移、速度和加速度的传感器。

7.2.6 排放物

按照公认的或合同双方同意的方法，进行排气释放物的测定。

注：对于航空派生型燃气轮机，按 GB/T 11369 规定的标准和方法进行试验。

7.2.7 排气的质量流量和排气温度

评定余热回收时可以按照 6.7 通过直接测量空气流量和燃料流量来确定排气的质量流量，也可以用间接方法来确定(见 8.6)，按 6.5.3 测定透平排气温度。

7.2.8 噪声级

测试方法，特别是关于下列各点，应经合同双方同意。

——测点位置；

——测量仪器；

——背景噪声影响的修正。

7.2.9 排热

测定排热的试验应按照合同双方商定的方法进行。

排热是指通过辐射、对流、冷却水、排气等方式，从燃气轮机向周围环境散热。在某些情况下，测定排放热量的总量、冷却介质的温升和冷却介质的排放温度是有重要意义的。

8 试验结果的计算

8.1 通则

按试验结果计算功率和热效率时，应取每次连续测试期间仪表观测数据的平均值或积分值。但事前应按本标准的要求对仪器设备等予以校正。

8.2 输出功率

8.2.1 净机械功率

8.2.1.1 在功率输出端测量扭矩，测量的轴端输出功率的计算见公式(1)：

$$P_{gr} = M\omega \qquad (1)$$

式中：

P_{gr}——测量的轴端输出功率，单位为千瓦(kW)；

M——扭矩，单位为千牛米(kN·m)；

ω——角速度，等于 $2\pi n/60$，单位为弧度每秒(rad/s)；

n——转速，单位为转每分(r/min)。

式(1)中的转速与扭矩应按 6.3 规定测量。净机械功率由测量的轴端输出功率经修正后得到。对于不由机组驱动，但为机组运行所必须的设备和由机组驱动但与机组运行无关的设备，其所需功率应分别予以增减修正，以求得净机械功率。机组正常运行时不连续工作的辅机(如起动用的空气压缩机、辅助滑油泵等)所需功率，修正时不予以考虑。但闭式循环燃气轮机中的充气压气机，应考虑它所消耗的功率。

由电动机驱动的辅机，其功率应以电动机的输入电功率计算。由其他动力装置驱动的辅机，则以其净输出功率计算。

对测量的轴端输出功率的增减修正，可参照下例进行。

8.2.1.2 扣除的功率(即机组运行所需，但不由机组本身驱动的辅机功率)如：

a) 燃料泵、主滑油泵和水泵等；

b) 压缩机，例如闭式循环的充气压缩机或开式循环的增压压缩机；

c) 气体燃料增压压缩机或雾化空气压缩机；

d) 冷却风扇或冷却塔；

e) 加热燃料的外部功率。

8.2.1.3 增加的功率(即与机组运行无关,又由机组本身供给的功率)如:

a) 燃气轮机抽气,供应电厂辅助供气或化工流程所需的供气;

b) 辅助发电机;

c) 机械的或液压的辅助传动。

8.2.2 **净电功率**

发电机组的测量的电功率应在发电机的出线端测量,如果从配电盘处测量,则应加上从出线端到配电盘之间的电缆损失或其他损失。

如果发电机的励磁机和冷却风扇由其他动力驱动,则应从测量的电功率中扣除这两项功率后再按8.2.1的规定予以增减修正以求得净电功率。

8.2.3 **净电功率换算为净机械功率**

如果燃气轮机通过齿轮箱驱动发电机时,则输出轴端的净机械功率等于净电功率除以发电机效率和齿轮箱效率。利用制造厂提供的性能资料可以确定不同负荷与相应的功率因数下的发电机效率以及齿轮箱效率。根据这些资料绘制出发电机效率和齿轮箱效率随输出电功率变化的曲线。

如果没有发电机性能资料,则发电机的各项损失可参考公认的有关资料计算得出。

8.3 **耗热量、热效率及热耗率**

8.3.1 **耗热量**

计算见公式(2):

$$q_r = m_\tau(Q_{lo} + h_{f4} - h_0)/\tau = m(Q_{lo} + h_{f4} - h_0) \qquad (2)$$

式中:

q_r——单位时间耗热量,单位为千焦每秒(kJ/s);

τ——测量持续时间,单位为秒(s);

m_τ——在 τ 时间内消耗的燃料,单位为千克(kg);

m——燃料消耗值,$m = m_\tau/\tau$,单位为千克每秒(kg/s);

Q_{lo}——燃料在15 ℃时的等压净比能,单位为千焦每千克(kJ/kg);

h_{f4}——在 T_{f4} 温度下进入燃烧室的燃料比焓,单位为千焦每千克(kJ/kg);

h_0——在15 ℃时燃烧的比焓,单位为千焦每千克(kJ/kg)。

8.3.2 **热效率**

对应于净机械功率的热效率计算见公式(3):

$$\eta_t = P/q_r \qquad (3)$$

式中:

η_t——热效率;

P——净机械功率,单位为千瓦(kW)。

8.3.3 **热耗率**

计算见公式(4):

$$q_P = q_r/P = 1/\eta_t \qquad (4)$$

式中:

q_P——热耗率,单位为千瓦热量/千瓦功率。

8.4 **按参考条件修正试验结果**

8.4.1 **修正试验结果的必要性**

燃气轮机最理想的试验条件应当是3.1规定的标准参考条件,但通常不可能做到,试验经常在其他条件下进行。为了便于比较各种试验条件下的功率和热效率,对试验结果必须按参考条件(标准参考条件或其他规定条件)作出修正。

8.4.2 试验的基本方法

燃气轮机在实际的压气机进气条件下运行时，使其气动状态与它在参考条件下以额定工况运行时的气动状态相同(即满足运行工况相似原理)。这样压气机和透平的运行都不会偏离其效率曲线图上的相应于参考条件下额定工况点。为了模拟这种条件，如果压气机进气温度低于参考值，则实际的排气温度和转速也将低于参考值。

与此相反，若压气机进气温度高于参考值，则试验进行时排气温度和转速也必然高于参考值。因此，从实际观点出发，试验应尽量在压气机进气温度不大于参考值的外界条件下进行。例如，当气温较高时，试验应安排在夜间进行。

上述方法有时并不适用，例如恒速机组(见8.4.4)。

8.4.3 变转速燃气轮机试验结果的修正

8.4.3.1 输出轴试验转速的确定按公式(5)：

$$n_t = n_0 \sqrt{\theta} \qquad \cdots\cdots(5)$$

式中：

n_t——试验转速，单位为转每分(r/min)；

n_0——参考转速，单位为转每分(r/min)；

θ——试验时外界绝对温度与参考条件下外界绝对温度的比值。

8.4.3.2 试验温度(特定的控制温度，如透平进、排气温度)的确定按公式(6)：

$$T_t = T \cdot \theta \qquad \cdots\cdots(6)$$

式中：

T_t——试验时的燃气温度，单位为开尔文(K)；

T——参考条件下规定的燃气温度，单位为开尔文(K)。

8.4.3.3 机组按公式(5)和公式(6)计算出的试验转速和温度下运行时得出净机械功率 P_t 后，再按公式(7)修正：

$$P_c = P_t / (\delta \sqrt{\theta}) \qquad \cdots\cdots(7)$$

式中：

P_c——按参考条件修正后的净机械功率，单位为千瓦(kW)；

P_t——试验条件下的净机械功率，单位为千瓦(kW)；

δ——试验时压气机进气绝对压力与参考条件下压气机进气绝对压力的比值。

注：公式(7)假设工质的热力性质与压气机进气温度无关，这虽不严格，但由此产生的误差在本标准要求的限度之内。

8.4.3.4 如果按公式(7)算出的修正后的功率 P_c 等于或大于规定的功率值(包括各种修正，假如考虑排气背压做的适当修正)时，则燃气轮机功率就达到了规定要求。

8.4.3.5 热效率可按公式(8)计算：

$$\eta_t = P_t / [m_m (Q_{lo} + h_{f4} - h_0)] \qquad \cdots\cdots(8)$$

式中：

m_m——试验时测得的燃料消耗值，单位为千克每秒(kg/s)。

注：式(8)假定，由于试验条件与参考条件工况相似，因此热效率可以不必修正。

8.4.3.6 排气背压与参考条件不同时，合同双方在试验前应就输出功率和热效率的修正与计算达成协议。

试验前，合同双方还应就所采用的曲线和修正方法达成书面协议。

8.4.4 恒速燃气轮机试验结果修正

对于驱动发电机或其他恒速运行的情况，通常不可能满足运行工况相似的条件，所以，对输出功率和热效率的修正比较复杂。只要压气机进口条件与参考条件不相同，燃气轮机就是在非设计工况下运行。所以应尽可能使试验在参考条件下进行。如果做不到这一点，就应根据适当的修正曲线来修正试验结果。

试验前，合同双方还应就所采用的曲线和修正方法达成书面协议。

8.4.5 湿度影响

除采用中间冷却和蒸发冷却器之外，湿度的变化对燃气轮机的输出功率、燃料消耗值和温度的影响是可以忽略不计的。但在热平衡计算中如果不考虑湿度的影响就会引起很大的误差，因此，试验前应就考虑湿度影响的修正方法达成协议。

8.5 试验结果的整理

按5.2.3规定的方法得出的功率和效率值并进行修正后再取平均值。对于变转速燃气轮机，为了确定不同转速下最大输出功率和热效率，则应先绘出以输出转速为参变量的效率对净机械功率的变化曲线，由此得出热效率对最大输出功率作为转速函数的曲线。

8.6 确定输出功率的间接方法

8.6.1 控制体和热平衡方程式

当输出功率通过热力学的计算方法确定时，首先必须设想一个包括燃气轮机在内的合适的“控制体”(见图4)，并对其列出热平衡方程式。该“控制体”的取法应便于确定进入和离开“控制体”的所有热量和能量的参数。输出功率是这些参数中的一项，利用热平衡方程式和其他已知数据可计算得出。

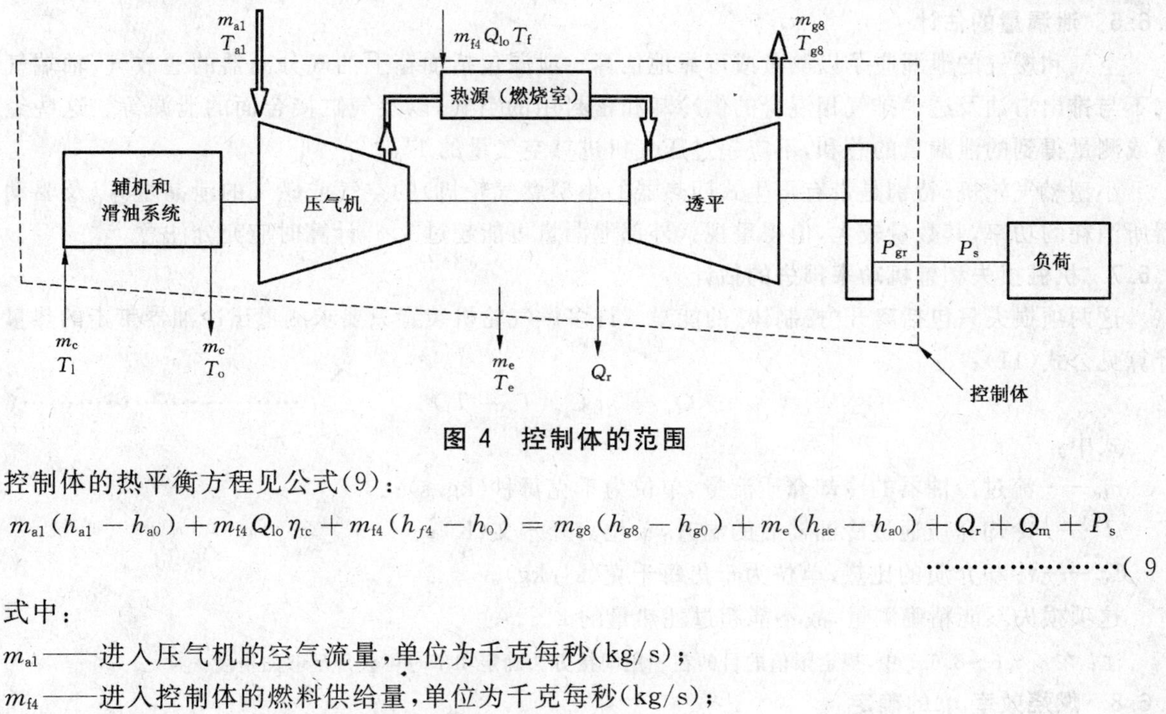

图4 控制体的范围

控制体的热平衡方程见公式(9)：

$$m_{a1}(h_{a1}-h_{a0})+m_{f4}Q_{lo}\eta_{tc}+m_{f4}(h_{f4}-h_0)=m_{g8}(h_{g8}-h_{g0})+m_e(h_{ae}-h_{a0})+Q_r+Q_m+P_s \qquad (9)$$

式中：

m_{a1}——进入压气机的空气流量，单位为千克每秒(kg/s)；

m_{f4}——进入控制体的燃料供给量，单位为千克每秒(kg/s)；

m_{g8}——透平排气流量，单位为千克每秒(kg/s)；

m_e——气封等泄漏和抽气的流量，单位为千克每秒(kg/s)；

h_{a1}——在温度 T_{a1} 下进入压气机的空气比焓，单位为千焦每千克(kJ/kg)；

h_{a0}——在标准参考温度下空气的比焓，单位为千焦每千克(kJ/kg)；

h_{ae}——在温度 T_e 下泄漏空气比焓，单位为千焦每千克(kJ/kg)；

h_{g8}——在温度 T_{g8} 时透平排气比焓，单位为千焦每千克(kJ/kg)；

h_{g0}——在标准参考温度下燃气的比焓，单位为千焦每千克(kJ/kg)；

Q_r——控制体的辐射和对流引起的单位时间热量损失，单位为千焦每秒(kJ/s)；

Q_m——机械损失(见8.6.7)，单位为千瓦(kW)；

P_s——输出轴供给负载的功率，单位为千瓦(kW)；

η_{tc}——燃烧效率(见 8.6.8)；

T_{a1}——按质量平均的压气机进气温度，等于 $1/m_{a1} \times \int T_{a1} \mathrm{d}m_{a1}$，单位为开尔文(K)；

T_{g8}——按质量平均的透平排气温度，等于 $1/m_{g8} \times \int T_{g8} \mathrm{d}m_{g8}$，单位为开尔文(K)。

注：如有必要，在计算空气或燃气的比焓时，应考虑湿度的影响(见 8.4.5)。

8.6.2 排气流量的间接确定[见公式(10)]

$$m_{g8} = m_{a1} + m_{f4} - m_e \quad \cdots\cdots (10)$$

8.6.3 主要参数的确定和功率误差的估计

公式(9)和公式(10)中的主要参数按第 6 章规定的方法确定。由于输出功率通常是耗热量的 1/3～1/5，所以，输出功率的预期误差(以输出功率的百分数表示)不可能小于耗热量预期误差(以耗热量的百分数表示)的 3 倍～5 倍。

8.6.4 次要项目数值的限制

对于热平衡方程式(9)中的次要项目(Q_r，m_e，Q_m)的数值应予限制(见 8.6.5～8.6.7)。当这些项目的数值超过限定值时，为了保证间接确定功率的总精度，应设法改善测量方法。

8.6.5 辐射和对流散热损失的估计

方程式(9)中的 Q_r 为辐射和对流散热损失。应当用暴露表面的平均温度和周围的外界空气温度估算，这些损失不应超过耗热量的 2%。

8.6.6 泄漏量的估计

空气和燃气的泄漏应予以测量或可靠地估算。泄漏包括油箱上油气分离器的通放气、轴端气封漏气不与排出滑油及透平排气相混合的供冷却和密封用的空气，以及气缸接合面的泄漏等。这些经过估算或测量得到的泄漏量的总和，不应超过压气机进口空气量的 1%。

小型燃气轮机(特别是带有再生式回热器的小型燃气轮机)的空气或燃气的泄漏量，以及驱动回热器所消耗的功率，其数量较大，值得重视。外部泄漏量可能超过 1%，计算时应充分注意。

8.6.7 机械损失和辅机功率损失的估计

这两项损失只包括离开“控制体”的能量。许多燃气轮机装置只要求测量出冷油器带走的热量 Q_m，计算见公式(11)：

$$Q_m = m_c C_{pc} (T_o - T_i) \quad \cdots\cdots (11)$$

式中：

m_c——流过冷油器的冷却介质流量，单位为千克每秒(kg/s)；

$T_o - T_i$——冷却介质通过冷油器后的温升，单位为开尔文(K)；

C_{pc}——冷却介质的比热，单位为千焦每千克(kJ/kg)。

这项损失不能精确测量，故不能超过耗热量的 2%。

注：在 8.6.5～8.6.7 中，规定限值的目的在于用间接方法确定功率时可获得足够的精度。

8.6.8 燃烧效率 η_{tc} 的确定

η_{tc} 一般可取为 0.99，或根据相似的燃气轮机燃烧室的试验结果取值。如果方程式(9)中所用的燃烧效率低于 0.98，则应测量排气的化学组成成分。

8.6.9 比焓的确定

空气或燃气的比焓，可以从公认的燃气热力性质表[4]中查得。某些选做试验项目可能要求对比焓作附加修正，以考虑高湿度或燃料的特殊化学成分的影响。

8.6.10 功率修正

用 8.6 得出的输出功率可不按 8.2.1 所述方法进行增减修正。因为有关增减量应在热平衡方程(9)中统一考虑。

---

4) 如吴仲华著“燃气热力性质表”和 J. H. Mkeenan 和 J. Kaye 编制的“燃气表”等。

8.6.11 负载为压缩机时输出功率的确定

这时，燃气轮机的功率可用被驱动的压缩机的热平衡确定，热平衡方程如公式(12)：

$$P_s = m_i(h_{go} - h_{gi}) + Q_{rc} + Q_{mc} \quad \cdots\cdots(12)$$

式中：

P_s——输出轴供给负载的功率，单位为千瓦(kW)；

m_i——负载压缩机的进气量，单位为千克每秒(kg/s)；

h_{gi}——进入负载压缩机的气体在温度和压力分别为 T_{gi} 和 P_{gi} 时的比焓，单位为千焦每千克(kJ/kg)；

h_{go}——离开负载压缩机的气体在温度和压力分别为 T_{go} 和 P_{go} 时的比焓，单位为千焦每千克(kJ/kg)；

Q_{rc}——负载压缩机气缸辐射和对流单位时间散热损失，单位为千焦每秒(kJ/s)；

Q_{mc}——负载压缩机的机械损失，若使用变速器，则不包括变速器的损失在内，单位为千瓦(kW)。

式中各项参数可按压缩机或鼓、引风机的有关试验规范给出的方法确定。

8.6.12 分轴燃气轮机输出功率的确定

对于分轴燃气轮机，其输出功率若不能从驱动负载的热平衡计算中求得时，则可根据测得的动力透平的燃气流量及其进出口温度用式(13)计算得出：

$$P_s = m_{g7}(h_{g6.2} - h_{g7}) - Q_{rt} - Q_{mt} \quad \cdots\cdots(13)$$

式中：

P_s——输出轴供给负载的功率，单位为千瓦(kW)；

m_{g7}——动力透平出口燃气流量，单位为千克每秒(kg/s)；

$h_{g6.2}$——在温度 $T_{g6.2}$ 下动力透平进口燃气的比焓，单位为千焦每千克(kJ/kg)；

h_{g7}——在温度 T_{g7} 下动力透平出口燃气的比焓，单位为千焦每千克(kJ/kg)；

Q_{rt}——动力透平外壳在温度 $T_{g6.2}$ 和 T_{g7} 两个测点间的辐射和对流单位时间散热损失，单位为千焦每秒(kJ/s)；

Q_{mt}——动力透平的机械损失，若使用变速器则应包括变速器机械损失在内，单位为千瓦(kW)。

必要时可按 8.2.1 规定作出增减修正，以求出净机械功率。

8.7 透平进气温度

8.7.1 利用燃烧室(包括与其相连的管路)热平衡方程可确定透平进气温度的参考值，见公式(14)。

$$m_{a4}(h_{a4} - h_{a0}) + m_{f4}Q_{lo}\eta_{tc} + m_{f4}(h_{f4} - h_0) = m_{g6}(h_{g6} - h_{g0}) + Q_{re} \quad \cdots\cdots(14)$$

式中：

m_{g6}——透平进口的燃气流量，单位为千克每秒(kg/s)；

$$m_{g6} = m_{a4} + m_{f4}$$

m_{a4}——燃烧室进口的空气流量，单位为千克每秒(kg/s)；

h_{a4}——在温度 T_{a4} 下，燃烧室进口空气的比焓，单位为千焦每千克(kJ/kg)；

h_{g6}——在温度 T_{g6} 下，透平进口燃气比焓，单位为千焦每千克(kJ/kg)；

Q_{re}——燃烧室辐射和对流单位时间散热损失，单位为千焦每秒(kJ/s)。

简化的热平衡方程(14)，假定燃烧室进口质量流量等于压气机进口质量流量，即：

$$m_{a2} = m_{a3} = m_{a4}$$

$$m_{g5} = m_{g6} = m_{g7}$$

$$\text{则} \quad h_{g5} = h_{g6}$$

式中质量流量 m_{f4}、m_{a4}、m_{g6} 和温度 T_{a4}、T_{f4} 应直接测量得出。根据燃烧效率 η_{tc}，并估算出燃烧室散热损失 Q_{re}，则可按上式计算出 h_{g6}，从而根据"燃气热力性质表"便可确定透平进气温度控制参考值 T_{g6}。

8.7.2 如果不能直接测得空气或燃气的质量流量，可用测得的输出轴供给负荷的功率代替式(9)中的 P_s 间接计算流量，然后再按 8.7.1 给出的方法计算透平进气温度的参考值。

8.7.3 对分轴燃气轮机的燃气发生器部分，其压气机透平的燃气进口温度可根据压气机及其透平之间的功率平衡来确定，其方程式为式(15)：

$$m_{a1}(h_{a3}-h_{a1})=m_{g6}(h_{g6}-h_{g6.1})-Q_{mct} \quad \cdots\cdots(15)$$

式中：

h_{a3}——在温度 T_{a3} 下压气机出口空气的比焓，单位为千焦每千克(kJ/kg)；

m_{g6}——透平进口的燃气流量，单位为千克每秒(kg/s)；

$$m_{g6}=m_{a1}+m_{f4}-m_{e}$$

$h_{g6.1}$——在温度 $T_{g6.1}$ 下压气机透平出口燃气的比焓，单位为千焦每千克(kJ/kg)；

Q_{mct}——压气机和压气机透平的机械损失，单位为千瓦(kW)。

由式(15)整理得到式(16)：

$$h_{g6}=[(h_{a3}-h_{a1})+Q_{mct}/m_{a1}]/[1+(m_{f4}-m_{e})/m_{a1}]+h_{g6.1} \quad \cdots\cdots(16)$$

式中：h_{a1}、h_{a3}、$h_{g6.1}$ 分别由直接测得的对应的温度查表确定，对于 $(m_{f4}-m_{e})/m_{a1}$ 与 Q_{mct}/m_{a1} 两项，只取一次近似就够了。求出 h_{g6} 再按燃气热力性质表查得压气机透平进气温度参考值 T_{g6}。

8.7.4 其他方法

8.7.4.1 空气或燃气流量还可采用其他方法间接确定。例如通过燃料或燃气成分的分析数据取得空气和燃料的流量比。但为了使排气分析具有所要求的精度，应注意选择可靠的分析方法。

8.7.4.2 在某些情况下，只要合同双方对透平(多变或等熵)效率达成协议，就可根据透平进、出口的压力测量值及透平排气温度的测量值来确定透平的进气温度的参考值。

8.7.4.3 也可通过测量透平总功率(轴端功率加压气机消耗功率)，然后将相应的温差与测得的排气平均温度相加，得出透平进气温度的参考值。

9 试验报告

试验报告应提供足够的资料，证明试验的全部目的已经达到。试验报告形式应包括下列诸方面。

9.1 首页应包含：

a) 报告编号；

b) 试验名称(如果有分报告，应附总试验报告名称)；

c) 试验日期；

d) 试验地点；

e) 合同号、买方和卖方的名称；

f) 制造厂名称、燃气轮机牌号和机组标记；

g) 用户；

h) 试验负责单位和负责人；

i) 试验报告编写人及所在单位名称；

j) 试验报告编写日期。

9.2 目次页应列出报告内容细目序号、标题和所在页次。

9.3 摘要应简要地陈述试验目的、结果和结论。

9.4 试验报告的详细内容包括下列资料：

a) 试验目的、合同规定的试验项目及其他具体内容；

b) 循环的说明或示意图；

c) 产品主要性能保证值；

d) 如属可行，对机组从初次起动以来的运行情况作简要说明；

e) 试验现场主要设备布置及测点位置说明；

f) 测试仪器和设备的精度等级和校准曲线说明；

g) 扼要说明有关的测量和观测的情况；

h） 合同双方专门商定的允许偏差、误差；

i） 如果试验条件与规定条件不同，需要按规定条件进行修正，并给出修正结果；

j） 扼要指出计算方法；

k） 试验结果的表格和曲线；

l） 讨论试验结果和结论。

ICS 17.160;91.120.25
J 04

中华人民共和国国家标准

GB/T 14124—2009/ISO 4866:1990
代替 GB/T 14124—1993

机械振动与冲击　建筑物的振动 振动测量及其对建筑物影响的评价指南

Mechanical vibration and shock—Vibration of buildings—Guidelines for the measurement of vibrations and evaluation of their effects on buildings

(ISO 4866:1990,IDT)

2009-04-24 发布　　2009-12-01 实施

中华人民共和国国家质量监督检验检疫总局
中国国家标准化管理委员会　发布

前　言

本标准等同采用 ISO 4866:1990《机械振动与冲击　建筑物的振动　振动测量及其对建筑物影响的评价指南》及补充件 1:1994 和补充件 2:1996。

本标准做了如下编辑性修改：

——用“本标准”代替“本国际标准”；

——删去国际标准的前言。

本标准代替 GB/T 14124—1993《机械振动与冲击对建筑物振动影响的测量和评价基本方法及使用导则》。

本标准与 GB/T 14124—1993 比较主要技术变化如下：

——上一版本为等效采用，本标准与 ISO 4866 一致性程度为等同采用；

——根据补充件 1:1994 和补充件 2:1996 进行了修订，即增加了附录 D 和附录 E。

本标准的附录 A、附录 B、附录 C、附录 D、附录 E 均是资料性附录。

本标准由全国机械振动、冲击与状态监测标准化技术委员会(SAC/TC 53)提出并归口。

本标准起草单位：清华大学、郑州机械研究所、交通部公路科学研究所、大连理工大学。

本标准主要起草人：王宗纲、韩国明、何玉珊、刘文峰、朱彤。

本标准所代替标准的历次版本发布情况为：

——GB/T 14124—1993。

引　言

人们逐渐认识到建筑物一定会受到振动。在设计时，必须要考虑到结构的完整性、建筑的服务功能以及与环境的适应性，同时还要考虑到对历史建筑的保护。

建筑物的振动测量一般出于以下的目的：

——发现问题。

当建筑物的振动引起居住者表示担心的量级时，向居住者提供一份证实此振动量级是否会对结构完整性产生影响的报告就显得十分必要。

——有选择的测量。

当某个使用工况已设定好最大振动量级后，必须测量那些振动数据并提供相应的报告。

——记录。

设计中已考虑了动态载荷，为了检验预期响应进行测试，并且提供新的设计参数。可以使用环境激励或者其他强迫振动的加载方式。例如对结构施加强烈的振动就可以知道结构的地震响应对结构的使用是否有影响。

——诊断。

当确定振动量级的影响需要进一步调查时，可通过测量所得的振动数据进行诊断。

另一个诊断方法是通过结构对环境或者其他强迫振动荷载的响应，来得出结构的运行状态。例如像地震那样的强迫振动。

如此多样的目的促使对许多从简单到复杂的测量系统，展开了各种形式的研究(见9.2)。

许多对此感兴趣的单位需要关于最适合的测量方法、描述和评估那些振动对建筑物影响的适用的技术指导。这些既可应用于已经存在的建筑，它们可能会受到某些新的或者改变了激励条件的影响，也可应用于那些意义重大的建于可能受到强烈激励的环境中的建筑物的设计。通过计算也可以将振动的影响效果写进报告里去(见9.1)。

尽管可以使用本标准的内容来评价结构的相对振动烈度，但是没有对任何量级的振动提出是否可以接受。本标准也未考虑经济与社会这些受国家体制影响的因素。

机械振动与冲击　建筑物的振动
振动测量及其对建筑物影响的评价指南

1　范围

本标准规定了评价振动对建筑物影响所需进行的测量和数据处理的基本原则。这里关心的除振源的动态范围、频率或其他参数以外，并不关心振源本身。结构振动的影响的评价主要是针对结构的响应，并且包括适当的分析方法，用以确定频率、持续时间和幅值。本标准只适用于结构振动的测量，不考虑声压及其他形式的压力波，但是需要考虑这些激励的响应。

这里定义的建筑物是地面上的且有人居住的，某些特定的厂房像柱、烟囱、井架、构筑物等不在考虑的范围内，虽然他们经常有工作人员进出。

建筑物的结构响应与激励源有关，制定本标准的最终目的是检验建筑物受振源(即激励的频率、持续时间、幅值等)作用下的测量方法。我们关注的激励源主要有地震、爆炸、风压、声震、内部机器、交通、建筑施工等。

注：人工激励与地震是很不一样的，地震更剧烈且持续时间很长，而且比人工振源深得多。地震能在很长的距离内产生破坏，而且地震有大得多的能量释放，还会产生一些不同形式的波。因此，同样的参数值(如质点峰值速度)对建筑物的影响是不相同的。

2　规范性引用文件

下列文件中的条款通过本标准的引用而成为本标准的条款。凡是注日期的引用文件，其随后所有的修改单(不包括勘误的内容)或修订版均不适用于本标准，然而，鼓励根据本标准达成协议的各方研究是否可使用这些文件的最新版本。凡是不注日期的引用文件，其最新版本适用于本标准。

GB/T 2423.5—1995　电工电子产品环境试验　第二部分：试验方法　试验 Ea 和导则：冲击(IEC 60068-2-27:1987,IDT)

GB/T 13441.2—2008　机械振动与冲击　人体暴露于全身振动的评价　第2部分：建筑物内的振动(1 Hz～80 Hz)(ISO 2631-2:2003,IDT)

GB/T 14412—2005　机械振动与冲击　加速度计的机械安装(ISO 5348:1998,IDT)

ISO 2041:1990　振动与冲击　术语

ISO 4356:1977　结构设计基础　在适用性极限状态的建筑物的变形

3　应考虑的与振源相关的因素

3.1　建筑物振动响应的特性

振动的类型可以分为以下两类：

a)　确定的；

b)　随机的。

进一步分类见 8.2。

对于每种形式的振动，都必须给出必不可少的信息，以便给此种振动下定义，见 ISO 2041:1990。

3.2　持续时间

动态激励力的持续时间是一个很重要的参数。在本标准中响应可以认为是连续的或瞬态的，它主要取决于激励的类型。响应的类型由与结构响应有关的时间常数和激励力函数形式之间的关系来确定。

$$\tau_r = \frac{1}{2\pi\xi_r f_r} \quad \cdots\cdots(1)$$

式中：

ξ_r——表示阻尼的影响，取决于激励的种类(线性或非线性)；

f_r——共振频率。

这样两种情况(不管激励是确定的还是随机的)可以被定义为：

——连续的：如果施加在结构上的力持续时间超过 $5\tau_r$，那么就认为是连续的；

——瞬态的：如果施加在结构上的力持续时间少于 $5\tau_r$，那么就认为是瞬态的。

因为自然发生的力函数不经常表现，其响应不易归入哪一类。例如，即使有若干间隔的爆破也认为是瞬态的。

3.3 频率和振动强度的范围

我们关注的振动频率范围取决于激励频率范围内频谱成分的分布和建筑物的响应，这充分说明频谱成分的分布被视为振动输入的重要特征。简而言之，本标准涉及的频率范围为 0.1 Hz～500 Hz。这就包括了各类建筑物和建筑结构对自然振源(风和地震)以及人工振源(施工、爆破和交通)的响应。室内设备要求能够记录更高的频率。

人为的振源引起建筑物破坏的频率范围大多在 1.0 Hz～150 Hz 以内，而如同地震之类的自然振源，通常在 0.1 Hz～30 Hz 范围内。风激振产生的影响，频率范围大多在 0.1 Hz～2 Hz。

我们关心的振动量级从很小的到每秒几百毫米的范围内，其量级主要取决于频率。

4 与建筑物有关的因素

建筑物及其构件对动态激励的响应取决于其自身固有的特征(如固有频率、模态振型和模态阻尼)和激励的频谱曲线。尤其遇到高响应量级和长时间暴露时，需要考虑累积效应，此时有可能产生疲劳损伤。

4.1 建筑物的类型和边界条件

对于建筑物的定义，在第 1 章中已经说明。

为了恰当地表述振动对建筑物的影响和测量结果，并划分范围，需要给建筑物分类。本标准的分类详见附录 A。

4.2 固有频率和阻尼

建筑物或其部件的固有频率会影响其对激励的响应。固有频率可以由环境激励的低量级的响应谱分析或者使用激振器等方法求得。

当估算可能具有的振动烈度时，如果不进行应有的分析，则可以应用关于建筑物高度与基本周期的经验公式求得[3][4][5]。

通过实验表明，3 m～12 m 的低层建筑物的基本剪切频率范围为 4 Hz～15 Hz。阻尼特性通常与振动幅值有关。固定结构的固有频率和阻尼特性，将在本标准的附录 D 中说明。

4.3 建筑物的基底尺寸

地面波动产生的振动其波长从几米至几百米。较短波长激励引起的响应比较复杂，同时，地基也起到滤波的作用。除了频率特别高的振源(如岩石爆破)以外，一般民用建筑的基底尺寸都小于振源的特征波长。

4.4 土壤的影响

目前的地震工程研究中，需要考虑土壤的影响[3]。

这样的动力相互作用的评价有时候被认为靠人为振动来证实是要求测定地面材料的剪切波波速或动态刚度模量。经验的、数值的或分析的方法可以由一些资料得到[7]。

在软土和填充土上的地基可能由于遭受地面振动而沉陷或者失去了承载能力。这种效应的危险程度随着土壤颗粒大小、密实度、饱和度、内应力状态及地面振动的峰值加速度和持续时间的不同而产生不同的效果。松散、无黏性的饱和沙土特别容易受到破坏。在评价振动烈度及诊断有关震害时，这是必须要注意的[8][9]（见附录A）。

5 需要测量的数据

真实的振动输入和响应的特性可能受到不同的位移、速度或加速度传感器的影响，传感器拾取速度或加速度运动，并能够提供振动的时程曲线记录。在掌握传感系统准确的传递函数后，每一种量都能通过积分或者微分的方法转换为其他的量。对传感器和整个仪器系统的振幅-相位响应，在较低的频率段进行积分时要更加细心（见第6章）。只要传感器满足物理量转换、数据处理和表示的要求（见第6章），就可以用所选择的量表述。根据经验建议在不同情况下优先的测量参量见下面的表1。

表1 在各种振源条件下结构响应的典型范围

振源类型	频率范围 Hz	幅值范围 μm	质点速度范围 mm/s	质点加速度范围 m/s²	时间特征	测量
交通运输： 公路、铁路、地面传播	1～80	1～200	0.2～50	0.02～1	C/T	pvth
爆破振动 地面传播	1～300	100～2 500	0.2～500	0.02～50	T	pvth
打桩 地面传播	1～100	10～50	0.2～50	0.02～2	T	pvth
室外机械 地面传播	1～300	10～1 000	0.2～50	0.02～1	C/T	pvth/ath
声响 交通运输、 室外机械	10～250	1～1 100	0.2～30	0.02～1	C	pvth/ath
外界气压	1～40				T	pvth
室内机械	1～1 000	1～100	0.2～30	0.02～1	C/T	pvth/ath
人的活动： a) 冲击 b) 直接的	 0.1～100 0.1～12	 100～500 100～5 000	 0.2～20 0.2～5	 0.02～5 0.02～0.2	T	pvth/ath
地震	0.1～30	10～10⁵	0.2～400	0.02～20	T	pvth/ath
风	0.1～10	10～10⁵			T	ath
室内声响	5～500					

C——连续的，见3.1和3.2；
T——瞬态的，见3.1和3.2；
pvth——质点的速度时间历程；
ath——质点的加速度时间历程。

注1：以上所给的范围是极端情况，而给出的值可能是经验的也可能是测试的。位移幅值和频率的极端范围不能用来推导质点的速度和加速度。

注2：给出的频率范围参照建筑物和建筑构件对具体激励形式的响应，仅是指导性的。

注3：在给定的范围内的振动值要予以重视。目前尚无某个标准能涵盖所有建筑物、及其状态和暴露持续时间的所有种类，但许多国家的法规将建筑物的基础上每秒几毫米的峰值点速度作为有明显效应的界限。质点速度峰值为每秒几百毫米时，产生损伤的可能性很大。对低于人们所能感觉的振动量级（见GB/T 13441.2—2008），在精密的生产工业过程中可能要予以重视。

6 测量仪器

6.1 一般要求

通过测量得到的振动数据用于进行分析评价或诊断，或者是为了监测是不是达到了预先估计的某个界限值。为了评估的需要，必须满足第3章和第7章的规定，以及第9章中描述的评价方法。

单一的测量系统不可能满足本标准所指各类结构以及对结构输入的频率和动态范围的各项要求。

测量系统包括以下设备：

——传感器(见6.2)；

——信号调理设备；

——数据记录系统。

当它们连在一起使用时，需要对整个测量系统规定其频响特性(幅值和相位)。

所测量的运动是否接近真实运动的程度取决于检测系统的特性和使用的评价方法。

对9.2.2和9.2.3中的最低要求，是通过多次重复测量质点峰值速度来确定振动的特性。

对9.2.4中的最低要求，是记录足够长时间的振动时间历程，并且保证足够的精度建立其谱特性。振动时间历程采用模拟或数字的方法均合乎本章要求。

6.2 传感器的选择

传感器的选择对于正确评价振动是很重要的。通常，传感器按其线性输出的信号可以分为两类，即高于或低于传感器自身敏感元件的固有频率。广泛用于结构振动测量中的“速度传感器”或“地震检波器”是一种典型的工作频率高于自身固有频率的电磁式传感器。而压电式加速度传感器的工作频率，通常低于自身固有频率。有些电磁式传感器在低于自身的固有频率情况下工作，如广泛采用的强震仪。

在实践中，使用来自低频段工作的“速度”型传感器的相位信息时，应该谨慎对待。如果振幅和相位两者的响应是临界的，则应该确保整个测试系统的线性性能，最佳选择是仪器下限截止频率与所需测量的最低频率相差10倍。测量信号一般高出背景噪声5 dB。

速度传感器能够输出较强的信号，可以简化整个测量装置。如果需要质点速度的话，在选择压电式加速度传感器时，就要对其输出信号进行积分。对于瞬态振动来说，还需要检验整个测量装置的响应。

6.3 信噪比

信噪比通常不应低于5 dB。如果信噪比在5 dB～10 dB之间，应该修正(即减小)测试值，并且提出修正方法的报告。背景噪音是指所有不属于所研究现象的信号的总和。

7 传感器的位置和安装

7.1 位置

7.1.1 总则

确定建筑物振动的固有特性需要一定数量的测点，这些测点的位置和建筑物的大小及复杂程度有密切的关系。

如果是监测强迫振动，较好的位置是在建筑物的基础上，当无法在基础上测量时，典型测点可以设置在基础底板主要承重外墙的底部。

由交通运输、打桩、爆破，特别是在远距离激振所引起的振动测量表明，振动在建筑物内可能会放大，并且与建筑物的高度成正比，因此有必要在建筑物内的几个测点进行同步测量。在基础和室外地面上的同步测试可以用来建立传递函数。

高于四层(≈12 m)的建筑物，应每隔四层和在顶层设置测点。

长度大于10 m的建筑物，应沿水平方向约每隔10 m设置一个测点。

由于用户和进一步观测的需要，可以增加测点。

分析方式的选择、测点位置的确定取决于所关注的模态。在大多数情况下，出于经济上的考虑，仅识别整体结构的基本模态和最大响应，并对如楼板、墙和窗等构件进行观测。

7.1.2 建筑物内的测量

在建筑物内,传感器的布置取决于所关注的响应。如在7.1.1所述,来自地面的振源作为建筑物的输入振动,最好通过基础上或其附近的测量值来评定。从整体来说,结构剧烈振动或者建筑物剪切变形的确定,需要直接在具有结构刚度的承重构件上测量,这通常是指互为直角的三个分量的测量,但也不排除其他的布置方法。

有时,所关注的楼板或者墙在跨中的振幅最大,虽然有时振动强烈,但通常与结构的整体性无关[11]。

在建筑物内,与振源有关的研究通常需要经历多次重复的探索试验。

在从事与设备有关的测量中,如监测对振动敏感的计算机、继电器和其他装置时,测量应反映输入的振动。测点应设置在基础或者设备的构架上。在此种情况下,如果可能,为了测量更准确,应关闭设备。

在进行与地面传播的振动有关的测量中,如研究地面振源,通常把振源和传感器之间的连线方向,作为传感器径向的定位方向,当研究结构对地面振动的响应时,根据结构的主轴和副轴定位比较实际。

在地面上或者地下所进行的振动测量可能受到变化的表面波振动幅度沿一定深度的影响,因此,建筑物基础可能处于一种与地面上所观测到的不同的运动,这取决于波长、基础深度和地质构造等条件。

关于风所引起的振动,垂直分量通常被忽略。测量仪器应按转动和平动模态布置。

7.2 传感器的安装

7.2.1 与结构构件的连接

振动传感器在振动结构构件或基础上的安装应该满足GB/T 14412—2005中对加速度传感器的要求。其目标是不引入附加响应,真实地再现结构构件或基础的运动。在三轴向传感器的安装中要小心谨慎,以避免传感器的摇摆或弯曲。

安装在建筑物构件上的传感器和监测单元的质量应不大于该建筑物或所测构件质量的10%,而且安装要尽可能做到坚固、轻巧。

应避免采用托架,最好将三个单轴向的传感器用螺栓或者高分子树脂牢固地安装在一个固定的金属立方体的三个面上。用膨胀螺栓将传感器的底座固定在建筑物的构件上,在轻质混凝土构件上应该选用石膏接合。

在特殊的环境下,可以用胶粘结或者磁座吸附传感器。对于室内水平表面上的测量,尽管机械式固定更好,但是在加速度低于1 m/s^2 的情况下,也可以采用双面胶将传感器固定在坚硬表面的方法。

在具有柔性覆盖层的楼面上测量结果会失真,应该避免采用。如果必须采用这种方法,则需要对传感器安装件进行不同质量和连接条件的对比测试,以此来评价柔性覆盖层的影响。

7.2.2 与地面的连接

如果土壤的条件允许的话,可以将传感器固定在一根穿透地表松散层的刚性钢棒上(直径不小于10 mm)。钢棒伸出地表面不超过几个毫米。必须注意确保钢棒与土的紧密接触。在预计加速度大于2 m/s^2 的情况下,需要与地面稳固安装,以防滑移。

传感器必须安装在地面以下时,为了把结合的失真减小到最小,埋入深度至少为传感器的(包括安装装置)主要尺寸的三倍。也可以选择将它们固定在质量比($m/\rho r^3$,其中 ρ 为土壤密度,m 为传感器和平板的质量,r 是平板的等效半径)不大于2的具有刚性表面的平板上,例如可以是一块砌筑的平稳的铺路板,对大多数的土壤而言,ρ 的范围是从1 500 kg/m^3 到2 600 kg/m^3。

8 数据的收集、处理和分析

8.1 总则

测试的目的是要获得充分的信息使按所选用的评价方法进行评价时具有足够的置信度(见第9章)。

确定振动特性所需的信息数量,随振动复杂程度的增加(如由简单周期性的至非平稳随机的和瞬态的运动)而适当增加。

适用于确定某一特定频率范围内的周期性运动的数据收集系统,可能不适用于更为复杂的运动,甚至连单一参数的指标(例如质点速度峰值)也不能建立。

8.2 数据的描述

通过物理过程的观察得出的任何数据能被广泛地描述为确定的或者随机的数据。确定性数据是指那些能用明确的数学函数来描述的数据。图1给出了可能遇到的数据种类,每一种类的描述在ISO 2041:1990中给出。

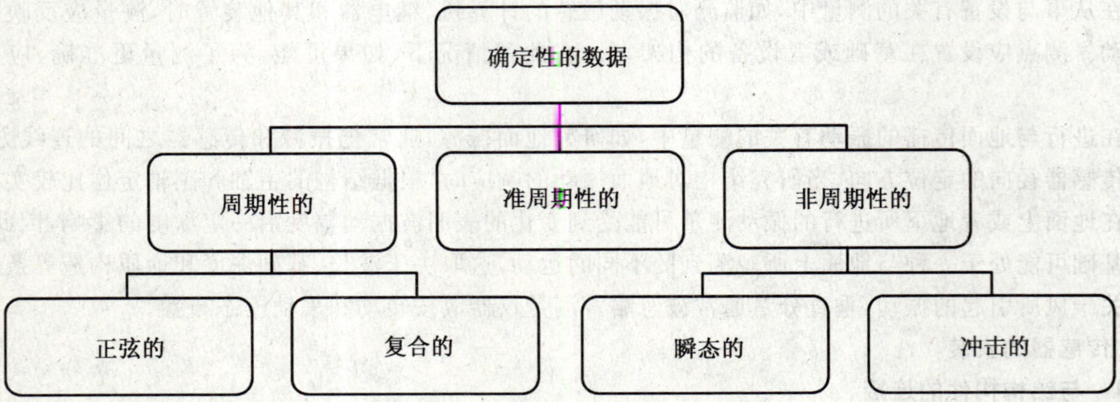

a) 确定性数据

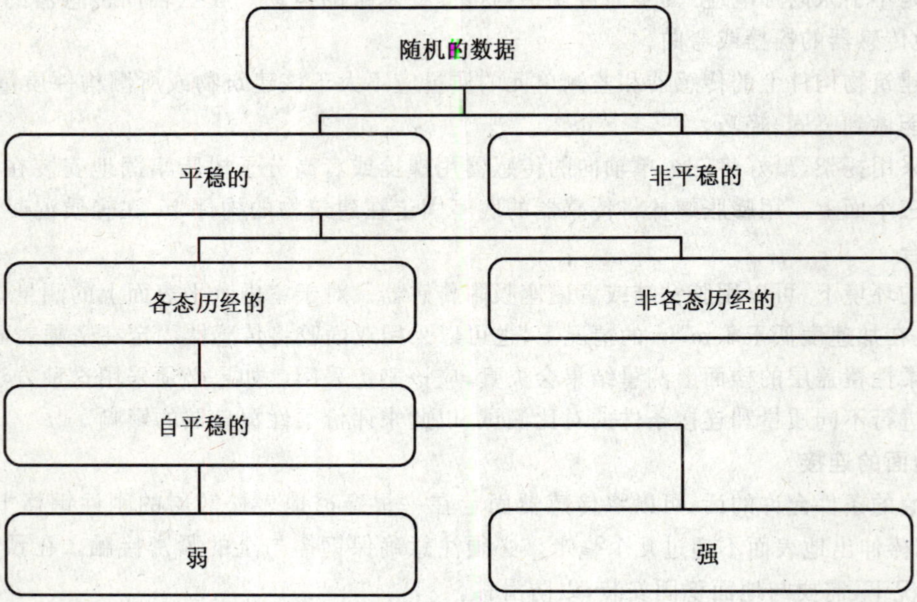

b) 随机数据

图1 数据的分类

8.3 数据分析方法

根据图1确定数据的种类后,分析的类型就可以确定。如果数据是确定性的,通常简单的分析(r.m.s.,峰峰值,均方根值)就能满足。

在非周期的确定性数据的特定情况下,确定峰值不需要经过预处理(虽然直流分量可以通过分析已捕捉到的记录信号前的数据加以补偿),详见参考文献[10]和[12]。通常,40 dB的动态范围就够了,50 dB则更好。

随机数据需进行平稳性检验(见参考文献[13])。如果认为数据是平稳的,则在附录C中所概述的方法是适用的,详见参考文献[10]、[12]、[13]和[14]。

9 数据评价的方法

9.1 总则

测量数据的评价既要反应测量的目的,又要反应研究的类型。

为了预估全部响应分析的结果,需有结构的详图和相关状态的信息,但通常不易全面获得。因此,研究人员要有适当的方法对与结构或构件有关的损伤概率的振动烈度进行评定。在评定中需要考虑以下的因素:

a) 基本结构和构件(墙、楼板、窗)的共振频率;

b) 基本结构和构件的阻尼特性;

c) 建筑物的类型及其状态和材料性能;

d) 频谱结构特性;

e) 激励特性;

f) 变形形式;

g) 幅值响应的非线性度。

本标准虽然主要涉及到响应的评价和测量,但是进行评价时,要注意到振源、整个测试系统的通路和传递函数。

9.2 研究类型

列于9.1的a)~g)中关注的许多重要参数,能很快确定测量设备的选用、建筑物内测点的定位、记录装置类型、数据通道或所需测点的数量,对现象监测的持续时间和数据的收集速度等。在第6章和附录C中关于设备要求的概述中,已对仪器按不同情况提出的要求进行安排以便于选用。此外,指明研究中所采用的复杂程度也很重要。用单一的量描述振动环境的仪器,如那些用于人体反应和机器状态的仪器,只要考虑到有限的频率响应,即可用于初步测量。对本标准而言,已考虑到初步评定、检测程序、现场勘测和详细的工程分析。

9.2.1 初步评定

通常在现场测量前,可能需要单凭室内研究对振动问题做出评价。若有振源的参数和建筑物的响应特性,诸如基频和阻尼等数据,就能用经验方法估计响应。

9.2.2 初步探测

在一幢大楼或者一个区域内,只要进行有限的振动测量,就能指出需要进一步研究的问题。此时,误差通常是很大的(见9.2.3)。

9.2.3 现场测量

现场测量由有限数量的振动测点组成(见7.1)。为了评定振动烈度,常与规范或者条例中规定的值作对比。

在有充分的时间能使振动再现的情况下,位于靠近振源的基础平面上保留一个参考点,其他不同的测点可以采用同一个传感器。

关于初步探测(见9.2.2)和现场测量,其测量精度应与所采用的振动指标和经验关系式的不确定度接近。单一的参数指标,诸如质点速度峰值或质点加速度峰值及均方根值,在置信度为68%的情况下其误差一般在±10%以内。

9.2.4 工程分析

当极为重要的复杂结构,遭受振动激励的量级达到了需要认真考虑其后果时,需要更为详细的方法来评定结构的性能。

应在一定数量的测点上安装监测时间历程的仪器,以确保振动不超过结构规定的限值。

如果需要获得地面对基础的传递函数，则应在基础上和基础外边的地坪上进行同步记录。基础上的测点位置设置在地下室承重墙上或基础的底层平面处。

测点的数量及位置要根据建筑物的特性、监测期间须重点观察的部位来确定和调整，并应尽可能的测量到建筑物的固有频率。

在振动时间持续比较长的条件下，应使用相同的传感器测试振源附近基础平面内不同的参考点。

对极其重要的结构，不但须进行响应分析，还应对结构的荷载进行评估。完整的工程分析要求系统所检测到的频率值达到1%和阻尼达到10%的精度。

9.3 监控工作的报告

报告格式应与研究的型式一致(见9.2)，但至少应包括下列内容：

a) 危害分析
   1) 振源描述；
   2) 按照附录A中说明建筑物型式和状况；
   3) 测量目的；
   4) 所采用的标准和研究类型。
b) 测量
   1) 传感器的布置和连接方式。
   2) 传感器、信号调理装置和记录设备类型及组成。
   3) 仪器设备系统校准系数。
   4) 频率范围和线性度。
   5) 误差来源的评估。
   6) 对于监控或现场测量(见9.2.2和9.2.3)，进行质点速度峰值的连续记录已经足够。对于进一步研究(见9.2.4)，应采集足够长的时间历程记录。
c) 建筑物的检查
   1) 在振动出现之前对建筑物进行检查，并用图表报告裂缝和其他损伤；
   2) 在振动出现之后对同一建筑物进行检查；
   3) 对所观察到的损伤进行评价。
d) 参考其他相关的标准。

9.4 预测评估

现有的建筑物可能暴露于(内部或外部)新的振源，需要对预期的振动响应进行评估。给出关于输入特性和结构的充足的信息，一种或多种数值分析技术，如响应谱、傅里叶响应、时间步长积分等可以用于重要的建筑物的预评估[15]。另外，某一特性指标，如(位移、速度及加速度)运动量(见9.6)，用适合于该建筑类型的经验数据，可以作为相对的预期性能[7]。

在频域内，表示振动的方便办法是工程中广泛应用的"响应谱"法[7](见GB/T 2423.5—1995)。对无阻尼的特殊情况，它接近傅里叶幅值谱。

大多数情况下，虽然动态测试方法是有效的[7]，仅有结构的响应特性是不完全的。

9.5 现有建筑物振动研究的评价

对现有的建筑物振动状况的评价，可用不同于9.2中所描述的那样复杂的步骤进行。振动烈度可以用应力或者运动量来表达，在某些情况下，直接观察裂缝的开展或者延伸，可以提供有关响应的有价值的信息，并可以指出结构进一步恶化的情况[15][16]。

9.6 结构中作为振动烈度的指标的运动量

在过去几十年的研究表明，振动烈度与对结构直接影响的位移、速度和加速度峰值相关。

在构件上进行测量，如结构振动位移、速度和加速度峰值，能换算成应力来表达(见附录B)，并且与结构的容许应力有关。当运动量涉及在某些选定位置所测得的整体结构响应、结构的响应频率和阻尼，以及影响振动烈度的输入时间时，运动量可以作为一经验指标供该类建筑参考(见3.3)。

上述部分参数包含于加速度谱峰值或者速度谱峰值当中，可作为用于低矮(一至三层高楼)和“整体”建筑物[16]响应的一种损伤指标[6][11]。

烈度的等级与建筑物的响应频率和激振频率的相关性可由经验关系式表示，该经验关系式严格局限在对应于建筑物的某段频率区间内，并且在不同的频带有不同的烈度等级。振动量级范围的概括性指南列于表1。

9.7 概率评价方法

有关振动对建筑物的可察觉的影响(浅表性的、较小的和较大的损伤)的判据应采用概率的方法处理。

考虑建筑物的年限和状况两者可能出现的各种的组合，可能难以制定出一个经济的绝对下限。

特别是对一个在规定频率范围内地面运动的峰值(通常是质点速度)，或者一峰质点速度响应谱情况，则需换算成加速度或者位移来作为灾害隐患的指标。通常以95%无影响的概率作为有影响的最小危害。

通过对局部应变或相对位移的测量(如裂缝监测)，有助于对建筑物或者结构构件响应的评价。虽然这不属于振动状态的测量。但用所产生的动应力与设计准则比较来直接进行评价是允许的[17]。

9.8 疲劳因素

交变循环过多的重复应力会增加疲劳破坏的危险，对于钢构件的参考资料，可以作为设计规范，但不适用于混凝土、砖石和其他建筑材料，对这些材料的参考资料要进行进一步研究。对特殊结构、纪念碑等需考虑总计达10^{10}次反复荷载的长期、低量级的振动[17]。

9.9 损伤的描述

作为本标准的目的，损伤分为以下几类：

——浅表性的，在清水墙表面上产生的发丝裂缝，在粉刷层或清水墙表面上有裂缝的发展；此外，在砖或混凝土砌块结构的灰逢中出现的发丝裂缝。

——较小的，粉刷或清水墙表面产生较大的裂缝、松散和剥落，贯通砖或混凝土砌块的裂缝。

——较大的，建筑物结构构件的损伤，承重柱的开裂，节点酥松，砖石裂缝的扩展等。

注：对损伤的描述在地震工作者所用的烈度等级中有相应的表达方式。

附 录 A
（资料性附录）
建筑物的等级划分

A.1 一般规定

本附录根据建筑物对地面传播的振动的响应，为建筑物等级划分提供简单而有用的指导。

对本等级划分而言，一个动力系统是由土壤和岩层、其中的基础（如果有的话），连同建筑物结构本身一起组成。

表 A.2 考虑了下列因素而给出十四个简化的等级：

——构造的形式（如表 A.1 所规定的）；

——基础（见 A.5）；

——土壤（见 A.6）；

——政治上的重要因素。

表 A.1 结构按建筑物的组别分类

结构分类		建筑物组别（见 A.4）	
		1	2
抗振能力依次递减	1	大型多层工业建筑物 5 至 7 层高，包括抗震的； 大型结构，包括桥梁、堡垒、及防御构筑物	两至三层钢筋混凝土或钢结构的大型框架式工业建筑物。外墙用护墙板和（或）砌块和砖砌筑或预制的填充墙，并具有钢、预制或现浇混凝土楼板，混合式钢和钢筋混凝土大型工业建筑物
	2	木构架大型公共建筑物，包括抗震的	5 层至 9 层（或更高的）公寓大厦、办公室、医院、钢筋混凝土或钢的轻型框架式工业建筑物，用砌块及砖砌筑或预制件的填充墙，未按抗震设计
	3	木构架单层或者二层住房和辅助用的建筑物，具有填充墙和（或）维护墙，包括抗震的	钢、铝、木或混凝土框架式单层中等轻型工业建筑物，用内部的纵横交错墙支撑具有轻质护墙和轻质填充墙，包括抗震型的
抗振能力依次递减	4	相当大多数的多层建筑物，用作介质仓库，或者 5 至 7 层甚至更高的住宅	两层民用住房和辅助用的建筑物，用配筋的砌块，砖砌或预制件建造，并具有配筋的楼板和屋面或全部是混凝土或类似结构，均为抗震型的
	5	四至六层住房和城市用的辅助建筑物，用砌块或砖砌块体建造，较大的承重墙结构，包括大型住宅和小型宫殿式建筑	4 至 10 层民用和类似建筑物，主要用轻质承重砌块和砖砌体建造，大部分用相同材料的内墙支撑，并且至少每隔一层楼用钢筋混凝土构件或者现浇楼板拉结
	6	2 层住房和辅助用的建筑物，用砌块、砖砌体或者更差的用土建造，用木质楼板和屋顶。 用石或者砖建造的塔，包括抗震型的	2 层民用住房和辅助用的建筑物，包括办公室；用砌块、砖砌体、预制件建造，用木质的、预制或现浇钢筋混凝土楼板和屋面结构

表 A.1（续）

结构分类		建筑物组别（见 A.4）	
		1	2
抗振能力依次递减	7	高耸的教堂、大厅，类似用石或者砖等材料建造的拱形或绞结型结构，包括较小的拱型教堂和类似建筑物。 构造笨重、低矮、（无十字支撑）的框架式教堂和仓库型建筑，包括汽车库、低矮的工业建筑、市政厅、庙宇、清真寺和类似的具有相当重的木屋顶和楼板的建筑物	单层和两层及辅助用的建筑物，用轻质材料、预制和（或）现浇钢筋混凝土建造的较轻型结构
	8	损毁的及近于损毁的和其他均处于易损状态的建筑物。 上述所有 7 个等级中具有历史重要性的结构	

表 A.2 按建筑物的抗振能力和所能接受振动影响的容限划分建筑物的级别

建筑物级别		结构分类（见表 A.1）							
		1	2	3	4	5	6	7	8
		基础的种类（英文大写）和土壤的类型（英文小写）							
抗振级别依次降低	1	Aa							
	2	Ab	Aa	Aa	Aa				
	3		Ab Ba	Ab Ba	Ab	Aa Ab			
	4		Ac Bb	Bb	Ac	Ac Ba Bb			
	5		Bc	Ac		Bc	Ba		
	6		Af		Ad	Bd	Bb Ca	Ba	
	7			Af	Ae	Be	Bc Cb	Bb Ca	
	8						Be Cc	Bc Cb	
	9		Bf				Cd	Bd Cc	Aa
	10			Bf			Ce	Be Cd	Ab
	11				Cf	Cf		Ce	Ba
	12						Cf		Bc Ca
	13							Cf	Bd Cb Cc
	14								Cd Ce Cf

注：级别数高＝要求防护的等级高。

频率范围取 1 Hz～150 Hz(见 3.3),它包括了在工业生产、爆破、打桩和交通运输中所遇到的大多数事件。只包括直接作用在结构上的振动,不包括在一定距离范围内,由工业机械输入到结构中的冲击振动,也不包括打桩和爆破对结构所产生的冲击。本附录不涉及 10 层以上的结构。

A.2 包括的建筑物

A.2.1 在等级划分中包括下列结构:

——用于居住和工作的所有建筑物(住宅、办公室、医院、学校、监狱、工厂等);

——公用建筑物(西方的市政厅、教堂、庙宇、清真寺、较大的工业厂房式建筑物等);

——具有建筑、考古和历史价值的较老的和古代的建筑物;

——根据建筑物实用规程设计的较轻的工业建筑。

A.2.2 在等级划分中不包括下列建筑物:

——较大的结构、诸如核反应堆及其附属结构,其他大的发电厂、轧钢厂、较大的化学工程结构,所有类型的大坝,以及装液体和颗粒材料的容器结构,如水塔和水箱、石油库、谷仓和其他筒仓等;

——所有的地下结构;

——所有的海上结构。

A.3 等级的确定(见表 A.2)

用一个维修完好的建筑物作为参照物来确定等级。参照的建筑物不应有任何构造上的缺陷,也不应遭受过地震等的意外损伤,如果构造上不满足这些要求,应归入较低的级别。

结构类型划分等级所排列的顺序取决于其抗振能力,也取决于在结构上对振动影响所能接受的容许限度,及其在建筑、考古和历史上所评定的价值。

在机械振动的影响下,涉及结构响应的三个重要因素为:

——结构的种类(按 A.4 所规定的组别,初步划分的等级在表 A.2 中给出);

——基础(见 A.5);

——土壤的性质(见 A.6)。

A.4 结构的种类

A.4.1 第一组——古代的较老的建筑物或按传统建造的结构

本组中所考虑的建筑物型式可分为下列两个组:

——较老的、老的或者古代的建筑物;

——使用传统的材料、方法和工艺,按较老的传统风格建造的所有现代建筑物。

本组中建筑物由于使用软砂浆或熟石膏等原因,通常具有较重的结构和很高的阻尼系数。本组还包括地震区内按传统修复的结构。本组中建筑物很少超过六层。

A.4.2 第二组——现代建筑和结构

本组中所考虑的建筑物型式是用各向连在一起的,用相对坚固的材料建造的所有现代结构,通常总体重量较轻,阻尼较小。

本组包括框架式建筑物,以及须经计算的承重墙式的建筑物。建筑物从单层到多层各式各样,包括各种型式的围护结构。本组还包括某些用现代的连接材料和阻尼材料建造的较为老式的建筑物。

A.5 基础的分类

基础划分为在 A.5.1～A.5.3 中所述的三个等级。

A.5.1 A 级

A 级包括下列基础类型:

——钢筋混凝土桩和钢桩；
——刚性钢筋混凝土筏基；
——木质群桩；
——重力挡土墙。

A.5.2 B级

B级包括以下基础类型：
——桩顶不锚入承台内的钢筋混凝土桩(通常在桩帽标高处作构造连接)；
——具有大放脚的墙基；
——一般筏基。

A.5.3 C级

C级包括以下基础类型：
——轻型挡土墙；
——块石基础；
——无基础(墙直接建在土壤上)。

A.6 土壤的类型

土壤划分为以下类型：
a型——无裂隙或者相当坚硬的岩石，硬结的砂；
b型——密实的水平分层的土；
c型——不够密实的水平分层的土；
d型——有潜在滑动面的斜坡；
e型——松散的砂、砾石(无粘性)及饱和黏性土；
f型——回填土。

附 录 B
（资料性附录）
根据质点速度峰值估计峰值应力

如果在最大振动位移的位置上进行测试，在这种情况下，当梁或板内振动接近共振时能通过速度或者位移和频率的测量估算应力，此时边界条件和刚度不是必须的。

对具有实心矩形截面和等刚度、等荷载的梁，峰值应力与梁的长度、高度和宽度无关，与最大弯曲应力 σ_{max} 和最大振动速度 v_{max} 有关。

$$\sigma_{max} \approx \sqrt{E_{dyn}\rho} \times \sqrt{3\,\frac{G_{tot}}{G_{beam}}} \times k_n \hat{v}_{max} \quad \cdots\cdots (B.1)$$

式中：

$\hat{v}_{max}$——沿梁长度上某测点的最大振动速度的幅值（ω 是激励频率，近似等于梁的固有频率 ω_n），$\hat{v}_{max} = \hat{x}_{max} \times \omega$；

E_{dyn}——动弹性模量；

ρ——质量密度；

$\frac{G_{tot}}{G_{beam}}$——载荷系数，其中梁的应力是由其他的分布载荷加上梁的自重引起的，$G_{tot} = G_{beam} + G_{other}$；

k_n——模态系数（无量纲），取决于边界条件和模态阶数（但影响很小），其值为 1～1.33。

详见参考文献[18]。

附　录　C
（资料性附录）
随　机　数　据

C.1　总则

在实践中（风载、破碎机）可能遇到随机数据。谱分析技术能用来评估响应特性。评估的精度取决于结构特性（选择的模态频率和阻尼）和分析的精度要求[14]。包括偏移和方差两种误差[14]。记录持续时间选择取决于容许的选择误差。例如偏差是4%，方差是10%，记录持续时间T_r(s)可用式(C.1)计算：

$$T_r = \frac{200}{\eta f_n} \quad \cdots\cdots(C.1)$$

式中：

η——模态阻尼比；

f_n——考虑的第n阶模态的固有频率，单位为赫兹(Hz)。

例如阻尼比$\eta=1\%$，$f_n=1$ Hz，则按上面选择的偏移误差和方差必须20 000 s的记录持续时间。如果阻尼比是2%，$f_n=10$ Hz，则需要1 000 s的记录持续时间。如接受较高的误差可能减少需要的记录持续时间。

这些要求与分析采用的设备类型无关（通常使用磁带记录仪）。结构阻尼见附录D。非平稳随机数据呈现特殊的问题见参考文献[14]。

随机数据的分析在频率域或时间域处理，这些在C.2和C.3考虑。

C.2　频域

在一般振动分析中，最常用的量是功率谱密度(PSD)。在结构振动分析中，谱密度幅值可以自行表示。在频域中其他分析类型包括传递函数、互功率谱密度、相干函数和正交谱密度。这些结果被表示成"物理量"的平方/Hz-频率，分别视作无量纲数和物理量的比。

C.3　时域

在时间域可进行自相关、互相关和协方差分析。自相关是功率谱的逆，最常用。在时域许多量可以用确定性数据。可是更复杂的函数通常用随机数据。时域分析包含平均、均方根、峰值计数、过零计数以及概率密度、概率分布、偏斜度和峭度。

附 录 D
（资料性附录）
预测建筑物的固有频率和阻尼

引言

本标准规定了测量建筑物响应(包括基本固有频率)的方法。当遇到高阻尼、子结构共振或其他实际问题直接测量不能进行或实用受到限制时,评估固有频率和阻尼值变得必要了。

本附录提供评估基础固有频率和阻尼值的方法指南。注意到应该计入的、无论何处在测量或评估程序中用到的建筑物的基础固有频率的评估所包含的不确定性。

D.1 用经验法预测高层建筑物的固有频率

有很多预测基本平移模态的频率 f 或周期 T 的经验公式;最简单的是 $f=10/T$ Hz($T=0.1Ns$),其中 N 是层数。不同国家的规范给出各种其他的公式,它们可以分组成三类:

$$T = k_1 H \qquad (D.1)$$

式中:

H——高度,单位为米(m);

T——周期,单位为秒(s);

k_1——范围从 0.14 s/m 到 0.03 s/m(见参考文献[24]到[27])。

$$T = k_2 H \sqrt{D} \qquad (D.2)$$

式中:

D——与力平行的宽度,单位为米(m);

k_2——范围从 0.087 $s/m^{-3/2}$ 到 0.109 $s/m^{-3/2}$(见[25]和[28])。

$$T = k_3 H \sqrt{D}\,\mathrm{func}(H,D,I) \qquad (D.3)$$

(见参考文献[29]的例子)

注 1:k_1 单位为 s/m;k_2 单位为 $s \cdot m^{-3/2}$。

后来的研究[30]考虑 163 座矩形平面的建筑物,基本平移模态推荐 $f=46/H$ Hz·m($T=0.022H$ sm^{-1}),正交的基本平移模态推荐 $f=58/H$ Hz·m,基本扭转模态推荐 $f=72/H$ Hz·m(63 个样本)。

注 2:这些 f 公式是经验的,它们也可以视为当 H 的值是米时,推导 f 值(单位为 Hz)的数值等式,如 $f=46/H$。

图 D.1 表示曲线 $f=46/H$ Hz·m 对数据的拟合结果,并可意识到,很可能遭遇到大的误差。可以看到±50%的误差并不普遍,而且用经验公式这样的准确度是能期望的。基于测量数据,看来高层建筑的基础模态的振型可用直线合理近似。

D.2 用计算机方法预测高层建筑的固有频率

长期以来认为,用简单的经验公式很可能发生相对大的误差,但通常又接受用标准的基于计算机的方法可以得到频率的统计估计。可是,建筑物是复杂的结构,处理一个精确的数学模型不是简单的任务;随之必须承认,这样的模型只能提供近似的预测。文献[30]的研究检验了已发布的证据表明,计算的频率和实测的频率的相关性实际上比用公式 $f=46/H$ Hz·m 预测的频率与实测值的相关性要差得多。这种不一致可归结于建筑物真实特性建模时的不恰当。因此,基本频率的预测需要谨慎处理。

对于具有核心筒的建筑[31]、剪切型建筑[32]、支撑框架和框架建筑[33]的分析,已开发了专门的方法,但重要的是任何方法都要用可靠的实验数据检验,并懂得会遇到什么误差。如果这一方法还没有证实,则不能设想其准确度会比经验预测得到的高。仅讨论了基本频率,更高阶模态的频率预测会有相似或(很可能)更大的误差。这意味着,除了已经过实验结果修正的数学模型,许多计算模型的预测必须认为是不可靠的。

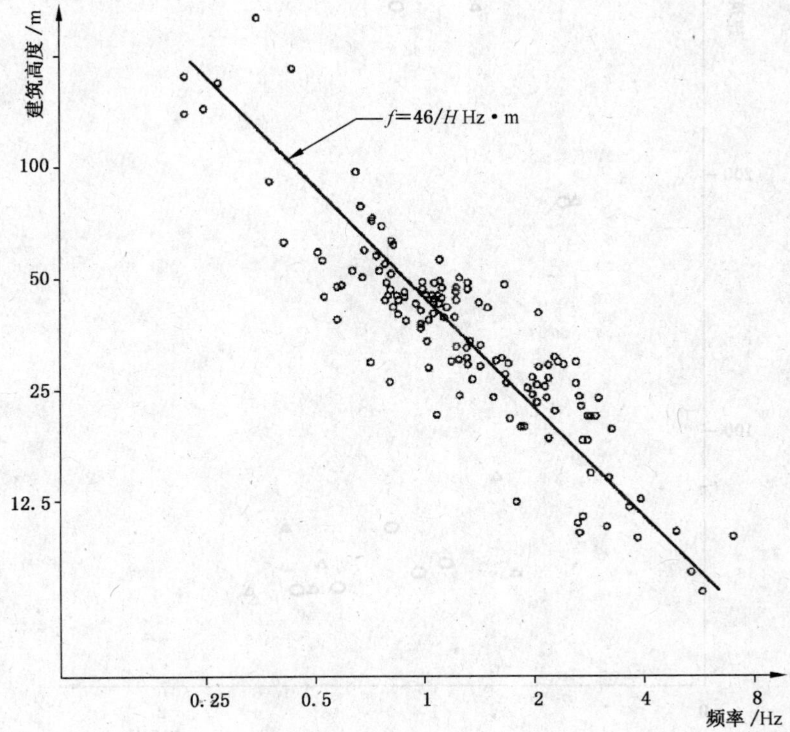

图 D.1　163 座矩形平面建筑物的高度对基本频率的关系图(对数坐标)

D.3　高层建筑阻尼值的预测

在任意模型中的阻尼(或能量耗散率)仅限于某种模型中的运动。因此,为评估建筑物对给定载荷的响应需要评估和测量阻尼。还没有已证实可预测阻尼的方法,实测数据表明阻尼比可发生在0.5%～2.1%(见图 D.2)。在土壤/结构相互作用显著的建筑也可能会遇到更高的值。简单的钢框架似乎有低得多的阻尼。预测阻尼的方法正在发展(见参考文献[34]和[35]),但还没有接近期望的精度。

图 D.2 表示参考文献[36]选择的建筑样本的阻尼对建筑高度的图。可以看出同样建筑的正交平移模态得到的阻尼有很大差别。关于阻尼的大小,部分认为是建造工序和施工质量的函数,而且不能准确预测。因此,评估误差大是必然的。

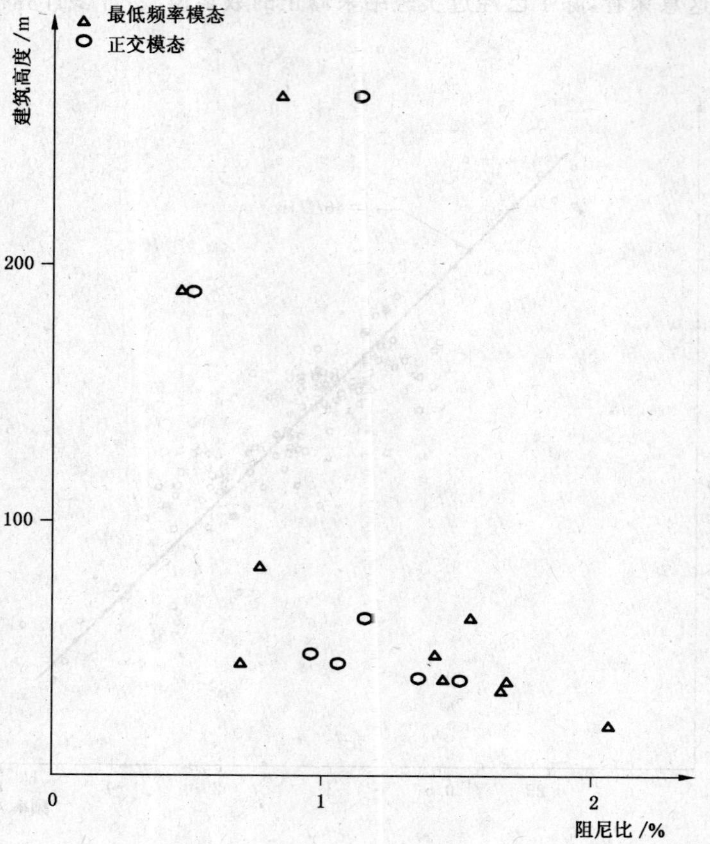

图 D.2　十座建筑物的基本平移模态对应的建筑高度对阻尼比图
此处土-结构的相互作用被忽略(根据衰减测量)

D.4　低层建筑的固有频率和阻尼

98 座低层建筑的特性发表在参考文献[37]和[38]中。这些建筑位于美国,是 1 层、1 层半和 2 层的建筑,带地下室、部分地下室或步行通道的空间。数据表示平均测试的频率值随层高下降。

图 D.3 表示建筑物的数目与它们测得的频率的直方图。重要的是注意频率发生的范围和用经验预测包含的误差。频率随年限或房屋的位置的变化无明显趋势,频率与平面尺度不相关。

图 D.4 表示建筑物数目与其阻尼比的直方图。这里指出较高的建筑一般阻尼比较高,并显示可能遇到的阻尼值的范围。阻尼和建筑物的几何特性不存在明显关系。

D.5　非线性行为

前几章讨论每个模态的固有频率和阻尼,而且可能给人们一种印象,这些量是不变的。

可是它们都是随运动幅值变化的,这对地震分析可能是很重要的(尽管难以定量)。通常,风载引起小幅度运动(与大地震比较),在正常遇到的幅度范围固有频率和阻尼的变化很小。一座建筑经受从轻微的风到飓风的等效力的作用,记录其频率改变 3%,阻尼变化 30%[36]。这些变化也许不明显,而且设计中可以忽略不计。

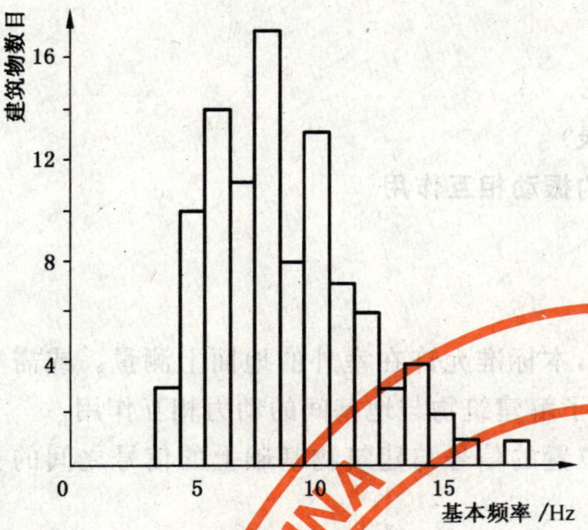

图 D.3 96 座低层建筑物测量的频率

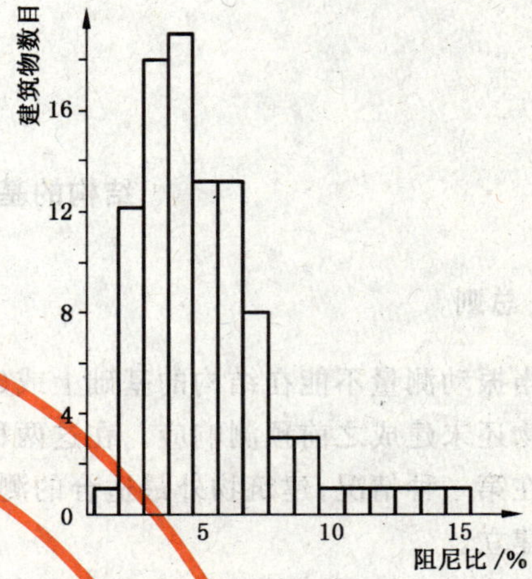

图 D.4 96 座低层建筑物测量的阻尼比

D.6 最终评论

可以得到的一般结论是,理论预测似乎包括一定的不确定度。因此,理论分析应借助进行参数变更来考虑这些可能的不精确定度,而且对于重要的结构当结构建成时,应用试验测量检验设计计算。

附　录　E
（资料性附录）
结构的基础和土壤之间的振动相互作用

E.1　总则

当振动测量不能在结构的基础上或建筑物内进行时，本标准允许在室外的地面上测量。或需要在建筑物还未建成之前预测响应。在这两种情况下有必要了解建筑物与地基间的动力相互作用。

在第一种情况，建筑物外最适合的测量位置以及该位置的信号与建筑物基础上的信号之间的关系需要建立。

在第二种情况，除非相互作用很显著，建筑物基础的响应可以预期很接近于与基础接触的地基的运动。本附录试图指示这种相互作用的性质，并且建议将它们计入的方法。

图 E.1 说明在本附录中用到的符号，行波穿过基础，其峰幅值为 u（u 可以是正弦波的位移、速度或加速度）。自由场的幅值记作 u_0，基础底部的幅值为 u_F，结构附近任意位置的幅值为 u_{st}，现存建筑临近土壤表面的幅值为 u_N。远离结构处 $u_N=u_0$。土壤-结构相互作用分析通常是涉及自由场运动与结构运动之间的关系，即 u_{st}/u_0，尤其是 $u_F/u_0=r_0$。重要的比 $u_F/u_N=r_N$ 由更复杂的步骤得出，这是土壤响应（包括振动幅值随深度的变化）问题的重点。

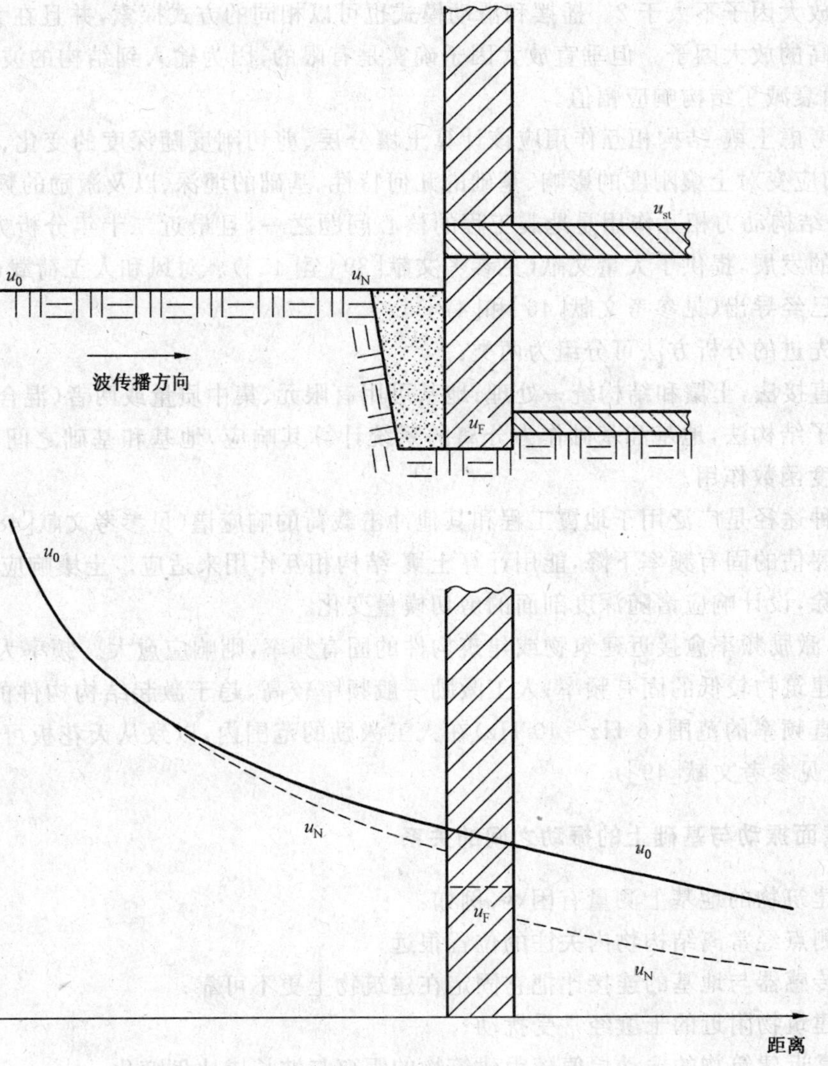

符号：

u——正弦波的位移、速度或加速度的幅值；

u_0——自由场的幅值；

u_N——现有建筑物附近土壤表面的幅值；

u_F——基础底部的幅值；

u_{st}——结构内任意位置的幅值；

$r_0 = u_F/u$；

$r_N = u_F/u_N$。

图 E.1 说明水平传播波的记号

E.2 理论考虑

土壤-结构相互作用在某种程度影响所有结构的响应。只有连接在刚性地基上的刚性建筑会与地基同样响应。实际上，地基没有无限刚性，并且可提供能量辐射或损耗的机理。因此，它可以想象为弹簧和阻尼系统的作用，或是基础下面的一系列这样的系统。

土壤-结构相互作用的程度是结构响应取决于结构和地基的参数，尤其是结构的固有频率和地基的剪切刚度。当考虑相对刚性的建筑(低于 6 m 至 7 m)时，问题可以视为弹簧和阻尼器上的刚性质量的垂直响应，将地基视为半无限各向同性的均匀的弹性半空间的解析解。像这样简单的概念认为，在垂直方向最大放大因子不大于2。摇摆和滑动模式也可以相同的方式探索，并且在大多数情况下，理论上可以达到较高的放大因子。但垂直放大因子确实是有限的，因为输入到结构的波的能量部分被重反射入地基，从而衰减了结构响应幅值。

全面考虑土壤-结构相互作用应该计算土壤分层、剪切刚度随深度的变化、建筑载荷对土壤刚度的影响、剪切应变对土壤刚度的影响、基础的几何特性、基础的埋深、以及激励的频率成分。

土壤-结构动力相互作用是地震工程的核心问题之一，且最近二十年分析方法已经高度发展，由于是核工业的发展，提供了大量文献（见参考文献[39]至[45]）。对风和人工荷载也已经细致分析，一些简化的法则已经导出（见参考文献[46]和[47]）。

这些先进的分析方法可分组为两类：

a) 直接法，土壤和结构统一处理；地基可用有限元、集中质量或两者（混合模型）表示；

b) 子结构法，地基和基础作为分离的系统计算其响应，地基和基础之间有弹簧和阻尼器充当刚度函数作用。

另一种途径是广泛用于地震工程和其他冲击载荷的响应谱（见参考文献[48]）。对在低刚性的土壤上的结构评估的固有频率下降，能用计算土壤-结构相互作用来适应。土壤响应的效应部分地能用设计响应谱扣除，设计响应谱随深度剖面的剪切模量变化。

通常，激励频率愈接近建筑物或建筑构件的固有频率，则响应愈大。频率为0.5 Hz～8 Hz的地震趋于激起建筑物较低的固有频率；人工激励一般频率较高，趋于激起结构构件的固有频率。此外，建筑部件的垂直频率的范围（6 Hz～40 Hz）在人工激励的范围内，以致从天花板可观察到相对较大的弯曲变形响应（见参考文献[49]）。

E.3 地表面振动与基础上的振动之间的关系

靠近建筑物的地基上测量有困难，例如：

——测点经常离结构物内关注的位置很远；

——传感器与地基的连接比把它固定在建筑物上更不可靠；

——建筑物附近的土壤经常受扰动；

——靠近建筑物的振动幅值随距建筑物的距离与波长成比例变化。

分析土壤-结构相互作用的直接法很昂贵，而且需要土壤特性的详细知识，可是，能给出下面一些关于影响 r_N 因素的一些指导。

a) 振动的幅值可能受基础前方（关于行波）的反射的影响，受后面的耗散和前边的反射而减小。这些影响取决于基础尺寸、深度、和激励波长。

b) 像表面波的传播（用于远振源），幅值随深度减小（例如图E.2所示），所以较深的基础测得的运动更小。

c) 强震运动通常模拟为垂直传播的水平极化的剪切波，当波从高刚性向上传递时，幅值则增加。这样较深的基础可以测得较小的振动。

这样的复杂性妨碍权威对有关 r_N 和 r_0 的规则对结构和激励的特性归类，但测量（见参考文献[50]）和理论研究表明：大多数人工激励情况下，r_N 基本为1或更小。调查研究[1)]的结果表明，不论频率大小，r_N 在0.3～0.6范围内。记录的最大的放大倍数是在水平响应，合计增加13%。图E.3和图E.4给出调查统计的直方图。

在对连续振动有显著的摇摆响应的情况下，不进行基础垂直振动的降低与建筑物附近土壤表面的垂直振动的降低的对比。

作为靠近建筑物更好的测量位置，建议这些位置距建筑物的距离应小于2 m或小于主导波长的1/10。

1) 调查包括各种地基条件以及不同类型的振动激励。

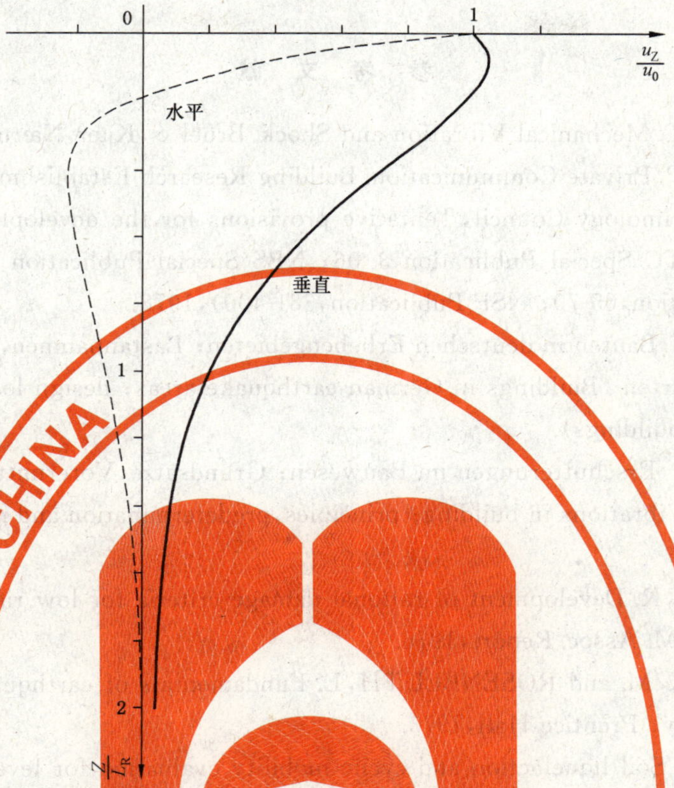

L_R——瑞利波长。

图 E.2 瑞利波的振动幅值 u_Z 随深度 Z 的变化

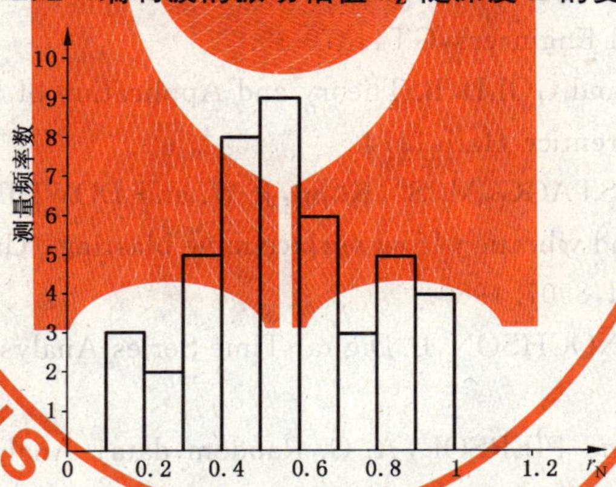

图 E.3 r_N（垂直振动方向）的频率分布

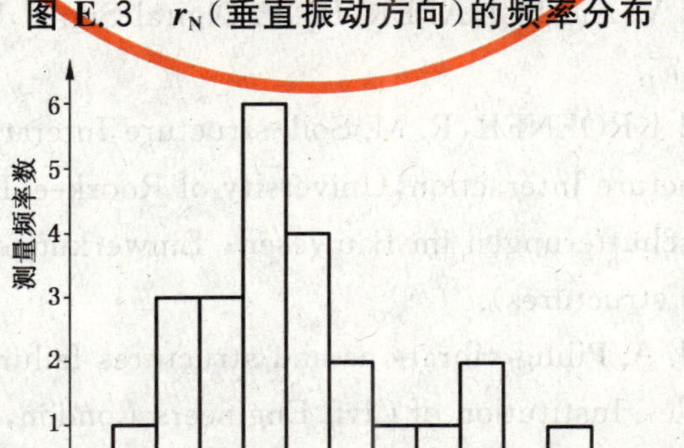

图 E.4 r_N（水平振动方向）的频率分布

参 考 文 献

[1] BROCH,J. T. Mechanical Vibration and Shock. Brüel & Kjær,Nærum,Denmark,1972.

[2] JEARY,A. P. Private Communication. Building Research Establishment Note,1980.

[3] Applied Technology Council,Tentative provisions for the development of seismic regulations for buildings (ATC Special Publication 3. 06; NBS Special Publication 510; NSF Publication 78. 8,56; NSF Publication,65-70; NSF Publication,381-400),1978.

[4] DIN 4149-1 Bauten in deutschen Erbebengebieten; Lastannahmen,Bemessung und Ausfuhrung ublicher Hochbarten (Buildings in German earthquake areas; design loads,analysis and structural design; unusual buildings).

[5] DIN 4150-1 Erschutterungen im Bauwesen; Grundsatze,Vorermittlung und Messung von Schwingungsgrößen (Vibrations in building; principles,predetermination and measurement of the amplitude of oscillations).

[6] MEDEARIS,K. Development of rational damage criteria for low rise structures subject to blasting vibrations,K. M. Assoc. Report,1976.

[7] NEWMARK,M. and ROSENBLUTH,E. Fundamentals of earthquake engineering,Eaglewood Cliffs,New Jersey; Prentice Hall,1973.

[8] SEED,H. B. Soil liquefaction and cyclic mobility evaluation for level ground during earthquake. American Society of Civil Engineers,GT2,1979,201-25.

[9] PYKE,R. ,SEED,H. B. and CHAN,C. K. Settlement of sands under multidirectional shaking. American Society of Civil Engineers,GT4,379-39.

[10] RABIMER,L. R. and GOLD,B. Theory and Application of Digital Signal Processing,Eaglewood Cliffs,New Jersey; Prentice Hall,1974.

[11] SISKIND,D. E. ,STAGG,M. S. ,Kopp,J. W. and DOWDING,C. H. Structure response and damage produced by ground vibration from surface mine blasting; United States Bureau of Mines. Report of investigations No. Rl,8507. 1980.

[12] OTNES,R. and ENOCHSON,L. Digital Time Series Analysis,New York; John Wiley & Sons,1972.

[13] BENDAT,J. S. and PIERSOL,A. G. Random data; Analysis and measurement procedures,New York; John Wiley & Sons,1971.

[14] OPPENHEIM,A. V. and SCHAFER,R. W. Digital Signal Processing,Eaglewood Cliffs,New Jersey; Prentice Hall,1975.

[15] FANG,H. Y. and KROENER,R. M. Soil-structure Interaction during blasting. International Symposium on Soil Structure Interaction,University of Roorkee,India,1977.

[16] DIN 4150-3 Erschütterungen im Bauwesen; Einwerkungen auf bautiche Anlagen (Vibrations in buiding; effects on structures).

[17] CROCKETT,J. H. A. Piling vibrations and structures failure. Recent Development in the Design and Construction of Piles. Institution of Civil Engineers London,1979.

[18] GASCH,Elgnung der Schwingungsmessung zur Ermiltung der dynamischen Beanspruchung in Bautellen. Berichte aus der Bauforschung,58,Wilhelm Ernst & Sohn,Berlin,1968.

[19] DOUGLAS,B. Modal Damping Determinations from Resonance Spectral Shape Measurements. Journal of the Acoustical Society of America,58,Suppl. No. 1,1975.

[20] PAOULLO, A. Suitability of existing vibration criteria for rail rapid transit system, Acoustical Society of America, Atlanta, Georgia, April 21 to 25, 1980.

[21] Building Research Establishment (UK), Cracking in buildings. Digest No. 5, 1966(reprinted 1975).

[22] ISO 3010:1988 Bases for design of structures—Seismic actions on Structures.

[23] GUTOWSKI, T. G., WITTIG, L. E. and DYM, C. L., Some aspects of the ground vibration problem. Noise Control Engineering, 10, No. 3, 1978.

[24] KAWECKI, J. Empirical formulate used for calculating the natural periods of vibrations of buildings. Czasopismo Techniczne, Z 7-B(129), 1969.

[25] STEFFENS, R. J. Structural vibration and damage. Building Research Establishment Report, UK., 1974.

[26] BARKADZE, E. L. Problems of determining the results of instrumental measurements of natural periods of buildings. Soobs AN Groz, 39 (6), 1962.

[27] NAKA, T. Structural design of tall buildings in Japan. ASCE-IABSE Joint Committee Report; Planning and design of tall buildings, Proc. 3rd Regional Conference, Tokyo, Sept. 1971.

[28] ANDERSON, A. W. et al. Lateral forces of earthquake and wind. Proc. ASCE, 77 (Separate) No. 66, 1951.

[29] Recommendations Association Francaise du Génie Parasismique-90. Presse des Ponts et Chaussêes, Paris.

[30] ELLIS, B. R. An assessment of the accuracy of predicting the fundamental natural frequencies of buildings and the complications concerning the dynamic analysis of structures. Proc. Inst. Civ.

[31] ESDU 81036, Undamped natural frequencies of core buildings. ESDU, London, Nov. 1981.

[32] ESDU 7905, Undamped natural vibration of shear buildings. ESDU, London, May, 1979.

[33] ESDU 82019, Undamped natural vibration of sway frame buildings and frame structures. ESDU, London, Aug. 1982.

[34] ESDU 83009, Damping of structures—Part 1: Tall buildings. ESDU, London, May, 1983.

[35] JEARY, A. P. Damping in tall buildings—A mechanism and a predictor. Earthquake Engineering and Structural Design, 14, 1986.

[36] ELLIS, B. R. Dynamic soil-structure interaction in tall buildings. Ph. D. Thesis. University of London, 1984.

[37] MEDEARIS, K. The development of rational damage criteria for low-rise structure subjected to blasting vibrations. Report to National Crushed Stone Association, Washington DC, Aug. 1976.

[38] SISKIND, D. E. et al. Structural response and damage produced by ground vibration from surface mine blasting. US Dept. of Interior, Bureau of Mines, RI 8507, 1980.

[39] NEMARK, M. and ROSENBLUTH, E. Fundamentals of earthquake engineering. Prentice Hall, 1973.

[40] RICHARD, F. E., HALL, J. R. and WOODS, R. D. Vibrations of soils and foundations. Englewood Cliffs, NJ, 1970.

[41] WOLF, J. P. Dynamic soil structure interaction. Prentice Hall, 1985.

[42] CLOUGH, R. W. and PENZIEN, J. Dynamics of structures. McGraw Hill Corp., New York, 1975.

[43] WARBURTON, G. B., RICHARDSON, I. D. and WEBSTER, J. J. Forced vibrations of two masses on an elastic half space.. Transactions ASME, March 1971.

[44] HOLZLÔHNER, U. Dynamically loaded buildings on the soil. Proc. XICSMFE, Vol. 3, Stockholm, 1981.

[45] ROESSET, J. M. and GONZALES, J. J. Dynamic interaction between adjacent structures. Proc. DMSR, Karisruhe 1977, Vol. 1, Balkema, Rotterdam, 1978.

[46] ELLIS, B. R. Dynamic soil structure interaction in tall buildings. Ph. D. Thesis, University of London, 1984.

[47] AUERSCH, L. Durch Bodenerschütterungen angeregte Gebaudeschwingungen—Ergebrisse von Modellrechnungen. BAM Research Report 108, Wirtschaftsverlag NW, Bremerhaven, 1984.

[48] FOSTER, G. A. Structural response and human response to blasting vibration effects-is there a connection? Vibra-tech report, 1985.

[49] AUERSCH, L., HEBENER, H. and RÜCKER, W. Erschütterungen infolge Schienenverkehr; Theoretische und meßtechnische Untersuchungen zur Emission, zur Ausbreitung durch den Boden und zur Übertragung im Gebäude. STUVA Report No. 19 (Series Verminderung des Verkehrslärms in Städten und Gemeinden, Teilprogram Schienennahverkehr). 1986.

[50] SISKIND, D. E. and STAGG, M. S. Blast vibration measurements near and on structure foundations. Report of investigations RI 8969, US Bureau of Mines, 1985.

ICS 29.045
H 80

中华人民共和国国家标准

GB/T 14139—2009
代替 GB/T 14139—1993

硅 外 延 片

Silicon epitaxial wafers

2009-10-30 发布　　　　2010-06-01 实施

中华人民共和国国家质量监督检验检疫总局
中国国家标准化管理委员会　发布

前　言

本标准代替 GB/T 14139—1993《硅外延片》。

本标准与原标准相比，主要有如下变动：

——删除了引用标准 YS/T 23《硅外延层厚度测定　堆垛层错尺寸法》和 YS/T 28《硅片包装》；

——增加了引用标准 GB/T 14141《硅外延层、扩展层和离子注入层薄层电阻的测定　直排四探针法》和 GB/T 14847《重掺杂衬底上轻掺杂硅外延层厚度的红外反射测量方法》；

——修改了产品规格规范，去除原标准中 50.8 mm、80 mm、90 mm 三个规格，增加了直径尺寸 125 mm 和 150 mm；

——在产品牌号中增加衬底掺杂内容；

——衬底掺杂元素中增加衬底掺杂元素磷(P)；

——对外延层中心电阻率、径向电阻率和外延层厚度进行了修订，对其允许偏差进行加严；

——修改了外延层厚度测量方法，对外延片表面缺陷检测方法进行加严；

——修改了合格质量水平(AQL)规定，增加了表面质量、位错等检验项目合格质量水平规定。

本标准由全国半导体设备和材料标准化技术委员会提出。

本标准由全国半导体设备和材料标准化技术委员会材料分技术委员会归口。

本标准起草单位：宁波立立电子股份有限公司。

本标准主要起草人：许峰、刘培东、李慎重、谌攀。

本标准所代替标准的历次版本发布情况为：

——GB/T 14139—1993。

硅 外 延 片

1 范围

本标准规定了硅外延片的产品分类、技术要求、试验方法和检验规则及标志、包装运输、贮存等。

本标准适用于在N型硅抛光片衬底上生长的n型外延层(N/N$^+$)和在p型硅抛光片衬底上生长的P型外延层(P/P$^+$)的同质硅外延片。产品主要用于制作硅半导体器件。其他类型的硅外延片可参照使用。

2 规范性引用文件

下列文件中的条款通过本标准的引用而成为本标准的条款。凡是注日期的引用文件,其随后所有的修改单(不包括勘误的内容)或修订版均不适用于本标准,然而,鼓励根据本标准达成协议的各方研究是否可使用这些文件的最新版本。凡是不注日期的引用文件,其最新版本适用于本标准。

GB/T 2828.1 计数抽样检验程序 第1部分:按接收质量限(AQL)检索的逐批检验抽样计划(GB/T 2828.1—2003,ISO 2859-1:1999,IDT)

GB/T 6617 硅片电阻率测定 扩展电阻探针法

GB/T 6624 硅抛光片表面质量目测检验方法

GB/T 12962 硅单晶

GB/T 12964 硅单晶抛光片

GB/T 13389 掺硼掺磷硅单晶电阻率与掺杂浓度换算规程

GB/T 14141 硅外延层、扩展层和离子注入层薄层电阻的测定 直排四探针法

GB/T 14142 硅外延层晶体完整性检验方法 腐蚀法

GB/T 14145 硅外延层堆垛层错密度测定 干涉相衬显微镜法

GB/T 14146 硅外延层载流子浓度测定 汞探针电容-电压法

GB/T 14246 半导体材料术语

GB/T 14847 重掺杂衬底上轻掺杂硅外延层厚度的红外反射测量方法

YS/T 24 外延钉缺陷的检验方法

3 技术要求

3.1 产品分类

3.1.1 导电类型

产品按导电类型分为n型和p型。

3.1.2 规格

产品按直径尺寸分为76.2 mm、100 mm、125 mm和150 mm。

3.1.3 外延片晶向

产品按晶向分为〈111〉、〈100〉等。

3.1.4 产品牌号

产品牌号表示为:

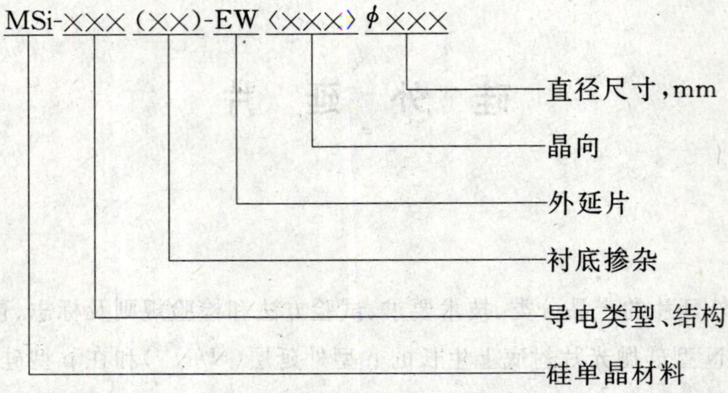

示例:MSi-N/N$^+$(As)-EW⟨111⟩ϕ100 表示 N/N$^+$ 结构,掺 As 衬底⟨111⟩晶向,直径为 100 mm 的硅外延层

3.2 外延片衬底参数

衬底的电阻率应符合表 1 的规定,衬底的晶向、几何尺寸等参数应符合 GB/T 12964 的规定;其他各项参数应符合 GB/T 12962 的规定。

表 1

导电类型	掺杂元素	硅单晶直径/mm	电阻率/(Ω·cm) 不大于
n	Sb	76.2、100、125、150	0.02
	As	76.2、100、125、150	0.01
	Ph	76.2、100、125、150	0.002
p	B	76.2、100、125、150	0.02

3.3 外延层电阻率

3.3.1 n 型外延层掺杂元素为磷,p 型外延层掺杂元素为硼。

3.3.2 外延层中心电阻率及其允许偏差应符合表 2 的规定。

表 2

中心电阻率/(Ω·cm)	允许偏差/%
<5	±8
5~25	±10
>25	±12

3.3.3 径向电阻率(*RV*)变化按式(1)计算,外延层径向电阻率变化应符合表 3 的规定。

$$RV(\%)=\frac{\rho_{max}-\rho_{min}}{\rho_{max}+\rho_{min}}\times 100\% \qquad \cdots\cdots(1)$$

式中:

ρ_{max}、ρ_{min} 分别指中心点和在平行与垂直于主参考面的两条直径上距周边 10 mm±1 mm 位置处四点的电阻率测量值的最大值和最小值,单位为欧姆厘米(Ω·cm)。

表 3

中心电阻率/(Ω·cm)	径向电阻率变化 *RV*/%
<5	±8
5~25	±10
>25	±12

3.4 外延层厚度

外延层厚度及其允许偏差应符合表4的规定，外延层径向厚度变化（TV）按式（2）计算，外延层径向厚度变化应符合表5的规定。

$$TV(\%) = RV(\%) = \frac{T_{max} - T_{min}}{T_{max} + T_{min}} \times 100\% \quad \cdots\cdots\cdots\cdots(2)$$

式中：

T_{max}、T_{min}——分别指中心点和在平行与垂直于主参考面的两条直径上距周边10 mm±1 mm位置处四点的厚度测量值的最大值和最小值。

表 4

中心厚度/μm	允许偏差/%
≤25	±5
>25	±8

表 5

中心厚度/μm	径向厚度变化 TV/%
≤25	≤5
>25	≤6

3.5 外延层缺陷

3.5.1 外延层位错密度不大于500 cm^{-2}或依据供需双方之间的约定。

3.5.2 外延层堆垛层错密度不大于15 cm^{-2}。

3.6 外延层表面缺陷限度。

3.6.1 缺陷限度应符合表6的规定。

表 6

<table>
<tr><th>序号</th><th colspan="2">缺陷名称</th><th>外延片直径/mm</th><th colspan="3">缺陷限度</th></tr>
<tr><td>1</td><td colspan="2">滑移线</td><td>76.2、100、125、150</td><td colspan="3">5条 总长≤直径</td></tr>
<tr><td rowspan="6">2</td><td rowspan="6">点缺陷</td><td rowspan="3">大点缺陷个数</td><td rowspan="3">76.2、100、125、150</td><td colspan="3">外延层厚度/μm</td></tr>
<tr><td>≤25</td><td>>25～50</td><td>>50～100</td></tr>
<tr><td>3</td><td>4</td><td>5</td></tr>
<tr><td rowspan="3">点缺陷总数</td><td rowspan="3">76.2、100、125、150</td><td colspan="3">外延层厚度/μm</td></tr>
<tr><td>≤25</td><td>>25～50</td><td>>50～100</td></tr>
<tr><td>10</td><td>12</td><td>15</td></tr>
<tr><td>3</td><td colspan="2">凹坑个数</td><td>76.2、100、125、150</td><td colspan="3">3</td></tr>
<tr><td>4</td><td colspan="2">冠状边缘</td><td>76.2、100、125、150</td><td colspan="3">突起不得超过20%外延层厚度</td></tr>
<tr><td>5</td><td colspan="2">划痕</td><td colspan="4">1条，长度＜半径</td></tr>
<tr><td>6</td><td colspan="2">桔皮、波纹、裂纹、鸦爪</td><td colspan="4">无</td></tr>
<tr><td>7</td><td colspan="2">雾</td><td colspan="4">无</td></tr>
<tr><td>8</td><td colspan="2">崩边</td><td colspan="4">无</td></tr>
<tr><td>9</td><td colspan="2">沾污</td><td colspan="4">无</td></tr>
</table>

3.6.2 表面缺陷区域系指直径不大于76.2 mm的硅外延片去除边缘2 mm环形区域、直径100 mm、125 mm和150 mm硅外延片去除边缘3 mm环形区域的整个表面。

3.6.3 表面点状缺陷包括符合 GB/T 14264 的钉、粘附的颗粒、突起物、夹杂、小丘和棱锥。使用清洗技术能除去的颗粒不属于点状缺陷。

3.6.4 崩边是指外延片边缘在径向的缺损深度大于 0.3 mm 的损伤。最大崩边径向深度不大于 0.5 mm，累计崩边最大周边长不大于 2.5 mm。

3.6.5 雾的定义见 GB/T 14264。

3.6.6 沾污包括色斑、手套印、尘埃、污迹和溶剂残留物。

3.7 外延片背面

外延片背面应无沾污、凸起、划痕。

3.8 如客户对某些项目有特殊规定，由供需双方协商决定。

4 试验方法

4.1 外延层载流子浓度测量按 GB/T 14146 的规定进行或按供需双方商定的其他方法（如 GB/T 14141 或 GB/T 6617）进行。电阻率和掺杂浓度换算按 GB/T 13389 的规定进行。

4.2 外延层厚度测量按 GB/T 14847 的规定进行或按供需双方商定的其他方法进行。

4.3 外延层位错、堆垛层错密度检测主要方法按 GB/T 14142 规定进行；也可按 GB/T 14145 规定检测堆垛层错密度。

4.4 外延片表面缺陷检验按 GB/T 6624 的规定进行，外延钉缺陷检验按 YS/T 24 的规定进行。在大于 16 000 lx 光强条件下目测雾缺陷，其他缺陷只在大面积散射光照度 430 lx～650 lx 条件下目测。

5 检验规则

5.1 每批产品由供方技术监督部门进行检验，保证产品质量符合本标准规定，并填写产品质量说明书。

5.2 每批产品的检验项目均采用抽样检验。表面检验采用 GB/T 2828.1 一般检查水平Ⅱ、正常检查一次抽样方案抽样检查，或按供需双方商定的方法抽样检查；其他破坏性测量按 GB/T 2828.1 特殊检查水平 S-2，正常检查一次抽样方案进行，或按供需双方商定的方法抽样检查。

5.3 合格质量水平（AQL）规定应符合表 7 规定。

表 7

序 号	检验项目		合格质量水平（AQL）
1	外延层电阻率范围		1.0
2	外延层径向电阻率变化		1.0
3	外延层厚度范围		1.0
4	外延层径向厚度变化		1.0
5	外延层位错		1.0
6	外延层堆跺层错		1.0
7	表面质量	亮点（颗粒）	1.0
		沾污	1.0
		划伤、滑移线	1.0
		崩边、裂纹	1.0
		点缺陷	1.0
		凹坑	1.0
		累计	2.5

5.4 需方可对收到的产品进行检验，若检验结果与本标准不符合时，在收到产品之日起三个月内向供方提出，由供需双方协商解决。

6 标志、包装、运输、贮存

6.1 包装、标志

6.1.1 硅外延片应在洁净房内装入专用的包装盒包装，外用洁净的塑料袋密封。每个片盒应贴有产品标签，标签内容至少应包括：产品名称（牌号）、规格、片数、批号等信息。或按供需双方商定的其他方法包装。

6.1.2 包装箱内应有装箱单，外侧应有“小心轻放”、“防腐防潮”、“易碎”字样或标记，并注明：

a) 需方名称；
b) 产品名称（牌号）；
c) 产品数量；
d) 供方名称。

6.1.3 每批产品应附产品质量证明书，注明：

a) 供方名称；
b) 产品名称（牌号）；
c) 产品批号；
d) 产品数量；
e) 电阻率测试方法；
f) 产品晶向；
g) 各项检验结果；
h) 本标准编号；
i) 出厂日期。

6.2 运输、贮存

6.2.1 产品在运输过程中应轻装轻卸、勿挤勿压、并有防震措施。

6.2.2 产品应贮存在洁净干燥环境中。

ICS 29.045
H 82

中华人民共和国国家标准

GB/T 14140—2009
代替 GB/T 14140.1—1993,GB/T 14140.2—1993

硅片直径测量方法

Test method for measuring diameter of semiconductor wafer

2009-10-30 发布　　2010-06-01 实施

中华人民共和国国家质量监督检验检疫总局
中国国家标准化管理委员会　发布

前　言

本标准代替 GB/T 14140.1《硅片直径测量法　光学投影法》和 GB/T 14140.2《硅片直径测量法　千分尺法》。

本标准与 GB/T 14140.1 和 GB/T 14140.2 相比，主要有如下变化：

——可测量最大直径的范围增加到 300 mm；

——删除了引用标准 GB 12962《硅单晶》；

——增加了引用标准 GB/T 12964《硅单晶抛光片》；

——增加了引用标准 GB/T 6093《几何量技术规范(GPS)长度标准　量块》；

——增加了术语、意义用途、干扰因素；

——修改了直径模型的部分内容；

——光学投影法参照 ASTM F613-93《半导体晶片直径的标准测试方法》进行了修订。

本标准由全国半导体设备和材料标准化技术委员会(SAC/TC 203)提出。

本标准由全国半导体设备和材料标准化技术委员会材料分技术委员会归口。

本标准起草单位：洛阳单晶硅有限责任公司。

本标准主要起草人：刘玉芹、蒋建国、张静雯、冯校亮。

本标准所代替标准的历次版本发布情况为：

——GB/T 14140.1—1993、GB/T 14140.2—1993。

硅片直径测量方法

方法 1 光学投影法

1 范围

本标准规定了用光学投影仪测量硅片直径的方法。

本标准适用于测量圆形硅片的直径，可测最大直径为 ϕ300 mm。本标准不适用于测量硅片的不圆度。

2 规范性引用文件

下列文件中的条款通过本标准的引用而成为本标准的条款。凡是注日期的引用文件，其随后所有的修改单(不包括勘误的内容)或修订版均不适用于本标准，然而，鼓励根据本标准达成协议的各方研究是否可使用这些文件的最新版本。凡是不注日期的引用文件，其最新版本适用于本标准。

GB/T 2828.1 计数抽样检验程序 第1部分：按接收质量限(AQL)检索的逐批检验抽样计划(GB/T 2828.1—2003，ISO 2859-1：1999，IDT)

GB/T 6093 几何量技术规范(GPS) 长度标准量块

GB/T 12964 硅单晶抛光片

3 术语和定义

下列术语和定义适用于本标准。

直径 diameter

横穿圆片表面，通过晶片中心点且不与参考面或圆周上其他基准区相交的直线长度。

4 方法提要

利用光学投影仪，将硅片投影到显示屏上，使用螺旋测微计和标准长度块进行测量。以硅片投影的两端边缘分别与显示屏上的垂直坐标轴左右两边相切，由其位置差求出硅片直径。按硅片参考面不同测量硅片的三条直径(如图1)。计算出平均直径和直径偏差。

5 意义和用途

5.1 在微电子制造过程中，特别是对于需要固定硅片的工序，半导体硅片直径是一个重要的参数。

5.2 硅片晶向偏离会使硅片呈椭圆形。本测试方法报告要求测试硅片的直径偏差。

6 干扰因素

6.1 硅片边缘沾污、波纹或参差不齐等会造成直径测量误差。

6.2 载物台与螺旋测微计主轴的接触表面和螺旋测微计主轴端部的沾污或损坏会造成测量误差。

6.3 显示屏不能清晰地显示会影响测量的准确度。

6.4 标准长度量块的测量表面沾污或损坏会造成测量误差。

6.5 如果用多个标准长度量块研合形成一个参考长度，量块研合方法和程度不正确会造成测量误差。

7 仪器设备与环境

7.1 光学投影仪

图像放大倍数为 20 倍～40 倍。

7.1.1 载物台

可自由平移，移动范围为：水平方向≥300 mm，垂直方向≥100 mm。

7.1.2 螺旋测微计

分度值优于 5 μm，螺旋测微计主轴的移动推动载物台的移动，主轴伸长度越大读数越精确。螺旋测微计有容纳标准长度量块的轨道，以增大测量范围。

7.2 样品夹

用于支撑投影仪载物台上的样片，能够在载物台上滑动。样品夹配置有旋转和固定的工具，使样片能旋转 360°（精确到±5°），能将样品夹固定到载物台上。

7.3 标准长度量块

标准长度量块应符合 GB/T 6093 规格。

7.4 刻度板

用玻璃或透明材料制成，覆盖到投影仪屏幕上，两条相互垂直的刻线提供水平和垂直参考。

7.5 测试环境

测量在 23 ℃±5 ℃下进行。测试样本、标准长度量块应在测量室温下放置 15 min 以上方可进行测量。

8 取样原则与试样制备

8.1 从一批硅片中按 GB/T 2828.1 计数抽样方案或商定的方案抽取试样。

8.2 按图 1 确定要测量的三条直径的位置，硅片参考面位置应符合 GB/T 12964 的规定。

8.2.1 对于 P〈111〉和主、副参考面成 180°角的 N〈100〉硅片，要测量的三条直径是平行于主参考面的直径和与该直径成 45°角的另两条直径。见图 1a)、图 1b)。

8.2.2 对于 P〈100〉硅片，第一条直径位于主、副参考面的中间，第二条直径垂直于第一条直径，第三条直径与第二条直径逆时针成 30°角。见图 1c)。

8.2.3 对于 N〈111〉硅片，第一条直径平行于主参考面，第二条直径与第一条直径顺时针成 30°角，第三条直径与第二条直径也顺时针成 30°角。见图 1d)。

8.2.4 对于主、副参考面成 135°角的 N〈100〉硅片，第一条直径平行于主参考面，第二条直径与第一条直径逆时针成 30°角，第三条直径与第二条直径也逆时针成 30°角。见图 1e)。

8.2.5 无参考面的硅片需在硅片背面圆周上作一参考标记代替主参考面进行定位，切口硅片以切口位置代替主参考面进行定位，要测量的三条直径是平行于标记或切口的直径和与该直径成 45°角的另两条直径。见图 1f)。

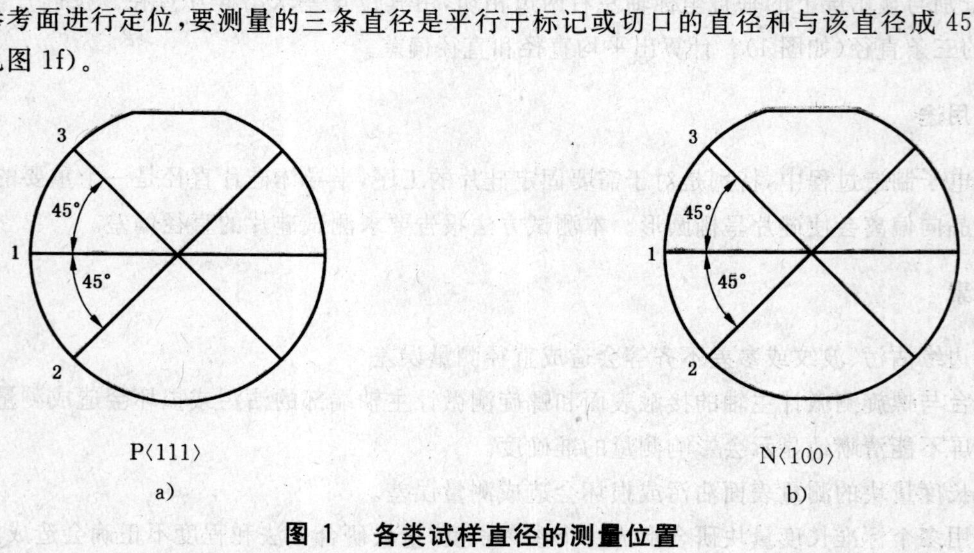

图 1 各类试样直径的测量位置

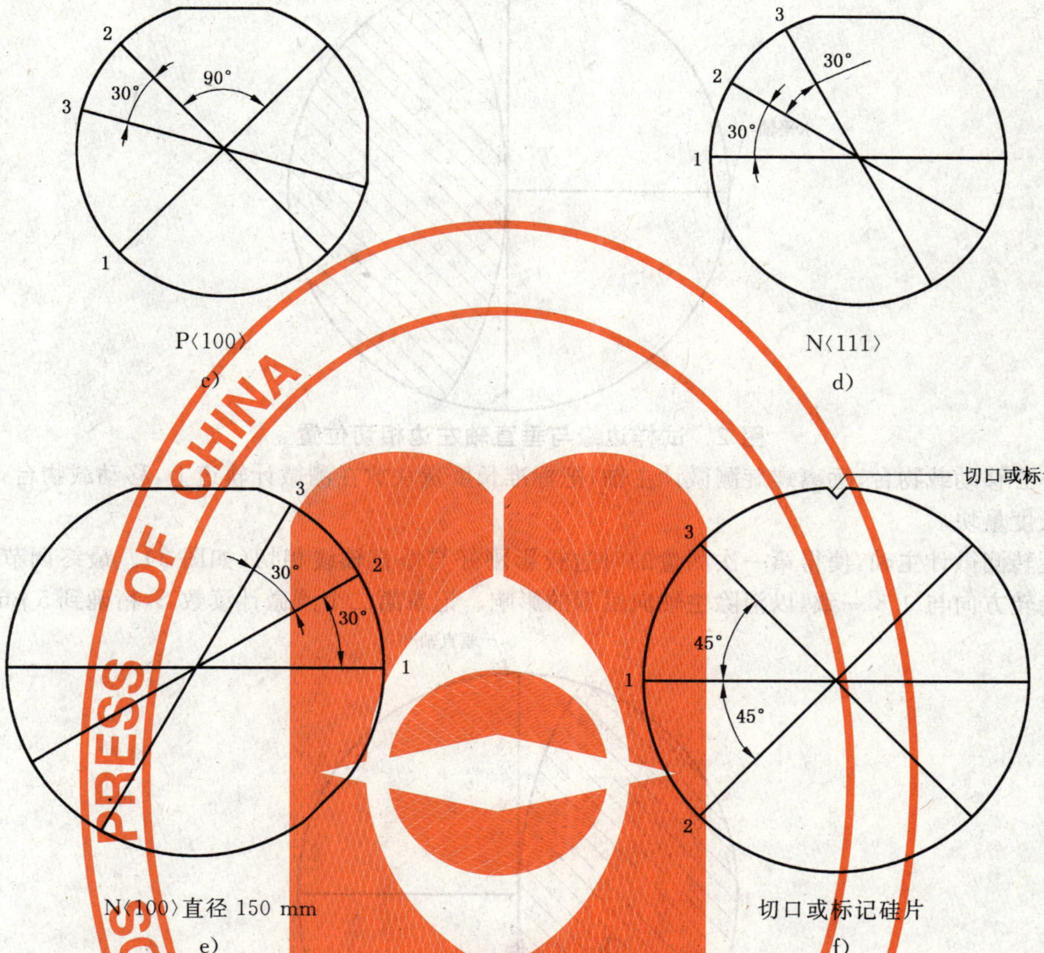

图 1（续）

9 测量步骤

9.1 清洁样品夹、螺旋测微计主轴端部和载物台的接触表面。

9.2 调节投影仪放大器，使得放大倍数处于 20 倍～40 倍范围内，把刻度板镶嵌到屏幕上，把样品夹固定在载物台上。

9.3 按 8.2 确定要测量的三条直径的位置。

9.4 把待测硅片固定到样品夹上，使被测直径处于测量位置。调节投影仪的焦点，使硅片边缘轮廓清晰地显示在显示屏上。

9.5 调节载物台的垂直位置，以便硅片被测直径的试样图像与显示屏上水平坐标轴一致。样片显示在屏幕的右边（如图 2）。

9.6 调节螺旋测微计，以便主轴在标准量程中心±30％移动。

9.7 松开并移动样品夹，使硅片边缘的投影靠近刻度板垂直轴线。

9.8 重新紧固样品夹，旋转测微计主轴进行微小平移调节，以便硅片边缘投影刚好和垂直轴线相切（如图 2）。注意主轴旋转方向，作最后调节。记下此时螺旋测微计读数 F（精确到 5 μm 以上）。

9.9 选择和硅片直径尺寸相当的标准长度量块，记录基准长度 L，单位为毫米。清洁量块，如果多个长度量块形成一个参考长度，按照量块使用要求把它们研合在一起。

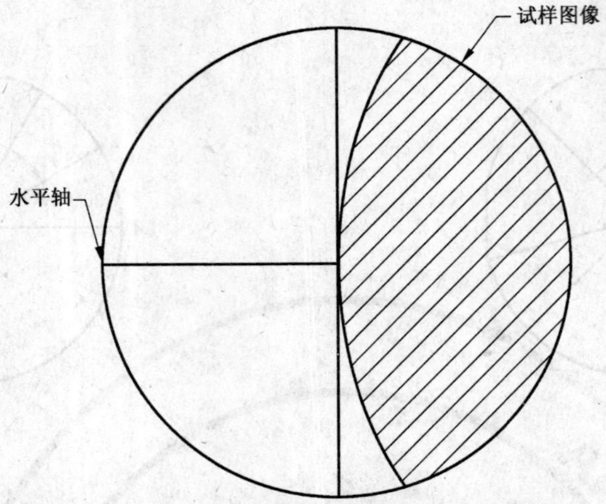

图 2 试样边缘与垂直轴左边相切位置

9.10 小心移动载物台，远离螺旋测微计主轴，把标准长度量块放在测微计轨道上，移动载物台，轻轻靠向标准长度量块。

9.11 旋转测微计主轴，使得第一次测量的对边投影刚好与垂直轴线相切(如图3)。最终调节时测微计主轴旋转方向与9.8一致，以消除主轴向后靠的影响。记录第二个测微计读数 S，精确到5 μm以上。

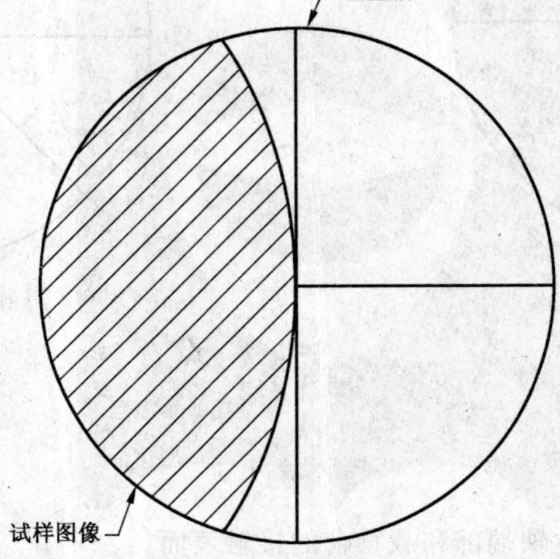

图 3 试样边缘与垂直轴右边相切位置

9.12 旋转硅片，使另一条被测直径处于测量位置。重复9.5～9.11测量步骤，直至测完三条直径。

10 测量结果计算

10.1 硅片直径值按公式(1)计算，其中当硅片直径大于基准长度时，$(S-F)$为正值；硅片直径小于基准长度时，$(S-F)$为负值：

$$D_i = L + (S - F) \quad \cdots\cdots(1)$$

式中：

D_i——硅片直径测量值，单位为毫米(mm)，i=1、2、3；

L——9.2.9中记录的标准量块基准长度值，单位为毫米(mm)；

F——第一次记录的读数，单位为毫米(mm)；

S——第二次记录的读数，单位为毫米(mm)。

10.2 硅片直径的平均值 $\overline{D}$ 按公式(2)计算：

$$\overline{D} = \frac{1}{3}\sum_{i=1}^{3} D_i \quad \cdots\cdots(2)$$

式中：

D_i——硅片直径测量值，单位为毫米(mm)。

10.3 直径偏差的计算：

对每一片硅片，其最大直径减去最小直径即为该硅片的直径偏差。

11 精密度

本测试方法三个实验室平均直径的二倍标准偏差为±66 μm。

12 试验报告

试验报告应包括以下内容：

a) 硅片编号；

b) 硅片批量及检测试样数量；

c) 硅片直径测量值、直径平均值和直径偏差；

d) 测试室温度；

e) 本标准编号；

f) 检测者及检测日期。

方法2 千分尺法

13 范围

本标准规定了用千分尺测量硅片直径的方法。

本标准适用于测量圆形硅片的直径，可测最大直径为 ϕ300 mm。本标准不适用于测量硅片的不圆度。

14 规范性引用文件

下列文件中的条款通过本标准的引用而成为本标准的条款。凡是注日期的引用文件，其随后所有的修改单(不包括勘误的内容)或修订版均不适用于本标准，然而，鼓励根据本标准达成协议的各方研究是否可使用这些文件的最新版本。凡是不注日期的引用文件，其最新版本适用于本标准。

GB/T 2828.1 计数抽样检验程序 第1部分：按接收质量限(AQL)检索的逐批检验抽样计划(GB/T 2828.1—2003，ISO 2859-1：1999，IDT)

GB/T 12964 硅单晶抛光片

15 术语

下列术语和定义适用于本标准。

直径 diameter

横穿圆片表面，通过晶片中心点且不与参考面或圆周上其他基准区相交的直线长度。

16 方法提要

按硅片参考面不同用千分尺直接测量硅片的三条直径，计算出平均直径和直径偏差。见图1。

17 意义和用途

在微电子制造过程中，特别是对于需要固定硅片的工序，半导体硅片直径是一个重要的参数。硅片晶向偏离会使硅片呈椭圆形。本测试方法报告要求测试硅片的直径偏差。

18 干扰因素

18.1 硅片边缘沾污、波纹或参差不齐等会造成直径测量误差。

18.2 千分尺两侧砧接触硅片的程度会造成硅片形变而产生测量误差。

18.3 测量时硅片实际直径与千分尺两侧砧中心位置不在同一平面会造成测量误差。

18.4 千分尺两侧砧表面沾污、损伤或校准失败均会造成测量误差。

19 仪器设备与环境

19.1 千分尺

测量范围为 0 mm～300 mm，分度值为 0.01 mm。

19.2 测量环境

测量在 23 ℃±5 ℃下进行。测试样本、标准长度量块应在测量室温下放置 15 min 以上方可进行测量。

20 取样原则与试样制备

20.1 从一批硅片中按 GB/T 2828.1 计数抽样方案或商定的方案抽取试样。

20.2 按图 1 确定要测量的三条直径的位置，硅片参考面位置应符合 GB/T 12964 的规定。

20.2.1 对于 P⟨111⟩和主、副参考面成 180°角的 N⟨100⟩硅片，要测量的三条直径是平行于主参考面的直径和与该直径成 45°角的另两条直径。见图 1a)、图 1b)。

20.2.2 对于 P⟨100⟩硅片，第一条直径位于主、副参考面的中间，第二条直径垂直于第一条直径，第三条直径与第二条直径逆时针成 30°角。见图 1c)。

20.2.3 对于 N⟨111⟩硅片，第一条直径平行于主参考面，第二条直径与第一条直径顺时针成 30°角，第三条直径与第二条直径也顺时针成 30°角。见图 1d)。

20.2.4 对于主、副参考面成 135°角的 N⟨100⟩硅片，第一条直径平行于主参考面，第二条直径与第一条直径逆时针成 30°角，第三条直径与第二条直径也逆时针成 30°角。见图 1e)。

20.2.5 无参考面的硅片需在硅片背面圆周上作一参考标记代替主参考面进行定位，切口硅片以切口位置代替主参考面进行定位，要测量的三条直径是平行于标记或切口的直径和与该直径成 45°角的另两条直径。见图 1f)。

21 测量步骤

21.1 清洁千分尺测量杆两侧砧并校正千分尺零点。

21.2 按 20.2 确定要测量的三条直径的位置。

21.3 旋出千分尺测量杆，放入被测硅片，使待测直径处于测量位置。

21.4 旋进测量杆到终止位置(转动千分尺测力装置的滚花外轮，听到咯咯的响声即表示千分尺与硅片已接触好)。

21.5 记录千分尺的读数，取下硅片。

21.6 重复 21.3～21.5 测量步骤，直至测完三条直径。

22 试样结果计算

22.1 硅片直径的平均值

硅片直径的平均值 $\overline{D}$ 按公式(3)计算：

$$\overline{D}=\frac{1}{3}\sum_{i=1}^{3}D_i \qquad (3)$$

式中：

D_i——硅片直径测量值，单位为毫米(mm)。

22.2 直径偏差的计算

对每一片硅片，其最大直径减去最小直径即为该硅片的直径偏差。

23 精密度

本方法三个实验室测量平均直径的二倍标准偏差为±50 μm。

24 报告

试验报告应包括以下内容：

a) 硅片编号；

b) 硅片批量及检测试样数量；

c) 硅片直径测量值、直径平均值和直径偏差；

d) 测试室温度；

e) 本标准编号；

f) 检测者及检测日期。

ICS 29.045
H 80

中华人民共和国国家标准

GB/T 14141—2009
代替 GB/T 14141—1993

硅外延层、扩散层和离子注入层薄层电阻的测定 直排四探针法

Test method for sheet resistance of silicon epitaxial, diffused and ion-implanted layers using a collinear four-probe array

2009-10-30 发布 2010-06-01 实施

中华人民共和国国家质量监督检验检疫总局
中国国家标准化管理委员会 发布

前　言

本标准代替 GB/T 14141—1993《硅外延层、扩散层和离子注入层薄层电阻的测定　直排四探针法》。

本标准与 GB/T 14141—1993 相比，主要有如下改动：

——修改了被测薄层电阻的最小直径（由 10.0 mm 改为 15.9 mm）、薄层电阻阻值的测量范围及精度；

——增加了规范性引用文件；

——增加了引入与试样几何形状有关的修正因子计算薄层电阻；

——增加了干扰因素；

——删除了三氯乙烯试剂；

——修改了薄层电阻范围，增加了“直流输入阻抗不小于 10^9 Ω”；

——删除了三氯乙烯漂洗；

——修改仲裁测量探针间距，由 1 mm 改为 1.59 mm；

——增加了修正因子和温度修正系数表格。

本标准由全国半导体设备和材料标准化技术委员会（SAC/TC 203）提出。

本标准由全国半导体设备和材料标准化技术委员会材料分技术委员会归口。

本标准起草单位：宁波立立电子股份有限公司、南京国盛电子有限公司、信息产业部专用材料质量监督检验中心。

本标准主要起草人：李慎重、许峰、刘培东、谌攀、马林宝、何秀坤。

本标准所代替标准的历次版本发布情况为：

——GB/T 14141—1993。

硅外延层、扩散层和离子注入层薄层电阻的测定　直排四探针法

1　范围

本标准规定了用直排四探针测量硅外延层、扩散层和离子注入层薄层电阻的方法。

本标准适用于测量直径大于 15.9 mm 的由外延、扩散、离子注入到硅片表面上或表面下形成的薄层的平均薄层电阻。硅片基体导电类型与被测薄层相反。适用于测量厚度不小于 0.2 μm 的薄层，方块电阻的测量范围为 10 Ω～5 000 Ω。该方法也可适用于更高或更低阻值方块电阻的测量，但其测量精确度尚未评估。

2　规范性引用文件

下列文件中的条款通过本标准的引用而成为本标准的条款。凡是注日期的引用文件，其随后所有的修改单(不包括勘误的内容)或修订版均不适用于本标准，然而，鼓励根据本标准达成协议的各方研究是否可使用这些文件的最新版本。凡是不注日期的引用文件，其最新版本适用于本标准。

GB/T 1552　硅、锗单晶电阻率测定　直排四探针法

GB/T 11073　硅片径向电阻率变化的测量方法

3　方法提要

使用直排四探针测量装置、使直流电流通过试样上两外探针，测量两内探针之间的电位差，引入与试样几何形状有关的修正因子，计算出薄层电阻。

4　干扰因素

4.1　探针材料和形状及其和硅片表面接触是否满足点电流源注入条件会影响测试精度。

4.2　电压表输入阻抗会引入测试误差。

4.3　硅片几何形状、表面沾污等会影响测试结果。

4.4　光照、高频、震动、强电磁场及温湿度等测试环境会影响测试结果。

5　试剂

5.1　氢氟酸，优级纯。

5.2　纯水，25 ℃时电阻率大于 2 MΩ · cm。

5.3　甲醇，99.5%。

5.4　干燥氮气。

6　测量仪器

6.1　探针系统

6.1.1　探针为具有 45°～150°角的圆锥形碳化钨探针，针尖半径分别为 35 μm～100 μm、100 μm～250 μm 的半球形或半径为 50 μm～125 μm 的平的圆截面。

6.1.2　探针与试样压力分为小于 0.3 N 及 0.3 N～0.8 N 两种。

6.1.3 探针(带有弹簧及外引线)之间或探针系统其他部分之间的绝缘电阻至少为 10^9 Ω。

6.1.4 探针排列和间距:四探针应以等距离直线排列。探针间距及针尖状况应符合 GB/T 1552 中的规定。

6.2 样品台和探针架

6.2.1 样品台和探针架应符合 GB/T 1552 中的规定。

6.2.2 样品台上应具有旋转 360°的装置。其误差不大于±5°。

6.3 测量装置

测量装置的典型电路见图 1。

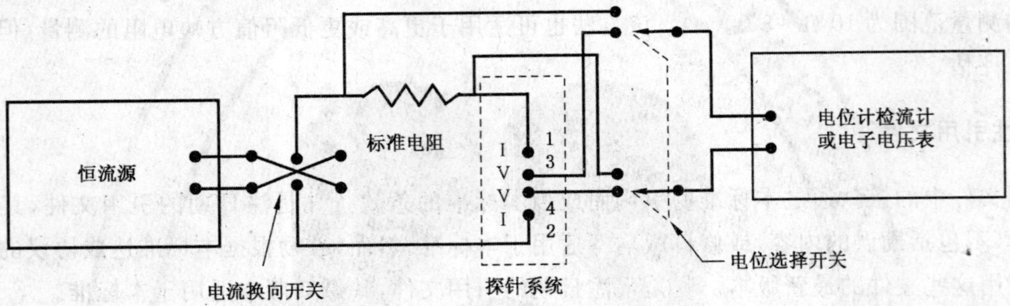

图 1 典型的电路示意图

6.3.1 恒流源:按表 1 的推荐值提供试样所需的电流,精度为±0.5%。

表 1 测量薄层电阻所要求的电流值

薄层电阻/Ω	测试电流
2.0～25	10 mA
20～250	1 mA
200～2 500	100 μA
2 000～25 000	10 μA
>20 000	1 μA

6.3.2 电流换向开关

6.3.3 标准电阻:按表 2 的薄层电阻范围选取所需的标准电阻。精度 0.05 级。

表 2 不同薄层电阻范围所用标准电阻

薄层电阻/Ω	标准电阻/Ω
2.0～25	10
20～250	100
200～2 500	1 000
2 000～25 000	10 000
>20 000	100 000

6.3.4 双刀双掷电位选择开关。

6.3.5 电位差计和电流计或数字电压表,量程为 1 mV～100 mV,分辨率为 0.1%,直流输入阻抗不小

于 10^9 Ω。

6.3.6 电子测量装置适用性应符合 GB/T 1552 的规定。

6.4 欧姆表，能指示阻值高达 10^9 Ω 的漏电阻。

6.5 温度针 0 ℃～40 ℃，最小刻度为 0.1 ℃。

6.6 化学实验室器具，如：塑料烧杯、量杯和适用于酸和溶剂的涂塑镊子等。

7 试样制备

如试样表面洁净，符合测试条件可直接测试，否则，按下列步骤清洗试样后测试：

7.1 试样在甲醇中漂洗 1 min。如必要，在甲醇中多次漂洗，直到被干燥的试样无污迹为止。

7.2 将试样干燥。

7.3 放入氢氟酸中清洗 1 min。

7.4 用纯水洗净。

7.5 用甲醇漂洗干净。

7.6 用氮气吹干。

8 测量条件和步骤

8.1 整个测试过程应在无光照，无高频和无振动下进行。

8.2 用干净涂塑镊子或吸笔将试样置于样品台上，试样放置的时间应足够长，达到热平衡时，试样温度为 23 ℃±1 ℃。

8.3 对于薄层厚度小于 3 μm 的试样，选用针尖半径为 100 μm～250 μm 的半球形探针或针尖半径为 50 μm～125 μm 平头探针，针尖与试样间压力为 0.3 N～0.8 N；对于薄层厚度不小于 3 μm 的试样，选用针尖半径为 35 μm～100 μm 半球形探针，针尖与试样间压力不大于 0.3 N。

8.4 将探针下降到试样表面测试，使四探针针尖端阵列的中心落在试样中心 1.00 mm 范围内。

8.5 接通电流，令其任一方向为正向，调节电流大小见表 1 所给出的某一合适值，测量并记录所得数据。所有测试数据至少应取三位有效数字。

8.6 改变电流方向，测量、记录数据。

8.7 关断电流，抬起探针装置。

8.8 对仲裁测量，探针间距为 1.59 mm，将样品分别旋转 30°±5°，重复 8.4～8.7 的测量步骤，测 5 组数据。

9 测量结果计算

9.1 对于每一测量位置，计算正、反向电流时试样的电阻值，见式(1)、式(2)。

$$R_f = V_f R_s / V_{sf} = V_f / I_f \quad \cdots\cdots(1)$$

$$R_r = V_r R_s / V_{sr} = V_r / I_r \quad \cdots\cdots(2)$$

式中：

R_f——通过正向电流时试样电阻，单位为欧姆(Ω)；

R_s——通过反向电流时试样电阻，单位为欧姆(Ω)；

I_f——通过试样的正向电流，单位为毫安(mA)；

I_r——通过试样的反向电流，单位为毫安(mA)；

V_f——通过正向电流时试样两端的电位差，单位为毫伏(mV)；

V_r——通过反向电流时试样两端的电位差，单位为毫伏(mV)；

V_{sf}——通过正向电流时标准电阻两端的电位差，单位为毫伏(mV)；

V_{sr}——通过反向电流时标准电阻两端的电位差，单位为毫伏(mV)；

R_s——标准电阻阻值，单位为欧姆(Ω)。

当直接测量电流时，采用式(1)、式(2)最右边的形式。对于仲裁测量，R_f 与 R_r 之差的绝对值必须小于较大值的 5%。

9.2 计算每一测量位置的平均电阻 R_m，见式(3)。

$$R_m = \frac{1}{2}(R_f + R_r) \qquad (3)$$

9.3 计算试样平均直径 $\overline{D}$ 与平均探针间距 $\overline{S}$ 之比，由表 3 中查出修正因子 F_2，也可以见 GB/T 11073 中规定的几何修正因子。

9.4 计算几何修正因子 F，见式(4)。

$$F = F_2 \times F_{sp} \qquad (4)$$

式中：

F_{sp}——探针修正因子；

F_2——限定直径试样修正因子。

9.5 计算每一测量位置在所测温度时的薄层电阻(可根据薄层电阻计算出对应的电阻率并修正到 23 ℃，具体见表 4)，见式(5)。

$$R_{si}(T) = R_{mi} \times F \qquad (5)$$

式中：

R_{mi}——某位置第 i 次测量的平均电阻，$i=1,2,3,4,5$。

9.6 计算总平均薄层电阻，见式(6)。

$$\overline{R_s}(T) = \frac{1}{5}\sum_{i=1}^{5} R_{si}(T) \qquad (6)$$

9.7 计算标准偏差，见式(7)。

$$S = \frac{1}{2}\left\{\sum_{i=1}^{5}\left[R_{si}(T) - \overline{R_s}(T)\right]^2\right\}^{\frac{1}{2}} \qquad (7)$$

10 精密度

本方法对于薄层厚度不小于 3 μm 的试样，多实验室测量精密度为±12%(R2S)；对于薄层厚度小于 3 μm 的试样，多实验室测量精密度为±10%(R2S)。

11 试验报告

11.1 试验报告应包括以下内容：

a) 试样编号；

b) 试样种类；

c) 试样薄层厚度；

d) 测试电流；

e) 测试温度；

f) 试样薄层电阻；

g) 本标准编号；

h) 测量、测量者和测量日期。

11.2 对仲裁测量，报告还应包括对探针状况、电测装置的精度、所测原始数据及处理结果。

表 3　试样几何形状修正因子 F_2

对标称直径圆片和探针间距为 1.00 mm 的修正因子 F_2					
硅片标称直径/mm	50.8	76.2	80.0	100.0	125.0
测量点	选点方案 A,B,C(见 GB/T 11703)				
中心	4.517	4.526	4.526	4.528	4.530
$R/2$	4.506	4.520	4.521	4.525	4.528
离边缘 6 mm	4.448	4.455	4.455	4.458	4.460
测量点与片子中心之间距	选点方案 D(见 GB/T 11703)				
0	4.517	4.526	4.526	4.528	4.530
2	4.517	4.526	4.526	4.528	4.530
4	4.516	4.525	4.526	4.528	4.530
6	4.515	4.525	4.526	4.528	4.530
8	4.514	4.525	4.526	4.528	4.530
10	4.511	4.524	4.525	4.528	4.530
12	4.507	4.524	4.525	4.528	4.530
14	4.501	4.523	4.524	4.528	4.530
16	4.491	4.522	4.524	4.527	4.529
18	4.472	4.521	4.523	4.527	4.529
20	4.401	4.520	4.521	4.527	4.529
22	4.311	4.517	4.519	4.526	4.529
24	3.696	4.514	4.517	4.526	4.529
26	—	4.504	4.514	4.525	4.529
28	—	4.501	4.509	4.524	4.528
30	—	4.486	4.501	4.523	4.528
32	—	4.457	4.486	4.521	4.528
34	—	4.380	4.455	4.519	4.528
36	—	4.066	4.374	4.515	4.527
38	—	2.283	4.032	4.510	4.526
40	—	—	—	4.502	4.525
42	—	—	—	4.488	4.524
44	—	—	—	4.458	4.522
46	—	—	—	4.377	4.520
48	—	—	—	4.037	4.517
50	—	—	—	—	4.513
52	—	—	—	—	4.506
54	—	—	—	—	4.494
56	—	—	—	—	4.469
58	—	—	—	—	4.409
60	—	—	—	—	4.188

表 3（续）

对标称直径圆片和探针间距为 1.59 mm 的修正因子 F_2					
硅片标称直径/mm	50.8	76.2	80.0	100.0	125.0
测量点	选点方案 A,B,C(见 GB/T 11703)				
中心	4.494	4.515	4.517	4.522	4.526
$R/2$	4.466	4.502	4.505	4.515	4.521
离边缘 6 mm	4.328	4.345	4.347	4.353	4.357
测量点与片子中心之间距	选点方案 D(见 GB/T 11703)				
0	4.494	4.515	4.517	4.522	4.526
2	4.494	4.515	4.517	4.522	4.526
4	4.492	4.515	4.517	4.522	4.526
6	4.490	4.514	4.516	4.522	4.526
8	4.486	4.513	4.516	4.522	4.526
10	4.479	4.513	4.515	4.522	4.526
12	4.470	4.512	4.514	4.521	4.526
14	4.455	4.510	4.512	4.521	4.525
16	4.430	4.507	4.511	4.520	4.525
18	4.386	4.504	4.508	4.519	4.525
20	4.291	4.500	4.505	4.518	4.524
22	4.041	4.494	4.501	4.517	4.524
24	3.169	4.486	4.495	4.516	4.524
26	—	4.474	4.487	4.514	4.523
28	—	4.454	4.474	4.511	4.522
30	—	4.420	4.454	4.508	4.522
32	—	4.350	4.418	4.504	4.521
34	—	4.182	4.347	4.498	4.520
36	—	3.635	4.170	4.490	4.518
38	—	—	3.586	4.478	4.516
40	—	—	—	4.458	4.514
42	—	—	—	4.423	4.512
44	—	—	—	4.353	4.508
46	—	—	—	4.178	4.503
48	—	—	—	3.596	4.495
50	—	—	—	—	4.484
52	—	—	—	—	4.467
54	—	—	—	—	4.437
56	—	—	—	—	4.380
58	—	—	—	—	4.245
60	—	—	—	—	3.828

注：各栏中标有下划线的值是相对于 6 mm 或近边缘的修正值。

表 4 温度修正系数表(18 ℃～28 ℃皆适用此修正系数表)

电阻率/(Ω·cm)	温度修正系数		电阻率/(Ω·cm)	温度修正系数	
	N type	P type		N type	P type
0.000 6	0.002	0.001 60	1.0	0.007 36	0.007 07
0.000 8	0.002	0.001 60	1.2	0.007 47	0.007 22
0.001	0.002	0.001 58	1.4	0.007 55	0.007 34
0.001 2	0.001 84	0.001 51	1.6	0.007 61	0.007 44
0.001 4	0.001 69	0.001 49	2.0	0.007 68	0.007 59
0.001 6	0.001 61	0.001 48	2.5	0.007 74	0.007 73
0.002	0.001 58	0.001 48	3.0	0.007 78	0.007 83
0.002 5	0.001 59	0.001 45	3.5	0.007 82	0.007 91
0.003	0.001 56	0.001 37	4.0	0.007 85	0.007 97
0.003 5	0.001 46	0.001 27	5.0	0.007 91	0.008 05
0.004	0.001 31	0.001 16	6.0	0.007 97	0.008 11
0.005	0.000 96	0.000 94	8.0	0.008 06	0.008 19
0.006	0.000 6	0.000 74	10	0.008 13	0.008 25
0.008	0.000 06	0.000 46	12	0.008 18	0.008 29
0.01	−0.000 22	0.000 31	14	0.008 22	0.008 32
0.012	−0.000 31	0.000 25	16	0.008 24	0.008 35
0.014	−0.000 26	0.000 25	20	0.008 26	0.008 40
0.016	−0.000 13	0.000 29	25	0.008 27	0.008 45
0.02	0.000 25	0.000 45	30	0.008 28	0.008 49
0.025	0.000 83	0.000 73	35	0.008 29	0.008 53
0.03	0.001 39	0.001 02	40	0.008 30	0.008 57
0.035	0.001 90	0.001 31	50	0.008 30	0.008 62
0.04	0.002 35	0.001 58	60	0.008 30	0.008 67
0.05	0.003 09	0.002 08	80	0.008 30	0.008 72
0.06	0.003 64	0.002 51	100	0.008 30	0.008 76
0.08	0.004 39	0.003 20	120	0.008 30	0.008 78
0.1	0.004 86	0.003 72	140	0.008 30	0.008 79
0.12	0.005 17	0.004 12	160	0.008 30	0.008 80
0.14	0.005 40	0.004 44	200	0.008 30	0.008 82
0.16	0.005 58	0.004 71	250	0.008 30	0.008 84
0.2	0.005 85	0.005 12	300	0.008 30	0.008 86
0.25	0.006 09	0.005 48	350	0.008 30	0.008 88
0.3	0.006 27	0.005 75	400	0.008 30	0.008 91
0.35	0.006 43	0.005 96	500	0.008 30	0.008 97
0.4	0.006 56	0.006 13	600	0.008 30	0.009 00
0.5	0.006 78	0.006 39	800	0.008 30	0.009 00
0.6	0.006 96	0.006 59	1 000	0.008 30	0.009 00
0.8	0.007 20	0.006 87			

注：温度修正公式为 $\rho_{23}=F_T\times\rho_T=[1-\alpha_T\times T+\alpha_T\times 23]\times\rho_T=[1+\alpha_T(23-T)]\times\rho_T$

式中：

F_T——温度修正值；

ρ_{23}——修正到 23 ℃时的电阻率；

ρ_T——测量温度下电阻率；

α_T——温度修正系数，单位为欧姆厘米每欧姆厘米摄氏度[Ω·cm/(Ω·cm·℃)]。

ICS 29.045
H 80

中华人民共和国国家标准

GB/T 14144—2009
代替 GB/T 14144—1993

硅晶体中间隙氧含量径向变化测量方法

Testing method for determination of radial interstitial oxygen variation in silicon

2009-10-30 发布　　　　2010-06-01 实施

中华人民共和国国家质量监督检验检疫总局
中国国家标准化管理委员会　发布

前　言

本标准修改采用 SEMI MF 1188-1105《用红外吸收法测量硅中间隙氧原子含量的标准方法》。

本标准与 SEMI MF 1188-1105 相比，主要有如下不同：

——增加了测量点选取方案；

——标准编写按 GB/T 1.1 格式，部分 SEMI 标准中的章节进行了合并和整理。

本标准代替 GB/T 14144—1993《硅晶体中间隙氧含量径向变化测量方法》。

本标准与原标准相比，主要有如下变化：

——氧含量测量范围进行了修订；

——增加了“测量仪器”、“术语”和“干扰因素”章节；

——增加了采用经认证的硅中氧含量标准物质对光谱仪进行校准的内容；

——将原标准中“本标准适用于室温电阻率大于 0.1 Ω·cm 的硅晶体”改为“本标准适用于室温电阻率大于 0.1 Ω·cm 的 n 型硅单晶和室温电阻率大于 0.5 Ω·cm 的 p 型硅单晶”；

——样品厚度范围修改为“0.04 cm～0.4 cm”。

本标准由全国半导体设备和材料标准化技术委员会提出。

本标准由全国半导体设备和材料标准化技术委员会材料分技术委员会归口。

本标准起草单位：峨嵋半导体材料厂。

本标准主要起草人：杨旭、江莉。

本标准所代替标准的历次版本发布情况为：

——GB/T 14144—1993。

硅晶体中间隙氧含量径向变化测量方法

1 范围

本标准采用红外光谱法测定硅晶体中间隙氧含量径向的变化。本标准需要用到无氧参比样品和一套经过认证的用于校准设备的标准样品。

本标准适用于室温电阻率大于 0.1 Ω·cm 的 n 型硅单晶和室温电阻率大于 0.5 Ω·cm 的 p 型硅单晶中间隙氧含量的测量。

本标准测量氧含量的有效范围从 1×10^{16} at·cm^{-3} 至硅晶体中间隙氧的最大固溶度。

2 规范性引用文件

下列文件中的条款通过本标准的引用而成为本标准的条款。凡是注日期的引用文件，其随后所有的修改单(不包括勘误的内容)或修订版均不适用于本标准，然而，鼓励根据本标准达成协议的各方研究是否可使用这些文件的最新版本。凡是不注日期的引用文件，其最新版本适用于本标准。

GB/T 1557 硅晶体中间隙氧含量的红外吸收测量方法

GB/T 14264 半导体材料术语

3 术语

GB/T 14264 规定的及以下术语和定义适用于本标准：

3.1

色散型红外光谱仪 depressive infrared spectrophotometer

一种使用棱镜或光栅作为色散元件的红外光谱仪。它通过振幅-波数(或波长)光谱图获取数据。

3.2

傅立叶变换红外光谱仪 Fourier transform infrared spectrophotometer

一种通过傅立叶变换将由干涉仪得到的干涉谱图转换为振幅-波数(或波长)光谱图来获取数据的红外光谱仪。

3.3

参比光谱 reference spectrum

参比样品的光谱。当用双光束光谱仪测量时，它可以通过直接将参比样品放入样品光路，让参比光路空着获得；在用单光束光谱仪测量时，它可以通过由红外光路中获得的参比样品的光谱计算扣除背景光谱后获得。

3.4

样品光谱 sample spectrum

测试样品的光谱。当用双光束光谱仪测量时，它可以通过直接将测试样品放入样品光路，让参比光路空着获得；在用单光束光谱仪测量时，它是由测试样品放入红外光路获得的光谱扣除背景光谱后算出的。

4 方法原理

使用经过校准的红外光谱仪和适当的参比材料，通过参比法获得双面抛光含氧硅片的红外透射谱图。无氧参比样品的厚度应尽可能与测试样品的厚度一致，以便消除由硅晶格振动引起的吸收的影响。利用 1 107 cm^{-1} 处硅-氧吸收谱带的吸收系数来计算硅片间隙氧浓度。通过选点方案来计算硅中间隙氧径向梯度变化。

5 干扰因素

5.1 在氧吸收谱带位置有一个硅晶格吸收振动谱带，无氧参比样品的厚度与测试样品的厚度差应小于 ±0.5%，以避免硅晶格吸收的影响。

5.2 由于氧吸收谱带和硅晶格吸收谱带都会随样品温度的改变而改变，因此测试期间光谱仪样品室的温度必须恒定在 27 ℃±5 ℃。

5.3 电阻率低于 1 Ω·cm 的 n 型硅单晶和电阻率低于 3.0 Ω·cm 的 p 型硅单晶中的自由载流子吸收较为严重，因此在测试这些电阻率的样品时，参比样品电阻率应尽量与其一致，以保证扣除参比光谱后样品的透射光谱在 1 600 cm^{-1} 处的透过率为 100±5%。

5.4 电阻率低于 0.1 Ω·cm 的 n 型硅单晶和电阻率低于 0.5 Ω·cm 的 p 型硅单晶中的自由载流子吸收会使大多数光谱仪难以获得满意的能量。

5.5 沉淀氧浓度较高时，其在 1 230 cm^{-1} 或 1 073 cm^{-1} 处的吸收谱带可能会导致间隙氧浓度的测量误差。

5.6 300 K 时，硅中间隙氧吸收谱带的半高宽（FWHM）应为 32 cm^{-1}。在光谱计算时，较大的半高宽将导致测试误差。

6 测量仪器

6.1 红外光谱仪，傅立叶变换红外光谱仪的分辨率应达到 4 cm^{-1} 或更好，色散型光谱仪的分辨率应达到 5 cm^{-1} 或更好。

6.2 样品架，如果测试样品较小，则应将它安放在一个有小孔的架子上以阻止任何红外光先从样品的旁路通过。样品应垂直或基本垂直于红外光束的轴线方向。

6.3 千分尺，或其他适用于样品厚度测量的设备，误差小于±0.2%。

6.4 热电偶-毫伏计，或其他适用于测试期间对样品温度进行测量的测量系统。

7 样品制备

7.1 本方法可以测试厚度为 0.04 cm～0.4 cm 范围的样品。

7.2 切取硅单晶样片，样片经双面研磨、抛光后用千分尺或其他设备测量其厚度。加工后样片的两个平面应尽可能在平行与 5′之间，其厚度差应小于等于 0.5%，表面平整度应小于所测杂质谱带最大吸收处波长的 1/4。样品表面应尽可能没有任何沾污。

7.3 因为本测试方法包含了不同生产工艺的样品，应准备与测试样品相同材质的无氧单晶作为参比样品。参比样品必须按与测试样品相同的精度进行加工，与测试样品的厚度差不超过±0.5%。

从 5 到 10 个不同的被认为是无氧的硅单晶片中选取硅单晶片，将这些硅片相互作为参比进行比较，选择吸收系数最低的作为参比样品。

8 测量点选取方案

8.1 方案 A

8.1.1 测量点位置见图 1。

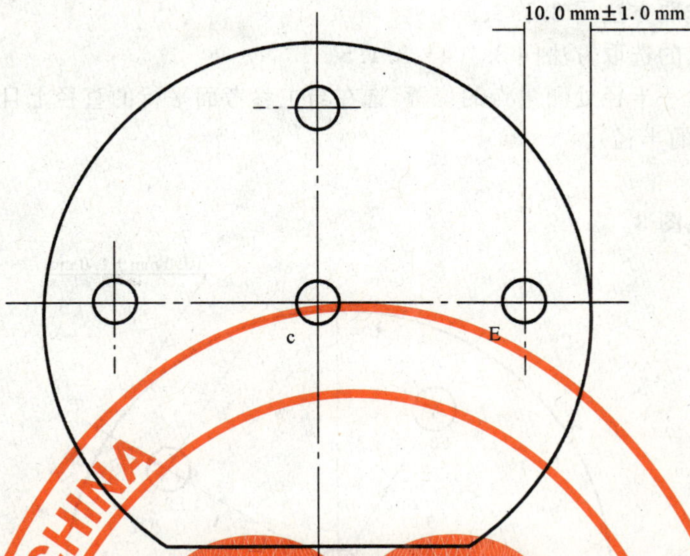

图 1　方案 A 测量点位置

8.1.2　试样上选两个测量点(一个中心点和一个边缘点)。

8.1.3　中心点的位置,选在任意两条至少成 45°相交的直径的交点上,偏离试样中心不大于 1.0 mm。

8.1.4　边缘点的位置,应避开主参考面,选在与主参考面垂直或平行的直径上,距边缘 10.0 mm±1.0 mm。

8.1.5　边缘点处存在副参考面时,同边缘未被副参考面截掉一样确定距边缘位置。

8.2　方案 B

该方案有两种方法可供选择,测量点位置见图 2。

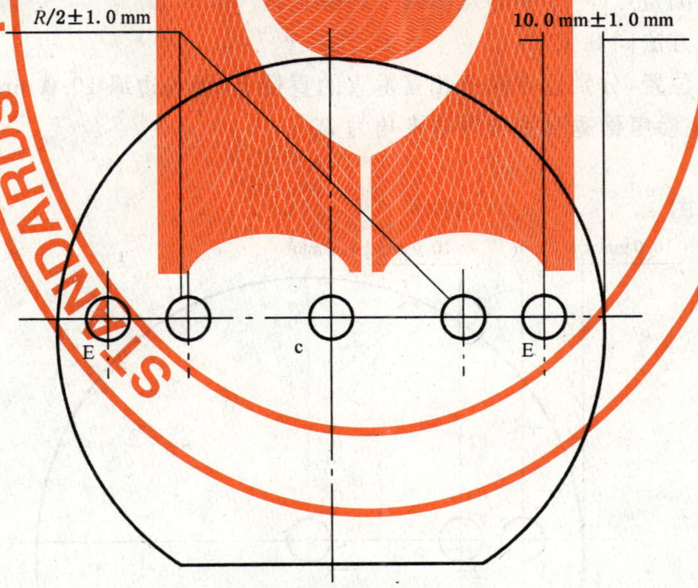

图 2　方案 B 测量点位置

8.2.1　方案 B-1

8.2.1.1　试样上选三个测量点(一个中心点和两个边缘点)。

8.2.1.2　中心点的选定方法同 8.1.3。

8.2.1.3　两个边缘点的中心位置,选在与主参考面平行的直径上,距边缘 10.0 mm±1.0mm。

8.2.1.4　边缘点处存在副参考面时,选取方法同 8.1.5。

8.2.2　方案 B-2

8.2.2.1　试样上选五个测量点(一个中心点,两个边缘点和两个二分之一半径处测量点)。

8.2.2.2 中心点的选取方法同 8.1.3。

8.2.2.3 两个边缘点的选取方法同 8.1.4～8.1.5。

8.2.2.4 两个二分之一半径处测量点的位置，选在与主参考面平行的直径上且与中心点对称的 $R/2\pm$ 1.0 mm 处（R 为试样的半径）。

8.3 方案 C

8.3.1 测量点位置见图 3。

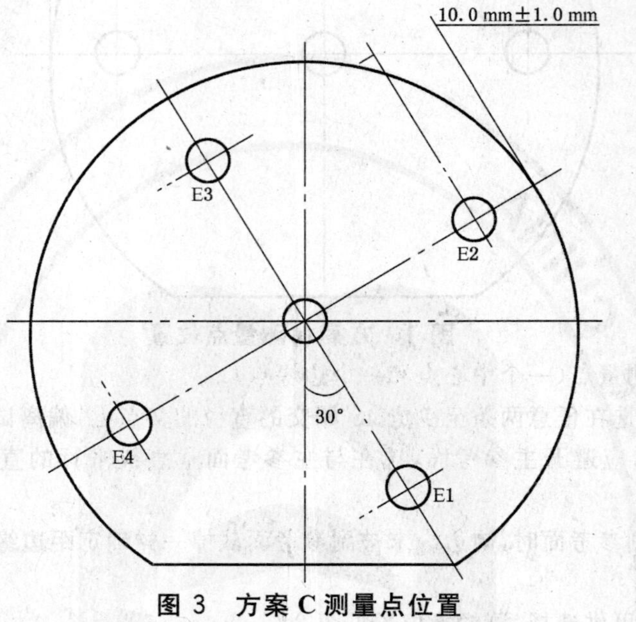

图 3 方案 C 测量点位置

8.3.2 试样上选五个测量点（一个中心点和四个边缘点）。

8.3.3 中心点的选取方法同 8.1.3。

8.3.4 四个边缘点的位置，分别选在两条相互垂直的直径上，距各边缘 10.0 mm±1.0 mm。其中边缘点 1 和 3 所在直径与主参考面垂直平分线的夹角为 30°。

8.4 方案 D

8.4.1 测量点位置见图 4。

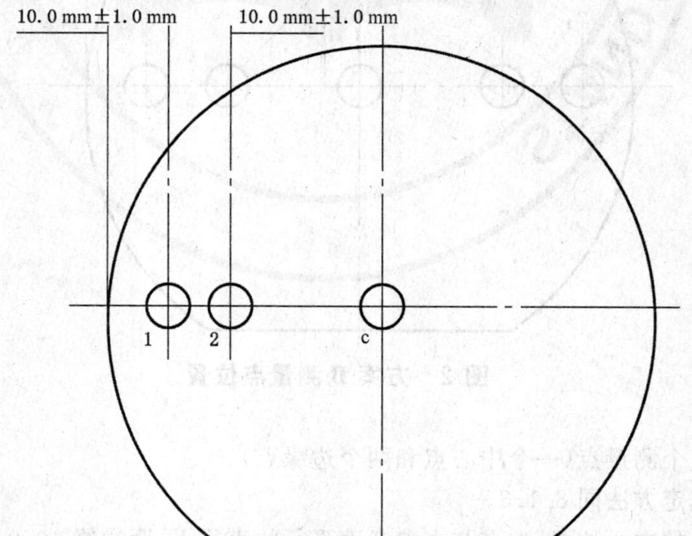

图 4 方案 D 测量点位置

8.4.2 根据试样直径大小选取不同数目的测量点（一个中心点和多个等间距点）。

8.4.3 中心点的选取方法同 8.1.3。

8.4.4 各等间距点的位置，选在与主参考面平行无副参考面一侧的半径上，从距边缘 10.0 mm±1.0 mm的第一点起，以 10 mm 的间距，依次到距试样中心小于 10 mm 不能再选取为止。

9 测量步骤

9.1 光谱仪的校准

9.1.1 获得一套经过认定的硅中氧含量的标准物质。

9.1.2 依照设备说明书，用这些标准物质对光谱仪进行校准。

9.2 设备检查

9.2.1 通过测量确定 100%基线的噪声水平。测量时，双光束光谱仪是在样品和参比光路都是空着的情况下记录透射光谱的；单光束光谱仪是用在样品光路空着的情况下先后两次记录的光谱之比获得透射光谱的。画出透射光谱从 900 cm^{-1}～1 300 cm^{-1}波数范围的 100%基线，如果在这个范围内基线没有达到 100±5%，则要增加测量时间直到达到为止。如果仍有问题则需要对设备进行维修。

9.2.2 确定 0%线，仅适用于色散型(DIR)设备。将样品光路遮挡，记录 900 cm^{-1}～1 300 cm^{-1}波数范围内设备的零点。如果在此范围有较大的非零信号，则要检查设备是否有杂散光投射到探测器上。如果仍有问题则需要对设备进行维修。

9.2.3 记录光谱仪光通量特性曲线，仅适用于傅立叶变换红外光谱(FT-IR)设备。让样品光路空着，绘制从 450 cm^{-1}～4 000 cm^{-1}波数范围的该单光束光谱图。依照设备说明书对设备进行适当的调整后记录下该光谱图，作为今后对设备性能进行评定的参考图谱。每当获得的光谱与设备的参考图谱有较大的差异时，就要重新调整设备。

9.2.4 用空气参考法测量电阻率大于 5 Ω·cm 的双面抛光硅单晶薄片从 450 cm^{-1}～4 000 cm^{-1}波数范围的光谱图，用来检验设备中刻度的线性度。如果这个波束范围内的透过率值不是 53.8%±2%，则需要将样品的放置方向在垂直于入射光的轴线方向到不超过 10°的倾斜角之间进行调整。

9.3 按选取方案确定试样测量点的位置。在不妨碍测量的情况下可在表面做上记号，以便重复测量。

9.4 把试样放入样品架，将测量点位置调整到光栏中心。

9.5 按 GB/T 1557 规定测定间隙氧含量。

9.6 在测量过程中，测量条件和仪器参数应保持不变。

9.7 作为仲裁测量，需重复测量三次。

10 测量结果计算

10.1 根据选取方案，按下列公式计算间隙氧含量径向百分变化(ROV)。

10.1.1 方案 A 计算方法，见式(1)：

$$ROV = [N(O)_c - N(O)_E]/N(O)_c \times 100\% \quad \cdots\cdots(1)$$

式中：

$N(O)_c$——中心点间隙氧含量，单位为原子数每立方厘米(at·cm^{-3})；

$N(O)_E$——边缘点间隙氧含量的平均值，单位为原子数每立方厘米(at·cm^{-3})。

10.1.2 方案 B-1 计算方法，见式(2)：

$$ROV = [N(O)_c - \overline{N}(O)_E]/N(O)_c \times 100\% \quad \cdots\cdots(2)$$

式中：

$\overline{N}(O)_E$——两边缘点间隙氧含量的平均值，单位为原子数每立方厘米(at·cm^{-3})。

方案 B-2 计算方法，见式(3)：

ROV 按式(2)和式(3)计算，取其中的大值。

$$ROV = [N(O)_c - \overline{N}(O)_{R/2}]/N(O)_c \times 100\% \quad \cdots\cdots(3)$$

式中：

$\bar{N}(O)_{R/2}$——两个二分之一半径处间隙氧含量的平均值，单位为原子数每立方厘米（at·cm^{-3}）。

10.1.3 方案C计算方法

ROV按式(2)计算，其中$\bar{N}(O)_E$为四个边缘点间隙氧含量的平均值。

10.1.4 方案D计算方法，见式(4)：

$$ROV = [N(O)_{max} - N(O)_{min}]/N(O)_c \times 100\% \quad \cdots\cdots\cdots\cdots(4)$$

式中：

$N(O)_{max}$——各点间隙氧含量的最大值，单位为原子数每立方厘米（at·cm^{-3}）；

$N(O)_{min}$——各点间隙氧含量的最小值，单位为原子数每立方厘米（at·cm^{-3}）。

仲裁测量时，取三次重复测量的间隙氧含量径向变化平均值。

$$\overline{ROV} = \frac{1}{3}\sum_{i=1}^{3} ROV_i \quad \cdots\cdots\cdots\cdots(5)$$

11 精密度

本方法单个实验室测量精密度：当ROV小于6时为±15%(RIS)，当ROV大于6时为±3%(RIS)。多个实验室测量精密度：当ROV小于6时为±20%(RIS)，当ROV大于6时为±5%(RIS)。

12 试验报告

试验报告应包括如下内容：

a) 间隙氧含量径向百分变化；
b) 各测量点间隙氧含量；
c) 测量点选取方案；
d) 测量方法；
e) 试样数量，编号和来源；
f) 试样状况（厚度、直径、型号、晶向和表面状态）；
g) 测试仪器型号、选用参数和样品架的光栏孔径；
h) 本标准编号；
i) 测试单位、测试者和测试日期。

ICS 29.045
H 80

中华人民共和国国家标准

GB/T 14146—2009
代替 GB/T 14146—1993

硅外延层载流子浓度测定 汞探针电容-电压法

Silicon epitaxial layers-determination of carrier concentration-mercury probe voltages-capacitance method

2009-10-30 发布 2010-06-01 实施

中华人民共和国国家质量监督检验检疫总局
中国国家标准化管理委员会 发布

前　言

本标准代替 GB/T 14146—1993《硅外延载流子浓度测定　汞探针电容-电压法》。

本标准与 GB/T 14146—1993 相比，主要有如下变动：

——测量范围由原 10^{13} cm^{-3}～10^{18} cm^{-3}改为 4×10^{13} cm^{-3}～8×10^{16} cm^{-3}，并增加了对外延层厚度的测试要求和抛光片的测试适用性；

——增加了引用标准；

——增加了干扰因素；

——试剂中氢氟酸（ρ1.15 g/mL）改为氢氟酸（分析纯），删除硝酸（ρ1.4 g/mL），增加双氧水（分析纯），去离子水电阻率由大于 2 MΩ·cm 改为大于 10 MΩ·cm；

——对"测量仪器及环境"，"样品处理"，"仪器校准"，"测量步骤"的内容进行了全面修改；

——删除"测量结果的计算"；

——增加了重复性和再现性；

——增加了附录"硅片接触良好测试"的判定指标。

本标准的附录 A 为规范性附录。

本标准由全国半导体设备和材料标准化技术委员会提出。

本标准由全国半导体设备和材料标准化技术委员会材料分技术委员会归口。

本标准起草单位：南京国盛电子有限公司、宁波立立电子股份有限公司、信息产业部专用材料质量监督检验中心。

本标准主要起草人：马林宝、唐有青、刘培东、李静、金龙、吕立平。

本标准所代替标准的历次版本发布情况为：

——GB/T 14146—1993。

硅外延层载流子浓度测定
汞探针电容-电压法

1 范围

本标准规定了硅外延层载流子浓度汞探针电容-电压测量方法。

本标准适用于同质的硅外延层载流子浓度测量。测量范围为:$4\times10^{13}\ cm^{-3}\sim8\times10^{16}\ cm^{-3}$。

本标准测试的硅外延层的厚度必须大于测试偏压下耗尽层的深度。

本标准也可适用于硅抛光片的载流子浓度测量。

2 规范性引用文件

下列文件中的条款通过本标准的引用而成为本标准的条款。凡是注日期的引用文件,其随后所有的修改单(不包括勘误的内容)或修订版均不适用于本标准,然而,鼓励根据本标准达成协议的各方研究是否可使用这些文件的最新版本。凡是不注日期的引用文件,其最新版本适用于本标准。

GB/T 1550 非本征半导体材料导电类型测试方法

GB/T 1552 硅、锗单晶电阻率测定 直排四探针法

GB/T 14847 重掺杂衬底上轻掺杂硅外延层厚度的红外反射测量方法

3 方法原理

汞探针与硅外延片表面接触,形成一个肖特基势垒。在汞探针与硅外延片之间加一反向偏压,结的势垒宽度向外延层中扩展。结的势垒电容(C)及其电压(V)的变化率(dC/dV)与势垒扩展宽度(x)及其相应的载流子浓度[$N(x)$]有如式(1)和式(2)关系:

$$N(x)=\frac{C^3}{\varepsilon\varepsilon_0 eA^2}\times\frac{1}{\left(-\frac{dC}{dV}\right)} \qquad \cdots\cdots(1)$$

$$x=\varepsilon\cdot\varepsilon_0\cdot A/C \qquad \cdots\cdots(2)$$

式中:

x——势垒扩展宽度,单位为厘米(cm);

$N(x)$——载流子浓度,单位为每立方厘米(cm^{-3});

C——势垒电容,单位为法(F);

e——电子电荷,1.602×10^{-19},单位为库仑(C);

ε——相对介电常数,其值为 11.75;

ε_0——真空介电常数,其值为 8.859×10^{-14},单位为法每厘米(F/cm);

A——汞-硅接触面积,单位为平方厘米(cm^2)。

只要测得 C,dC/dV 和 A,便可由式(1)和式(2)计算得到势垒扩展宽度 x 处的 $N(x)$。

4 干扰因素

4.1 硅片表面和汞的沾污,毛细管的沾污或损伤会造成测试误差和测试不良。

4.2 C-V 汞探针测量中的肖特基接触不良,常表现为漏电流大。不良的肖特基接触虽可得到载流子浓度,但会产生较大的测试误差。

4.3 在电容测试中,测试的交流信号大于 0.05 V_{rms} 可能会导致误差。

4.4 确定补偿电容的标准片在电压应用范围内的浓度一致性不好，会导致补偿电容的的错误，进而影响测试浓度的准确性。

5 试剂与材料

5.1 氢氟酸(分析纯)。

5.2 双氧水(分析纯)。

5.3 去离子水，电阻率大于 10 MΩ·cm(25 ℃)。

5.4 汞，纯度大于 99.99%。

5.5 氮气，纯度大于 99.5%。

6 测量仪器及环境

6.1 本标准选用自动测量仪器。

6.1.1 精密电压源：能提供 0 V 到 ±200 V 连续变化的输出电压，精度高于 0.1%。各级电压峰值变化不大于 25 mV。

6.1.2 精密电容器：在 1 MHz 的测量频率下有高于 0.25% 的准确度。

6.1.3 数字伏特计：读值至少具有 4 位有效数字，测试电压范围 ±1 V～±200 V 或更大，每级变化为 10 V 或更小，灵敏度高于 1 mV，满量程时精度好于 0.5%，满量程时额定再现性好于 0.25%，输入阻抗大于 100 MΩ。

6.1.4 监控汞探针接触的正反向电流-电压特性装置：能提供反向 0.1 mA 时 200 V 和正向 1 mA 时 1.1 V，灵敏度高于 10 μA/级。

6.2 测量环境

温度 18 ℃～25 ℃，温度波动小于 ±2 ℃，相对湿度不大于 65%。工频电源应有滤波装置，周围无腐蚀气氛及震动。

7 样品处理

通常对试样进行直接测量。若不能进行正常测量时，可对试样表面进行处理。

7.1 用 HF：去离子水(1：0～1：10)处理 30 s，用去离子水冲 10 min。

7.2 对 p 型片，直接测量，或在 120 ℃±10 ℃烘烤 30 min。

7.3 对 n 型片，在 70 ℃～90 ℃的双氧水：去离子水(1：1～1：5)中煮 10 min。

7.4 用去离子水冲 10 min，甩干或用氮气吹干。

8 仪器校准

8.1 电容仪校准

8.1.1 电容器：电容器数量不小于 2 个，电容器间额定标准电容值的最小倍数不小于 10(其值满足样品的测试范围)。在 1 MHz 的测试频率下，精密度好于 0.25%。

8.1.2 电容仪设备要求：电容仪测量范围 1 PF～1 000 PF，每级间倍数小于 10，测试频率 0.9 MHz～1.1 MHz，测试时交流信号不大于 0.05 V_{rms}。测量时连接屏蔽电缆。

8.1.3 校验精度：电容仪测试电容器的精度不大于 1%(满量程)。

8.1.4 校验程序

8.1.4.1 将连接了屏蔽电缆的电容仪调零。

8.1.4.2 将一个电容器通过屏蔽电缆连接电容仪，测试 1 MHz 频率下，得到电容值。

8.1.4.3 依次测量所有的电容器。

8.1.4.4 如测试值与标准值偏差不大于 1%，测试重复性不大于 0.25%，电容仪合格。如超出范围，按要求调整设备。

8.2 补偿电容的校准

8.2.1 测试补偿电容用片：载流子浓度小于 1×10^{14} cm^{-3}，电压应用范围内纵向载流子浓度分布的偏差≤2%的硅片。

8.2.2 将此硅片置于测试台上，并形成可靠的测试接触。

8.2.3 设定一大概的补偿电容值，(如未知，则设为 0)开始测试载流子浓度，并观察测试曲线的斜率。如斜率为正，按 0.1 PF 的步进逐步增大补偿电容值，直至斜率第一次为负后再按 0.02 PF 的步进逐步减小补偿电容值，直至斜率刚好有改变的现象，此时得到系统的补偿电容。如斜率为负值，按 0.02 PF 的步进减小补偿电容，直至斜率第一次为正后再按 0.1 PF 的步进逐步增大补偿电容值，直至斜率刚好有改变的现象。此时得到系统的补偿电容。

8.3 确定汞探针有效接触面积

8.3.1 已知装汞毛细管直径，由式(3)计算得到汞探针的标定接触面积：

$$A=\frac{\pi d^2}{400} \qquad (3)$$

式中：

A——汞探针管的标定面积，单位为平方厘米(cm^2)；

d——汞探针管的标定直径，单位为毫米(mm)。

8.3.2 用测试系统测量多个已知标定浓度为标准片的浓度值，通过式(4)计算每个标准片测量的汞探针的有效接触面积：

$$(A_{\mathrm{eff}})_k=A\sqrt{\frac{(N_{\mathrm{avg}})_k}{(N_{\mathrm{ref}})_k}} \qquad (4)$$

式中：

$(N_{\mathrm{ref}})_k$——第 k 个标准片的标定浓度，单位为每立方厘米(cm^{-3})；

$(N_{\mathrm{avg}})_k$——第 k 个标准片的测量浓度，单位为每立方厘米(cm^{-3})；

A——汞探针管的标定面积，单位为平方厘米(cm^2)；

$(A_{\mathrm{eff}})_k$——由第 k 个标准片的测量值计算得到的有效接触面积，单位为平方厘米(cm^2)。

将 $(A_{\mathrm{eff}})_k$ 取平均值得到汞探针的接触面积 A_{eff}。

8.3.3 用取得的 A_{eff} 载入测试程序测量各标准片，其平均载流子浓度偏差应在 2%之内。如超过，则对标片重新进行表面处理，取得 A_{eff} 值。

8.4 低电阻电极的制备

硅片背面低电阻接触可由金属托盘与硅片背面通过真空吸力紧密接触形成。

9 测量步骤

9.1 按 GB/T 1550 测定外延片的导电类型，按 GB/T 14847 测定外延层的厚度和按 GB/T 1552 测定外延片的电阻率。

9.2 将待测硅片置于测试台上，汞探针接触硅片正面形成肖特基接触，并做好另一电极的低电阻接触。

9.3 在测试程序中载入补偿电容值，面积，测试电压。

9.4 测试电压的选择：

9.4.1 硅片表面施加反向电压形成表面耗尽区域。

9.4.2 电压的范围应至少包含取 5 个测量的 C-V 对值，以计算得到至少 5 个浓度-深度值，形成浓度分布曲线。

9.4.3 电压应小于最大的平区电压和击穿电压。

9.5 开始测试，得到硅片表面载流子浓度分布曲线和平均载流子浓度。

9.6 测量结果须满足如下三个条件，见附录 A：

串联电阻 R_s 小于 1 kΩ；

相角 θ 范围 $-87°\sim-90°$；

反向漏电流密度 J_r 小于 3 mA·cm^{-2}。

10 精密度

本方法的精密度经过三个试验室巡回测试得到，使用浓度 1×10^{14} cm^{-3}～1×10^{16} cm^{-3} 的 n 型硅片样品共 6 片，测试前经表面处理。

单实验室测定重复性：小于 0.5%；

多实验室测定再现性：小于±5%。

11 试验报告

试验报告应包括以下内容：

a) 试样编号；

b) 硅外延片载流子浓度测量点位置或测量图；

c) 硅外延片对应于测试点位置的载流子浓度；

d) 汞探针与硅外延片接触时的有效接触面积；

e) 本标准编号；

f) 检测单位，检测者和检测时间。

附　录　A
（规范性附录）
硅片接触良好测试

用以下 3 个指标评价测试时测试系统与硅片接触是否良好，符合以下 3 个指标的测试为有效测试：

A.1　串联电阻 R_s

测试时，系统与硅片接触形成的二极管回路串联电阻，应小于 1 kΩ。确定方法如下：

a)　电容仪调零。

b)　硅片至测试台上，汞探针接触硅片表面，接触可靠。

c)　如电容仪能测量相角 θ，电容 C，则 R_s(kΩ)按式(A.1)计算：

$$R_s = -\frac{10^3}{\tan\theta \times (2\pi fC)} \qquad \text{(A.1)}$$

式中：

R_s——系统串联电阻，单位为千欧姆(kΩ)；

θ——测试时的相角，单位为度(°)；

C——测试时的电容，单位为皮法(PF)；

f——测试时的频率，单位为兆赫(MHz)。

d)　如电容仪能测量电容 C，电导 G_m，则 R_s 按式(A.2)计算：

$$R_s = \frac{G_m}{{G_m}^2 + (2 \times 10^{-3}\pi fC)^2} \qquad \text{(A.2)}$$

式中：

G_m——测试时的电导；

f——测试时的频率，单位为兆赫(MHz)；

C——测试时的电容，单位为皮法(PF)。

e)　相角 θ：

θ 应满足在 −87°～−90°。可由式(A.3)得到。

$$\theta = \tan^{-1}\left[-\frac{10^3}{2\pi fR_sC}\right] \qquad \text{(A.3)}$$

A.2　反向漏电流密度 J_r

测试时，系统与硅片接触形成的二极管回路的反向漏电流。各应用电压下均应满足反向漏电流密度 J_r 小于 3 mA·cm^{-2} 且反向漏电流的上升速率 $\Delta J_r/\Delta V$ 小于 0.3 mA·V^{-1}·cm^{-2}。

a)　系统连接监控汞探针接触的正反向电流-电压特性装置；

b)　硅片至测试台上，汞探针接触硅片表面，接触可靠；

c)　从 1 V 开始施加电压，逐步增加电压至希望的值，按式(A.4)计算反向电流密度 J_r 和式(A.5)计算反向漏电流随反向电压增长的速率 $\Delta J_r/\Delta V$。

$$J_{r1} = \frac{I_{r1}}{A_{eff}} \qquad \text{(A.4)}$$

$$\frac{\Delta J_r}{\Delta V} = \frac{J_{r(i+1)} - J_{ri}}{V_{(i+1)} - V_i} \qquad \text{(A.5)}$$

式中：

I_{r1}——为反向偏压 V_1 下的电流，单位为毫安(mA)；

A_{eff}——汞探针的接触面积，单位为平方厘米(cm^2)；

$\frac{\Delta J_r}{\Delta V}$——电流密度随反向偏压增长的速率；

J_{ri}——电压 V_i 下的电流密度，单位为毫安每平方厘米(mA/cm^2)；

$J_{r(i-1)}$——电压 $V_{(i+1)}$ 下的电流密度，单位为毫安每平方厘米(mA/cm^2)。

ICS 71.100.60
X 44

中华人民共和国国家标准

GB/T 14156—2009
代替 GB/T 14156—1993

食品用香料分类与编码

Classification and code of flavoring substances

2009-04-08 发布 2009-07-01 实施

中华人民共和国国家质量监督检验检疫总局
中国国家标准化管理委员会 发布

前 言

本标准代替 GB/T 14156—1993《食品用香料分类与编码》。

本标准与 GB/T 14156—1993 的主要差异如下：

——按 GB/T 1.1—2000《标准化工作导则　第 1 部分：标准的结构和编写规则》的要求编写本标准；

——对近年来批准使用的食品用新香料名单进行增补；

——有些品种根据毒理学评价结果作了修改。

本标准由中国轻工业联合会提出。

本标准由全国香料香精化妆品标准化技术委员会归口。

本标准由上海香料研究所和中国香料香精化妆品工业协会负责起草。

本标准主要起草人：金其璋、杜世祥、郭振艺、徐易、康薇、曹怡。

本标准所代替标准的历次版本发布情况为：

——GB/T 14156—1993。

食品用香料分类与编码

1 范围

本标准规定了食品用香料分类与编码的术语和定义、编码原则和具体编码表。

本标准适用于研制、生产、使用、管理以及一切涉及食品用香料的场合。

2 术语和定义

下列术语和定义适用于本标准。

2.1

香料　fragrance/flavor substance

适合人类消费的具有香气和/或香味的物质。前者指能被人类嗅觉感知的物质,后者指使人类产生滋味(香气、味道和口感的综合效果)的物质。相对分子质量一般小于300,具有相当大的挥发性,一般不直接消费,而是配制成香精用于加香产品后间接消费。按用途可将香料分为日用和食用两大类。

2.2

食品用香料(香味物质)　flavoring substance

能够用于调配食品用香精的香料。包括天然香味物质、天然等同香味物质和人造香味物质三类。

2.3

天然食品用香料(天然香味物质)　natural flavoring substance

化学结构明确的应用其香味性质的物质,通常不直接用于消费。在其应用浓度上适合人类消费,是用适当的物理法、微生物法或酶法从食物或动植物材料(未经加工或经过食品制备过程加工)获得的。含 NH_4^+、Na^+、K^+、Ca^{2+}、Fe^{3+} 阳离子或 Cl^-、SO_4^{2-}、CO_3^{2-} 阴离子的天然香味物质的盐类通常被划为天然香味物质。

2.4

天然等同食品用香料(天然等同香味物质)　natural-identical flavoring substance

化学合成的或用化学手段(工艺)从天然芳香原料中分离得到的香味物质,它与存在于用作人类消费的天然产品(不管其是否加工过)中的物质在化学结构上完全一样。含 NH_4^+、Na^+、K^+、Ca^{2+}、Fe^{3+} 阳离子或 Cl^-、SO_4^{2-}、CO_3^{2-} 阴离子的天然等同香味物质的盐类通常被划为天然等同香味物质。

2.5

人造食品用香料(人造香味物质)　artificial flavoring substance

尚未从用于人类消费的天然产品(不管其是否加工过)中鉴定出的香味物质。

3 编码原则

3.1 采用食品添加剂和污染物法规委员会即 CCFAC(Codex Committee on Food Additives and Contaminants)、食品香料工业国际组织即 IOFI(International Organization of the Flavor Industry)和欧洲理事会即 CoE(Council of Europe)等对食品用香料的分类。即把食品用香料分为天然、天然等同和人造香料三类,分别以“N”、“I”和“A”字母表示,写在号码前面。每一种香料对应有一个编码。

3.2 编码表把编码、香料中英文名称(包括化学名称、俗名、商业名称)、食品添加剂联合专家委员会(JECFA)编号、美国香味料和萃取物制造者协会(FEMA)编号和化学文摘登记号(CAS)一一对应列出,便于查阅。

3.3 天然食品用香料编码从 N001 开始;天然等同食品用香料编码从 I1001 开始;人造食品用香料编码从 A3001 开始(中间有空号)。

4 食品用香料编码表

4.1 天然食品用香料编码表

见表1。

表1 天然食品用香料编码表

编码	中文名称	英文名称	JECFA	FEMA	CAS号
N001	丁香叶油	clove leaf oil (*Eugenia* spp.)	—	2325	8000-34-8 8015-97-2
N002	丁香花蕾酊(提取物)	clove bud tincture(extract)(*Eugenia* spp.)	—	2322	84961-50-2 8000-34-8
N003	丁香花蕾油	clove bud oil (*Eugenia* spp.)	—	2323	8000-34-8 84691-50-2
N004	罗勒油	basil oil (*Ocimum basilicum* L.)	—	2119	8015-73-4 84775-71-3
N005	八角茴香油	anise star oil, star anise oil (*Illicum verum* Hook, F.)	—	2096	8007-70-3 84650-59-9
N006	九里香浸膏	common jasminorange concrete (*Murraya paniculata*)	—	—	—
N007	广藿香油	patchouli oil (*Pogostemon cablin*)	—	2838	8014-9-3 84238-39-1
N008	万寿菊油	tagetes oil (*Tagetes* spp.)	—	3040	8016-84-091 770-75-1
N009	大茴香脑	*trans*-anethole anise camphor	—	2086	4180-23-8
N010	小豆蔻油	cardamom oil (cardamom seed oil)	—	2241	8000-66-6 85940-32-5
N011	小豆蔻酊	cardamom tincture (*Elettaria cardamomum*)	—	2240	85940-32-5
N012	小茴香酊	fennel tincture (*Foeniculum vulgare* Mill.)	—	—	8006-84-6 93685-73-5
N013	山苍籽油	*Litsea cubeba* berry oil	—	3846	68855-99-2 90063-59-5
N014	山楂酊	hawthorn fruit tincture(*Crataegus* spp.)	—	—	—
N015	大蒜油	garlic oil (*Allium sativum* L.)	—	2503	8000-78-0 8008-99-9
N016	大蒜油树脂	garlic oleoresin (*Allium sativum* L.)garlic and its derivatives	—	FDA 184.1317	8000-78-0
N017	天然康酿克油	cognac oil, green	—	2331	8016-21-5
N018	天然薄荷脑	*l*-menthol, natural	427	2665	2216-51-5
N019	云木香油	costus root oil (*Saussures lappa* Clanke)	—	2336	8023-88-9 90106-55-1
N020	月桂叶油	bay, sweet, oil (*Laurus nobilis* L.)	—	2125	8007-48-5 84603-73-6
N021	乌梅酊	wumei tincture (*Prunus mume*)	—	—	—
N022	布枯叶油	buchu leaves oil (*Barosma* spp.)	—	2169	68650-46-4 84649-93-4

表 1（续）

编码	中文名称	英文名称	JECFA	FEMA	CAS号
N023	可可酊	cocoa tincture (*Theobroma cacao* Linn.)	—	—	84649-99-0
N024	可可壳酊	cocoa husk tincture (*Theobroma cacao* Linn.)	—	—	—
N025	甘松油	Chinese nardostachys' oil spikenard (*Nardostachys chinensis* Batal.)	—	—	—
N026	甘草酊	licorice tincture (*Glycyrrhiza* spp.)	—	—	97676-23-8
N027	甘草流浸膏	licorice extract (*Glycyrrhiza* spp.)	—	2628	97676-23-8 84775-66-6
N028	冬青油	wintergreen oil (*Gaultheria procumbens* L.)	—	3113	90045-28-6 90045-28-6
N029	白兰花油	*Michelia alba* flower oil	—	3950	92457-18-6
N030	白兰叶油	*Michelia alba* leaf oil	—	3950	92457-18-6
N031	白兰净油	*Michelia alba* flower absolute	—	—	—
N032	白兰浸膏	*Michelia alba* flower concrete	—	—	—
N033	白芷酊	*Angelica dahurica* tincture	—	—	—
N034	白柠檬油	lime oil [*Citrus aurantifolia* (Christman) Swingle]	—	2631	8008-26-2 90063-52-8
N035	白柠檬萜烯	lime oil terpene	—	—	68917-71-5
N036	生姜油树脂	ginger oleoresin (*Zingiber officinale* Rosc.)	—	2523	84696-15-1 8002-60-6
N037	肉豆蔻油	nutmeg oil (*Myristica fragrans* Houtt.)	—	2793	8008-45-5 84082-68-8
N038	肉豆蔻酊	nutmeg tincture (*Myristica fragrans* Houtt.)	—	—	84082-68-8
N039	中国肉桂油	cassia oil (*Cinnamomum cassia* Blume)	—	2258	8007-80-5 84961-46-6
N040	中国肉桂皮酊（提取物）	cassia bark tincture (extract) (*Cinnamomum cassia* Blume)	—	2257	84961-46-6
N041	红茶酊	black tea tincture (*Camellia sinensis*)	—	—	—
N042	印蒿油	davana oil (*Artemisia pallens* wall.)	—	2359	8016-3-3 91844-86-9
N043	吐鲁酊（提取物）	tolu balsam tincture (extract) (*Myroxylon* spp.)	—	3069	9000-64-0
N044	吐鲁香膏	tolu balsam gum (*Myroxylon* spp.)	—	3070	9000-64-0
N045	豆豉酊	soya bean fermented tincture	—	—	—
N046	杜松籽油（又名刺柏子油）	juniper berry oil (*Juniperus communis* L.)	—	2604	8002-68-4 84603-69-0
N047	芫荽籽油	coriander oil (*Coriandrum sativum* L.)	—	2334	8008-52-4 84775-50-8
N048	芹菜花油	celery flower oil (*Apium graveolens* L.)	—	—	—

表 1（续）

编码	中文名称	英文名称	JECFA	FEMA	CAS号
N049	芹菜籽油	celery seed oil (*Apium graveolens* L.)	—	2271	8015-90-5 89997-35-3
N050	牡荆叶油	*Vitex cannabifolia* leaf oil	—	—	—
N051	圆柚油	grapefruit oil, expressed (*Citrus paradisi* Mact.)	—	2530	8016-20-4 90045-43-5
N052	苍术脂(苍术硬脂,苍术油)	atractylodes oil (*Atractylodes lancea*)	—	—	—
N053	枣子酊	Chinese date (common jujube) tincture (*Ziziphus jujuba* Mill.)	—	—	—
N054	玫瑰花油	rose oil (*Rosa* spp.)	—	2989	8007-01-0 90106-38-0
N055	玫瑰净油	rose absolute (*Rosa* spp.)	—	2988	8007-01-0 84604-12-6
N056	玫瑰浸膏	rose concrete (*Rose* spp.)	—	—	8007-01-0
N057	鸢尾浸膏	orris root concrete (*Iris florentina* L.)	—	2829	8002-73-1
N058	鸢尾脂(又名鸢尾凝脂)	orris root extract (*Iris florentina* L.)	—	2830	8002-73-1
N059	杭白菊油	chrysanthemum Hang Zhou flower oil (*Dendranthema morifolium* 或 *Chrysanthemum morifolium*)	—	—	—
N060	杭白菊浸膏(又名杭菊花流浸膏)	chrysanthemum Hang Zhou flower extract (*Dendranthema morifolium* 或 *Chrysanthemum morifolium*)	—	—	—
N061	枫槭油	maple oil (*Acer saccharum* L.)	—	—	—
N062	枫槭浸膏	maple extract (*Acer saccharum* L.)	—	—	—
N063	岩蔷薇浸膏(又名赖百当浸膏)	labdanum extract (*Cistus ladaniferus*)	—	2610	8016-26-0 84775-64-4
N064	咖啡酊	coffee tincture (*Coffee* spp.)	—	—	84650-00-0
N065	罗汉果酊	luohanfruit tincture [*Siraitia grosvenorii* (Swingle) C. Jeffrey]	—	—	—
N066	金合欢浸膏	cassie concrete (*Acacia farnesiana* Willd.)	—	—	—
N067	依兰依兰油	ylang ylang oil (*Cananga odorata* Hook. f. and Thomas)	—	3119	8006-81-3 93686-30-7
N068	大花茉莉净油	*Jasminum grandiflorum* absolute	—	2598	8022-96-6
N069	大花茉莉浸膏	*Jasminum grandiflorum* concrete (*Jasminum gradiflorum* L.)	—	2599	8022-96-6
N070	小花茉莉净油	*Jasminum sambac* absolute	—	—	—
N071	小花茉莉浸膏	*Jasminum sambac* concrete	—	—	—
N072	佛手油	sarcodactylis oil (*Citrus medicus* L. var. *Sarcodactylus* Swingle)	—	3899	85085-28-5

表 1（续）

编码	中文名称	英文名称	JECFA	FEMA	CAS 号
N073	独活酊	angelica root tincture (extract) (*Angelica archangelica* L.)	—	2087	84775-41-7
N074	洋葱油	onion oil(*Allium cepa* L.)	—	2817	8002-72-0 8054-39-5
N075	姜油(生姜油)	ginger oil (*Zingiber officinale* Rosc.)	—	2522	8007-8-7 84696-15-1
N076	姜黄油	turmeric oil (*Curcuma longa* L.)	—	3085	8024-37-1 84775-52-0
N077	姜黄油树脂	turmeric oleoresin (*Curcuma longa* L.)	—	3087	84775-52-0
N078	姜黄浸膏	turmeric extract (*Curcuma longa* L.)	—	3086	8024-37-1
N079	胡芦巴酊	fenugreek tincture (extract)(*Trigonella foenum graecum* L.)	—	2485	84625-40-1
N080	玳玳花油	daidai flower oil (*Citrus aurantium* var. *amara* Engl.)	—	—	—
N081	玳玳花浸膏	daidai flower concrete (*Citrus aurantium* var. *amara* Engl.)	—	—	—
N082	玳玳果油	daidai fruit oil (*Citrus aurantium* var. *amara* Engl.)	—	—	—
N083	柚皮油	pummelo peel oil [*Citrus grandis* (L.)Osbeck]	—	—	—
N084	柏木油(又名北美香柏)	cedar leaf oil (*Thuja occidentalis* L.)	—	2267	8007-20-3 90131-58-1
N085	枯茗籽油(又名孜然油)	cumin seed oil (*Cuminum cyminum* L.)	—	2343	8014-13-9 84775-51-9
N086	柠檬油	lemon oil [*Citrus limon* (L.) Burm. f.]	—	2625	84929-31-7
N087	无萜柠檬油	lemon oil, terpeneless [*Citrus limon*(L.)Burm. f.]	—	2626	68648-39-5
N088	柠檬油萜烯	terpenes of lemon oil	—	—	68917-33-9
N089	柠檬叶油	petitgrain lemon oil[*Citrus limon* (L.)Burm. f.]	—	2853	8008-56-8 84929-31-7
N090	柠檬草油	lemongrass oil (*Cymbopogon citratus* DC. and *C. flexuosus*)	—	2624	8007-2-1 89998-14-1
N091	栀子花浸膏	gardenia flower concrete (*Gardenia jasminoides* Ells)	—	—	—
N092	树兰油	*Aglaia odorata* flower oil	—	—	—
N093	树兰花酊	*Aglaia odorata* flower tincture	—	—	—
N094	树兰花浸膏	*Aglaia odorata* flower concrete	—	—	—
N095	树苔净油	treemoss absolute (*Evernia furfuraceae*)	—	—	68648-41-9
N096	树苔浸膏	treemoss concrete (*Evernia furfuraceae*)	—	—	68648-41-9

表 1（续）

编码	中文名称	英文名称	JECFA	FEMA	CAS 号
N097	香叶油（又名玫瑰香叶油）	geranium oil (geranium, rose, oil) (*Pelargonium graveolens* L'Her)	—	2508	8000-46-2 90082-51-2
N098	除萜香叶油	geranium oil terpeneless	—	2508	8000-46-2 90082-51-2
N099	香风茶油	Xiang Feng cha oil (*Rabdosia* spp.)	—	—	—
N100	香芹醇	carveol, natural	381	2247	99-48-9 2102-59-2
N101	香柠檬油	bergamot oil (*Citrus aurantium* L. subsp. *bergamia*)	—	2153	8007-75-8 89957-91-5
N102	香根油	vertiver oil (*Vetiveria zizanioides* Nash.)	—	—	8016-96-4 84238-29-9
N103	香根浸膏	vertiver concrete (*Vetiveria zizanioides* Nash.)	—	—	—
N104	香荚兰豆酊	vanilla bean tincture (*Vanilla* spp.)	—	—	8024-6-4 84650-63-5
N105	香荚兰豆浸膏	vanilla bean concrete (extract) (*Vanilla* spp.)	—	3105	8024-6-4 84650-63-5
N106	香附子油	cyperus oil (*Cupressus sempervirens*)	—	—	—
N107	香葱油	chives oil (*Allium schoenoprasum*)	—	—	—
N108	香紫苏油	clary sage oil (*Salvia sclarea* L.)	—	2321	8016-63-5 84775-83-7
N109	香榧子壳浸膏	*Torreya grandis* shell concrete	—	—	—
N110	桔子油	mandarin oil (*Citrus reticulata blanco*)	—	2657	8008-31-9
N111	除萜桔子油	mandarin oil, terpeneless	—	—	68917-20-4
N112	酒花酊	hops tincture (extract) (*Humulus lupulus* L.)	—	2578	8060-28-4
N113	酒花浸膏	hops extract, solid (*Humulus lupulus* L.)	—	2579	8060-28-4
N114	桉叶油（又名蓝桉油）	eucalyptus oil (*Eucalyptus globulus* Labille)	—	2466	8000-48-4 84625-32-1
N115	海狸酊	castoreum tincture (extract) (*Castor* spp.)	—	2261	8023-83-4
N116	斯里兰卡桂皮油	cinnamon bark oil (Srilsnka) (*Cinnamomum* spp.)	—	2291	8015-91-6 84649-98-9
N117	斯里兰卡桂叶油	cinnamon leaf oil (Srilsnka) (*Cinnamomum* spp.)	—	2292	8007-80-5 8015-91-6
N118	桂花净油	*Osmanthus fragrans* flower absolute (*Osmanthus fragrans* Lour)	—	3750	68917-05-5
N119	桂花酊	*Osmanthus fragrans* flower tincture	—	—	68917-05-5
N120	桂花浸膏	*Osmanthus fragrans* flower concrete	—	—	68917-05-5

表 1（续）

编 码	中 文 名 称	英 文 名 称	JECFA	FEMA	CAS 号
N121	桂圆酊	longan fruit tincture (*Dimocarpus longan*)	—	—	—
N122	留兰香油	spearmint oil (*Mentha spicate*)	—	3032	8008-79-5 84696-51-5
N123	核桃壳浸膏	walnut hull extract (*Juglans* spp.)	—	3111	84012-43-1 8024-9-7
N124	素方花净油	common white jasmine flower absolute (*Jasminum jasminunm officinale* L.)	—	—	—
N125	桦焦油	birch sweet oil (*Betula lenta* L.)	—	2154	68917-50-0 85251-66-7
N126	蚕豆花酊	broad bean flower tincture (*Vicia faba* Linn.)	—	—	—
N127	绿茶酊	green tea tincture (*Thea sinensis* 或 *Camellia sinensis*)	—	—	—
N128	野玫瑰浸膏	wild rose concrete (*Rosa multiflora*)	—	—	—
N129	甜小茴香油	fennel oil, sweet (*Foeniculum vulgare* Mill. var. *dulce* D. C.)	—	2483	8006-84-6 84455-29-8
N130	甜叶菊油	*Stevia rebaudiana* oil	—	—	—
N131	甜橙油	orange oil [*Citrus sinensis* (L.) Osbeck]	—	2821	68606-94-0
N132	除萜甜橙油	orange oil, terpeneless [*Citrus sinensis* (L.) Osbeck]	—	2822	8008-57-9 8028-48-6
N133	甜橙油萜烯	terpenes of orange oil	—	—	8028-48-6
N134	菊苣浸膏	chicory concrete (extract) (*Cichorium intybus* L.)	—	2280	68650-43-1
N135	晚香玉浸膏	tuberose concrete (*Polianthes tuberosa*)	—	3084	8024-5-3
N136	紫罗兰浸膏	violet leaf concrete (*Viola odorata*)	—	3110	8024-8-6
N137	椒样薄荷油	peppermint oil (*Mentha piperita* L.)	—	2848	8006-90-4 98306-02-6
N138	黑加仑酊	black currant tincture (*Ribes nigrum* L.)	—	2346	97676-19-2 68606-81-5
N139	黑加仑浸膏	black currant concrete (*Ribes nigrum* L.)	—	2346	97676-19-2 68606-81-5
N140	槐树花净油	*Sophora japonica* flower absolute	—	—	—
N141	槐树花浸膏	*Sophora japonica* flower concrete	—	—	—
N142	辣椒酊	capsicum tincture (extract) (*Capsicum* spp.)	—	2233	8023-77-6
N143	辣椒油树脂（又名灯笼辣椒油树脂）	paprika oleoresin (*Capsicum annuum* L.)	—	2834	84625-29-6
N144	愈创木油	guaiac wood oil (*Bulnesia sarmienti* Lor.)	—	2534	8016-23-7 89958-10-1

表 1（续）

编　码	中　文　名　称	英　文　名　称	JECFA	FEMA	CAS 号
N145	缬草油	valerian root oil (*Valeriana officinalis* L.)	—	3100	8008-88-6 97927-02-1
N146	墨红花净油	*Rose crimson glory* flower absolute	—	—	—
N147	墨红花浸膏	*Rose crimson glory* flower concrete	—	—	—
N148	橡苔浸膏	oakmoss concrete (*Evernia prunastri*)	—	—	9000-50-4 90028-68-5
N149	橙叶油	petitgrain bigarade oil (*Citrus aurantium* L.)	—	2855	8014-17-3 72968-50-4
N150	亚洲薄荷油	*Mentha arvensis* oil	—	4219	68917-18-0 90063-97-1
N151	亚洲薄荷素油	*Mentha arvensis* oil, partially dementholized	—	—	—
N152	檀香油	sandalwood oil (*Santalum album* L.)	—	3005	8006-87-9 84787-70-2
N153	薰衣草油	lavender oil (*Lavandula angustifolia*)	—	2622	8000-28-0 84776-65-8
N154	头状百里香油	origanum oil (*Thymus capitatus*)	—	2828	8007-11-2 90131-59-2
N155	可乐果提取物	kolas nut extract (*Cola acuminate* Schott et Endl.)	—	2607	89997-82-0
N156	加州胡椒油	schinus molle oil (*Schinus molle* L.)	—	3018	68917-52-2 94335-31-3
N157	卡黎皮油	cascarilla bark oil (*Croton* spp.)	—	2255	8007-6-5 84836-99-7
N158	百里香油	thyme oil (*Thymus vulgarisor zigis* L.)	—	3064	8007-46-3 84929-51-1
N159	奶油发酵起子蒸馏物（黄油蒸馏物）	butter starters distillate	—	2173	91745-88-9
N160	卡南伽油	cananga oil (*Cananga odorata* Hook. F. and Thoms)	—	2232	68606-83-7 93686-30-7
N161	月桂叶净油	laurel leaves extract/oleoresin (*Laurus nobilis* L.)	—	2613	84603-73-6
N162	生姜提取物（生姜浸膏）	ginger extract (ginger concrete) (*Zingiber officinale*)	—	2521	84696-15-1 8007-8-2
N163	白栎木屑提取物	oak chips extract (*Quercus alba* L.)	—	2794	68917-11-3 97676-29-4
N164	龙蒿油	estragon oil (*Artemisia dracunculus* L.)	—	2412	8016-88-4 90131-45-6
N165	白樟油	camphor oil, white [*Cinnamomum Camphora* (L.) Presl]	—	2231	8008-51-3 91745-89-0
N166	肉豆蔻衣油	mace oil (*Myristica fragrans* Houtt.)	—	2653	8007-12-3 84082-68-8
N167	众香叶油	pimento leaf oil (*Pimenta officinalis* Lindl.)	—	2901	8006-77-7 84929-57-7
N168	西班牙鼠尾草油	sage oil, Spanish (*Salvia lavandulaefolia* Vahl.)	—	3003	8016-65-7 90106-49-3

表 1（续）

编码	中文名称	英文名称	JECFA	FEMA	CAS号
N169	红桔油	tangerine, oil (*Citrus reticulata blanco*)	—	3041	8008-31-9
N170	杂薰衣草油	lavandin oil (*Lavandula hydrida*)	—	2618	8022-15-9 91722-69-9
N171	杏仁油	apricot kernel oil (*Prunus armeniaca* L.)	—	2105	72869-69-3
N172	苏合香油	styrax oil (*Liquidambar* spp.)	—	—	8046-19-3 9000-5-9
N173	苏合香提取物	styrax extract (*Liquidambar* spp.)	—	3037	—
N174	长角豆油	locust bean oil (*Certonia siliqua* L.)	—	—	—
N175	角豆提取物	carob bean extract (*Ceratonia siliqua* L.)	—	2243	9000-40-2 84961-45-5
N176	皂树皮提取物	quillaia (*Quillaja saponaria* Molina)	—	2973	68990-67-0
N177	乳香油	olibanum oil (*Boswellia* spp.)	—	2816	8016-36-2 8050-7-5
N178	没药油	myrrh oil (*Commiphora* spp.)	—	2766	8016-37-3 9000-45-7
N179	良姜根提取物	galangal root extract (*Alpinia* spp.)	—	2499	8024-40-6
N180	苏格兰松油	pine oil, scotch (*Pinus sylvestris* L.)	—	2906	8023-99-2 84012-35-1
N181	小茴香油（普通小茴香油）	fennel oil (common) (*Foeniculum vulgare* Mill.)	—	2481	84625-39-8
N182	苦杏仁油	almond oil, bitter (*Prunus amygdalus*)	—	2046	8013-76-1 90320-35-7
N183	阿魏油	asafoetida oil (*Ferula asafoetida* L.)	—	2108	9000-4-8
N184	金合欢净油	cassie absolute [*Acacia farnesiana* (L.) Willd.]		2260	8023-82-3 89958-31-6
N185	欧芹叶油	parsley leaf oil (*Petroselinum* Crispum.)	—	2836	8000-68-8 84012-33-9
N186	松针油	pine needle oil (*Abies* spp.)	—	2905	8021-29-2 91697-89-1
N187	波罗尼花净油	boronia absolute (*Boronia megastigma* Nees)	—	2167	91771-36-7
N188	玫瑰木油	bois de rose oil (*Aniba rosaeodora* Ducke)	—	2156	8015-77-8 83863-32-5
N189	玫瑰草油	palmarosa oil [*Cymbopogon martini* (Roxb.) stapf]	—	2831	8014-19-5 84649-81-0
N190	香茅油	citronella oil (*Cymbopogon nardus* Rendle)	—	2308	8000-29-1 89998-15-2
N191	迷迭香油	rosemary oil (*Rosemarinus officinalis* L.)	—	2992	8000-25-7 84604-14-8
N192	香脂冷杉油	balsam fir oil [*Abies balsamea* (L.) Mill.]	—	2114	8016-42-0
N193	香脂冷杉油树脂	balsam fir oleoresin [*Abies balsamea* (L.) Mill.]	—	2115	8016-42-0

表 1（续）

编码	中文名称	英文名称	JECFA	FEMA	CAS 号
N194	胡萝卜籽油	carrot seed oil (*Daucus carota* L.)	—	2244	8015-88-1 84929-61-3
N195	春黄菊花油(罗马)	chamomile flower oil (Roman) (*Anthemis nobilis* L.)	—	2275	8015-92-7 84649-86-5
N196	春黄菊净油(提取物)(罗马)	chamomile flower absolute (extract) (Roman) (*Anthemis nobilis* L.)	—	2274	8015-92-7
N197	药鼠李提取物	cascara extract (*Rhamnus purshiana* DC.)	—	2253	8007-6-5
N198	荜澄茄油	cubeb oil (*Piper cubeba* L. f.)	—	2339	8007-87-2 90082-59-0
N199	胡薄荷油(又名唇萼薄荷油)	pennyroyal oil (*Mentha pulegium* L.)	—	2839	8013-99-8 90064-00-9
N200	圆叶当归油(又名欧当归油)	lovage oil (*Levisticum officinale* Koch.)	—	2651	8016-31-7 84837-06-9
N201	夏至草提取物	horehound extract (*Marrubium vulgare* L.)	—	2581	84696-20-8
N202	莫哈弗丝兰提取物	yucca mohave extract (*Yucca* spp.)	—	3121	90147-57-2
N203	海草(藻)提取物	kelp (*Laminaria and Kereocystis* spp.)	—	2606	92128-82-0
N204	海索草油	hyssop oil (*Hyssopus officinalis* L.)	—	2591	8006-83-5 84603-66-7
N205	莳萝草油(又名莳萝油)	dill herb oil (*Anethum graveolens* L.)	—	2383	8006-75-5 90028-03-8
N206	秘鲁香脂	balsam peru (*Myroxylon pereirae* Klotzsch)	—	2116	8007-00-9
N207	格蓬油	galbanum oil (*Ferula galbaniflua* L.)	—	2501	8023-91-4 9000-24-2
N208	脂檀油	amyris oil (*Amyris balsamifera* L.)	—	—	8015-65-4
N209	银白金合欢净油(又名含羞草净油)	mimosa absolute (*Acacia decurrens* Will. Var. *dealbata*)	—	2755	8031-3-6 93685-96-2
N210	接骨木花净油	elder flower absolute (*Sambucus canadensis* L. and *S. nigra* L.)	—	—	68916-55-2
N211	甘牛至油	marjoram oil, sweet [*Majorana hortensis* Moench (*Origanum majorana* L.)]	—	2663	8015-1-8 84082-58-6
N212	黄龙胆根提取物	gentian root extract (*Gentiana lutea* L.)	—	2506	72968-42-4
N213	黄葵籽油	ambrette seed oil (*Hibiscus abelmoschus* L.)	—	2051	8015-62-184 455-19-6
N214	野黑樱桃树皮提取物	cherry bark, wild, extract (*Prunus serotina* Ehrh.)	—	2276	84604-07-9
N215	黑胡椒油	pepper oil, black (*Piper nigrum* L.)	—	2845	8006-82-4 84929-41-9
N216	葛缕籽油	caraway seed oil (*Carum carvi* L.)	—	2238	8000-42-8 85940-31-4

表 1（续）

编码	中文名称	英文名称	JECFA	FEMA	CAS 号
N217	榄香香树脂	elemi resinoid (*Canarium* ssp.)	—	2407	8023-89-0 9000-75-3
N218	蜡菊提取物	immortelle extract (*Helichrysum angustifolium* DC.)	—	2592	8023-95-8 90045-56-0
N219	蜜蜂花油	balm oil (*Melissa officinalis* L.)	—	2113	8014-71-9
N220	*d*-樟脑	*d*-camphor	1395	2230	464-49-3 76-22-2
N221	橙花净油	orange flower absolute (*Citrus aurantium* L. subsp. *amara*)	—	2818	8016-38-4 72968-50-4
N222	橙苷(柚皮甙提取物)	naringin extract (*Citrus paradisi* Macf.)	—	2769	14259-46-2
N223	穗薰衣草油	spike lavender oil (*Lavandula latifolia* L.)	—	3033	8016-78-2
N224	鹰爪豆净油	genet absolute (*Spartium junceum* L.)	—	2504	8023-80-1
N225	玳玳果皮油	daidai peel oil (*Citrus aurantium* L. sub. *cyathifera* Y.)	—	3823	—
N226	甜橙油(橙皮压榨法)	orange oil, sweet cold pressed [*Citrus sinensis*(L.)Osbeck]	—	2825	8028-48-6 8008-57-9
N227	小米辣椒油树脂	bush red pepper oleoresin (*Capsicum frutescens* L.)	—	2234	8023-77-6 84603-55-4
N228	丁香茎油	clove stem oil (*Eugenia* spp.)	—	2328	8000-34-8 84691-50-2
N229	大茴香油(又名茴芹油)	anise oil (*Pimpinella anisum* L.)	—	2094	84775-42-8
N230	*l*-天冬酰胺	*l*-asparagine	—	—	70-47-3
N231	巴拉圭茶净油/提取物	mate absolute/extract (*Ilex paraguariensis* St. Hil.)	—	—	68916-96-1
N232	白山核桃树皮提取物	hickory bark extract (*Carya* spp.)	—	2577	91723-46-5
N233	瓜拉纳提取物	guarana extract (*Paullinia cupana* HBK)	—	2536	—
N234	甘草根	licorice root (*Glycyrrhiza glabra* L.)	—	2630	68916-91-6
N235	白百里香油	thyme oil, white (*Thymus zygis* L.)	—	3065	8007-46-3
N236	白胡椒油	pepper oil, white (*Piper nigrum* L.)	—	2851	8006-82-4
N237	白胡椒油树脂	pepper oleoresin, white (*Piper nigrum* L.)	—	2852	84929-41-9
N238	白康酿克油	cognac oil, white	—	2332	8016-21-5
N239	白脱酯	butter esters	—	2172	97926-23-3
N240	白脱酸	butter acids	—	2171	91745-88-9
N241	众香果油	pimenta oil, pimento oil, allspice oil (*Pimenta officinalis*)	—	2018	8006-77-7 84929-57-7

表 1（续）

编码	中文名称	英文名称	JECFA	FEMA	CAS 号
N242	安息香树脂	benzoin resinoid (*Styrax tonkinensis* Pierre)	—	2133	9000-5-9
N243	当归籽油	angelica seed oil (*Angelica archangelica* L.)	—	2090	8015-64-3 84775-41-7
N244	当归根油	angelica root oil (*Angelica archangelica* L.)	—	2088	8015-64-3 84775-41-7
N245	肉豆蔻衣油树脂/提取物	mace oleoresin/extract (*Myristica fragrans* Houtt)	—	2654	8007-12-3
N246	西印度月桂叶提取物	bay leaves, west Indian, extract (*Pimenta acris* Kostel)	—	2121	91721-75-4
N247	西印度月桂叶油	bay leaves, west Indian, oil (*Pimenta acris* Kostel)	—	2122	91721-75-4
N248	*l*-阿戊糖	*l*-arabinose	—	3255	5328-37-0
N249	阿拉伯胶	arabic gum	—	2001	9000-1-5
N250	欧当归提取物(又名圆叶当归提取物)	lovage extract (*Levisticum officinde* Koch)	—	2650	8016-31-7
N251	欧芹油树脂	parsley oleoresin (*Petroselium* spp.)	—	2837	8000-68-8 84012-33-9
N252	油酸	oleic acid	333	2815	112-80-1
N253	苦木提取物	quassia extract [*Picrasma excelsa* (sw.) planch. *Quassia amara* L.]	—	2971	68915-32-2
N254	苦橙叶净油	orange leaf absolute (*Citrus aurantium* L.)	—	2820	8016-38-4 72968-50-4
N255	苦橙油	orange oil, bitter (*Citrus aurantium* L.)	—	2823	68916-04-1 72968-50-4
N256	金鸡纳树皮	cinchona bark(yellow) (*Cinchona* spp.)	—	2283	89997-71-7
N257	金钮扣油树脂	jambu oleoresin (*Spilanthes acmelia* Oleracea)	—	3783	90131-24-1
N258	奎宁盐酸盐	quinine hydrochloride	—	2976	130-89-2
N259	枯茗油	cumin oil (*Cuminum cyminum* L.)	—	2340	8014-13-9
N260	洋葱油树脂	onion oleoresin (*Allium cepa* L.)	—	—	—
N261	茶树油	tea tree oil (*Melaleuca alternifolia*)	—	3902	68647-73-4 85085-48-9
N262	除萜白柠檬油	lime oil terpeneless (*Citrus aurantifolia* Swingle)	—	2632	68916-84-7
N263	除萜甜橙皮油	orange peel oil, sweet, terpeneless (*Citrus sinensis* L. Osbeck)	—	2826	68606-94-0 94266-47-4
N264	莳萝籽	dill seed, Indian (*Anethum* spp.)	—	2384	8006-75-5
N265	黄芥末提取物/黄芥末油树脂	mustard extract/oleoresin, yellow (*Brassica* spp.)	—	—	—
N266	棕芥末提取物	mustard extract, brown (*Brassica* spp.)	—	—	8007-40-7

表 1（续）

编码	中文名称	英文名称	JECFA	FEMA	CAS 号
N267	焦木酸	pyroligneous acid	—	2967	8030-97-5
N268	紫苏油	perilla leaf oil, shiso oil (*Perilla frutescens*)	—	4013	68132-21-8 90082-61-4
N269	葡萄柚油萜烯	grapefruit oil terpenes (*Citrus paradisi* Macf)	—	—	—
N270	黑胡椒油树脂/黑胡椒油提取物	pepper oleoresin/extract black (*Piper nigrum* L.)	—	2846	84929-41-9
N271	榄香油/提取物/香树脂	elemi oil/extract/resinoid (*Canarium cimmune or Iuzonicum* Miq)	—	2408	8023-89-0 9000-75-3
N272	蜂蜡净油	beeswax absolute (*Apis mellifera* L.)	—	2126	8012-89-3
N273	赖百当净油（又名岩蔷薇净油）	labdanum absolute (*Cistus* spp.)	—	2608	8016-26-0
N274	鼠尾草油	sage oil (*Salvia officinalis* L.)	—	3001	8022-56-8
N275	蜡菊净油	helichrysum absolute (*Helichrysum augustifolium*)	—	—	8023-95-8
N276	糖蜜提取物	molasses extract	—	—	—
N277	檀香醇（α,β）	santalol, α and β	984	3006	11031-45-1
N278	山达草流浸膏	yerba santa fluid extract [*Eriodictyon californicum* (Hook and Arn) Torr]	—	3118	—
N279	苜蓿提取物	alfalfa extract (*Medicago sativa* L.)	—	2013	84082-36-0
N280	众香子	allspice (*Pimenta officinalis* Lind L.)	—	2017	8006-77-7 84929-57-7
N281	众香子油树脂/提取物	allspice oleoresin/extract (*Pimenta officinalis* Lind L.)	—	2019	8006-77-7
N282	黄葵籽净油	ambrette seed absolute (*Hibiscus abelmoschus* L.)	—	2050	8015-62-1
N283	秘鲁香膏油	balsam oil, Peru (*Myroxylon pereirae* Klotzsch)	—	2117	8007-00-9
N284	罗勒提取物	basil extract (*Ocimum basilicum* L.)	—	2120	8015-73-4 84775-71-3
N285	芹菜籽提取物（固体）	celery seed extract solid (*Apium graveolens* L.)	—	2269	89997-35-3
N286	芹菜籽（CO_2）提取物	celery seed (CO_2) extract (*Apium graveolens* L.)	—	2270	89997-35-3
N287	母菊油（又名匈牙利春黄菊油）	chamomile flower oil (Hungarian) (*Matricaria chamomilla* L.)	—	2273	8022-66-2 84082-60-0
N288	黄色金鸡纳树皮提取物	cinchona bark extract (yellow) (*Cinchona* spp.)	—	2284	68990-12-5
N289	丁香花蕾油树脂	clove bud oleoresin (*Eugenia* spp.)	—	2324	84961-50-2 8000-34-8
N290	红三叶草提取物（固体）	clover tops red extract solid (*Trifolium pratense* L.)	—	2326	85085-25-2

表 1（续）

编　码	中　文　名　称	英　文　名　称	JECFA	FEMA	CAS 号
N291	蒲公英流浸膏	dandelion fluid extract(*Taraxacum* spp.)	—	2357	68990-74-9
N292	蒲公英根固体提取物	dandelion root solid extract (*Taraxacum* spp.)	—	2358	68990-74-9
N293	加拿大飞蓬草油	fleabane oil(*Erigeron canadensis*)	—	2409	8007-27-0
N294	穗花槭提取物(固体)	mountain maple extract solid (*Acer spicatum* Lam.)	—	2757	91770-23-9
N295	芸香油	rue oil (*Ruta graveolens* L.)	—	2995	8014-29-7 84929-47-5
N296	鼠尾草油树脂/提取物	sage oleoresin/extract (*Salvia officinalis* L.)	—	3002	8022-56-8 97952-71-1
N297	菝葜提取物	sarsaparilla extract (*Smilax* spp.)	—	3009	91770-66-0
N298	水蒸气蒸馏松节油	turpentine, steam-distilled(*Pinus* spp.)	—	3089	8006-64-2
N299	缬草根提取物	valerian root extract(*Valeriana officinalis* L.)	—	3099	97927-02-1
N300	香荚兰油树脂	vanilla oleoresin (*Vanilla fragrans*)	—	3106	8024-6-4 84650-63-5
N301	紫罗兰叶净油	violet leaves absolute (*Viola odorata* L.)	—	3110	8024-8-6
N302	洋艾油	wormwood oil (*Artemisia absinthium* L.)	—	3116	8008-93-3 84929-19-1
N303	玫瑰茄	roselle (*Hibiscus sabdariffa* L.)	—	—	84775-96-2
N304	桔柚油(克里曼丁红桔和葡萄柚杂交种)	tangelo oil	—	—	72869-73-9
N305	晚香玉净油	tuberose absolute (*Polianthes tuberosa* L.)	—	—	8024-5-3
N306	美国栗树叶提取物	chestnut leaves extract [*Castanea dentata* (Marsh.)Borkh.]	—	—	—
N307	古巴香脂油	copaiba oil (south American spp. of *Copaifera*)	—	—	8013-97-6
N308	达迷草叶	damiana leaves (*Turnera diffusa* Willd.)	—	—	84696-52-6
N309	匈牙利春黄菊(母菊)花净油	chamomile flower absolute (Hungarian) (*Matricaria chamomilla* L.)	—	—	—
N310	接骨木花提取物	elder flowers extract (*Sambucus canadensis* L. and *S. nigra* L.)	—	—	—
N311	防风根油(没药油)	opoponax oil (*Commiphorn* ssp.)	—	—	8021-36-1 9000-78-6
N312	藏红花提取物	saffron extract (*Crocus sativus* L.)	—	2999	84604-17-1
N313	香叶提取物	geranium extract (*Pelargonlium* spp.)	—	—	8000-46-2
N314	胡芦巴油树脂	fenugreek oleoresin (*Trigonella foenum-graecum* L.)	—	2486	84625-40-1
N315	柠檬提取物	lemon extract [*Citrus limon* (L.) Burm. f.]	—	2623	84929-31-7

表 1（续）

编 码	中 文 名 称	英 文 名 称	JECFA	FEMA	CAS 号
N316	德国鸢尾树脂	orris resinoid（*Iris germanical* L.）	—	—	—
N317	罗望子提取物(浸膏)	tamarind extract（*Tamarindus indica* L.）	—	—	—
N318	辣根油	horseradish oil（*Armoracia lapathifolia* Gilib）	—	—	84775-62-2
N319	胡芦巴籽浸膏	fenugreek seed extract（*Trigonella foenum-graecum* L.）	—	2485	84625-40-1
N320	芹菜叶油	celery leaf oil（*Apium graveolens* L.）	—	—	73049-53-3
N321	柏木油萜烯	cedarwood oil terpenes	—	—	68608-32-2
N322	肉豆蔻油树脂	nutmeg oleoresin（*Myristica fragrans* Houtt）	—	—	84082-68-8
N323	八角茴香	anise star（*Illicum verum* Hook. F.）	—	2095	8007-70-3
N324	芫荽油	coriander oil(*Coriandrum sativum* L.）	—	2334	8008-52-4 84775-50-8
N325	胡芦巴	fenugreek（*Trigonella foenum-graecum* L.）	—	2484	68990-15-8
N326	韭葱油	leek oil（*Allium porrum*）	—	—	84650-15-7
N327	甜橙皮提取物	orange peel extract，sweet［*Citrus sinensis*(L.)Osbeck］	—	2824	8028-48-6
N328	牛至油	*Origanum vulgare* oil	—	2660	84012-24-8
N329	香橙皮油	*Citrus junos* peel oil	—	2318	94266-47-4
N330	海藻净油	*Algues* absolute	—	—	84696-13-9
N331	西班牙牛至油树脂	origanum oleoresin（*Thymus capitatus*）	—	2828	8007-11-2
N332	甘草酸胺	glycyrrhizin，ammoniated（*Glycyrrhiza* spp.）	—	2528	53956-04-0
N333	冬香草油	savory winter oil（*Satureja montana* L.）	—	3016	8016-68-0
N334	安息香	styrax（*Liquidambar* spp.）	—	3036	8046-19-3
N335	阿魏液态提取物（流浸膏）	asafoetida fluid extract（*Ferula assafoetida* L.）	—	2106	9000-04-8
N336	桃树叶净油	peach tree leaf absolute（*Prunus persica* L. Batsch）	—	—	84012-34-0
N337	白藓牛至	Dittany of crete（*Origanum dictamnus* L.）	—	2399	89998-27-6
N338	酒花油	hops oil（*Humulus lupulus* L.）	—	2580	8007-04-3
N339	赖百当油	labdanum oil（*Cistus ladaniferus*）	—	2609	8016-26-0
N340	熏衣草净油	lavender absolute（*Lavandula angustidolia*）	—	2620	8000-28-0
N341	没药树脂提取物	opoponax extract resinoid（*Commiphora* ssp.）	—	—	8021-36-1 9000-78-6

表 1（续）

编　码	中　文　名　称	英　文　名　称	JECFA	FEMA	CAS号
N342	花椒提取物	ash bark, prickly, extract (*Xanthoxylum* spp.)	—	2110	—
N343	蓖麻油	castor oil (*Ricinus* communis)	—	2263	8001-79-4
N344	儿茶粉	catechu powder (*Acacia catechu* Willd.)	—	2265	8001-76-1
N345	苦艾	wormwood(*Artemisia absinthium* L.)	—	3114	8008-93-3
N346	苦橙花油	neroli bigarade oil (*Citrus aurantium* L.)	—	2771	8016-38-4
N347	达瓦树胶	ghatti gum (*Anogeissus latifolia* Wall.)	—	2519	9000-28-6

4.2　天然等同食品用香料编码表

见表 2。

表 2　天然等同食品用香料编码表

编　码	中　文　名　称	英　文　名　称	JECFA	FEMA	CAS号
I1001	丙二醇 甲基乙二醇 1,2-丙二醇 1,2-二羟基丙烷	propylene glycol methyl glycol 1,2-propanediol 1,2-dihydroxypropane	925	2940	57-55-6
I1002	丙三醇 1,2,3-丙三醇 三羟基丙烷 甘油	glycerol 1,2,3-propanetriol trihydroxypropane glycerine	909	2525	56-81-5
I1003	异丙醇 二甲基原醇 2-丙醇	isopropyl alcohol dimethylcarbinol 2-propanol propyl(iso)alcohol propanol(iso) petrohol *sec*-propyl alcohol	277	2929	67-63-0
I1004	丁醇 正丁醇 1-丁醇 丙基原醇	butyl alcohol 1-butanol propyl carbinol	85	2178	71-36-3
I1005	异丁醇 丁(异)醇 丁醇（异） 异丙基原醇 2-甲基-1-丙醇	isobutyl alcohol butyl(iso)alcohol butanol(iso) propyl(iso)carbinol 2-methyl-1-propanol isopropyl carbinol	251	2179	78-83-1
I1006	戊醇 1-戊醇 正丁基原醇	amyl alcohol 1-pentanol *n*-butyl carbinol	88	2056	71-41-0

表 2（续）

编码	中文名称	英文名称	JECFA	FEMA	CAS 号
I1007	2-戊醇 甲基正丙基原醇 丙基甲基原醇 α-甲基丁醇 仲戊醇	2-pentanol methyl *n*-propyl carbinol propyl methyl carbinol α-methylbutanol *sec*-amyl alcohol	280	3316	6032-29-7
I1008	异戊醇 异丁基原醇 3-甲基-1-丁醇	isoamyl alcohol isobutyl carbinol butyl(iso)carbinol amyl(iso)alcohol 3-methyl-1-butanol pentyl(iso) alcohol isopentyl alcohol	52	2057	123-51-3
I1009	1-戊烯-3-醇 乙烯基乙基原醇 乙基乙烯基原醇	1-penten-3-ol vinyl ethyl carbinol ethyl vinyl carbinol	1150	3584	616-25-1
I1010	己醇 正己醇 1-己醇	hexyl alcohol 1-hexanol caproic alcohol	91	2567	111-27-3
I1011	2-己烯-1-醇 3-丙基烯丙醇 反式-2-己烯-1-醇	2-hexen-1-ol 3-propylallyl alcohol *trans*-2-hexen-1-ol	1354	2562	2305-21-7
I1012	4-己烯-1-醇	4-hexen-1-ol	318	3430	6126-50-7
I1013	庚醇 正庚醇 1-庚醇 羟基庚烷 C-7 醇 伯庚醇 己基原醇	heptyl alcohol 1-heptanol hydroxyheptane enanthyl alcohol enanthic alcohol alcohol C-7 *pri*-heptyl alcohol hexyl carbinol	94	2548	111-70-6
I1014	辛醇 正辛醇 1-辛醇 庚基原醇 C-8 醇 伯辛醇	octyl alcohol 1-octanol heptyl carbinol caprylic alcohol capryl alcohol alcohol C-8 *pri*-octyl alcohol	97	2800	111-87-5
I1015	2-辛醇 仲辛醇 甲基己基原醇	2-octanol octyl alcohol secondary methyl hexyl carbinol capryl alcohol secondary hexyl methyl carbinol *sec*-capryl alcohol *sec*-caprylic alcohol *sec*-octyl alcohol	289	2801	123-96-6

表 2（续）

编码	中文名称	英文名称	JECFA	FEMA	CAS 号
I1016	1-辛烯-3-醇 戊基乙烯基原醇 3-辛烯醇	1-octen-3-ol amyl vinyl carbinol 3-octenol pentyl vinyl carbinol	1152	2805	3391-86-4
I1017	顺式-5-辛烯-1-醇 (*Z*)-5-辛烯-1-醇	*cis*-5-octen-1-ol (*Z*)-5-octen-1-ol	322	3722	64275-73-6
I1018	壬醇 正壬醇 1-壬醇 C-9 醇 辛基原醇	nonyl alcohol 1-nonanol nonalol alcohol C-9 octyl carbinol pelargonic alcohol	100	2789	143-08-8
I1019	顺式-6-壬烯-1-醇 顺式-6-壬烯醇	*cis*-6-nonen-1-ol *cis*-6-nonenol	324	3465	35854-86-5
I1020	反式-2-壬烯-1-醇	*trans*-2-nonen-1-ol	1365	3379	31502-14-4
I1021	2,6-壬二烯-1-醇 反式-2-顺式-6-壬二烯-1-醇	2,6-nonadien-1-ol *trans*-2-*cis*-6-nonadien-1-ol	1184	2780	7786-44-9
I1022	癸醇 正癸醇 1-癸醇 C-10 醇 壬基原醇	*n*-decyl alcohol 1-decanol alcohol C-10 nonyl carbinol decylic alcohol	103	2365	112-30-1
I1023	十一醇 1-十一醇 C-11 醇 癸基原醇	undecyl alcohol 1-undecanol alcohol C-11 undecylic decyl carbinol 1-hendecanol	106	3097	112-42-5
I1024	十二醇 月桂醇 C-12 醇 1-十二醇 十一烷基原醇	dodecyl alcohol lauryl alcohol alcohol C-12 1-dodecanol undecyl carbinol	109	2617	112-53-8
I1025	1-十六醇 鲸蜡醇 C-16 醇 棕榈醇	1-hexadecanol cetyl alcohol alcohol C-16 palmityl alcohol	114	2554	36653-82-4

表 2（续）

编码	中文名称	英文名称	JECFA	FEMA	CAS号
I1026	小茴香醇 葑醇 2-小茴香醇 1,3,3-三甲基-2-降冰片 1,3,3-三甲基双环[2,2,1]庚-2-醇	fenchyl alcohol fenchol 2-fenchanol 1,3,3-trimethyl-2-norbornanol 1,3,3-trimethylbicyclo[2,2,1]heptan-2-ol	1397	2480	1632-73-1
I1027	叶醇 顺式-3-己烯-1-醇	leaf alcohol *cis*-3-hexen-1-ol blatteralkohol	315	2563	928-96-1
I1028	龙脑 *d*-莰烷醇 2-羟基莰烷 2-莰烷醇 冰片 1,7,7-三甲基双环[2,2,1]庚-2-醇	borneol baros camphor *d*-camphanol 2-hydroxycamphane 2-camphanol bornyl alcohol borneo camphor camphol endo-2-camphanol endo-2-bornanol 2-bornanol endo-2-hydroxycamphane 2-hydroxybornane 1,7,7-trimethylbicyclo[2,2,1]heptan-2-ol	1385	2157	507-70-0
I1029	杂醇油(精制过)	fusel oil,refined	—	2497	8013-75-0
I1030	芳樟醇 3,7-二甲基-1,6-辛二烯-3-醇 芫荽醇 2,6-二甲基-2,7-辛二烯-6-醇	linalool 3,7-dimethyl-1,6-octadien-3-ol linalol 2,6-dimethyl-2,7-octadien-6-ol	356	2635	78-70-6
I1031	氧化芳樟醇	linalool oxide	1454	3746	5989-33-3
I1032	异胡薄荷醇 对-盖-8-烯-3-醇 1-甲基-4-异丙烯基环己-3-醇 对-8(9)-盖烯-3-醇	isopulegol pulegol(iso) *p*-menth-8-en-3-ol 1-methyl-4-isopropenylcyclohexan-3-ol *p*-8(9)-menthen-3-ol	755	2962	89-79-2

表 2（续）

编 码	中 文 名 称	英 文 名 称	JECFA	FEMA	CAS 号
I1033	苏合香醇 α-甲基苄醇 甲基苯基原醇 α-苯乙醇 1-苯乙醇 1-苯基乙烷-1-醇 1-苯基-1-羟基乙烷	styralyl alcohol α-methylbenzyl alcohol methyl phenyl carbinol α-phenylethyl alcohol 1-phenylethanol 1-phenylethan-1-ol 1-phenyl-1-hydroxyethane	799	2685	98-85-1
I1034	苯甲醇 苄醇 α-羟基甲苯	benzyl alcohol phenyl carbinol α-hydroxytoluene phenylmethanol phenylmethyl alcohol	25	2137	100-51-6
I1035	苯乙醇 2-苯乙醇 β-苯乙醇 苄基原醇 苄基甲醇 1-苯基-2-乙醇	phenethyl alcohol 2-phenylethyl alcohol β-phenylethyl alcohol benzyl carbinol benzylmethanol 1-phenyl-2-ethanol	987	2858	60-12-8
I1036	苯丙醇 3-苯基-1-丙醇 氢化肉桂醇 苄基乙醇 二氢肉桂醇	phenylpropyl alcohol 3-phenyl-1-propanol hydrocinnamyl alcohol benzylethyl alcohol dihydrocinnamyl alcohol	636	2885	122-97-4
I1037	玫瑰醇 3,7-二甲基-7-辛烯-1-醇	rhodinol 3,7-dimethyl-7-octen-1-ol	1222	2980	6812-78-8
I1038	α-松油醇 对-盖-1-烯-8-醇 1-甲基-4-异丙基-1-环己烯-8-醇 1-对盖烯-8-醇	α-terpineol *p*-menth-1-en-8-ol 1-methyl-4-isopropyl-1-cyclohexen-8-ol 1-*p*-menthen-8-ol terpineol schlechthin 1-methyl-4-propyl(iso)-1-cyclohex-en-8-ol	366	3045	98-55-5
I1039	金合欢醇 3,7,11-三甲基-2,6,10-十二碳三烯-1-醇	farnesol 3,7,11-trimethyl-2,6,10-dodecatrien-1-ol	1230	2478	4602-84-0
I1040	香叶醇 反式-3,7-二甲基-2,6-辛二烯-1-醇 2,6-二甲基-2,6-辛二烯-8-醇	geraniol *trans*-3,7-dimethyl-2,6-octadien-1-ol 2,6-dimethyl-2,6-octadien-8-ol	1223	2507	106-24-1

表 2（续）

编　码	中　文　名　称	英　文　名　称	JECFA	FEMA	CAS 号
I1041	*dl*-香茅醇 3，7-二甲基-6-辛烯-1-醇	*dl*-citronellol 3,7-dimethyl-6-octen-1-ol	1219	2309	106-22-9
I1042	茴香醇 对-甲氧基苄醇	anisyl alcohol *p*-methoxybenzyl alcohol anisic alcohol benzyl alcohol,*p*-methoxy anisalcohol anise alcohol	871	2099	105-13-5
I1043	肉桂醇 γ-苯基烯丙醇 苯乙烯原醇 3-苯基-2-丙烯-1-醇 桂醇	cinnamyl alcohol cinnamic alcohol γ-phenylallyl alcohol 3-phenyl-2-propen-1-ol styrtyl carbinol zimtalcohol	647	2294	104-54-1
I1044	α-紫罗兰醇 4-(2,6,6-三甲基-2-环己烯)-3-丁烯-2-醇	α-ionol 4-(2，6，6-trimethyl-2-cyclohexenyl)-3-buten-2-ol	391	3624	25312-34-9
I1045	β-紫罗兰醇 4-(2,6,6-三甲基-1-环己烯)-3-丁烯-2-醇	β-ionol 4-(2，6，6-trimethyl-1-cyclohexenyl)-3-buten-2-ol	392	3625	22029-76-1
I1046	二氢-β-紫罗兰醇 β-二氢紫罗兰醇 4-(2,6,6-三甲基-1-环己烯)丁-2-醇	dihydro-β-ionol β-dihydroionol 4-(2，6，6-trimethyl-1-cyclohexenyl)butan-2-ol	395	3627	3293-47-8
I1047	橙花醇 顺式-3,7-二甲基-2,6-辛二烯-1-醇 顺式-2,6-二甲基-2,6-辛二烯-8-醇	nerol nerosol *cis*-3,7-dimethyl-2,6-octadien-1-ol allerol *cis*-2,6-dimethyl-2,6-octadien-8-ol nerogenol nerodol nerolol neraniol	1224	2770	106-25-2
I1048	橙花叔醇 3,7,11-三甲基-1,6,10-十二碳三烯-3-醇 甲基乙烯基高香叶基原醇	nerolidol 3，7，11-trimethyl-1，6，10-dodecatrien-3-ol peruviol methylvinyl homogeranyl carbinol melaleucol	—	2772	7212-44-4

表 2（续）

编码	中文名称	英文名称	JECFA	FEMA	CAS 号
I1049	二甲基苄基原醇 α,α-二甲基苯乙醇 2-苄基-2-丙醇 2-羟基-2-甲基-1-苯丙烷 2-甲基-1-苯基-2-丙醇 苄基二甲基原醇	dimethyl benzyl carbinol α,α-dimethylphenethyl alcohol 2-benzyl-2-propanol 2-hydroxy-2-methyl-1-phenylpro- pane 2-methyl-1-phenyl-2-propanol benzyl dimethyl carbinol α,α-dimethylphenethanol	—	2393	100-86-7
I1050	丙醇 1-丙醇 乙基原醇	propyl alcohol 1-propanol propylic alcohol optal albacol ethyl carbinol	82	2928	71-23-8
I1051	3-己醇 乙基丙基原醇	3-hexanol ethyl propyl carbinol	282	3351	623-37-0
I1052	1-己烯-3-醇 乙烯基丙基原醇 1-乙烯基丁-1-醇	1-hexen-3-ol vinyl propyl carbinol 1-vinylbutan-1-ol	1151	3608	4798-44-1
I1053	2-乙基-1-己醇	2-ethyl-1-hexanol	267	3151	104-76-7
I1054	2-庚醇 2-羟基庚烷 戊基甲基原醇 仲-庚醇	2-heptanol 2-hydroxyheptane amyl methyl carbinol *sec*-heptyl alcohol	284	3288	543-49-7
I1055	3-辛醇 乙基正-戊基原醇 戊基乙基原醇	3-octanol ethyl *n*-amyl carbinol amyl ethyl carbinol	291	3581	589-98-0
I1056	顺式-3-辛烯-1-醇 顺式-3-辛烯醇	*cis*-3-octen-1-ol *cis*-3-octenol	321	3467	20125-84-2
I1057	2-十一醇 仲-十一醇 甲基壬基原醇	2-undecanol *sec*-undecylic alcohol methyl nonyl carbinol	297	3246	1653-30-1
I1058	对,α-二甲基苄醇 对-甲苯基甲基原醇 1-对-甲苯基-1-乙醇 4-(α-羟乙基)甲苯	*p*,α-dimethylbenzyl alcohol *p*-tolyl methyl carbinol 1-*p*-tolyl-1-ethanol 4-(α-hydroxyethyl) toluene	805	3139	536-50-5
I1059	对异丙基苄醇 枯茗醇 对-异丙基苯甲醇	*p*-isopropylbenzyl alcohol *p*-iso-propylbenzyl alcohol cuminol cuminic alcohol cumin alcohol *p*-cymen-7-ol cuminyl alcohol	864	2933	536-60-7

表2(续)

编码	中文名称	英文名称	JECFA	FEMA	CAS号
I1060	对,α,α-三甲基苄醇 二甲基对-甲苯基原醇 2-对-甲苯基-2-丙醇 2-(4-甲苯基)-2-丙醇 8-羟基对-异丙基甲苯	*p*,α,α-trimethylbenzyl alcohol dimethyl *p*-tolyl carbinol *p*-cymen-8-ol 2-*p*-tolyl-2-propanol 2-(4-methylphenyl)-2-propanol 8-hydroxy *p*-cymene	—	3242	1197-01-9
I1061	乙位-石竹烯醇 β-石竹烯醇	β-caryophyllene alcohol	—	—	472-97-9
I1062	龙蒿脑 对-烯丙基茴香醚 甲基黑椒酚 对-甲氧基烯丙苯 异大茴香脑 1-甲氧基-4-(2-丙烯基)苯	estragole *p*-allylanisole methyl chavicol estragol chavicyl methyl ether *p*-methoxyallylbenzene isoanethole 1-methoxy-4-(2-propenyl)benzene	—	2411	140-67-0
I1063	四氢香叶醇 3,7-二甲基-1-辛醇 二氢香茅醇	tetrahydrogeraniol 3,7-dimethyl-1-octanol dihydrocitronellol	272	2391	106-21-8
I1064	二氢香芹醇 8-对-盖烯-2-醇 6-甲基-3-异丙烯基环己醇	dihydrocarveol 8-*p*-menthen-2-ol 6-methyl-3-isopropenyl cyclohexanol	378	2379	619-01-2
I1065	1-对-盖烯-4-醇 4-松油烯醇 1-甲基-4-异丙基-1-环己烯-4-醇 香芹盖烯醇 香芹薄荷烯醇	1-*p*-menthen-4-ol 4-terpinenol 1-methyl-4-isopropyl-1-cyclohexene-4-ol 4-carvomenthenol origanol terpineol	439	2248	562-74-3
I1066	紫苏醇 对-盖-1,8-二烯-7-醇 1-羟基甲基-4-异丙烯-1-环己烯 二氢枯茗醇 氢化枯茗醇 盖二烯-7-原醇 4-异丙烯基-1-环己烯原醇 异-香芹醇	perilla alcohol *p*-mentha-1,8-dien-7-ol 1-hydroxymethyl-4-isopropenyl-1-cyclohexene dihydrocuminic alcohol menthadien-7-carbinol 4-isopropenyl-1-cyclohexene carbinol iso-carveol perillyl alcohol	974	2664	536-59-4
I1067	*dl*-薄荷脑	*dl*-menthol	427	2665	15356-70-4
I1068	3-(*l*-薄荷氧基)-2-甲基-1,2-丙二醇	3-(*l*-menthoxy)-2-methylpropane-1,2-diol	1411	3849	195863-84-4

表 2（续）

编 码	中 文 名 称	英 文 名 称	JECFA	FEMA	CAS 号
I1069	3,5,5-三甲基环己醇	3,5,5-trimethylcyclohexanol	1099	3962	116-02-9
I1070	顺式-2-壬烯-1-醇	*cis*-2-nonen-1-ol	1369	3720	41453-56-9
I1071	反式，反式-2，4-癸二烯-1-醇	*E*,*E*-2,4-decadien-1-ol (*trans*,*trans*-2,4-decadien-1-ol)	1189	3911	18409-21-7
I1072	(*E*)-2-辛烯-4-醇 丁基丙烯基原醇	(*E*)-2-octen-4-ol butyl propenyl carbinol	1141	3888	4798-61-2
I1073	对-蓋-3-烯-1-醇 1-甲基-4-异丙基-3-环己烯-1-醇	*p*-menth-3-en-1-ol 1-methyl-4-isopropyl-3-cyclohexen-1-ol terpinen-1-ol	373	3563	586-82-3
I1074	对-蓋-1,8（10）二烯-9-醇	menthadienol *p*-mentha-1,8(10)-dien-9-ol	—	—	3269-90-7
I1075	柏木烯醇 8-柏木烯-13-醇	cedrenol 8-cedren-13-ol	—	—	28231-03-0
I1076	脱氢芳樟醇 反式-3,7-二甲基-1,5,7-辛三烯-3-醇	dehydrolinalool (*E*)-3,7-dimethyl-1,5,7-octatrien-3-ol	1154	3830	20053-88-7
I1077	*d*-木糖	*d*-xylose	—	3606	58-86-6
I1078	*d*-核糖	*d*-ribose	—	3793	50-69-1
I1079	*l*-鼠李糖 6-脱氧-*l*-甘露糖	*l*-rhamnose 6-deoxy-*l*-mannose	—	3730	3615-41-6
I1080	二苯醚	diphenyl ether diphenyl oxide phenyl ether	1255	3667	101-84-8
I1081	对甲酚甲醚 对-甲基大茴香醚 4-甲氧基甲苯 对-甲氧基甲苯	*p*-cresyl methyl ether *p*-methylanisole 4-methoxytoluene *p*-methoxytoluene methyl *p*-tolyl ether 1-methyl-*p*-cresol	1243	2681	104-93-8
I1082	异丁香酚甲醚 4-丙烯基藜芦醚 甲基异丁香酚 1,2-二甲氧基-4-(1-丙烯-1-基)苯 3,4-二甲氧基-1-(1-丙烯-1-基)苯	isoeugenyl methyl ether 4-propenylveratrole methyl isoeugenol iso-eugenyl methyl ether isoeugenol methyl ether 1,2-dimethoxy-4-(1-propen-1-yl)benzene 3,4-dimethoxy-1-(1-propen-1-yl)benzene	1266	2476	93-16-3
I1083	甲基苯乙醚 苯乙基甲基醚	methyl phenethyl ether phenethyl methyl ether	1254	3198	3558-60-9

表 2（续）

编码	中文名称	英文名称	JECFA	FEMA	CAS 号
I1084	朗姆醚	rum ether ethyl oxyhydrate	—	2996	8030-89-5
I1085	仲丁基乙醚 乙基仲-丁基醚	*sec*-butyl ethyl ether ethyl *sec*-butyl ether	1231	3131	2679-87-0
I1086	乙基苄基醚 苄基乙醚	ethyl benzyl ether benzyl ethyl ether	1252	2144	539-30-0
I1087	大茴香醚 甲氧基苯 甲基苯基醚 苯基甲基醚	anisole methoxybenzene methyl phenyl ether phenyl methyl ether benzene，methoxy	1241	2097	100-66-3
I1088	邻位甲基大茴香醚 2-甲氧基甲苯 甲基邻-甲苯基醚 邻-甲酚甲醚 邻-甲氧基甲苯	*o*-methylanisole 2-methoxytoluene methyl *o*-tolyl ether *o*-cresyl methyl ether *o*-methoxytoluene	1242	2680	578-58-5
I1089	橙花醚 3，6-二氢-4-甲基-2-(2-甲基丙烯基)-2(*H*)吡喃	nerol oxide 3，6-dihydro-4-methyl-2-(2-methyl propen-1-yl)-2(*H*)pyran	1235	3661	1786-08-9
I1090	2，4-二甲基大茴香醚 1，3-二甲基-4-甲氧基苯	2，4-dimethylanisole 1，3-dimethyl-4-methoxybenzene	1245	3828	6738-23-4
I1091	香兰基乙醚 4-(乙氧甲基)-2-甲氧基苯酚	vanillyl ethyl ether 4-(ethoxymethyl)-2-methoxyphenol	887	3815	13184-86-6
I1101	丁香酚 4-烯丙基愈创木酚 4-烯丙基-2-甲氧基苯酚 4-羟基-3-甲氧基-1-烯丙苯 丁香酸 2-甲氧基-4-(2-丙烯-1-基)苯酚 1-羟基-2-甲氧基-4-(2-丙烯基)苯 4-烯丙基儿茶酚-2-甲醚 2-甲氧基-4-烯丙基苯酚	eugenol 4-allylguaiacol 4-allyl-2-methoxyphenol 4-hydroxy-3-methoxy-1-allyl-benzene eugenic acid 2-methoxy-4-(2-propen-1-yl) phenol 1-hydroxy-2-methoxy-4-(2-propenyl) benzene 4-allylcatechol-2-methyl ether 2-methoxy-4-allylphenol	1245	2467	6738-23-4

表 2（续）

编码	中文名称	英文名称	JECFA	FEMA	CAS 号
I1102	异丁香酚 2-甲氧基-4-丙烯基苯酚 4-丙烯基愈创木酚 4-羟基-3-甲氧基-1-丙烯-1-基苯 1-羟基-2-甲氧基-4-丙烯-1-基苯 3-甲氧基-4-羟基-1-丙烯-1-基苯	isoeugenol 2-methoxy-4-propenylphenol iso-eugenol 4-propenylguaiacol 4-hydroxy-3-methoxy-1-propen-1-ylbenzene 1-hydroxy-2-methoxy-4-propen-1-ylbenzene 3-methoxy-4-hydroxy-1-propen-1-ylbenzene	1260	2468	97-54-1
I1103	甲基丁香酚 丁香酚甲醚 4-烯丙基藜芦醚 1,2-二甲氧基-4-烯丙基苯 4-烯丙基-1,2-二甲氧基苯 1,2-二甲氧基-4-(2-丙烯-1-基)苯 邻-甲基丁香酚 甲基丁香酚醚 3,4-二甲氧基烯丙苯	methyl eugenol eugenyl methyl ether 4-allylveratrole 1,2-dimethoxy-4-allylbenzene 4-allyl-1,2-dimethoxybenzene 1,2-dimethoxy-4-(2-propen-1-yl)-benzene *o*-methyl eugenol methyl eugenol ether eugenol methyl ether 3,4-dimethoxyallylbenzene	—	2475	93-15-2
I1104	对甲酚 4-甲酚 1-甲基-4-羟基苯 1-羟基-4-甲基苯 对-羟基甲苯	*p*-cresol 4-cresol 1-methyl-4-hydroxybenzene 1-hydroxy-4-methylbenzene *p*-hydroxytoluene *p*-cresylic acid *p*-methylphenol	693	2337	106-44-5
I1105	邻甲酚 邻甲基苯酚 邻-羟基甲苯 2-羟基-1-甲基苯 1-羟基-2-甲基苯	*o*-cresol *o*-methylphenol *o*-hydroxytoluene 2-hydroxy-1-methylbenzene 1-hydroxy-2-methylbenzene *o*-cresylic acid	691	3480	95-48-7
I1106	间甲酚 1-甲基-3-羟基苯 3-羟基甲苯 3-甲基苯酚 1-羟基-3-甲基苯 间-甲基苯酚	*m*-cresol 1-methyl-3-hydroxybenzene 3-hydroxytoluene 3-methylphenol 1-hydroxy-3-methylbenzene *m*-cresylic acid *m*-methylphenol	692	3530	108-39-4

表 2（续）

编码	中文名称	英文名称	JECFA	FEMA	CAS 号
I1107	百里香酚 麝香草酚 5-甲基-2-异丙基苯酚 2-异丙基-5-甲基苯酚 1-甲基-3-羟基-4-异丙基苯 3-甲基-6-异丙基苯酚 6-异丙基-间-甲酚 5-甲基-2-(1-甲基乙基)苯酚 3-羟基-对-异丙基甲苯	thymol thyme camphor 5-methyl-2-isopropylphenol 2-isopropyl-5-methylphenol 1-methyl-3-hydroxy-4-isopropylbenzene α-cymophenol 3-methyl-6-isopropylphenol 6-isopropyl-*m*-cresol 5-methyl-2-(1-methylethyl)phenol 3-hydroxy-*p*-cymene	709	3066	89-83-8
I1108	麦芽酚 3-羟基-2-甲基(4*H*)吡喃-4-酮 3-羟基-2-甲基-γ-吡喃酮 落叶松酸 3-羟基-2-甲基-4-吡喃酮 2-甲基焦炔糠酸	maltol 3-hydroxy-2-methyl (4*H*) pyran-4-one 3-hydroxy-2-methyl-γ-pyrone palatone larixinic acid corps praline 3-hydroxy-2-methyl-4-pyrone 2-methylpyromeconic acid	1480	2656	118-71-8
I1109	苯酚 羟基苯 石炭酸	phenol hydroxybenzene carbolic acid	690	3223	108-95-2
I1110	2-甲氧基-4-甲基苯酚 4-甲基愈创木酚 4-羟基-3-甲氧基-1-甲基苯 2-甲氧基-对-甲酚 3-甲氧基-4-羟基甲苯 高儿茶酚单甲醚 1-羟基-2-甲氧基-4-甲基苯	2-methoxy-4-methylphenol 4-methylguaiacol 4-hydroxy-3-methoxy-1-methylbenzene 2-methoxy-*p*-cresol 3-methoxy-4-hydroxytoluene homocatechol monomethyl ether 1-hydroxy-2-methoxy-4-methylbenzene valspice	715	2671	93-51-6
I1111	对-乙基苯酚 4-羟基乙苯	*p*-ethylphenol 4-hydroxyethylbenzene	694	3156	123-07-9
I1112	2-甲氧基-4-乙烯基苯酚 4-羟基-3-甲氧基苯乙烯 对-乙烯基愈创木酚 对-乙烯基儿茶酚-邻-甲醚	2-methoxy-4-vinylphenol 4-hydroxy-3-methoxystyrene *p*-vinylguaiacol *p*-vinylcatechol-*o*-methyl ether	725	2675	7786-61-0

表 2（续）

编　码	中 文 名 称	英 文 名 称	JECFA	FEMA	CAS 号
I1113	对-二甲氧基苯 对苯二酚二甲醚 二甲基氢醌 1,4-二甲氧基苯	*p*-dimethoxybenzene hydroquinone dimethyl ether dimethyl hydroquinone 1,4-dimethoxybenzene	1250	2386	150-78-7
I1114	愈创木酚 邻-羟基大茴香醚 甲基儿茶酚 邻甲氧基苯酚 1-羟基-2-甲氧基苯 焦儿茶酚单甲醚 邻-甲基儿茶酚	guaiacol *o*-hydroxyanisole methylcatechol *o*-methoxyphenol 1-hydroxy-2-methoxybenzene pyrocatechol monomethyl ether *o*-methylcatechol	713	2532	90-05-1
I1115	4-乙基愈创木酚 4-乙基-2-甲氧基苯酚 2-甲氧基-4-乙基苯酚 1-羟基-2-甲氧基-4-乙基苯	4-ethylguaiacol 4-ethyl-2-methoxyphenol 2-methoxy-4-ethylphenol 1-hydroxy-2-methoxy-4-ethylbenzene homocreosol	716	2436	2785-89-9
I1116	苯甲醛丙二醇缩醛 4-甲基-2-苯基-间-二氧戊环 4-甲基-2-苯基-1,3-二氧戊环	benzaldehyde propylene glycol acetal 4-methyl-2-phenyl-*m*-dioxolane 4-methyl-2-phenyl-1,3-dioxolane	839	2130	2568-25-4
I1117	2-异丙基苯酚 邻-枯茗醇 1-羟基-2-异丙基苯 邻-异丙基苯酚	2-isopropylphenol *o*-cumenol 1-hydroxy-2-isopropylbenzene *o*-isopropylphenol	697	3461	88-69-7
I1118	2,6-二甲基苯酚 2-羟基-1,3-二甲基苯	2,6-xylenol 2,6-dimethylphenol 2-hydroxy-1,3-dimethylbenzene	707	3249	576-26-1
I1119	2,6-二甲氧基苯酚 2-羟基-1,3-二甲氧基苯 焦棓酚二甲醚	2,6-dimethoxyphenol 2-hydroxy-1,3-dimethoxybenzene syringol pyrogallol dimethyl ether	721	3137	91-10-1
I1120	间苯二酚 间-二羟基苯 1,3-苯二醇	resorcinol *m*-dihydroxybenzene 1,3-benzenediol	712	3589	108-46-3

表 2（续）

编 码	中 文 名 称	英 文 名 称	JECFA	FEMA	CAS 号
I1121	香芹酚 2-甲基-5-异丙基苯酚 2-羟基-对-异丙基甲苯 异百里香酚 异麝香草酚 异丙基邻甲酚 对-异丙基甲苯-2-酚	carvacrol 2-methyl-5-isopropylphenol 2-hydroxy-*p*-cymene 2-*p*-cymenol cymophenol thymol(iso) propyl iso *o*-cresol isothymol isopropyl-*o*-cresol *p*-cymene-2-ol	710	2245	499-75-2
I1122	2-甲氧基-4-丙基苯酚 二氢丁香酚	2-methoxy-4-propylphenol dihydroeugenol	717	3598	2785-87-7
I1123	2,5-二甲基苯酚	2,5-xylenol 2,5-dimethylphenol	706	3595	95-87-4
I1124	对乙烯基苯酚	*p*-vinylphenol	711	3739	2628-17-3
I1131	乙醛	acetaldehyde ethanal acetic aldehyde	80	2003	75-07-0
I1132	乙醛二乙缩醛 1,1-二乙氧基乙烷	acetal acetaldehyde diethyl acetal ethylidine diethyl ether diethyl acetal 1,1-diethoxyethane	941	2002	105-57-7
I1133	丙醛 甲基乙醛	propionaldehyde propyl aldehyde propanal methylacetaldehyde	83	2923	123-38-6
I1134	3-(2-呋喃基)丙烯醛 3-(2-呋喃基)-2-丙烯-1-醛 2-呋喃丙烯醛	3-(2-furyl)acrolein 3-(2-furyl)-2-propen-1-al 2-furanacrolein furylacrolein (so called)	1497	2494	623-30-3
I1135	丁醛	butyraldehyde butyl aldehyde butanal butyric aldehyde	86	2219	123-72-8
I1136	2-甲基丁醛 甲基乙基乙醛	2-methylbutyraldehyde methyl ethyl acetaldehyde 2-methylbutanal	254	2691	96-17-3
I1137	2-甲基-2-丁烯醛 2-甲基巴豆醛 惕各醛	2-methyl-2-butenal 2-methylcrotonaldehyde tiglaldehyde	1201	3407	497-03-0

表 2(续)

编码	中文名称	英文名称	JECFA	FEMA	CAS号
I1138	2-苯基-2-丁烯醛 2-苯基巴豆醛	2-phenyl-2-butenal 2-phenylcrotonaldehyde	1474	3224	4411-89-6
I1139	戊醛	valeraldehyde amyl aldehyde valeric aldehyde valeral pentanal	89	3098	110-62-3
I1140	异戊醛 3-甲基丁醛	isoamyl aldehyde 3-methylbutyraldehyde amyl(iso)aldehyde isovaleric aldehyde isovaleraldehyde isovaleral isopentaldehyde valeric(iso)aldehyde	258	2692	590-86-3
I1141	2-甲基戊醛	2-methylpentanal 2-methylvaleraldehyde	260	3413	123-15-9
I1142	2-戊烯醛 3-乙基-2-丙烯醛	2-pentenal 3-ethyl-2-propenal	1364	3218	764-39-6
I1143	2-甲基-2-戊烯醛 2,4-二甲基巴豆醛 α-甲基-β-乙基丙烯醛	2-methyl-2-pentenal 2,4-dimethylcrotonaldehyde α-methyl-β-ethylacrolein	1209	3194	623-36-9
I1144	4-甲基-2-苯基-2-戊烯醛	4-methyl-2-phenyl-2-pentenal	1473	3200	26643-91-4
I1145	2,4-戊二烯醛	2,4-pentadienal	1173	3217	764-40-9
I1146	己醛	hexanal hexoic aldehyde hexaldehyde caproic aldehyde caproaldehyde	92	2557	66-25-1
I1147	2-己烯醛 β-丙基丙烯醛 叶醛 反式-2-己烯醛	2-hexenal β-propylacrolein leaf aldehyde *trans*-2-hexenal	1353	2560	6728-26-3
I1148	顺式-3-己烯醛	*cis*-3-hexenal	316	2561	6789-80-6
I1149	5-甲基-2-苯基-2-己烯醛 可卡醛	5-methyl-2-phenyl-2-hexenal cocal	1472	3199	21834-92-4
I1150	2-异丙基-5-甲基-2-己烯醛	2-isopropyl-5-methyl-2-hexenal	1215	3406	35158-25-9

表 2（续）

编 码	中 文 名 称	英 文 名 称	JECFA	FEMA	CAS 号
I1151	反式，反式-2，4-己二烯醛 2-丙烯基丙烯醛 山梨醛	*trans*，*trans*-2，4-hexadienal sorbic aldehyde 2-propylene acrolein	1175	3429	142-83-6
I1152	庚醛 C-7 醛	heptanal heptyl aldehyde heptaldehyde enanthaldehyde enanthal aldehyde C-7 oenanthal	95	2540	111-71-7
I1153	4-庚烯醛 正丙叉基丁醛	4-heptenal *n*-propylidenebutyraldehyde	320	3289	6728-31-0
I1154	反式-2-庚烯醛 3-丁基-丙烯醛 *β*-丁基丙烯醛	*trans*-2-heptenal 3-butylacrolein *β*-butylacrolein	1360	3165	18829-55-5
I1155	2，6-二甲基-5-庚烯醛 甜瓜醛 2，6-二甲基-2-庚烯-7-醛	2，6-dimethyl-5-heptenal melonal 2，6-dimethyl-2-hepten-7-al	349	2389	106-72-9
I1156	反式，反式-2，4-庚二烯醛	*trans*，*trans*-2，4-heptadienal	1179	3164	4313-03-5
I1157	辛醛 C-8 醛	octanal caprylic aldehyde caprylaldehyde aldehyde C-8 octylaldehyde	98	2797	124-13-0
I1158	2-辛烯醛 反式-2-辛烯醛	2-octenal *trans*-2-octenal	1363	3215	2363-89-5
I1159	反式，反式-2，4-辛二烯醛 (*E*，*E*)-2，4-辛二烯醛	*trans*，*trans*-2，4-octadienal (*E*，*E*)-2，4-octadienal	1181	3721	30361-28-5
I1160	反式，反式-2，6-辛二烯醛	2-*trans*-6-*trans*-octadienal	1182	3466	56767-18-1
I1161	壬醛 C-9 醛	nonanal pelargonaldehyde aldehyde C-9 pelargonic aldehyde nonanoic aldehyde nonoic aldehyde nonyl aldehyde	101	2782	124-19-6

表 2（续）

编码	中文名称	英文名称	JECFA	FEMA	CAS 号
I1162	甲基壬乙醛 2-甲基十一醛 C-12 醛 MNA	methylnonylacetaldehyde 2-methylundecanal 2-methylhendecanal aldehyde C-12 MNA	275	2749	110-41-8
I1163	2-壬烯醛 3-己基-2-丙烯醛 3-己基丙烯醛 庚叉基乙醛	2-nonenal 3-hexyl-2-propenal 3-hexylacrolein heptylideneacetaldehyde	1362	3213	2463-53-8
I1164	顺式-6-壬烯醛	*cis*-6-nonenal	325	3580	2277-19-2
I1165	2,4-壬二烯醛 反式-2-反式-4-壬二烯醛	2,4-nonadienal *trans*-2-*trans*-4-nonadienal	1185	3212	6750-03-4
I1166	反式-2-顺式-6-壬二烯醛	nona-2-*trans*-6-*cis*-dienal	1186	3377	557-48-2
I1167	甲酸桃金娘烯酯 2-羟甲基-6,6-二甲基二环[3.1.1]庚烯-2-醇甲酸酯	myrtenyl formate 2-hydroxymethyl-6,6-dimethylbicy-clo-[3.1.1]hept-2-enyl formate	983	3405	72928-52-0
I1168	癸醛 C-10 醛 正癸醛	decanal capraldehyde aldehyde C-10 caprinaldehyde capric aldehyde *n*-decyl aldehyde	104	2362	112-31-2
I1169	2-癸烯醛 癸烯醛 3-庚基丙烯醛	2-decenal decenaldehyde 3-heptylacrolein decylenic aldehyde	1349	2366	3913-71-1
I1170	2,4-癸二烯醛	2,4-decadienal	1190	3135	25152-84-5
I1171	十一醛 正十一醛 C-11 醛	undecanal undecylic aldehyde hendecanal aldehyde C-11 undecyl *n*-undecylaldehyde	107	3092	112-44-7
I1172	2-十一烯醛 2-十一烯-1-醛	2-undecenal 2-undecen-1-al	1366	3423	2463-77-6
I1173	2,4-十一碳二烯醛	2,4-undecadienal	1195	3422	13162-46-4
I1174	月桂醛 十二醛 C-12 醛	lauric aldehyde dodecanal aldehyde C-12 lauric lauraldehyde lauryl aldehyde dodecyl aldehyde	110	2615	112-54-9

表 2（续）

编码	中文名称	英文名称	JECFA	FEMA	CAS 号
I1175	2-十二碳烯醛 3-壬基丙烯醛	2-dodecenal 3-nonylacrolein	1350	2402	4826-62-4
I1176	反式-2,顺式-6-十二碳二烯醛	2-*trans*-6-*cis*-dodecadienal	1197	3637	21662-13-5
I1177	十四醛 肉豆蔻醛 C-14 醛	tetradecyl aldehyde myristaldehyde tetradecanal aldehyde C-14 (myristic)	112	2763	124-25-4
I1178	桃醛 γ-十一烷内酯 γ-庚基丁内酯 4-羟基十一烷酸，γ内酯 十四醛(所谓) 1,4-十一内酯 4-正庚基-4-羟基丁酸内酯 十一内酯-1,4 4-羟基十一酸内酯 γ-正庚基-γ-丁内酯 丙位-十一内酯	peach aldehyde γ-undecalactone γ-undecyl lactone γ-heptyl butyrolactone 4-hydroxyundecanoic acid, γ-lactone aldehyde C-14 pure (so called) 1,4-hendecanolide 4-*n*-heptyl-4-hydroxybutanoic acid lactone undecanolide-1,4 4-hydroxyundecanoic acid lactone γ-*n*-heptyl-γ-butyrolactone	233	3091	104-67-6
I1179	大茴香醛 对-甲氧基苯甲醛 对-茴香醛 茴香醛	anisic aldehyde *p*-methoxybenzaldehyde aubepine para cresol (GR) *p*-anisaldehyde	878	2670	123-11-5
I1180	水杨醛 邻-羟基苯甲醛 2-羟基苯甲醛	salicylaldehyde *o*-hydroxybenzaldehyde 2-hydroxybenzaldehyde salicylal	897	3004	90-02-8
I1181	苯甲醛 合成苦杏仁油	benzaldehyde benzenemethylal benzenecarbonal benzoic aldehyde bitter almond oil, synthetic benzene carboxaldehyde	22	2127	100-52-7
I1182	甲基苯甲醛(邻、对、间位混合物) 甲苯甲醛	tolualdehydes(mixed *o*, *m*, *p*) toluic aldehyde(mixed 2,3,4) methylbenzaldehyde(mixed 2,3,4)	866	3068	1334-78-7

表 2（续）

编 码	中 文 名 称	英 文 名 称	JECFA	FEMA	CAS 号
I1183	3,4-二甲氧基苯甲醛 藜芦醛 原儿茶醛二甲醚 香兰素甲醚 甲基香兰素	3,4-dimethoxybenzenecarbonal veratraldehyde dimethyl ether rotocatechualdehyde veratric aldehyde vanillin methyl ether methylvanillin 3,4-dimethoxybenzaldehyde protocatechualdehyde dimethyl ether	877	3109	120-14-9
I1184	苯乙醛 α-甲苯甲醛 苯基乙醛 苄基甲醛	phenylacetaldehyde α-toluic aldehyde α-tolualdehyde hyacinthin phenylacetic aldehyde benzylcarboxaldehyde 1-oxo-2-phenylethane	1002	2874	122-78-1
I1185	苯乙醛二甲缩醛 1,1-二甲氧基-2-苯基乙烷	phenylacetaldehyde dimethyl acetal viridine rosal 1,1-dimethoxy-2-phenylethane PADMA vertodor	1003	2876	101-48-4
I1186	苯丙醛 3-苯基丙醛 苄基乙醛 氢化肉桂醛	phenylpropyl aldehyde 3-phenylpropionaldehyde hydrocinnamaldehyde benzylacetaldehyde 3-phenylpropanal	645	2887	104-53-0
I1187	枯茗醛 对-异丙基苯甲醛 4-异丙基苯甲醛 4-(1-甲基乙基)-苯甲醛	cuminaldehyde cuminic aldehyde cuminal cumaldehyde *p*-propyl(iso)benzaldehyde *p*-isopropylbenzaldehyde 4-isopropylbenzene carboxaldehyde 4-(1-methylethyl)-benzaldehyde	868	2341	122-03-2
I1188	香兰素 4-羟基-3-甲氧基苯甲醛 香兰醛 甲基原儿茶醛 原儿茶醛-3-甲醚	vanillin 4-hydroxy-3-methoxybenzaldehyde vanillic aldehyde methylprotocatechuic aldehyde protocatechualdehyde-3-methyl ether vanillaldehyde	889	3107	121-33-5

表 2（续）

编码	中文名称	英文名称	JECFA	FEMA	CAS 号
I1189	香茅醛 3,7-二甲基-6-辛烯醛 玫瑰醛	citronellal 3,7-dimethyl-6-octenal rhodinal	1220	2307	106-23-0
I1190	柠檬醛 香叶醛 3,7-二甲基-2,6-辛二烯醛 橙花醛	citral geranial 3,7-dimethyl-2,6-octadienal neral	1225	2303	5392-40-5
I1191	洋茉莉醛 胡椒醛 3,4-亚甲基二氧苯甲醛 二氧亚甲基原儿茶醛 原儿茶醛亚甲基醚	heliotropin piperonyl aldehyde piperonal 3,4-methylenedioxybenzaldehyde dioxymethylene protocatechuic aldehyde protocatechualdehyde methylene ether	896	2911	120-57-0
I1192	肉桂醛 桂醛 苯基丙烯醛 3-苯基丙烯醛 3-苯基-2-丙烯-1-醛 β-苯基丙烯醛	cinnamaldehyde phenylacrolein cinnamic aldehyde cinnamal 3-phenylpropenal 3-phenyl-2-propen-1-al β-phenylacrolein	656	2286	104-55-2
I1193	肉桂醛乙二醇缩醛 2-苯乙烯-间-二氧戊环 2-苯乙烯-1,3-二氧戊环 乙二醇缩肉桂醛 乙二醇肉桂缩醛	cinnamaldehyde ethylene glycol acetal cinncloval cinnamic aldehyde ethylene glycol acetal 2-styryl-*m*-dioxolane 2-styry-1,3-dioxolane	648	2287	5660-60-6
I1194	紫苏醛 对-盖-1,8-二烯-7-醛 4-异丙烯基-1-环己烯-1-甲醛	perillaldehyde *p*-mentha-1,8-dien-7-al 4-isopropenyl-1-cyclohexene-1-carboxaldehyde	973	3557	2111-75-3
I1195	对-盖-1-烯-9-醛	*p*-menth-1-ene-9-al	971	3178	29548-14-9

表 2（续）

编 码	中 文 名 称	英 文 名 称	JECFA	FEMA	CAS 号
I1196	糠醛 2-糠醛 2-呋喃甲醛 2-甲酰呋喃 α-糠醛	furfural 2-furaldehyde pyromucic aldehyde furfuraldehyde 2-furylcarboxaldehyde fural 2-furancarbonal 2-formylfuran α-furfuraldehyde	450	2489	98-01-1
I1197	5-甲基糠醛 5-甲基-2-糠醛	5-methylfurfural 5-methyl-2-furaldehyde	745	2702	620-02-0
I1198	乙醛二甲缩醛 二甲基缩醛 1,1-二甲氧基乙烷 亚乙基二甲醚	dimethyl acetal 1,1-dimethoxyethane acetaldehyde dimethyl acetal ethylidene dimethyl ether	940	3426	534-15-6
I1199	(2,6,6-三甲基环己-1,3-二烯基)-甲醛 藏红花醛 2,2,6-三甲基-1,3-环己二烯-1-醛 2,2,6-三甲基-4,6-环己二烯-1-醛 脱氢-β-环柠檬醛 1,1,3-三甲基-2-甲酰基-2,4-环己二烯	(2,6,6-trimethylcyclohexa-1,3-dienyl)-methanal 2,2,6-trimethyl-1,3-cyclohexadien-1-carboxaldehyde 2,2,6-trimethyl-4,6-cyclohexadien-1-carboxaldehyde dehydro-β-cyclocitral 1,1,3-trimethyl-2-formylcyclohexa-2,4-diene safranal	977	3389	116-26-7
I1200	异丁醛 α-甲基丙醛	isobutyraldehyde butyraldehyde(iso) butyl (iso)aldehyde 2-methylpropanal isobutyric aldehyde isobutyl aldehyde butyric(iso)aldehyde	252	2220	78-84-2
I1201	顺式-4-己烯醛	*cis*-4-hexenal	319	3496	4634-89-3
I1202	顺式-5-辛烯醛	*cis*-5-octenal	323	3749	41547-22-2
I1203	4-癸烯醛	4-decenal	326	3264	30390-50-2
I1204	反式,反式-2,4-十二碳二烯醛	*trans*,*trans*-2,4-dodecadienal *E*,*E*-2,4-dodecadienal	1196	3670	21662-16-8
I1205	反式-2-十三碳烯醛 3-癸基丙烯醛 2-十三烯醛	*trans*-2-tridecenal 3-decylacrolein 2-tridecenal	1359	3082	7774-82-5
I1206	4-乙基苯甲醛	4-ethylbenzaldehyde benzaldehyde,4-ethyl	865	3756	4748-78-1

表 2（续）

编　码	中 文 名 称	英 文 名 称	JECFA	FEMA	CAS 号
I1207	2-羟基-4-甲基苯甲醛 4-甲基水杨醛 2,4-甲酚醛	2-hydroxy-4-methylbenzaldehyde 4-methylsalicyaldehyde 4-methylsalicylic aldehyde 2,4-cresotaldehyde	898	3697	698-27-1
I1208	邻-甲氧基肉桂醛 β-(邻-甲氧基苯基)丙烯醛 3-(2-甲氧基苯基)-2-丙烯醛	*o*-methoxycinnamaldehyde β-(*o*-methoxyphenyl)acrolein 3-(2-methoxyphenyl)-2-propenal heliopan	688	3181	1504-74-1
I1209	龙脑烯醛 2,2,3-三甲基环戊-3-烯-乙醛	campholenic aldehyde (2,2,3-trimethylcyclopent-3-en-1-y-2)-acetaldehyde	967	3592	4501-58-0
I1210	α-己基肉桂醛 α-己基桂醛 茉莉醛 H. α-正己基-β-苯基丙烯醛	α-hexylcinnamaldehyde H. C. A jasmonal H. α-*n*-hexyl-β-phenylacrolein	686	2569	101-86-0
I1211	香兰素 1,2-丙二醇缩醛 2-(3-甲氧基-4-羟基苯基)-4-甲基-1,3-二氧杂环戊烷	vanillin propylene glycol acetal 2-(3-methoxy-4-hydroxyphenyl)-4-methyl-1,3-dioxolane	—	3905	68527-74-2
I1212	乙醛乙醇顺式-3-己烯醇缩醛 乙醛乙醇叶醇缩醛	acetaldehyde ethyl *cis*-3-hexenyl acetal	943	3775	28069-74-1
I1213	反式-2,6-壬二烯醛	2-*trans*-6-*trans*-nonadienal	1187	3766	17587-33-6
I1214	2-反式-4-反式-7-顺式-癸三烯醛	2-*trans*-4-*trans*-7-*cis*-decatrienal	—	4089	66642-86-2
I1215	β-甜橙醛 2,6-二甲基-10-亚甲基-2,6,11-十二碳三烯醛	β-sinensal 2,6-dimethyl-10-methylene-2,6,11-dodecatrienal	1227	3141	60066-88-8
I1216	4-羟基苯甲醛	4-hydroxy benzaldehyde	956	3984	123-08-0
I1217	邻-甲氧基苯甲醛	*o*-methoxy benzaldehyde	—	—	135-02-4
I1218	12-甲基十三醛	12-methyltridecanal	1229	4005	75853-49-5
I1231	甲乙酮 2-丁酮 乙基甲基酮 丁酮	methyl ethyl ketone 2-butanone MEK ethyl methyl ketone	278	2170	78-93-3

表 2（续）

编　码	中 文 名 称	英 文 名 称	JECFA	FEMA	CAS 号
I1232	2-羟基-丁-3-酮 甲基乙酰基原醇 2,3-丁醇酮 乙酰基甲基原醇 γ-羟基-β-氧代丁烷 3-羟基-2-丁酮	2-hydroxy-3-butanone acetoin 2,3-butanolone dimethylketol acetyl methyl carbinol γ-hydroxy-β-oxobutane	405	2008	513-86-0
I1233	4-(对甲氧基苯基)-2-丁酮 大茴香基丙酮 对-甲氧基苄基丙酮 覆盆子酮甲醚	4-(*p*-methoxyphenyl)-2-butanone anisylacetone *p*-methoxybenzylacetone raspberry ketone methyl ether methyl oxanone	818	2672	104-20-1
I1234	4-苯基-3-丁烯-2-酮 苄基丙酮 苄叉丙酮 甲基苯乙烯基酮	4-phenyl-3-buten-2-one benzylacetone benzylidene acetone methyl styryl ketone	820	2881	122-57-6
I1235	丁二酮 双乙酰 2,3-丁二酮 二甲基代乙二醛 二甲基二酮	diacetyl biacetyl 2,3-diketobutane 2,3-butanedione dimethylglyoxal dimethyl diketone	408	2370	431-03-8
I1236	2-戊酮 乙基丙酮 甲基丙基酮 丙基甲基酮	2-pentanone ethyl acetone methyl propyl ketone propyl methyl ketone	279	2842	107-87-9
I1237	1-戊烯-3-酮 乙基乙烯基酮	1-penten-3-one ethyl vinylketone	1147	3382	1629-58-9
I1238	2,3-戊二酮 乙酰基丙酰 β,γ-二氧代戊烷	2,3-pentanedione acetyl propionyl β,γ-dioxopentane	410	2841	600-14-6
I1239	3-乙基 2-羟基-2-环戊烯-1-酮	3-ethyl-2-hydroxy-2-cyclopenten-1-one	419	3152	21835-01-8
I1240	3-甲基-2-羟基-2-环戊烯-1-酮 甲基环戊烯醇酮 3-甲基环戊烷-1，2-二酮 3-甲基-2-环戊烯-2-醇酮	3-methyl-2-cyclopenten-2-ol-one methylcyclopentenolone 3-methylcyclopentane-1,2-dione kentonarome cyclotene maple lactone	418	2700	80-71-7
I1241	4-己烯-3-酮 2-己烯-4-酮	4-hexene-3-one 2-hexene-4-one	1125	3352	2497-21-4
I1242	5-甲基-3-己烯-2-酮	5-methyl-3-hexene-2-one	1132	3409	5166-53-0

表 2（续）

编　码	中　文　名　称	英　文　名　称	JECFA	FEMA	CAS 号
I1243	3,4-己二酮 二乙基二酮 双丙酰	3,4-hexanedione diethyl diketone dipropionyl	413	3168	4437-51-8
I1244	2-庚酮 C-7 酮 甲基戊基酮 戊基甲基酮	2-heptanone ketone C-7 methyl amyl ketone amyl methyl ketone	283	2544	110-43-0
I1245	3-庚烯-2-酮 甲基戊烯基酮	3-hepten-2-one methyl pentenyl ketone	1127	3400	1119-44-4
I1246	6-甲基-5-庚烯-2-酮 2-甲基-2-庚烯-6-酮	6-methyl-5-hepten-2-one 2-methyl-2-hepten-6-one	1120	2707	110-93-0
I1247	1-辛烯-3-酮 乙烯基戊基酮 戊基乙烯基酮	1-octen-3-one vinyl amyl ketone amyl vinyl ketone	1148	3515	4312-99-6
I1248	2-壬酮 甲基庚基酮	2-nonanone methyl heptyl ketone nonan-2-one	292	2785	821-55-6
I1249	2-十一酮 甲基壬基酮 2-氧代十一烷 壬基甲基酮	2-undecanone methyl nonyl ketone M. N. K. 2-hendecanone 2-oxoundecane nonyl methyl ketone "rue ketone"	296	3093	112-12-9
I1250	2-十三酮 甲基十一烷基酮	2-tridecanone methyl undecyl ketone hendencyl methyl ketone	298	3388	593-08-8
I1251	圆柚酮 5,6-二甲基-8-异丙烯基双环[4.4.0]癸-1-烯-3-酮	nootkatone 5,6-dimethyl-8-isopropenylbicyclo-[4.4.0]dec-1-en-3-one	1398	3166	4674-50-4
I1252	*l*-香芹酮 6,8(9)-对-蓋二烯-2-酮 1-甲基-4-异丙烯基-6-环己烯-2-酮 对-6,8-蓋二烯-2-酮	carvone carvol 6,8(9)-*p*-menthadien-2-one 1-methyl-4-isopropenyl-6-cyclohex-en-2-one *p*-mentha-6,8-dien-2-one	380.2	2249	6485-40-1
I1253	苯乙酮 甲基苯基酮 苯基甲基酮 乙酰基苯	acetophenone methyl phenyl ketone phenyl methyl ketone acetylbenzene	806	2009	98-86-2

表 2（续）

编　码	中　文　名　称	英　文　名　称	JECFA	FEMA	CAS 号
I1254	对-甲基苯乙酮 4-甲基苯乙酮 甲基对-甲苯基酮 对-乙酰基甲苯	*p*-methylacetophenone 4-methylacetophenone methyl *p*-tolyl ketone *p*-acetyltoluene	807	2677	122-00-9
I1255	对甲氧基苯乙酮 乙酰基茴香醚 4-甲氧基苯乙酮 对-乙酰基大茴香醚 甲基 4-甲氧基苯基酮 4-乙酰基大茴香醚	*p*-methoxyacetophenone acetanisole 4-methoxyacetophenone *p*-acetylanisole methyl 4-methoxyphenyl ketone 4-acetylanisole	810	2005	100-06-1
I1256	顺式茉莉酮 茉莉酮 3-甲基-2-(2-戊烯基)-2-环戊烯-1-酮	*cis*-jasmone jasmone 3-methyl-2-(2-pentenyl)-2-cyclopenten-1-one	1114	3196	488-10-8
I1257	覆盆子酮(又名悬钩子酮) 4-(对-羟基苯基)-2-丁酮 对-羟基苄基丙酮 1-(对-羟基苯基)-3-丁酮 悬钩子酮	frambinon 4-(*p*-hydroxyphenyl)-2-butanone *p*-hydroxybenzylacetone 1-(*p*-hydroxyphenyl)-3-butanone raspberry ketone	728	2588	5471-51-2
I1258	*α*-突厥酮 4-(2,6,6-三甲基-2-环己烯基)-2-丁烯-4-酮	*α*-damascone 4-(2,6,6,-trimethyl-2-cyclohexenyl)-2-butene-4-one	385	3659	43052-87-5
I1259	突厥烯酮 4-(2,6,6-三甲基-1,3-环己二烯-1-基)-2-丁烯-4-酮 1-(2,6,6-三甲基-1,3-环己二烯基)-2-丁烯-1-酮	damascenone 4-(2,6,6-trimethyl-1,3-cyclohexen-1-yl)-2-buten-4-one 1-(2,6,6-trimethyl-1,3-cyclohexadienyl)-2-buten-1-one	387	3420	23696-85-7
I1260	苯甲醛甘油缩醛(1,2 和 1,3-混合缩醛) 2-苯基-间-二噁烷-5-醇 2-苯基-1,3-二噁烷-5-醇 4-羟甲基-2-苯基-间-二氧戊环 5-羟基-2-苯基-1,3-二噁烷	benzaldehyde glyceryl acetal 2-phenyl-*m*-dioxan-5-ol 2-phenyl-1,3-dioxan-5-ol benzaldehyde, cyclic acetal with glycerol 4-hydroxymethyl-2-phenyl-*m*-dioxolane benzalglycerin 5-hydroxy-2-phenyl-1,3-dioxane	838	2129	1319-88-6

表 2（续）

编码	中文名称	英文名称	JECFA	FEMA	CAS 号
I1261	α-鸢尾酮 6-甲基紫罗兰酮 4-(2,5,6,6-四甲基-2-环己烯-1-基)-3-丁烯-2-酮 顺式-(2,6)-顺式-[2(1),2(2)]-α 鸢尾酮 6-甲基-α-紫罗兰酮	α-irone 6-methylionone 4-(2,5,6,6-tetramethyl-2-cyclohexen-1-yl)-3-buten-2-one *cis*-(2,6)-*cis*-[2(1),2(2)]-α-irone 6-methyl-α-lonone	403	2597	79-69-6
I1262	α-紫罗兰酮 4-(2,6,6-三甲基-2-环己烯-1-基)-3-丁烯-2-酮 α-环柠檬叉丙酮	α-ionone 4-(2,6,6,-trimethyl-2-cyclohexen-1-yl)-3- buten-2-one α-irisone α-cyclocitrylideneacetone	388	2594	127-41-3
I1263	β-紫罗兰酮 4-(2,6,6-三甲基-1-环己烯-1-基)-3-丁烯-2-酮	β-ionone β-irisone 4-(2,6,6-trimethyl-1-cyclohexen-1-yl)-3- buten-2-one	389	2595	14901-07-6
I1264	*dl*-樟脑	*dl*-camphor	—	—	—
I1265	薄荷酮 对-盖烷-3-酮 2-异丙基-5-甲基环己酮 4-异丙基-1-甲基环己烷-3-酮	menthone *p*-menthan-3-one 2-isopropyl-5-methylcyclohexanone 2-propyl (iso)-5-methylcyclohexanone 4-isopropyl-1-methylcyclohexan-3-one	429	2667	89-80-5
I1266	*d*,*l*-异薄荷酮 顺式-1-甲基-4-异丙基-3-环己酮 顺式-对-盖烷-3-酮	*d*,*l*-isomenthone *cis*-1-methyl-4-isopropyl-3-cyclohexanone *cis*-para-menthan-3-one	430	3460	491-07-6
I1267	4-(2-呋喃基)-3-丁烯-2-酮 糠叉丙酮 糠醛缩丙酮	4-(2-furyl)-3-buten-2-one furfurylidene acetone furfuralacetone	1511	2495	623-15-4
I1268	2-乙基-4-羟基-5-甲基-3(2*H*)-呋喃酮 5-乙基-4-羟基-2-甲基-3(2*H*)-呋喃酮	2-ethyl-4-hydroxy-5-methyl-3(2*H*)-furanone 5-ethyl-4-hydroxy-2-methyl-3(2*H*)-furanone	1449	3623	27538-09-6

表 2（续）

编码	中文名称	英文名称	JECFA	FEMA	CAS号
I1269	4,5-二甲基-3-羟基-2,5-二氢呋喃-2-酮 2,3-二甲基-4-羟基-2,5-二氢呋喃-5-酮 3-羟基-4,5-二甲基-2(5*H*)呋喃酮	4,5-dimethyl-3-hydroxy-2,5-dihydrofuran-2- one 2,3-dimethyl-4-hycroxy-2,5-dihydrofuran-5- one 2-hydroxy-3-methy-2-penten-4-olide 3-hydroxy-4,5-dimethyl-2(5*H*) furan-one	243	3634	28664-35-9
I1270	5-乙基-3-羟基-4-甲基-2(5*H*)-呋喃酮 2-乙基-3-甲基-4-羟基二氢-2,5-呋喃-5-酮 2,4-二羟基-3-甲基-2-己烯酸,*γ*-内酯	5-ethyl-3-hydroxyl-4-methyl-2(5*H*)-furanone 2-ethyl-3-methyl-4-hydroxydihydro-2,5-furan-5-one 2,4-dihydroxy-3-methyl-2-hexenoic acid,*γ*-lactone 2-hydroxy-3-methyl-*γ*-2-hexenolactone	222	3153	698-10-2
I1271	四氢噻吩-3-酮 4,5-二氢-3(2*H*)噻吩酮 3-噻吩酮 3-四氢噻吩酮	tetrahydrothiophen-3-one 4,5-dihydro-3(2*H*)thiophenone 3-thiophenone 3-tetrahydrothiophenone	498	3266	1003-04-9
I1272	2-乙基呋喃	2-ethylfuran 2-ethyloxole	1489	3673	3208-16-0
I1273	2-乙酰基呋喃 2-呋喃基甲基酮 甲基 2-呋喃基酮 乙酰基呋喃	2-acetylfuran 2-furyl methyl ketone methyl 2-furyl ketone acetyfuran	1503	3163	1192-62-7
I1274	2-乙酰基-5-甲基呋喃 甲基 5-甲基-2-呋喃酮 1-(3-甲基-2-呋喃基)乙酮	2-acetyl-5-methylfuran methyl 5-methyl-2-fury ketone 1-(3-methyl-2-furyl)ethanone	1504	3609	1193-79-9
I1275	丙酮 二甲基甲酮 2-氧代丙烷 *β*-酮基丙烷 2-丙酮	acetone dimethyl ketone 2-oxopropane *β*-ketopropane pyroacetic ether 2-propanone	139	3326	67-64-1
I1276	1-苯基-1,2-丙二酮 乙酰基苯甲酰 甲基苯基二酮 甲基苯基代乙二醛	1-phenyl-1,2-propanedione acetyl benzoyl methyl phenyl diketone methyl phenyl glyoxal	833	3226	579-07-7
I1277	3,4-二甲基-1,2-环戊二酮	3,4-dimethyl-1,2-cyclopentadione	420	3268	13494-06-9

表 2（续）

编 码	中 文 名 称	英 文 名 称	JECFA	FEMA	CAS 号
I1278	3,5-二甲基-1,2-环戊二酮	3,5-dimethyl-1,2-cyclopentadione	421	3269	13494-07-0
I1279	2,3-己二酮 乙酰基丁酰 甲基丙基二酮	2,3-hexanedione acetyl butyryl methyl propyl diketone butyryl acetyl	412	2558	3848-24-6
I1280	1-甲基-2,3-环己二酮	1-methyl-2,3-cyclohexadione	425	3305	3008-43-3
I1281	2,2,6-三甲基环己酮	2,2,6-trimethylcyclohexanone	1108	3473	2408-37-9
I1282	2,6,6-三甲基-2-环己烯-1,4-二酮	2,6,6-trimethylcyclohex-2-ene-1,4-dione		3421	1125-21-9
I1283	3-庚酮 乙基丁基(甲)酮 丁基乙基(甲)酮	3-heptanone ethyl butyl ketone butyl ethyl ketone	285	2545	106-35-4
I1284	5-甲基-2-庚烯-4-酮	5-methyl-2-hepten-4-one	1133	3761	81925-81-7
I1285	6-甲基-3,5-庚二烯-2-酮 甲基庚二烯酮 2-甲基庚-2,4-二烯-6-酮	6-methyl-3,5-heptadien-2-one methylheptadienone 2-methylhepta-2,4-dien-6-one	1134	3363	1604-28-0
I1286	2-辛酮 甲基己基(甲)酮 己基甲基(甲)酮	2-octanone methyl hexyl ketone hexyl methyl ketone	288	2802	111-13-7
I1287	3-辛酮 乙基戊基(甲)酮 戊基乙基(甲)酮	3-octanone ethyl amyl ketone EAK amyl ethyl ketone	290	2803	106-68-3
I1288	3-辛烯-2-酮	3-octen-2-one	1128	3416	1669-44-9
I1289	6,10-二甲基-5,9-十一碳二烯-2-酮 香叶基丙酮 2,6-二甲基-2,6-十一碳二烯-10-酮	6,10-dimethyl-5,9-undecadien-2-one geranyl acetone 2,6-dimethyl-2,6-undecadien-10-one	1122	3542	3796-70-1
I1290	2-十五酮 甲基十三烷基(甲)酮	2-pentadecanone methyl tridecyl ketone	299	3724	2345-28-0
I1291	3-甲基-1-环十五酮 *dl*-麝香酮	3-methyl-1-cyclopentadecanone *dl*-muscone 3-methylcyclopentadecanone methylexaltone	1402	3434	541-91-3

表 2（续）

编码	中文名称	英文名称	JECFA	FEMA	CAS 号
I1292	环十七碳-9-烯-1-酮 9-环十七烯-1-酮 灵猫酮 α-反式-灵猫酮	cycloheptadeca-9-en-1-one 9-cycloheptadecen-1-one cycloheptadecen-9-one-1 civettone civetone α-*trans*-civettone	1401	3425	542-46-1
I1293	二苯甲酮 二苯酮 苯甲酰苯 α-氧代二苯甲烷	benzophenone diphenyl ketone benzoylbenzene diphenylmethanone α-oxodiphenylmethane phenyl ketone	831	2134	119-61-9
I1294	2-羟基苯乙酮 邻-乙酰基苯酚	2-hydroxyacetophenone *o*-acetylphenol	727	3548	118-93-4
I1295	异佛尔酮 3,5,5-三甲基-2-环己烯-1-酮 异乙酰弗尔酮	isophorone 3,5,5-trimethyl-2-cyclohexen-1-one isoacetophorone	1112	3553	78-59-1
I1296	二氢茉莉酮 2-戊基-3-甲基-2-环戊烯-1-酮	dihydrojasmone 2-pentyl-3-methyl-2-cyclopenten-1-one	1406	3763	1128-08-1
I1297	新甲基橙皮苷二氢查耳酮	neohesperidin dihydrochalcone neohesperidin DHC	—	3811	20702-77-6
I1298	姜油酮 4-(4-羟基-3-甲氧基苯基)丁-2-酮 香兰基丙酮 3-甲氧基-4-羟基苄基丙酮 4-羟基-3-甲氧基苄基丙酮 2-(4-羟基-3-甲氧基苯基)乙基-甲基酮	zingerone 4-(4-hydroxy-3-methoxyphenyl)-2-butanone vanillylacetone 3-methoxy-4-hydroxybenzylacetone 4-hydroxy-3-methoxybenzylacetone 2-(4-hydroxy-3-methoxyphenyl) ethyl-methyl ketone	730	3124	122-48-5
I1299	β-突厥酮 4-(2,6,6-三甲基环己-1-烯基)丁-2-烯-4-酮	β-damascone 4-(2, 6, 6-trimethylcyclohex-1-enyl) but-2-en-4-one	384	3243	23726-92-3
I1300	3-甲硫基丁醛	3-(methylthio)butanal 3-(methylthio)butyraldehyde	467	3374	16630-52-7

表 2（续）

编码	中文名称	英文名称	JECFA	FEMA	CAS号
I1301	α-戊基肉桂醛 α-戊基桂醛 茉莉醛 甲位戊基桂醛	α-amylcinnamaldehyde α-pentylcinnamaldehyde α-amyl-β-phenylacrolein buxine amylcinnamic aldehyde α-pentyl-β-phenylacrolein flomine jasmine aldehyde floxine jasmonal flosal amyl cinnamal	685	2061	122-40-7
I1302	d-葑酮 右旋-1,3,3-三甲基-2-降冰片酮 右旋-2-葑酮 右旋-1,3,3-三甲基-2-降莰酮 1,3,3-三甲基双环[2.2.1]-庚烷-2-酮	d-fenchone d-1,3,3-trimethyl-2-norbornanone d-2-fenchanone d-1,3,3-trimethyl-2-norcamphanone 1,3,3-trimethylbicyclo[2.2.1]-heptan-2-one	1396	2479	4695-62-9
I1303	二氢-2-甲基-3(2H)呋喃酮 2-甲基四氢呋喃-3-酮	dihydro-2-methyl-3(2H)-furanone 2-methyltetrahydrofuran-3-one	1448	3373	3188-00-9
I1304	4-羟基-2,5-二甲基-3(2H)呋喃酮 2,5-二甲基-4-羟基-2,3-二氢呋喃-3-酮 呋喃酮(俗称)	4-hydroxy-2,5-dimethyl-3(2H)furanone 2,5-dimethyl-4-hydroxy-2,3-dihydrofuran-3- one furaneol	1446	3174	3658-77-3
I1305	2,5-二甲基-4-甲氧基-3(2H)呋喃酮 4-甲氧基-2,5-二甲基-3(2H)呋喃酮	2,5-dimethyl-4-methoxy-3(2H)-furanone 4-methoxy-2,5-dimethyl-3(2H)-furanone	1451	3664	4077-47-8
I1306	2-戊基呋喃	2-pentylfuran 2-amylfuran	1491	3317	3777-69-3
I1307	4,5,6,7-四氢-3,6-二甲基苯并呋喃 薄荷呋喃	4,5,6,7-tetrahydro-3,6-dimethylbenzofuran menthofuran	758	3235	494-90-6
I1308	四甲基全氢萘并呋喃 1,5,5,9-四甲基-13-氧杂三环[8.3.0.0(4,9)]十三烷 十二氢-3a,6,6,9a-四甲基萘并(2,1-b)呋喃 龙涎醚	tetra-methyl perhydronaphtofuran 1,5,5,9-tetramethyl-13-oxatricyclo[8.3.0.0(4,9)]tridecane ambrox dodecahydro-3a, 6, 6, 9a-tetramethylnaphtho(2,1-b) furan	1240	3471	3738-00-9

表 2（续）

编 码	中 文 名 称	英 文 名 称	JECFA	FEMA	CAS 号
I1309	顺式-二氢香芹酮 对盖-8-烯-2-酮	*cis*-dihydrocarvone *p*-menth-8-en-2-one	377	3565	7764-50-3
I1310	3-巯基-2-丁酮	3-mercapto-2-butanone	558	3298	40789-98-8
I1311	胡椒基丙酮	piperonyl acetone 4-(3,4-methylenedioxyphenyl)-2-butanone dulcinyl	—	2701	55418-52-5
I1312	二氢-*β*-紫罗兰酮	dihydro-*β*-ionone 4-(2,6,6-trimethyl-1-cyclohexenyl)butan-2-one	—	3626	17283-81-7
I1313	4-甲基-2,3-戊二酮 乙酰基异丁酰	4-methyl-2,3-pentanedione acetyl isobutyryl	411	2730	7493-58-5
I1314	反式-7-甲基-3-辛烯-2-酮	(*E*)-7-methyl-3-octen-2-one	1135	3868	33046-81-0
I1315	3-乙酰硫基-2-甲基呋喃 硫代乙酸 S-(2-甲基-3-呋喃)酯	3-(acetylthio)-2-methylfuran ethanethioic acid, S-(2-methyl-3-furanyl) ester	1069	3973	55764-25-5
I1316	4-乙酰氧基-2,5-二甲基-3(2*H*)呋喃酮 乙酸 2,5-二甲基-4-氧代-4,5-二氢呋喃-3-基酯 乙酸呋喃酮酯	4-acetoxy-2,5-dimethyl-3(2*H*)-furanone 2,5-dimethyl-4-oxo-4,5-dihydrofur-3-yl acetate furaneol acetate	1456	3797	4166-20-5
I1317	3-乙基-2-羟基-4-甲基环戊-2-烯-1-酮	3-ethyl-2-hydroxy-4-methylcyclopent-2-en-1-one	422	3453	42348-12-9
I1318	环己酮	cyclohexanone	1100	3909	108-94-1
I1319	2,3-庚二酮 乙酰基戊酰	2,3-heptanedione acetylpentanoyl acetylvaleryl	415	2543	96-04-8
I1320	2,3-辛二酮	2,3-octanedione	—	4060	585-25-1
I1321	乙酸 醋酸	acetic acid ethanoic acid	81	2006	64-19-7
I1322	丙酸 甲基乙酸 乙基甲酸	propanoic acid propionic acid methylacetic acid ethylformic acid	84	2924	79-09-4
I1323	丙酮酸 乙酰基甲酸 *α*-酮基丙酸 2-氧代丙酸 2-酮基丙酸	pyruvic acid pyroracemic acid acetylformic acid *α*-ketopropionic acid 2-oxopropanoic acid 2-ketopropionic acid	936	2970	127-17-3

表 2（续）

编码	中文名称	英文名称	JECFA	FEMA	CAS 号
I1324	丁酸 乙基乙酸	butyric acid ethylacetic acid butanoic acid	87	2221	107-92-6
I1325	异丁酸 2-甲基丙酸 异丙基甲酸	isobutyric acid 2-methylpropanoic acid isopropylformic acid butyric(iso)acid	253	2222	79-31-2
I1326	2-甲基丁酸 甲基乙基乙酸	2-methylbutyric acid methylethylacetic acid	255	2695	116-53-0
I1327	2-乙基丁酸 α-乙基丁酸 二乙基乙酸	2-ethylbutyric acid α-ethylbutyric acid diethylacetic acid	257	2429	88-09-5
I1328	戊酸 丙基乙酸	valeric acid pentanoic acid	90	3101	109-52-4
I1329	2-甲基戊酸 甲基丙基乙酸	2-methylvaleric acid 2-methylpentanoic acid methylpropylacetic acid	261	2754	97-61-0
I1330	2-甲基-2-戊烯酸 草莓酸	2-methyl-2-pentenoic acid strawberriff	1210	3195	3142-72-1
I1331	异戊酸 活性戊酸 β-甲基丁酸 异丙基乙酸 异丁基甲酸 3-甲基丁酸	isovaleric acid delphinic acid active valeric acid β-methylbutyric acid valerianic acid isopropylacetic acid isobutyl formic acid 3-methylbutyric acid 3-methylbutanoic acid	259	3102	503-74-2
I1332	己酸	hexanoic acid caproic acid hexoic acid	93	2559	142-62-1
I1333	己二酸 1,4-丁烷二羧酸	adipic acid 1,4-butanedicarboxylic acid hexanedioic acid	623	2011	124-04-9
I1334	反式-2-己烯酸 β-丙基丙烯酸 3-丙基丙烯酸	*trans*-2-hexenoic acid β-propylacrylic acid 3-propylacrylic acid	1361	3169	13419-69-7
I1335	3-己烯酸	3-hexenoic acid	317	3170	4219-24-3

表 2（续）

编　码	中　文　名　称	英　文　名　称	JECFA	FEMA	CAS 号
I1336	庚酸	heptanoic acid oenanthic acid *n*-heptylic acid enanthic acid oenanthylic acid	96	3348	111-14-8
I1337	辛酸 C-8 酸	octanoic acid octoic acid caprylic acid acid C-8	99	2799	124-07-2
I1338	壬酸	nonanoic acid pelargonic acid nonylic acid nonoic acid	102	2784	112-05-0
I1339	癸酸	decanoic acid decylic acid capric acid	105	2364	334-48-5
I1340	十二酸 月桂酸	dodecanoic acid lauric acid dodecoic acid laurostearic acid	111	2614	143-07-7
I1341	十四酸 肉豆蔻酸	tetradecanoic acid myristic acid	113	2764	544-63-8
I1342	十六酸 棕榈酸	hexadecylic acid hexadecanoic acid cetylic acid palmitic acid	115	2832	57-10-3
I1343	苯甲酸 安息香酸	phenylformic acid benzenecarboxylic acid dracylic acid carboxybenzene phenyl carboxylic acid benzene formic acid benzoic acid	850	2131	65-85-0
I1344	苯乙酸 α-甲苯基甲酸	phenylacetic acid α-toluic acid benzylcarboxylic acid	1007	2878	103-82-2
I1345	柠檬酸 2-羟基-1，2，3-丙烷三羧酸	citric acid 2-hydroxy-1,2,3-propanetricarboxylic acid β-hydroxytricarballylic acid	INS330	2306	77-92-9

表 2（续）

编　码	中　文　名　称	英　文　名　称	JECFA	FEMA	CAS 号
I1346	肉桂酸 3-苯基丙烯酸 β-苯基丙烯酸 苄叉乙酸 桂酸	cinnamic acid 3-phenylpropenoic acid β-phenylacrylic acid 3-phenylacrylic acid benzylideneacetic acid benzenepropenoic acid cinnamylic acid	657	2288	621-82-9
I1347	富马酸 反式丁烯二酸 别马来酸	fumaric acid allomaleic acid boletic acid *trans*-butenedioic acid *trans*-α,β-ethylene-1,2-dicarboxy- lic acid	618	2488	110-17-8
I1348	3-甲基戊酸 酐酪酸 2-甲基丁烷-1-羧酸 仲-丁基乙酸 β-甲基戊酸	3-methylpentanoic acid 2-methylbutane-1-carboxylic acid *sec*-butylacetic acid β-methylvaleric acid 3-methylvaleric acid	262	3437	105-43-1
I1349	β-丙氨酸 2-氨基丙酸	β-alanine β-aminopropionic acid 2-aminopropanoic acid	1418	3252	107-95-9
I1350	*l*-苯基丙氨酸 3-苯基-2-氨基丙酸 β-苯基丙氨酸 2-氨基-3-苯基丙酸 α-氨基-β-苯基丙酸 α-氨基氢化肉桂酸	*l*-phenylalanine 3-phenyl-2-aminopropanoic acid β-phenylalanine 2-amino-3-phenylpropionic acid α-amino-β-phenylpropionic acid α-aminohydrocinnamic acid	1428	3585	63-91-2
I1351	*l*-半胱氨酸 2-氨基-3-巯基丙酸 α-氨基-β-巯基丙酸 β-巯基丙氨酸	*l*-cysteine 2-amino-3-mercaptopropanoic acid α-amino-β-mercaptopropionic acid β-mercaptoalanine α-amine-β-mercaptopopanoic acid	1419	3263	52-90-4
I1352	甘氨酸 乙氨酸 氨基乙酸	glycine glycocoll aminoethanoic acid aminoacetic acid	1421	3287	56-40-6
I1353	*l*-谷氨酸 氨基戊二酸	*l*-glutamic acid aminoglutaric acid	1420	3285	56-86-0
I1354	*l*-亮氨酸 2-氨基-4-甲基戊酸 α-氨基-异己酸	*l*-leucine 2-amino-4-methylpentanoic acid α-aminoisocaproic acid 2-amino-4-methylvaleric acid	1423	3297	61-90-5

表 2（续）

编码	中文名称	英文名称	JECFA	FEMA	CAS 号
I1355	*dl*-蛋氨酸 2-氨基-4-甲硫基丁酸 α-氨基-γ-甲硫基丁酸	*dl*-methionine 2-amino-4-(methylthio)-butanoic acid α-amino-γ-(methylthio)-butyric acid	1424	3301	59-51-8
I1356	乙酰丙酸 3-乙酰丙酸 γ-酮基戊酸 3-酮基丁烷-1-羧酸 β-乙酰丙酸 4-氧代戊酸	levulinic acid 3-acetylpropionic acid laevulic acid β-acetylpropionic acic γ-oxovaleric acid γ-oxopentanoic acid 4-oxovaleric acid laevulinic acid	606	2627	123-76-2
I1357	2-氧代丁酸 β-酮基丁酸	2-oxobutyric acid β-ketobutyric acid	589	3723	600-18-0
I1358	2-甲基己酸	2-methylhexanoic acid	265	3191	4536-23-6
I1359	2-甲基庚酸 甲基戊基乙酸	2-methyloenanthic acid 2-methylamylacetic acid methylamylacetic acid	1212	2706	1188-02-9
I1360	4-甲基辛酸	4-methyloctanoic acid	271	3575	54947-74-9
I1361	3,7-二甲基-6-辛烯酸 香茅酸 玫瑰酸	3,7-dimethyl-6-octenoic acid citronellic acid rhodinolic acid	1221	3142	502-47-6
I1362	9-癸烯酸	9-decenoic acid	328	3660	14436-32-9
I1363	十一酸 正-十一酸	undecanoic acid *n*-undecoic acid *n*-undecylic acid hendecanoic acid	108	3245	112-37-8
I1364	10-十一碳烯酸 十一烯酸	10-undecenoic acid undecylenic acid 10-hendecenoic acid	331	3247	112-38-9
I1365	3-苯丙酸 苄基乙酸 氢化肉桂酸 β-苯丙酸	3-phenylpropionic acid benzylacetic acid dihydrocinnamic acid β-phenylpropionic acid	646	2889	501-52-0
I1366	乳酸 2-羟基丙酸 α-羟基丙酸	lactic acid 2-hydroxypropionic acid α-hydroxypropanoic acid 2-hydroxypropanoic acid	930	2611	598-82-3
I1367	*l*-脯氨酸 2-吡咯烷羧酸	*l*-proline 2-pyrrolidinecarboxylic acid	1425	3319	147-85-3

表 2（续）

编 码	中 文 名 称	英 文 名 称	JECFA	FEMA	CAS 号
I1368	*dl*-缬氨酸 2-氨基异戊酸 2-氨基-3-甲基丁酸	*dl*-valine α-aminoisovaleric acid 2-amino-3-methylbutyric acid 2-amino-3-methylbutanoic acid	1426	3444	516-06-3
I1369	2-(4-甲氧基苯氧基)-丙酸钠	sodium 2-(4-methyoxy-phenoxy) propanoate	1029	3773	13794-15-5
I1370	*l*-和 *dl*-丙氨酸 2-氨基丙酸	*l*-and *dl*-alanine 2-aminopropanoic acid	1437	3818	302-72-7 56-41-7
I1371	*l*-精氨酸 2-氨基-5-胍基戊酸	*l*-arginine 2-amino-5-guanidinovaleric acid	1438	3819	74-79-3
I1372	*l*-赖氨酸 2,6-二氨基己酸	*l*-lysine 2,6-diaminohexanoic acid	1439	3847	56-87-1
I1373	3-甲基巴豆酸 3,3-二甲基丙烯酸 3-甲基-2-丁烯酸 β,β-二甲基丙烯酸 千里光酸	3-methylcrotonic acid 3,3-dimethylacrylic acid 3-methyl-2-butenoic acid β,β-dimethylacrylic acid senecioic acid	1204	3187	541-47-9
I1374	甲酸	formic acid	79	2487	64-18-6
I1375	4-甲基壬酸	4-methylnonanoic acid 4-methylpelargonic acid	274	3574	45019-28-1
I1376	异己酸 4-甲基戊酸	isohexanoic acid 4-methyl pentanoic acid	264	3463	646-07-1
I1377	2-羟基苯甲酸 水杨酸 柳酸	2-hydroxybenzoic acid salicylic acid *o*-hydroxybenzoic acid	958	3985	69-72-7
I1378	惕各酸 反式-2-甲基-2-丁烯酸	tiglic acid *trans*-2-methyl-2-butenoic acid	1205	3599	80-59-1
I1379	琥珀酸 丁二酸	succinic acid amber acid butanedionic acid	—	—	110-15-6
I1380	硬脂酸 十八酸	stearic acid octadecanoic acid	116	3035	57-11-4
I1381	甲酸乙酯	ethyl formate formic ether ethyl methanoate	26	2434	109-94-4
I1382	甲酸丁酯	butyl formate butyl methanoate	118	2196	592-84-7
I1383	甲酸戊酯	amyl formate pentyl formate amyl formiate amyl methanoate *n*-pentyl methanoate	119	2068	638-49-3

表 2（续）

编 码	中 文 名 称	英 文 名 称	JECFA	FEMA	CAS 号
I1384	甲酸异戊酯	isoamyl formate amyl(iso)formate pentyl(iso)formate isopentyl formate pentyl(iso)methanoate isopentyl methanoate amyl(iso)methanoate isoamyl methanoate	42	2069	110-45-2
I1385	甲酸己酯	hexyl formate hexyl methanoate	120	2570	629-33-4
I1386	甲酸苄酯	benzyl formate benzyl methanoate formic acid benzyl ester	841	2145	104-57-4
I1387	甲酸香叶酯 反式-3,7-二甲基-2,6-辛二烯-1-醇甲酸酯	geranyl formate geranyl methanoate *trans*-3,7-dimethyl-2,6-octadien-1-yl methanoate *trans*-3,7-dimethyl-2,6-octadien-1-yl formate	54	2514	105-86-2
I1388	甲酸香茅酯 3,7-二甲基-6-辛烯-1-醇甲酸酯	citronellyl formate 3,7-dimethyl-6-octen-1-yl formate	53	2314	105-85-1
I1389	甲酸苯乙酯 甲酸 2-苯基乙酯 甲酸苄基原酯 甲酸苄基甲酯	phenethyl formate 2-phenylethyl formate 2-phenylethyl methanoate benzylcarbinyl formate benzylcarbinyl methanoate	988	2864	104-62-1
I1390	甲酸芳樟酯 3,7-二甲基-1,6-辛二烯-3-醇甲酸酯	linalyl formate linalool formate 3,7-dimethy-1,6-octadien-3-yl formate	358	2642	115-99-1
I1391	乙酸甲酯	methyl acetate methyl ethanoate	125	2676	79-20-9
I1392	乙酸乙酯	ethyl acetate acetic ether vinegar naphtha ethyl ethanoate	27	2414	141-78-6
I1393	乙酰乙酸乙酯 3-氧代丁酸乙酯 β-酮基丁酸乙酯	ethyl acetoacetate ethyl 3-oxobutanoate acetoacetic ester ethyl acetylacetate ethyl β-ketobutyrate	595	2415	141-97-9

表 2（续）

编　码	中 文 名 称	英 文 名 称	JECFA	FEMA	CAS 号
I1394	乙酸丙酯	propyl acetate propyl ethanoate	126	2925	109-60-4
I1395	乙酸异丙酯	isopropyl acetate propyl(iso)acetate	305	2926	108-21-4
I1396	乙酸烯丙酯	allyl acetate	—	—	591-87-7
I1397	乙酰丙酸乙酯 戊酮酸乙酯 4-氧代戊酸乙酯 4-酮基戊酸乙酯	ethyl acetylpropanoate ethyl levulinate ethyl laevulate ethyl 4-oxopentanoate ethyl 4-ketovalerate	607	2442	539-88-8
I1398	乙酸丁酯	butyl acetate butyl ethanoate	127	2174	123-86-4
I1399	乙酸异丁酯 乙酸 2-甲基-1-丙醇酯	isobutyl acetate butyl(iso)acetate butyl(iso)ethanoate 2-methyl-1-propyl acetate isobutyl ethanoate	137	2175	110-19-0
I1400	乙酸异戊酯 乙酸戊酯(俗称) 乙酸 β-甲基丁酯 乙酸 3-甲基丁酯	isoamyl acetate amyl acetate(common) β-methyl butyl acetate amyl(iso)acetate 3-methylbutyl acetate amyl(iso)ethanoate isoamyl ethanoate	43	2055	123-92-2
I1401	乙酸己酯	hexyl acetate hexyl ethanoate	128	2565	142-92-7
I1402	2-己烯-1-醇乙酸酯 乙酸 2-己烯酯	2-hexen-1-yl acetate 2-hexenyl ethanoate	1355	2564	2497-18-9
I1403	乙酸庚酯	heptyl acetate heptyl ethanoate	129	2547	112-06-1
I1404	乙酸辛酯 C-8 乙酸酯 乙酸 2-乙基己酯	octyl acetate acetate C-8 2-ethyl hexyl acetate octyl ethanoate	130	2806	112-14-1
I1405	3-辛醇乙酸酯 乙酸 1-乙基己酯	3-octyl acetate *n*-amyl ethyl carbinyl acetate 1-ethyl hexyl acetate	313	3583	4864-61-3

表 2（续）

编　码	中　文　名　称	英　文　名　称	JECFA	FEMA	CAS 号
I1406	1-辛烯-3-醇乙酸酯 3-乙酰氧基-1-辛烯 乙酸 β-辛烯酯 乙酸辛烯酯	1-octen-3-yl acetate 3-acetoxyoctene *n*-pentyl vinyl carbinol acetate amyl crotonyl acetate β-octenyl acetate octenyl acetate amyl vinyl carbinol acetate	—	3582	2442-10-6
I1407	乙酸壬酯 C-9 醇乙酸酯	nonyl acetate acetate C-9 nonyl ethanoate	131	2788	143-13-5
I1408	2-丁烯酸正己酯 巴豆酸己酯	*n*-hexyl 2-butenoate hexyl crotonate	—	3354	19089-92-0
I1409	乙酸癸酯 C-10 醇乙酸酯	decyl acetate decanyl acetate acetate C-10 decyl ethanoate	132	2367	112-17-4
I1410	乙酸苄酯 乙酸苯甲酯	benzyl acetate benzyl ethanoate acetic acid benzyl ester	23	2135	140-11-4
I1411	乙酸苯乙酯 苄基原醇乙酸酯 乙酸 2-苯乙酯	phenethyl acetate benzyl carbinyl acetate 2-phenethyl acetate	989	2857	103-45-7
I1412	乙酸茴香酯 乙酸对-甲氧基苄酯 乙酸 4-甲氧基苄酯	anisyl acetate *p*-methoxylbenzyl acetate benzyl alcohol, *p*-methoxy, acetate anisyl alcohol, acetate 4-methoxybenzyl acetate cassie ketone	873	2098	104-21-2
I1413	乙酸龙脑酯 乙酸 2-莰酯 乙酸冰片酯 左旋-乙酸冰片酯 右旋-乙酸冰片酯	bornyl acetate terpeneless siberian pine needle oil borneol acetate 2-camphanyl acetate bornyl ethanoate *l*-bornyl acetate *d*-bornyl acetate	1387	2159	76-49-3
I1414	乙酸薄荷酯 对-盖烷-3-醇乙酸酯 1-异丙基-4-甲基环己基-2-醇乙酸酯	menthol acetate *p*-menth-3-yl acetate menthyl acetate 1-isopropyl-4-methylcyclohex-2-yl acetate 1-propyl (iso)-4-methylcyclohex-2-yl acetate	431	2668	16409-45-3

表 2（续）

编码	中文名称	英文名称	JECFA	FEMA	CAS 号
I1415	乙酸肉桂酯 3-苯基-2-丙烯-1-醇乙酸酯 乙酸 3-苯基烯丙酯	cinnamyl acetate 3-phenyl-2-propen-1-yl acetate 3-phenylallyl acetate	650	2293	103-54-8
I1416	乙酸香茅酯 3,7-二甲基-6-辛烯-1-醇乙酸酯	citronellyl acetate 3,7-dimethyl-6-octen-1-yl acetate 3,7-dimethyl-6-octen-1-yl ethanoate citronellyl ethanoate	57	2311	150-84-5
I1417	乙酸香叶酯 反式-3,7-二甲基-2,6-辛二烯-1-醇乙酸酯	geranyl acetate geranyl ethanoate *trans*-3,7-dimethyl-2,6-octadien-1-yl ethanoate *trans*-3,7-dimethyl-2,6-octadien-1-yl acetate	58	2509	105-87-3
I1418	乙酸对甲酚酯 乙酰基对甲酚	*p*-tolyl acetate acetyl *p*-cresol *p*-cresylic acetate *p*-cresyl acetate *p*-tolyl ethanoate	699	3073	140-39-6
I1419	乙酸苏合香酯 乙酸 α-甲基苄酯 乙酸 α-苯乙酯	styralyl acetate α-methylbenzyl acetate methyl phenylcarbinyl acetate *sec*-phenylethyl acetate α-phenylethyl acetate	801	2684	93-92-5
I1420	乙酸橙花酯 顺式 3,7-二甲基-2,6-辛二烯-1-醇乙酸酯	neryl acetate *cis*-3,7-dimethyl-2,6-octadien-1-yl ethanoate *cis*-3,7-dimethyl-2,6-octadien-1-yl acetate neryl ethanoate	59	2773	141-12-8
I1421	乙酸松油酯 对-盖-1-烯-8-醇乙酸酯	terpinyl acetate *p*-menth-1-en-8-yl acetate	368	3047	8007-35-0
I1422	异丁酸肉桂酯 2-甲基丙酸桂酯 3-苯基-2-丙烯-1-醇异丁酸酯	cinnamyl isobutyrate cinnamyl 2-methylpropanoate 3-phenyl-2-propen-1-yl isobutyrate 3-phenyl-2-propen-1-yl 2-methylpropanoate	653	2297	103-59-3
I1423	顺式-3-己烯-1-醇乙酸酯 乙酸叶醇酯	*cis*-3-hexen-1-yl acetate *cis*-3-hexenyl ethanoate	134	3171	3681-71-8
I1424	乙酸糠酯 2-呋喃基原醇乙酸酯	furfuryl acetate 2-furyl carbinyl acetate	739	2490	623-17-6

表 2（续）

编码	中文名称	英文名称	JECFA	FEMA	CAS号
I1425	庚酸烯丙酯	allyl heptanoate allyl heptoate allyl enanthate allyl heptylate	4	2031	142-91-8
I1426	乙酸芳樟酯 3,7-二甲基-1,6-辛二烯-3-醇乙酸酯	linalyl acetate bergamol linalool acetate 3,7-dimethyl-1,6-octadien-3-yl acetate	359	2636	115-95-7
I1427	乙酸葛缕酯 乙酸香芹酯 6,8-对-盖二烯-2-醇乙酸酯	carvyl acetate *p*-mentha-6,8-dien-2-yl acetate	382	2250	97-42-7
I1428	乙酸二氢葛缕酯 8-对-盖烯-2-醇乙酸酯 乙酸 6-甲基-3-异丙烯基环己酯 1-甲基-4-异丙烯环己烷-2-醇乙酸酯	dihydrocarvyl acetate 8-*p*-menthen-2-yl acetate 6-methyl-3-isopropenylcyclohexyl acetate *p*-menth-8(9)-en-2-yl acetate tuberyl acetate 1-methyl-4-isopropenylcyclohexan-2-yl acetate	379	2380	20777-49-5
I1429	苯乙酸丁酯 α-甲苯甲酸丁酯	butyl phenylacetate butyl α-toluate	1012	2209	122-43-0
I1430	丙酸乙酯	ethyl propionate ethyl propanoate	28	2456	105-37-3
I1431	丙二酸二乙酯	diethyl malonate ethyl malonate malonic ester ethyl propanedioate ethyl methanedicarboxylate	614	2375	105-53-3
I1432	丙酸异丁酯 2-甲基-1-丙醇丙酸酯	isobutyl propionate butyl(iso)propanoate isobutyl propanoate butyl(iso)propanoate 2-methyl-1-propyl propanoate	148	2212	540-42-1

表 2（续）

编 码	中 文 名 称	英 文 名 称	JECFA	FEMA	CAS 号
I1433	丙酸异戊酯 丙酸 3-甲基丁酯	isoamyl propionate isopentyl propionate amyl(iso)propionate pentyl(iso)propionate isopentyl propanoate isoamyl propanoate 3-methylbutyl propanoate 3-methylbutyl propionate pentyl(iso) propanoate amyl(iso)propanoate	44	2082	105-68-0
I1434	顺式-3-己烯醇丙酸酯和反式-2-己烯醇丙酸酯	*cis*-3-hexenyl propionate & *trans*-2-hexenyl propionate	147	3778	33467-74-2
I1435	丙酸香叶酯 反式-3,7-二甲基-2,6-辛二烯-1-醇丙酸酯	geranyl propionate *trans*-3,7-dimethyl-2,6-octadien-1-yl propanoate geranyl propanoate *trans*-3,7-dimethyl-2,6-octadien-1-yl propionate	62	2517	105-90-8
I1436	丙酸香茅酯 3,7-二甲基-6-辛烯-1-醇丙酸酯	citronellyl propionate 3,7-dimethyl-6-octen-1-yl propionate 3,7-dimethyl-6-octen-1-yl propanoate citronellyl propanoate	61	2316	141-14-0
I1437	丙酸苄酯	benzyl propionate benzyl propanoate propionic acid,benzyl ester	842	2150	122-63-4
I1438	丙酸苯乙酯 丙酸 2-苯基乙酯 丙酸苄基甲酯	phenethyl propionate 2-phenylethyl propionate benzylcarbinyl propionate 2-phenylethyl propanoate	990	2867	122-70-3
I1439	丙酸芳樟酯 3,7-二甲基-1,6-辛二烯-3-醇丙酸酯	linalyl propionate 3,7-dimethyl-1,6-octadien-3-yl propanoate linalool propanoate 3,7-dimethyl-1,6-octadien-3-yl propionate	360	2645	144-39-8
I1440	丁酸甲酯	methyl butyrate methyl butanoate	149	2693	623-42-7
I1441	2-甲基丁酸甲酯	methyl 2-methylbutyrate methyl 2-methylbutanoate	205	2719	868-57-5

表 2（续）

编码	中文名称	英文名称	JECFA	FEMA	CAS 号
I1442	丁酸乙酯	ethyl butyrate ethyl butanoate	29	2427	105-54-4
I1443	异丁酸乙酯 2-甲基丙酸乙酯	ethyl isobutyrate ethyl 2-methylpropanoate	186	2428	97-62-1
I1444	2-甲基丁酸乙酯	ethyl 2-methylbutyrate ethyl 2-methylbytanoate	206	2443	7452-79-1
I1445	3-羟基丁酸乙酯	ethyl 3-hydroxybutyrate ethyl *β*-hydroxybutyrate ethyl 3-hydroxybutanoate	594	3428	5405-41-4
I1446	丁二酸二乙酯 琥珀酸二乙酯	diethyl succinate ethyl succinate diethyl ethanedicarboxylate diethyl butanedioate	617	2377	123-25-1
I1447	异丁酸甲酯	methyl isobutyrate	185	2694	547-63-7
I1448	丁酸丁酯	butyl butyrate butyl butanoate	151	2186	109-21-7
I1449	丁酸异丁酯 2-甲基-1-丙醇丁酸酯	isobutyl butyrate buty(iso)butyrate 2-methyl-1-propyl butyrate butyl(iso)butanoate isobutyl butanoate	158	2187	539-90-2
I1450	2-甲基丁酸丁酯	*n*-butyl 2-methylbutyrate	207	3393	15706-73-7
I1451	2-甲基丁酸 2-甲基丁酯	2-methylbutyl 2-methylbutyrate 2-methylbutyl 2-methylbutanoate	212	3359	2445-78-5
I1452	异丁酸丁酯 2-甲基丙酸丁酯	butyl isobutyrate butyl 2-methylpropanoate	188	2188	97-87-0
I1453	丁酸戊酯	amyl butyrate pentyl butyrate amyl butanoate	152	2059	540-18-1
I1454	丁酸异戊酯 丁酸 3-甲基丁酯	isoamyl butyrate isopentyl butyrate amyl(iso)butyrate pentyl(iso)butyrate isopentyl butanoate isoamyl butanoate pentyl(iso)butanoate amyl(iso)butanoate 3-methylbutyl butanoate	45	2060	106-27-4

表 2（续）

编码	中文名称	英文名称	JECFA	FEMA	CAS 号
I1455	2-甲基丁酸异戊酯 2-甲基丁酸 3-甲基丁酯	isoamyl 2-methylbutanoate 3-methylbutyl 2-methylbutanoate isopentyl 2-methylbutanoate isoamyl 2-methylbutyrate iso-amyl 2-methylbutanoate	51	3505	27625-35-0
I1456	异丁酸异戊酯 2-甲基丙酸 3-甲基丁酯 2-甲基丙酸异戊酯	isopentyl isobutyrate 3-methylbutyl 2-methylpropanoate isoamyl isobutyrate isoamyl 2-methylpropanoate iso-amyl 2-methylpropanoate iso-amyl isobutyrate isopentyl 2-methylpropanoate	49	3507	2050-01-3
I1457	丁酸己酯	hexyl butyrate hexyl butanoate	153	2568	2639-63-6
I1458	2-甲基丁酸己酯	hexyl 2-methylbutanoate hexyl 2-methylbutyrate	208	3499	10032-15-2
I1459	顺式-3-己烯醇丁酸酯 丁酸叶醇酯	*cis*-3-hexenyl butyrate β,γ-hexenyl *n*-butyrate *cis*-3-hexenyl butanoate leaf butyrate	157	3402	16491-36-4
I1460	2-甲基丁酸 3-己烯酯	3-hexenyl 2-methylbutanoate	211	3497	10094-41-4
I1461	异丁酸庚酯 2-甲基丙酸庚酯	heptyl isobutyrate heptyl2-methylpropanoate	190	2550	2349-13-5
I1462	2-甲基丁酸辛酯	octyl 2-methylbutyrate	209	3604	29811-50-5
I1463	1-辛烯-3-醇丁酸酯	1-octen-3-yl butyrate	—	3612	16491-54-6
I1464	丁酸苄酯	benzyl butyrate benzyl butanoate butyric acid, benzyl ester	843	2140	103-37-7
I1465	异丁酸苄酯 2-甲基丙酸苄酯	benzyl isobutyrate benzyl 2-methylpropanoate isobutyric acid, benzyl ester	844	2141	103-28-6
I1466	丁酸苯乙酯 丁酸 2-苯乙酯 丁酸苄基甲酯	phenethyl butyrate 2-phenylethyl butyrate benzylcarbinyl butyrate 2-phenylethyl butanoate	991	2861	103-52-6
I1467	2-甲基丁酸苯乙酯 α-甲基丁酸 β-苯乙酯 2-甲基丁酸苄基甲酯 2-甲基丁酸 2-苯乙酯	phenethyl 2-methylbutyrate β-phenethyl α-methylbutanoate benzylcarbinyl 2-methylbutyrate 2-phenylethyl 2-methylbutanoate	993	3632	24817-51-4

表 2（续）

编 码	中 文 名 称	英 文 名 称	JECFA	FEMA	CAS 号
I1468	异丁酸苯乙酯 异丁酸 2-苯乙酯 异丁酸苄基甲酯 2-甲基丙酸苯乙酯 2-甲基丙酸苄基甲酯	phenethyl isobutyrate 2-phenylethyl isobutyrate benzylcarbinyl isobutyrate phenethyl 2-methylpropanoate benzylcarbinyl 2-methylpropanoate	992	2862	103-48-0
I1469	丁酸香叶酯 反式-3,7-二甲基-2,6-辛二烯-1-醇丁酸酯	geranyl butyrate *trans*-3,7-dimethyl-2,6-octadien-1-yl butanoate	66	2512	106-29-6
I1470	异丁酸香叶酯 2-甲基丙酸香叶酯 反式-3,7-二甲基-2,6-辛二烯-1-醇 2-甲基丙酸酯 反式-3,7-二甲基-2,6-辛二烯-1-醇异丁酸酯	geranyl isobutyrate geranyl 2-methylpropanoate *trans*-3,7-dimethyl-2,6-octadien-1-yl 2-methylpropanoate *trans*-3,7-dimethyl-2,6-octadien-1-yl isobutyrate	72	2513	2345-26-8
I1471	丁酸芳樟酯 3,7-二甲基-1,6-辛二烯-3-醇丁酸酯	linalyl butyrate 3,7-dimethyl-1,6-octadien-3-yl butyrate 3,7-dimethyl-1,6-octadien-3-yl butanoate linalool butanoate	361	2639	78-36-4
I1472	异丁酸芳樟酯 3,7-二甲基-1,6-辛二烯-3-醇异丁酸酯 3,7-二甲基-1,6-辛二烯-3-醇 2-甲基丙酸酯 2-甲基丙酸芳樟酯	linalyl isobutyrate 3,7-dimethyl-1,6-octadien-3-yl isobutanoate linalool isobutyrate 3,7-dimethyl-1,6-octadien-3-yl 2-methylpropanoate linalool 2-methylpropanoate	362	2640	78-35-3
I1473	当归酸异丁酯 顺式-2-甲基-2-丁烯酸异丁酯	isobutyl angelate isobutyl *cis*-2-methyl-2-butenoate	1213	2180	7779-81-9
I1474	异丁酸橙花酯 顺式-3,7-二甲基-2,6-辛二烯-1-醇 2-甲基丙酸酯 顺式-3,7-二甲基-2,6-辛二烯-1-醇异丁酸酯 2-甲基丙酸橙花酯	neryl isobutyrate *cis*-3,7-dimethyl-2,6-octadien-1-yl 2-methylpropanoate *cis*-3,7-dimethyl-2,6-octadien-1-yl isobutyrate neryl 2-methylpropanoate	73	2775	2345-24-6
I1475	戊酸乙酯	ethyl valerate ethyl valerianate ethyl pentanoate	30	2462	539-82-2

表 2（续）

编码	中文名称	英文名称	JECFA	FEMA	CAS 号
I1476	丁酰乳酸丁酯	butyl butyryllactate lactic acid, butyl ester, butyrate	935	2190	7492-70-8
I1477	异戊酸乙酯 3-甲基丁酸乙酯	ethyl isovalerate ethyl isovalerianate ethyl β-methylbutyrate ethyl 3-methylbutanoate ethyl isopentanoate	196	2463	108-64-5
I1478	柳酸丁酯 水杨酸丁酯 邻-羟基苯甲酸丁酯	butyl salicylate *n*-butyl *o*-hydroxybenzoate butyl(2-hydroxyphenyl)formate	901	3650	2052-14-4
I1479	异戊酸丁酯 3-甲基丁酸丁酯	butyl isovalerate butyl isovalerianate butyl 3-methylbutanoate butyl isopentanoate	198	2218	109-19-3
I1480	异戊酸异戊酯 3-甲基丁酸 3-甲基丁酯	isoamyl isovalerate isoamyl isovalerianate amyl(iso)isovalerate pentyl (iso)isovalerate isopentyl isovalerate isopentyl isopentanoate isoamyl 3-methylbutanoate isoamyl isopentanoate 3-methylbutyl 3-methylbutyrate 3-methylbutyl 3-methylbutanoate isopentyl 3-methylbutanoate pentyl(iso)3-methylbutanoate pentyl(iso)isopentanoate amyl(iso)3-methylbutanoate amyl(iso)isopentanoate	50	2085	659-70-1
I1481	异戊酸 3-己烯酯 3-甲基丁酸 3-己烯酯	*cis*-3-hexenyl isovalerate 3-hexenyl 3-methylbutanoate 3-hexenyl isopentanoate 3-hexenyl isovalerate	202	3498	10032-11-8
I1482	异戊酸壬酯 3-甲基丁酸壬酯	nonyl isovalerate nonyl isovalerianate nonyl isopentanoate nonyl 3-methylbutanoate	201	2791	7786-47-2

表 2（续）

编　码	中　文　名　称	英　文　名　称	JECFA	FEMA	CAS 号
I1483	异戊酸苯乙酯 异戊酸 2-苯乙酯 3-甲基丁酸苯乙酯 异戊酸苄基甲酯 3-甲基丁酸苄基甲酯 3-甲酸丁酸 2-苯乙酯 异戊酸苄基甲酯	phenethyl isovalerate 2-phenylethyl isovalerate phenethyl 3-methylbutyrate phenethyl isovalerianate benzylcarbinyl isovalerate benzylcarbinyl 3-methylbutanoate 2-phenylethyl 3-methylbutanoate benzylcarbinyl isopentanoate	994	2871	140-26-1
I1484	异戊酸香叶酯 异缬草酸香叶酯 反式-3，7-二甲基-2，6-辛二烯-1-醇 3-甲基丁酸酯 反式-3，7-二甲基-2，6-辛二烯-1-醇异戊酸酯 3-甲基丁酸香叶酯	geranyl isovalerate geranyl isovalerianate *trans*-3，7-dimethyl-2，6-octadien-1-yl 3-methylbutanoate *trans*-3，7-dimethyl-2，6-octadien-1-yl isovalerate *trans*-3，7-dimethyl-2，6-octadien-1-yl isopentanoate geranyl 3-methylbutanoate geranyl isopentanoate	75	2518	109-20-6
I1485	己酸甲酯	methyl hexanoate methyl caproate	—	2708	106-70-7
I1486	2-己烯酸甲酯 *β*-丙基丙烯酸甲酯	methyl 2-hexenoate methyl *β*-propylacrylate	—	2709	2396-77-2
I1487	己酸乙酯	ethyl hexanoate ethyl caproate	31	2439	123-66-0
I1488	3-己烯酸乙酯	ethyl 3-hexenoate	335	3342	2396-83-0
I1489	3-羟基己酸乙酯	ethyl 3-hydroxyhexanoate	601	3545	2305-25-1
I1490	反式-2- 己烯酸乙酯	ethyl trans-2-hexenoate ethyl(*E*)-2-hexenoate	—	3675	27829-72-7
I1491	己酸丙酯	propyl hexanoate propyl caproate	161	2949	626-77-7
I1492	己酸戊酯	amyl hexanoate pentyl hexanoate amyl caproate	163	2074	540-07-8
I1493	己酸异戊酯	isoamyl hexanoate pentyl(iso) hexanoate pentyl(iso)caproate isopentyl hexanoate isopentyl caproate isoamyl caproate	46	2075	2198-61-0
I1494	己酸己酯	hexyl hexanoate hexyl caproate	164	2572	6378-65-0

表 2（续）

编码	中文名称	英文名称	JECFA	FEMA	CAS 号
I1495	顺式-3-己烯醇己酸酯 己酸叶醇酯	*cis*-3-hexenyl hexanoate *cis*-3-hexenyl caproate	165	3403	31501-11-8
I1496	庚酸乙酯	ethyl heptanoate ethyl heptylate ethyl heptoate	32	2437	106-30-9
I1497	庚酸丙酯	propyl heptanoate propyl heptylate propyl heptoate	168	2948	7778-87-2
I1498	庚酸丁酯	butyl heptanoate butyl heptylate butyl heptoate	169	2199	5454-28-4
I1499	2-甲基-3-巯基呋喃 2-甲基-3-呋喃硫醇	2-methyl-3-furanthiol 2-methyl-3-furylmercaptan	1060	3188	28588-74-1
I1500	辛酸甲酯	methyl octanoate methyl caprylate methyl octylate	173	2728	111-11-5
I1501	辛酸乙酯	ethyl octanoate ethyl caprylate ethyl octylate	33	2449	106-32-1
I1502	顺式-4-辛烯酸乙酯	ethyl *cis*-4-octenoate	338	3344	34495-71-1
I1503	顺式-4，7-辛二烯酸乙酯	ethyl *cis*-4,7-octadienoate ethyl (*Z*)-4,7-octadienoate	339	3682	69925-33-3
I1504	辛酸异戊酯 辛酸 3-甲基丁酯	isoamyl octanoate pentyl(iso) octanoate isopentyl octanoate isoamyl caprylate amyl(iso)octanoate amyl(iso) caprylate pentyl (iso)octylate isopentyl octylate amyl(iso)octylate 3-methylbutyl octanoate isoamyl octylate	47	2080	2035-99-6
I1505	辛酸壬酯	nonyl octanoate nonyl octylate nonyl caprylate	178	2790	7786-48-3
I1506	辛酸苯乙酯 辛酸苄基甲酯 辛酸 2-苯乙酯	phenethyl octanoate benzylcarbinyl octanoate 2-phenylethyl caprylate	996	3222	5457-70-5
I1507	2-壬烯酸甲酯 壬烯酸甲酯	methyl 2-nonenoate neofolione methyl nonylenate	—	2725	111-79-5

表 2（续）

编码	中文名称	英文名称	JECFA	FEMA	CAS 号
I1508	壬酸乙酯	ethyl nonanoate ethyl pelargonate ethyl nonylate	34	2447	123-29-5
I1509	癸酸乙酯	ethyl decanoate ethyl caprate ethyl decylate	35	2432	110-38-3
I1510	反式-2-顺式-4-癸二烯酸乙酯	ethyl *trans*-2,*cis*-4-decadienoate	1192	3148	3025-30-7
I1511	月桂酸乙酯 十二酸乙酯	ethyl laurate ethyl dodecanoate ethyl dodecylate	37	2441	106-33-2
I1512	十四酸甲酯 肉豆蔻酸甲酯	methtyl myristate methyl tetradecanoate	183	2722	124-10-7
I1513	苯甲酸甲酯	methyl benzoate methyl benzenecarboxylate	851	2683	93-58-3
I1514	苯甲酸乙酯	ethyl benzoate ethyl benzenecarboxylate	852	2422	93-89-0
I1515	苯甲酸丙酯	propyl benzoate *n*-propyl benzenecarboxylate	853	2931	2315-68-6
I1516	苯甲酸己酯	hexyl benzoate	854	3691	6789-88-4
I1517	苯甲酸苄酯 苯甲酸苯甲酯	benzyl benzoate benzyl phenylformate benzyl benzenecarboxylate benzoic acid,benzyl ester benzyl alcohol benzoic ester	24	2138	120-51-4
I1518	苯甲酸叶醇酯 顺式-3-己烯醇苯甲酸酯	*cis*-3-hexenyl benzoate (*Z*)-3-hexenyl benzoate	858	3688	25152-85-6
I1519	邻氨基苯甲酸甲酯 2-氨基苯甲酸甲酯	methyl anthranilate *o*-amino methyl benzoate methyl *o*-aminobenzoate methyl 2-aminobenzoate	1534	2682	134-20-3
I1520	苯乙酸甲酯 α-甲苯甲酸甲酯	methyl phenylacetate methyl α-toluate	1008	2733	101-41-7
I1521	苯乙酸乙酯 α-甲苯甲酸乙酯	ethyl phenylacetate α-toluic acid,ethyl ester ethyl α-toluate	1009	2452	101-97-3

表 2（续）

编码	中文名称	英文名称	JECFA	FEMA	CAS 号
I1522	苯乙酸异戊酯 苯乙酸 3-甲基丁酯	isoamyl phenylacetate isopentyl phenylacetate amyl (iso) phenylacetate pentyl (iso) phenylacetate phenylacetic acid, isopentyl ester isoamyl α-toluate amyl(iso) α-toluate 3-methylbutyl phenylacetate	1014	2081	102-19-2
I1523	苯乙酸苯乙酯 苯乙酸 2-苯乙酯 α-甲苯甲酸 2-苯乙酯 α-甲苯甲酸苄基甲酯 苯乙酸苄基甲酯	phenethyl phenylacetate 2-phenylethyl phenylacetate 2-phenylethyl α-toluate benzylcarbinyl α-toluate benzylcarbinyl phenylacetate	999	2866	102-20-5
I1524	惕各酸乙酯 反式-2-甲基-2-丁烯酸乙酯 反式-2-甲基巴豆酸乙酯	ethyl tiglate ethyl *trans*-2-methyl-2-butenoate ethyl *trans*-2-methylcrotonate	—	2460	5837-78-5
I1525	惕各酸苄酯 反式-2-甲基-2-丁烯酸苄酯	benzyl tiglate benzyl *trans*-2-methyl-2-butenoate	846	3330	37526-88-8
I1526	乳酸乙酯 α-羟基丙酸乙酯 2-羟基丙酸乙酯	ethyl lactate ethyl α-hydroxypropionate ethyl 2-hydroxypropanoate	931	2440	97-64-3
I1527	乳酸丁酯 2-羟基丙酸丁酯	butyl lactate butyl 2-hydroxypropanoate	932	2205	138-22-7
I1528	肉桂酸甲酯 3-苯丙烯酸甲酯 桂酸甲酯	methyl cinnamate methyl 3-phenylpropenoate	658	2698	103-26-4
I1529	肉桂酸乙酯 3-苯丙烯酸乙酯 桂酸乙酯	ethyl cinnamate ethyl 3-phenylpropenoate ethyl phenylacrylate cinnamic acid, ethyl ester	659	2430	103-36-6
I1530	肉桂酸苄酯 β-苯丙烯酸苄酯 3-苯丙烯酸苄酯 桂酸苄酯	benzyl cinnamate cinnamein benzyl β-phenylacrylate cinnamic acid, benzyl ester benzyl alcohol cinnamic ester benzyl 3-phenylpropenoate 2-propenoic acid, 3-phenyl, phenylmethyl ester	670	2142	103-41-3

表 2（续）

编　码	中　文　名　称	英　文　名　称	JECFA	FEMA	CAS 号
I1531	肉桂酸苯乙酯 桂酸苯乙酯 桂酸 2-苯乙酯 β-苯基-丙烯酸 β-苯乙酯 3-苯基-丙烯酸苄基甲酯 3-苯基-丙烯酸 2-苯乙酯	phenethyl cinnamate 2-phenylethyl cinnamate benzylcarbinyl cinnamate β-phenethyl β-phenylacrylate benzylcarbinyl 3-phenylpropenoate 2-phenylethyl 3-phenylpropenoate	671	2863	103-53-7
I1532	肉桂酸肉桂酯 3-苯基-2-丙烯-1-醇-3-苯丙烯酸酯 桂酸桂酯	cinnamyl cinnamate phenylallyl cinnamate 3-phenyl-2-propen-1-yl 3-phenyl-propenoate cinnamyl β-phenylacrylate 3-phenylallyl cinnamate	673	2298	122-69-0
I1533	水杨酸甲酯（柳酸甲酯） 2-羟基苯甲酸甲酯 合成冬青油	methyl salicylate methyl 2-hydroxybenzoate synthetic wintergreen oil	899	2745	119-36-8
I1534	水杨酸乙酯(柳酸乙酯) 2-羟基苯甲酸乙酯	ethyl salicylate ethyl 2-hydroxybenzoate salicylic ether sal ethyl salicylic acid,ethyl ester	900	2458	118-61-6
I1535	水杨酸异戊酯 柳酸异戊酯 邻羟基苯甲酸异戊酯 邻羟基苯甲酸 3-甲基丁酯 水杨酸 3-甲基丁酯	isoamyl salicylate amyl(iso)salicylate amyl(iso)o-hydroxybenzoate pentyl(iso)salicylate isopentyl salicylate isoamyl *o*-hydroxybenzoate 3-methylbutyl *o*-hydroxybenzoate 3-methylbutyl salicylate pentyl(iso)*o*-hydroxybenzoate isopentyl *o*-hydroxybenzoate salicylic acid ,isopentyl ester	903	2084	87-20-7
I1536	肉豆蔻酸乙酯 十四酸乙酯	ethyl myristate ethyl tetradecanoate	38	2445	124-06-1
I1537	油酸乙酯 顺式 9-十八烯酸乙酯	ethyl oleate ethyl *cis*-9-octadecenoate	345	2450	111-62-6
I1538	软脂酸乙酯 棕榈酸乙酯 十六酸乙酯 鲸蜡酸乙酯	ethyl palmitate ethyl hexadecanoate ethyl cetylate	39	2451	628-97-7

表 2（续）

编码	中文名称	英文名称	JECFA	FEMA	CAS 号
I1539	二氢茉莉酮酸甲酯 (2-戊基-3-氧代-1-环戊基)-乙酸甲酯	methyl dihydrojasmonate methyl-(2-amyl-3-oxo-1-cyclopentyl)-acetate	—	3408	24851-98-7
I1540	椰子油混合酸乙酯	ethyl ester of coconut oil mixed acid	—	—	—
I1541	柠檬酸三乙酯 2-羟基-1，2，3-丙三羧酸三乙酯	triethyl citrate ethyl citrate triethyl2-hydroxyl-1，2，3-propanetricar boxylate	629	3083	77-93-0
I1542	甲酸大茴香酯 甲酸对-甲氧基苄酯 大茴香醇，甲酸酯 甲酸 4-甲氧基苄酯	anisyl formate *p*-methoxybenzyl formate ester *p*-methoxybenzyl alcohol，formate anisyl methanoate 4-methoxybenzyl formate *p*-methoxybenzyl methanoate anisyl alcohol，formate	872	2101	122-91-8
I1543	顺式-3-己烯醇甲酸酯 甲酸叶醇酯	*cis*-3-hexenyl formate 3-hexenyl methanoate	123	3353	33467-73-1
I1544	乙酸 2-甲基丁酯	2-methylbutyl acetate	138	3644	624-41-9
I1545	乙酸 3-苯丙酯 乙酸氢化肉桂酯 乙酸 *β*-苯丙酯	3-phenylpropyl acetate hydrocinnamyl acetate *β*-phenylpropyl acetate phenylpropyl acetate	638	2890	122-72-5
I1546	乙酸丁香酚酯 乙酰丁香酚 2-甲氧基-4-(2-丙烯-1-基)苯酚乙酸酯 乙酸 4-烯丙基-2-甲氧基苯酯	eugenyl acetate acetyl eugenol 2-methoxy-4-(2-propen-1-yl) phenyl acetate eugenol acetate 4-allyl-2-methoxyphenyl acetate	1531	2469	93-28-7
I1547	4,5-二甲基-2-异丁基-3-噻唑啉 2,5-二氢-4,5-二甲基-2-(2-甲基丙基)噻唑	4,5-dimethyl-2-isobutyl-3-thiazoline 2-isobutyl-4,5-dimethyl-3-thiazoline 2， 5-dihydro-4， 5-dimethyl-2-(2-methylpropyl) thiazole	1045	3621	65894-83-9
I1548	乙酸异胡薄荷酯 1-甲基-4-异丙烯基-3-环己醇乙酸酯 对-盖-8-烯-3-醇乙酸酯	isopulegyl acetate pulegol iso acetate 1-methyl-4-isopropenylcyclohexan-3-yl acetate *p*-menth-8-en-3-yl acetate isopulegol acetate	756	2965	57576-09-7
I1549	1，3，3-三甲基-2-降龙脑乙酸酯 乙酸葑酯	1，3，3-trimethyl-2-norbornanyl acetate fenchyl acetate	1399	3390	13851-11-1
I1550	丙酸甲酯	methyl propionate methyl propanoate	141	2742	554-12-1

表 2（续）

编码	中文名称	英文名称	JECFA	FEMA	CAS 号
I1551	丙烯酸乙酯	ethyl acrylate ethyl propenoate	1351	2418	140-88-5
I1552	乳酸叶醇酯 2-羟基丙酸顺式-3-己烯酯	*cis*-3-hexenyl lactate *cis*-3-hexenyl 2-hydroxypropanoate	934	3690	61931-81-5
I1553	丙酸癸酯	decyl propionate decyl propanoate	146	2369	5454-19-3
I1554	反式-2-丁烯酸乙酯 巴豆酸乙酯 α-巴豆酸乙酯	ethyl *trans*-2-butenoate ethyl crotonate ethyl α-crotonate	—	3486	10544-63-5 623-70-1
I1555	丁酸丙酯	propyl butyrate propyl butanoate	150	2934	105-66-8
I1556	异丁酸异丙酯 2-甲基丙酸异丙酯	isopropyl isobutyrate propyl iso isobutyrate isopropyl 2-methylpropanoate	309	2937	617-50-5
I1557	2-甲基丁酸异丙酯	isopropyl 2-methylbutyrate	210	3699	66576-71-4
I1558	异丁酸己酯 2-甲基丙酸己酯	hexyl isobutyrate hexyl 2-methylpropanoate	189	3172	2349-07-7
I1559	丁酸庚酯	heptyl butyrate heptyl butanoate	154	2549	5870-93-9
I1560	异丁酸辛酯 2-甲基丙酸辛酯	octyl isobutyrate octyl 2-methylpropanoate	192	2808	109-15-9
I1561	异丁酸 3-苯丙酯 异丁酸氢化肉桂酯 2-甲基丙酸 3-苯丙酯 2-甲基丙酸氢化肉桂酯	3-phenylpropyl isobutyrate hydrocinnamyl isobutyrate 3-phenylpropyl 2-methylpropanoate β-phenylpropyl 2-methylpropanoate hydrocinnamyl 2-methylpropanoate	640	2893	103-58-2
I1562	丁酸香茅酯 3,7-二甲基-6-辛烯-1-醇丁酸酯	citronellyl butyrate 3,7-dimethyl-6-octen-1-yl butyrate citronellyl butanoate	65	2312	141-16-2
I1563	丁酸肉桂酯 3-苯基-2-丙烯-1-醇丁酸酯 丁酸 3-苯基烯丙酯	cinnamyl butyrate 3-phenyl-2-propen-1-yl butanoate butyric acid, 3-phenyl-2-propen-1-yl ester 3-phenylallyl butyrate	652	2296	103-61-7
I1564	异戊酸甲酯 3-甲基丁酸甲酯	methyl isovalerate methyl isovalerianate methyl isopentanoate methyl 3-methylbutyrate methyl 3-methylbutanoate	195	2753	556-24-1
I1565	异戊酸异丁酯	isobutyl isovalerate	203	3369	589-59-3

表 2（续）

编　码	中 文 名 称	英 文 名 称	JECFA	FEMA	CAS 号
I1566	异戊酸 2-甲基丁酯 3-甲基丁酸 2-甲基丁酯 异戊酸 2-甲基丁酯	2-methylbutyl isovalerate 2-methylbutyl 3-methylbutanoate 2-methylbutyl isopentanoate 2-methylbutyl isovalerianate	204	3506	2445-77-4
I1567	异戊酸苄酯 3-甲基丁酸苄酯	benzyl isovalerate benzyl isovalerianate benzyl 3-methylbutanoate benzyl isopentanoate	845	2152	103-38-8
I1568	2-戊基吡啶	2-pentylpyridine 2-amylpyridine	1313	3383	2294-76-0
I1569	异戊酸肉桂酯 异戊酸 3-苯基烯丙酯 3-甲基丁酸 3-苯基烯丙酯 3-苯基-2-丙烯-1-醇-3-甲基丁酸酯 3-甲基丁酸桂酯	cinnamyl isovalerate cinnamyl isovalerianate 3-phenylallyl isovalerate 3-phenylallyl 3-methylbutanoate 3-phenyl-2-propen-1-yl 3-methylbutanoate cinnamyl 3-methylbutanoate	654	2302	140-27-2
I1570	异戊酸薄荷酯 异戊酸对盂-3-酯 3-甲基丁酸薄荷酯 异缬草酸薄荷酯 1-异丙基-4-甲基环己基-2-醇-3-甲基丁酸酯	menthyl isovalerate validol *p*-menth-3-yl isovalerate menthyl 3-methylbutanoate menthyl isovalerianate menthyl isopentanoate 1-isopropyl-4-methylcyclohex-2-yl 3-methylbutanoate methyl isovalerianate menthol isovalerate	432	2669	16409-46-4
I1571	3-己烯酸甲酯	methyl3-hexenoate	334	3364	2396-78-3
I1572	正己酸异丁酯 2-甲基-丙-1-醇己酸酯	isobutyl caproate isobutyl hexanoate butyl iso hexanoate butyl iso caproate 2-methyl-1-propyl caproate	166	2202	105-79-3
I1573	己酸烯丙酯 己酸 2-丙烯酯	allyl hexanoate 2-propenyl hexanoate allyl caproate	3	2032	123-68-2
I1574	己酸芳樟酯 3,7-二甲基-1,6-辛二烯-3-醇己酸酯	linalyl hexanoate linalyl caproate linalyl hexoate linalyl capronate 3,7-dimethyl-1,6-octadien-3-yl hexanoate	364	2643	7779-23-9

表 2（续）

编　码	中 文 名 称	英 文 名 称	JECFA	FEMA	CAS 号
I1575	3,7-二甲基-6-辛烯酸甲酯 香茅酸甲酯	methyl 3,7-dimethyl-6-octenoate methyl citronellate	354	3361	2270-60-2
I1576	3-壬烯酸甲酯	methyl 3-nonenoate	340	3710	13481-87-3
I1577	9-十一烯酸甲酯	methyl 9-undecenoate methyl undecylenate	342	2750	5760-50-9
I1578	十一酸乙酯	ethyl undecanoate ethyl undecylate ethyl hendecanoate	36	3492	627-90-7
I1579	十四酸异丙酯 肉豆蔻酸异丙酯	isopropyl myristate isopropyl tetradecanoate	311	3556	110-27-0
I1580	*N*-甲基邻氨基苯甲酸甲酯 2-甲基氨基苯甲酸甲酯 甲基代邻氨基苯甲酸甲酯	methyl *N*-methylanthranilate dimethyl anthranilate 2-methylamino methyl benzoate methyl *o*-methylaminobenzoate methyl 2- methylaminobenzoate	1545	2718	85-91-6
I1581	邻氨基苯甲酸乙酯 2-氨基苯甲酸乙酯	ethyl anthranilate ethyl 2-aminobenzoate ethyl *o*-aminobenzoate	1535	2421	87-25-2
I1582	苯甲酸异戊酯 苯甲酸 3-甲基丁酯	isoamyl benzoate pentyl (iso) benzoate isopentyl benzoate amyl (iso) benzoate benzoic acid,isopentyl ester 3-methylbutyl benzoate	857	2058	94-46-2
I1583	苯甲酸苯乙酯 苯甲酸 2-苯乙酯 苯甲酸苄基原酯	phenethyl benzoate 2-phenylethyl benzoate benzyl carbinyl benzoate	—	2860	94-47-3
I1584	苯乙酸异丁酯 *α*-甲苯甲酸异丁酯 苯乙酸 2-甲基丙酯	isobutyl phenylacetate butyl iso phenylacetate isobutyl *α*-toluate 2-mthylpropyl phenylacetate	1013	2210	102-13-6
I1585	苯乙酸己酯 *α*-甲苯甲酸己酯	hexyl phenylacetate phenylacetic acid,hexyl ester hexyl *α*-toluate	1015	3457	5421-17-0
I1586	苯丙酸乙酯 氢化肉桂酸乙酯 二氢桂酸乙酯	ethyl 3-phenylpropionate ethyl hydrocinnamate ethyl dihydrocinnamate	644	2455	2021-28-5
I1587	环己基羧酸甲酯 环己基甲酸甲酯	methyl cyclohexanecarboxylate	962	3568	4630-82-4
I1588	大茴香酸甲酯 对-甲氧基苯甲酸甲酯	methyl *p*-anisate methyl *p*-methoxybenzoate	884	2679	121-98-2

表 2（续）

编码	中文名称	英文名称	JECFA	FEMA	CAS 号
I1589	大茴香酸乙酯 对-甲氧基苯甲酸乙酯	ethyl *p*-anisate ethyl *p*-methoxybenzoate	885	2420	94-30-4
I1590	水杨酸苯乙酯 水杨酸 2-苯乙酯 2-羟基苯甲酸 2-苯乙酯 2-羟基苯甲酸苄基甲酯 水杨酸苄基甲酯 柳酸苯乙酯	phenethyl salicylate 2-phenylethyl salicylate 2-phenylethyl 2-hydroxybenzoate benzylcarbinyl 2-hydroxybenzoate benzylcarbinyl salicylate	905	2868	87-22-9
I1591	月桂酸异戊酯 十二酸异戊酯	isoamyl laurate isoamyl dodecanoate amyl (iso) laurate amyl (iso) dodecanoate pentyl (iso) dodecanoate isopentyl laurate isopentyl dodecanoate isopentyl dodecylate	182	2077	6309-51-9
I1592	亚油酸甲酯 亚油酸甲酯(48%)，亚麻酸甲酯(52%)混合物 亚麻酸甲酯	methyl linoleate methyl linoleate(48%)methyl linolenate (52%) mixture methyl linolenate	346	3411	301-00-8
I1593	茉莉酮酸甲酯 (2-戊烯-2-基-3-氧代-1-环戊基)乙酸甲酯	methyl jasmonate methyl (2-pent-2-enyl-3-oxo-1-cyclopentyl) acetate jasmoneige(NIPZ)	1400	3410	1211-29-6 39924-52-2
I1594	柳酸苄酯 水杨酸苄酯 邻-羟基苯甲酸苄酯 2-羟基苯甲酸苄酯	benzyl salicylate benzyl *o*-hydroxybenzoate salicylic acid, benzyl ester benzoic acid, 2-hydroxy, phenylmethyl ester	904	2151	118-58-1
I1595	肉桂酸异丁酯 *β*-苯丙烯酸 2-甲基丙酯 3-苯丙烯酸 2-甲基丙酯 桂酸 2-甲基丙酯 *β*-苯丙烯酸异丁酯 3-苯丙烯酸异丁酯	isobutyl cinnamate butyl iso cinnamate 2-methylpropyl *β*-phenylacrylate 2-methylpropyl 3-phenylacrylate 2-mehylpropyl cinnamate isobutyl *β*-phenylacrylate isobutyl 3-phenylpropenoate cinnamic acid isobutyl ester labdanol	664	2193	122-67-8

表 2（续）

编码	中文名称	英文名称	JECFA	FEMA	CAS 号
I1596	肉桂酸 3-苯丙酯 桂酸氢化桂酯 3-苯丙烯酸氢化桂酯 β-苯丙烯酸 3-苯丙酯	3-phenylpropyl cinnamate hydrocinnamyl cinnamate hydrocinnamyl 3-phenylpropenoate 3-phenylpropyl β-phenylacrylate β-phenylpropyl cinnamate 3-phenylpropyl 3-phenylpropenoate	672	2894	122-68-9
I1597	酒石酸二乙酯 2,3-二羟基丁二酸二乙酯 2,3-二羟基琥珀酸二乙酯	diethyl tartrate diethyl 2,3-dihydroxybutanedioate ethyl tartrate diethyl 2,3-dihydroxysuccinate	622	2378	87-91-2
I1598	菸酸甲酯 3-吡啶羧酸甲酯 3-甲氧甲酰基吡啶	methyl nicotinate methyl 3-pyridinecarboxylate 3-carbomethoxypyridine	1320	3709	93-60-7
I1599	惕各酸苯乙酯 惕各酸 2-苯乙酯 反式 2,3-二甲基丙烯酸 2-苯乙酯	phenethyl tiglate 2-phenylethyl tiglate 2-phenylethyl trans-2, 3-dimethylacrylate	997	2870	55719-85-2
I1600	3-乙酰基-2,5-二甲基噻吩	3-acetyl-2,5-dimethylthiophene 2,5-dimethyl-3-acetylthiophene	1051	3527	2530-10-1
I1601	3,5,5-三甲基-1-乙醇 三甲基己醇 异壬醇	3,5,5-trimethyl-1-hexanol trimethylhexyl alcohol isononanol	268	3324	3452-97-9
I1602	丁酸茴香酯 丁酸 4-甲氧基苄酯 丁酸对-甲氧基苄酯	anisyl butyrate 4-methoxybenzyl butanoate *p*-methoxybenzyl butyrate	875	2100	6963-56-0
I1603	异戊酸龙脑酯 3-甲基丁酸龙脑酯	bornyl isovalerate bornyl 3-isopentanoate bornyl 3-methylbutyrate bornyl isovalerianate bornyval	1393	2165	76-50-6
I1604	2,6-二甲基-4-庚醇 二异丁基原醇	2,6-dimethyl-4-heptanol diisobutyl carbinol	303	3140	108-82-7
I1605	苯甲酸异丁酯	isobutyl benzoate	856	2185	120-50-3
I1606	甲酸橙花酯 顺式-3,7-二甲基-2,6-辛二烯-1-醇甲酸酯	neryl formate *cis*-3, 7-dimethyl-2, 6-octadien-1-yl formate	55	2776	2142-94-1
I1607	乙酸甲基苄醇酯(邻-、间-、对-混合物	methylbenzyl acetate (mixed *o*-, *m*-, *p*-)	863	3702	30676-70-1

表 2(续)

编码	中文名称	英文名称	JECFA	FEMA	CAS 号
I1608	顺式和反式-对 1,(7)8-蓋二烯-2-醇乙酸酯	*cis*-and *trans*-p-1,(7)8-menthadien-2-yl acetate menthadienyl acetate	1098	3848	71660-03-2
I1609	乙酸龙脑烯醇酯 2-(2,2,3-三甲基环戊-3-烯基)乙醇乙酸酯	campholene acetate 2-(2, 2, 3-trimethylcyclopent-3-enyl)ethyl acetate	969	3657	36789-59-0
I1610	丙酸丙酯	propyl propionate	142	2958	106-36-5
I1611	丙酸丁酯	*n*-butyl propionate	143	2211	590-01-2
I1612	丙酸己酯	hexyl propionate	144	2576	2445-76-3
I1613	丙酮酸乙酯 乙酰基甲酸乙酯	ethyl pyruvate ethyl acetylformate	938	2457	617-35-6
I1614	丁酸辛酯	octyl butyrate	155	2807	110-39-4
I1615	异丁酸丙酯 2-甲基丙酸丙酯	*n*-propyl isobutyrate propyl 2-methylpropanoate	187	2936	644-49-5
I1616	异丁酸异丁酯	isobutyl isobutyrate	194	2189	97-85-8
I1617	异丁酸香茅酯 3,7-二甲基-6-辛烯-1-醇异丁酸酯	citronellyl isobutyrate 3, 7-dimethyl-6-octen-1-yl isobutyrate	71	2313	97-89-2
I1618	反式-2-丁烯酸叶醇酯	(*Z*)-3-Hexenyl(*E*)-2-butenoate	1276	3982	65405-80-3
I1619	丁二酸单薄荷酯	momo-menthyl succinate	447	3810	77341-67-4
I1620	正戊酸正戊酯	pentyl valerate	—	—	2173-56-0
I1621	异戊酸辛酯 3-甲基丁酸辛酯	octyl isovalerate octyl 3-methyl butyrate	200	2814	7786-58-5
I1622	己酸丁酯	butyl hexanoate butyl caproate	162	2201	626-82-4
I1623	己酸苯乙酯 2-苯基乙醇己酸酯 苄基原醇己酸酯	phenethyl hexanoate 2-phenylethyl caproate 2-phenylethyl hexanoate benzyl carbinyl caproate benzyl carbinyl hexanoate phenethyl caproate	995	3221	6290-37-5
I1624	顺式-3-己烯醇异丁酸酯 异丁酸叶醇酯	(*Z*)-3-hexenyl isobutyrate leaf isobutyrate	1275	3929	41519-23-7
I1625	辛酸己酯	hexyl octanoate	175	2575	1117-55-1
I1626	2-辛烯酸乙酯	ethyl 2-octenoate	—	3643	2351-90-8
I1627	2,4,7-癸三烯酸乙酯	ethyl 2,4,7-decatrienoate	1193	3832	78417-28-4
I1628	苯甲酸芳樟酯 3,7-二甲基-1,6-辛二烯-3-醇苯甲酸酯	linalyl benzoate 3,7-dimethyl-1,6-octadien-3-yl benzoate	859	2638	126-64-7

表 2（续）

编 码	中 文 名 称	英 文 名 称	JECFA	FEMA	CAS 号
I1629	惕各酸叶醇酯 反式-2-甲基-2-丁烯酸顺式-3-己烯醇酯 反式-2-甲基-2-丁烯酸叶醇酯	(*Z*)-3-hexenyl (*E*)-2-methyl2-butenoate *cis*-3-hexenyl tigalate	1277	3931	67883-79-8
I1630	2-丁烯酸异丁酯	isobutyl 2-butenoate	1206	3432	589-66-2
I1631	3-甲基丁酸己酯	hexyl 3-methyl butanoate	199	3500	10032-13-0
I1632	顺式-3-己烯酸顺式-3-己烯醇酯	*cis*-3-hexenyl *cis*-3-hexenoate	336	3689	61444-38-0
I1633	3-羟基己酸甲酯 β-羟基己酸甲酯	methyl 3-hydroxyhexanoate methyl 3-hydroxycaproate methyl β-hydroxyhexanoate methyl β-hydroxycaproate	600	3508	21188-58-9
I1634	苯甲酸香叶酯 反式-3,7-二甲基-2,6-辛二烯-1-醇苯甲酸酯	geranyl benzoate *trans*-3,7-dimethyl-2,6-octadien-1-yl benzoate	860	2511	94-48-4
I1635	琥珀酸二甲酯 丁二酸二甲酯 丁二酸甲酯 琥珀酸甲酯	dimethyl succinate dimethyl butanedioate methyl butanedioate methyl succinate	616	2396	106-65-0
I1636	硬脂酸乙酯 十八酸乙酯	ethyl stearate ethyl octadecanoate	40	3490	111-61-5
I1637	3-甲基-2-丁烯-1-醇乙酸酯	prenyl acetate 3-methyl-2-buten-1-ol acetate 3-methyl-2-butenyl acetate	—	4202	1191-16-8
I1638	己酸反式-2-己烯酯	*trans*-2-hexenyl hexanoate	1381	3983	53398-86-0
I1639	甲酸龙脑酯 2-莰烷醇甲酸酯	bornyl formate 2-camphanyl formate borneol formate bornyl mentanoate endo-2-bornanyl formate	1389	2161	7492-41-3
I1640	顺式-4-庚烯酸乙酯	ethyl *cis*-4- heptenoate 4-heptenoic acid,ethyl ester,(*Z*) ethyl hept-4-enoate,(*Z*)	1281	3975	39924-27-1
I1641	辛酸戊酯 正戊醇辛酸酯	amyl octanoate amyl caprylate amyl octylate *n*-amyl(pentyl) octanoate *n*-pentyl octylate pentyl octanoate	174	2079	638-25-5
I1642	4-甲基戊酸甲酯 异丁基乙酸甲酯 异己酸甲酯	methyl 4-methylvalerate methyl 4-methylpentanoate methyl isobutylacetate methyl isocaproate	216	2721	2412-80-8

表 2（续）

编 码	中 文 名 称	英 文 名 称	JECFA	FEMA	CAS 号
I1643	乙酸胡椒酯 乙酸洋茉莉酯 3,4-亚甲基二氧代苄醇乙酸酯	heliotropin acetate heliotropyl acetate 3,4-methylenedioxybenzyl acetate 1, 3-benzodioxole-5-methanol, acetate	894	2912	326-61-4
I1644	丙酸肉桂酯 丙酸 3-苯基-2-丙烯酯 丙酸 γ-苯基-2-丙烯-1-酯 丙酸 3-苯基-2-丙烯-1-酯 丙酸 3-苯基烯丙酯	cinnamyl propionate 3-phenyl-2-propenyl propanoate γ-phenylallyl propionate 3-phenyl-2-propen-1-yl propionate 3-phenylallyl propionate	651	2301	103-56-0
I1645	异丁酸苏合香酯 异丁酸 α-甲基苄酯 异丁酸甲基苯基原酯 异丁酸 1-苯基-1-乙酯 2-甲基丙酸 α-甲基苄酯 2-甲基丙酸 1-苯基-1-乙酯	styrallyl isobutyrate α-methylbenzyl isobutyrate methyl phenylcarbinyl isobutyrate 1-phenyl-1-ethyl isobutyrate α-methylbenzyl 2-methylpropanoate 1-phenyl-1-ethyl 2-methylpropanoate	804	2687	7775-39-5
I1646	异丁酸十二酯 2-甲基丙酸十二酯 异丁酸月桂酯 2-甲基丙酸月桂酯	dodecyl isobutyrate dodecyl 2-methylpropanoate lauryl isobutyrate lauryl 2-methylpropanoate	193	3452	6624-71-1
I1647	异丁酸松油酯 对-盖-1-烯-8-醇异丁酸酯	terpinyl isobutyrate *p*-menth-1-en-8-yl isobutyrate	371	3050	7774-65-4
I1648	水杨酸异丁酯 水杨酸 2-甲基-丙-1-醇酯 邻-羟基苯甲酸 2-甲基丙酯 邻-羟基苯甲酸异丁酯	isobutyl salicylate 2-methyl-1-propyl salicylate 2-methylpropyl *o*-hydroxybenzoate iso butyl *o*-hydroxybenzoate	902	2213	87-19-4
I1649	肉桂酸异戊酯 3-苯基丙烯酸异戊酯 β-苯基丙烯酸异戊酯	isoamyl cinnamate isopentyl cinnamate isopentyl 3-phenylpropenoate cinnamic acid, isoamyl ester isopentyl β-phenylacrylate isoamyl β-phenylacrylate	665	2063	7779-65-9

表 2（续）

编　码	中　文　名　称	英　文　名　称	JECFA	FEMA	CAS 号
I1650	乙酸异龙脑酯 乙酸异冰片酯 乙酸外-2-龙脑酯	isobornyl acetate exo-2-bornyl acetate isobornyl ethanoate	1388	2160	125-12-2
I1701	γ-戊内酯 丙位戊内酯 3-戊内酯 3-甲基丁内酯 4-戊内酯 4-甲基-4-羟基丁酸内酯	γ-valerolactone 4-hydroxypentanoic acid, γ-lactone 3-valerolactone 3-methylbutyrolactone γ-valeryllactone 4-valeryllactone pentanolide-1,4 4-methyl-4-hydroxybutanoic acid lactone γ-methyl-γ-butyrolactone	220	3103	108-29-2
I1702	γ-己内酯 丙位己内酯 乙基丁内酯 4-羟基己酸内酯 1,4-己内酯 4-乙基-4-羟基丁酸内酯	γ-hexalactone 4-hydroxyhexanoic acid, γ-lactone tonkalide ethyl butyrolactone γ-caprolactone 4-ethyl-4-hydroxybutanoic acid lactone hexanolide-1,4 γ-ethyl-γ-butyrolactone	223	2556	695-06-7
I1703	γ-庚内酯 丙位庚内酯 4-羟基庚酸内酯 γ-丙基-γ-丁内酯 4-正丙基-4-羟基丁酸内酯 1,4-庚内酯	γ-heptalactone 4-hydroxyheptanoic acid, γ-lactone γ-*n*-propyl-γ-butyrolactone heptanolide-1,4 4-*n*-propyl-4-hydroxybutanoic acid lactone	225	2539	105-21-5
I1704	γ-辛内酯 丙位辛内酯 4-羟基辛酸内酯 4-正丁基-4-羟基丁酸内酯 γ-正丁基-γ-丁内酯 1,4-辛内酯	γ-octalactone 4-hydroxyoctanoic acid, γ-lactone 4-*n*-butyl-4-hydroxybutyric acid lactone octanolide-1,4 γ-*n*-butyl-γ-butyrolactone	226	2796	104-50-7

表 2（续）

编　码	中　文　名　称	英　文　名　称	JECFA	FEMA	CAS 号
I1705	γ-壬内酯 丙位壬内酯 C-18 醛(所谓的) 椰子醛 4-羟基壬酸内酯 γ-戊基丁内酯 1,4-壬内酯 4-正戊酯-4-羟基丁酸内酯	γ-nonalactone aldehyde C-18(so called) γ-amyl butyrolactone 4-hydroxynonanoic acid, γ-lactone prunolide coconut aldehyde nonanolide-1,4 4-*n*-amyl-4-hydroxybutyric acid lactone γ-pelargolactone γ-nonyllactone	229	2781	104-61-0
I1706	γ-癸内酯 丙位癸内酯 4-羟基癸酸内酯 1,4-癸内酯 4-正己基-4-羟基丁酸内酯 γ-正己基-γ-丁内酯	γ-decalactone 4-hydroxydecanoic acid, γ-lactone decanolide-1,4 4-*n*-hexyl-4-hydroxybutanoic acid lactone γ-*n*-hexyl-γ-butyrolactone	231	2360	706-14-9
I1707	γ-十二内酯 丙位十二内酯 4-羟基十二酸内酯 十二内酯-1,4 γ-辛基-γ丁内酯	γ-dodecalactone dodecanolide-1,4 4-hydroxydodecanoic acid, γ-lactone γ-octyl-γ-bytyrolactone	235	2400	2305-05-7
I1708	γ-丁内酯 丙位丁内酯 4-羟基丁酸内酯	γ-butyrolactone 4-hydroxybutyric acid lactone	219	3291	96-48-0
I1709	δ-己内酯 丁位己内酯 5-羟基己酸内酯 5-甲基-5-羟基戊酸内酯 5-甲基-δ-戊内酯	δ-hexalactone 5-hydroxyhexanoic acid lactone δ-caprolactone 5-methyl-5-hydroxypentanoic acid lactone 5-methyl-δ-valerolactone	224	3167	823-22-3
I1710	δ-辛内酯 丁位辛内酯 5-羟基辛酸内酯 δ-丙基-δ-戊内酯 5-丙基-5-羟基戊酸内酯	δ-octalactone 5-hydroxyoctanoic acid lactone δ-propyl-δ-valerolactone 5-propyl-5-hydroxypentanoic acid lactone	228	3214	698-76-0

表 2（续）

编　码	中 文 名 称	英 文 名 称	JECFA	FEMA	CAS 号
I1711	δ-壬内酯 丁位壬内酯 5-正丁基-5-羟基戊酸内酯 5-羟基壬酸内酯 5-正丁基-δ-戊内酯	δ-nonalactone hydroxynonanoic acid, δ-lactone 5-*n*-butyl 5-hydroxypentanoic acid lactone 5-hydroxynonaoic acid lactone 5-*n*-butyl-δ-valerolactone	230	3356	3301-94-8
I1712	δ-癸内酯 丁位癸内酯 5-羟基癸酸内酯 1,5-癸内酯 δ-正戊基-δ-戊内酯 5-正戊基-5-羟基戊酸内酯	δ-decalactone 5-hydroxydecanoic acid, δ-lactone decanolide-1,5 δ-*n*-amyl-δ-valerolactone 5-*n*-amyl-5-hydroxypentanoic acid lactone	232	2361	705-86-2
I1713	δ-十一内酯 丁位十一内酯 5-羟基十一酸内酯	δ-undecalactone 5-hydroxyundecanoic acid lactone δ-*n*-hexyl-δ-valerolactone	234	3294	710-04-3
I1714	δ-十二内酯 丁位十二内酯 十二内酯-1,5 δ-正庚基-δ-戊内酯 5-羟基十二酸内酯	δ-dodecalactone 5-hydroxydodecanoic acid lactone dodecanolide-1,5 δ-*n*-heptyl-δ-valerolactone	236	2401	713-95-1
I1715	十五内酯 ω-十五内酯 环十五内酯 15-羟基十五酸,ω-内酯	omega-pentadecalactone cyclopentadecanolide angelica lactone 15-hydroxypentadecanoic acid, omega-lactone thibetolide pentadecanolide exaltolide muscolactone exaltex	239	2840	106-02-5
I1716	5-羟基-2-癸烯酸 δ-内酯 马索亚内酯	5-hydroxy-2-decenoic acid δ-lactone cocolactone massoia lactone	246	3744	51154-96-2
I1717	3-丙叉基苯酞 3-丙叉基苯并呋喃酮	3-propylidenephthalide propyl 2-furanacrylate	1168	2952	17369-59-4
I1718	3-丁叉基苯酞 3-丁叉酞苯并呋喃酮	3-butylidenephthalide ligusticum lactone	1170	3333	551-08-6
I1719	薄荷内酯 5,6,7,7a-四氢-3,6-二甲基-2(4*H*)-苯并呋喃酮	mintlactone 5,6,7,7a-tetrahydro-3,6-dimethyl-2(4*H*)-benzofuranone menthalactone	1162	3764	13341-72-5

表 2（续）

编码	中文名称	英文名称	JECFA	FEMA	CAS 号
I1720	δ-十三内酯 丁位十三内酯	δ-tridecalactone	—	—	7370-92-5
I1721	δ-十四内酯 丁位十四内酯	δ-tetradecalactone lactone C-14-D	238	3590	2721-22-4
I1722	5-羟基-2,4-癸二烯酸内酯 6-戊基-α-吡喃酮	5-hydroxy-2,4-decadienoic acid lactone 6-pentyl-alpha-pyrone	245	3696	27593-23-3
I1723	5-羟基-7-癸烯酸内酯 茉莉内酯	5-hydroxy-7-decenoic acid lactone jasmine lactone	247	3745	25524-95-2
I1724	威士忌内酯 4-羟基-3-甲基辛酸丙位内酯 5-丁基-4-甲基二氢-2(3*H*)-呋喃酮	whiskey lactone 4-hydroxy-3-methyloctanoic acid γ-lactone 5-butyl-4-methyldihydro-2(3*H*)-furanone	437	3803	39212-23-2
I1725	二氢猕猴桃内酯 5,6,7,7a-四氢-4,4,7a-三甲基-2(4*H*)苯并呋喃酮 (+/-)-(2,6,6-三甲基-2-羟基环己叉基)乙酸丙位内酯	dihydroactinidiolide 5,6,7,7a-tetrahydro-4,4,7a-trimethyl-2(4*H*)benzofuranone (+/-)-(2,6,6-trimethyl-2-hydroxycyclohexylidene) acetic acid γ-lactone	1164	4020	15356-74-8
I1726	黄葵内酯	ambrettolide	—	2555	123-69-3
I1727	α-当归内酯 4-羟基-3-戊烯酸内酯 5-甲基-2(3*H*)呋喃酮	α-angelica lactone 4-hydroxy-3-pentenoic acid lactone 5-methyl-2(3*H*)furanone	221	3293	591-12-8
I1728	γ-甲基癸内酯 4-甲基癸内酯 5-己基-5-甲基二氢-2(3*H*)呋喃酮 二氢茉莉酮内酯	γ-methyldecalactone 4-methyldecanolide 5-hexyl-5-methyldihydro-2(3*H*)furanone dihydrojasmone lactone lactojasmon	250	3786	7011-83-8
I1731	β-石竹烯 2-亚甲基-6,10,10-三甲基双环[7.2.0]十一碳-5-烯	β-caryophyllene 2-methylene-6,10,10-trimethylbicyclo[7.2.0]undec-5-ene	1324	2252	87-44-5
I1732	巴伦西亚桔烯 1,2,3,5,6,7,8,8a-八氢-1,8a-二甲基-7-(1-甲基乙烯基)萘	valencene 1,2,3,5,6,7,8,8a-octahydro-1,8a-dimethyl-7-(1-methylethenyl)-naphthalene	1337	3443	4630-07-3
I1733	月桂烯 7-甲基-3-亚甲基-1,6-辛二烯	myrcene 7-methyl-3-methylene-1,6-octadiene	1327	2762	123-35-3

表 2 (续)

编　码	中 文 名 称	英 文 名 称	JECFA	FEMA	CAS 号
I1734	*d*-苧烯 双戊烯 香芹烯 1-甲基-4-异丙烯基-1-环己烯 对-1,8(9)-盖二烯	*d*-limonene cinene cajeputene *d*-*p*-mentha-1,8-diene kautschin dipentene citrene carvene 1-methyl-4-isopropenyl-1-cyclohexene	1326	2633	5989-27-5
I1735	异松油烯 1,4(8)-萜二烯 对-1,4(8)-盖二烯 萜品油烯 1-甲基-4-异亚丙基-1-环己烯 对-盖-1,4(8)-二烯	terpinolene 1,4(8)-terpadiene *p*-mentha-1,4(8)-diene tereben 1-methyl-4-isopropylidene-1-cyclohexene *p*-mentha-1,4(8)-diene terpinene	1331	3046	586-62-9
I1736	罗勒烯 3,7-二甲基-1,3,6-辛三烯 反式-*β*-罗勒烯	ocimene 3,7-dimethyl-1,3,6-octatriene *trans*-*β*-ocimene	1338	3539	13877-91-3
I1737	莰烯 2,2-二甲基-3-亚甲基降冰片烷 3,3,-二甲基-2-亚甲基降莰烷	camphene 2,2-dimethyl-3-methylenenorbornane 3,3-dimethyl-2-methylenenorcamphane	1323	2229	79-92-5
I1738	*α*-蒎烯 2-蒎烯 2,6,6,-三甲基双环-(3,1,1)-2-庚烯	*α*-pinene 2-pinene 2,6,6-trimethylbicyclo-(3,1,1)-2-heptene pinene	1329	2902	80-56-8
I1739	*β*-蒎烯 2(10)-蒎烯 诺品烯 6,6-二甲基-2-亚甲基双环(3,1,1)-庚烷	*β*-pinene 2-(10)-pinene nopinene 6,6-dimethyl-2-methylenebicyclo (3,1,1)-heptane pseudopinene 6,6-dimethyl-2-methylenenorpinane	1330	2903	127-91-3

表 2（续）

编 码	中 文 名 称	英 文 名 称	JECFA	FEMA	CAS 号
I1740	1,8-桉叶素 1,8-环氧-对-蓋烷 白千层脑	1,8-cineole eucalyptol 1,8-epoxy-*p*-menthane cineole cajeputol	1234	2465	470-82-6
I1741	1,4-桉叶素	1,4-cineole	1233	3658	470-67-7
I1742	二氢香豆素 1,2-苯并二氢吡喃酮 邻-羟基二氢肉桂酸内酯 3,4-二氢(2*H*)-1-苯并吡喃-2-酮 苯并二氢吡喃-2-酮	dihydrocoumarin 1,2-benzodihydropyrone hydrocoumarin *o*-hydroxydihydrocinnamic acid lactone melilotic acid lactone 3, 4-dihydro (2*H*)-1-benzopyran-2-one	1171	2381	119-84-6
I1743	1,4-二甲基-4-乙酰基-1-环己烯 1,4-二甲基环己-3-烯基甲基酮	1, 4-dimethyl-4-acetyl-1-cyclohexene 1,4-dimethylcyclohex-3-enyl methyl ketone	402	3449	43219-68-7
I1744	2-甲酰基-6,6-二甲基双环[3.1.1]庚-2-烯 桃金娘烯醛	2-formyl-6,6-dimethylbicyclo[3.1.1]-hept-2- ene myrtenal benihinal	980	3395	564-94-3
I1745	1-氧杂螺-(4,5)-2,6,10,10-四甲基-6-癸烯 茶螺烷	2, 6, 10, 10-tetramethyl-1-oxaspiro (4,5)-dec-6-ene theaspirane spiroxide(G-R flavors)	1238	3774	36431-72-8
I1746	1,3,5-十一碳三烯	1,3,5-undecatriene galbanolene	1341	3795	16356-11-9
I1747	对,α-二甲基苯乙烯 1-甲基-4-异丙烯基苯 对-异丙烯基甲苯 2-对-甲苯基丙烯	*p*, α-dimethylstyrene 1-methyl-4-isopropenylbenzene *p*-isopropenyltoluene 2-*p*-tolylpropene	1333	3144	1195-32-0

表 2（续）

编码	中文名称	英文名称	JECFA	FEMA	CAS 号
I1748	α-水芹烯 2-甲基-5-异丙基-1,3-环已二烯 对-1,5-盖二烯 1-甲基-4-异丙基-1,5-环已二烯 二氢-对-异丙基甲苯 二氢-对-伞花烃	α-phellandrene 2-methyl-5-isopropyl-1,3-cyclohexadiene *p*-mentha-1,5-diene 1-methyl-4-isopropyl-1,5-cyclohexadiene 1-methyl-4-propyl iso-1,5-cyclohexadiene 5-isopropyl-2-methyl-1,3-cyclohexadiene dihydro-p-cymene 4-isopropyl-1-methyl-1,5-cyclohexadiene 1-isopropyl-4-methyl-2,4-cyclohexadiene	1328	2856	99-83-2
I1749	红没药烯 γ-没药烯	bisabolene γ-bisabolene	1336	3331	495-62-5
I1750	γ-松油烯 1-甲基-4-异丙基-1,4-环已二烯 对-盖-1,4-二烯 石荠苧烯 海茴香烯	γ-terpinene 1-methyl-4-isopropyl-1, 4-cyclohexadiene *p*-mentha-1,4-diene crithmene moslene	1340	3559	99-85-4
I1751	6-羟基二氢茶螺烷 6-羟基-2,6,10,10-四甲基-1-氧杂螺环(4,5)癸烷	6-mydroxydihydrotheaspirane 6-hydroxy-2,6,10,10-tetramethyl-1-oxaspiro-(4,5)-decane	—	3549	65620-50-0
I1752	1-甲基-3-甲氧基-4-异丙基苯 3-甲氧基-对-异丙基甲苯 麝香草酚甲醚	1-methyl-3-methoxy-4-isopropylbenzene 3-methoxy-*p*-cymene thymol methyl ether	1246	3436	1076-56-8
I1753	间二甲氧基苯 1,3-二甲氧基苯 二甲基代间苯二酚	*m*-dimethoxybenzene 1,3-dimethoxybenzene dimethyl resorcinol	1249	2385	151-10-0
I1754	对异丙基甲苯 1-甲基-4-异丙苯 4-甲基-1-异丙苯 对-伞花烃 对-异丙基甲苯 对-甲基枯茗烯	*p*-cymene 1-methyl-4-isopropylbenzene 4-methyl-1-isopropylbenzene cymene cymol *p*-isopropyltoluene *p*-methylcumene	1325	2356	99-87-6

表 2（续）

编 码	中 文 名 称	英 文 名 称	JECFA	FEMA	CAS 号
I1755	1-羟基-3,4-二甲苯 3,4-二甲苯酚 3,4-二甲酚	1-hydroxy-3,4-dimethylbenzene 3,4-xylenol 3,4-dimethylphenol	708	3596	95-65-8
I1756	1-甲基萘	1-methylnaphthalene	1335	3193	90-12-0
I1757	1,2-二甲氧基苯 儿茶酚二甲醚	1,2-dimethoxybenzene catechol dimethyl ether	1248	3799	91-16-7
I1758	α-金合欢烯 2,6,10-三甲基-2,6,9,11-十二碳四烯 3,7,11-三甲基-1,3,6,10-十二碳四烯	α-farnesene 2,6,10-trimethyl-2,6,9,11-dodecatetrene 3,7,11-trimethyl-1,3,6,10-dodecatetraene	1343	3839	502-61-4
I1759	苏合香烯 苯乙烯	styrene phenethylene	—	3233	100-42-5
I1760	α-松油烯 对-蓋-1,3-二烯 1-甲基-4-异丙基-1,3-环已二烯 1-异丙基-4-甲基-1,3-环已二烯	α-terpinene *p*-mentha-1,3-diene 1-methyl-4-isopropyl-1,3-cyclohexandiene 1-isopropyl-4-methyl-1,3-cyclohexadiene	1339	3558	99-86-5
I1761	3-蒈烯 3,7,7-三甲基-双环[4.1.0]庚-3-烯	3-carene 3,7,7-trimethyl-bicyclo[4.1.0]hept-3-ene	1342	3821	13466-78-9
I1762	聚苧烯	polylimonene	—	—	9003-73-0
I1763	香菇素	lenthionine	—	—	292-46-6
I1764	氧化石竹烯 4,12,12-三甲基-9-亚甲基-5-氧杂环[8.2.0.$0^{4,6}$]十二烷(1R,4R,6R,10S)	caryophyllene oxide 5-oxatricyclo[8.2.0.$0^{4,6}$]dodecane,4,12,12-tri-methyl-9-methylene-,(1R,4R,6R,10S)	1575	4085	1139-30-6
I1765	2,4,6-三甲基-1,3,5-三氧杂环已烷 三聚乙醛 S-三甲基三氧亚甲基 S-三噁烷	paraldehyde 2,4,6-trimethyl paraacetaldehyde S-trimethyltrioxymethylene S-trioxane	—	4010	123-63-7
I1781	甲硫醇 巯基甲烷	methyl mercaptan methanethiol thiomethyl alcohol methyl sulfhydrate mercaptomethane	508	2716	74-93-1

表 2（续）

编码	中文名称	英文名称	JECFA	FEMA	CAS号
I1782	3-甲硫基丙醇 γ-羟丙基甲基硫醚 γ-(甲硫基)丙醇 甲基 3-羟丙基硫醚	3-(methylthio)propanol methionol γ-hydroxypropylmethyl sulfide 3-(methylthio)propyl alcohol γ-(methylmercapto)propyl acohol methyl 3-hydroxypropyl sulfide	461	3415	505-10-2
I1783	正丁硫醇	1-butanethiol n-butyl mercaptan	511	3478	109-79-5
I1784	2-甲基-1-丁硫醇	2-methyl-1-butanethiol	515	3303	1878-18-8
I1785	3-甲硫基-1-己醇 3-(甲硫基)-1-己醇	3-(methylthio)-1-hexanol 3-(methylmercapto)-1-hexanol	463	3438	51755-66-9
I1786	1,6-己二硫醇 六亚甲基二硫醇 1,6-二巯基己烷	1,6-hexanedithiol hexamethylene dimercaptan 1,6-dimercaptohexane	540	3495	1191-43-1
I1787	糠基硫醇 2-呋喃基甲硫醇 α-糠硫醇 咖啡醛	furfuryl mercaptan 2-furanmethanethiol 2-furylmethanethiol α-furfuryl mercaptan	1072	2493	98-02-2
I1788	二甲基硫醚 甲硫醚 2-硫杂丙烷	dimethyl sulfide methyl dulfide 2-thiapropane	452	2746	75-18-3
I1789	二甲基二硫醚 甲基二硫醚	dimethyl disulfide methyl disulfide	564	3536	624-92-0
I1790	二甲基三硫醚 甲基三硫醚	dimethyl trisulfide methyl trisulfide	582	3275	3658-80-8
I1791	二丁基硫醚 丁基硫代丁烷	dibutyl sulfide butyl sulfide butylthiobutane	455	2215	544-40-1
I1792	二糠基硫醚 2,2′-(硫代二亚甲基)-二呋喃	2,2′-(thiodimethylene)-difuran 2-furfuryl monosufide bis(2-furfuryl)sulfide difurfuryl sulphide	1080	3238	13678-67-6
I1793	二糠基二硫醚 2,2′-(二硫代二亚甲基)-二呋喃 2-糠基二硫化物 二糠基二硫化物	2,2′-(dithiodimethylene)-difuran 2-furfuryl disulfide difurfuryl disulphide	1081	3146	4437-20-1

表 2（续）

编码	中文名称	英文名称	JECFA	FEMA	CAS 号
I1794	邻-甲硫基-苯酚 2-甲硫基-苯酚 硫代愈创木酚	*o*-(methylthio)-phenol 2-(methylthio)-phenol thioguaiacol 2-methylmercaptophenol methyl(2-hydroxyphenyl)sulfide 1-hydroxy-2-methylmercapto-benzene	503	3210	1073-29-6
I1795	3-甲硫基丙醛 甲硫基丙醛 *β*-甲硫基丙醛	3-(methylthio)propionaldehyde methylmercaptopropionaldehyde methional 3-(methylmercapto) propionaldehyde *β*-methiopropionaldehyde *β*-(methylthio)propionaldehyde *β*-(methylmercapto) propionaldehyde	466	2747	3268-49-3
I1796	8-巯基薄荷酮 对-盖烷-3-酮-8-硫醇 8-巯基-对-盖烷-3-酮 硫代薄荷酮	*p*-mentha-8-thiol-3-one 8-mercapto-*p*-menthane-3-one thiomenthone	561	3177	38462-22-5
I1797	硫代乙酸糠酯	furfuryl thioacetate furfurylthiol acetate	1074	3162	13678-68-7
I1798	3-甲硫基丙酸甲酯 *β*-甲硫基丙酸甲酯	methyl 3-methylthiopropionate methyl *β*-(methylmercapto) propionate methyl *β*-methylthiopropionate	472	2720	13532-18-8
I1799	3-甲硫基丙酸乙酯	ethyl 3-methylthiopropionate	476	3343	13327-56-5
I1800	吲哚 2,3-苯并吡咯 1-苯并(b)吡咯 1-氮茚	indole 2,3-benzopyrrole 1-benzo(b)pyrrole benzopyrrole 1-benzazole	1301	2593	120-72-9
I1801	三甲基胺	trimethylamine	1610	3241	75-50-3
I1802	玫瑰醚 四氢-4-甲基-2-(2-甲基-1-丙烯基)(2*H*)吡喃	rose oxide tetrahydro-4-methyl-2-(2-methyl-1-propenyl)-(2*H*)pyran	1237	3236	16409-43-1

表 2（续）

编 码	中 文 名 称	英 文 名 称	JECFA	FEMA	CAS 号
I1803	羟基香茅醇 3，7-二甲基-1，7-辛二醇 羟基二氧香茅醇 3,7-二甲基辛烷-1,7-二醇 水合香茅醇	hydroxycitronellol 3,7-dimethyl-1,7-octanediol hydroxydihydrocitronellol 3,7-dimethyloctan-1,7-diol citronellolhydrate	610	2586	107-74-4
I1804	3,5-二甲基-1,2,4-三硫杂环戊烷	3,5-dimethyl-1,2,4-trithiolane	573	3541	23654-92-4
I1805	2-甲基吡嗪 2-甲基-1,4-二嗪	2-methylpyrazine 2-methyl-1,4-diazine	761	3309	109-08-0
I1806	2,3-二甲基吡嗪 2,3-二甲基-1,4-二嗪	2,3-dimethylpyrazine 2,3-dimethyl-1,4-diazine	765	3271	5910-89-4
I1807	2,5-二甲基吡嗪 2,5-二甲基-1,4-二嗪	2,5-dimethylpyrazine 2,5-dimethyl -1,4-diazine 2,5-dimethylpiazine 2,5-dimethylparadiazine	766	3272	123-32-0
I1808	2,3,5-三甲基吡嗪	2,3,5-trimethylpyrazine	774	3244	14667-55-1
I1809	对甲苯基乙醛 对甲基苯乙醛 丁香醛	*p*-tolylacetaldehyde *p*-methylphenylacetaldehyde syringa aldehyde	1023	3071	104-09-6
I1810	2,6,6-三甲基-1 或 2-环已烯-1-甲醛 α 和 β-环柠檬醛(50-50)	2,6,6-trimethyl-lor 2-cyclohexen-1-carbox aldehyde α&β-cyclocitral(50-50)	979	3639	432-25-7
I1811	2-甲基-3-异丁基吡嗪 2-异丁基-3-甲基吡嗪	2-isobutyl 3-methylpyrazine 2-butyl(iso)-3-methylpyrazine 2-methyl-3-isobutylpyrazine	773	3133	13925-06-9
I1812	2-甲氧基-3-仲丁基吡嗪 2-甲氧基-3-(1-甲基丙基)吡嗪	2-methoxy-3-(1-methylpropyl)pyrazine 2-methoxy-3-*sec*-butylpyrazine	791	3433	24168-70-5
I1813	2,3-二乙基吡嗪	2,3-diethylpyrazine	771	3136	15707-24-1
I1814	3-乙基-2,6-二甲基吡嗪	3-ethyl-2,6-dimethylpyrazine	776	3150	13925-07-0
I1815	乙酰基吡嗪 甲基吡嗪基酮	acetylpyrazine methyl pyrazinyl ketone	784	3126	22047-25-2
I1816	2-乙酰基-3-乙基吡嗪 2-乙酰基-3-乙基-1,4-二嗪	2-acetyl-3-ethylpyrazine 2-acetyl-3-ethyl-1,4-diazine	785	3250	32974-92-8
I1817	2,3-二乙基-5-甲基吡嗪	2,3-diethyl-5-methylpyrazine	777	3336	18138-04-0

表 2（续）

编码	中文名称	英文名称	JECFA	FEMA	CAS号
I1818	5-异丙基-2-甲基吡嗪	5-isopropyl-2-methylpyrazine 2-methyl-5-isopropyl pyrazine	772	3554	13925-05-8
I1819	2,6-二甲基吡啶	2,6-dimethylpyridine	1317	3540	108-48-5
I1820	4-甲基噻唑	4-methylthiazole	1043	3716	693-95-8
I1821	α-甲基肉桂醛 2-甲基-3-苯基-2-丙烯醛	α-methylcinnamaldehyde 2-methyl-3-phenyl-2-propenal 3-phenyl-2-methylacrolein α-methylcinnamic aldehyde	683	2697	101-39-3
I1822	4-甲基-5-噻唑乙醇 4-甲基-5-(β-羟乙基)噻唑 5-羟乙基-4-甲基噻唑 硫噻唑(俗称)	4-methyl-5-thiazolylethanol 4-methyl-5-(β-hydroxyethyl) thiazole 5-hydroxyethyl-4-methylthiazole 5-(2-hydroxyethyl)-4-methylthiazole sulfurol	1031	3204	137-00-8
I1823	2,4,5-三甲基噻唑	2,4,5-trimethylthiazole	1036	3325	13623-11-5
I1824	2-乙基-4-甲基噻唑	2-ethyl-4-methylthiazole	1044	3680	15679-12-6
I1825	5-乙烯基-4-甲基噻唑	4-methyl-5-vinylthiazole	1038	3313	1759-28-0
I1826	2-乙酰基噻唑 甲基 2-噻唑基酮 2-噻唑基甲基酮	2-actylthiazole methyl 2-thiazolyl ketone 2-thiazolyl methyl ketone	1041	3328	24295-03-2
I1827	2-异丙基-4-甲基噻唑	2-isopropyl-4-methylthiazole	1037	3555	15679-13-7
I1828	2-异丁基噻唑	2-isobutylthiazole 2-butyl(iso)thiazole	1034	3134	18640-74-9
I1829	苯并噻唑	benzothiazole	1040	3256	95-16-9
I1830	N-糠基吡咯 1-(2-糠基)吡咯	N-furfuryl pyrrole 1-(2-furfuryl)pyrrole	1310	3284	1438-94-4
I1831	2-乙酰基吡咯 甲基 2-吡咯基酮	methyl 2-pyrrolyl ketone 2-acetylpyrrole 2-pyrrolyl methyl ketone 2-acetopyrrole	1307	3202	1072-83-9
I1832	5,6,7,8-四氢喹噁啉 环已吡嗪(俗称)	5,6,7,8-tetrahydroquinoxaline cyclohexapyrazine"so called" tetrahydroquinoxaline	952	3321	34413-35-9
I1833	2,4,5-三甲基-δ-3-噁唑啉 2,4,5-三甲基-2,5-二氢噁唑	2,4,5-trimethyl-δ-3-oxazoline 2,4,5-trimethyl-2,5-dihydrooxazole	1559	3525	22694-96-8

表 2（续）

编码	中文名称	英文名称	JECFA	FEMA	CAS 号
I1834	2-甲基-4-丙基-1，3-噁唑烷	2-methyl-4-propyl-1,3-oxathiane	464	3578	67715-80-4
I1835	吡啶	pyridine azine	—	2966	110-86-1
I1836	二丙基二硫醚 丙基二硫代丙烷	propyl disulfide propyldithiopropane dipropyl disulfide	566	3228	629-19-6
I1837	2-戊基硫醇 仲戊硫醇	2-pentanethiol *sec*-amylmercaptan	514	3792	2084-19-7
I1838	邻甲苯硫醇 2-甲基硫代苯酚	*o*-toluenethiol 2-methylthiophenol *o*-tolylmercaptan	528	3240	137-06-4
I1839	苄基硫醇 苯甲硫醇 硫代苄醇 α-甲苯硫醇 苄基硫化氢 α-硫醇甲苯	benzyl mercaptan benzylthiol benzenemethanethiol thiobenzyl alcohol α-toluenethiol benzyl hydrosulfide α-mercaptotoluene phenylmethanethiol	526	2147	100-53-8
I1840	1-对-盖烯-8-硫醇 α，α，4-三甲基-3-环己烯-1-甲硫醇 硫代松油醇	1-*p*-menthene-8-thiol α, α, 4-trimethyl-3-cyclohexene-1-methanethiol	523	3700	71159-90-5
I1841	甲基丙基二硫醚 甲基二硫代丙烷	methyl propyl disulfide methyldithiopropane	565	3201	2179-60-4
I1842	甲基苄基二硫醚 甲基苄基二硫化物 苄基二硫代甲烷	methyl benzyl disulfide benzyl methyl disulfide methyl phenylmethyl disulfide benzyldithiomethane	577	3504	699-10-5
I1843	甲基糠基二硫醚 甲基 2-呋喃基甲基二硫醚 糠基甲基二硫醚	methyl furfuryl disulfide methyl 2-furylmethyl disulfide furfuryl methyl disulfide	1078	3362	57500-00-2
I1844	烯丙基二硫醚 二硫化二烯丙基 二硫化 2-丙烯基	allyl disulfide diallyl disulfide 2-propenyl disulfide	572	2028	2179-57-9

表 2（续）

编码	中文名称	英文名称	JECFA	FEMA	CAS 号
I1845	双(2-甲基-3-呋喃)二硫醚 3,3′-二硫代-γ-双(2-甲基呋喃) 2-甲基-3-呋喃基二硫醚 3,3′-二硫代-2,2′-二甲基二呋喃	bis(2-methyl-3-furyl)disulfide 3,3′-dithio-γ-bis(2-methylfuran) 2-methyl-3-furyl disulfide 3,3′-dithio-2,2′-dimethyldifuran	1066	3259	28588-75-2
I1846	糠甲基硫醚 甲基糠基硫醚	furfuryl methyl sulfide methylfurfuryl sulfide	1076	3160	1438-91-1
I1847	2,6-二甲基硫代苯酚 2,6-二甲基苯基硫醇	2,6-dimethylthiophenol 2,6-xylenethiol 2,6-dimethylbenzenethiol	530	3666	118-72-9
I1848	2-甲基-3(2-糠基)丙烯醛 α-甲基-β-呋喃基丙烯醛 2-糠叉丙醛 2-甲基-3-(2-呋喃基)丙烯醛 2-甲基-3-呋喃基丙烯醛 α-甲基呋喃丙烯醛	2-methyl-3(2-furyl)acrolein α-methyl-β-furylacrolein furfurylidene-2-propanal 2-methyl-3-(2-furyl) propenal 2-methyl-3-furylacrolein "so called" α-methylfurylacrolein	1498	2704	874-66-8
I1849	2-甲基四氢噻吩-3-酮 2-甲基-4,5-二氢-(2*H*)3-噻吩酮 2-甲基-硫杂环戊-3-酮	2-methyltetrahydrothiophen-3-one 2-methyl-4,5-dihydro-(2*H*)3-thiophenone 2-methylthiolan-3-one	499	3512	13679-85-1
I1850	2-甲基-5-(甲硫基)呋喃 2-甲基-5-硫代甲基呋喃	2-methyl-5-(methylthio)furan 2-methyl-5-thiomethylfuran	1062	3366	13678-59-6
I1851	2-羟基-3,5,5-三甲基-2-环己烯酮	2-hydroxy-3, 5, 5-trimethyl-2-cyclohexenone 3,5,5-trimethyl-1,2-cyclohexanedione	426	3459	4883-60-7
I1852	糠酸甲酯 2-糠酸甲酯	methyl 2-furoate methyl pyromucate methyl furoate	746	2703	611-13-2
I1853	硫代乙酸乙酯	ethyl thioacetate acetic acid,thioethyl ester	483	3282	625-60-5
I1854	硫代乙酸丙酯	propyl thioacetate acetic acid,thiopropyl ester	485	3385	2307-10-0
I1855	3-巯基丙酸乙酯 3-硫代丙酸乙酯	ethyl 3-mercaptopropionate ethyl 3-thiopropionate	553	3677	5466-06-8

表 2（续）

编 码	中 文 名 称	英 文 名 称	JECFA	FEMA	CAS 号
I1856	硫代丁酸甲酯 丁酸甲硫醇酯	methyl thiobutyrate thiobutyric acid, methyl ester methanethiol *n*-butyrate	484	3310	2432-51-1
I1857	异硫氰酸烯丙酯 异硫氰酸 2-丙烯酯	allyl isothiocyanate 2-propenyl isothiocyanate allyl isosulfocyanate allyl thiocarbonimide allinat(H&R)	1560	2034	57-06-7
I1858	2-硫代糠酸甲酯 糠酸甲硫醇酯 硫代糠酸甲酯	methyl 2-thiofuroate methanethiol furoate thiofuroic acid, methyl ester methyl thiofuroate "so called"	1083	3311	13679-61-3
I1859	3-甲基-1, 2, 4-三硫杂环已烷 3-甲基-1,2,4-三噻烷	3-methyl-1, 2, 4-trithiane	574	3718	43040-01-3
I1860	2,3,5,6-四甲基吡嗪	2,3,5,6-tetramethylpyrazine	780	3237	1124-11-4
I1861	2-乙基吡嗪 2-乙基-1,4-二嗪	2-ethylpyrazine 2-ethyl-1,4-diazine	762	3281	13925-00-3
I1862	2-乙基-3,(5 或 6)-二甲基吡嗪	2-ethyl-3(5 or 6)-dimethylpyrazine	775	3149	13925-07-0
I1863	2-甲氧基-3-异丁基吡嗪	2-methoxy-3-isobutyl pyrazine	792	3132	24683-00-9
I1864	1-甲基-2-乙酰基吡咯 甲基 1-甲基吡咯-2-基(甲)酮 1-甲基吡咯-2-基甲基(甲)酮	1-methyl-2-acetylpyrrole methyl 1-methylpyrrol-2-yl ketone 1-methylpyrrol-2-yl methyl ketone 2-acetyl-*N*-methyl pyrrol	1306	3184	932-16-1
I1865	1-乙基-2-乙酰吡咯 1-(*N*-乙基吡咯-2-基)乙酮	1-ethyl-2-acetylpyrrole 1-*N*-ethylpyrrol-2-yl ethanone 1-ethyl-2-acetylazole	1305	3147	39741-41-8
I1866	喹啉 2,3-苯并吡啶	quinoline 1-benzazine leucoline chinoleine 2,3-benzopyridine	—	3470	91-22-5
I1867	6-甲基喹啉 对-甲基喹啉	6-methylquinoline *p*-methylquinoline *p*-toluquinoline	1302	2744	91-62-3
I1868	5-甲基喹噁啉	5-methylquinoxaline	798	3203	13708-12-8

表 2（续）

编　码	中　文　名　称	英　文　名　称	JECFA	FEMA	CAS 号
I1869	哌啶 六氢吡啶	piperidine hexahydropyridine hexazane pentamethylenimine	1607	2908	110-89-4
I1870	β-甲基吲哚 3-甲基吲哚 3-甲基-4,5-苯并吡咯 甲基吲哚	β-methylindole skatole 3-methyl-1*H*-indole 3-methyl-4,5-benzopyrrole	1304	3019	83-34-1
I1871	5-乙基-2-甲基吡啶 2-甲基-5-乙基吡啶	5-ethyl-2-methylpyridine 2-methyl-5-ethylpyridine	1318	3546	104-90-5
I1872	3-乙基吡啶 β-乙基吡啶	3-ethylpyridine β-ethylpyridine β-lutidine	1315	3394	536-78-7
I1873	2-乙酰基吡啶 甲基 2-吡啶基(甲)酮	2-acetylpyridine methyl 2-pyridyl ketone 2-acetopyridine	1309	3251	1122-62-9
I1874	3-乙酰基吡啶 β-乙酰基吡啶 甲基 3-吡啶基(甲)酮 1-(3-吡啶基)乙酮	3-acetylpyridine β-acetylpyridine methyl pyridyl ketone methyl β-pyridyl ketone 1-(3-pyridinyl) ethanone	1316	3424	350-03-8
I1875	甲酸肉桂酯 3-苯基-2-丙烯-1-醇甲酸酯 甲酸 3-苯基烯丙酯	cinnamyl formate 3-phenyl-2-propen-1-yl formate 3-phenylallyl formate cinnamyl methanoate	649	2299	104-65-4
I1876	异戊胺 3-甲基丁胺 1-氨基异戊烷	isopentylamine isoamylamine 3-methylbutylamine 1-aminoisopentane isobutyl carbylamine	1587	3219	107-85-7
I1877	苯乙胺 2-氨基乙基苯 2-苯基乙胺 1-氨基-2-苯基乙烷	phenethylamine 2-aminoethylbenzene 2-phenylethylamine 1-amino-2-phenylethane	1589	3220	64-04-0
I1878	2-甲基-1,3-二硫杂环戊烷	2-methyl-1,3-dithiolane	534	3705	5616-51-3
I1879	6-乙酰氧基二氢茶螺烷 2,6,10,10-四甲基-1-氧杂螺[4.5]-癸-6-醇乙酸酯	6-acetoxydihydrotheaspirane 2,6,10,10-tetramethyl-1-oxaspiro[4.5]-*dec*-6-yl acetate	—	3651	57893-27-3
I1880	4,5-二甲基噻唑	4,5-dimethyl thiazole	1035	3274	3581-91-7

表 2（续）

编码	中文名称	英文名称	JECFA	FEMA	CAS号
I1881	3-巯基己醇	3-mercaptohexanol 3-thiohexan-1-ol 3-thiohexanol	545	3850	51755-83-0
I1882	三硫丙酮 2,2,4,4,6,6-六甲基-1,3,5-三硫杂环己烷	trithioacetone 2, 2, 4, 4, 6, 6-hexamethyl-1, 3, 5-trithiane	543	3475	828-26-2
I1883	2,6-二甲基吡嗪	2,6-dimethylpyrazine	767	3273	108-50-9
I1884	2-(甲硫基)乙酸乙酯	ethyl 2-(methylthio)acetate	475	3835	4455-13-4
I1885	3-巯基己醇乙酸酯 乙酸 3-巯基己酯	3-mercaptohexyl acetate 3-thiohexyl acetate 3-thiohexyl ethanoate	554	3851	136954-20-6
I1886	2-(甲基二硫基)丙酸乙酯	ethyl 2-(methyldithio)propionate	581	3834	23747-43-5
I1887	3-(甲硫基)丁酸乙酯	ethyl 3-(methylthio)butyrate	480	3836	—
I1888	丁酸 3-巯基己酯 3-巯基己醇丁酸酯	3-mercaptohexyl butyrate 3-thiohexyl butanoate 3-thiohexyl butyrate	555	3852	136954-21-7
I1889	己酸-3-巯基己酯 3-巯基己醇已酸酯	3-mercaptohexyl hexanoate 3-mercaptohexyl caproate 3-thio-1-hexyl caproate 3-thiohexyl caproate	556	3853	136954-22-8
I1890	糠醇	furfuryl alcohol	451	2491	98-00-0
I1891	四氢糠醇	tetrahydro furfuryl alcohol tetrahydro-2-furan carbinol tetrahydro-2-furanmethanol tetrahydro-2-furylmethanol	1443	3056	97-99-4
I1892	牛磺酸 2-氨基乙基磺酸	taurine 2-aminoethylsulfonic acid	1435	3813	107-35-7
I1893	2-乙基-3-甲基吡嗪	2-ethyl-3-methylpyrazine	768	3155	15707-23-0
I1894	3-甲基-2-丁硫醇	3-methyl-2-butanethiol	517	3304	2084-18-6
I1895	2-甲基-3-四氢呋喃硫醇	2-methyl-3-tetrahydrofuranthiol	1090	3787	57124-87-5
I1896	丙硫醇 1-巯基丙烷	propanethiol 1-mercaptopropane propyl mercaptan	509	3521	107-03-9
I1897	1,3-丙二硫醇 1,3-巯基丙烷 三亚甲基二硫醇	1,3-propanedithiol 1,3-dimercaptopropane trimethylene dimercaptan	535	3588	109-80-8
I1898	烯丙基硫醇 2-丙烯基-1-硫醇	allyl mercaptan(2-propene-1-thiol) allyl sulfhydrate allylthiol	521	2035	870-23-5

表 2(续)

编码	中文名称	英文名称	JECFA	FEMA	CAS 号
I1899	4-甲氧基-2-甲基-2-丁硫醇	4-methoxy-2-methyl-2-butanethiol	548	3785	94087-83-9
I1900	2-苯乙硫醇	phenylethyl mercaptan 2-phenylethanethiol 2-phenylethyl mercaptan 2-phenylethylthiol	527	3894	4410-99-5
I1901	3-巯基-3-甲基-1-丁醇	3-mercapto-3-methyl-1-butanol 1-mercapto-3-methylbutyl alcohol 3-methyl-3-mercaptobutyl alcohol	544	3854	34300-94-2
I1902	甲基 2-甲基-3-呋喃基二硫醚	methyl 2-methyl-3-furyl disufide	1064	3573	65505-17-1
I1903	甲基乙基硫醚 甲硫基乙烷	methyl ethyl sulfide (methylthio)ethane	453	3860	624-89-5
I1904	甲基苯基二硫醚	methyl phenyl disulfide	576	3872	14173-25-2
I1905	二乙基硫醚 乙硫醚 1,1-硫代二乙烷 3-硫杂戊烷	diethyl sulfide ethyl sulfide 1,1-thiobisethane 3-thiapentane diethyl thioether ethyl monosulfide ethyl thioether sulfodor thioethyl ether	454	3825	352-93-2
I1906	二丙基三硫醚 丙基三硫醚	dipropyl trisulfide propyl trisulfide	585	3276	6028-61-1
I1907	丙烯基丙基二硫醚	propenyl propyl disulfide	570	3227	5905-46-4
I1908	二烯丙基硫醚 2-丙烯基硫醚	allyl sulfide diallyl sulfide 2-propenyl sulfide thioallyl ether	458	2042	592-88-1
I1909	二烯丙基三硫醚	diallyl trisulfide allyl trisulfide	587	3265	2050-87-5
I1910	二烯丙基四硫醚 二烯丙基多硫醚 二烯丙基二,三,四,五硫醚混合物	diallyl tetrasulfide diallyl polysulfide mixture of diallyl di-, tri-, tetra-, and pentasulfides	588	3533	72869-75-1
I1911	2-甲硫甲基-2-丁烯醛 2-乙叉基甲硫基丙醛	2-(methylthio)methyl-2-butenal 2-ethylidenemethional	470	3601	40878-72-6
I1912	3-甲硫基己醛	3-methylthio hexanal	469	3877	38433-74-8
I1913	乙酸环已酯	cyclohexyl acetate cyclohexane acetate	1093	2349	622-45-7

表 2(续)

编码	中文名称	英文名称	JECFA	FEMA	CAS号
I1914	邻氨基苯乙酮 1-乙酰基-2-氨基苯 2-乙酰基苯胺	*o*-amino acetophenone 1-acetyl-2-aminobenzene 2-acetylanaline	—	3906	551-93-9
I1915	2-甲基-3-甲硫基呋喃	2-methyl-3-(methylthio)furan	1061	3949	63012-97-5
I1916	3-巯基 3-甲基丁醇甲酸酯	3-mercapto-3-methyl-butyl formate	549	3855	50746-10-6
I1917	乙酸 3-甲硫基丙酯 3-乙酰氧基丙基甲基硫醚	3-(methylthio)propyl acetate 3-acetoxypropyl methyl sulfide	478	3883	16630-55-0
I1918	异戊酸甲硫醇酯 3-甲基丁酸甲硫醇酯	S-methyl 3-methylbutanethioate methylthiol isovalerate	487	3864	23747-45-7
I1919	甲硫磺酸 S-甲酯	methyl methanethiosulfonate	—	—	2949-92-0
I1920	2-甲硫基丁酸甲酯	methyl 2-methythio butyrate	486	3708	42075-45-6
I1921	3-甲硫基-1-己醇乙酸酯	3-(methylthio)-1-hexyl acetate	481	3789	51755-85-2
I1922	甲硫醇乙酸酯	S-methyl thioacetate	482	3876	1534-08-3
I1923	(5*H*)-5-甲基-6,7-二氢环戊基并(b)吡嗪 6,7-二氢-5-甲基(5*H*)环戊基吡嗪	(5*H*)-5-methyl-6, 7-dihydro-cyclopenta(b)pyrazine 6, 7-dihydro-5-methyl (5*H*) cyclopentapyrazine	781	3306	23747-48-0
I1924	2-甲氧基吡嗪 2-甲氧基-1,4-二嗪	2-methoxypyrazine 2-methoxy-1,4-diazine	787	3302	3149-28-8
I1925	2-,5 或 6-甲氧基-3-甲基吡嗪	2-,5 or 6-methoxy-3-methyl-pyrazine	788	3183	2847-30-5
I1926	2-乙酰基-3,5(或 6)-二甲基吡嗪	2-acetyl-3,5(or 6)dimethyl pyrazine	786	3327	54300-08-2
I1927	2-乙酰基 3-甲基吡嗪	2-acetyl 3-methyl pyrazine	950	3964	23787-80-6
I1928	四氢吡咯 吡咯烷 四亚甲基亚胺	pyrrolidine tetrahydropyrrole tetramethylenimine	1609	3523	123-75-1
I1929	2-异丁基吡啶 2-(2-甲基丙基)吡啶	2-isobutyl pyridine 2-(2-methylpropyl)pyridine	1311	3370	6304-24-1
I1930	2-乙基-4,5-二甲基噁唑	2-ethyl-4,5-dimethyloxazole	1555	3672	53833-30-0
I1931	硫化铵	ammonium sulfide diammonium sulfide	—	2053	12135-76-1
I1932	2-巯基丙酸乙酯 硫代乳酸乙酯	ethyl 2-mercaptopropionate 2-mercaptopropionic acid, ethyl ester ethyl thiolactate	552	3279	19788-49-9

表 2（续）

编　码	中　文　名　称	英　文　名　称	JECFA	FEMA	CAS 号
I1933	*N*-(4-羟基-3-甲氧基苄基)壬酰胺 香兰基壬酰胺	*N*-(4-hydroxy-3-methoxybenzyl)-nonanamide *N*-nonanoyl vanillylamide pelargonyl vanillylamide vanillylnonanamide	1599	2787	2444-46-4
I1934	1,4-二噻烷 1,4-硫杂环己烷	1,4-dithiane 1,4-dithiacyclohexane	456	3831	505-29-3
I1935	桃金娘烯醇 6,6-二甲基双环[3.1.1]庚-2-烯-2-甲醇 10-羟基-2-蒎烯 2-蒎烯-10-醇	myrtenol 6,6-dimethylbicyclo[3.1.1]hept-2-ene-2-methanol 10-hydroxy-2-pinene 2-pinen-10-ol	981	3439	515-00-4
I1936	胡椒碱	piperine	1600	2909	94-62-2
I1937	2,3-二甲基苯并呋喃	2,3-dimethylbenzofuran	1495	3535	3782-00-1
I1938	4-羟基-5-甲基-3(2*H*)呋喃酮(菊苣酮) 4-羟基-5-甲基-2,3-二氢呋喃-3-酮 5-甲基-4-羟基-3(2*H*)呋喃酮	4-hydroxy-5-methyl-3-(2*H*)-furanone 4-hydroxy-5-methyl2,3-dihydrofuran-3-one 5-methyl-4-hydroxy-3(2*H*) furanone	1450	3635	19322-27-1
I1939	γ-紫罗兰酮 4-(2,2-二甲基-6-亚甲基-环己基)-3-丁烯-2-酮 4-(2-亚甲基-6,6-二甲基-环己基)-3-丁烯-2-酮	γ-ionone 4-(2,2-dimethyl-6-methylene-cyclohexyl)-3-buten-2-one 4-(2-methylene-6,6-dimethyl-cyclohexyl)-3-buten-2-one	390	3175	79-76-5
I1940	二氢-α-紫罗兰酮 4-(2,6,6-三甲基-2-环己烯-1-基)丁-2-酮	dihydro-alpha-ionone 4-(2,6,6-trimethyl-2-cyclohexen-1-yl)butan-2-one	393	3628	31499-72-6
I1941	*d*-胡椒酮(对-䓝-1烯-3-酮) 4-异丙基-1-甲基-1-环己烯-3-酮	*d*-piperitone(*p*-menth-1-en-3-one) 4-isopropyl-1-methyl-1-cyclohexen-3-one	435	2910	6091-50-5
I1942	胡椒烯酮 对-䓝-1,4(8)-二烯-3-酮 1-甲基-4-异亚丙基-1-环己烯-3-酮	piperitenone *p*-mentha-1,4(8)-dien-3-one 1-methyl-4-isopropylidene-1-cyclohexen-3-one	757	3560	491-09-8
I1943	*l*-天冬氨酸 2-氨基丁二酸	*l*-aspartic acid 2-aminobutanedioic acid	1429	3656	56-84-8

表 2（续）

编码	中文名称	英文名称	JECFA	FEMA	CAS 号
I1944	*d*,*l*-异亮氨酸 2-氨基-3-甲基戊酸	*d*,*l*-isoleucine 2-amino-3-methylpentanoic acid	1422	3295	443-79-8
I1945	焦木酸提取物 木醋酸	pyroligneous acid extract wood vinegar	—	2968	8030-97-5
I1946	醋酸钠	sodium acetate	INS262 (i)	3024	127-09-3
I1947	二醋酸钠	sodium diacetate sodium acid acetate	INS262 (ii)	3900	126-96-5
I1948	琥珀酸二钠	disodium succinate	—	3277	150-90-3
I1949	5′-鸟苷酸二钠	disodium 5-guanylate	INS627	3668	5550-12-9
I1950	5′-肌苷酸二钠	disodium 5-inosinate	INS631	3669	4691-65-0
I1951	磷酸三钙	tricalcium phosphate calcium phosphate, tribase	—	3081	7758-87-4
I1952	δ-十六内酯 5-羟基十六酸内酯	δ-hexadecalactone	—	—	7370-44-7
I1953	(+/−)二氢薄荷内酯	(+/−)dihydromintlactone	1161	4032	92015-65-1
I1954	顺式-4-十二烯醛	(*Z*)-4-dodecenal	—	4036	30390-51-3
I1955	4,5-环氧反式-2-癸烯醛	4,5-epoxy *trans*-2-decenal	1570	4037	188590-62-7
I1956	2-乙基-5-甲基吡嗪	2-ethyl-5-methylpyrazine 2-methyl-5-ethylpyrazine	770	3154	13360-64-0
I1957	顺式-3-顺式-6-壬二烯-1-醇	*cis*-3-*cis*-6-nonadien-1-ol	1283	3885	53046-97-2
I1958	2-甲基-1-丁醇	2-methyl-1- butanol	1199	3998	137-32-6
I1959	异龙脑 外挂-1,7,7-三甲基双环[2.2.1]-庚-2-醇 外挂-2-龙脑 异龙脑基醇	isoborneol exo-1,7,7-trimethylbicyclo[2.2.1]heptan-2-ol exo-2-bornanol exo-2-camphanol isobornyl alcohol	1386	2158	124-76-5
I1960	2-壬醇	2-nonanol	293	3315	628-99-9
I1961	反式-2-辛烯-1-醇	(*E*)-2-octen-1-ol(*trans*-2-octen-1-ol)	1370	3887	18409-17-1
I1962	香芹醇 1-甲基-4-异丙烯基-6-环己烯-2-醇 对盖-6,8-二烯-2-醇	carveol 1-methyl-4-isopropenyl-6-cyclohexen-2-ol *p*-mentha-6,8-dien-2-ol	381	2247	99-48-9
I1963	对盖烷-2-酮 葛缕薄荷酮 四氢香芹酮	*p*-menthan-2-one carvomenthone tetrahydrocarvone	375	3176	499-70-7

表 2（续）

编码	中文名称	英文名称	JECFA	FEMA	CAS 号
I1964	4-甲基-3-戊烯-2-酮 异丙叉基丙酮 甲基异丁烯基(甲)酮	4-methyl-3-penten-2-one isopropylideneacetone mesityl oxide methyl isobutenyl ketone	1131	3368	141-79-7
I1965	反式，反式-3，5 辛二烯-2-酮	*trans*，*trans*-3，5-octadien-2-one	1139	4008	30086-02-3
I1966	2-甲基呋喃	2-methyl furan	1487	4179	534-22-5
I1967	3-癸烯-2-酮 庚叉基丙酮	3-decen-2-one heptylideneacetone oenanthylideneacetone	1130	3532	10519-33-2
I1968	2-辛烯-4-酮	2-octen-4-one	1129	3603	4643-27-0
I1970	2-呋喃基-2-丙酮 糠基甲基(甲)酮 呋喃基丙酮	(2-furyl)-2-propanone furfuryl methyl ketone furylacetone methyl furfuryl ketone	1508	2496	6975-60-6
I1972	5-甲基-2，3-己二酮 乙酰基异戊酰	5-methyl-2，3-hexanedione acetylisopentanoyl acetylisovaleryl	414	3190	13706-86-0
I1973	2-甲基-3-戊烯酸	2-methyl-3-pentenoic acid	—	3464	37674-63-8
I1974	*l*-酪氨酸	*l*-tyrosine	1434	3736	60-18-4
I1975	2-氧代戊二酸	2-oxopentanedioic acid	634	3891	328-50-7
I1976	4-茴香酸	4-anisic acid	883	3945	100-09-4
I1977	亚油酸	linoleic acid	332	3380	60-33-3
I1978	甘草酸	glycyrrhizic acid	—	—	1405-86-3
I1979	*l*-胱氨酸	*l*-cystine	—	—	56-89-3
I1980	*l*-蛋氨酸	*l*-methionine	—	—	63-68-3
I1981	*l*-谷氨酰胺	*l*-glutamine	1430	3684	56-85-9
I1982	2-丙硫醇	2-propanethiol isopropyl mercaptan	510	3897	75-33-2
I1983	4-巯基-4-甲基-2-戊酮	4-mercapto-4-methyl-2-pentanone	1293	3997	19872-52-7
I1984	1，2-乙二硫醇 1，2-二巯基乙烷 亚乙基二硫醇	1，2-ethanedithiol 1，2-dimercaptoethane dithioglycol ethylene dimercaptan ethylenedithioglygol ethylene mercaptan	532	3484	540-63-6
I1985	异戊烯基硫醇 3-甲基-2-丁烯-1-硫醇	prenylthiol 3-methyl-2-buten-1-thiol 3-methyl-2-butenthiol-1 3-methyl-2-butenyl mercaptan prenyl mercaptan	522	3896	5287-45-6

表 2（续）

编　码	中　文　名　称	英　文　名　称	JECFA	FEMA	CAS 号
I1986	甲基蛋氨酸-氯化锍 *d*,*l*-(3-氨基-3-羧基丙基)二甲基氯化锍 维生素 U	*d*,*l*-(3-amino-3-carboxypropyl) dimethylsulfonium chloride *d*,*l*-methylmethionine sulfonium chloride vitamin U	1427	3445	1115-84-0
I1987	2-甲基-3-硫代乙酰氧基-4,5-二氢呋喃 2-甲基-4,5-二氢-3-呋喃硫醇乙酸酯	2-methyl-3-thioacetoxy-4,5-dihydrofuran 2-methyl-4,5-dihydro-3-furanthiol acetate	1089	3636	26486-14-6
I1988	异丁基硫醇 2-甲基-1-丙硫醇	isobutyl mercaptan 2-methyl-1-propanethiol	512	3874	513-44-0
I1989	苯硫酚	benzenethiol thiophenol	525	3616	108-98-5
I1990	异硫氰酸苄酯	benzyl isothiocyanate	1562	—	622-78-6
I1991	甲基烯丙基三硫醚	allyl methyl trisulfide	586	3253	34135-85-8
I1992	2-戊基噻吩	2-pentyl thiophene	—	4387	4861-58-9
I1993	3,5-二乙基-1,2,4-三硫杂环戊烷	3,5-diethyl-1,2,4-trithiolane	—	4030	54644-28-9
I1994	噻吩	thiophene	—	—	110-02-1
I1995	2,4,6-三甲基二氢-4*H*-1,3,5-二噻嗪 5,6-二氢-2,4,6-三甲基-1,3,5-二噻嗪 二氢-2,4,6-三甲基-1,3,5(4*H*)二噻嗪	2,4,6-trimethyldihydro-4*H*-1,3,5-dithiazine 5,6-dihydro-2,4,6-trimethyl-1,3,5-dithiazine dihydro-2,4,6-trimethyl-1,3,5(4*H*)-dithiazine	1049	4018	638-17-5
I1996	异硫氰酸 3-甲硫基丙酯 3-甲硫基丙醇异硫氰酸酯	3-methylthiopropyl isothiocyanate 3-methylmercaptopropyl isothiocyanate	1564	3312	505-79-3
I1997	3-甲基丁(基)硫醇	3-methylbutanethiol	513	3858	541-31-1
I1998	2-乙酰基-2-噻唑啉 2-乙酰基-4,5-二氢噻唑 乙酰基噻唑啉-2	2-acetyl-2-thiazoline 2-acetyl-4,5-dihydrothiazole acetylthiazoline-2	—	3817	29926-41-8
I1999	甲基丙基三硫醚	methyl propyl trisulfide	584	3308	17619-36-2
I2000	噻唑	thiazole	1032	3615	288-47-1
I2001	吡嗪	pyrazine	951	4015	290-37-9
I2002	甲基 1-丙烯基二硫醚 1-丙烯基甲基二硫醚 甲二硫基-1-丙烯	methyl 1-propenyl disulfide 1-propenyl methyl disulfide methyldithio-1-propene	569	3576	5905-47-5
I2003	甲酸丙酯	propyl formate propyl methanoate	117	2943	110-74-7

表 2（续）

编码	中文名称	英文名称	JECFA	FEMA	CAS 号
I2004	香兰素 3-(L-盖氧基)丙-1,2-二醇缩醛 4-(L-盖氧甲基)-2-(3-甲氧基-4-羟苯基)-1,3-二氧杂环戊烷 4-[(2-(甲基乙基)-5-甲基环己氧亚甲基)-2,5-二氧杂环戊烷基]-2-甲氧基苯酚	vanlillin 3-(l-menthoxy) propane-1, 2-diol acetal 4-(l-menthoxymethyl)-2 (3-methoxy-4-hydroxyphenyl)-1, 3-dioxolane 4-[2-(methylethyl)-5-methylcyclohexyloxy-methylene-2, 5-dioxolanyl]-2-methoxyphenol	—	3904	180964-47-0
I2005	3-戊烯-2-酮	3-penten-2-one	1124	3417	625-33-2
I2006	十二酸甲酯 月桂酸甲酯	methyl laurate methyl dodecanoate methyl dodecylate	180	2715	111-82-0
I2007	乙酸紫苏酯 对-1,8-盖二烯-7-醇乙酸酯	perillyl acetate *p*-mentha-1,8-dien-7-yl acetate 1,8-papa-methadien-7-yl acetate 4-isopropenyl-1-cyclohexenyl carbinol acetate acetic acid, perillyl ester dihydrocuminyl acetate menthadien-7-carbinyl acetate	975	3561	15111-96-3
I2008	苹果酸二乙酯 2-羟基丁二酸二乙酯 羟基琥珀酸二乙酯	diethyl malate diethyl 2-hydroxybutanedioate diethyl hydroxysuccinate ethyl malate	620	2374	7554-12-3
I2009	甲硫基乙酸甲酯	methyl(methylthio)acetate	—	4003	16630-66-3
I2010	2-乙酰基-1-吡咯啉	2-acetyl-1-pyrroline	1604	4249	99583-29-6
I2011	甲酸异丙酯	isopropyl formate isopropyl methanoate	304	2944	625-55-8
I2012	4-甲基-2-戊烯醛	4-methyl-2-pentenal	1208	3510	5362-56-1
I2013	亚油酸乙酯	ethyl linoleate	—	—	544-35-4
I2014	2,4,6-三异丁基-5,6-二氢-4*H*-1,3,5-二噻嗪	2, 4, 6-triisobutyl-5, 6-dihydro-4*H*-1,3,5-dithia zine	1048	4017	74595-94-1
I2015	乙酸十二醇酯 乙酸月桂醇酯	dodecyl acetate acetate C-12 dodecanyl acetate dodecanyl ethanoate lauryl ethanoate	133	2616	112-66-3
I2016	2-乙基丁醛	2-ethyl butyraldehyde 2-ethylbutanal diethylacetaldehyde	256	2426	97-96-1

表 2（续）

编码	中文名称	英文名称	JECFA	FEMA	CAS 号
I2017	辛酸辛酯	octyl caprylate octyl octanoate octyl octylate	177	2811	2306-88-9
I2018	己醛二乙缩醛 1,1-二乙氧基己烷	hexanal diethyl acetal 1,1-diethoxyhexane	—	—	3658-93-3
I2019	丙酸异丙酯	isopropyl propionate isopropyl propanoate	306	2959	637-78-5
I2020	丁酸反式-2-己烯酯	*trans*-2-hexenyl butyrate	1375	3926	53398-83-7
I2021	异硫氰酸丁酯 丁基芥末油	butyl isothiocyanate 1-isothiocyanatobutane butane,1-isothiocyanato butyl mustard oil isothiocyanic acid,butyl ester *n*-butyl isothiocyanate	1561	4082	592-82-5
I2022	*N*-葡糖酰基乙醇胺	*N*-gluconyl ethanolamine	—	4254	—
I2023	*N*-乳酰基乙醇胺	*N*-lactoyl ethanolamine	—	4256	—
I2024	1-庚烯-3-醇	1-hepten-3-ol	—	4129	4938-52-7
I2025	乙硫醇	ethanethiol	—	—	75-08-1
I2026	六偏磷酸钠	sodium hexametaphosphate calgon giltex hagan phosphate micromet quadrafos sodium metaphosphates	INS452 (i)	3027	10124-56-8
I2027	L-乙酸龙脑酯 (1S-内向)-1,7-三甲基双环[2.2.1]-庚烷-2-醇乙酸酯 1,7,7-三甲基-双环[2.2.1]-庚-2-醇乙酸酯(1S,2R,4S)	L-bornyl acetate (1S-endo)-1,7-trimethylbicyclo[2.2.1]heptan-2-ol acetate bicycle[2.2.1]heptan-2-ol,1,7,7-trimethyl-,acetate,(1S,2R,4S)-	—	4080	5655-61-8
I2028	反式-α-突厥酮 1-(2,6,6-三甲基-2-环己烯-1-基)-2-丁烯-1-酮	*trans*-α-damascone 2-buten-1-one,1-(2,6,6-trimethyl-2-cyclohexe *n*-1-yl)-,(2*E*)-trans-1-(2,6,6-trimethyl-2-cyclo hexen-1-yl)but-2-en-1-one	—	4088	24720-09-0

表 2（续）

编码	中文名称	英文名称	JECFA	FEMA	CAS号
I2029	二乙基二硫醚 3,4-二硫杂己烷 乙二硫基乙烷	diethyl disulfide 3,4-dithiahexane disulfide,diethyl ethyl disulfide ethyl disulphide ethyldithioethane	—	4093	110-81-6
I2030	2,5-二甲基-3(2*H*)呋喃酮	2,5-dimethyl-3(2*H*)furanone	—	4101	14400-67-0
I2031	香叶酸	geranic acid	—	4121	459-80-3
I2032	1-(3-羟基-5-甲基-2-噻吩)乙酮 2-乙酰基-3-羟基-5-甲基噻吩	1-(3-hydroxy-5-methyl-2-thienyl) ethanone 2-acetyl-3-hydroxy-5-methylthiophene	—	4142	133860-42-1
I2033	异黄葵内酯 氧杂环十七碳-10-烯-2-酮	isoambrettolide oxacycloheptadec-10-en-2-one	—	4145	28645-51-4
I2034	异丁酸异龙脑酯	isobornyl isobutyrate	—	4146	85586-67-0 50277-27-5
I2035	*N*-甲基邻氨基苯甲酸异丁酯 2-甲氨基苯甲酸异丁酯	isobutyl *N*-methylanthranilate 2-methylpropyl 2-methylaminobenzoate isobutyl 2-methylaminobenzoate	1548	4149	65505-24-0
I2036	丁酸 3-(甲硫基)丙酯 3-甲硫基丙醇丁酸酯	methionyl butyrate 3-(methylthio)propyl butyrate	—	4160	16630-60-7
I2037	(S1)-甲氧基-3-庚硫醇 1-甲氧基-3-庚硫醇(3S)	(S1)-methoxy-3-heptanethiol 3-heptanethiol，1-methoxy-,(3S)	—	4162	400052-49-5
I2038	5-Z-辛烯酸甲酯 顺式-5-辛烯酸甲酯	methyl 5-*Z*-octenoate	—	4165	41654-15-3
I2039	*N*-乙酰基邻氨基苯甲酸甲酯 2-乙酰氨基苯甲酸甲酯	methyl *N*-acetylanthranilate benzoic acid，2-(acetylamino)-，methyl ester	1550	4170	2719-08-6
I2040	3-甲基-2-(3-甲基-2-丁烯基)呋喃	3-methyl-2-(3-methylbut-2-enyl) furan	1494	4174	15186-51-3
I2041	乙酸植醇酯	phytyl acetate	—	4197	10236-16-5
I2042	3,7,11-三甲基十二碳-2,6,10-三烯醇乙酸酯 金合欢醇乙酸酯 乙酸金合欢酯	3，7，11-trimethyldodeca-2，6，10-trienyl acetate farnesol acetate farnesyl acetate	—	4213	29548-30-9 4218-17-0
I2043	三乙胺 (二乙氨基)乙烷 *N*,*N*-二乙基乙胺	triethylamine (diethylamino) ethane *N*,*N*-diethylethanamine	1600	4246	121-44-8

表 2（续）

编码	中文名称	英文名称	JECFA	FEMA	CAS号
I2044	丙酸茴香酯 对甲氧基苄醇丙酸酯	anisyl propionate anisyl propanoate *p*-methoxybenzyl propionate	874	2102	7549-33-9
I2045	丁酸 3-丁酮-2-醇酯	butan-3-one-2-yl butanoate	407	3332	84642-61-5
I2046	异喹啉 2-氮杂萘 3,4-苯并吡啶	isoquinoline 2-azanaphthalene 2-benzazine 3,4-benzopyridine benzopyridine	1303	2978	119-65-3
I2047	2-丙酰噻唑 1-(2-噻唑基)-1-丙酮	2-propionylthiazole 1-(2-thiazolyl)-1-propanone	1042	3611	43039-98-1
I2048	2(4)-异丙基-4(2),6-二甲基二氢(4*H*)-1,3,5-二噻嗪	2(4)-isopropyl-4(2),6-dimethyl-dihydro(4*H*)-1,3,5-dithiazine dimethylisopropyldihydro-1,3,5-dithiazine	1047	3782	104691-41-0
I2049	丁酸松油酯 对盂-1-烯-8-醇丁酸酯	terpinyl butyrate *p*-menth-1-en-8-ol butyrate *p*-menth-1-en-8-yl butyrate	370	3049	2153-28-8
I2050	3-正丁基苯酞	3-*n*-butylphthalide	1169	3334	6066-49-5
I2051	2,2-二甲基-5-(1-甲基-1-丙烯基)四氢呋喃	2,2-dimethyl-5-(1-methylpropen-1-yl)tetrahydrofuran ocimen quintoxide	1452	3665	7416-35-5
I2052	L-胡椒酮 (6R)-3-甲基-6-(1-甲基乙基)-2-环己烯-1-酮	L-piperitone 2-cyclohexen-1-one, 3-methyl-6-(1-methylethyl)-,(6R)-	—	4200	4573-50-6
I2053	3-甲基-2-丁烯-1-醇	3-methyl-2-buten-1-ol prenol	1200	3647	556-82-1
I2054	对盂-1-烯-9-醇乙酸酯 9-乙氧基-1-对盂烯	1-*p*-menthen-9-yl acetate 9-acetoxy-1-*p*-menthene *p*-menth-1-en-9-yl acetate	972	3566	17916-91-5
I2055	乙酸 2-辛烯醇酯	2-octen-1-yl acetate	1367	3516	3913-80-2
I2056	1-(对-甲氧基苯基)-2-丙酮	1-(*p*-methoxyphenyl)-2-propanone	813	2674	122-84-9
I2057	十八酸丁酯 硬脂酸丁酯	butyl stearate butyl octadecanoate	184	2214	123-95-5
I2058	(+/−)-1-苯乙基硫醇	(+/−)-1-phenylethylmercaptan	—	4061	6263-65-6
I2059	4-异丙基-2-环己烯酮	4-isopropyl-2-cyclohexenone	1110	3939	500-02-7
I2060	邻甲氧基苯甲酸甲酯	methyl *o*-methoxybenzoate	880	2717	606-45-1

表 2（续）

编码	中文名称	英文名称	JECFA	FEMA	CAS 号
I2061	丙酮醛 2-酮基丙醛 2-氧代丙醛 α-酮基丙醛	pyruvaldehyde 2-ketopropionaldehyde 2-oxopropanal α-ketopropionic aldehyde	937	2969	78-98-8
I2062	甲基乙基三硫醚 2,3,4-三硫杂己烷	methyl ethyl trisulfide 2,3,4-trithiahexane ethyl methyl trisulfide	583	3861	31499-71-5
I2063	2-甲基-2-(甲二硫基)-丙醛 2-(甲二硫基)异丁醛	2-methyl-2-(methyldithio)propanal 2-(methyldithо)isobutyraldehyde	—	3866	67952-60-7
I2064	二(甲硫基)甲烷 2,4-二硫杂戊烷 甲醛二甲硫醇缩醛	bis-(methylthio)methane 2,4-dithiapentane bis(methylmercapto)methane formaldehyde dimethyl dithioacetal formaldehyde dimethyl mercaptal methylene bis(methyl sulfide) thioformaldehyde dimethyl acetal	533	3878	1618-26-4
I2065	2,3,5-三硫杂己烷	2,3,5-trithiahexane	1299	4021	423474-44-2
I2066	4-乙基辛酸	4-ethyl octanoic acid 4-ethylcaprylic acid	1218	3800	16493-80-4
I2067	二氢诺卡酮 二氢圆柚酮 1,4,4a,5,6,7,8,8a-八氢-4,4a-二甲基-6-异丙烯基-2(1*H*)萘酮	dihydronootkatone 1,4,4a,5,6,7,8,8a-octahydro-4,4a-dimethyl-6-isopropenyl-2(1*H*)naphthalenone	1407	3776	20489-53-6
I2068	1-乙氧基-3-甲基-2-丁烯 3-甲基-2-丁烯基乙基醚 异戊烯基乙醚	1-ethoxy-3-methyl-2-butene ethyl 3-methyl-2-butenyl ether prenyl ethyl ether	1232	3777	22094-00-4
I2069	2-乙烯基-2-甲基-5-(1-甲基乙烯基)四氢呋喃 5-异丙烯基-2-甲基-2-乙烯基四氢呋喃 脱水芳樟醇氧化物	2-ethenyl-2-methyl-5-(1-methylethenyl)-tetrahydrofuran 5-isopropenyl-2-methyl-2-vinyltetrahydrofuran anhydro linalool oxide dehydroxy linalool oxide	1455	3759	13679-86-2
I2070	异戊酸糠酯 3-甲基丁酸糠醇酯	furfuryl isovalerate furfuryl 3-methylbutanoate	743	3283	13678-60-9
I2071	异戊酸芳樟酯 3,7-二甲基-1,6-辛二烯-3-醇 3-甲基丁酸酯 3,7-二甲基-1,6-辛二烯-3-醇异戊酸酯 3-甲基丁酸芳樟酯	linalyl isovalerate 3,7-dimethyl-1,6-octadien-3-yl 3-methylbutanoate 3,7-dimethyl-1,6-octadien-3-yl isovalerate linalyl 3-methylbutanoate linalool isopentanoate	363	2646	1118-27-0

表 2（续）

编码	中文名称	英文名称	JECFA	FEMA	CAS 号
I2072	3-甲基-2-丁醇 甲基异丙基原醇	3-methyl-2-butano methyl isopropyl carbinol	300	3703	598-75-4
I2073	3-甲基-1-戊醇 2-乙基-4-丁醇	3-methyl-1-pentanol 2-ethyl-4-butanol	263	3762	589-35-5
I2074	4-甲基-2-戊酮	4-methyl-2-pentanone	301	2731	108-10-1
I2075	反式-3-顺式-6-壬二烯醇 3,6-壬二烯-1-醇 BRI (*E*)-3-(*Z*)-6-壬二烯-1-醇	(*E*)-3-(*Z*)-6-nonadien-1-ol 3,6-nonadien-1-ol BRI *trans*-3-*cis*-6-nonadienol	1284	3884	56805-23-3
I2076	庚酸甲酯	methyl heptanoate	167	2705	106-73-0
I2077	顺式-3-己烯醇丙酸酯 叶醇丙酸酯	(*Z*)-3-hexenyl propionate	1274	3933	33467-74-2
I2078	反式-2-癸烯酸乙酯	ethyl *trans*-2-decenoate	—	3641	7367-88-6
I2079	2-乙基苯酚	2-ethyl phenol	—	—	90-00-6
I2080	盐酸硫胺素 维生素 B_1 盐酸盐	thiamine hydrochloride thiamine vitamine B_1 hydrochloride	1030	3322	67-03-8
I2081	*N*-甲基吡咯-2-甲醛	*N*-methyl pyrrol -2 -carboxaldehyde	—	—	1192-58-1
I2082	乙酸香兰素酯 3-甲氧基-4-乙酰氧基苯甲醛 乙酰基香兰素	vanillin acetate 3-methoxy-4-acetoxybenzaldehyde acetylvanillin	890	3108	881-68-5
I2083	*l*-组氨酸	*l*-histidine	1431	3694	71-00-1
I2084	δ-突厥酮 丁位突厥酮 1-(2,6,6-三甲基-3-环己烯-1-基)-2-丁烯-1-酮	δ-damascone 1-(2,6,6-trimethyl-3-cyclohexen-1-yl)-2-buten-1-one	386	3622	57378-68-4
I2085	2-甲基戊酸乙酯	ethyl 2-methylpentanoate ethyl 2-methylvalerate	214	3488	39255-32-8
I2086	4-甲硫基-2-丁酮	4-methylthio-2-butanone	497	3375	34047-39-7
I2087	乳酸 *l*-薄荷酯 5-甲基-2-(1-甲基乙基)环己醇 α-羟基丙酸酯	*l*-menthyl lactate 5-methyl-2-(1-methylethyl) cyclohexyl α-hydroxypropanoate *l*-*p*-menthan-3-yl lactate	433	3748	59259-38-0

4.3 人造食品用香料编码表

见表 3。

表 3 人造食品用香料编码表

编码	中文名称	英文名称	JECFA	FEMA	CAS 号
A3001	2-巯基-3-丁醇 3-巯基-2-丁醇 2-羟基-3-丁硫醇 3-羟基-2-丁硫醇	2-mercapto-3-butanol 3-mercapto-2-butanol 2-hydroxy-3-butanethiol 3-hydroxy-2-butanethiol	546	3502	37887-04-0
A3002	硫代香叶醇 3,7-二甲基-2,6-辛二烯-1-硫醇	thiogeraniol 3,7-dimethyl-2,6-octadien-1-thiol	524	3472	39067-80-6
A3003	蒎烷硫醇 2,3 或 10-巯基蒎烷	pinanethiol 2,3 or 10-mercaptopinane pinanyl mercaptan	520	3503	23832-18-0
A3004	α-甲基-β-羟基丙基-α-甲基-β-巯基丙基硫醚	α-methyl-β-hydroxypropyl-α-methyl-β-mercaptopropyl sulfide 3-[(2-mercapto-1-methylpropyl) thio]-2-butanol	547	3509	54957-02-7
A3005	乙基麦芽酚 2-乙基-3-羟基(4*H*)吡喃-4-酮	ethyl maltol 2-ethyl-3-hydroxy(4*H*)pyran-4-one 2-ethylpyromeconic acid veltol-plus	1481	3487	4940-11-8
A3006	柠檬醛二乙缩醛 3,7-二甲基-2,6-辛二烯醛二乙缩醛 1,1-二乙氧基-3,7-二甲基-2,6-辛二烯	citral diethyl acetal 3,7-dimethyl-2,6-octadienal diethyl acetal 1,1-diethoxy-3,7-dimethyl-2,6-octadiene	948	2304	7492-66-2
A3007	丙烯基乙基愈创木酚 浓馥香兰素 6-乙氧基-间-丙烯基苯酚 3-丙烯基-6-乙氧基苯酚 1-乙氧基-2-羟基-4-丙烯基苯	propenylguaethol vanitrope hydroxymethyl anethole 6-ethoxy-*m*-anol 3-propenyl-6-ethoxyphenol 1-ethoxy-2-hydroxy-4-propenylbenzene	1264	2922	94-86-0
A3009	β甲基紫罗兰酮 5-(2,6,6-三甲基-1-环己烯-1-基)-4-戊烯-3-酮	methyl-β-ionone 5-(2,6,6-trimethyl-1-cyclohexen-1-yl)-4-penten-3-one β-cetone β-cyclocitrylidenebutanone β-iraldeine β-methylionone raldeine	399	2712	127-43-5
A3010	δ-甲基紫罗兰酮 5-(2,6,6-三甲基-3-环己烯-1-基)-4-戊烯-3-酮	methyl-δ-ionone 5-(2,6,6-trimethyl-3-cyclohexen-1-yl)-4-penten-3-one iraldein δ(H & R)	400	2713	7784-98-7

表 3（续）

编码	中文名称	英文名称	JECFA	FEMA	CAS 号
A3011	2,6-壬二烯醛二乙缩醛	2,6-nonadienal diethyl acetal	946	3378	67674-36-6
A3012	9-十一烯醛	9-undecenal hendecen-9-al aldehyde C-11 undecylenic	329	3094	143-14-6
A3013	10-十一烯醛	10-undecenal undecylenic aldehyde 10-hendecenal	330	3095	112-45-8
A3014	十六醛(俗称) 杨梅醛 3-甲基-3-苯基缩水甘油酸乙酯 2,3-环氧-3-甲基-3-苯基丙酸乙酯	aldehyde C-16 pure (so called) ethyl methyl pheny glycidate strawberry aldehyde ethyl 3-methyl-3-phenylglycidate ethyl 2,3-epoxy-3-methyl-3-phenylpropionate EMPG	1577	2444	77-83-8
A3015	乙基香兰素 3-乙氧基-4-羟基苯甲醛	ethyl vanillin 3-ethoxy-4-hydroxybenzaldehyde bourbonal	893	2464	121-32-4
A3016	兔耳草醛 仙客来醛 2-甲基-3-(对-异丙基苯基)丙醛 α-甲基-对-异丙基苯丙醛	cyclamen aldehyde 2-methyl-3-(*p*-isopropylphenyl)propion aldehyde α-methyl-*p*-isopropylhydrocinnamaldehyde cyclamal α-methyl-*p*-isopropylphenylpropylaldehyde cyclaviol cyclosal	1465	2743	103-95-7
A3017	羟基香茅醛 3,7-二甲基-7-羟基辛醛	hydroxycitronellal laurine 3,7-dimethyl-7-hydroxyoctanal citronellalhydrate oxydihydrocitronellal lily aldehyde	611	2583	107-75-5
A3018	β-环高柠檬醛 2,6,6-三甲基-1-环己烯-1-乙醛	β-homocyclocitral 2,6,6-trimethyl-1-cyclohexen-1-acetaldehyde	978	3474	472-66-2
A3019	*l*-薄荷酮甘油缩酮	*l*-menthone 1,2-glycerol ketal frescolat,type MGA	445	3807	63187-91-7
A3020	4-甲硫基-4-甲基-2-戊酮	4-(methylthio)-4-methyl-2-pentanone	500	3376	23550-40-5
A3021	3-巯基-2-戊酮(3-巯基-戊-2-酮)	3-mercapto-2-pentanone	560	3300	67633-97-0

表 3 (续)

编码	中文名称	英文名称	JECFA	FEMA	CAS 号
A3022	*d*,*l*-薄荷酮甘油缩酮	*d*,*l*-menthone 1,2-glycerol ketal frescolat,type MGA racemic	446	3808	63187-91-7
A3023	α-甲基紫罗兰酮 5-(2,6,6-三甲基-2-环己烯-1-基)-4-戊烯-3-酮	methyl-α-ionone α-cetone 5-(2,6,6-trimethyl-2-cyclohexen-1-yl)-4-penten-3-one raldeine α-cyclocitrylidenemethyl ethyl ketone α-cyclocitrylidenebutanone	398	2711	1335-46-2
A3024	α-异甲基紫罗兰酮 甲基-γ-紫罗兰酮 4-(2,6,6-三甲基-2-环己烯-1-基)-3-甲基-3-丁烯-2-酮	α-*iso*-methylionone 4-(2,6,6-trimethyl-2-cyclohexen-1-yl)-3-methyl-3-buten-2-one methyl-γ-ionone(so called) α-isomethylionone γ-methylionone raldeine gamma iraldeine gamma	—	—	127-51-5
A3025	烯丙基α-紫罗兰酮 1-(2,6,6-三甲基-2-环己烯基)-1,6-庚二烯-3-酮	allyl α-ionone 1-(2, 6, 6-trimethyl-2-cyclohexenyl)-1,6-hepta dien-3-one	401	2033	79-78-7
A3026	6-甲基香豆素 6-甲基(2*H*)1-苯并吡喃-2-酮 6-甲基苯并吡喃酮 5-甲基-2-羟基苯丙烯酸内酯	6-methylcoumarin 6-methyl(2*H*)1-benzopyran-2-one 6-methylbenzopyrone 6-methyl-*cis*-*o*-coumarinic lactone 5-methyl-2-hydroxyphenylpropenoic acid lactone	1172	2699	92-48-8
A3027	2-巯基丙酸 硫代乳酸 α-巯基丙酸	2-mercaptopropionic acid thiolactic acid α-mercaptopropanoic acid 2-thiolpropionic acid	551	3180	79-42-5
A3028	2-甲基-4-戊烯酸 浆果酸	2-methyl-4-pentenoic acid	355	3511	1575-74-2
A3029	乙酸二甲基苄基原酯 乙酸α,α-二甲基苯乙酯 2-苄基-2-丙醇乙酸酯	α,α-dimethylphenethyl acetate benzyl dimethyl carbinyl acetate dimethyl benzyl carbinyl acetate 2-benzyl-2-propyl acetate DMBC acetate	—	2392	151-05-3
A3030	环己基乙酸烯丙酯 六氢苯乙酸烯丙酯 2-丙烯-1-醇环己基乙酸酯	allyl cyclohexaneacetate allyl cyclohexylacetate allyl hexahydrophenylacetate 2-propen-1-yl cyclohexaneacetate	12	2023	4728-82-9

表 3(续)

编码	中文名称	英文名称	JECFA	FEMA	CAS 号
A3031	乙酸玫瑰酯 3,7-二甲基-7-辛烯-1-醇乙酸酯	rhodinyl acetate rhodinyl ethanoate 3,7-dimethyl-7-octen-1-yl ethanoate 3,7-dimethyl-or7-octen-1-yl acetate	60	2981	141-11-7
A3032	3-(2-呋喃基)丙酸乙酯 糠基乙酸乙酯 2-呋喃丙酸乙酯(俗称)	ethyl 3(2-furyl)propanoate ethyl furfurylacetate ethyl 2-furanpropionate(so called) ethyl furylpropionate	1513	2435	10031-90-0
A3033	丙酸烯丙酯 丙酸 2-丙烯酯	allyl propionate 2-propenyl propanoate allyl propanoate	1	2040	2408-70-0
A3034	3-环己基丙酸烯丙酯 2-丙烯-1-醇环己基丙酸酯	allyl cyclohexanepropionate allyl 3-cyclohexylpropionate allyl β-cyclohexylpropionate 2-propen-1-yl cyclohexanepropionate allyl hexahydrophenylpropionate	13	2026	2705-87-5
A3035	3-(2-呋喃基)丙酸异丁酯 糠基乙酸异丁酯 2-呋喃丙酸异丁酯	isobutyl 3-(2-furan)propionate isobutyl furfurylacetate butyl(iso) furfurylacetate isobutyl 3-(2-furyl)propanoate	1514	2198	105-01-1
A3036	硫代丙酸糠酯	furfuryl thiopropionate	1075	3347	59020-85-8
A3037	丁酸二甲基苄基原酯 丁酸 α,α-二甲基苯乙酯 2-苄基-2-丙醇丁酸酯	α,α-dimethylphenethyl butyrate benzyl dimethyl carbinyl butyrate dimethyl benzyl carbinyl butyrate dmbc butyrate 2-benzyl-2-propyl butyrate	—	2394	10094-34-5
A3038	环己基丁酸烯丙酯 4-环己基丁酸烯丙酯 2-丙烯-1-醇环己基丁酸酯 六氢苯丁酸烯丙酯	allyl cyclohexanebutyrate allyl 4- cyclohexylbutyrate 2-propen-1-yl cyclohexanbutyrate allyl hexahydrophenylbutyrate allyl cyclohexyl-*n*-butyrate	14	2024	7493-65-4
A3039	1,3-壬二醇乙酸酯(混合酯) 壬二醇乙酸酯 3-己基-1,3-丙二醇乙酸酯(混合酯) 茉莉酯	1,3-nonanediol acetate(mixed esters) diasmol octylcrotonyl acetate hexylene glycol acetate nonanediol acetate 3-hexyl-1, 3-propanediol acetate, mixed esters jasmonyl	605	2783	1322-17-4

表 3（续）

编　码	中　文　名　称	英　文　名　称	JECFA	FEMA	CAS 号
A3040	丁酸苏合香酯 丁酸 α-甲基苄酯 丁酸甲基苯基原酯	styralyl butyrate α-methylbenzyl butyrate methyl phenylcarbinyl butyrate 1-phenyl-1-ethyl-butanoate	803	2686	3460-44-4
A3041	乙酸柏木酯	cedryl acetate	—	—	77-54-3
A3042	异丁酸麦芽酯 2-甲 基-4-吡 喃 酮-3-醇异丁酸酯 麦芽酚 2-甲基丙酸酯	maltol isobutyrate 2-methyl-4-pyron-3-yl 2-methyl-propanoate maltyl 2-methylpropanoate	1482	3462	65416-14-0
A3043	2-甲基-4-戊烯酸乙酯	ethyl 2-methyl-4-pentenoate	351	3489	53399-81-8
A3044	乙酸四氢糠酯	tetrahydrofurfuryl acetate	1442	3055	637-64-9
A3045	庚炔羧酸甲酯 2-辛炔酸甲酯	methyl heptyne carbonate methyl 2-octynoate folione methyl heptine carbonate	1357	2729	111-12-6
A3046	辛炔羧酸甲酯 2-壬炔酸甲酯	methyl octyne carbonate methyl 2-nonynoate	1356	2726	111-80-8
A3047	癸二酸二乙酯 1,8-辛二羧酸二乙酯	diethyl sebacate ethyl sebacate ethyl decanedioate diethyl 1,8-octanedicarboxylate diethyl decanedioate	624	2376	110-40-7
A3048	10-十一烯酸乙酯	ethyl 10-undecenoate ethyl undecylenate	343	2461	692-86-4
A3049	苯乙酸烯丙酯 α-甲苯甲酸烯丙酯 苯乙酸 2-丙烯酯	allyl phenylacetate acetic acid,phenyl,allyl ester allyl α-toluate 2-propenyl phenylacetate	17	2039	1797-74-6
A3050	三乙酸甘油酯	triacetin enzactin vanay triacetin glyceryl triacetate	920	2007	102-76-1
A3051	苯乙酸香叶酯 反式-3,7-二甲基-2,6-辛二烯-1-醇苯乙酸酯 α-甲苯甲酸香叶酯	geranyl phenylacetate *trans*-3, 7-dimethyl-2, 6-octadien-1-yl phenylacetate geranyl α-toluate	1020	2516	102-22-7
A3052	苯乙酸对甲酚酯	*p*-tolyl phenylacetate *p*-cresyl phenylacetate *p*-cresyl α-toluate *p*-methylphenyl phenylacetate	705	3077	101-94-0

表 3（续）

编码	中文名称	英文名称	JECFA	FEMA	CAS号
A3053	苯丁酸甲酯 4-苯基丁酸甲酯	methyl 4-phenylbutyrate methyl γ-phenylbutyrate	1464	2739	2046-17-5
A3054	苯丁酸乙酯 4-苯基丁酸乙酯	ethyl 4-phenylbutyrate	1458	2453	10031-93-3
A3056	肉桂酸烯丙酯 3-苯基-2-丙烯酸烯丙酯	allyl cinnamate vinyl carbinyl cinnamate propenyl cinnamate cinnamic acid,allyl ester 2-propen-1-yl 3-phenyl-2-propenoate allyl 3-phenyl-2-propenoate allyl β-phenylacrylate	19	2022	1866-31-5
A3057	2-甲基-3-戊烯酸乙酯	ethyl 2-methyl-3-pentenoate	350	3456	1617-23-8
A3058	亚硝酸乙酯	ethyl nitrite spirit of nitrous ether sweet spirit of nitre nitrous ether	—	2446	109-95-5
A3059	庚酸戊酯	amyl heptanoate pentyl heptanoate amyl heptylate amyl heptoate	170	2073	7493-82-5
A3060	3-乙酰基-2,5-二甲基呋喃 2,5-二甲基-3-乙酰基呋喃	3-acetyl-2,5-dimethylfuran 2,5-dimethyl-3-acetylfuran	1506	3391	10599-70-9
A3061	2,5-二甲基-3-氧代(2*H*)-4-呋喃醇丁酸酯 2,5-二甲基-4-羟基-3(2*H*)-呋喃酮丁酸酯	2,5-dimethyl-3-oxo-(2*H*)-fur-4-yl butyrate	1519	3970	114099-96-6
A3062	2-甲氧基-3(5或6)-异丙基吡嗪 2-异丙基-(3,5或6)-甲氧基吡嗪	2-methoxy-3(5 and 6)-isopropylpyranzine 2-isopropyl(3,5 or 6)-methoxypyrazine 2-propyl(iso)-(3,5 or 6)-methoxypyrazine	790	3358	93905-03-4
A3063	2-甲基-3(5或6)-糠硫基吡嗪(异构体混合物)	2-methyl-3,5-or 6-(furfurylthio)-pyrazine(mixture of isomers) 2-furfurylthio-5-methylpyrazine 2-furfurylthio-3-mrthylpyrazine 2-furfurylthio-6-mrthylpyrazine	1082	3189	65530-53-2

表 3(续)

编码	中文名称	英文名称	JECFA	FEMA	CAS 号
A3064	2-甲基(或乙基)-3(5或6)-甲氧基吡嗪	2-ethyl(or methyl)-(3,5 or 6)-methoxy pyrazine 2-methyl(or ethyl)-(3,5 or 6)-methoxy pyrazine 2,5,or 6-methoxy-3-ethylpyrazine	789	3280	68739-00-4
A3065	2,5-二甲基-2,5-二羟基-1,4-二硫杂环己烷 2,5-二甲基-2,5-二羟基-对-二噻烷	2, 5-dimethyl-2, 5-dihydroxy-1, 4-dithiane 2, 5-dimethyl-2, 5-dihydroxy-*p*-dithiane	562	3450	55704-78-4
A3066	5,7-二氢-2-甲基噻吩并-(3,4-d)嘧啶	5, 7-dihydro-2-methylthieno (3, 4-d)-pyrimidine	1566	3338	36267-71-7
A3067	2-乙氧基噻唑 2-噻唑基乙基醚	2-ethoxythiazole 2-thiazolyl ethyl ether ethyl 2-thiazolyl ether	1056	3340	15679-19-3
A3068	2,4-二甲基-5-乙酰基噻唑	2,4-dimethyl-5-acetylthiazole 2,4-dimethyl-5-thiazoyl methyl ketone	1055	3267	38205-60-6
A3069	乙酸异丁香酚酯 乙酸2-甲氧基-4-丙烯苯酯 乙酰异丁香酚 4-乙酰氧基-3-甲氧基-1-(1-丙烯-1-)苯	isoeugenyl acetate 2-methoxy-4-propenylphenyl acetate acetyl *iso*-eugenol *iso*-eugenyl acetate 4-acetoxy-3-methoxy-1-(1-propen-1-yl)benzene	1262	2470	93-29-8
A3070	异戊酸对甲酚酯 3-甲基丁酸对-甲酚酯	*p*-cresyl isovalerate *p*-tolyl isovalerate *p*-cresyl 3-methylbutanoate *p*-methylphenyl 3-methylbutyrate	702	3387	55066-56-3
A3071	*l*-薄荷醇乙二醇碳酸酯	*l*-menthol ethylene glycol carbonate frescolat type MPC	443	3805	156679-39-9
A3072	3-(2-甲基丙基)吡啶 3-异丁基吡啶	3-(2-methylpropyl)pyridine 3-isobutylpyridine 3-butyl(iso)pyridine	1312	3371	14159-61-6
A3073	乙基香兰素1,2-丙二醇缩醛	ethylvanillin propylene glycol acetal	954	3838	68527-76-4
A3074	人造康酿克油	artificial cognac oil	—	—	—
A3075	山楂核烟熏香味剂Ⅰ号	haw-pit smoke flavourings No. 1	—	—	—
A3076	山楂核烟熏香味剂Ⅱ号	haw-pit smoke flavourings No. 2	—	—	—

表 3（续）

编码	中文名称	英文名称	JECFA	FEMA	CAS 号
A3077	苄基异丁基原醇 4-甲基-1-苯基-2-戊醇 苄基异丁基原醇 苄基异戊醇 α-异丁基苯乙醇 2-甲基丙基苄基原醇 α-异丁基苄基原醇	isobutyl benzyl carbinol 4-methyl-1-phenyl-2-pentanol benzylisobutyl carbinol benzyl iso amyl alcohol α-butyl iso phenethyl alcohol 2-methylpropyl benzyl carbinol α-isobutylphenethyl alcohol	827	2208	7779-78-4
A3078	4-苯基-3-丁烯-2-醇 甲基苯乙烯基原醇	4-phenyl-3-buten-2-ol methyl styryl carbinol	819	2880	17488-65-2
A3079	2-甲基-4-苯基-2-丁醇 二甲基苯乙基原醇 1,1-二甲基-3-苯基-1-丙醇	2-methyl-4-phenyl-2-butanol dimethyl phenylethyl carbinol 1,1-dimethyl-3-phenyl-1-propanol	1477	3629	103-05-9
A3080	*l*-薄荷醇 1-(或 2-)丙二醇碳酸酯	*l*-menthol 1-(or 2-)-propylene glycol carbonate frescolat,type MGC	444	3806	30304-82-6
A3081	辛酸烯丙酯	allyl octanoate allyl caprylate	5	2037	4230-97-1
A3082	α-丙基苯乙醇 1-苯基-2-戊醇 苄基丙基原醇 苄基丁基醇 正丙基苄基原醇	α-propylphenethyl alcohol 1-phenyl-2-pentanol benzylpropyl carbinol benzylbutyl alcohol *n*-propyl benzyl carbinol	825	2953	705-73-7
A3083	龙葵醇 β-甲基苯乙醇 2-苯基-1-丙醇 2-苯丙醇	hydratropyl alcohol β-methylphenethyl alcohol 2-phenyl-1-propanol 2-phenylpropyl alcohol hydratropic alcohol	1459	2732	1123-85-9
A3084	四氢芳樟醇 3,7-二甲基辛-3-醇	tetrahydrolinalool 3,7-dimethyloctan-3-ol	357	3060	78-69-3
A3085	2,3-二巯基丁烷 2,3-丁二硫醇	2,3-butanedithiol 2,3-dimercaptobutane	539	3477	4532-64-3
A3086	β-萘乙醚 2-乙氧基萘 乙基 2-萘醚 乙基 β-萘醚	β-naphthyl ethyl ether 2-ethoxynaphthalene ethyl 2-naphthyl ether ethyl β-naphthyl ether nerolin nerolin bromelin	1258	2768	93-18-5
A3087	乙位-萘基异丁基醚 2-异丁氧基萘 异丁基 β-萘醚	β-naphthyl isobutyl ether 2-isobutoxynaphthalene isobutyl β-naphthyl ether	1259	3719	2173-57-1

表 3（续）

编码	中文名称	英文名称	JECFA	FEMA	CAS 号
A3088	邻丙基苯酚 1-(2-羟基苯基)丙烷 2-丙基苯酚	*o*-propylphenol 1-(2-hydroxyphenyl) propane 2-propylphenol	695	3522	644-35-9
A3089	异丁香酚苄基醚 4-丙烯基-1-(苄氧基)-2-甲氧基苯 2-甲氧基-4-丙烯基苯基苄基醚 1-苄氧基-2-甲氧基-4-丙烯基苯 苄基异丁香酚	isoeugenyl benzyl ether 4-propenyl-1-benzyloxy-2- methoxybenzene benzyl isoeugenol benzyl 2-methoxy-4-propenylphenyl ether 1-benzyloxy-2-methoxy-4- propenylbenzene 2-methoxy-4-propenylphenyl benzyl ether	1268	3698	120-11-6
A3090	(甲硫基)甲基吡嗪(所有异构体混合物) 2-甲基-3,5 或 6-甲硫基吡嗪	(methylthio) methylpyrazime(mixture of isomers) 2-methyl-3,5-or6-(methylthio)pyrazine	797	3208	67952-65-2
A3091	香茅氧基乙醛 6,10-二甲基-3-氧杂-9-十一烯醛	muguet aldehyde 6,10-dimethyl-3-oxa-9-undecenal citronellyloxyacetaldehyde	592	2310	7492-67-3
A3092	乙醛苯乙基丙基缩醛 乙缩醛 R 1-苯乙氧基-1-正丙氧基乙烷 丙基苯乙基乙缩醛	acetaldehyde phenylethyl propyl acetal acetal R 1-phenethoxy-1-propoxyethane propyl phenethyl acetal benzene,2-(1-propoxyethoxy)ethyl resedafol	1000	2004	7493-57-4
A3093	2-甲基-3-(对甲基苯基)丙醛	2-methyl-3-(*p*-methylphenyl) propanal satinaldehyde	1466	2748	41496-43-9
A3094	2-苯基-3-(2-呋喃基)丙-2-烯醛 2-亚糠基苯乙醛	2-phenyl-3-(2-furyl)prop-2-enal 2-furfurylidenephenylacetaldehyde	1502	3586	65545-81-5
A3095	3,5,5-三甲基己醛	3,5,5-trimethylhexanal	269	3524	5435-64-3
A3096	2-甲基-3-乙氧基吡嗪 2-甲基-3,(5-或 6)-乙氧基吡嗪	2-methyl-3,(5-or6)-ethoxypyrazine	793	3569	32737-14-7
A3097	庚醛甘油缩醛 2-己基-4-羟甲基-1,3-二氧戊环 2-己基-4-羟基-1,3-二噁烷	heptanal glyceryl acetal 2-hexyl-4-hydroxymethyl-1,3-dioxolane 2-hexyl-4-hydroxy-1,3-dioxane	912	2542	1708-35-6

表 3（续）

编码	中文名称	英文名称	JECFA	FEMA	CAS号
A3098	苯乙醛甘油缩醛 5-羟基-2-苄基-1,3-二噁烷 5-羟甲基-2-苄基-1,3-二氧戊环	phenylacetaldehyde glyceryl acetal 5-hydroxy-2-benzy-1,3-dioxane 5-hydroxymethyl-2-benzyl-1, 3-dioxolane	1004	2877	29895-73-6
A3099	对-异丙基苯乙醛 对-异丙基甲苯-7-甲醛	*p*-isopropyl phenylacetaldehyde *p*-cymen-7-carboxaldehyde cortexal cumylacetaldehyde	1024	2954	4395-92-0
A3100	2-甲基-4-苯丁醛	2-methyl-4-phenylbutyraldehyde 2-methyl-4-phenylbutanal	1462	2737	40654-82-8
A3101	龙葵醛 2-苯基丙醛 α-甲基甲苯甲醛 α-甲基苯乙醛 α-苯基丙醛	hydratropic aldehyde 2-phenylpropanal hydratropaldehyde α-methyltolualdehyde α-methylphenylacetaldehyde α-phenylpropionaldehyde 2-phenylpropionaldehyde	1467	2886	93-53-8
A3102	龙葵醛二甲缩醛 α-苯基丙醛二甲缩醛 1,1-二甲氧基-2-苯基丙烷	hydratropic aldehyde dimethyl acetal hydratropaldehyde dimethyl acetal 1,1-dimethoxy-2-phenylpropane 2-phenylpropionaldehyde dimethyl acetal	1468	2888	90-87-9
A3103	羟基香茅醛二乙缩醛 1,1-二乙氧基-3,7-二甲基-7-辛醇 8,8-二乙氧基-2,6-二甲基-2-辛醇	hydroxycitronellal diethyl acetal 1,1-diethoxy-3,7-dimethyl-7-octanol 8,8-diethoxy-2,6-dimethyl-2-octanol	613	2584	7779-94-4
A3104	柠檬醛二甲缩醛 3,7-二甲基-2,6-辛二烯醛缩二甲醇 1,1-二甲氧基-3,7-二甲基-2,6-辛二烯	citral dimethyl acetal 3,7-dimethyl-2,6-octadienal dimethyl acetal 1, 1-dimethoxy-3, 7-dimethyl-2,6-octadiene	944	2305	7549-37-3
A3105	4-甲基-5-(2-乙酰氧乙基)-噻唑 4-甲基-5-噻唑乙醇乙酸酯	4-methyl-5-(2-acetoxyethyl) thiazole 4-methyl-5-thiazolylethyl acetate	1054	3205	656-53-1
A3106	α-丁基肉桂醛 α-丁基-β-苯丙烯醛 丁基桂醛 2-亚苄基己醛	α-butylcinnamaldehyde α-butyl-β-phenylacrolein butylcinnamic aldehyde 2-benzylidenehexanal	684	2191	7492-44-6
A3107	4-庚烯-3-酮	4-heptene-3-one	—	—	—

表 3（续）

编码	中文名称	英文名称	JECFA	FEMA	CAS号
A3108	4-甲基-1-苯基-2-戊酮 苄基异丁基甲酮 异丁基苄基甲酮	4-methyl-1-phenyl-2-pentanone benzyl isobutyl ketone isobutyl benzyl ketone	828	2740	5349-62-2
A3109	1-(对甲氧基苯基)-1-戊烯-3-酮 α-甲基大茴香叉丙酮 对-甲氧基苯乙烯基乙基酮	1-(*p*-methoxyphenyl)-1-penten-3-one α-methyl anisylidene acetone *p*-methoxystyryl ethyl ketone ethone	826	2673	104-27-8
A3110	α-亚己基环戊酮 α-己叉基环戊酮 2-亚己基环戊酮	α-hexylidenecyclopentanone 2-hexylidene cyclopentanone	1106	2573	17373-89-6
A3111	四甲基乙基环已烯酮 5-乙基(2,3,4,5)-四甲基-环己-2-烯-1-酮 5-乙基(3,4,5,6)-四甲基-环己-2-烯-1-酮	tetramethyl ethylcyclohexenone 5-ethyl-(2, 3, 4, 5)-tetramethyl-2-cyclohexen-1-one 5-ethyl-(3, 4, 5, 6)-tetramethyl-2-cyclohexen-1-one	1111	3061	17369-60-7
A3112	糠硫醇甲酸酯 2-呋喃甲硫醇乙酸酯	furfurylthiol formate 2-furanmethanethiol formate	1073	3158	59020-90-5
A3113	甲基β-萘酮 2′-乙酰基萘 β-萘甲酮 β-乙酰基萘	methyl β-naphthyl ketone cetone D 2′-acetonaphthone oranger crystals β-acetylnaphthalene β-naphthyl methyl ketone	811	2723	93-08-3
A3114	2-(3-苯丙基)-四氢呋喃 α-(3-苯丙基)四氢呋喃	2-(3-phenylpropyl)tetrahydrofuran α-(3-phenylpropyl) tetrahydrofuran	1441	2898	3208-40-0
A3115	烯丙基乙酸 4-戊烯酸	allyl acetic acid 4-pentenoic acid	314	2843	591-80-0
A3116	甲酸二甲基苄基原酯 α,α-二甲基苯乙醇甲酸酯 甲酸 2-苄基-2-丙酯	dimethyl benzyl carbinyl formate benzyl dimethyl carbinyl formate α,α-dimethylphenethyl formate 2-benzyl-2-propyl formate DMBC formate	—	2395	10058-43-2
A3117	4-乙酰基-6-叔丁基-1,1-二甲基茚满 萨利麝香	4-acetyl-6-*t*-butyl-1, 1-dimethylindane celestolide	812	3653	13171-00-1
A3118	癸醛二甲缩醛 1,1-二甲氧基癸烷	decanal dimethyl acetal 1,1-dimethoxydecane	945	2363	7779-41-1
A3119	乙酸环己基乙酯 环己基乙醇乙酸酯 乙酸六氢化苯乙酯	cyclohexaneethyl acetate cyclohexylethyl acetate hexahydrophenethyl acetate	964	2348	21722-83-8

表 3（续）

编码	中文名称	英文名称	JECFA	FEMA	CAS 号
A3120	对甲苯氧基乙酸乙酯	ethyl (*p*-tolyloxy)acetate ethyl *p*-cresoxyacetate vinegar naphtha	1027	3157	67028-40-4
A3121	乙酸二甲基苯乙基原酯 2-甲基-4-苯基-2-丁醇乙酸酯 1,1-二甲基-3-苯丙-1-醇乙酸酯	dimethyl phenethyl carbinyl acetate 2-methyl-4-phenyl-2-butyl acetate D. M. P. E. C acetate 1,1-dimethyl-3-phenylpropan-1-yl acetate	1460	2735	103-07-1
A3125	丙酸甲基苯基原酯 丙酸苏合香酯 丙酸 α-甲基苄酯 1-苯基-1-乙醇丙酸酯	methyl phenylcarbinyl propionate styralyl propionate α-methylbenzyl propionate 1-phenyl-1-ethyl propionate	802	2689	120-45-6
A3126	2-呋喃基丙烯酸丙酯 3-(2-呋喃基)-2-丙烯酸丙酯	propyl 2-furanacrylate propyl 3 (2-furyl)-2-propenoate propyl 3 (2-furyl) acrylate	1518	2945	623-22-3
A3129	异丁酸二甲基苯乙基原酯 异丁酸 2-甲基-4-苯基-2-丁酯 2-甲基丙酸 2-甲基-4-苯基-2-丁酯 异丁酸苯乙基二甲基原酯	dimethyl phenethyl carbinyl isobutyrate 2-methyl-4-phenyl-2-butyl isobutyrate DMPEC 2-methylpropanoate DMPEC isobutyrate 2-methyl-4-phenyl-2-butyl 2-methylpropanoate phenylethyl dimethyl carbinyl isobutyrate	1461	2736	10031-71-7
A3130	异丁酸 2-苯氧基乙酯 乙二醇单苯醚异丁酸酯 2-甲基丙酸 2-苯氧基乙酯 苯氧基乙醇异丁酸酯	2-phenoxyethyl isobutyrate 2-phenoxyethyl 2-methylpropanoate phenylcellosolve isobutyrate phenirat(H&R)	1028	2873	103-60-6
A3133	十三烷二酸乙二醇酯 亚乙基十一烷二羧酸酯 十三碳二酸环乙二醇二酯 麝香 T	ethylene undecanedicarboxylate ethylene brassylate tridecanedioic acid cyclic ethylene glycol diester ethylene glycol brassylate, cyclic diester cyclo-1, 13-ethylenedioxytridecan-1,13- dione musk T(TAKA)	626	3543	105-95-3

表 3（续）

编　码	中 文 名 称	英 文 名 称	JECFA	FEMA	CAS 号
A3134	邻氨基苯甲酸异丁酯 2-氨基苯甲酸异丁酯	isobutyl anthranilate butyl (iso) anthranilate butyl (iso) *o*-aminobenzoate isobutyl *o*-aminobenzoate isobutyl 2-aminobenzoate	1537	2182	7779-77-3
A3135	对叔丁基苯乙酸甲酯	methyl *p*-tert-butylphenylacetate	1025	2690	3549-23-3
A3136	苯氧乙酸烯丙酯 PA 乙酸酯 苯氧乙酸 2-丙烯酯 乙酸苯氧基烯丙酯	allyl phenoxyacetate acetate PA 2-propenyl phenoxyacetate acetic acid, phenoxy, allyl ester	18	2038	7493-74-5
A3137	苯乙酸辛酯	octyl phenylaceteate octyl *α*-toluate	1017	2812	122-45-2
A3138	苯乙酸苄酯	benzyl phenylacetate benzyl *α*-toluate phenylacetic acid, benzyl ester	849	2149	102-16-9
A3139	苯乙酸芳樟酯 3,7-二甲基-1,6-辛二烯-3-醇苯乙酸酯	linalyl phenylacetate 3,7-dimethyl-1,6-octadien-3-yl phenylacetate linalyl *α*-toluate	1019	3501	7143-69-3
A3140	苯乙酸香茅酯 3,7-二甲基-6-辛烯-1-醇苯乙酸酯	citronellyl phenylacetate 3,7-dimethyl-6-octen-1-yl phenylacetate citronellyl *α*-toluate	1021	2315	139-70-8
A3141	苯乙酸愈创木酯 邻甲氧基苯酚苯乙酸酯	guaiacyl phenylacetate *o*-methylcatechol acetate guaiacol phenylacetate *o*-methoxyphenyl phenylacetate	719	2535	4112-89-4
A3142	千里酸苯乙酯 异戊烯酸苯乙酯 3,3-二甲基丙烯酸苯乙酯 3-甲基巴豆酸苯乙酯 千里酸 2-苯乙酯 3-甲基 2-丁烯酸 2-苯乙酯	phenethyl senecioate phenethyl 3,3-dimethylacrylate phenylethyl 3-methylcrotonate 2-phenylethyl senecioate 2-phenylethyl 3-methyl-2-butenoate	998	2869	42078-65-9
A3144	3-苯基缩水甘油酸乙酯 *α*,*β*-环氧-*β*-苯丙酸乙酯	ethyl 3-phenylglycidate EPG ethyl *α*,*β*-epoxy-*β*-phenylpropionate	1576	2454	121-39-1

表3（续）

编　码	中　文　名　称	英　文　名　称	JECFA	FEMA	CAS号
A3146	肉桂酸芳樟酯 3,7-二甲基-1,6-辛二烯-3-醇肉桂酸酯 3-苯丙烯酸芳樟酯 β-苯丙烯酸3,7-二甲基-1,6-辛二烯-3-醇酯	linalyl cinnamate 3,7-dimethyl-1,6-octadien-3-yl cinnamate linalyl 3-phenylpropenoate 3, 7-dimethyl-1, 6-octadien-3-yl 3-phenylpropenoate 3, 7-dimethyl-1, 6-octadien-3-yl β-phenyl -acrylate	668	2641	78-37-5
A3147	1,2-二((1′-乙氧基)-乙氧基)丙烷	1,2-di((1′-ethoxy)ethoxy)propane	927	3534	67715-79-1
A3148	N,2,3-三甲基-2-异丙基丁酰胺	2-isopropyl-N, 2, 3-trimethylbutyramide	1595	3804	51115-67-4
A3149	N-乙基-2-异丙基-5-甲基-环已烷甲酰胺 N-乙基-对-蓋烷-3-甲酰胺	N-ethyl-2-isopropyl-5-methylcyclohexane carboxamide N-ethyl-p-menthane-3-carboxamide	1601	3455	39711-79-0
A3150	3-l-蓋氧基-1,2-丙二醇	3-l-menthoxypropane-1,2-diol 3-l-(p-menthan-3-yloxy)-1, 2-propanediol	1408	3784	87061-04-9
A3151	香兰基丁醚 2-甲氧基-4-(丁氧甲基)苯酚	vanillyl butyl ether 2-methoxy-4-(mutoxymethyl) phenol 4-(butoxymethyl)-2-methoxyphenol	888	3796	82654-98-6
A3152	9-癸烯醛	9-decenal	1286	3912	39770-05-3
A3153	2-仲丁基环已酮 2-(1-甲基丙基)环已酮 邻-仲-丁基环已酮	2-sec-butylcyclohexanone 2-(1-methylpropyl)cyclohexanone freskomenthe ortho-sec-butylcyclohexanone	1109	3261	14765-30-1
A3154	2,3-十一碳二酮 乙酰基壬酰	2,3-undecadione acetylnonanoyl acetylnonyryl acetylpelargonyl	417	3090	7493-59-6
A3155	环已烷羧酸	cyclohexanecarboxylic acid	961	3531	98-89-5
A3156	5和6-癸烯酸(牛奶内酯)	5-and6-decenoic acid(milk lactone)	327	3742	72881-27-7
A3157	八醋酸蔗糖酯 八乙酰基蔗糖	sucrose octaacetate octaacetyl sucrose	—	3038	126-14-7
A3158	丁酸烯丙酯 2-丙烯醇丁酸酯	allyl butyrate 2-propenyl butanoate	2	2021	2051-78-7

表 3（续）

编码	中文名称	英文名称	JECFA	FEMA	CAS 号
A3159	异丁酸香兰酯 3-甲氧基-4-异丁酰氧基苯甲醛 4-异丁酰氧基-间-茴香醛	vanillin isobutyrate 3-methoxy-4-isobutyryloxybenzaldehyde 4-isobutyryloxy-m-anisaldehyde isobutavan vanillyl isobutytrate	891	3754	20665-85-4
A3160	戊二酸单 *l*-薄荷醇酯	*l*-monomenthyl glutarate	1414	4006	220621-22-7
A3161	苯甲酰基乙酸乙酯 3-苯基-3-氧代丙酸乙酯	ethyl benzoylacetate ethyl 3-phenyl-3-oxopropanoate	834	2423	94-02-0
A3163	ε-十二内酯 6-羟基十二酸内酯	ε-dodecalactone 7-hexyl-2-oxepanone	242	3610	16429-21-3
A3164	八氢香豆素 双环壬内酯 八氢(2*H*)1-苯并吡喃-2-酮	octahydrocoumarin bicyclononalactone cyclohexyl lactone octahydro(2*H*)1-benzopyran-2-one	1166	3791	4430-31-3
A3165	2，5-二甲基-3-呋喃硫醇	2,5-dimethyl-3-furathiol	1063	3451	55764-23-3
A3166	1,2-丁二硫醇 1,2-二巯基丁烷	1,2-butanedithiol 1,2-dimercaptobutane	537	3528	16128-68-0
A3167	双-(2,5-二甲基-3-呋喃基)二硫醚	bis(2,5-dimethyl-3-furyl)disufide	1067	3476	28588-73-0
A3168	丙基 2-甲基-3-呋喃基二硫醚 2-甲基-3-呋喃基丙基二硫醚	propyl 2-methyl-3-furyl disulfide 2-methyl-3-furyl propyl disulfide	1065	3607	61197-09-9
A3169	二环己基二硫醚	dicyclohexyl disulfide cyclohexyl disulfide	575	3448	2550-40-5
A3170	糠基异丙基硫醚 异丙基糠基二硫醚	furfuryl isopropyl sulfide isopropyl furfuryl sulfide	1077	3161	1883-78-9
A3171	2-乙基苯硫酚 2-乙基苯硫醇	2-ethyl thiophenol 2-ethylphenyl mercaptan	529	3345	4500-58-7
A3172	2-(乙酰氧基)丙酸甲硫醇酯 乙酰基乳酸甲硫醇酯	methylthio 2-(acetyloxy)propionate S-methyl-2-acetyloxypropanethioate thiomethyl acetyllactate	492	3788	74586-09-7
A3173	2-(丙酰氧基)丙酸甲硫醇酯 丙酰基乳酸甲硫醇酯	methylthio 2-(propionyloxy)propionate S-methyl 2-propionyloxypropanethioate thiomethyl propionyllacetate	493	3790	—
A3174	3-糠硫基丙酸乙酯	ethyl 3-(furfurylthio)propionate	1088	3674	94278-27-0

表 3（续）

编 码	中 文 名 称	英 文 名 称	JECFA	FEMA	CAS 号
A3175	2-甲硫基吡嗪 吡嗪基甲基硫醚	2-methylthiopyrazine pyrazinyl methyl sulfide	796	3231	21948-70-9
A3176	异硫氰酸苯乙酯 2-苯乙醇异硫氰酸酯 β-苯乙醇异硫氰酸酯 苯乙基芥末油	phenethyl isothiocyanate 2-phenethyl isothiocyanate benzene,（2-isothiocyanatoethyl）- β-phenethyl isothiocyanate β-phenylethyl isothiocyanate isothiocyanic acid, phenethyl ester phenethyl mustard oil phenylethyl mustard oil	1563	4014	2257-09-2
A3177	2-(3-苯丙基)吡啶	2-(3-phenylpropyl)pyridine	1321	3751	2110-18-1
A3178	4,5-二甲基-2-乙基-3-噻唑啉 2-乙基-4,5-二甲基-3-噻唑啉	4,5-dimethyl-2-ethyl-3-thiazoline 2-ethyl-4,5-dimethyl-3-thiazoline	1058	3620	76788-46-0
A3179	2-仲丁基-4,5-二甲基-3-噻唑啉 2,5-二氢-4,5-二甲基-2-(1-甲基丙基)噻唑	2-(2-butyl)-4,5-dimethyl-3-thiazoline 2,5-dihydro-4,5-dimethyl-2-(1-methylpropyl)thiazole	1059	3619	65894-82-8
A3180	吡嗪乙硫醇	pyrazine ethanethiol pyraziyl ethanethiol	795	3230	35250-53-4
A3181	水杨酸苯酯 2-羟基苯甲酸苯酯	phenyl salicylate phenyl 2-hydroxybenzoate	736	3960	118-55-8
A3182	庚醛二甲缩醛 1,1-二甲氧基庚烷	heptanal dimethyl acetal 1,1-dimethoxyheptane enanthal dimethyl acetal heptaldehyde dimethyl acetal oenanthal dimethyl acetal	947	2541	10032-05-0
A3183	羟基香茅醛二甲缩醛 1,1-二甲氧基-3,7-二甲基-7-辛醇 8,8-二甲氧基-2,6-二甲基-2-辛醇	hydroxy citronellal dimethyl acetal 1,1-dimethoxy-3,7-dimethyl-7-octanol 8,8-dimethoxy-2,6-dimethyl-2-octanol	612	2585	141-92-4
A3184	对-丙基茴香醚 1-甲氧基-4-丙基苯 二氢茴脑 甲基对丙基苯基醚	*p*-propyl anisole 1-methoxy-4-propylbenzene 4-propylmethoxybenzene dihydroanethole methyl *p*-propylphenyl ether	1244	2930	104-45-0

表 3（续）

编码	中文名称	英文名称	JECFA	FEMA	CAS 号
A3185	异丁酸对-甲酚酯 对甲基苯酚 2-甲基丙酸酯	*p*-tolyl isobutyrate *p*-methylphenyl 2-methylpropanoate *p*-methylphenyl isobutyrate *p*-tolyl 2-methylpropanoate *p*-cresyl isobutyrate	701	3075	103-93-5
A3186	异丁酸邻-甲酚酯 邻甲基苯酚 2-甲基丙酸酯	*o*-tolyl isobutyrate *o*-cresyl isobutyrate 2-methylphenyl 2-methylpropanoate	700	3753	36438-54-7
A3187	柠檬醛丙二醇缩醛	citral propylene glycol acetal	—	—	10444-50-5
A3188	反式-2-己烯醛二乙缩醛	*trans*-2-hexenal diethyl acetal	1383	4047	67746-30-9
A3189	2-巯基噻吩 2-噻吩基硫醇	2-mercaptothiophene 2-thienyl mercaptan 2-thienylthiol thiophene-2-thiol	1052	3062	7774-74-5
A3190	对-盖-3,8-二醇 1-羟基-2-(1-甲基-1-羟基乙基)5-甲基环己烷 2-羟基-*α*, *α*, 4-三甲基环己烷甲醇	*p*-menth-3,8-diol 1-hydroxy-2-(1-methyl-1-hydroxyethyl)-5-methyl-cyclohexane 2-hydroxy-*α*, *α*, 4-trimethylcyclohexanemethanol cyclohexanemethanol, 2-hydroxy-*α*, *α*,4 -trimethyl Geranodyle	1416	4053	42822-86-6
A3191	1,8-辛二硫醇 1,8-二巯基辛烷 八亚甲基二硫醇	1,8-octanedithiol 1,8-dimercaptooctane octamethylene dimercaptan	541	3514	1191-62-4
A3192	螺[2,4-二硫杂-1-甲基-8-氧杂双环[3.3.0]-辛烷-3,3′-(1′-氧杂-2′-甲基)环戊烷]	spiro[2, 4-dithia-1-methyl-8-oxabicyclo[3. 3. 0]octane-3, 3′-(1′-oxa-2′-methyl)cyclopentane] hexahydro-2′, 3a-dimethylspiro[1, 3] dithiolo (4, 5-b) furan-2, 3′ (2′ *H*)furan	1296	3270	38325-25-6
A3193	3-壬烯-2-酮	3-nonen-2-one	1136	3955	14309-57-0
A3194	3-甲基-2,4-壬二酮	3-methyl-2,4-nonadione	—	4057	113486-29-6
A3195	2,5-二甲基-3-硫代乙酰氧基呋喃	2,5-dimethyl-3-thioacetoxyfuran	1523	4034	55764-22-2
A3196	反式-4-己烯醛	*trans*-4-hexenal	—	4046	25166-87-4
A3197	3-[(2-甲基-3-呋喃)硫基]-2-丁酮	(+/-)-3-[(2-methyl-3-furyl) thio]-2-butanone	1525	4056	61295-44-1
A3198	3-巯基-2-甲基戊醛	3-mercapto-2-methylpentanal	1292	3994	227456-28-2

表 3（续）

编　码	中 文 名 称	英 文 名 称	JECFA	FEMA	CAS 号
A3199	2-(L-薄荷氧基)乙醇 2-(对 蓋 烷-3-氧 基)乙醇	2-(L-menthoxy)ethanol 2-(*p*-menthan-3-yloxy)ethanol	—	4154	38618-23-4
A3200	丙酸四氢糠酯 四氢呋喃基甲醇丙酸酯	tetrahydrofurfuryl propionate 2-tetrahydrofurylmethyl propionate tetrahydrofurfuryl propanoate	1445	3058	637-65-0
A3201	异戊酸烯丙酯 3-甲基丁酸 2-丙烯(醇)酯	allyl isovalerate 2-propenyl 3-methylbutanoate 2-propenyl isovalerate ally 3-methylbutanoate allyl isopentanoate	7	2045	2835-39-4
A3202	3-羟甲基-2-庚酮	3-hydroxymethyl-2-heptanone 3-octanon-1-ol 3-oxo-1-octanol caproylethanol compound 1010 hexanoylethanol ketonylethanol ketone alcohol methylolmethyl amyl ketone	604	2804	65405-68-7
A3203	三丙酸甘油酯	glyceryl tripropanoate tripropionin	921	3286	139-45-7
A3204	辛酸 α-糠酯 2-糠醇辛酸酯	α-furfuryl octanoate 2-furfuryl octanoate α-furfuryl caprylate	742	3396	39252-03-4
A3205	丁酸反式-2-辛烯醇酯	*trans*-2-octen-1-yl butanoate *trans*-2-octen-1-yl butyrate	1368	3517	84642-60-4
A3206	苯乙醛二异丁缩醛 1,1-二异丁氧基-2-苯基乙烷	phenylacetaldehyde diisobutyl acetal 1,1-diisobutoxy-2-phenylethane	1006	3384	68345-22-2
A3207	1,3-二苯基-2-丙酮 二苄基(甲)酮	1,3-diphenyl-2-propanone benzyl ketone dibenzyl ketone	832	2397	102-04-5
A3208	10-十一烯酸丁酯	butyl 10-undecylenate butyl 10-undecenoate	344	2216	109-42-2
A3209	乙酸檀香酯	santalyl acetate	985	3007	1323-00-8
A3210	2-乙基丁酸香叶酯 3,7-二甲基-2,6-辛二烯醇 2-乙基丁酸酯	geranyl 2-ethylbutyrate 3,7-dimethyl-2,6-octadienyl 2-ethylbutanoate	78	3339	73019-14-4
A3211	3-羟甲基-2-辛酮	3-hydroxymethyl-2-octanone	—	3292	59191-78-5

表 3（续）

编　码	中　文　名　称	英　文　名　称	JECFA	FEMA	CAS 号
A3212	1,2-环己二酮 2-羟基-2-环己烯-1-酮	1,2-cyclohexanedione 2-hydroxy-2-cyclohexen-1-one	—	3458	10316-66-2
A3213	松香甘油酯	glycerol ester of rosin	—	4226	8050-30-4
A3214	赤、苏-3-巯基-2-甲基丁-1-醇	erythro and threo-3-mercapto-2-methyl butan-1-ol	1289	3993	—

注：本标准中编码与 GB 2760 不同之处为：表 3 中 A3008 改为表 2 中 I2084，表 3 中 A3055 改为表 2 中 I2085，表 3 中 A3122 改为表 2 中 I2086，表 3 中 A3162 改为表 2 中 I2087，因最近这些品种已从天然产物中检出。

ICS 03.100.30
C 76

中华人民共和国国家标准

GB/T 14163—2009
代替 GB/T 14163—1993

工时消耗分类、代号和标准工时构成

Classification of working-hours consumption symbols and composition of standard working-hours

2009-03-09 发布　　2009-09-01 实施

中华人民共和国国家质量监督检验检疫总局
中国国家标准化管理委员会　发布

前　言

本标准代替 GB/T 14136—1993《工时消耗分类、代号和标准工时构成》。

本标准与 GB/T 14136—1993 相比，主要变化内容如下：

——标准适用范围由原来的“加工制造和建筑工程等生产企业”修改为“工业企业和建筑施工企业”，扩大了标准使用的范围。为此，术语的定义部分作了相应的修改。

——术语的定义部分还突出了示例，以帮助对术语的理解。

——增加附录 A 表 A.1 和表 A.2，列举了建筑业和机械加工企业工时消耗的示例，以利于更好地理解和贯彻本标准。

本标准的附录 A 为资料性附录。

本标准由中华人民共和国人力资源和社会保障部提出。

本标准由全国劳动定员定额标准化技术委员会归口。

本标准起草单位：中国劳动学会劳动标准专业委员会、首都经济贸易大学、北京信息科技大学、中国石油劳动定额标准化技术委员会。

本标准主要起草人：汪志洪、安鸿章、孙义敏、郭向东、吴宝良、黄长录、李慧、刘平。

本标准所代替标准的历次版本发布情况为：

——GB/T 14136—1993。

工时消耗分类、代号和标准工时构成

1 范围

本标准规定了工时消耗分类、代号和标准工时的构成。

本标准适用于工业和建筑施工企业工作班内各项工时消耗的分类，确定作业的标准工时，制定修订劳动定员定额标准，进行工时消耗的统计分析。

2 术语和定义

下列术语和定义适用于本标准。

2.1

定额时间　quota time

员工为完成预定的生产或工作任务，直接和间接的全部工时消耗，包括准备与结束时间，作业时间，作业宽放时间和个人需要与休息宽放时间等。

2.1.1

准备与结束时间　time for preparation and end

为加工一批产品、执行一项特定的工作任务事前准备和事后结束工作所消耗的时间。

示例：

> 熟悉新产品图纸和工艺，调整设备，准备专用工艺装备以及首件交检等消耗的时间；
> 一批产品或一项特定工作任务结束，卸下并交回专用工艺装备以及成批交检的时间；
> 在数控加工设备上安装和调试加工程序的时间。

2.1.2

作业时间　operation time

直接用于产品加工、完成生产或工作任务所消耗的时间。

示例：

> 员工在机床上完成零件的加工任务的时间；
> 完成一份文件的录入、校对、修改、打印和装订任务的时间。

2.1.2.1

基本时间　basic time

直接用于改变加工对象的几何形状、尺寸、性能，使其发生物理或化学变化，以及为工作对象提供某种直接服务所消耗的时间。

示例：

> 人工操作或监控机械设备对加工对象直接进行加工所消耗的时间；
> 搅拌机搅拌水泥的时间。

2.1.2.1.1

机动时间　machine time

在员工的看管下，由设备自行完成基本工艺过程加工或特定工作任务所消耗的时间。

示例：

加工设备采取自动进刀的方式切削加工零件消耗的时间； 电焊机自动完成焊接的时间。

2.1.2.1.2

手动时间　hand time

由员工手工或借助简单工具完成基本工艺过程或特定的工作任务所消耗的时间。

示例：

产品装配中使用扳手旋紧或松开螺母的时间； 用铁锹按配比将水泥、沙子、卵石和水混合在一起的时间； 使用电脑键盘录入文件的时间。

2.1.2.1.3

机手并动时间　overlap time of machine and hand

由员工直接操纵设备实现基本工艺过程或特定的工作任务所消耗的时间。

示例：

操纵摇臂钻床完成零件的钻孔、攻丝的加工的时间； 用缝纫机缝制上衣，使用专用设备锁眼、钉扣子的时间。

2.1.2.2

辅助时间　auxiliary time

为执行基本作业而进行的各项辅助性作业操作，以及为特定的工作对象提供某种间接性服务所消耗的时间。

示例：

在加工设备上更换刀具和在卡盘上装卸零件的时间； 往搅拌机内添加水泥、沙、卵石和水的时间。

2.1.3

作业宽放时间　allowanced time for operation

员工在进行零件加工、作业操作或完成特定工作活动的过程中，因工作现场组织管理和技术工艺装备等方面的需要所发生的间接工时消耗，它包括组织性宽放和技术性宽放两部分时间。

2.1.3.1

作业宽放率　allowance rate for operation

作业宽放时间占作业时间的比率。

2.1.3.2

组织性宽放时间　allowanced time for organization

因满足工作现场组织管理的需要所发生的间接工时消耗。

示例：

填写交接班记录的时间； 召开班前会，布置工作任务，检查劳动安全保护措施的时间； 上班后各项准备工作如整理工作现场，整理统计资料的时间； 下班前各项结束工作如清扫工作地，擦拭设备的时间； 工作中不可避免的中断等待的时间。

2.1.3.3

组织性宽放率　allowance rate for organization

组织性宽放时间占作业时间的比率。

2.1.3.4

技术性宽放时间　allowanced time for technology

因技术工艺装备的需要所发生的间接工时消耗。

示例：

> 在作业过程中刃磨刀具，调整设备，设备例行检查的时间；
> 在班前、班中和班后借还、擦洗、调整工艺装备的时间。

2.1.3.5

技术性宽放率　allowance rate for technology

技术性宽放时间占作业时间的比率。

2.1.4

个人需要与休息宽放时间　allowanced time for individual needs and relaxation

工作班内满足员工个人生理需要，以及为消除过分紧张和疲劳所必需的间歇时间。

2.1.4.1

个人需要与休息宽放率　allowance rate for individual needs and relaxation

个人需要与休息宽放时间占作业时间的比率。

2.2

非定额时间　non-quota time

员工在工作班内所发生的无效劳动和损失的时间。

2.2.1

非生产时间　non-production time

员工在工作班内做了非本职或不必要的工作所消耗的时间。按其产生的原因可区分为：企业组织管理原因造成的，以及员工个人原因引起的非生产时间。

示例：

> 在作业过程中寻找图纸、物料、工具，寻找管理人员或检验人员的时间；
> 做了与岗位工作无关工作的时间；
> 利用工作时间召开与生产或工作任务无关会议的时间。

2.2.2

停工时间　break down time

工作班内因企业组织管理不善或员工个人原因所损耗的时间。

示例：

> 因停水、停电、停汽使工作过程中断，等待任务、等待指令的时间；
> 因设备、工具、材料等原因造成停工或工作过程停顿的时间；
> 因违反操作规程造成工伤事故，导致停工的时间；
> 迟到、早退、旷工的时间。

3　各类工时代号及构成分类图

制度工作时间由定额时间和非定额时间两种部分组成。

3.1 定额时间代号及构成图

参见图 1。

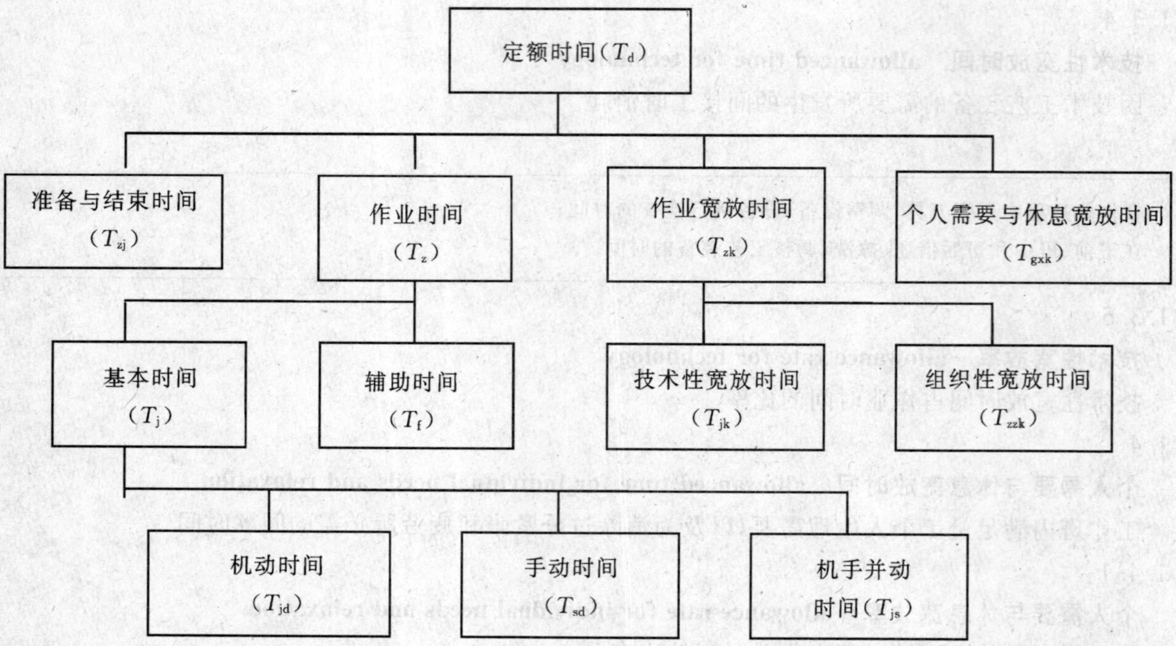

图 1 定额时间代号及构成

3.2 非定额时间代号及构成图

参见图 2。

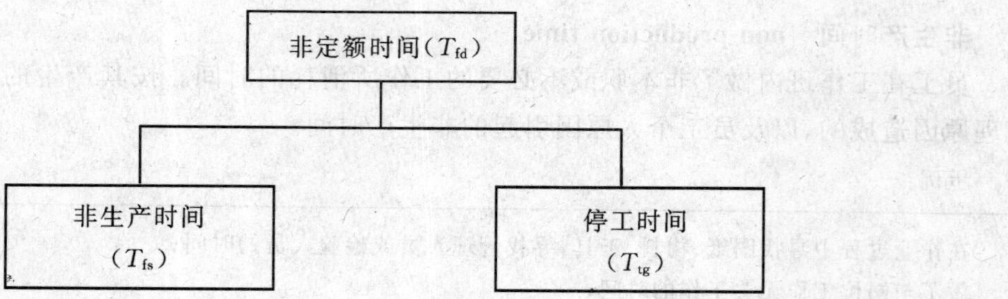

图 2 非定额时间代号及构成

4 标准工时及其构成

4.1 标准工时

具有平均熟练程度的操作者,在标准作业条件和环境下,以正常的作业速度和标准的程序方法,完成某一作业所必需的总时间。它等于正常作业时间加上各类宽放时间的总和。

标准工时及其计算一般应用于制造业及部分建筑施工业。制造业按加工批量分为多工序批量生产和单工序专业化生产两种情况。

4.2 多工序批量生产标准工时的构成

参见图 3。

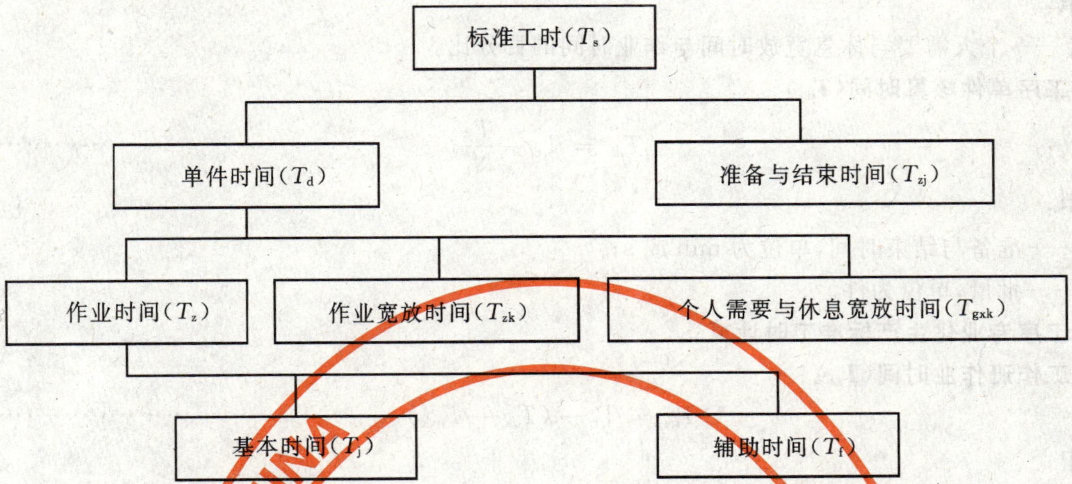

图 3　多工序批量生产的标准工时构成

4.3　多工序批量生产标准工时的计算

4.3.1　单件时间及其计算(T_d)

4.3.1.1　单件时间　workpiece time

由工序的作业时间以及应该分摊的作业宽放时间和个人需要与休息宽放时间组成。

其计算公式：

$$T_d = T_z + T_{zk} + T_{gxk} \quad \cdots\cdots(1)$$

式中：

T_z——作业时间，单位为 min 或 s；

T_{zk}——作业宽放时间，单位为 min 或 s；

T_{gxk}——个人需要与休息宽放时间，单位为 min 或 s。

4.3.1.1.1　作业时间(T_z)

$$T_z = T_j + T_f \quad \cdots\cdots(2)$$

式中：

T_j——基本时间，单位为 min 或 s；

T_f——辅助时间，单位为 min 或 s。

4.3.1.1.2　作业宽放时间(T_{zk})

$$T_{zk} = T_z \times K_{zk} \quad \cdots\cdots(3)$$

式中：

K_{zk}——作业宽放时间与作业时间的百分比。

4.3.1.1.2.1　组织性宽放时间(T_{zzk})

$$T_{zzk} = T_z \times K_{zzk} \quad \cdots\cdots(4)$$

式中：

K_{zzk}——组织性宽放时间与作业时间的百分比。

4.3.1.1.2.2　技术性宽放时间(T_{jk})

$$T_{jk} = T_j \times K_{jk} \quad \cdots\cdots(5)$$

式中：

K_{jk}——技术性宽放时间与作业时间的百分比。

4.3.1.1.3　个人需要与休息宽放时间(T_{gxk})

$$T_{gxk} = T_z \times K_{gxk} \quad \cdots\cdots(6)$$

式中：

K_{gxk}——个人需要与休息宽放时间与作业时间的百分比。

4.3.2 **工序单件核算时间(T_{dh})**

$$T_{dh} = T_d + \frac{T_{zj}}{N_p} \qquad \cdots\cdots(7)$$

式中：

T_{zj}——准备与结束时间，单位为 min 或 s；

N_p——批量，单位为件。

4.4 单工序专业化生产标准工时计算

4.4.1 **工作班作业时间(T_{gz})**

$$T_{gz} = T_b - (T_{zk} + T_{gxk}) \qquad \cdots\cdots(8)$$

式中：

T_b——工作班制度时间，单位为 min 或 s。

4.4.2 **工作班产量定额(Q_b)**

$$Q_b = [T_b - (T_{zk} + T_{gxk})]/T_{dz} \qquad \cdots\cdots(9)$$

式中：

T_{dz}——单件作业时间，单位为 min 或 s。

4.4.3 **单位产量综合工时(T_{Zh})**

$$T_{Zh} = T_d/Q_b \qquad \cdots\cdots(10)$$

式中：

T_d——工作班定额时间。

附　录　A
（资料性附录）
机械加工企业工时消耗分类示例

表 A.1　工时消耗分类示例表

<table>
<tr><th colspan="2">工时分类和代号</th><th>工时消耗项目</th></tr>
<tr><td rowspan="2">作业时间（T_z）</td><td>基本时间（T_j）</td><td>机动时间，在工人看管下，由设备自行完成基本工艺过程；
机手并动时间：由工人直接操纵工艺设备实现基本工艺过程；
手动时间：由工人手工操作或借助简单工具完成基本工艺过程</td></tr>
<tr><td>辅助时间（T_f）</td><td>装卸零件；
测量工件；
操纵设备或工具；
调整设备工作参数</td></tr>
<tr><td rowspan="2">作业宽放时间（T_{zk}）</td><td>组织性宽放时间（T_{zzk}）</td><td>更换工作服；
擦拭及润滑设备；
放置工具及毛坯；
清扫和整理工作地；
填写原始记录、交接班；
生产中不可避免的短时延误</td></tr>
<tr><td>技术性宽放时间（T_{jk}）</td><td>更换及刃磨用钝的工具；
操作中校正工具及调整设备；
清除切屑</td></tr>
<tr><td colspan="2">个人需要与休息宽放时间（T_{gxk}）</td><td>喝饮料、坐着休息；
上厕所、做健身操等</td></tr>
<tr><td colspan="2">准备与结束时间（T_{zj}）</td><td>领取公票；
熟悉图纸和工艺；
检查材料及毛坯；
检查工具、领取专用夹具；
安装和调整专用工夹具；
调整机床或设备；
首件及成批交检；
结束工作</td></tr>
<tr><td rowspan="2">非生产工作时间（T_{fs}）</td><td>非个人造成非生产工作时间（T_{fsf}）</td><td>寻找工具、材料、半成品；
寻找工长、检验员；
占用工作时间召开各种非生产性会议；
因非操作者原因造成废品、返修工件</td></tr>
<tr><td>个人造成的非生产工作时间（T_{fsg}）</td><td>返修个人原因造成不合格件；
寻找自己常用的工件；
违反工艺规程或粗心大意造成的废品；
自己做了非本职的工作；
多余的动作造成的工时损失</td></tr>
</table>

表 A.1（续）

工时分类和代号		工时消耗项目
停工时间（T'_{tg}）	非个人原因造成的停工时间（T_{tgf}）	等待工作； 等待图纸和工艺； 等待材料和毛坯； 等待吊车和运输工具； 等待工具夹； 等待油料、水、汽、电等动力； 等待修理、检测
	个人原因造成的停工时间（T_{tgg}）	闲谈、迟到、早退； 擅离工作地； 上班打瞌睡

表 A.2 建筑业工时消耗分类示例表

工时分类和代号		工时消耗项目
作业时间（T_z）	基本时间（T_j）	混凝土搅拌机往建筑体内浇注混凝土的时间； 钢筋工用机械调直、切断、弯曲钢筋，手工绑扎、成型钢筋构件的时间
	辅助时间（T_f）	车载混凝土搅拌机移向浇注混凝土的建筑物； 混凝土浇注工将搅拌机出料口对准建筑体
作业宽放时间（T_{zk}）		更换工作服； 清扫和整理工作地； 填写原始记录、交接班； 生产中不可避免的短时延误
个人需要与休息宽放时间（T_{gxk}）		喝饮料、坐着休息； 上厕所、做健身操等
准备与结束时间（T_{zj}）		接受施工任务书，技术、安全交底、熟悉施工图纸等时间
非生产工作时间（T_{fs}）	非个人造成非生产工作时间（T_{fsf}）	寻找工具、材料、半成品； 寻找工长、检验员； 占用工作时间召开各种非生产性会议； 因非操作者原因造成废品、返修工件
	个人造成的非生产工作时间（T_{fsg}）	违反工艺规程或粗心大意造成的返工； 自己做了非本职的工作； 多余的动作造成的工时损失

表 A.2（续）

工时分类和代号		工时消耗项目
停工时间（T_{tg}）	非个人原因造成的停工时间（T_{tgf}）	等待工作； 等待图纸和工艺； 等待材料和毛坯； 等待吊车和运输工具； 等待工具夹； 等待油料、水、汽、电等动力； 等待修理、检测
	个人原因造成的停工时间（T_{tgg}）	闲谈、迟到、早退； 擅离工作地； 上班打瞌睡

ICS 43.020
T 04

中华人民共和国国家标准

GB/T 14172—2009
代替 GB/T 14172—1993

汽车静侧翻稳定性台架试验方法

Static roll stability test method for motor vehicles

2009-03-23 发布　　　　2010-01-01 实施

中华人民共和国国家质量监督检验检疫总局
中国国家标准化管理委员会　发布

前言

本标准代替 GB/T 14172—1993《汽车静侧翻稳定性台架试验方法》。

本标准与 GB/T 14172—1993 相比，主要修订内容如下：

——在范围里增加了“汽车列车可参照执行”的内容；

——修改了术语和定义部分；

——修改、调整了测量仪器设备的相关内容；

——增加了对汽车安装模拟载荷时的要求；

——修改了汽车在台架试验台上的停放要求。

本标准的附录 A 为资料性附录。

本标准由国家发展和改革委员会提出。

本标准由全国汽车标准化技术委员会归口。

本标准起草单位：国家汽车质量监督检验中心（襄樊）。

本标准主要起草人：朱鑫、汪祖国、陈甲新、湛永茂。

本标准所代替标准的历次版本发布情况为：

——GB/T 14172—1993。

汽车静侧翻稳定性台架试验方法

1 范围

本标准规定了汽车静侧翻稳定性台架试验方法。

本标准适用于汽车。汽车列车可参照执行。

2 规范性引用文件

下列文件中的条款通过本标准的引用而成为本标准的条款。凡是注日期的引用文件,其随后所有的修改单(不包括勘误的内容)或修订版均不适用于本标准,然而,鼓励根据本标准达成协议的各方研究是否可使用这些文件的最新版本。凡是不注日期的引用文件,其最新版本适用于本标准。

GB/T 1184　形状和位置公差　未注公差值(GB/T 1184—1996,eqv ISO 2768-2:1989)

3 术语和定义

下列术语和定义适用于本标准。

3.1

静侧翻稳定性　static roll stability

汽车在静态条件下受到侧向力时其本身所固有的抗侧翻能力。

3.2

侧翻角　roll angle

汽车随侧翻试验台侧倾,汽车车轮支承平面与水平面的夹角。

3.3

最大侧翻稳定角　max stable roll angle

汽车随侧翻试验台侧倾,汽车一侧车轮支承平面法向反力至零时的侧翻角。

4 测量仪器和设备

4.1 测量仪器精度

4.1.1　车轮负荷计精度不低于1%。

4.1.2　尺寸测量仪器精度不低于1 mm。

4.1.3　角度测量仪器精度不低于0.1°。

4.2 侧翻试验台

4.2.1　试验台面的最大侧倾角应能满足被测汽车静侧翻稳定性要求。试验台面的倾斜角应能在零度与最大侧倾角之间连续调节,并能在任意角度固定。

4.2.2　试验台应运转平稳,最小上升速度(匀速)应不大于10°/min,最小下降速度(匀速)应不大于27°/min。

4.2.3　试验台面的侧向附着系数不低于0.85。

4.2.4　试验台平面度不低于GB/T 1184中规定的D级,试验台面与转动中心线的平行度不低于12级。

4.3 防侧滑设施

为防止试验时汽车侧滑,可采用在侧翻试验台上安装防侧滑挡块的方法,挡块高度不大于30 mm,且只准加在试验台转动中心一侧的轮边。

4.4 防侧翻安全设备

为防止试验时汽车发生侧翻事故，须有专用的防侧翻的安全设备。安全设备对汽车的约束力在汽车达侧翻临界状态前均应为零。

5 试验条件

5.1 汽车技术状况

5.1.1 汽车各总成、部件及附属装备(包括随车工具与备胎)必须按出厂技术条件装备齐全，并装在规定位置上；对于位置可调整者(如提升轴、可调空气悬架)，应将其调整至与载荷相适应的状态。

5.1.2 轮胎气压应符合汽车技术条件的规定，误差不超过 10 kPa。

5.1.3 为防止燃料、润滑油、冷却液的泄漏，可采用堵塞或等质量代换的办法。

5.1.4 对于采用空气悬架及油气悬架的汽车，应安装防止悬架脱开的安全装置。有高度调整机构者应锁止该机构。

5.1.5 应根据测量需求确定汽车的载荷状态(无特殊要求时按整备质量状态)，当汽车需装载模拟载荷时，所有载荷应予以适当定位，以防在汽车侧倾试验时发生移位。

5.2 环境条件

环境风速不大于 1.5 m/s。

6 试验方法

6.1 测定汽车向左侧倾时的最大侧翻稳定角

6.1.1 将汽车置于侧翻试验台上，车轮处于直线行驶状态，汽车的纵向对称平面与试验台面转动中心线平行。

6.1.2 实施驻车制动，安装防侧滑挡块及防侧翻安全设备。

6.1.3 启动试验台，使汽车随试验台以适当的速度向左倾斜(当侧倾角度大于 20°时，上升速度不得高于 4.2.2 规定的最小上升速度限值)，实时监测右侧车轮负荷，至汽车右侧所有车轮支承平面法向反力为零时止(如果没有车轮负荷测量装置，试验到右侧所有车轮脱离试验台面时为止)。此时试验台的侧倾角度即为汽车向左侧倾时的最大侧翻稳定角。

6.1.4 控制试验台下降，使试验台面倾斜角恢复为 0°。

6.1.5 重复 6.1.3、6.1.4 试验。试验共进行三次。

6.2 测定汽车向右侧倾时的最大侧翻稳定角

将汽车调头，重复 6.1 各步骤。

7 数据处理

分别计算汽车左、右最大侧翻稳定角三次测量结果的算术平均值，取值到十分位。如同侧三次测量值的相对误差超过 3%，应重新测试。

8 试验记录

试验记录的填写参见附录 A。

附 录 A
（资料性附录）
试 验 记 录

A.1 试验对象

汽车型号： 生产厂家： VIN：
外廓尺寸（长×宽×高）： 轴距： 轮距：
整车整备质量、轴荷： 试验质量、轴荷：
悬架形式： 轮胎规格： 轮胎气压：

A.2 试验结果

A.2.1 汽车向左侧倾时的最大侧翻稳定角

第一次：
第二次：
第三次：
平均值：

A.2.2 汽车向右侧倾时的最大侧翻稳定角

第一次：
第二次：
第三次：
平均值：

A.3 试验用仪器、设备

A.4 试验时间、地点、气象条件、人员

ICS 11.040.40
C 30

中华人民共和国国家标准

GB/T 14191.1—2009/ISO 8549-1:1989
代替 GB/T 14191—1993

假肢学和矫形器学术语 第1部分:体外肢体假肢和体外矫形器的基本术语

**Prosthetics and orthotics—Vocabulary—
Part 1: General terms for external limb prostheses and external orthoses**

(ISO 8549-1:1989,IDT)

2009-03-16 发布　　2009-09-01 实施

中华人民共和国国家质量监督检验检疫总局
中国国家标准化管理委员会　发布

前　言

GB/T 14191《假肢学和矫形器学术语》分为三个部分：

——第1部分：体外肢体假肢和体外矫形器的基本术语；

——第2部分：与体外肢体假肢和此类假肢使用者有关的术语；

——第3部分：与体外矫形器有关的术语。

本部分为GB/T 14191的第1部分。

本部分等同采用ISO 8549-1:1989《假肢学和矫形器学术语　第1部分：体外肢体假肢和体外矫形器的基本术语》(英文版)。

本部分代替GB/T 14191—1993。

本部分与GB/T 14191—1993相比，主要变化内容如下：

——本部分相当于GB/T 14191—1993的第2章"基本术语"；

——删除了GB/T 14191—1993的2.2"临床方法"，增加了2.2"解剖学词汇"；

——GB/T 14191—1993的2.3"对线和检验"部分增加了对人体假肢和矫形器制作人员的定义，改为2.3"人员和方法"。

本部分由中华人民共和国民政部提出。

本部分由全国残疾人康复和专用设备标准化技术委员会(SAC/TC 148)归口。

本部分起草单位：北京健步客假肢有限责任公司。

本部分主要起草人：于布风、邓春燕。

本部分所代替标准的历次版本发布情况为：

——GB/T 14191—1993。

引　言

ISO（国际标准化组织）是各国标准化组织（ISO 成员国）的世界性联盟。制定国际标准的工作一般是由 ISO 的各个技术委员会施行的。任何一个成员国对某一主题有兴趣、并且该主题的技术委员会业已成立，就有权参加该委员会的工作。与 ISO 有联系的国际组织，不管是政府的或民间的，也参与这项工作。在所有电子技术标准方面，ISO 与国际电子技术委员会（IEC）密切合作。

经技术委员会采纳的国际标准草案在被 ISO 理事会批准为国际标准之前，要送交各成员国征求意见。根据 ISO 程序规定，至少要有 75％的成员国表决赞成，标准才得以通过。

ISO 8549 由 ISO/TC 168 假肢学与矫形器学委员会制定。

ISO 8549 的主标题是“假肢学与矫形器学术语”，它包括以下几个部分：

——第 1 部分：体外肢体假肢与体外矫形器的基本术语；

——第 2 部分：与体外肢体假肢和此类假肢使用者有关的术语；

——第 3 部分：与体外矫形器有关的术语。

假肢学和矫形器学术语 第1部分:体外肢体假肢和体外矫形器的基本术语

1 范围

GB/T 14191 的本部分规定了体外肢体假肢学和矫形器学专业中使用的术语词汇。本部分定义了用于表述这类假肢和矫形器、人体安装这类假肢或矫形器部位的解剖学及在假肢学和矫形器学实践中所涉及的人员和方法的基本术语。

本部分不适用于替代乳房或人体其他部位的体外假体,如牙科用假体或矫形装置,也不适用于体内假体或矫形器具;它也不适用于那些仅仅包覆单节肢体的矫形器(如用于骨折治疗和体育医疗的矫形器等)。

注1:在本部分中,缩略词"假肢学(prosthetics)"及其衍生词仅适用于体外肢体假肢学;缩略词"矫形器学(orthotics)"及其衍生词仅适用于体外矫形器学。

注2:本部分附有按字母顺序排列的中文、英文索引。

注3:本部分不包括用于治疗骨折的矫形器术语,这些术语可能在进一步修订中加以考虑。

2 术语和定义

2.1

假肢和矫形器 prostheses and orthoses

2.1.1

假肢 prosthesis

假肢装置(同义词:义肢、义肢装置) prosthetic device

用于整体或部分替代一个缺失或缺陷肢体的体外使用装置。

说明:包括那种出于结构或功能的目的而有一部分位于体内的装置。

2.1.2

矫形器 orthosis

矫形装置 orthotic device

用于改变神经肌肉和骨骼系统的结构和机能特性的体外使用装置。

2.1.3

假肢学 prosthetics

使用假肢处理患者时所涉及的科学和技艺。

2.1.4

矫形器学 orthotics

使用矫形器处理患者时所涉及的科学和技艺。

2.1.5

上肢矫形器 upper limb orthosis

用于整体或部分上肢的矫形器。

2.1.6

下肢矫形器 lower limb orthosis

用于整体或部分下肢的矫形器。

2.1.7

上肢假肢 upper limb prosthesis

用于替代整体或部分上肢的假肢。

2.1.8

下肢假肢 lower limb prosthesis

用于替代整体或部分下肢的假肢。

2.1.9

脊椎矫形器 spinal orthosis

用于整体或部分躯干、头、颈和其间关节的矫形器。

2.2

解剖学词汇 anatomical terms

2.2.1

下肢 lower limb

人体的这个部分由足、小腿、大腿、骨盆区域和其间的关节组成。

2.2.2

髋关节 hip joint

股骨头与髋骨臼之间的球窝关节。

2.2.3

膝关节 knee joint

股骨与胫骨之间的关节,包括股骨与髌骨间的关节。

2.2.4

踝关节 ankle joint

胫骨、腓骨与距骨之间的关节。

2.2.5

足 foot

下肢踝部以远的部分。

2.2.6

上肢 upper limb

人体的这个部分由手、前臂、上臂、肩胛区域和其间的关节组成。

2.2.7

肩 shoulder

人体的这个部分由胸廓-肩胛关节、肱-肩胛关节和上臂部分组成。

2.2.8

肩关节 shoulder joint

肩胛骨关节窝与肱骨头之间的关节。

2.2.9

肘关节 elbow joint

肱骨远端和桡骨与尺骨近端之间的关节。

2.2.10

腕关节 wrist joint

桡骨远端和腕骨近端之间的关节。

2.2.11

手　hand

上肢腕部以远的部分。

2.2.12

头　head

人体的这个部分位于颈部以上,包括颅部及面部。

2.2.13

颈　neck

颈部　cervical region

人体的这个部分位于头与躯干之间,含有7个颈椎骨。

2.2.14

躯干　trunk

人体上除去头、颈和肢体的部分。

2.2.15

胸廓　thorax

胸廓部　thoracic region

躯干的这个部分位于颈和膈之间,含有12个胸椎骨。

2.2.16

腰部　lumbar region

位于肋骨和骨盆之间的躯干中间的部位,含有5个腰椎骨。

2.2.17

骶-髂(部)　sacro-iliac (region)

骶椎部　sacral region

躯干的这个部分位于尾椎和腰椎之间,骶骨包括骶椎骨和接为一体的骶髂关节。

2.3

人员和方法　personnel and procedures

2.3.1

矫形器师　orthotist

完成了一种被认可的专业教育和培训课程的学习,并得到相应的政府机构批准的从事设计、测量、安装矫形器的人。

2.3.2

假肢师　prosthetist

完成了一种被认可的专业教育和培训课程的学习,并得到相应的政府机构批准的从事设计、测量、安装假肢的人。

2.3.3

矫形器/假肢师　orthotist/prosthetist

完成了一种被认可的专业教育和培训课程的学习,并得到相应的政府机构批准的从事设计、测量、安装矫形器和假肢的人。

2.3.4

矫形器技师　orthotics technician

完成了一种被认可的专业培训课程的学习,并得到相应机构认可的、在矫形器师指导下制作矫形器的人。

2.3.5

假肢技师 prosthetics technician

完成了一种被认可的专业培训课程的学习,并得到相应机构认可的、在假肢师指导下制作假肢的人。

2.3.6

假肢学(矫形器学)评定 prosthetic (orthotic)assessment

由参加治疗的人员对患者的整体状况进行检查,并由假肢师(矫形器师)提出有关使用部件和最适合患者全面情况的安装程序的建议。

2.3.7

假肢学(矫形器学)取型和测量 prosthetic (orthotic)casting and measurement

通过记录图、投影图、测量和人体部位取阴模等方法来获取或记录制作假肢(矫形器)所需的全部资料。

2.3.8

阳模修整 cast modification

为获得一个确定最终假肢或矫形器整体或部分形状的模型而对经浇注阴模而得到的阳模进行修整的过程。

2.3.9

轮廓图修整 tracing modification

通过对投影图的投影外形修整以便得到一个确定最终假肢或矫形器整体或部分形状的轮廓。

2.3.10

对线 alignment

在空间确定假肢或矫形器部件之间和患者之间的相对位置。

2.3.11

基本装配和对线 bench assembly and alignment

根据假肢或矫形器的性能要求和事前得到的患者的资料,对假肢或矫形器的部件进行装配和对线。

2.3.12

静态对线 static alignment

在患者静止状态下穿戴假肢或矫形器并对基本对线进行精细调整的过程。

2.3.13

动态对线 dynamic alignment

通过观察运动状态的患者而调整假肢或矫形器的对线使之更为完善的过程。

2.3.14

最终完工 finishing

在动态对线之后,为使假肢或矫形器达到其最终使用状态而进行的加工过程。

2.3.15

检验 check-out

检查制好的假肢或矫形器是否完善(包括适配、功能和外观)。

中 文 索 引

英 文 索 引

ICS 71.100.40
J 76

中华人民共和国国家标准

GB 14193—2009
代替 GB 14193—1993

液化气体气瓶充装规定

Rules for filling of liquefied gas cylinders

2009-06-25 发布　　2010-04-01 实施

中华人民共和国国家质量监督检验检疫总局
中国国家标准化管理委员会 发布

前　言

本标准的全部技术内容为强制性。

本标准代替 GB 14193—1993《液化气体气瓶充装规定》。

本标准与 GB 14193—1993 相比，主要差异为：

——根据 GB/T 1.1—2000 修订了标准的结构；

——补充一部分液化气体（包括高压液化气体与低压液化气体）的充装系数；

——增加了本标准不适用于机动车用液化石油气钢瓶的充装。

本标准的附录 A 为资料性附录。

本标准由全国气瓶标准化技术委员会（SAC/TC 31）提出并归口。

本标准起草单位：首都经贸大学安全和环境工程学院、北京普莱克斯实用气体有限公司。

本标准主要起草人：吴粤燊、郝澄、宋连生。

本标准所代替标准的历次版本发布情况为：

——GB 14193—1993。

液化气体气瓶充装规定

1 范围

本标准规定了液化气体气瓶(以下简称气瓶)充装的基本原则和安全技术要求。

本标准适用于高压液化气体气瓶和在最高使用温度下饱和蒸气压力不小于 0.1 MPa(表压,下同)的低压液化气体气瓶的充装。

本标准不适用于机动车用液化石油气钢瓶的充装。

2 规范性引用文件

下列文件中的条款通过本标准的引用而成为本标准的条款。凡是注日期的引用文件,其随后所有的修改单(不包括勘误的内容)或修订版均不适用于本标准,然而,鼓励根据本标准达成协议的各方研究是否可使用这些文件的最新版本。凡是不注日期的引用文件,其最新版本适用于本标准。

GB 7144 气瓶颜色标志

GB/T 13005 气瓶术语

GB 15383 气瓶阀出气口连接型式和尺寸

GB 16804 气瓶警示标签(GB/T 16804—1997,eqv ISO 7225:1994)

3 术语和定义

GB/T 13005 确立的以及下列术语和定义适用于本标准。

3.1

充装系数 filling ratio

气瓶单位容积内充装液化气体的质量。

3.2

剩余压力 remaining pressure

气瓶充装前瓶内所剩余的气体压强。

4 充装前的检查与处理

4.1 充装操作人员应熟悉所装介质的特性(燃、毒及腐蚀)、安全防护措施及其与气瓶材料(包括瓶体及瓶阀等附件)的相容性。

4.2 常用液化气体的特性及其与金属材料的相容性可参考附录 A。

4.3 充装前的气瓶应由专人负责,逐只进行检查,检查内容至少应包括:

a) 国产气瓶是否是由具有“气瓶制造许可证”的单位生产,并有监督检验标记的;

b) 进口的气瓶是否经安全监察机构批准,并经产品安全性能检验合格的;

c) 将要充装的气体是否与气瓶制造钢印标记中充装气体名称或化学分子式相一致;

d) 警示标签上所印的气体名称及化学分子式是否与气瓶制造钢印标记中的相一致;

e) 气瓶是否是本充装站的自有气瓶;

f) 气瓶外表面的颜色标志是否与所装气体的规定标志相符;

g) 气瓶瓶阀的出气口螺纹型式是否符合 GB 15383 的规定,即可燃气体用的瓶阀,出口螺纹应是内螺纹(左旋),其他气体用的瓶阀,出口螺纹应是外螺纹(右旋);

h) 气瓶内有无剩余压力,如有剩余压力,应进行定性鉴别;

i) 气瓶外表面有无裂纹、严重腐蚀、明显变形及其他严重外部损伤缺陷；

j) 气瓶是否在规定的检验期限内；

k) 气瓶的安全附件是否齐全和符合安全要求。

4.4 有下列情况之一的气瓶，禁止充装：

a) 不具有“气瓶制造许可证”的单位生产的；

b) 进口气瓶未经省级安全监察机构批准认可且具有合格证的；

c) 将要充装的气体与气瓶制造钢印标记中充装气体名称或化学分子式不一致的；

d) 警示标签上所印的气体名称及化学分子式与气瓶制造钢印标记中不一致的；

e) 不是本充装站的自有产权或气瓶技术档案不在本充装单位的；

f) 原始标记不符合规定，或钢印标记模糊不清，无法辨认的；

g) 颜色标志不符合 GB 7144 气瓶颜色标志的规定，或严重污损脱落，难以辨认的；

h) 使用年限超过规定的；

i) 超过检验期限的；

j) 经过改装的；

k) 附件不全、损坏或不符合规定的；

l) 瓶体或附件材料与所装介质性质不相容的；

m) 低压液化气体气瓶的许用压力小于所装介质在气瓶最高使用温度下的饱和蒸气压的（国内的低压液化气体气瓶的最高使用温度定为 60 ℃，常用低压液化气体在 60 ℃时的饱和蒸气压见表 1）。

4.5 颜色或其他标志以及瓶阀出口螺纹与所装气体的规定不相符的气瓶，除不予充气外，还应查明原因，报告上级主管部门和当地质监部门，进行处理。

4.6 无剩余压力的气瓶，充气前应将阀门卸下，进行内部检查，经确认瓶内无异物，并按 4.7 的规定处理后方可充气。

4.7 新投入使用或经内部检查后首次充气的气瓶，充气前应按规定先置换瓶内的空气，并经分析合格后方可充气。

4.8 检验期限已过的气瓶、外观检查发现有重大缺陷或对内部状况有怀疑的气瓶，应先送检验检测机构，按规定进行技术检验与评定。

4.9 国外进口的气瓶，外国飞机、火车、轮船上使用的气瓶，要求在我国境内充气时，应先由质监部门认可或指定的检验机构进行检验。

4.10 经检查不合格（包括待处理）的气瓶应与合格气瓶隔离存放，并做出明显标记，以防止相互混淆。

5 充装

5.1 充装计量衡器应保持准确，其最大称量值不得大于气瓶实际质量（包括气瓶质量和充液质量）的 3 倍，也不得小于 1.5 倍。衡器应按有关规定定期进行校验，并且至少在每班使用前校验一次。衡器应设置有气瓶超装报警或自动切断气源的连锁装置。

5.2 易燃液化气体中的氧含量超过 2%（体积分数）时禁止充装。

5.3 气瓶充装液化气体时，必须严格遵守下列规定：

a) 充气前必须检查确认气瓶是经过检查合格的；

b) 用卡子连接代替螺纹连接进行充装时，必须认真检查确认瓶阀出气口螺纹与所装气体所规定的螺纹型式相符；

c) 开启阀门应缓慢操作，注意充装速度和充装压力，并应注意监听瓶内有无异常音响；

d) 充装易燃气体的操作过程中，应使用不产生火花的操作及检修工具；

e) 在充装过程中，应随时检查气瓶各处的密封情况，瓶体温度是否正常；发现异常时应及时妥善处理。

5.4 低压液化气体充装系数的确定，应符合下列原则：

a) 充装系数应不大于在气瓶最高使用温度下液体密度的97%；

b) 在温度高于气瓶最高使用温度5 ℃时，瓶内不满液。

5.5 常用低压液化气体的充装系数不得大于表1的规定。

其他低压液化气体的充装系数不得大于由公式(1)计算确定的值：

$$F_r = 0.97\rho\left(1 - \frac{C}{100}\right) \quad \cdots\cdots(1)$$

式中：

F_r——低压液化气体充装系数，单位为千克每升(kg/L)；

ρ——低压液化气体在最高液相介质温度下的液体密度，单位为千克每升(kg/L)；

C——液体密度的最大负偏差，一般情况，C取0～3。

表1 低压液化气体的饱和蒸气压力和充装系数

序号	气体名称	分子式	60 ℃时的饱和蒸气压力(表压)/MPa	充装系数/(kg/L)
1	氨	NH_3	2.52	0.53
2	氯	Cl_2	1.68	1.25
3	溴化氢	HBr	4.86	1.19
4	硫化氢	H_2S	4.39	0.66
5	二氧化硫	SO_2	1.01	1.23
6	四氧化二氮	N_2O_4	0.41	1.30
7	碳酰二氯(光气)	$COCl_2$	0.43	1.25
8	氟化氢	HF	0.28	0.83
9	丙烷	C_3H_8	2.02	0.41
10	环丙烷	C_3H_6	1.57	0.53
11	正丁烷	C_4H_{10}	0.53	0.51
12	异丁烷	C_4H_{10}	0.76	0.49
13	丙烯	C_3H_6	2.42	0.42
14	异丁烯(2-甲基丙烯)	C_4H_8	0.67	0.53
15	1-丁烯	C_4H_8	0.66	0.53
16	1,3-丁二烯	C_4H_6	0.63	0.55
17	六氟丙烯(全氟丙烯)(R-1216)	C_3F_6	1.69	1.06
18	二氯二氟甲烷(R-12)	CF_2Cl_2	1.42	1.14
19	二氯氟甲烷(R-21)	$CHFCl_2$	0.42	1.25
20	二氟氯甲烷(R-22)	CHF_2Cl	2.32	1.02
21	二氯四氟乙烷(R-114)	$C_2F_4Cl_2$	0.49	1.31
22	二氟氯乙烷(R-142b)	$C_2H_3F_2Cl$	0.76	0.99
23	1,1,1-三氟乙烷(R-143b)	$C_2H_3F_3$	2.77	0.66

表 1(续)

序　号	气体名称	分子式	60 ℃时的饱和蒸气压力(表压)/MPa	充装系数/(kg/L)
24	偏二氟乙烷(R-152a)	$C_2H_4F_2$	1.37	0.79
25	二氟溴氯甲烷(R-12B1)	CF_2ClBr	0.62	1.62
26	三氟氯乙烯(R-1113)	C_2F_3Cl	1.49	1.10
27	氯甲烷(甲基氯)	CH_3Cl	1.27	0.81
28	氯乙烷(乙基氯)	C_2H_5Cl	0.35	0.80
29	氯乙烯(乙烯基氯)	C_2H_3Cl	0.91	0.82
30	溴甲烷(甲基溴)	CH_3Br	0.52	1.50
31	溴乙烯(乙烯基溴)	C_2H_3Br	0.35	1.28
32	甲胺	CH_3NH_2	0.94	0.60
33	二甲胺	$(CH_3)_2NH$	0.51	0.58
34	三甲胺	$(CH_3)_3N$	0.49	0.56
35	乙胺	$C_2H_5NH_2$	0.34	0.62
36	二甲醚(甲醚)	C_2H_6O	1.35	0.58
37	乙烯基甲醚(甲基乙烯基醚)	C_3H_6O	0.40	0.67
38	环氧乙烷(氧化乙烯)	C_2H_4O	0.44	0.79
39	顺 2-丁烯	C_4H_8	0.48	0.55
40	反 2-丁烯	C_4H_8	0.52	0.54
41	五氟氯乙烷(R-115)	CF_5Cl	1.97	1.03
42	八氟环丁烷(RC-318)	C_4F_8	0.76	1.31
43	三氯化硼(氯化硼)	BCl_3	0.32	1.20
44	甲硫醇(硫氢甲烷)	CH_3SH	0.47	0.78
45	三氟氯乙烷(R-133a)	$C_2H_2F_3Cl$	0.52	1.18

5.6　由两种以上的液化气体混合组成的介质,应由试验确定其在最高使用温度下的液体密度,并按公式(1)确定充装系数的最大极限值。

5.7　高压液化气体的充装系数的确定,应符合下列原则:

常用的高压液化气体的充装系数应按表 2 的规定。其他高压液化气体的充装系数可按公式(2)确定其最大极限值:

$$F_r = \frac{PM}{ZRT} \qquad \cdots\cdots(2)$$

式中:

F_r——高压液化气体充装系数,单位为千克每升(kg/L);

P——气瓶许用压力(绝对),按有关标准的规定,取气瓶的公称工作压力,单位为兆帕(MPa);

M——气体分子量;

Z——气体在压力为 P、温度为 T 时的压缩系数;

R——气体常数,$R=8.314\times10^{-3}$ MPa·m^3/(kmol·K);

T——气瓶最高使用温度,单位为开尔文(K)。

表 2　高压液化气体的充装系数

序　　号	气体名称	分子式	由气瓶公称工作压力确定的充装系数/(kg/L) 不大于		
			20.0 MPa	15.0 MPa	12.5 MPa
1	氙	Xe			1.23
2	二氧化碳	CO_2	0.74	0.60	
3	氧化亚氮	N_2O		0.62	0.52
4	六氟化硫	SF_6			1.33
5	氯化氢	HCl			0.57
6	乙烷	C_2H_6	0.37	0.34	0.31
7	乙烯	C_2H_4	0.34	0.28	0.24
8	三氟氯甲烷	CF_3Cl			0.94
9	三氟甲烷	CHF_3			0.76
10	六氟乙烷	C_2F_6			1.06
11	偏二氟乙烯	$C_2H_2F_2$			0.66
12	氟乙烯	C_2H_3F			0.54
13	三氟溴甲烷	CF_3Br			1.45
14	硅烷	SiH_4		0.3	
15	磷烷	PH_3		0.2	
16	乙硼烷	B_2H_6		0.035	

5.8　液化气体充装量必须精确计量，并按下列规定逐只检查核定。

a)　气瓶的充装量不得大于气瓶容积与充装系数乘积的计算值，也不得大于气瓶产品规定的充装量；

b)　充装量应包括余气在内的瓶中全部介质，即气瓶充装量应为气瓶充装后的实重与空瓶重之差值。

5.9　禁止用下列方法来确定充装量：

a)　气瓶集合充装，统一称重均分计量，或在一个汇流排中仅用一个衡器计量其中一瓶气体，其他气瓶参照该瓶数值计量；

b)　按气瓶充装前后实测的质量差计量；

c)　按气瓶充装前后贮罐存液量之差计量；

d)　按气瓶容积装载率计量。

5.10　液化气体的充装量必须严格控制，发现充装过量的气瓶，必须将超装的液体妥善排出。

5.11　气瓶充装后，充装单位必须按规定在气瓶上粘贴符合国家标准 GB 16804 的警示标签和充装标签。

5.12　充装后的气瓶，应由专人负责，逐只进行检查，不符合要求时应进行妥善处理。检查内容应包括：

a)　充装量是否在规定范围内；

b)　瓶阀及其与瓶口连接的密封是否良好；

c)　瓶体是否出现鼓包变形或泄漏等严重缺陷；

d)　瓶体的温度是否有异常升高的迹象；

e） 气瓶是否粘贴警示标签和充装标签。

6 充装记录

6.1 充装单位应由专人负责填写气瓶充装记录。记录内容至少应包括：充气日期、瓶号、室温、气瓶标记容积、质量、充气后总质量、有无发现异常情况、充装者和检验者代号。

6.2 充装单位应负责妥善保管气瓶充装记录，保存时间不少于两年。

附 录 A
（资料性附录）
常用液化气体特性及其与金属材料的相容性

表 A.1

序 号	气体名称	介质特性	与金属材料相容性
1	氨	可燃、毒、碱性腐蚀	不能用铜及其合金制部件
2	氯	氧化性、毒、强腐蚀的刺激性	不能用铝合金气瓶充装
3	溴化氢	不燃、毒、酸性腐蚀	不能用铝合金气瓶充装
4	硫化氢	可燃、剧毒、酸性腐蚀	
5	二氧化硫	不燃、毒、酸性腐蚀	
6	四氧化二氮	强氧化剂、剧毒	
7	碳酰二氯	不燃、剧毒、酸性腐蚀	不能用铝合金气瓶充装
8	氟化氢	不燃、毒、酸性腐蚀	不能用铝合金气瓶充装
9	丙烷	可燃、无毒气体	
10	环丙烷	可燃、无毒气体	
11	正丁烷	可燃、无毒气体	
12	异丁烷	可燃、无毒气体	
13	丙烯	可燃、无毒气体	
14	异丁烯	可燃、无毒气体	
15	1-丁烯	可燃、无毒气体	
16	1,3-丁二烯	可燃、不稳定气体	
17	六氟丙烯	不燃、无毒气体	
18	二氯二氟甲烷	不燃、无毒气体	
19	二氯氟甲烷	不燃、无毒气体	
20	二氟氯甲烷	不燃、无毒气体	
21	二氯四氟乙烷	不燃、无毒气体	
22	二氟氯乙烷	可燃、无毒气体	
23	三氟乙烷	可燃、无毒气体	
24	偏二氟乙烷	可燃、无毒气体	
25	二氟溴氯甲烷	不燃、无毒气体	
26	三氟氯乙烯	可燃、不稳定气体	
27	氯甲烷	可燃、毒性气体	不能用铝合金气瓶充装
28	氯乙烷	可燃、无毒气体	
29	氯乙烯	可燃、不稳定、毒性气体	
30	溴甲烷	可燃、剧毒性气体	不能用铝合金气瓶充装
31	溴乙烯	可燃、不稳定、毒性气体	

表 A.1(续)

序　号	气体名称	介质特性	与金属材料相容性
32	甲胺	可燃、毒、碱性腐蚀	
33	二甲胺	可燃、毒、碱性腐蚀	
34	三甲胺	可燃、毒、碱性腐蚀	
35	乙胺	可燃、毒、碱性腐蚀	
36	甲醚	可燃性气体	
37	乙烯基甲醚	可燃、不稳定性气体	
38	环氧乙烷	可燃、不稳定、毒性气体	
39	氙	不燃、无毒气体	
40	二氧化碳	不燃、窒息性气体	
41	氧化亚氮	不燃、麻醉用气体	
42	六氟化硫	不燃、无毒气体	
43	氯化氢	不燃、毒、酸性腐蚀	阀门应用耐酸不锈钢制造
44	乙烷	可燃、无毒气体	
45	乙烯	可燃、无毒气体	
46	三氟氯甲烷	不燃、无毒气体	
47	三氟甲烷	不燃、无毒气体	
48	六氟乙烷	不燃、无毒气体	
49	偏二氟乙烯	可燃、不稳定性气体	
50	氟乙烯	可燃、不稳定性气体	
51	三氟溴甲烷	不燃、无毒气体	

ICS 83.120
Q 23

中华人民共和国国家标准

GB/T 14208.1—2009/ISO 3597-1:2003

纺织玻璃纤维增强塑料 无捻粗纱增强树脂棒机械性能的测定 第1部分:通则和棒的制备

Textile-glass-reinforced plastics—Determination of mechanical properties on rods made of roving-reinforced resin—Part 1:General considerations and preparation of rods

(ISO 3597-1:2003,IDT)

2009-03-28 发布 2010-01-01 实施

中华人民共和国国家质量监督检验检疫总局
中国国家标准化管理委员会 发布

前言

GB/T 14208《纺织玻璃纤维增强塑料　无捻粗纱增强树脂棒机械性能的测定》分为四个部分：

——第1部分：通则和棒的制备；

——第2部分：弯曲强度的测定；

——第3部分：压缩强度的测定；

——第4部分：表观层间剪切强度的测定。

本部分为GB/T 14208的第1部分，本部分等同采用ISO 3597-1:2003《纺织玻璃纤维增强塑料　无捻粗纱增强树脂棒机械性能的测定　第1部分：通则和棒的制备》(英文版)。

本部分等同翻译ISO 3597-1:2003，在技术内容上完全相同。

为便于使用，本部分做了下列编辑性修改：

a) 把“本国际标准”改为“本标准”，把“ISO 3597的本部分”改为“GB/T 14208的本部分”或“本部分”；

b) 删除国际标准的前言；

c) 增加了国家标准的前言；

d) 把“规范性引用文件”一章所列的国际标准用对应的等同采用国际标准的我国国家标准代替。

本部分的附录A为资料性附录。

本部分由中国建筑材料联合会提出。

本部分由全国纤维增强塑料标准化技术委员会(SAC/TC 39)归口。

本部分负责起草单位：北京玻钢院复合材料有限公司。

本部分主要起草人：胡中永、彭兴财、张海雁、梁家铭。

本部分为首次发布。

纺织玻璃纤维增强塑料　无捻粗纱增强树脂棒机械性能的测定　第1部分:通则和棒的制备

1　范围

GB/T 14208 的本部分规定了用于 GB/T 14208 其他部分试验的无捻粗纱增强树脂棒(以下简称棒)的制备方法。

2　规范性引用文件

下列文件中的条款通过 GB/T 14208 的本部分的引用而成为本部分的条款。凡是注日期的引用文件,其随后所有的修改单(不包括勘误的内容)或修订版均不适用于本部分,然而,鼓励根据本部分达成协议的各方研究是否可使用这些文件的最新版本。凡是不注日期的引用文件,其最新版本适用于本部分。

GB/T 2918　塑料　状态调节和试验的标准环境(GB/T 2918—1998,idt ISO 291:1997)

GB/T 14208.2　纺织玻璃增强塑料　无捻粗纱增强树脂棒机械性能的测定　第2部分:弯曲强度的测定(GB/T 14208.2—2009, ISO 3597-2:2003,IDT)

GB/T 14208.3　纺织玻璃增强塑料　无捻粗纱增强树脂棒机械性能的测定　第3部分:压缩强度的测定(GB/T 14208.3—2009, ISO 3597-3:2003,IDT)

GB/T 14208.4　纺织玻璃增强塑料　无捻粗纱增强树脂棒机械性能的测定　第4部分:表观层间剪切强度的测定(GB/T 14208.4—2009, ISO 3597-4:2003,IDT)

ISO 1172 纺织玻璃增强塑料——预浸料、模塑料及层压板纺织玻璃和矿物填料含量的测定　煅烧法

3　原理

3.1　概要

GB/T 14208 其他部分规定的试验方法通常是针对原始棒(未经处理)的,然而,可采用在沸水中处理一定时间的棒进行试验,也可采用沸水处理以外的处理方式进行试验。用其他介质及其他方式处理进行试验需经双方协商。

第5章给出了棒的制备细节,包括棒的制备、棒加工成规定长度的试样、沸水处理(如要求这样处理)。为了获得相近的结果,制备棒的条件,如树脂混合物成分、浸渍时间、牵引速度和固化条件等应尽可能的一致。

3.2　弯曲强度的测定

试样水平放置在两支座上,在跨距中心连续施加载荷使试样以恒定的速率弯曲,直至试样破坏(见 GB/T 14208.2)。

以试样破坏时最大的弯曲应力作为弯曲强度。

3.3　压缩强度的测定

以恒定的速度在试样端部施加载荷,使试样轴向受压直至破坏或达到预定的变形值(见 GB/T 14208.3)。

以最大载荷时的压缩应力作为压缩强度。

3.4　表观层间剪切强度的测定

表观层间剪切强度试验与弯曲试验类似,但在进行表观层间剪切强度试验时,为了使试样的中面受

到相对高的层间剪切应力，保证使试样层间受剪破坏，试验跨距应缩小(见 GB/T 14208.4)。

以最大载荷时试样中面的层间剪切应力作为表观层间剪切强度。

4 状态调节和试验环境

选用 GB/T 2918 规定的某一环境。

5 试样的制备

5.1 装置和材料

5.1.1 模具

模具为刚性圆管，其最小长度为 400 mm，内径为(4±0.3) mm 或(6±0.3) mm。若要选择其他内径的模具，需经有关方协商一致，在 4 mm～10 mm 范围内选取，并在报告中说明。做比较试验时，需用相同内径的模具。

模具可用玻璃或聚四氟乙烯(PTFE)制造，如模塑时材料的收缩率较低，如环氧树脂，可使用脱模剂。内脱模剂(一种混入树脂中的脱模剂)会影响实验结果，不推荐使用，如使用，须在测试报告中说明。

5.1.2 树脂

选择与增强材料相匹配的树脂，或由无捻粗纱制造厂商推荐。树脂体系使用前应按照树脂制造厂商的详细说明进行配制，树脂的配方和固化条件参见附录 A。

5.1.3 金属丝或纱线

用于牵引浸渍树脂后的粗纱进入模具。

5.1.4 浸渍装置

浸渍装置用于浸渍粗纱，为长浅型的浸胶槽，如图 1 所示。浸胶槽推荐用金属材料制做，以便需要时能快速加热树脂使其黏度达到浸渍要求。

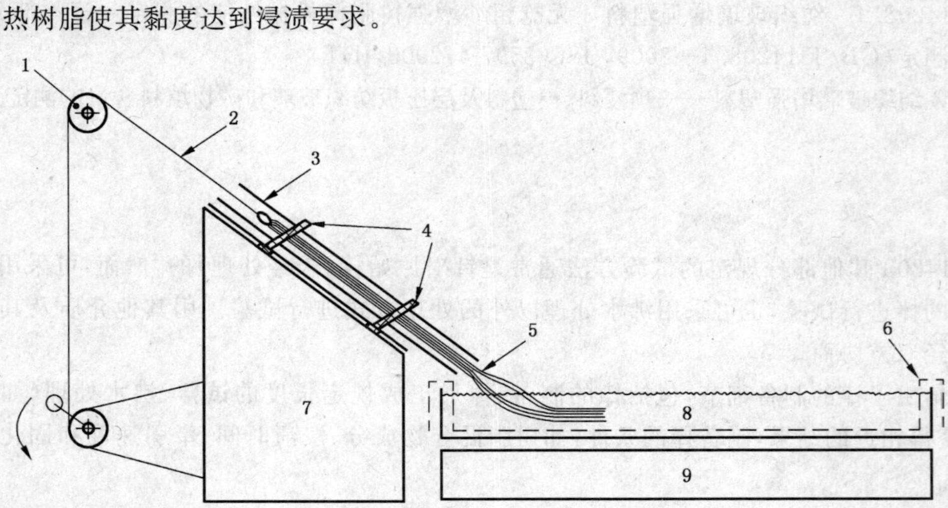

1——导向器；
2——金属丝或纱线；
3——模具；
4——固定夹；
5——浸渍后的无捻粗纱束；
6——玻璃纸；
7——模具支座；
8——浸胶槽；
9——加热单元(需要时选用)。

图 1 浸渍装置示意图

注：加热是经常采用的方式。如环氧树脂，在室温时可能黏度很高，无法浸透无捻粗纱。

建议对粗纱在浸胶槽中进行预浸，确保树脂浸透和消除气泡。当需要制作大量的试样时，需要两个或更多的浸胶槽，以便在拉挤粗纱的同时，在其他浸胶槽中浸渍粗纱。

在浸胶槽上铺放一层玻璃薄纸，以防止浸胶槽粘上树脂。模具须用适当的装置固定以防粗纱拉入过程中模具移动。通过金属丝或纱线的牵引将粗纱拉进模具中，金属丝或纱线被缠绕设备牵引，牵引既可手工也可马达驱动。小心并以足够缓慢的速度拉模具中的粗纱，使粗纱中的气泡降至最少。

注：当使用低收缩树脂时，可借助链条等将固化的棒从模具中取出。固化后能被打碎的玻璃管可作为模具。

5.1.5 烘箱

用于树脂在要求的温度下固化或后固化。

5.1.6 金刚石切割锯

按试样长度要求，切割已固化的棒。

5.1.7 加热装置和玻璃容器

如试样需要沸水处理，用于煮沸试样。

5.1.8 框架

用于将粗纱绕成 1 m 的长度，如图 2 所示。

1——张力辊；

2——圆辊；

3——粗纱团；

4——金属丝或纱线的固定点；

5——无捻粗纱束；

6——割断端。

[a] 边长 1/6 m。

图 2　无捻粗纱绕圈框架

5.2 准备无捻粗纱

5.2.1　按公式(1)计算使试样的玻璃纤维质量含量达到(65±1)%所需的粗纱质量，然后按公式(2)计算粗纱沿框架的绕圈数 N。

$$m=\frac{w_f}{(w_f/\rho_f)+(w_r/\rho_r)}\times\frac{\pi\cdot d^2}{4}\times l \quad\cdots\cdots(1)$$

$$N = \frac{m}{tex} \times 1\,000 \quad \cdots\cdots\cdots\cdots\cdots\cdots (2)$$

式中：

m——无捻粗纱的质量，单位为克(g)；

N——绕圈数，取整数；

w_f——玻璃纤维质量含量，%；

ρ_f——玻璃纤维的密度，单位为克每立方厘米(g/cm^3)；

w_r——树脂质量含量，%；

ρ_r——树脂的密度，单位为克每立方厘米(g/cm^3)；

d——模具的内径，单位为厘米(cm)；

l——模具内粗纱的长度，单位为厘米(cm)；

tex——粗纱单位长度的质量，单位为克每千米(g/km)。

注：tex 通常由粗纱生产厂商提供或按 GB/T 7690.1 测定。

5.2.2 粗纱沿框架绕 N 圈。当绕的圈数达到计算的圈数时，在框架某边将粗纱剪断，将粗纱从框架上取出；此时粗纱束长度为 1 m，在粗纱束中点处折叠粗纱(如图 2)，粗纱束的长度为 0.5 m。如所用的模具比规定的短，适当剪短粗纱束。对粗纱束称重，在某些情况下，有必要减少纤维来降低粗纱束的质量。在粗纱束的顶部折叠处绑上金属丝或纱线(如图 2)，金属丝或纱线需有足够的长度确保能将粗纱束从浸胶槽拉进模具。操作时尽量小心以避免粗纱被污染。如粗纱团和树脂在标准环境下贮存，使用前不需进行状态调节，否则至少应在 GB/T 2918 规定的某一标准环境下状态调节 16 h。

5.3 棒的制备

5.3.1 配制足够数量的树脂，树脂在温度可控的室内或者能升温以降低树脂黏度(需要时)的场所下使用。树脂的升温由树脂生产厂商或经实验后确定。粗纱状态调节好后，将树脂倒入浸胶槽中。

5.3.2 将粗纱浸入含有树脂的浸胶槽中，为确保粗纱被完全浸渍和排除气泡，用一塑料棒或木棒将粗纱轻压到胶槽底部。连接粗纱的金属丝或纱线应置于浸胶槽的外部。

5.3.3 操作时应注意浸渍完全，高质量的浸渍是指没有残存的气泡和浸渍树脂后表观看不到纤维。任何情况下，浸渍的时间都至少为 10 min。如粗纱难以浸透，增加浸渍时间，并用塑料棒或木棒沿着浸胶槽轻压粗纱，使粗纱浸渍充分，并排除气泡，同时在模具入口用一辅助棒排除气泡。浸渍后，用可以排除过量树脂和气泡的牵引速度将粗纱束拉入模具。当粗纱束进入模具后，建议用软木或者合适的材料封住模具口，防止树脂的外溢和空气进入。

注：浸渍不完全会导致测试结果离散很大，所以在进入模具之前，粗纱应被树脂完全浸渍。

5.3.4 棒的数量取决于试验试样的长度和数量。每种试验(弯曲、压缩和表观层间剪切)各至少需要 8 个试样。此外，除对未经处理的试样进行试验外，还可以对经沸水处理或经其他方式处理的试样进行测试，每种处理方式至少需要 8 个试样。经有关方面协商一致，如需采用特定的数理统计，增加试样数量以满足统计分析对试样数量的需求。

5.4 棒的固化

将未固化的棒连同模具水平地放置在烘箱内，按照树脂体系所规定的固化条件进行固化和后固化。固化条件应在报告中给出。

5.5 切割棒和试样状态调节

5.5.1 取出软木或塞子后，切断模具下端模具以外的浸胶纱，将棒从模具中取出。脱模后，将棒的两端各切除 40 mm。

注：棒的两端(上端不圆，下端软木等封口)玻璃纤维含量可能是变化的。

5.5.2 按试验项目，用已去切除两个端头的棒，切割成以下长度的试样：

a) 弯曲试验：为直径的 20 倍。如直径为 6 mm 时，试样长度为 120 mm；

b) 压缩试验:直径为 6 mm 时,试样长度为 22.5 mm。其他直径试样长度见 GB/T 14208.3;

c) 表观层间剪切试验:为直径的 8 倍。如直径为 6 mm 时,试样长度为 48 mm。

5.5.3 每根棒保留一段最小长度为 25 mm 样品,用作按 ISO 1172 测定棒的玻璃纤维质量含量。若测得的玻璃纤维质量含量超出(65±2)%,则将该棒制做的试样作废,并重新制作试样。

5.5.4 按公式(3)确定玻璃纤维质量为 65%时的公称强度值:

$$V_{\mathrm{n}} = V_{\mathrm{m}} \times \frac{65}{w_{\mathrm{m}}} \qquad \cdots\cdots(3)$$

式中:

V_{n}——公称强度值;

V_{m}——测得的强度值;

w_{m}——玻璃纤维含量,%。

5.5.5 对原始棒(未经处理)的试样进行试验时,试样应在 GB/T 2918 规定的某一标准环境中状态调节 24 h。

5.6 沸水处理

5.6.1 当试样需经沸水处理后进行试验,应把试样浸入到蒸馏水或去离子水(或双方商定的介质)中煮沸。聚酯树脂试样煮沸时间可为 16 h、40 h,环氧树脂试样煮沸时间可为 72 h、144 h 和 288 h。

5.6.2 水煮结束后,将试样从沸水取出放入室温的水中(或双方协定的介质)冷却至室温。每个试样冷却后从水中(或双方商定的介质)取出,擦干后立即进行测试。所有试样应在水煮结束后 24 h 内完成测试。

注:用水进行处理时,试样应在水中冷却并在水中存放,以防止由于水的挥发试样强度得到恢复。尚未得到在其他介质中冷却时相关(结论)的数据。

附 录 A
（资料性附录）
树脂体系和固化条件示例

A.1 不饱和聚酯树脂体系（通用的）

聚酯树脂	100（质量分数）
苯乙烯单体（可选用的）	5（质量分数）
钴离子含量为1%的促进剂	0.5（质量分数）
过氧化羟基异丙苯	1.5（质量分数）
浸渍温度	按照生产厂商说明
固化	110 ℃，16 h

A.2 其他不饱和聚酯树脂体系（通用的）

聚酯树脂	100（质量分数）
过氧化苯甲酰	2（质量分数）
浸渍温度	按照厂家说明
固化	110 ℃，16 h

A.3 环氧树脂（酸酐 MTHPA 体系）

环氧树脂	100（质量分数）
甲基四氢苯酐（MTHPA）	80（质量分数）
N，N-二甲基苄胺	1（质量分数）
浸渍温度	40 ℃
固化	120 ℃，16 h

参考文献

[1] GB/T 7690.1 增强材料 纱线试验方法 第1部分:线密度的测定

ICS 83.120
Q 23

中华人民共和国国家标准

GB/T 14208.2—2009/ISO 3597-2:2003
代替 GB/T 14208—1993

纺织玻璃纤维增强塑料 无捻粗纱增强树脂棒机械性能的测定 第2部分:弯曲强度的测定

Textile-glass-reinforced plastics—Determination of mechanical properties on rods made of roving-reinforced resin—Part 2:Determination of flexural strength

(ISO 3597-2:2003,IDT)

2009-03-28 发布　　2010-01-01 实施

中华人民共和国国家质量监督检验检疫总局
中国国家标准化管理委员会　发布

前 言

GB/T 14208《纺织玻璃纤维增强塑料　无捻粗纱增强树脂棒机械性能的测定》分为四个部分：

——第 1 部分：通则和棒的制备；

——第 2 部分：弯曲强度的测定；

——第 3 部分：压缩强度的测定；

——第 4 部分：表观层间剪切强度的测定。

本部分为 GB/T 14208 的第 2 部分，本部分等同采用 ISO 3597-2:2003《纺织玻璃纤维增强塑料　无捻粗纱增强树脂棒机械性能的测定　第 2 部分：弯曲强度的测定》(英文版)。

本部分等同翻译 ISO 3597-2:2003，在技术内容上完全相同。

为便于使用，本部分做了下列编辑性修改：

a) 把“本国际标准”改为“本标准”，把“ISO 3597 的本部分”改为“GB/T 14208 的本部分”或“本部分”；

b) 删除国际标准的前言；

c) 增加了国家标准的前言；

d) 把“规范性引用文件”一章所列的国际标准用对应的等同采用国际标准的我国国家标准代替。

本部分代替 GB/T 14208—1993《纺织玻璃纤维　无捻粗纱　棒状复合材料弯曲强度的测定》。

本部分与 GB/T 14208—1993 相比主要变化如下：

——制备棒的有关细节在 GB/T 14208.1 中给出，删除了 GB/T 14208—1993 中制备棒的内容；

——试样测量精度由 0.01 mm 改为 0.1 mm；

——加载压头的速度由 10 mm/min 改为 5 mm/min；

——增加了试样破坏型式。

本部分由中国建筑材料联合会提出。

本部分由全国纤维增强塑料标准化技术委员会(SAC/TC 39)归口。

本部分负责起草单位：北京玻钢院复合材料有限公司。

本部分主要起草人：胡中永、彭兴财、张海雁、梁家铭。

本部分所代替标准的历次版本发布情况为：

——GB/T 14208.2—1993。

纺织玻璃纤维增强塑料　无捻粗纱增强树脂棒机械性能的测定　第2部分:弯曲强度的测定

1　范围

GB/T 14208 的本部分规定了圆形截面的无捻粗纱增强树脂棒(以下简称棒)弯曲强度的测定。试样为原始棒(未经处理)或在沸水(或其他介质)中处理一定时间的棒。

本部分适用于玻璃纤维无捻粗纱的检查和质量控制、评估玻璃纤维无捻粗纱和树脂体系的匹配性。试验结果不能作为设计数据。

2　规范性引用文件

下列文件中的条款通过 GB/T 14208 的本部分的引用而成为本部分的条款。凡是注日期的引用文件,其随后所有的修改单(不包括勘误的内容)或修订版均不适用于本部分,然而,鼓励根据本部分达成协议的各方研究是否可使用这些文件的最新版本。凡是不注日期的引用文件,其最新版本适用于本部分。

GB/T 14208.1　纺织玻璃纤维增强塑料　无捻粗纱增强树脂棒机械性能的测定　第1部分:通则和棒的制备(GB/T 14208.1—2009, ISO 3597-1:2003,IDT)

ISO 14125　纤维增强塑料复合材料　弯曲性能的测定

3　仪器设备

3.1　弯曲试验机

试验机应符合 ISO 14125 的规定,加载压头和支座还应符合如下要求:

a)　加载压头和支座为中间缩径的钢棒,以保证合理的应力分布;缩径处的曲率半径 R 应大于试样半径,且两者之差不得大于 0.25 mm。直径为 6 mm 的试样所用的加载压头和支座见图 1。

b)　两支座间的跨距为试样直径的 16 倍。

3.2　测微计或游标卡尺

精度为 0.1 mm。

单位为毫米

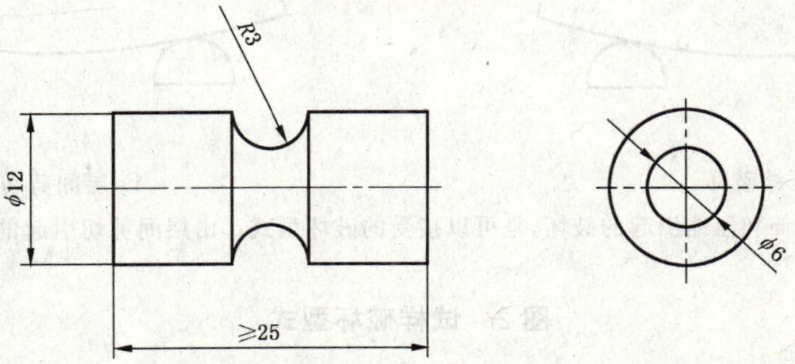

注:不同直径的试样,需要使用不同尺寸的加载压头和支座。

图1　直径为 6 mm 的试样所用的加载压头和支座

4 试样制备和状态调节

试样制备和状态调节按 GB/T 14208.1 的规定，试样的长度为直径的 20 倍，当直径为 6 mm 时，试样长度为 120 mm。

每种类型的试验(试样未经处理和试样经过处理)都至少需要 8 个试样；经有关方面协商一致，如需采用特定的数理统计，增加试样数量以满足统计分析对试样数量的需求。

5 试验步骤

5.1 试验前，用测微计或游标卡尺在试样中部两个相互垂直的方向上测量试样的直径，精确至 0.1 mm，取两次测量结果的算术平均值。

5.2 在与状态调节相同的标准环境下，按照 ISO 14125 进行弯曲强度的试验。在试样和支座间放置一片聚乙烯薄膜垫片以避免压缩破坏，加载压头的速度为 5 mm/min。

注：尚无该垫片对实验结果影响的信息。

5.3 如图 2 所示，记录试样的破坏型式。

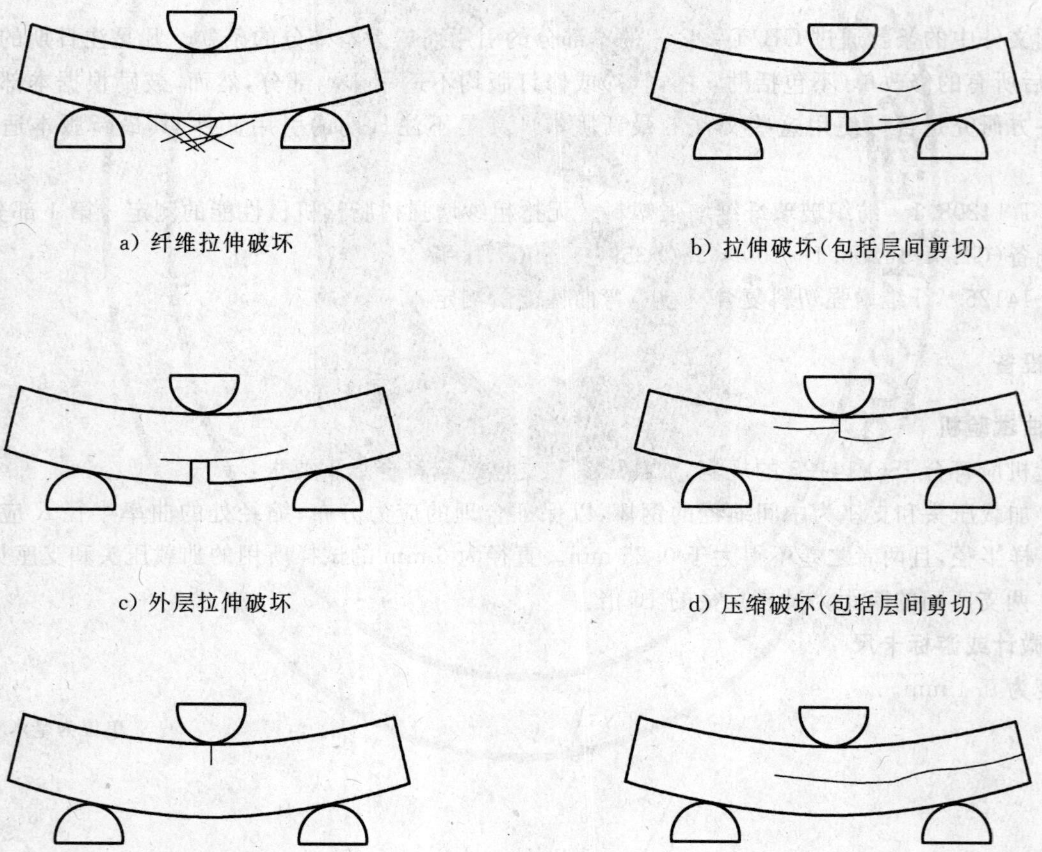

a) 纤维拉伸破坏

b) 拉伸破坏(包括层间剪切)

c) 外层拉伸破坏

d) 压缩破坏(包括层间剪切)

e) 压缩破坏

f) 层间剪切破坏

注：加载点以外的由拉伸和压缩引起的破坏，是可以接受的破坏型式。由层间剪切引起的破坏，是不可接受的破坏型式。

图 2 试样破坏型式

6 结果表示

按公式(1)计算每个试样的弯曲强度值：

$$\sigma_F = \frac{8 \times F \times l}{\pi \cdot d^3} \qquad \cdots\cdots(1)$$

式中：

σ_F——弯曲强度，单位为兆帕(MPa)；

F——最大破坏载荷，单位为牛顿(N)；

l——跨距，单位为毫米(mm)；

d——试样的直径，单位为毫米(mm)。

7 精密度

因未获得实验室间的数据，本试验方法的精密度尚不可知。当得到实验室间的数据后，将在下次修订中增加有关精密度的统计。

8 试验报告

试验报告应包括下列各项：

a) 说明按本部分执行；

b) 玻璃纤维无捻粗纱的有关信息；

c) 树脂的有关信息；

d) 模具直径；

e) 是否使用了脱模剂，如果使用，给出有关细节；

f) 树脂的固化和后固化的条件；

g) 试验环境；

h) 如果试样为原始棒(未经处理)，给出玻璃纤维含量、试样直径、每个试样的弯曲强度值、破坏型式及弯曲强度平均值；

i) 如果试样经过处理，给出处理所用的介质、处理时间、处理后每个试样的弯曲强度值及弯曲强度平均值。

ICS 83.120
Q 23

中华人民共和国国家标准

GB/T 14208.3—2009/ISO 3597-3:2003
代替 GB/T 14209—1993

纺织玻璃纤维增强塑料　无捻粗纱增强树脂棒机械性能的测定　第3部分:压缩强度的测定

Textile-glass-reinforced plastics—Determination of mechanical properties on rods made of roving-reinforced resin—Part 3: Determination of compressive strength

(ISO 3597-3:2003,IDT)

2009-03-28 发布　　　2010-01-01 实施

中华人民共和国国家质量监督检验检疫总局
中国国家标准化管理委员会　发布

前　言

GB/T 14208《纺织玻璃纤维增强塑料　无捻粗纱增强树脂棒机械性能的测定》分为四个部分：

——第1部分：通则和棒的制备；

——第2部分：弯曲强度的测定；

——第3部分：压缩强度的测定；

——第4部分：表观层间剪切强度的测定。

本部分为GB/T 14208的第3部分，本部分等同采用ISO 3597-3:2003《纺织玻璃纤维增强塑料　无捻粗纱增强树脂棒机械性能的测定　第3部分：压缩强度的测定》(英文版)。

本部分等同翻译ISO 3597-3:2003，在技术内容上完全相同。

为便于使用，本部分做了下列编辑性修改：

a) 把"本国际标准"改为"本标准"，把"ISO 3597的本部分"改为"GB/T 14208的本部分"或"本部分"；

b) 删除国际标准的前言；

c) 增加了国家标准的前言；

d) 把"规范性引用文件"一章所列的国际标准用对应的等同采用国际标准的我国国家标准代替。

本部分代替GB/T 14209—1993《纺织玻璃纤维　无捻粗纱　棒状复合材料压缩强度的测定》。

本部分与GB/T 14209—1993相比主要变化如下：

——制备棒的有关细节在GB/T 14208.1中给出，删除了GB/T 14209—1993中制备棒的内容；

——试样测量精度由0.01 mm改为0.1 mm；

——增加了试样破坏型式。

本部分由中国建筑材料联合会提出。

本部分由全国纤维增强塑料标准化技术委员会(SAC/TC 39)归口。

本部分负责起草单位：北京玻钢院复合材料有限公司。

本部分主要起草人：胡中永、彭兴财、张海雁、梁家铭。

本部分所代替标准的历次版本发布情况为：

——GB/T 14208.3—1993。

纺织玻璃纤维增强塑料　无捻粗纱增强树脂棒机械性能的测定　第3部分:压缩强度的测定

1　范围

GB/T 14208 的本部分规定了圆形截面的无捻粗纱增强树脂棒(以下简称棒)压缩强度的测定。试样为原始棒(未经处理)或在沸水(或其他介质)中处理一定时间的棒。

本部分适用于玻璃纤维无捻粗纱的检查和质量控制、评估玻璃纤维无捻粗纱和树脂体系的匹配性。试验的结果不能作为设计数据。

2　规范性引用文件

下列文件中的条款通过 GB/T 14208 的本部分的引用而成为本部分的条款。凡是注日期的引用文件,其随后所有的修改单(不包括勘误的内容)或修订版均不适用于本部分,然而,鼓励根据本部分达成协议的各方研究是否可使用这些文件的最新版本。凡是不注日期的引用文件,其最新版本适用于本部分。

GB/T 14208.1　纺织玻璃纤维增强塑料　无捻粗纱增强树脂棒机械性能的测定　第1部分:通则和棒的制备(GB/T 14208.1—2009, ISO 3597-1:2003,IDT)

3　仪器设备

3.1　压缩试验机

能保持 1 mm/min 的压缩速度。

3.2　试验夹具

试验夹具如图1所示,数量2个,每个包括:

a)　底板;

b)　弹性垫片(可用聚酰胺制作);

c)　支撑环。

支撑环能将试样合适地包围以获得稳定的试验结果,支撑环内径应大于试样直径,且两者之差不得大于 0.1 mm。上夹具的底板和支撑环用螺栓连接以防掉落,如图2所示。

3.3　测微计或游标卡尺

精度为 0.1 mm。

4　试样制备和状态调节

试样制备和状态调节按 GB/T 14208.1 的规定。试样长度 l 和直径 d 应满足公式(1)的要求,试样的两端应平行且垂直试样轴线。当试样直径为 6 mm 时,试样长度为 22.5 mm。

$$l = 0.625d^2 \qquad (1)$$

式中:

l——试样长度,单位为毫米(mm);

d——试样直径,单位为毫米(mm)。

每种类型的试验(试样未经处理和试样经过处理)都至少需要8个试样;经有关方面协商一致,如需采用特定的数理统计，增加试样数量以满足统计分析对试样数量的需求。

单位为毫米

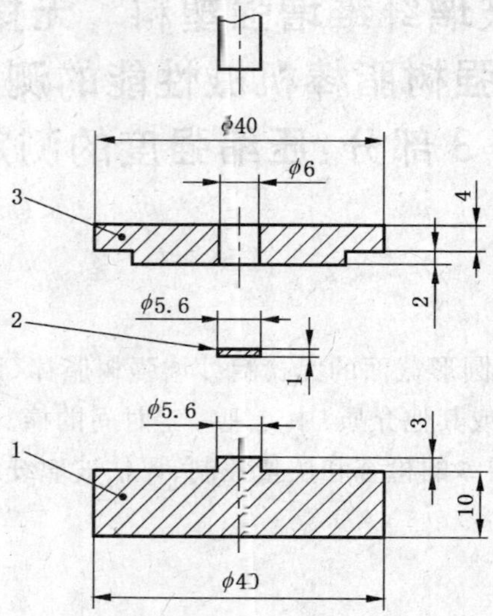

1——底板；

2——弹性垫片；

3——支撑环。

图 1　直径为 6 mm 的试样所用的试验夹具

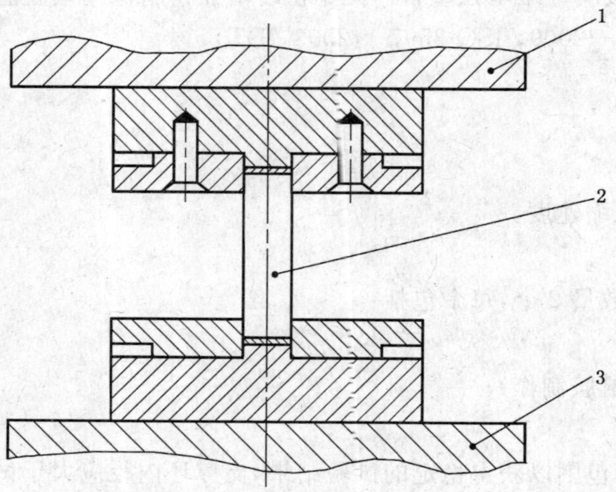

1——试验机的上压板；

2——试验试样；

3——试验机的底板。

图 2　试样和试验夹具的组合件

5　试验步骤

5.1　试验前，用测微计或游标卡尺，在试样中部两个相互垂直的方向上测量试样的直径，精确至 0.1 mm，取两次测量结果的算术平均值。

5.2　试验在与状态调节相同的标准环境下进行。在试样两端装上试验夹具，将试样和试验夹具的组合件放置在压缩试验机的压板之间，以 1 mm/min 的速度压缩试样直到试样破坏，记录最大载荷。

5.3　如图 3 所示，记录试样破坏型式。

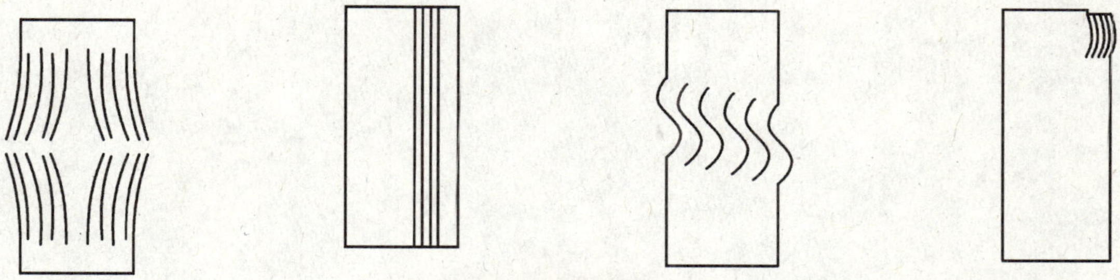

a) K 型(压碎)　　b) L 型(分裂)　　c) M 型(纵向变形)　　d) N 型(边缘破坏)

图 3　典型的试样破坏型式

6　结果表示

6.1　按公式(2)计算每个试样的压缩强度：

$$\sigma_C = \frac{4 \times F}{\pi \cdot d^2} \qquad \cdots\cdots(2)$$

式中：

σ_C——压缩强度，单位为兆帕(MPa)；

F——最大破坏载荷，单位为牛顿(N)；

d——试样直径，单位为毫米(mm)。

6.2　对每种类型的试验(试样不作处理和试样经过处理)，计算每组试样压缩强度的算术平均值，舍去低于平均值 50% 的数据，以剩余数据的算术平均值作试样的压缩强度。如果一组数据中有效数据少于 5 个，应制备更多的试样重做试验。如果第二组结果也类似，在试验报告中说明此现象。

7　精密度

因未获得实验室间的数据，本试验方法的精密度尚不可知。当得到实验室间的数据后，将在下次修订中增加有关精密度的统计。

8　试验报告

试验报告应包括下列各项：

a)　说明按本部分执行；

b)　玻璃纤维无捻粗纱的有关信息；

c)　树脂的有关信息；

d)　模具直径；

e)　是否使用了脱模剂，如果使用，给出有关细节；

f)　树脂的固化和后固化的条件；

g)　试验环境；

h)　如果试样为原始棒(未经处理)，给出玻璃纤维含量、试样直径、每个试样的压缩强度值、破坏型式及压缩强度平均值；

i)　如果试样经过处理，给出处理所用的介质、处理时间、处理后每个试样的压缩强度值及压缩强度平均值。

ICS 83.120
Q 23

中华人民共和国国家标准

GB/T 14208.4—2009/ISO 3597-4:2003

纺织玻璃纤维增强塑料 无捻粗纱增强树脂棒机械性能的测定 第4部分：表观层间剪切强度的测定

Textile-glass-reinforced plastics—Determination of mechanical properties on rods made of roving-reinforced resin—Part 4: Determination of apparent inter laminar shear strength

(ISO 3597-4:2003,IDT)

2009-03-28 发布 2010-01-01 实施

中华人民共和国国家质量监督检验检疫总局
中国国家标准化管理委员会 发布

前　言

GB/T 14208《纺织玻璃纤维增强塑料　无捻粗纱增强树脂棒机械性能的测定》分为四个部分：

——第1部分：通则和棒的制备；

——第2部分：弯曲强度的测定；

——第3部分：压缩强度的测定；

——第4部分：表观层间剪切强度的测定。

本部分为GB/T 14208的第4部分，本部分等同采用ISO 3597-4:2003《纺织玻璃纤维增强塑料　无捻粗纱增强树脂棒机械性能的测定　第4部分：表观层间剪切强度的测定》(英文版)。

本部分等同翻译ISO 3597-4:2003，在技术内容上完全相同。

为便于使用，本部分做了下列编辑性修改：

a) 把"本国际标准"改为"本标准"，把"ISO 3597的本部分"改为"GB/T 14208的本部分"或"本部分"；

b) 删除国际标准的前言；

c) 增加了国家标准的前言；

d) 把"规范性引用文件"一章所列的国际标准用对应的等同采用国际标准的我国国家标准代替。

本部分由中国建筑材料联合会提出。

本部分由全国纤维增强塑料标准化技术委员会(SAC/TC 39)归口。

本部分负责起草单位：北京玻钢院复合材料有限公司。

本部分主要起草人：胡中永、彭兴财、张海雁、梁家铭。

本部分为首次发布。

纺织玻璃纤维增强塑料　无捻粗纱增强树脂棒机械性能的测定　第4部分：表观层间剪切强度的测定

1　范围

GB/T 14208 的本部分规定了圆形截面的无捻粗纱增强树脂棒(以下简称棒)表观层间剪切强度的测定。试样为原始棒(未经处理)或在沸水(或其他介质)中处理一定时间的棒。

本部分适用于玻璃纤维无捻粗纱的检查和质量控制、评估玻璃纤维无捻粗纱和树脂体系的匹配性。试验结果不能作为设计数据。

2　规范性引用文件

下列文件中的条款通过 GB/T 14208 的本部分的引用而成为本部分的条款。凡是注日期的引用文件,其随后所有的修改单(不包括勘误的内容)或修订版均不适用于本部分,然而,鼓励根据本部分达成协议的各方研究是否可使用这些文件的最新版本。凡是不注日期的引用文件,其最新版本适用于本部分。

GB/T 14208.1　纺织玻璃纤维增强塑料　无捻粗纱增强树脂棒机械性能的测定　第1部分:通则和棒的制备(GB/T 14208.1—2009,ISO 3597-1:2003,IDT)

ISO 14125　纤维增强塑料复合材料——弯曲性能的测定

3　仪器设备

3.1　弯曲试验机

试验机应符合 ISO 14125 的规定,加载压头和支座还应符合如下要求:

a)　加载压头和支座为中间缩径的钢棒,以保证合理的应力分布;缩径处的曲率半径 R 应大于试样半径,且两者之差不得大于 0.25 mm。直径为 6 mm 的试样所用的加载压头和支座见图 1。

b)　两支座间的跨距为试样直径的 5 倍。

单位为毫米

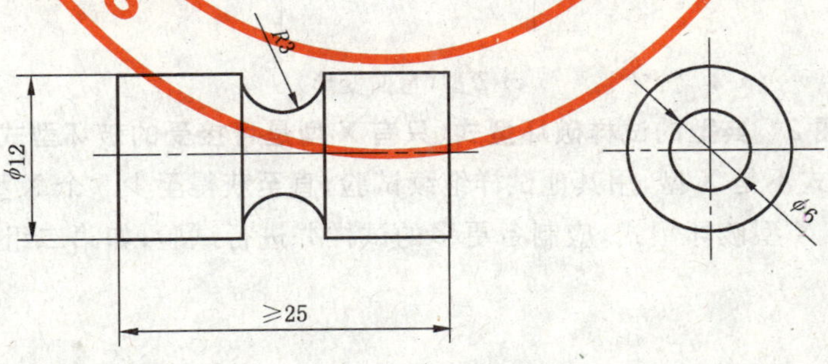

注:不同直径的试样,需要使用不同尺寸的加载压头和支座。

图1　直径为 6 mm 的试样所用的加载压头和支座

3.2　测微计或游标卡尺

精度为 0.1 mm。

4 试样制备和状态调节

试样制备和状态调节按 GB/T 14208.1 的规定，试验试样的长度为直径的 8 倍；当直径为 6 mm 时，试样长度为 48 mm。

每种类型的试验（试样未经处理和试样经过处理）都至少需要 8 个试样；经有关方面协商一致，如需采用特定的数理统计，增加试样数量以满足统计分析对试样数量的需求。

5 试验步骤

5.1 试验前，用测微计或游标卡尺，在试样中部两个相互垂直的方向上测量试样的直径，精确至 0.1 mm，取两次测量结果的算术平均值。

5.2 在与状态调节相同的标准环境下，按 ISO 14125 进行表观层间剪切试验。加载压头的速度为 1 mm/min，连续加载，直至试样破坏，记录最大载荷。

5.3 如图 2 所示，检查和记录试样破坏型式。

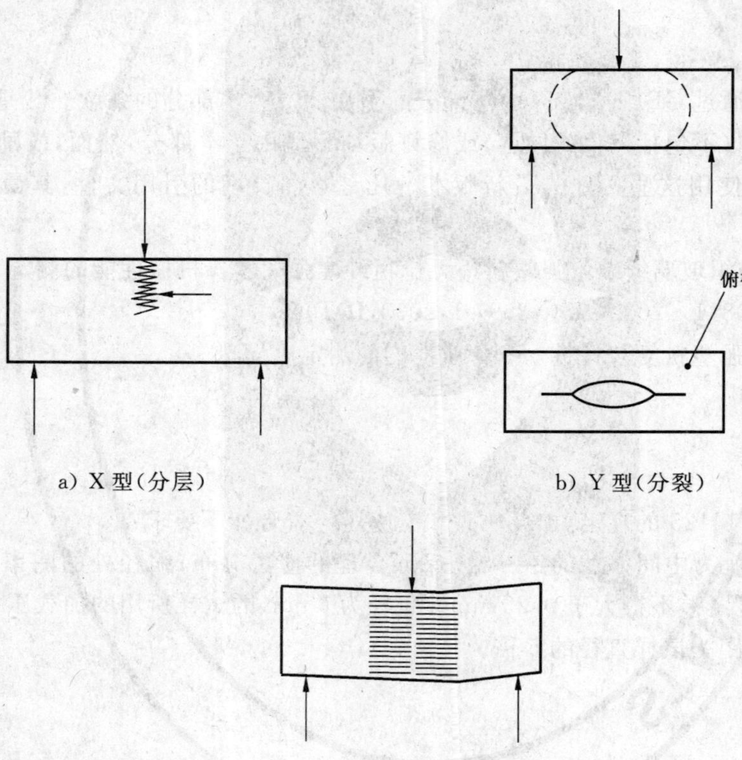

图 2 典型的试样破坏型式（只有 X 型是可接受的破坏型式）

5.4 如试样的破坏型式不是 X 型，用其他试样继续试验，直至获得至少 5 个 X 型破坏型式。

5.5 如未能获得 5 个 X 型破坏型式，应制备更多的试样并进行试验；如第二组结果也类似，在试验报告中说明此现象。

6 结果表示

按公式(1)计算每个试样的表观层间剪切强度：

$$\tau = \frac{8 \times F}{3\pi \cdot d^2} \qquad (1)$$

式中：

τ——表观层间剪切强度，单位为兆帕(MPa)；

F——最大破坏载荷，单位为牛顿(N)；

d——试样的直径，单位为毫米(mm)。

7 精密度

因未获得实验室间的数据，本试验方法的精密度尚不可知。当得到实验室间的数据后，将在下次修订中增加有关精密度的统计。

8 试验报告

试验报告应包括下列各项：

a) 说明按本部分执行；

b) 玻璃纤维无捻粗纱的有关信息；

c) 树脂的有关信息；

d) 模具直径；

e) 是否使用了脱模剂，如果使用，给出有关细节；

f) 树脂的固化和后固化的条件；

g) 试验环境；

h) 如果试样为原始棒(未经处理)，给出玻璃纤维含量、试样直径、每个试样的表观层间剪切强度值、破坏型式及表观层间剪切强度平均值；

i) 如果试样经过处理，给出处理所用的介质、处理时间、处理后每个试样的表观层间剪切强度值及表观层间剪切强度平均值。

ICS 35.040
A 24

中华人民共和国国家标准

GB/T 14257—2009
代替 GB/T 14257—2002

商品条码　条码符号放置指南

Bar code for commodity—Bar code symbol placement guidelines

2009-05-06 发布　　2009-11-01 实施

中华人民共和国国家质量监督检验检疫总局
中国国家标准化管理委员会　发布

前　言

本标准参考国际物品编码协会(GS1)的《GS1 通用规范》(8.0 版)第 6 章“条码符号放置指南”制定,并将一些适用于规范的表述改为适用于我国标准的表述。

本标准代替 GB/T 14257—2002《商品条码符号位置》。

本标准与 GB/T 14257—2002 相比主要变化如下:

——标准名称改为《商品条码　条码符号放置指南》;

——第 4 章标题改为“商品条码符号放置通则”,在第 4 章中叙述普遍适用的条码符号放置原则,条标题分别为:“选择与应用环境相匹配的条码符号”(4.1)、“避免不同条码标识冲突”(4.2)、“确定合适的条码符号数量”(4.3)、“位置相对统一及便于扫描”(4.4)、“避免选择的位置”(4.5)和“选择适当的条码符号放置方向”(4.6),把“首选位置”(原标准 4.2)、“其他位置”(原标准 4.3)和“边缘间距”(原标准 4.4)移至第 5 章中;

——第 5 章标题改为“零售商品条码符号的放置”,增加了“不规则包装”(5.4.13)、“出版物”(5.4.14)和“透明塑料包装”(5.4.15);

——增加了第 6 章“储运包装商品上条码符号的放置”;

——增加了第 7 章“物流单元上条码符号的放置”。

本标准的附录 A 为规范性附录。

本标准由全国物流信息管理标准化技术委员会提出并归口。

本标准起草单位:中国物品编码中心。

本标准主要起草人:熊立勇、赵辰、王迎春、刘全云、刘岩、张春媛、郭卫华。

本标准所代替标准的历次版本发布情况为:

——GB/T 14257—1993,GB/T 14257—2002。

商品条码　条码符号放置指南

1　范围

本标准规定了商品条码符号放置的通则，给出了商品条码符号放置的指南。

本标准适用于商品条码符号位置的设计。

2　规范性引用文件

下列文件中的条款通过本标准的引用而成为本标准的条款。凡是注日期的引用文件，其随后所有的修改单(不包括勘误的内容)或修订版均不适用于本标准，然而，鼓励根据本标准达成协议的各方研究是否可使用这些文件的最新版本。凡是不注日期的引用文件，其最新版本适用于本标准。

GB 12904　商品条码　零售商品编码与条码表示(GB 12904—2008,ISO/IEC 15420:2000,NEQ)

GB/T 12905　条码术语

GB/T 16830　商品条码　储运包装商品的编码与条码表示

GB/T 18127　商品条码　物流单元编码与条码表示

3　术语和定义

GB 12904、GB/T 12905 确立的以及下列术语和定义适用于本标准。

3.1

零售商品包装正面　the front of the retail commodity package

商品包装上主要明示商标和商品名称的主显示面。

3.2

零售商品包装背面　the back of the retail commodity package

商品包装上与主显示面相背的外表面。

4　商品条码符号放置通则

4.1　选择与应用环境相匹配的条码符号

应根据预计的扫描环境，在商品或物流单元上放置符合 GB 12904、GB/T 16830 或 GB/T 18127 规定的条码符号。在零售商品上应放置 EAN-13、UPC-A、EAN-8 或 UPC-E 条码符号；在储运包装商品上可以放置 EAN-13、UPC-A、ITF-14 或 UCC/EAN-128 条码符号；在物流单元上应放置 UCC/EAN-128 条码符号。

4.2　避免不同条码标识冲突

在一个商品上不应出现两个或两个以上表示不同商品代码的条码符号。

4.3　确定合适的条码符号数量

通常在一个商品上只放置一个表示商品代码的条码符号，但是对于沉重的或体积大的零售商品(见 5.4.12)和不规则包装的零售商品(见 5.4.13)，以及储运包装商品(见第 6 章)、物流单元(见第 7 章)，推荐在一个商品上放置两个或更多数目的表示同一个商品代码的条码符号。

4.4　位置相对统一及便于扫描

条码符号在各类商品项目上放置的位置应相对统一，便于扫描操作和识读。

4.5　避免选择的位置

应避免把条码符号放置在：

——会使条码符号变形和受其他损害的地方；

——有穿孔、冲切口、开口、装订钉、拉丝拉条、接缝、折叠、折边、交叠、波纹、隆起、褶皱、其他图文和纹理粗糙等地方；

——转角处或表面曲率过大的地方；

——会被包装的折边或悬垂物遮盖的地方。

4.6　选择适当的条码符号放置方向

4.6.1　在商品包装上条码符号宜横向放置，见图 1a)。横向放置时，条码符号的供人识别字符应为从左至右阅读。在印刷方向不能保证印刷质量和商品包装表面曲率及面积不允许的情况下，可以将条码符号纵向放置，见图 1 b)。纵向放置时，条码符号供人识别字符的方向宜与条码符号周围的其他图文相协调。

4.6.2　在商品包装的曲面上，将条码符号的条平行于曲面的母线放置条码符号时，条码符号表面曲度(θ)应不大于 30°，见图 2；可使用的条码符号放大系数最大值与曲面直径有关，见附录 A。条码符号表面曲度大于 30°，应将条码符号的条垂直于曲面的母线放置，见图 3。

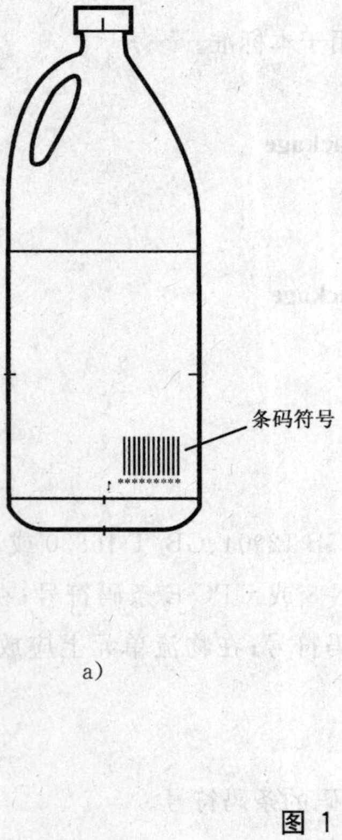

a)

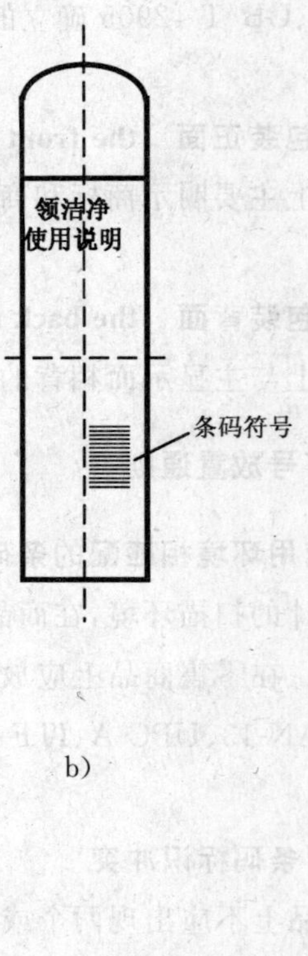

b)

图 1　条码符号放置的方向

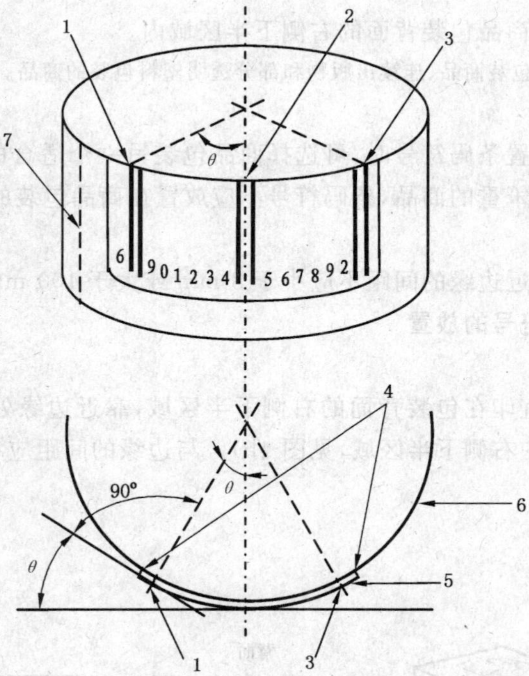

1——第一个条的外侧边缘；
2——中间分隔符两条的正中间；
3——最后一个条的外侧边缘；
4——左、右空白区的外边缘；
5——条码符号；
6——包装的表面；
7——曲面的母线；
θ——条码符号表面曲度。

图 2　条码符号表面曲度示意图

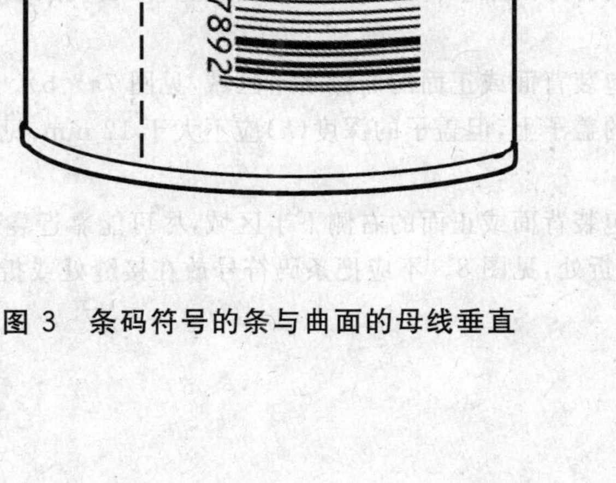

图 3　条码符号的条与曲面的母线垂直

5 零售商品条码符号的放置

5.1 首选位置

首选的条码符号位置在商品包装背面的右侧下半区域内。

注：本规则不适用于不规则包装商品、连续出版物和部分透明塑料包装的商品。

5.2 其他位置

商品包装背面不适宜放置条码符号时，可选择商品包装另一个适合的面的右侧下半区域放置条码符号。但是对于体积大的或笨重的商品，条码符号不应放置在商品包装的底面。

5.3 边缘间距

条码符号与商品包装邻近边缘的间距不应小于 8 mm 或大于 100 mm。

5.4 常见类型包装上条码符号的放置

5.4.1 箱型包装

对箱型包装，条码符号宜印在包装背面的右侧下半区域，靠近边缘处，见图 4a)。包装背面不适合印条码符号时，可印在正面的右侧下半区域，见图 4b)。与边缘的间距应符合 5.3 的规定。

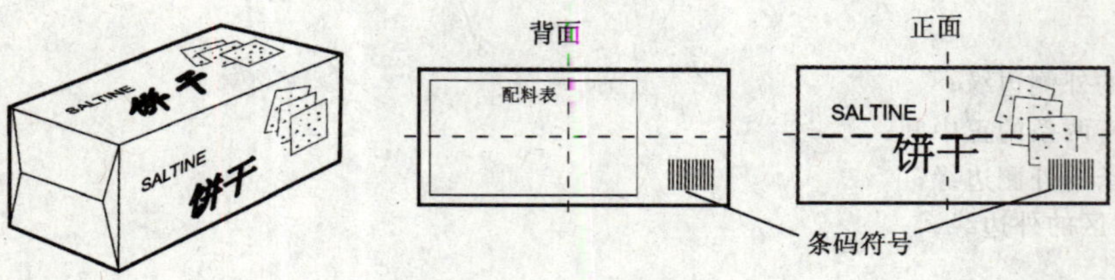

a) 首选　　b) 可选

图 4　箱型包装示例

5.4.2 瓶型和壶型包装

条码符号宜印在包装背面或正面的右侧下半区域，见图 5。不应把条码符号放置在瓶颈、壶颈处。条码符号的条平行于曲面的母线放置时，放大系数和 X 尺寸的选择见附录 A。

注：对于(n,k)型即模块组配型商品条码，X 尺寸即模块宽度。

5.4.3 罐型和筒型包装

条码符号宜放置在包装背面或正面的右侧下半区域，见图 6。不应把条码符号放置在有轧波纹、接缝和隆起线的地方。条码符号的条平行于曲面的母线放置时，放大系数和 X 尺寸的选择见附录 A。

5.4.4 桶型和盆型包装

条码符号宜放置在包装背面或正面的右侧下半区域，见图 7a)、b)。背面、正面及侧面不宜放置时，条码符号可放置在包装的盖子上，但盖子的深度(h)应不大于 12 mm，见图 7c)。

5.4.5 袋型包装

条码符号宜放置在包装背面或正面的右侧下半区域，尽可能靠近袋子中间的地方，或放置在填充内容物后袋子平坦、不起皱折处，见图 8。不应把条码符号放在接缝处或折边的下面。

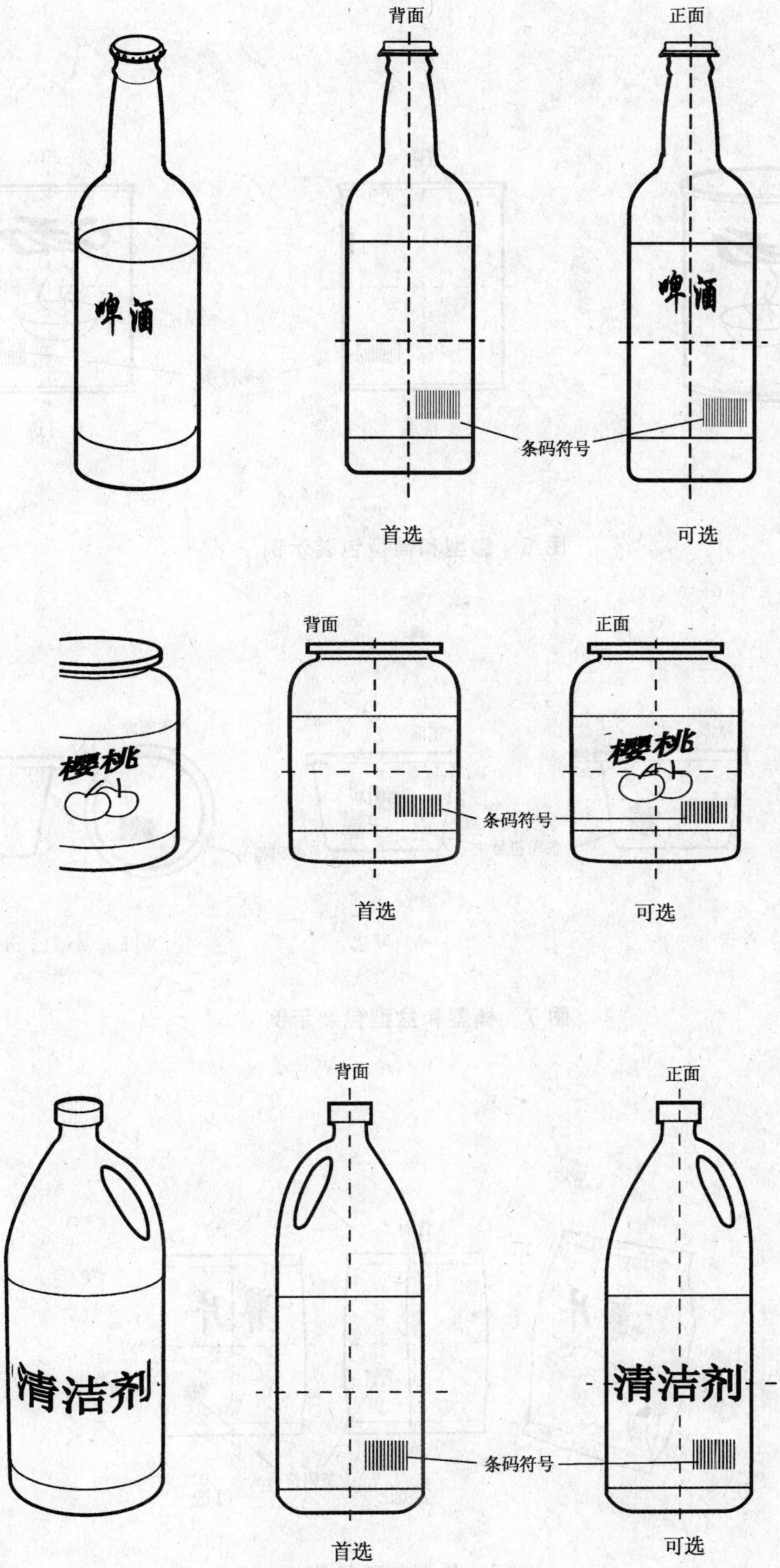

图 5　瓶型和壶型包装示例

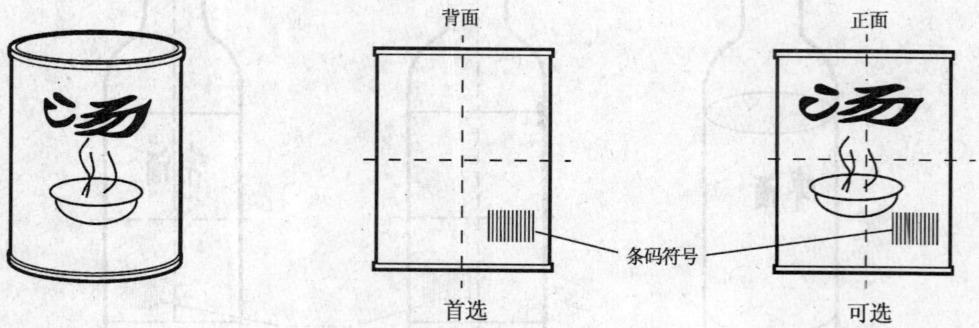

图 6　罐型和筒型包装示例

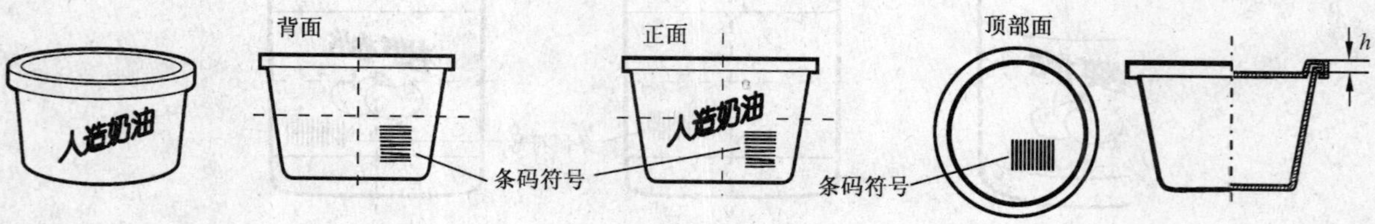

a) 首选　　b) 可选　　c) 可选($h \leqslant 12$ mm)

图 7　桶型和盆型包装示例

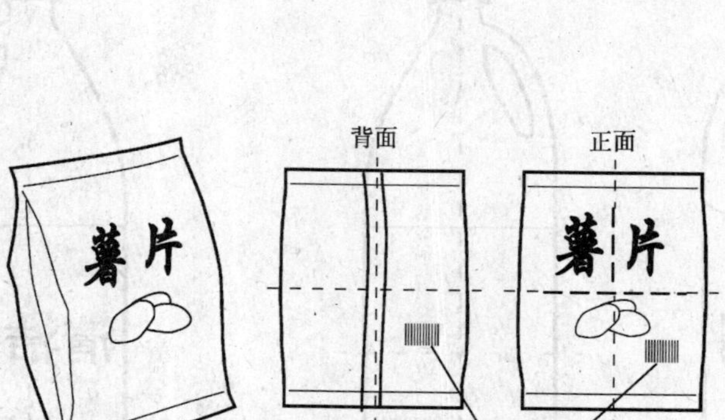

图 8　袋型包装示例

5.4.6 收缩膜和真空成型包装

条码符号宜放置在包装的较为平整的表面上。在只能把条码符号放置在曲面上时,条码符号方向和放大系数的选择见4.6.2。不应把条码符号放置在有皱折和扭曲变形的地方,见图9。

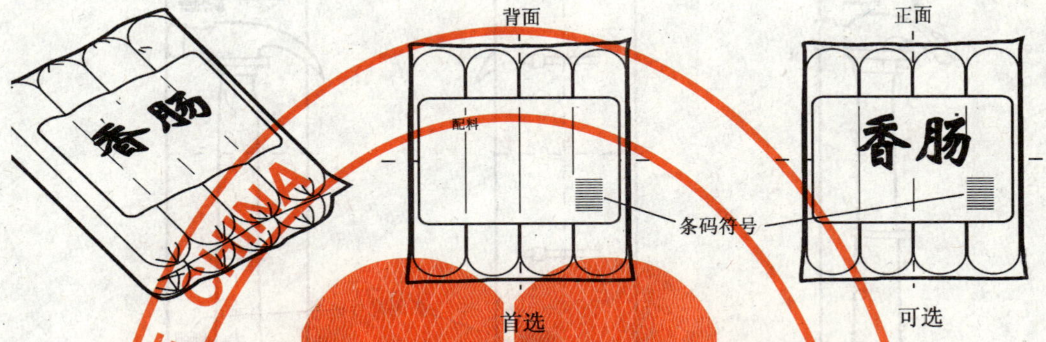

图9 收缩膜和真空成型包装示例

5.4.7 泡型罩包装

条码符号宜放置在包装背面右侧下半区域,靠近边缘处。在背面不宜放置时,可把条码符号放置在包装的正面,条码符号应离开泡型罩的突起部分。当泡型罩突起部分的高度(H)超过12 mm时,条码符号应远离泡型罩的突起部分,见图10。

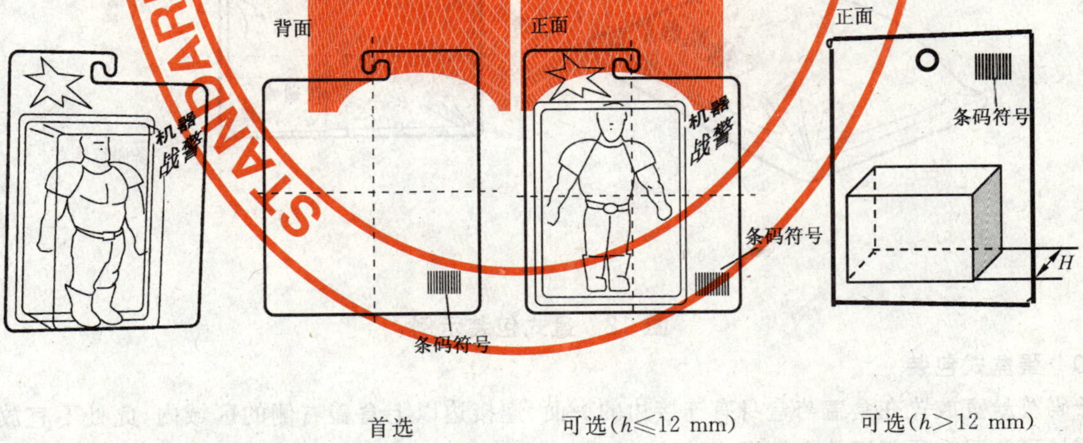

H——泡型罩突起部分的高度。

图10 泡型罩包装示例

5.4.8 卡片式包装

条码符号宜放置在包装背面的右侧下半区域，靠近边缘处。在背面不宜放置时，可把条码符号放置在包装正面，条码符号应离开产品放置，避免条码符号被遮挡，见图 11。

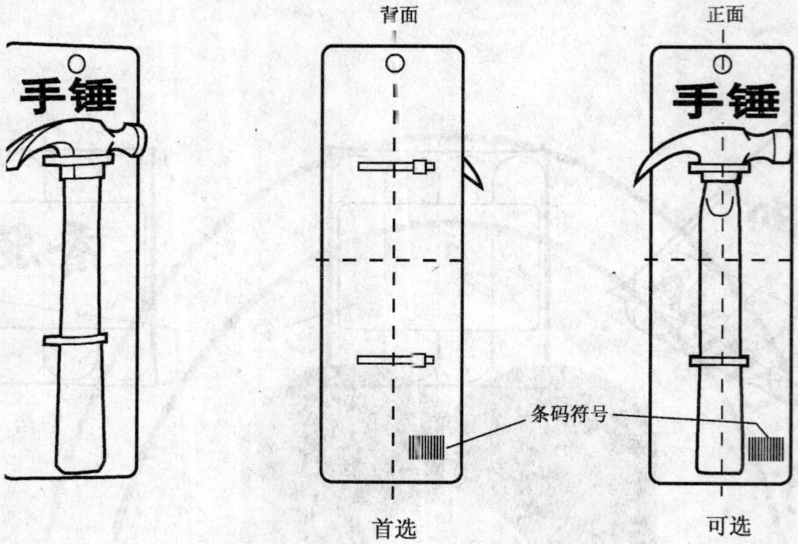

图 11 卡片式包装示例

5.4.9 盘式包装

条码符号宜放置在包装顶部面的右侧下半区域，靠近边缘处，见图 12。条码符号方向和放大系数的选择见 4.6.2。

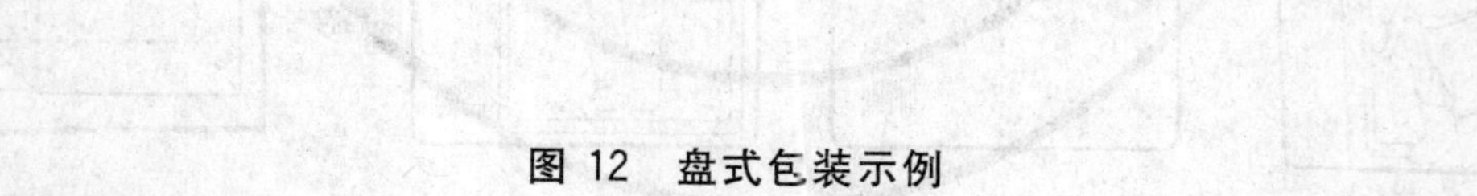

图 12 盘式包装示例

5.4.10 蛋盒式包装

条码符号宜放置在盒盖与盒身有连接边的一面、连接边以上盒盖右侧的区域内，此处不宜放置时，条码符号可放置在顶部面的右侧下半区域，见图 13。

5.4.11 多件组合包装

条码符号宜放置在包装背面的右侧下半区域，靠近边缘处。在背面不宜放置时，可把条码符号放置在包装的侧面的右侧下半区域，靠近边缘处，见图 14。当多件组合包装和其内部的单件包装都带有商品条码时，内部的单件包装上的条码符号应被完全遮盖，多件组合包装上的条码符号在扫描时应是唯一可见的条码。

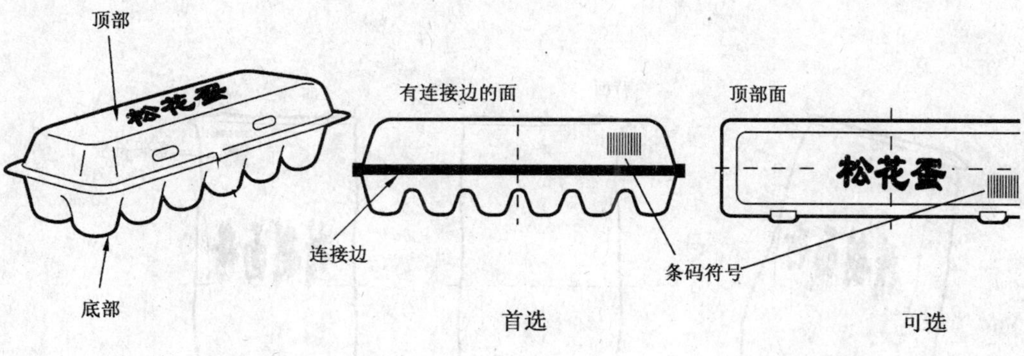

图 13 蛋盒式包装示例

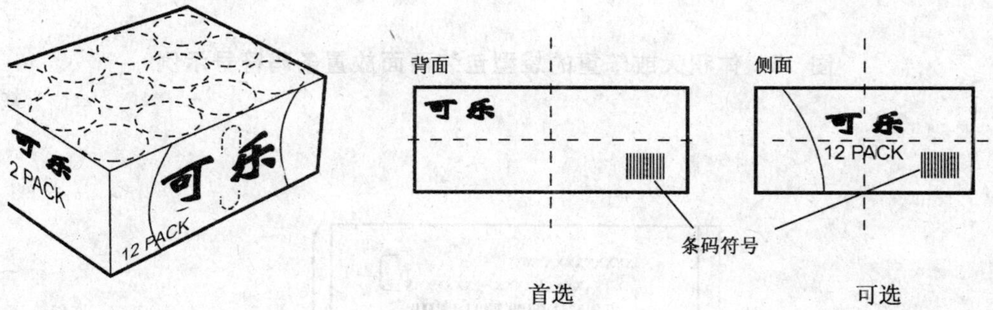

图 14 多件组合包装示例

5.4.12 体积大或笨重的商品包装

5.4.12.1 包装特征

有两个方向上(宽/高、宽/深或高/深)的长度大于 45 cm,或质量超过 13 kg 的商品包装。

5.4.12.2 符号位置

条码符号宜放置在包装背面右侧下半区域。包装背面不宜放置时,可以放置在包装除底面外的其他面上。

5.4.12.3 可选的符号放置方法

5.4.12.3.1 两面放置条码符号

对于体积大或笨重的袋型商品包装,每个商品上可以使用两个同样的、标识该商品的商品条码符号,一个放置在包装背面的右下部分,另一个放置在包装正面的右上部分,见图 15。

5.4.12.3.2 加大供人识别字符

对于体积大或笨重的商品包装,可将其商品条码符号的供人识别字符高度放大至 16 mm 以上,印在条码符号的附近。

5.4.12.3.3 采用双重条码符号标签

对体积大或笨重的商品包装,可采用图 16 所示的双重条码符号标签。标签的 A、B 部分上的条码符号完全相同,是标记该商品的商品条码符号。标签的 A、C 部分应牢固地附着在商品包装上,B 部分与商品包装不粘连。在扫描结算时,撕下标签的 B 部分,由商店营业员扫描该部分上面的条码进行结算,然后将该部分销毁。标签的 A 部分保留在商品包装上供查验。粘贴双重条码符号标签的包装不作为商品运输过程的外包装时,双重条码符号标签的 C 部分(辅助贴条)可以省去。

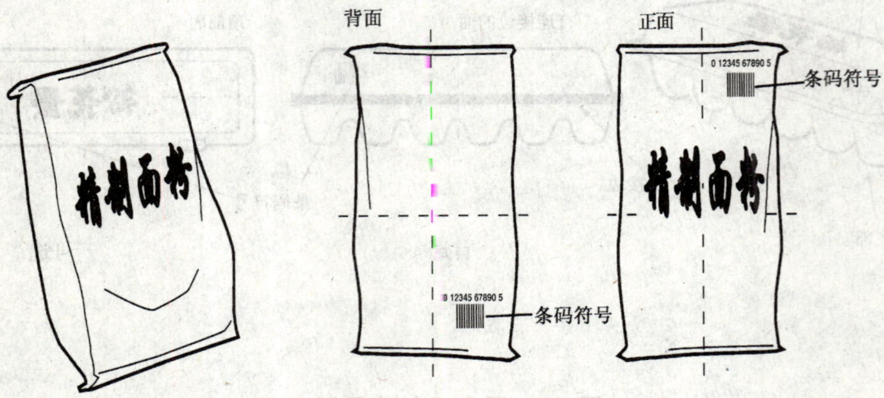

图 15　体积大或笨重的袋型包装两面放置条码符号示例

单位为毫米

1——销售商的货号和商品项目说明；

2——穿孔线；

A——标签的 A 部分；

B——标签的 B 部分；

C——标签的 C 部分(辅助贴条)。

[a] 图中所标尺寸为最小尺寸。

图 16　双重条码符号标签示例

5.4.13 不规则包装

宜首选规则的、条码符号位置固定的包装方法。如果必须使用不规则的、条码符号位置不固定的包装方法，可以在包装材料上以足够的重复频率印刷条码符号，以便一个完整的条码符号能印刷在包装的一个面上。重复印刷的条码符号之间的距离应不大于 150 mm，以避免重复识读，示例见图 17a)。也可以把条码符号的条加长印在包装材料上，以保证一个足够高的条码符号出现在包装的一个面上，示例见图 17b)。

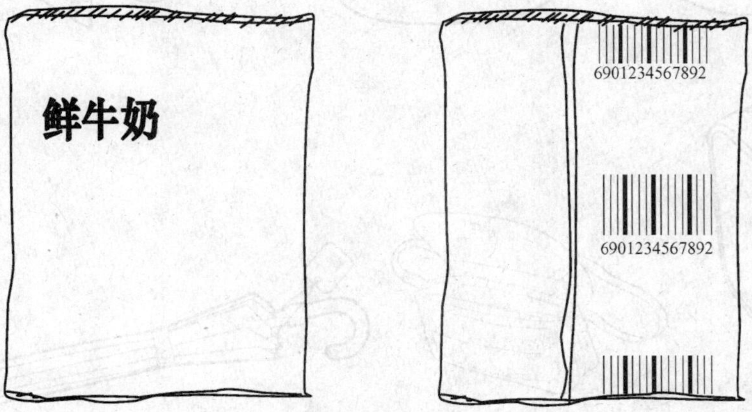

a)

b)

图 17 不规则的、条码符号位置不固定的包装示例

5.4.14 出版物

出版物上条码符号的放置依出版物的类型而定。

书籍上条码符号的首选位置在书的封底的右下角。对于非纸面的精装书，条码符号宜印在书的封二的左上角或书的其他显著位置。

对于连续出版物(如期刊、杂志)，条码符号的首选位置在封面的左下角。

对于音像制品和电子出版物，条码符号宜印在外包装背面便于识读的位置。

需要附加条码符号的出版物，附加条码符号应放在主代码条码符号的右侧；附加条码符号条的方向与主代码条码符号条的方向平行；附加条码符号条的下端与主代码条码符号的起始符、中间分隔符、终止符的条的下端平齐。

5.4.15 透明塑料包装

对于透明塑料包装的服装类、纺织类、文教类等商品，条码符号的首选位置是包装正面的右上角。条码符号及其他的产品标识信息的方向应与塑料包装上的图形或描述数据协调一致。

5.4.16 其他形式

对一些无包装的商品，商品条码符号可以印在挂签上，见图 18。如果商品有较平整的表面且允许粘贴或缝上标签，条码符号可以印在标签上，见图 19。

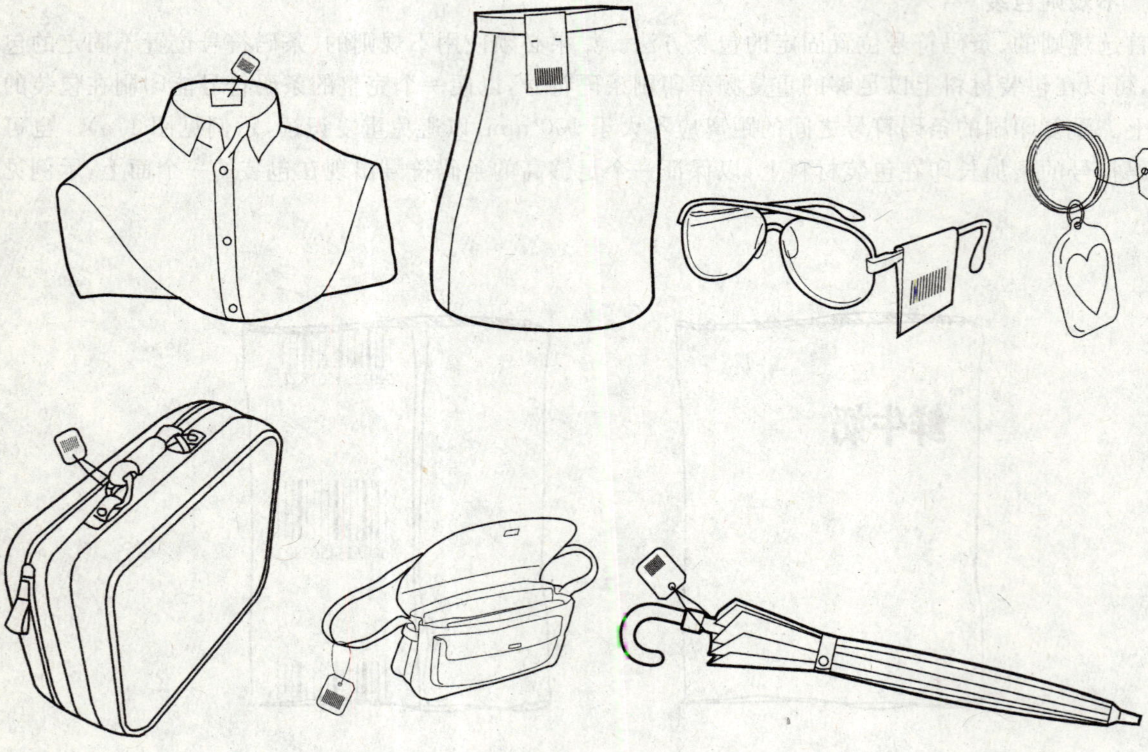

图 18　条码符号挂签示例

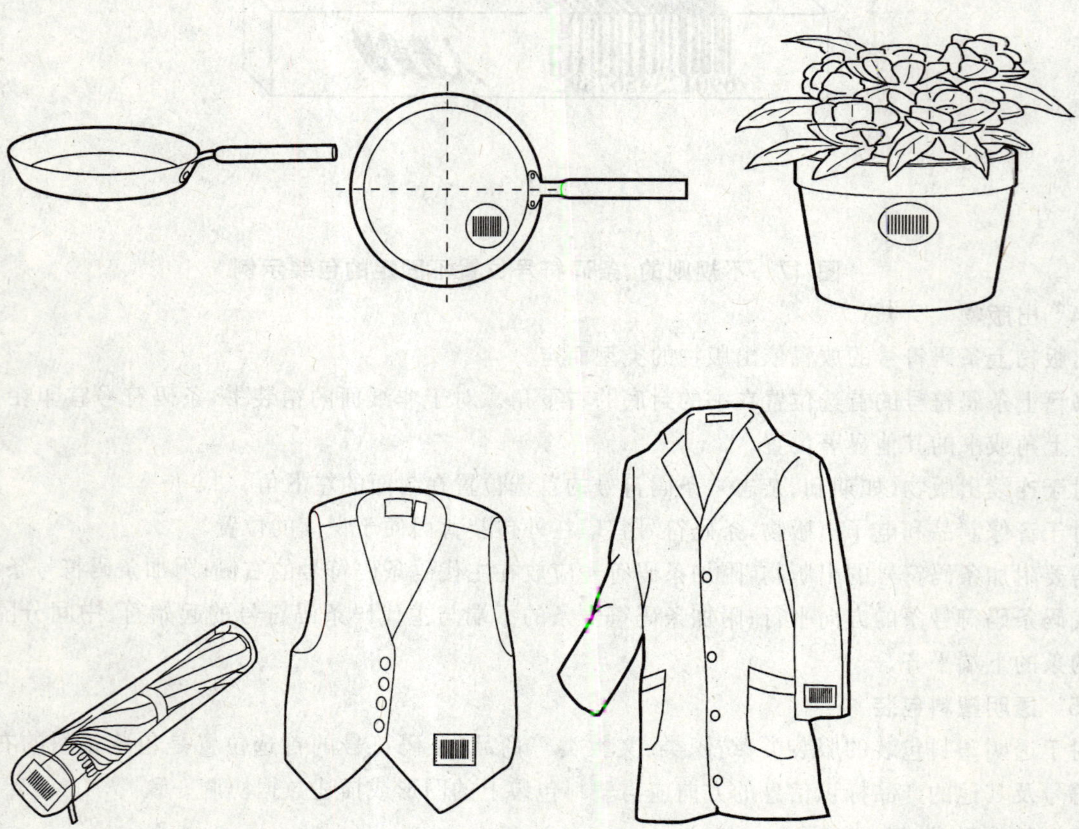

图 19　条码符号标签示例

6 储运包装商品上条码符号的放置

6.1 包装箱

6.1.1 符号位置

可以把表示同一商品代码的条码符号放置在储运包装商品箱式外包装的所有四个直立面上；也可以放置在相邻两个直立面上，见图 20。如果仅能放置一个条码符号，则应根据配送、批发、存储等的约束条件和需求选择放置面，以保证在存储、配送及批发过程中条码符号便于识读。

6.1.2 符号方向

条码符号应横向放置，使条码符号的条垂直于所在直立面的下边缘。

6.1.3 边缘间距

条码符号下边缘到所在直立面下边缘的距离不小于 32 mm，推荐值为 32 mm；条码符号到包装垂直边的距离不小于 19 mm，见图 20。

6.1.4 附加的条码符号

商品项目已经放置了表示商品代码的条码符号，还需放置表示商品附加信息(如贸易量、批号、保质期等)的附加条码符号时，放置的附加符号不应遮挡已有的条码符号；附加符号的首选位置在已有条码符号的右侧，并与已有的条码符号保持一致的水平位置。应保证已有的条码符号和附加条码符号都有足够的空白区。

如果表示商品代码的条码符号和附加条码符号的数据内容都能用 UCC/EAN-128 条码符号来标识，则宜把两部分数据内容连接起来，做成一个条码符号。

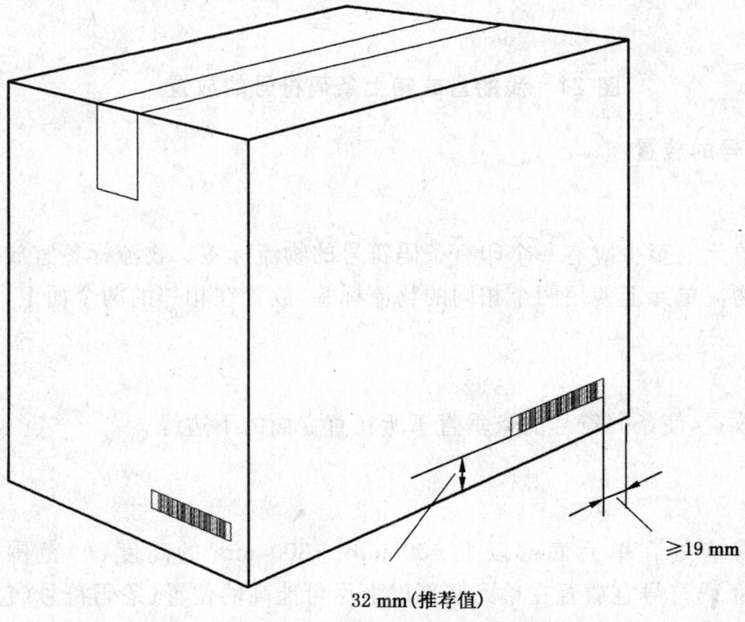

图 20 储运包装箱上条码符号的放置

6.2 浅的盒或箱

6.2.1 高度小于 50 mm、大于或等于 32 mm 的盒或箱

当包装盒或包装箱的高度小于 50 mm，但大于或等于 32 mm 时，供人识别字符可以放置在条码符号的左侧，并保证符号有足够宽的空白区。条码符号(包括空白区)到单元直立边的间距应不小于 19 mm。示例见图 21。有时在变量单元上使用主符号和附加符号两个条码符号。如果必须把条码符号下面的供人识别字符移动位置，则主符号的供人识别字符应放在主符号的左侧；附加符号的供人识别字符应放在附加符号的右侧。

6.2.2 高度小于 32 mm 的盒或箱

当包装盒或包装箱的高度小于 32 mm 时，可以把条码符号放在包装的顶部，并使符号的条垂直于包装顶部面的短边。条码符号到邻近边的间距应不小于 19 mm，示例见图 21。

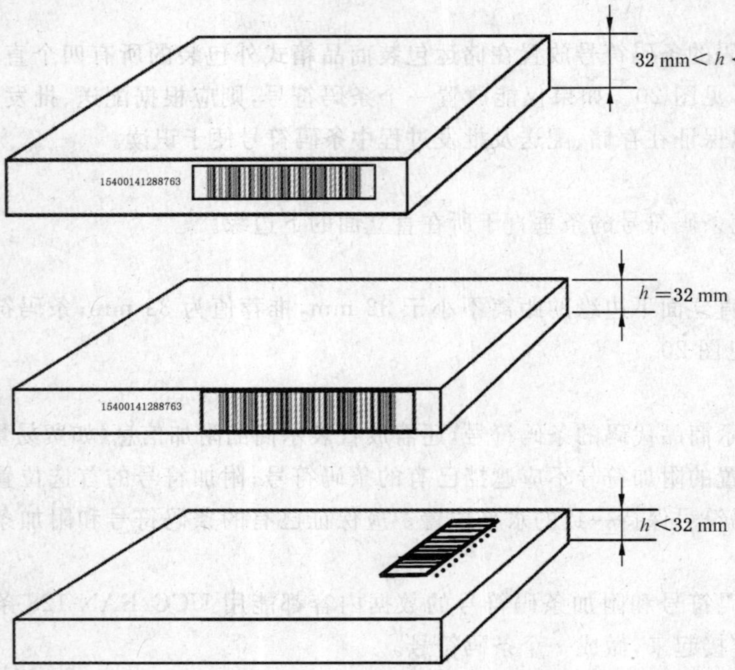

图 21 浅的盒或箱上条码符号的放置

7 物流单元上条码符号的放置

7.1 符号位置

每个完整的物流单元上至少应有一个印有条码符号的物流标签。物流标签宜放置在物流单元的直立面上。推荐在一个物流单元上使用两个相同的物流标签，放置在相邻的两个面上，短的面右边和长的面右边各放一个（见图 22）。

7.2 符号方向

条码符号应横向放置，使条码符号的条垂直于所在直立面的下边缘。

7.3 条码符号放置

7.3.1 托盘包装

条码符号的下边缘宜处在单元底部以上 400 mm～800 mm 的高度（h）范围内，对于高度小于 400 mm 的托盘包装，条码符号宜放置在单元底部以上尽可能高的位置；条码符号（包括空白区）到单元直立边的间距应不小于 50 mm。在托盘包装上放置条码符号的示例见图 23。

7.3.2 箱包装

条码符号的下边缘宜在单元底部以上 32 mm 处，条码符号（包括空白区）到单元直立边的间距应不小于 19 mm，见图 24 a）。

如果包装上已经使用了 EAN-13、UPC-A、ITF-14 或 UCC/EAN-128 等标识贸易项目的条码符号，印有条码符号的物流标签应贴在上述条码符号的旁边，不能覆盖已有的条码符号；物流标签上的条码符号与已有的条码符号保持一致的水平位置，见图 24 b）。

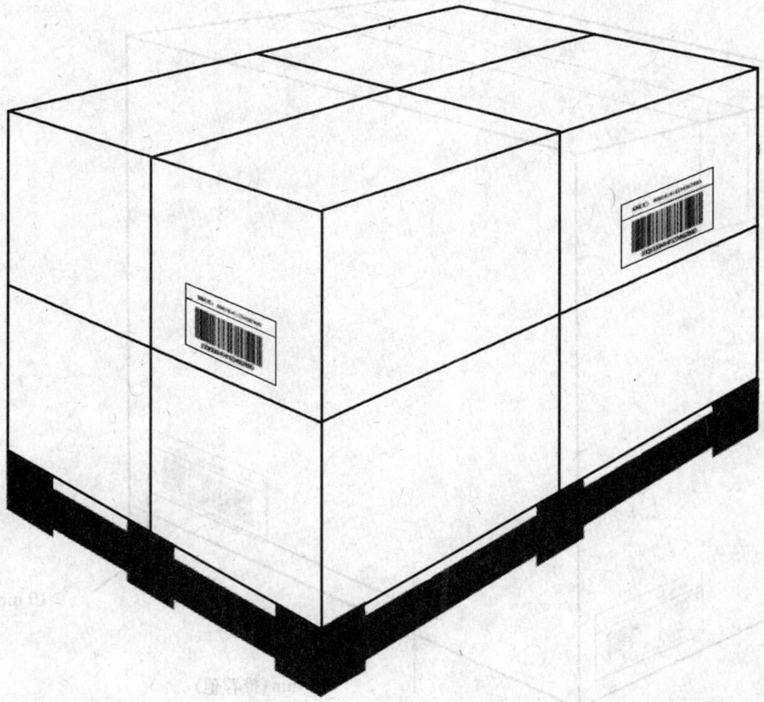

图 22　物流单元上条码符号的放置

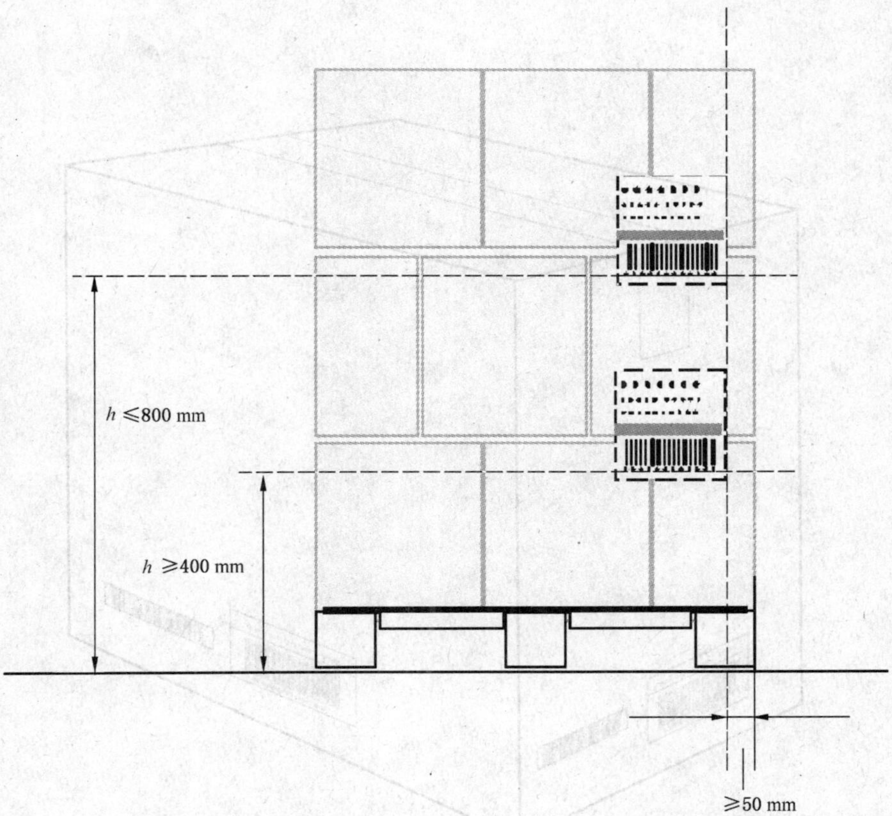

图 23　托盘包装上条码符号的放置

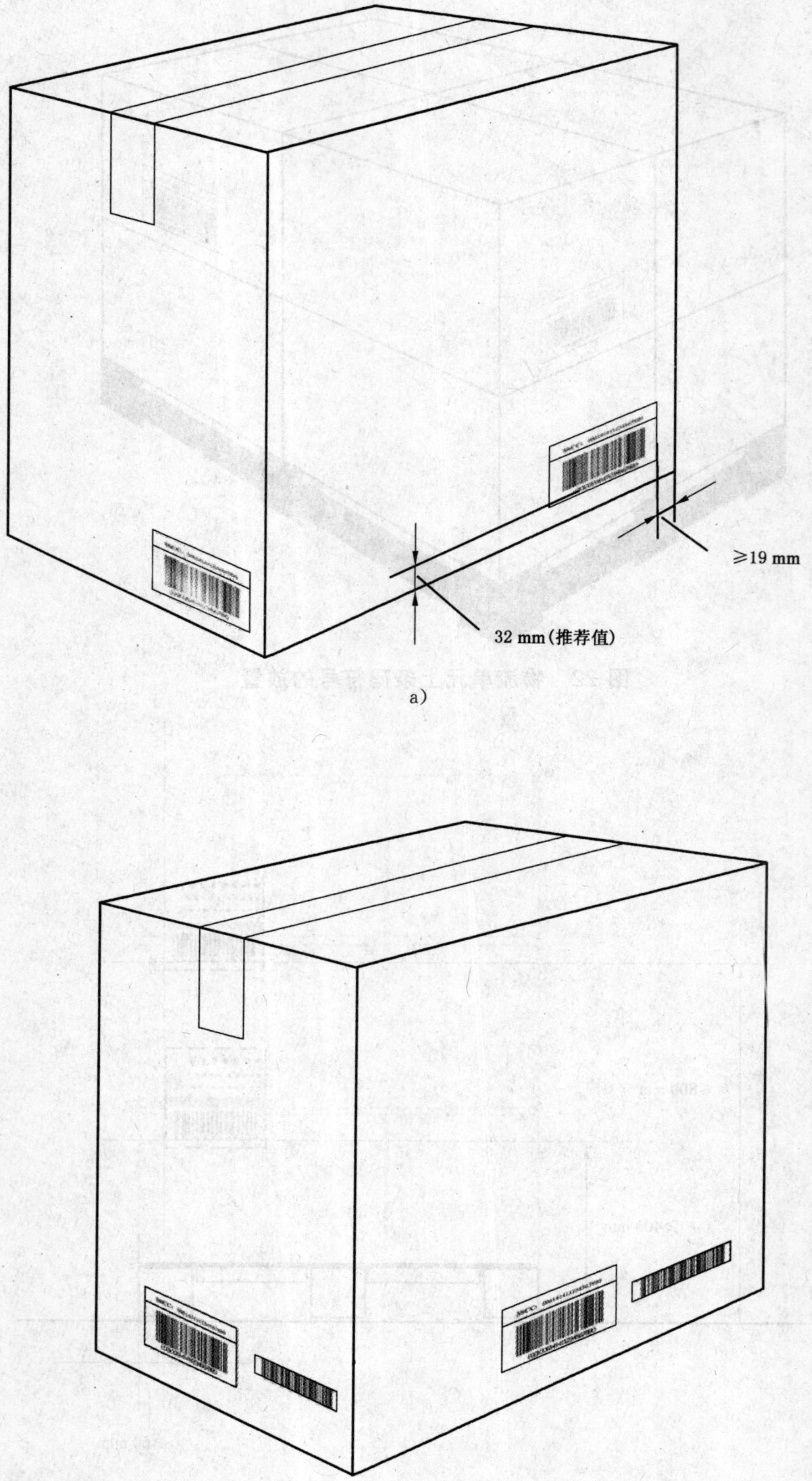

图 24 箱包装上条码符号的放置

附 录 A
（规范性附录）
零售商品条码符号放大系数及 *X* 尺寸与商品包装直径的关系

采用把条平行于曲面的母线放置条码符号的方式，零售商品条码符号放大系数及 *X* 尺寸与商品包装直径的关系见表 A.1。

表 A.1 零售商品条码符号放大系数及 *X* 尺寸与商品包装直径的关系

商品包装直径/mm	可使用的放大系数、*X* 尺寸的最大值					
	EAN-13 、UPC-A 条码		EAN-8 条码		UPC-E 条码	
	放大系数	*X* 尺寸/mm	放大系数	*X* 尺寸/mm	放大系数	*X* 尺寸/mm
≤25	*	*	*	*	*	*
30	*	*	*	*	0.92	0.304
35	*	*	0.83	0.274	1.08	0.356
40	*	*	0.95	0.314	1.24	0.409
45	*	*	1.07	0.353	1.39	0.459
50	0.83	0.274	1.18	0.389	1.55	0.512
55	0.92	0.304	1.30	0.429	1.71	0.564
60	1.00	0.330	1.42	0.469	1.86	0.614
65	1.08	0.356	1.54	0.508	2.00	0.660
70	1.17	0.386	1.66	0.549	2.00	0.660
75	1.25	0.413	1.78	0.587	2.00	0.660
80	1.34	0.446	1.90	0.627	2.00	0.660
85	1.42	0.469	2.00	0.660	2.00	0.660
90	1.50	0.495	2.00	0.660	2.00	0.660
95	1.59	0.525	2.00	0.660	2.00	0.660
100	1.67	0.551	2.00	0.660	2.00	0.660
105	1.75	0.578	2.00	0.660	2.00	0.660
110	1.84	0.607	2.00	0.660	2.00	0.660
115	1.92	0.634	2.00	0.660	2.00	0.660
≥120	2.00	0.660	2.00	0.660	2.00	0.660

注 1：* 表示商品包装直径太小，不能采用把条平行于曲面的母线放置条码符号的方式。

注 2：对于 (n,k) 型即模块组配型商品条码，*X* 尺寸即模块宽度。

ICS 29.045
H 80

中华人民共和国国家标准

GB/T 14264—2009
代替 GB/T 14264—1993

半导体材料术语

Semiconductor materials—Terms and definitions

2009-10-30 发布　　　　2010-06-01 实施

中华人民共和国国家质量监督检验检疫总局
中国国家标准化管理委员会　发布

前言

本标准代替 GB/T 14264—1993《半导体材料术语》。

本标准与 GB/T 14264—1993 相比，有以下变化：

——增加了 218 项术语；

——增加了三个资料性附录：包括 61 项硅技术术语缩写、11 项符号和标准术语出处；

——修改了原标准中 86 项术语内容。

本标准的附录 A 和附录 B 为资料性附录。

本标准由全国半导体设备和材料标准化技术委员会提出。

本标准由全国半导体设备和材料标准化技术委员会材料分技术委员会归口。

本标准负责起草单位：中国有色金属工业标准计量质量研究所、有研半导体材料股份有限公司、杭州海纳半导体有限公司和国瑞电子材料有限责任公司。

本标准参加起草单位：洛阳单晶硅有限责任公司、峨眉半导体材料厂、宁波立立电子股份有限公司、南京国盛电子有限公司、南京锗厂有限责任公司、万向硅峰电子股份有限公司、云南东兴集团、西安骊晶电子技术有限公司、中科院半导体所、上海合晶硅材料有限公司。

本标准主要起草人：孙燕、黄笑容、向磊、翟富义、卢立延、郑琪、邓志杰、贺东江。

本标准所代替标准的历次版本发布情况为：

——GB/T 14264—1993。

半导体材料术语

1 范围

本标准规定了半导体材料及其生长工艺、加工、晶体缺陷和表面沾污等方面的主要术语和定义。

本标准适用于元素和化合物半导体材料。

2 规范性引用文件

下列文件中的条款通过本标准的引用而成为本标准的条款。凡是注日期的引用文件，其随后所有的修改单(不包括勘误的内容)或修订版均不适用于本标准，然而，鼓励根据本标准达成协议的各方研究是否可使用这些文件的最新版本。凡是不注日期的引用文件，其最新版本适用于本标准。

ASTM F1241 硅技术术语

SEMI M59 硅技术术语

3 术语

以下术语和定义适用于本标准。

3.1

受主 acceptor

半导体中的一种杂质，它接受从价带激发的电子，形成空穴导电。

3.2

电阻率允许偏差 allowable resistivity tolerance

晶片中心点或晶锭断面中心点的电阻率与标称电阻率的最大允许差值，它可以用标称值的百分数来表示。

3.3

厚度允许偏差 allowable thickness tolerance

晶片的中心点厚度与标称值的最大允许差值。

3.4

各向异性 anisotropic

在不同的结晶学方向具有不同的物理特性，又称非各向同性，非均质性。

3.5

各向异性腐蚀 anisotropic etch

沿着特定的结晶学方向，呈现腐蚀速率增强的一种选择性腐蚀。

3.6

退火 annealing

改变硅片特性的热过程。

3.7

退火片 annealed wafer

在惰性气氛或减压气氛下由于高温的作用在近表面形成一个无缺陷(COP)区的硅片。

3.8

脊形崩边 apex chip

从晶片边缘脱落的任何小块材料的区域。该区域至少含有 2 个清晰的内界面，而形成一条或多条清晰交叉线。

3.9

区域沾污　area contamination

在半导体晶片上，非有意地附加到晶片表面上的物质，它的线度远大于局部光散射体。区域沾污可以是由吸盘印，手指或手套印迹、污迹、蜡或溶剂残留物等形成的晶片表面上的外来物质。

3.10

区域缺陷　area defect

无标准定义，参看延伸的光散射体(3.28.6)。

3.11

氩气退火的硅片　argon annealed wafer

在氩气气氛下进行高温退火的硅片。

3.12

自掺杂　autodoping (self-doping)

源自衬底的掺杂剂掺入到外延层中。自掺杂源可来自衬底的背面、正面以及边缘、反应器中的其他衬片，基座或沉积系统的其他部分。

3.13

背封　backseal

在硅片背表面覆盖一层二氧化硅或其他绝缘本的薄膜，以抑制硅片中主要掺杂剂向外扩散。

3.14

背面　backside

不推荐使用的术语。如在 ASTM F1241 中规定的使用术语"背表面"。

3.15

背表面　back surface

半导体晶片的背表面，相对于在上面已经或将要制作半导体器件的暴露表面。

3.16

基底硅片　base silicon wafer

指 SOI 片，在绝缘薄层下面的硅片，支撑着上层的硅薄膜。

3.17

块状结构　block structure

参见胞状结构(3.27)。

3.18

键合界面　bonding interface

两种晶片之间的键合面。

3.19

键合硅片　bonding wafer

两个硅片键合在一起，中间有绝缘层，这种绝缘层是典型的热生长的二氧化硅。

3.20

弯曲度　bow

自由无夹持晶片中位面的中心点与中位面基准平面间的偏离。中位面基准平面是由指定的小于晶片标称直径的直径圆周上的三个等距离点决定的平面。

3.21

亮点　bright point

不推荐的术语，参见局部光散射体(LLS)(3.28.3)。

3.22

埋层　buried layer

外延层覆盖的扩散区，又称副扩散层或膜下扩散层。

3.23

埋层氧化物(硅)　buried oxide

由氧注入形成的氧化物(氧化硅)层。

3.24

埋层氧化(BOX)　buried oxide layer

当绝缘层为二氧化硅时，硅片中间的绝缘层。

3.25

载流子浓度　carrier density

单位体积的载流子数目。在室温无补偿存在的条件下等于电离杂质的浓度。空穴浓度的符号为p，电子浓度的符号为n。

3.26

半导体材料中的载流子　carrier, in semiconductor materials

一种能携带电荷通过固体的载体。例如，半导体中价带的空穴和导带的电子。又称荷电载流子。

3.27

胞状结构　cell structure

来源于晶体生长过程中晶体不均一性的畸变，也理解为块状结构。

3.28

晶片的表面检查　check of wafer surface

3.28.1

扫描表面检查系统(SSIS)　scanning surface inspection system

用于晶片整个质量区的快速检查设备，可探测局部光散射体、雾等，也叫做颗粒记数器(particle counter)或激光表面扫描仪(laser surface scanner)

3.28.2

激光光散射现象　laser light-scattering event

一个超出预置阈值的信号脉冲，该信号是由探测器接收到的激光束与晶片表面局部光散射体相互作用产生的。

3.28.3

局部光散射体(LLS)　localized light-scatterer

一种孤立的特性，例如晶片表面上的颗粒或蚀坑相对于晶片表面的光散射强度，导致散射强度增加。有时称光点缺陷。尺寸足够的局部光散射体在高强度光照射下呈现为光点，这些光点可目视观察到。但这种观察是定性的。观测局部光散射体用自动检测技术，如激光散射作用，在能够区分不同散射强度的散射物这一意义上，自动检测技术是定量的。LLS的存在也未必降低晶片的实用性。

3.28.4

光点缺陷(LPD)　light point defect

不推荐的术语，参见局部光散射体(LLS)(3.28.3)。

注2：LPD是通用的术语，它包括类似乳胶球和其他可检测到的表面不平整性。

3.28.5

乳胶球当量(LSE)　latex sphere equivalence

用一个乳胶球的直径来表示一个局部光散射体(LLS)的尺寸单位，该乳胶球与局部光散射体(LLS)具有相同光散射量。用“LSE”加到使用的长度单位来表示，例如0.2 μm LSE。

3.28.6

延伸光散射体(XLS)　extended light scatterer

一种大于检查设备空间分辨率的特征,在晶片表面上或内部,导致相对于周围晶片来说增加了光散射强度,有时称为面缺陷。

3.29

半导体工艺中的化学-机械抛光(CMP)　chem-mechanical planarization,in semiconductor technology

利用化学和机械作用去除晶片表面物质,为后续工艺提供镜状表面的一种工艺。

3.30

化学气相沉积(CVD)　chemical vapor deposition

半导体工艺的化学气相沉积,是一个工艺过程,其控制化学反应,制成一个表面薄膜。

3.31

崩边(边缘崩边,周边崩边,圆周缺口,表面崩边)　chip(edge chips,peripheral chips,peripheral indents,surface chips)

晶片表面或边缘非有意地造成脱落材料的区域。某些崩边是在晶片加工、测量或检验时,因传送或放置样品等操作引起的。崩边的尺寸由样品外形的正投影图上所测量的最大径向深度和圆周弦长确定。

3.32

夹痕　chuck mark

由机器手、吸盘或条形码读入器引起的晶片表面上的任一物理印迹。

3.33

解理面　cleavage plane

一种结晶学上优先断裂的晶面。

3.34

补偿　compensation

除去主掺杂剂浓度的杂质以外的杂质存在引起自由载流子数量的减少。

3.35

补偿掺杂　compensation doping

向p型半导体中掺入施主杂质或向n型半导体中掺入受主杂质,以达到反型杂质电学性能相互补偿的目的。

3.36

化合物半导体　compound semiconductor

由两种或两种以上的元素化合而成的半导体,如砷化镓、磷化铟、碲化镉等。

3.37

浓度　concentration

混合物中少数组分的量对于多数组分的比(例如每百万分之几,每十亿分之几或百分之几)。

3.38

电导率　conductivity

载流子在材料中流动难易的一种度量。符号为σ,单位为$(\Omega \cdot cm)^{-1}$。

3.39

导电类型　conductivity type

半导体材料中多数载流子的性质所决定的导电特性。

3.40

恒定组分区　constant composition region

$GaAs_{(1-x)}P_x$ 外延层中最后生长层的组分，该组分值按设定值保持不变，一般是磷的摩尔百分数，$x=0.38$。

3.41

沾污　contaminant，particulate

参见 LLS(3.28.3)。

3.42

晶体原生凹坑（COP）　crystal originated pit

在晶体生长中引入的一个凹坑或一些小凹坑。当它们与硅片表面相交时，类似 LLS。因为在使用 SSIS 观察时，在一些情况下它们的作用与颗粒类似，因此最初这种缺陷被称为晶体原生颗粒（crystal originated particulate）。总之，现代的 SSIS 一般能够从颗粒中区分出晶体原生凹坑。当晶体原生凹坑存在时，表面清洗或亮腐蚀常常会增大其被观察的尺寸和数量。

3.43

裂纹　crack

延伸到晶片表面的解理或断裂，其可能或许没有穿过晶片的整个厚度。

3.44

火山口（弹坑状）　crater

平滑中心区域的具有不规则的封闭山脉状表面织构。

3.45

新月状物　crescents

外延沉积后具有平行主轴的结构，其归因于硅衬底表平面的上面或下面的衬底缺陷，参见鱼尾状物(3.89)。

3.46

鸦爪　crow's foot

相交的裂纹，在{111}表面上呈类似乌鸦爪的“Y”图样，在{100}表面上呈十字“+”形的图样。

3.47

晶体　crystal

在三维空间中由原子、离子或分子以一周期性图形排列组成的固体。

3.48

晶体缺陷　crystal defect

偏离理想晶格点阵中原子有规则的排列。

3.49

晶体指数　crystal indices

见密勒指数(3.158)。

3.50

结晶学表示法　crystallographic notation

用于标示晶体中晶面和晶向的密勒指数的一种符号体系。

晶面	(　　)，如	(111)
晶面族	{　　}，如	{111}
晶向	[　　]，如	[111]
晶向族	〈　　〉，如	〈111〉

3.51

晶面　crystallographic plane

通过空间点阵中不在同一直线上的三个结点的平面。

3.52

切割　cutting

把半导体晶锭切成具有一定形状的工艺。

3.53

损伤　damage

单晶样品的一种晶格缺陷，是一种不可逆转的形变，它因室温下没有后续热处理时的表面机械加工引起，像切割，磨削，滚圆，喷砂，以及撞击造成。

3.54

深能级杂质　deep-level impurity

一种化学元素，引入半导体中形成一个或多个能级，且它的能级多位于禁带的中央区域，这类杂质称深能级杂质。

3.55

掺杂浓度　density of dopant atoms

在一个掺杂半导体中，每单位体积中的掺杂剂的数量。

当下列三种情况时：(1)半导体没有补偿，(2)掺杂原子仅仅是施主或受主之一的单一类型，(3)掺杂原子 100％被电离。载流子的浓度等于掺杂剂的原子浓度。

3.56

洁净区　denuded zone

在硅片的一个特定区域，通常仅仅位于硅片正表面之下，其中的氧浓度下降到一个比较低的水平，导致了体微缺陷密度(氧沉淀)减少。

3.57

耗尽层　depletion layer

可动载流子电荷密度不足以中和施主或受主的净固定电荷密度的区域。又称势垒区、阻挡层或空间电荷层。

3.58

耗尽层宽度　depletion width

临近金属-半导体接触的半导体中的一个区域的宽度，该区域内荷电载流子密度不够中和施主和受主的固定电荷密度。

3.59

直径　diameter

横穿圆片表面，通过晶片中心点且不与参考面或圆周上其他基准区相交的直线长度。

3.60

扩散层　diffused layer

采用固态扩散工艺，将杂质引入晶体，使单晶近表面层形成相同或相反导电类型的区域。

3.61

凹坑　dimple

晶片表面的一种浅凹陷，具有一个凹面，似球状的外形和倾斜的侧面。在适当的光照条件下，肉眼可见。在抛光初始阶段，晶片浮抛可能诱生这种表面织构。

3.62

污物　dirt

半导体晶片上的尘埃，表面污染物，不能用预检查溶剂清洗去除。

3.63

位错　dislocation

晶体中的一种线缺陷，它是晶体中已滑移与未滑移区之间边界构成的，或是以伯格斯回路闭合性破坏来表征的缺陷。

3.64

位错排　dislocation array

一种位错蚀坑的某一边排列在一条直线上的位错组态。

3.65

位错密度　dislocation density

单位体积内，位错线的总长度(cm/cm^3)，通常以晶体某晶面单位面积上位错蚀坑的数目(个/cm^{-2})来表示。

3.66

位错腐蚀坑　dislocation etch pit

在晶体表面的位错应力区域，由择优腐蚀而产生的一种界限清晰、形状规则的腐蚀坑。

3.67

DI 晶片　DI wafer

由硅多晶、二氧化硅和硅单晶区域组成的一种晶片。

3.68

施主　donor

半导体中一种杂质或不完整性，它向导带提供电子形成电子导电。

3.69

掺杂剂　dopant

一种化学元素，对元素半导体，通常为周期表中的Ⅲ族或Ⅴ族元素。以痕量掺入半导体晶体中，用以确定其导电类型和电阻率等。

3.70

掺杂条纹环　dopant striation rings

硅片表面上由于杂质浓度的局部变化呈现出的螺旋状特征。

3.71

掺杂　doping

将特定的杂质加入到半导体中，以控制电阻率等。

3.72

掺杂片　doping wafer

经工艺处理已变成含有附加结构，可进入器件加工工艺的半导体基片。

3.73

边缘凸起　edge crown

距晶片边缘 3.2 mm(1/8 英寸)处的表面高度与晶片边缘处高度之间的差值。单位为 μm。

3.74

边缘去除区域　edge exclusion area

晶片的合格质量区和晶片实际周边之间的区域，该区域随晶片实际尺寸而变化。

3.75

标称边缘去除(EE)　edge exclusion nominal

对标称边缘尺寸硅片,指从合格质量区边界到晶片周边的距离。

3.76

边缘轮廓　edge profile

在边缘倒角的晶片上,其边缘经化学或机械加工整形,是对连结晶片正面与表面边界轮廓的一种描述。

3.77

倒角　edge rounding

晶片边缘通过研磨或腐蚀整形加工成一定角度,以消除晶片边缘尖锐状态,避免在后序加工中造成边缘损伤。

3.78

外延层的有效层厚度　effective layer thickeness of an epitaxial layer

距正面的深度,在该深度内,净载流子浓度在规定范围内。

3.79

电子导电　electron conduction

在半导体单晶中,导带中的一种带电载流子,其作用像带负电荷的自由电子,但通常有稍微不同的质量,是 n 型材料中的多数载流子。

3.80

元素半导体　elemental semiconductor

由一种元素组成的半导体。如硅和锗。

3.81

外延层　epitaxial layer

在基质衬底上生长的半导体材料单晶薄层,其晶向由衬底决定。

3.82

外延　epitaxy

用气相、液相、分子束等方法在衬底上生长单晶薄层的工艺。在衬底上生长组份与衬底材料相同的单晶薄层,称同质外延;在衬底上生长与衬底材料组份不同的单晶薄层,称异质外延。

3.83

腐蚀　etch

用一种溶液、混合液或混合气体侵蚀薄膜或衬底的表面,有选择地或非选择地去除表面物质。见各向异性腐蚀(3.5)、择优腐蚀(3.195)。

3.84

腐蚀坑　etch pit

晶片表面上局限于晶体缺陷或应力区处择优腐蚀形成的凹坑。

3.85

腐蚀的多晶硅　etched polysilicon

用酸腐蚀去除表面沾污后的多晶硅。

3.86

非本征的　extrinsic

(1)导电性的电导率-温度曲线是由掺杂剂原子提供的电子或空穴控制的区域。(2)一个过程,例如,像非本征吸除,是由晶片本身以外的因素引起的。

3.87

层错　fault

见堆垛层错(3.238)。

3.88

基准　fiducial

指晶片上的一个平面或切口,以提供其结晶轴的参考位置。

3.89

鱼尾状物　fishtails

属于衬底的结构缺陷,外延沉积后的表平面的上面或者下面,沿特定的结晶学方向排列的"尾状物",参见新月状物(3.45)。

3.90

合格质量区(FQA)　fixed quality area

标称边缘除去后所限定的晶片表面中心区域,该区域内各参数值均符合规定的要求。

FQA 的边界是距标称尺寸的晶片边缘的所有点。FQA 的大小与晶片直径和参考面长度的偏差无关。为了规定 FQA,假定在切口基准位置处晶片标称尺寸的周边是沿着直径等于晶片标称直径的圆周。为规定去除区域,对有切口、激光标志、或处理/夹片装置接触晶片的区域,规定的参数值不适用。

3.91

鳞片　flake

从晶片的一面上剥落而从另一面上不剥落材料的区域。在晶片内部界线为一条长度不超过 2 mm 的清晰直线或弧线,且不会延伸到规定的边缘去除区域以外的晶片处。

3.92

参考面直径　flat diameter

横过半导体晶片表面,从参考面中点沿着垂直于参考面的直径,通过晶片中心到相对边缘的圆周的直线长度。参考面直径常与主参考面联系在一起。在主参考面和副参考面相对的情况下,比如125 mm 的或更小直径的{100}n 型晶片,参考面直径的概念不能使用,因为直径垂直参考面,它不能与晶片圆周相交。

3.93

半导体晶片的参考面　flat,on semiconductor wafer

晶片圆周的一部分被割去,成为弦。见主参考面(3.197)、副参考面(3.217)。

3.94

外延层的平坦区　flat zone,of an epitaxial layer

从正表面到净载流子浓度大于或小于外延厚度的 0.25～0.75 区域内平均净载流子浓度的 20%的点的深度。

3.95

平整度　flatness

晶片背表面为理想平面时,例如,晶片背表面由真空吸盘吸附在一个理想、平坦的吸盘上,晶片正表面相对于一规定的基准面的偏差,以 TIR 或 FPD 的最大值表示。

晶片的平整度可描述为下面任何一种:

a)　总平整度;

b)　在所有局部区域测量的局部平整度的最大值;

c)　局部平整度等于或小于规定值的局部区域所占的百分数。

3.95.1

焦平面　focal plane

与成像系统的光轴垂直且包含成像系统焦点的平面。

成像系统使用的基准平面和焦平面重叠或平行，全视场成像系统使用重叠的总焦平面和基准平面；局部视场成像系统使用局部焦平面和基准平面重合或者使用取代的局部焦平面和总基准平面。若基准平面和焦平面不重合，用焦平面代替基准平面，所以正表面局部区域的中心点位于焦平面上。

3.95.2

焦平面偏差（FPD）　focal plane deviation

晶片表面的一点平行于光轴到焦平面的距离。

3.95.3

总平整度　global flatness

在FQA内，相对于规定基准平面的TIR值或FPD的最大值。

3.95.4

最大的FPD　maximum FPD

焦平面偏差中绝对值最大的值。

3.95.5

百分可用区域　percent usable area

在FQA内符合规定要求的面积比，以百分数表示。PUA通常是指符合要求的局部平整度区域（包括完整的或全部的）所占的百分数。

3.95.6

基准面　reference plane

由以下的一种方式确定的平面：

a）晶片正表面上指定位置的三个点；

b）用FQA内的所有点对晶片正表面进行最小二乘法拟合；

c）用局部区域内的所有的点对晶片正表面进行最小二乘法拟合；

d）理想的背面（相当于与晶片接触的理想平坦的吸盘表面）。

选择规定的基准面应考虑成像系统的能力，应根据晶片放置系统选用正表面或背表面为基准面。如果成像系统中晶片不能用万向夹具固定，应规定背面为基准面。

3.95.7

扫描方向　scan direction

在扫描局部平整度计算中顺序扫描次局部区域的方向。局部平整度值可能与扫描方向有关。

3.95.8

扫描局部平整度　scanner site flatness

一个局部区域内的次局部区域的TIR或FPD的最大值。一个次局部区域的TIR是在合格质量区内和局部区域内的这个次局部区域的TIR。一个次局部区域的最大FPD是在合格质量区内和局部区域内这个次局部区域的最大FPD。基准面的计算用到了合格质量区内的次局部区域所有的点。

精确的扫描器局部平整度的测量要求测量点足够接近，足以详细地显示表面形貌。推荐测量扫描局部平整度使用相邻点间隔为1 mm或更小些的数据点阵列。

3.95.9

局部区域　site

晶片正表面上平行或垂直于主定位边方向的区域。

3.95.10

局部区域阵列　site array

一组邻接的局部区域。

3.95.11

局部平整度　site flatness

在 FQA 内,一个局部区域的 TIR 或 FPD 的最大值。

精确的局部平整度测量要求测量邻接的定位点,足以详细地显示表面布局。推荐测量局部平整度利用一组相邻点间隔 2 mm 或更小些的数据点阵列;也可推荐用来计算局部平整度的数据组,其数据取自每个局部区域的拐角处及沿着各局部区域的边界处。这样使得局部区域的有效测量面积等于局部区域的大小。

3.95.12

局部区域内的次局部区域　subsite,of a site

晶片正表面上的一个矩形区域,$L_{ss} \times W_{ss}$,与一个特定局部区域有关,次局部区域的中心必须在此局部区域内且矩形的某一部分都在 FQA 内或落在 FQA 的边界上。次局部区域与步进光刻机曝光时的瞬时区域相一致。

3.95.13

总指示读数(TIR)　total indicator reading

与基准平面平行的两个平面之间的最小垂直距离。该两平面包含了晶片正表面 FQA 内或规定的局部区域内的所有的点。

3.95.14

总指示器偏移(TIR)　total indicator runout

在硅片正表面,包含位于规定的平整度质量区域或地点的所有点的,相对于参照平面平行的两个平面之间的最小垂直距离。

3.96

悬浮区熔法(FZ)　flotation zone method

将晶锭垂直固定,在下端放置籽晶,利用熔体的表面张力,在籽晶上方建立熔区,然后以一定的速度垂直向上进行区熔,将晶锭提纯并制成单晶的方法。

3.97

四探针　four point probe

测量材料电阻率的一种点探针装置。其中一对探针用来通过流经样片的电流,另一对探针测量因电流引起的电势差。

3.98

流动图形缺陷(FPDs)　flow pattern defects

在硅片表面用特定腐蚀液 Secco 腐蚀剂择优腐蚀显示出的呈流线状的腐蚀痕迹。

3.99

裂痕　fracture

见裂纹(3.43)。

3.100

正面　front side

不推荐使用的术语。如在 SEMI M59-1105 中规定的使用术语“正表面”。

3.101

正表面　front surface

半导体硅片的前表面,在上面已经制造或将制造半导体器件的暴露表面。

3.102

炉处理硅片 furnace wafer

可用于监控热工艺或作为注入的监控，通常只在洁净室使用。

3.103

砷化稼退火 GaAs annealed

3.103.1

退火 GaAs annealing

将置于炉子中的 GaAs 加热到特定温度的过程，它是在还原气氛中进行的，退火过程中要设法防止由于升华所造成的材料表面砷(As)损失。

3.103.2

盖帽退火 capped annealing

为防止退火过程中，样品表面 As 蒸气损失，在 GaAs 试样表面放置一保护层(通常是氮化硅 Si_3N_4 或二氧化硅 SiO_2 作保护层)，注意：盖帽方式不同对测试结果有一定影响。

3.103.3

邻近退火 proximity annealing

将 GaAs 试样置于两个同样 GaAs 片中间，以此来减少退火时砷蒸气在退火过程中 GaAs 样品表面 As 的损失。

3.104

镓夹杂 gallium inclusion

结合到表面结构中的一种分凝的富镓微滴。在晶体生长工艺结束时，通常由于砷的蒸气压不足或由镓与某些近于饱和的掺杂剂络合产生的。

3.105

渐变区 graded region

用于起始生长的 $GaAs_{(1-x)}P_x$ 外延层，其在生长过程中外延层的组分由 GaAs 逐渐变为 $GaAs_{(1-x)}P_x$。该层的目的是尽可能减少 GaAs 衬底与 $GaAs_{(1-x)}P_x$ 外延层间的晶格失配。

3.106

晶粒间界 grain boundary

固体内，一晶粒与另一晶粒相接触的界面，简称晶界。该界面上的任一点至少构成两个晶向差大于 1°的晶格点阵。

3.107

吸除 gettering

使杂质在晶片特定区固定，以获得表面洁净区的工艺过程。

3.108

电阻率梯度 gradient, resistivity

也常常被称为径向电阻率梯度 radial resistivity gradient (RRG)不推荐使用的术语。

3.109

半导体晶片的沟槽 groove in semiconductor wafer

通常为半导体晶片上的一种抛光时没有完全云除的、残存的、边缘光滑的浅划伤。

3.110

霍尔系数 hall-coefficient

见霍尔效应(3.111)。

3.111

霍尔效应　hall-effect

若对通电的样品施加磁场，由于罗伦兹力的影响，在与电流与磁场的垂直方向上有横向电势差产生，该效应称为霍尔效应。所产生的横向电场为霍尔电场。霍尔电场的大小与磁感应强度及电流密度成正比。比例系数 R_H 称为霍尔系数，其计算公式为：

$$R_H = \pm \gamma / ne$$

式中，“＋”、“－”号分别对应空穴导电和电子导电，γ 是一个与散射机构、样品温度、能带结构及磁场强度有关的因子。n 为载流子浓度，e 为电子电荷。单位为 m^3/C。

3.112

霍尔迁移率　hall-mobility

霍尔系数和电导率的乘积。($R_H\sigma$)，与迁移率有相同的量纲，通常将这个量叫做霍尔迁移率，用 μ_H 表示：

$$\mu_H = |R_H\sigma|$$

3.113

手刻标记　hand scribe mark

为了识别晶片，一般在晶片的背面比如用金刚石刻刀，手工刻在晶片表面的任何标记。

3.114

雾　haze

由表面形貌(微粗糙度)及表面或近表面高浓度的不完整性引起的非定向光散射现象。

由于一群不完整性的存在，雾是一个群体效果；引起雾的个别的这种类型的不完整性不能用眼或其他没有放大的光学检测系统很容易的辨别。对于一个颗粒计数器(SSIS)，雾可引起本底信号及激光光散射现象，它和来自硅片表面的光散射，两者共同组成信号。它是由一个光学系统收集的，由入射通量归一化的总散射光通量。

3.115

重掺杂　heavy doping

半导体材料中掺入的杂质量较多，通常硅单晶中杂质浓度大于 10^{18} cm^{-3}，为重掺杂。

3.116

异质外延　heteroepitaxy

见 3.82。

3.117

HF 缺陷　HF defects

在氢氟酸液中浸蚀一段时间后缀饰的 SOI 层中的缺陷。

3.118

空穴　hole

半导体价带结构中一种运动空位，其作用就像一个正有效质量的带正电荷的电子一样。在 p 型半导体材料中，空穴为多数载流子。

3.119

同质外延　homoepitaxy

见 3.82。

3.120

水平法　horizontal crystal growth method

沿着水平方向生长单晶体的一种方法。

3.121

氢退火的硅片　hydrogen annealed wafer

在氢气气氛下进行高温退火的硅片。

3.122

亲水性　hydrophilic

对水有很强的亲和力，可湿润的。

3.123

疏水性　hydrophobic

对水完全不具亲和力，不可湿润的

3.124

疏水性表面　hydrophobic surface

晶片接触角大于60°，例如：原始外延的，或用HF或HMDS[六甲基乙硅烷(hexamethyldisilazane)]处理过的表面。

3.125

嵌入磨料颗粒　imbedded abrasive grain (embedded)

表面上嵌入的磨料细粒，磨料微粒机械地强制嵌入半导体表面。

3.126

杂质浓度　impurity concentration

单位体积内杂质原子的数目。

3.127

杂质富集　impurity concentration

在生长重掺杂单晶时，如果杂质在晶体中的分凝系数 K 远远小于1时，在晶体尾部，由于熔体杂质浓度过高，组分过冷而使杂质局部富集，当晶体中杂质浓度超过其固溶度时发生的杂质析出现象。

3.128

缺口　indent

上下贯穿边缘的缺损。

3.129

红外吸收系数(IR)　infrared absorption coefficient

波长为 λ 的红外光通过半导体试样，试样透过率倒数的自然对数与试样光程之比。单位为 cm^{-1}。

3.130

红外吸收光谱　infrared absorption spectrum

当半导体受到红外光的辐射时，产生振动能级跃迁。在振动时伴有偶极距改变的原子，吸收红外光子所形成的光谱。

3.131

硅工艺中的晶锭　ingot, in silicon technology

一种圆柱形或长方形固态硅多晶或硅单晶。

3.132

界面　interface

两相或两体系(如衬底和外延层)间的区域。当用特殊的测试方法如红外反射或扩展电阻剖面测量时，衬底与外延层的边界。

3.133

本征半导体　intrinsic semiconductor

晶格完整且不含杂质的单晶半导体，其中参与导电的电子和空穴数目相等。

3.134

离子注入　ion implantation

将杂质离子在真空中加速到一定能量后，以高速度穿过晶体表面进入体内，经过与晶体原子的不断碰撞而速度减慢，最后在晶体的一定深度处终止，经过适当热处理，达到掺杂的目的。

3.135

各向同性腐蚀　isotropic etch

通常是指不同的结晶学平面呈现出相同腐蚀速率的腐蚀方法。

3.136

夹层　lamella

孪晶的一种特殊情况：一种多重孪晶，极薄且又比较长，可能与一个以上的平面相交。

3.137

研磨　lapping

利用研磨液，把切割片研磨成具有一定几何参数的晶片的工艺。

3.138

劳埃法　laue method

用连续能谱的 X 射线投射到固定的单晶体上，满足布拉格定律的 X 射线得到的反射，对反射出的 X 射线进行晶体学分析，以确定晶体宏观对称性的一种 X 射线衍射方法。

3.139

薄层边界　layer boundary

衬底与薄层的界面。

3.140

寿命　lifetime

晶体中非平衡少数载流子由产生到复合存在的平均时间间隔，它等于非平衡少数载流子浓度衰减到起始值的 1/e(e=2.718)所需的时间。又称少数载流子寿命，体寿命。

非平衡少数载流子寿命等于非平衡少数载流子扩散长度的平方除扩散系数所得商，而扩散系数是设定的或由载流子迁移率测量确定的。寿命符号为 τ，单位为 μs。

3.141

系属结构　lineage

由位错阵列引起的小角度晶粒间界。

系属结构包括位错坑，晶粒间界。由位错排造成的小角晶界。由于晶体的一部分与另一部分取向差别，该角度可从零点几秒到 1 分(弧度)变化。在择优腐蚀面上，该位错排会呈现为多列腐蚀坑。在晶体生长以及随后的热处理或外延工艺中，系属结构可能被引入材料，只有在择优腐蚀后，系属结构才会用肉眼观测到。

3.142

线性厚度变化(LTV)　linear thickness variation

晶片的正表面和背表面能用两个非平行平面表示的晶片厚度变化。

3.143

液相外延(LPE)　liquid phase epitaxy

把半导体材料溶解在溶剂中，使其形成饱和溶液，然后把此饱和溶液覆盖在单晶衬底上，降低温度，溶液过饱和，在衬底上沿衬底结晶轴方向生长出新的半导体单晶薄层的工艺。

3.144

光刻硅片　lithography wafer

专门用于试验光刻设备的硅片，为此对工艺监控来说表面平整度是关键。该种硅片一般只在洁净室环境中使用。

3.145

红外散射缺陷(LSTDs)　laser scattering topography defects

利用红外激光散射层析成像观察到的缺陷。

3.146

批　lot

出于晶片商业交易的目的(a)一个发运出货中包含同一标称尺寸和特征的全部晶片,或(b)由上述晶片组成的由承制方标识的大包装中的一部分,视为一批。

3.147

小角晶界　low-angle grain boundary

晶体中相邻区域晶向差别在几分之1′到1°的晶粒间界。化学腐蚀后呈现的一个腐蚀坑顶对另一个腐蚀坑底直线排列的位错组态。

3.148

重划伤　macroscratch

用肉眼在白炽灯(高强度光)或荧光灯(漫射光)照明条件下可看得见的划伤。

3.149

磁场拉晶法(MCZ)　magnetic field czochralski crystal growth

晶体生长时,外加磁场,抑制熔体的热对流,熔体温度波动小,是一种生长单晶的方法,按照磁场相对于单晶拉制方向有横向磁场法和纵向磁场法等。

3.150

多数载流子　majority carrier

在非本征半导体中,多于载流子总浓度半数的载流子,例如p型半导体中的空穴。

3.151

痕迹　mark

真空吸盘、真空吸笔或不清洁的镊子夹持晶片边缘所引起的表面局部沾污,及可能由包装引起的环绕整个边缘区域的痕迹,等等。

3.152

晶片机械强度　mechanical strength of slices

晶片抗破碎与翘曲的内在力学性能。

3.153

机械测试片　mechanical test wafer

侧重于尺寸和结构特性检测的硅片,只适用于检验仪器。

3.154

机械硅片　mechanical wafer

适用于设备和工艺试验的硅片。该种硅片一般只在洁净室环境外面使用。

3.155

中位面　median surface

与晶片的正表面和背表面等距离点的轨迹。

3.156

微缺陷　microdefect

晶体中缺陷尺寸通常在微米或亚微米数量级范围内的缺陷,微缺陷是无位错区熔和直拉硅单晶中常见的一类缺陷。

3.157

轻微划伤　microscratch

用肉眼在荧光灯(漫射光)照明条件下看不见,但在白炽灯(高强度光)照明条件下可以看得到的划伤。

3.158

结晶学平面密勒指数　Miler indices,of a crystallographic plane

晶面在三个单位长度晶轴上截距的倒数的最小整数比。

3.159

少数载流子　minority carrier

在非本征半导体中,少于载流子总浓度半数的载流子,例如,p 型半导体中的电子。

3.160

迁移率　mobility

载流子在单位电场强度作用下的平均漂移速度。在单一载流子体系中,载流子迁移率与特定条件下测定的霍尔迁移率成正比,迁移率的符号为 μ,单位为 $cm^2/(V \cdot S)$。

3.161

分子束外延(MBE)　molecular beam epitaxy

在超高真空下,使衬底保持在适当温度,把一束或多束分子连续沉积到衬底表面而得到超薄单晶层的工艺。

3.162

月球火山口(月牙洼)　moon crater

半导体硅片上的月球火山口(月牙洼),在旋转杯状腐蚀器中化学抛光的最初阶段硅片漂浮产生的表面织构。

3.163

小丘　mound

半导体晶片上的凸起物,带有一个或多个不规则显露的小平面。

3.164

硅片表面的纳米形貌　nanotopography of a wafer surface

在近似 0.2 mm～20 mm 空间波长范围内一个表面不平整的偏差。

3.165

在硅片表面的纳米拓扑结构　nanotopology of a wafer surface

见(3.164)

3.166

自然氧化物　native oxide

在空气或清洁溶液中,抛光片和外延片上生长的硅,氧和水的化合物。

3.167

中子嬗变掺杂(NTD)　neutron transmutation doping

用中子流辐照硅单晶锭,使晶体中的 Si^{30} 嬗变成磷原子使硅单晶掺杂。

3.168

非线性厚度变化(NTV)　nonlinear thickness variation

宏观非均匀厚度变化。此种晶片的剖面近似于凸透镜或凹透镜的剖面。

3.169

半导体晶片切口　notch,on a semiconductor wafer

一种有意制作的具有规定形状和尺寸的凹槽。其定向为通过切口中心的直径平行于规定的低指数晶向。

3.170

总固定电荷密度(Ntf)　total fixed charge density

不可动电荷密度之和:氧化物固定电荷、氧化物俘获的电荷以及界面俘获的电荷密度。

3.171

n型半导体　n-type semiconductor

多数载流子为电子的半导体。

3.172

晶向偏离　off-orientation

晶片表面法线与晶体结晶学方向偏离的一定角度。

3.173

桔皮　orange peel

在荧光照明下晶片表面呈现的一种肉眼可见的形如桔皮状特征的大面积不规则粗糙表面。

3.174

晶向　orientation

单晶的结晶学取向。

3.175

正交晶向偏离　orthogonal misorientation

在有意偏离晶向切割的晶片上,晶片表面的法向矢量在{111}晶面上的投影与最邻近的〈110〉晶向在{111}晶面上的投影之间的夹角。

3.176

氧化物缺失　oxide defect

背封硅片背表面缺少氧化物的区域,肉眼可辨别

3.177

氧化层错(OSF)　oxidation induced stacking fault

晶片表面存在机械损伤、杂质沾污和微缺陷等时,在热氧化过程中其近表面层长大或转化的层错。

3.178

氧化夹杂　oxide lamella

硅多晶横截面上呈同心圆结构的氧化硅夹杂。

3.179

颗粒　particle

一种小的、分离的外来物质或不连续地结晶到硅片上的硅。

3.180

微粒　particulate

尘埃或其他物质的分立的颗粒,见污物(3.62)。

3.181

颗粒计数　Partite counting

用于测定硅片加工过程中使用加工设备所增加的粒子沾污,其中LLS(见局部光散射体(3.28.3))包括颗粒和COP(见晶体原生凹坑(3.42))。

3.182

颗粒硅片　particle wafer

用于监控区域或工艺洁净度的硅片而且只能在洁净室环境中使用。

3.183

周边锯齿状凹痕　peripheral indent

来自一种平滑的周边轮廓的局部偏移,它不表示贝壳状断裂的征兆。

3.184

管道　piping

在重掺杂单晶中,沿晶体纵向形成的管道状杂质富集区域。

3.185

坑　pit

晶片表面的凹陷,有陡峭地倾斜侧面,该侧面以可分辨的方式与表面相交,和凹坑的圆滑侧面形成对照

3.186

p-n 结　p-n junction

同一块半导体晶体内彼此相邻接的 p 型和 n 型的界面区域。

3.187

点缺陷　point defect

一种局部的晶体缺陷,像晶格空位,间隙原子,或替位杂质。参照光点缺陷(3.28.4)。

3.188

抛光面　polished surface

晶片抛光后获得的如镜面状完美的表面。

3.189

多晶硅吸除　poly coating

在硅片背表面沉积一层多晶硅,从而增强衬底吸杂能力。

3.190

多晶硅　polycrystalline silicon

由一种硅源气体经化学气相沉积生成的结构上具有大角度晶粒间界、孪晶间界或两种结构兼有的硅多晶。

3.191

多晶半导体　polycrystalline semiconductor

由大量结晶学方向不相同的单晶体组成的半导体。

3.192

环状氧化诱生层错(R-OSF)　Ring-oxidation induced stacking fault

硅单晶抛光片表面经高温处理和腐蚀后可以观察到的环状分布的氧化诱生层错,可肉眼观察到。

3.193

功率谱密度　power spectral density

显示在轮廓高度中各种固有空间频率之中一个给定数量的均方根数量是如何分别的统计函数。

3.194

沉淀物　precipitates

晶体生长时或其后续高温工艺中达到溶解度极限的掺杂剂或杂质形成的局部富集物。如在硅晶格内包含硅的氧化物的区域,通常显现为腐蚀坑。

3.195

择优腐蚀　preferential etch

一种选择性腐蚀,不同晶体应变区或不同电导率区域,有不同的腐蚀速率。用来描绘晶面的晶体缺陷或不同的电导率区域。

3.196

优质硅片　premium wafer

为适用于微粒计数、金属沾污监测和光刻工艺中检测图形清晰度的硅片。

对于用在某些特殊项目上较硅正片具有更加严格的规格值，并且与硅正片相比另外一些项目具有较宽松或相等的规格值。

3.197

主参考面　primary orientation flat

晶片上长度最长的参考面，用与弦平行规定的低指数晶面来定向。又称主取向参考面。

3.198

探针损伤　probe damage

由探针操作引起的距离等于探针间距的坑状局部损伤。

3.199

工艺测试片　process test wafer

适用于加工工艺及区域和加工洁净度（比机械试验等级高）检测的硅片。

3.200

外延剖面斜度　profile slope, of an epitaxial layer

外延层厚度的0.75处与0.25处的净载流子浓度差值与外延层厚度比值的1/2：

$$外延剖面斜度 = (N_{.75t} - N_{0.25t})/0.5t$$

式中：

N——净载流子浓度，单位为每立方厘米（cm^{-3}）；

t——外延层厚度，单位为微米（μm）。

3.201

表面形貌计　profilometer

一种用来测量硅片表面形貌的工具。

3.202

p型半导体　p-type semiconductor

多数载流子为空穴的半导体。

3.203

棱锥　pyramid

外延生长后在表面出现的显示(111)小平面的一种结构也理解为“小丘”，见隆起小丘(3.163)。

3.204

径向电阻率变化　radial resistivity tolerance

晶片中心点与偏离晶片中心的某一点或若干对称分布的设置点（典型设置点是晶片半径的1/2处或靠近晶片边缘处）的电阻率之间的差值。这种电阻率的差值可以表示为测量差值除以中心值，以百分数表示。又称径向电阻率梯度。

3.205

回收硅片　reclaimed wafer

为了继续利用已被重新处理的硅片。

3.206

复合中心　recombination center

半导体中对电子和空穴起复合作用的杂质或缺陷。

3.207

基准平面偏差(RPD)　reference plane deviation

在任一指定的点,沿垂直基准面方向测量硅片表面和基准平面间的距离。

3.208

残留机械损伤　residual mechanical damage

晶片经过切、磨、抛加工之后,表面残留下来的没有完全去除的机械损伤。

3.209

电阻率(电学的)　resistivity(electrical)

荷电载体通过材料受阻程度的一种量度。电阻率是电导率的倒数。符号为 ρ,单位为 $\Omega \cdot cm$。

3.210

电阻率条纹　resistivity striation

见杂质条纹(3.241)。

3.211

粗糙度　roughness

间距更小的表面织构的分量。与波纹(waviness)比较,表面结构是那种彼此更窄间距的组织构成。这些分量被认为是在空间波长(或频率)限定的范围内。

3.211.1

平均粗糙度(*Ra*)　average roughness

在求值长度内相对于中间线来说,表面轮廓高度偏差 $Z(x)$的平均值。

3.211.2

峭度(分布曲线中的高峰程度)(Rku)　kurtosis

在求值长度内,相对于中间线的表面轮廓高度偏差 $Z(x)$的直方图,其锐度的测量。一个完整的随机表面将有一个高斯分布的直方图和 Rku=3。

3.211.3

表面织构主方向　lay

表面织构起主要作用的方向。虽然硅抛光片的织构通常是各向同性的,但用近原子级分辨率的原子力显微镜检验时,某些外延片表面呈现一种阶梯和凸缘图形。

3.211.4

微粗糙度　microroughness

在不规则物(空间波长)之间的间隔于小于 100 μm 时的表面粗糙度分量。又称为微粗糙度。

3.211.5

峰到谷差　peak to valley (Rt)

在一个求值长度 L 内,相对于中间线表面轮廓最高点至最低点的高度偏差 $Z(x)$值。

3.211.6

均方根区域微粗糙度(RqA)　rms area microroughness

在求值区域内($=L_xL_y$)(SEMI MI),相对于中间面的表面形貌偏差 $Z(x)$的均方根值。

3.211.7

均方根微粗糙度(*Rq*)　rms microroughness

在取值长度 L(SEMI M1)内,相对中间线的表面剖面(轮廓)高度偏差 $Z(x)$的均方根。

3.211.8

均方根斜率(mq)　rms slope(mq)

在求值长度内,轮廓偏差变化速率的均方根值。

3.211.9

非对称性(分布不均)(Rsk)　skewness

对于中心线，一个表面 $Z(x,y)$ 的表面形貌偏差的一种不对称性的测量。一个完美的随机表面应有 Rsm=0。

3.211.10

表面织构　surface texture

真实表面与基准表面的形貌偏差。表面织构包括粗糙度、波纹和织构主方向。

3.211.11

十点粗糙度高度(R_Z)　ten point roughness height

在求值长度内，相对中间线，5 个最高轮廓峰高度的绝对值和 5 个最低轮廓谷深度的绝对值的平均值。

3.212

碟状坑　saucer pits

见浅蚀坑(3.219)。

3.213

刀具缺陷　saw blade defect

半导体硅片的刀具缺陷，抛光后具有刀具运行图样特征的表面粗糙区域。

3.214

退刀痕　saw exit marks

晶片周边处的一种高低不平的边缘，由众多小的邻接的由刀具退出引起的边缘缺损组成。

3.215

刀痕　saw marks

晶锭切割时，在晶片表面留下的一系列弧状凸纹和凹纹交替形状的不规则痕迹。使用内圆切割时，其弧状的半径与切割刀具的半径是相同的；而线切割产生的刀痕特点取决于切割过程。

3.216

划伤　scratch

一种浅的细沟槽或晶片表面已确立的平面下的刀痕，其长宽比大于 5∶1。

3.217

副参考面　secondary flat

长度比主参考面短的参考面。用其相对于主参考面的位置来标志晶片的导电类型和晶向。

3.218

半导体　semiconductor

电阻率介于导体与绝缘体之间，其范围为 10^{-3} Ω·cm～10^{10} Ω·cm 的一种固体物质。电流是由带正电的空穴和带负电的电子的定向传输实现的。半导体按其结构可分为：单晶体、多晶体和非晶体态等。

3.219

浅蚀坑　shallow etch pits

在大于 200 倍的高放大倍数下是小而浅的腐蚀坑，见雾(3.114)。

3.220

形状　shape

晶片表面形状指当晶片处于无夹持状态时，该晶片表面相对于特定基准平面的偏差。表示为在规定的合格质量区内的总指示读数(TIR)范围或最大的基准平面偏差(最大 RPD)。

3.221

薄层电阻　sheet resistance

半导体或薄金属膜的薄层电阻，与电流平行的电势梯度对电流密度和厚度乘积的比。又称方块电阻。符号为 R_s，单位为 Ω/□。

3.222

单晶　single crystal

不含大角晶界或孪晶界的晶体。

3.223

晶片　slice

半导体工艺中的晶片，从半导体晶体切取的具有平行平面的薄片。

3.224

滑移　slip

一种塑性形变过程，其间，晶体一部分相对另一部分发生切变位移，在形式上仍保留材料的结晶性。择优腐蚀后，有一条或多条位错蚀坑的平行直线可证明是滑移线，这些位错蚀坑不一定彼此接触。在(111)表面，线的族彼此成 60°倾斜。在(100)表面，它们彼此成 90°倾斜。

3.225

滑移线　slip line

在滑移平面与晶面相交处形成一个台阶。

3.226

滑移面　slip plane

是一结晶学平面，在该平面上位错构成滑移运动。

3.227

污迹　smudge

通常由操作或指纹引起的一种密集的局部沾污。

3.228

雪球　snowball

在放大的条件下观察到的半导体硅片上类似于雪球滚动穿过的外貌轨迹。

3.229

非 SOI 边缘区　non-SOI edge area

表面硅层的标称半径和基底硅片标称半径之间的环形区域(即键合 SOI 片)，在尺寸上以宽度来确立这一区域，为表面硅层标称半径和基底标称半径之差。

3.230

溶剂残留物　solvent residue

表面的溶剂蒸发后在晶片表面发现的残渣表征，残留物或来自溶剂本身，或已被溶剂溶解又沉淀出来的物质。

3.231

峰-谷差　sori

晶片在无吸盘吸附的状态下，正表面与基准面的最大正偏差和最小负偏差之间的差值。基准面是对正面进行最小二乘法拟合得到的。

3.232

SOS 外延片　wafer，SOS epitaxial wafer

蓝宝石衬底与其上沉积的硅外延层的总体。

3.233

螺旋　spiral

具有螺旋状图样的“桔皮”类型表面织构。

3.234

斑点　spot

洗涤剂、溶剂或蜡残留物液滴的痕迹。

3.235

色斑　stain

区域沾污，它本质上是化学品，除非经过进一步研磨或抛光否则不能去除。

3.236

表面缺陷　surface defect

指晶片表面上能观察到的机械损伤、SiO_2 残留尘埃和其他的不完整性。表面缺陷的一些例子，如凹坑、小坑、微粒、划伤、小丘、多晶区等。

3.237

溅射法　sputtering method

在衬底表面制备半导体、金属、非金属薄膜的一种方法。一般是在充惰性气体的低真空系统中，通过高压电场的作用，使惰性气体电离，产生气体离子流，去轰击靶阴极（溅射材料），被溅射出的靶材料原子或分子沉积在衬底表面上而形成薄膜。

3.238

堆垛层错　stacking fault

一种二维缺陷，它由于晶体内原子（排列）偏离了正常的堆垛次序所致。

3.239

星形结构　star structure

一系列位错沿〈110〉方向密集排列成星状结构，在{111}面上，星形结构呈三角形或六角形组态，在{100}面上，呈井字形组态。

3.240

SIMOX 层　SIMOX layer

在 BOX 上面的一层薄硅，也称顶部硅或表面硅。

3.241

杂质条纹　striation

晶体生长时，在旋转的固液界面处发生周期性的温度起伏，引起晶体内杂质分布的周期性变化，也使电阻率局部变化。择优腐蚀后，在放大 100 倍下观察，条纹是连续的。

3.242

衬底　substrate

半导体工艺中的衬底，在半导体器件和电路制造中作为后续工艺加工操作的基底。

3.243

支撑片，或基底硅片，或基底硅衬底　sustentation wafer

结构上支撑 BOX 和 SOI 层的衬底。

3.244

旋涡　swirl

螺旋状的或同心状的特征，择优腐蚀后肉眼可见，在放大倍数 100 倍下显现不连续状。

3.245

锥度（平行度）　taper

半导体硅片的锥度，整个硅片厚度变化的线性变。

3.246

温度圈 temperature circle

由于温度起伏，在硅多晶的横截面上引起结晶致密度、晶粒大小或颜色的差异，晶粒呈现出以硅芯为中心的年轮状结构。

3.247

平台 terracing

一种等高线的网络，它与外延沉积表面上的类似棱锥的缺陷有关联并且与表面的晶向有关。

3.248

测试硅片 test wafer

在半导体制造中适用于工艺监控的硅片，又称监控片。

3.249

厚度 thickness

通过晶片上一给定点垂直于表面方向穿过晶片的距离。

3.250

热生长的氧化物 thermally grown oxide

在含氧气氛的热工艺中，沉积或生长的氧化物

3.251

外延层厚度 thickness, of an epitaxial layer

从晶片表面到外延层-衬底界面的距离。

3.252

晶片厚度 thickness of slices

晶片中心点的厚度。

3.253

顶层硅薄膜厚度 thickness of top silicon film

顶层硅薄膜表面与顶层硅薄膜-埋层氧化物界面之间的距离。

绝缘薄膜上面的硅薄层。在硅薄层内制造半导体有源器件。

3.254

热稳定性 thermal stability

退火后样品的体电阻率与其退火前体电阻率的比。

3.255

总厚度变化(TTV) total thickness variation

晶片厚度的最大值和最小值间的差。

3.256

公差 tolerance

产品规格范围内允许的绝对值。

3.257

在重掺杂衬底上沉积相同导电类型外延层的过渡区 transition, of an epitaxial layer deposited on a more heavily doped substrate of the same conductivity type

红外反射测量的外延层厚度和基于同一厚度测量的平坦区之间的差值。

3.258

六角网络 turret network

在重掺杂单晶尾部的横截面上，呈现的一组其外围是杂质富集条纹的封闭的六角环状网络。

3.259

孪晶带　twin band

在由孪晶平面限定的晶体内部的体积。

3.260

孪晶　twinned crystal(Twin boundary)

一个晶体内晶格是两部分，在晶向上成镜像对称，交叉于一个连贯的平坦界面，称为孪晶生长平面或孪晶边界。

3.261

二探针　two point probe

测量材料平均体电阻率的一种点探针装置。在柱形样品两端通以直流电流，测量垂直压在被测样品侧面上的两根金属探针间的电位差。

3.262

损伤深度(Tz)　damage depth

用择优腐蚀去除形变区域所显现出的损伤区的最大厚度。

3.263

气相外延(VPE)　vapor phase epitaxy

在气相状态下，将半导体材料沉积在衬底上，使其沿着衬底的结晶轴方向生长出一层单晶薄层的工艺。

3.264

直拉法(CZ)　vertical pulling method (Czochralski growth)

沿着垂直方向从熔体中拉制单晶体的方法。又称切克劳斯基法。

3.265

空洞(孔洞)　void (cavity)

空位聚集形成的缺陷。或晶片中的空隙或空洞。也指SOI材料中键合界面缺少化学键合。

在化合物中通常由沉淀物和镓夹杂物溶解、砷离解留下来的或过高蒸汽压产生。

3.266

多晶硅内的空洞　void in the polycrystalline silicon

DI晶片的多晶硅区域表面上的一种微观凹陷。

3.267

原始测试片　virgin test wafer

在半导体制造中首次使用的测试片。

3.268

翘曲度　warp

在质量合格区内，一个自由的，无夹持的硅片中位面相对参照平面的最大和最小距离之差。

3.269

波纹　waves

在大面积漫散射照明下目视可见的晶片表面上不平坦的轮廓。

3.270

波动度　waviness

较宽间隔的表面织构分量。波动度可由这些因素产生，如：机器或工件的偏离、振动和颤动。粗糙度可认为是一种波动表面的叠加。

3.271

蜡残留物　wax residue

从几种可能的蜡源转移到晶片上的一种很难去除的蜡薄膜。

3.272

无位错单晶　zero D single crystal

位错密度小于某一规定值的单晶。如硅单晶中位错密度小于 100 cm^{-2}的单晶。

附 录 A
（资料性附录）
符 号

A.1

r 半径

在 SEMI M20 中定义的，晶片坐标系的以晶片中心为原点的径向尺度。

A.2

t 片厚。

A.3

x

在 SEMI M20 中定义的晶片坐标系的方向，当晶片正面朝上，主参考面朝向操作者时，该方向与主参考面的平分线垂直，且以晶片中心为原点指向右边。

A.4

y

在 SEMI M20 中定义的晶片坐标系的方向，当晶片正面朝上，主参考面朝向操作者时，该方向是主参考面的平分线且以晶片中心为原点指向上方(远离参考面的方向)。

A.5

z

在 SEMI M20 中定义的晶片坐标系的方向，当晶片正面朝上时该方向穿过晶片垂直向上。

希腊字母

A.6

Δ 偏差

A.7

ρ 电阻率

A.8

σ 电导率

A.9

μ

半导体的一个电子和空穴的载流子迁移率。

A.10

Ω

电阻的单位和线性尺寸通常是厘米结合作为电阻率单位。

A.11

θ

在 SEMI M20 中定义的，以主参考面的平分线的垂直线为基准，逆时针方向旋转的角度。

附　录　B
（资料性附录）
硅技术术语缩写

B.1

AAS

原子吸收光谱，一种对杂质的分析方法。

B.2

AFM

原子力显微镜，一种测量微粗糙度的设备。

B.3

A/N

文字数字。

B.4

ANSI

美国国家标准研究院，ISO的美国成员。

B.5

As

砷，硅中的一种n型掺杂剂。

B.6

ASTM

国际ASTM，前身为美国材料试验协会，1964到2002年间发展硅技术标准的美国组织；其标准虽主要由美国专家建立，但已在世界范围内应用。

B.7

B

硼，硅中的一种p型掺杂剂。

B.8

BMD

体微缺陷。

B.9

BRDF

两面参考分类功能。

B.10

CCW

逆时针方向，与时针走向相反的旋转方向。

B.11

COP

单晶原始缺陷，在单晶生长中引入的一个或多个小凹坑，类似LLS。

B.12

CRM

经认证的参比样品。

B.13

CVD

化学气相沉积,一种制备薄膜的方法。

B.14

CW-顺时针方向,与时针走向一致的旋转方向。

B.15

Cz

Czochraski 法,一种单晶生长的方法。

B.16

DDS

数据设置差异,参考数据设置与样片数据设置的差异。

B.17

DI

离子去除,通常指与电子级水有关。

B.18

DIN

研究院,德国国家标准组织,在前三十年间发展了许多有关硅的标准。

B.19

FPD

焦平面偏差。

B.20

FQA

硅片的合格质量区域。

B.21

FZ

悬浮区熔,一种单晶生长的方法。

B.22

GBIR

测量平整度的主要方法,见 SEMI M1 中有关其他类型的附录。

B.23

GFA

气体熔融分析法,一种测量硅中氧含量的方法。

B.24

GRR

国际上多个实验室所做建立 IOC-88 的实验。

B.25

IC

集成电路。

B.26

ICP/MS

电感耦合等离子体质谱,对杂质的一种分析方法,到目前为止,尚未标准化。

B.27

IOC-88

国际上通用的氧的转换系数-1988,对于硅普遍采用的是红外吸收峰和间隙氧间的转换系数。

B.28

ID

身份，刻在硅片或其他半导体材料上的具有识别功能的激光印记。

B.29

ISO

国际标准化组织，世贸组织认可的作为发展国际标准(包括一部分硅技术应用)的机构。

B.30

JEIDA

日本电子工业发展协会，现为 JEITA。

B.31

JEITA

日本电子及信息技术工业协会，合并 JEIDA 及 EIAJ(日本电子工业协会，其设有一委员会用来发展硅材料及技术标准)后产生的。

B.32

JIS

日本工业标准局，其标准由日本标准协会公布。

B.33

LLS

局部光散射体。

B.34

LPD

点缺陷，此术语曾被广泛应用，现被术语 LLS 取代。

B.35

MAE

混酸腐蚀。

B.36

MCz

磁场拉晶，一种单晶生长方法，通常其生长的单晶氧含量低于 CZ 法。

B.37

NTD

中子嬗变掺杂，一种形成 n 型高电阻率单晶硅的方法。

B.38

OSF

氧化层错，硅片的一种缺陷。

B.39

P

磷，硅中的一种 n 型掺杂剂。

B.40

ppba

原子数的十亿分之一。

B.41

ppbw

重量的十亿分之一。

B.42

ppma

原子数的百万分之一。

B.43

ppmw

重量的百万分之一。

B.44

PSD

功率谱密度。

B.45

PTFE

聚四氟乙烯,一种做可耐氢氟酸的材料。

B.46

RDS

参考数据设置。

B.47

rf

无线电波频率。

B.48

RPD

基准平面偏差。

B.49

RSF

相对感应系数,应用于表面金属的 TXRF 分析中,使一系列元素浓度与校准元素间建立联系。

B.50

Sb

锑,硅中的一种 n 型掺杂剂。

B.51

SCFM

流量单位,每分钟标准立方英尺。

B.52

SDS

样品数据组。

B.53

SFQR

测量局部平整度的主要方法,见 SEMI M1 中有关其他类型的附录。

B.54

Si

硅

B.55

SIMS

二次离子质谱,一种分析杂质的方法。

B.56

SPC

统计过程控制。

B.57

SRM

国家标准及技术研究院生产的CRM上的已注册的可追溯标识。

B.58

SSIS

扫描表面检查系统。

B.59

TIR

总指示读数(也称为总指示偏离或平整度)。

B.60

TTV

总厚度变化。

B.61

TXRF

全反射X射线荧光光谱仪,一种表面金属分析技术。

B.62

VPD

气相热分解,分析由氢氟酸汽收集和溶解含有杂质的氧化膜的方法。

B.63

XLS

延伸光散射体。

参 考 文 献

本标准等同采用了下列标准中的术语部分：

ASTM F 418-77(2002 年重新确认)用于霍尔效应测量的镓砷磷外延片恒定组分区样品的制备(第 3 章:术语)

ASTM F 1212-89(2002 年重新确认)砷化镓晶本热稳定性测量方法(第 3 章:术语)

ASTM F 1241-95(2000 年重新确认)硅技术术语(所有部分)

SEMI M1-0302 硅单晶抛光片规范(第 3 章:术语)

SEMI M2 -0997 分立器件用硅外延片规范(第 5 章:术语)

SEMI M4-1296 蓝宝石衬底上硅单晶(SOS)外延片规范(第 3 章:术语)

SEMI M8-0301 硅单晶抛光片试验片规范(第 4 章:术语)

SEMI M10-1296 鉴别砷化镓晶片上观察到的结构和特征的标准术语(第 4 章:术语)

SEMI M11-0301 集成电路用硅外延片规范(第 3 章:术语)

SEMI M16-1296 多晶硅规范(第 3 章:术语)

SEMI M18-0302 硅片订货单格式(第 4 章:术语)

SEMI M23-0703 磷化铟单晶抛光片规范(第 4 章:术语)

SEMI M24-1101 优质硅单晶抛光片规范(第 4 部分:术语)

SEMI M33-098 用全反射 X 射线荧光光谱(TXRF)测定硅片表面残留沾污的测试方法(第 4 部分:术语)

SEMI M34-0299 制定 SIMOX 硅片技术规范指南(第 4 部分:术语)

SEMI M38-1101 硅抛光回收片规范(第 4 部分:术语)

SEMI M40-0200 关于硅片平坦表面的表面粗糙度的测量指南(第 6 部分:术语)

SEMI M41-1101 功率器件/集成电路用绝缘体上硅(SOI)晶片的规范(第 4 部分:术语)

SEMI M43-0301 关于编制硅片纳米形貌报告的指南(第 5 部分:术语)

SEMI M47-0302CMOS LSI 电路用绝缘体上硅(SOI)晶片规范(第 4 部分:术语)

SEMI M59-1105 硅技术术语

中 文 索 引

Z

英 文 索 引

A

B

C

F

G

H

M

N

O

P

R

S

T